Freyer
Nachrichten-Übertragungstechnik

Bleiben Sie einfach auf dem Laufenden:
www.hanser.de/newsletter
Sofort anmelden und Monat für Monat
die neuesten Infos und Updates erhalten

Lernbücher der Technik

herausgegeben von Dipl.-Gewerbelehrer Manfred Mettke,
Oberstudiendirektor a. D.

Bisher liegen vor:

Bauckholt, Grundlagen und Bauelemente der Elektrotechnik
Felderhoff/Freyer, Elektrische und elektronische Messtechnik
Felderhoff/Busch, Leistungselektronik
Fischer/Hofmann/Spindler, Werkstoffe in der Elektrotechnik
Freyer, Nachrichten-Übertragungstechnik
Knies/Schierack, Elektrische Anlagentechnik
Schaaf, Mikrocomputertechnik
Seidel, Werkstofftechnik

Ulrich Freyer

Nachrichten-Übertragungstechnik

Grundlagen, Komponenten, Verfahren und Systeme der Telekommunikationstechnik

6., neu bearbeitete Auflage

mit 464 Bildern sowie zahlreichen Beispielen, Übungen und Testaufgaben

HANSER

Dipl.-Ing. Ulrich Freyer; VDE/ITG/FKTG
Analyst für Medientechnik

Bibliografische Information der Deutschen Nationalbibliothek
Die Deutsche Nationalbibliothek verzeichnet diese Publikation in der Deutschen Nationalbibliografie; detaillierte bibliografische Daten sind im Internet über http://dnb.d-nb.de abrufbar.

ISBN 978-3-446-41462-4

Dieses Werk ist urheberrechtlich geschützt.
Alle Rechte, auch die der Übersetzung, des Nachdruckes und der Vervielfältigung des Buches, oder Teilen daraus, vorbehalten. Kein Teil des Werkes darf ohne schriftliche Genehmigung des Verlages in irgendeiner Form (Fotokopie, Mikrofilm oder ein anderes Verfahren), auch nicht für Zwecke der Unterrichtsgestaltung – mit Ausnahme der in den §§ 53, 54 URG genannten Sonderfälle –, reproduziert oder unter Verwendung elektronischer Systeme verarbeitet, vervielfältigt oder verbreitet werden.

© 2009 Carl Hanser Verlag München
Internet: http://www.hanser.de

Lektorat: Dipl.-Ing. Erika Hotho
Herstellung: Dipl.-Ing. Franziska Kaufmann
Covergestaltung: Stephan Rönigk
Satz: WERKSATZ Schmidt & Schulz GmbH, Gräfenhainichen
Druck und Bindung: Druckhaus „Thomas Müntzer" GmbH, Bad Langensalza
Printed in Germany

Vorwort des Herausgebers

Was können Sie mit diesem Buch lernen?

Wenn Sie mit diesem Buch lernen, dann erwerben Sie umfassende Kenntnisse, Fähigkeiten und Einsichten in Gebiete der Telekommunikationstechnik, die Sie bei der Entwicklung von Projekten und der Lösung von produktionstechnischen Aufgaben benötigen.
Dabei steht die Digitalisierung der Anlagen angemesen im Vordergrund!

Der Umfang dessen, was wir Ihnen anbieten, orientiert sich an

- den Studienplänen der Fachhochschulen für Technik,
- den Lehrplänen der Fachhochschulen für Technik.

in den Bundesländern.

Sie werden anwendungsorientiert mit Grundlagen, Komponenten, Verfahren und Systemen der Telekommunikationstechnik vertraut gemacht.
Das heißt, Sie können dabei folgenden Fragen nachgehen:

- Welche Grundbegriffe und Grundgesetze gelten?
- Welche Funktionsprinzipien werden wirksam?
- Welche Verfahren, Netze und Dienste sind auszuwählen?
- Wie lassen sich Probleme schaltungstechnisch, messtechnisch und/oder technologisch realisieren?

Wer kann mit diesem Buch lernen?

Jeder, der

- sich weiterbilden möchte,
- elementare Kenntnisse in der Mathematik und den Naturwissenschaften besitzt,
- grundlegende Kenntnisse in der Elektrotechnik, der Informatik, der Elektronik und der Messtechnik erworben hat.

Das können sein:

- Studenten an Fachhochschulen, Studenten an Berufsakademien und Ingenieure,
- Studenten an Fachschulen für Technik und Techniker,
- Schüler an Berufsfachschulen und Technische Assistenten,
- Schüler an beruflichen Gymnasien und Berufsoberschulen,
- Facharbeiter, Gesellen und Meister während und nach der Ausbildung,
- Umschüler und Rehabilitanden,
- Teilnehmer an Fort- und Weiterbildungskursen,
- Autodidakten

vor allem der Informationstechnik und der Telekommunikationstechnik.

Wie können Sie mit diesem Buch lernen?

Ganz gleich, ob Sie mit diesem Buch in Hochschule, Schule, Betrieb, Lehrgang oder zu Hause im „stillen Kämmerlein" lernen, es wird Ihnen Freude machen.

Warum?
Ganz einfach, weil Ihnen hier ein Buch vorgelegt wird, das in seiner Gestaltung die Grundgesetze des menschlichen Lernens umsetzt.
Deshalb werden Sie am Anfang jedes Kapitels in einer Einführung mit dem bekannt gemacht, was Sie am Ende gelernt haben sollen.
– Ein Lernbuch also! –

Danach beginnen Sie sich mit den Lehr- und Lerninhalten auseinanderzusetzen!
Schrittweise dargestellt, ausführlich beschrieben in der linken Spalte der Buchseite und umgesetzt in die technisch-fachsprachliche Darstellung in der rechten Spalte der Buchseite. Die eindeutige Zuordnung des behandelten Stoffes in beiden Spalten macht das Lernen viel leichter, Umblättern ist nicht mehr nötig.
Zur Vertiefung stellt Ihnen der Autor Beispiele vor.
– Ein unterrichtsbegleitendes Lehr- und Lernbuch. –

Jetzt können und sollten Sie sofort die Übungsaufgaben durcharbeiten, um das Gelernte zu festigen. Den wesentlichen Lösungsvorgang und das Ergebnis jeder Übung hat der Autor am Ende des Buches für Sie aufgeschrieben.
– Also auch ein Arbeitsbuch mit Lösungen. –

Sie wollen sicher sein, dass Sie richtig und vollständig gelernt haben. Deshalb bietet Ihnen der Autor Lernerfolgskontrollen an. Ob Sie richtig geantwortet haben, können Sie aus den Lösungen am Ende des Buches ersehen.
– Lernerfolgskontrollen mit Lösungen. –

Trotz intensiven Lernens durch Beispiele, Übungen und Lernerfolgskontrollen verliert sich ein Teil des Wissens und Könnens wieder, wenn Sie nicht bereit sind, regelmäßig und bei Bedarf zu wiederholen!
Das will Ihnen der Autor erleichtern.
Er hat die jeweils rechten Spalten der Buchseiten so geschrieben, dass hier die Kerninhalte als stichwortartiger Satz, als Formel oder als Skizze zusammengefasst sind. Sie brauchen deshalb beim Wiederholen und auch Nachschlagen meistens nur die rechten Spalten lesen.
– Schließlich noch ein Repetitorium! –

Für das Aufsuchen entsprechender Kapitel verwenden Sie bitte das Inhaltsverzeichnis am Anfang des Buches, für die Suche bestimmter Begriffe steht des Sachwortregister am Ende des Buches zur Verfügung.
– Selbstverständlich mit Inhaltsverzeichnis und Sachwortregister. –

Sicherlich werden Sie durch die intensive Arbeit mit dem Buch auch Ihre „Bemerkungen zur Sache" in diesem Buch unterbringen wollen, um es so zum individuellen Arbeitsmittel zu machen, das Sie auch später gerne benutzen. Deshalb haben wir für Ihre Notizen auf den Seiten Platz gelassen.
– Am Ende ist „Ihr" Buch entstanden. –

Möglich wurde dieses Lernbuch für Sie durch die Bereitschaft des Autors und die intensive Unterstützung des Verlages mit seinen Mitarbeitern. Ihnen sollten wir herzlich danken.
Beim Lernen wünsche ich Ihnen viel Freude und Erfolg.

Manfred Mettke

Vorwort des Verfassers

Seit der letzten Auflage des Buches hat sich die Nachrichten-Übertragungstechnik auch weiterhin in Richtung Digitalisierung und Konvergenz entwickelt. Dies bedeutet einerseits, dass die Übertragung von Signalen nur noch in Ausnahmefällen analog erfolgt, während digitale Übertragungssysteme ständig zunehmen. Andererseits bietet die digitale Übertragung den grundsätzlichen Vorteil, auch unterschiedliche spezifische Nutzungen gleichzeitig über dieselben Netze effizient übertragen zu können. Für solche Nutzungen gilt die Bezeichnung Dienste oder Services. Dieses Zusammenwachsen der Inhalte wird als transparente Übertragung bezeichnet, wobei für jeden Dienst eine als Protokoll bezeichnete „Spielregel" für die Übertragung zur Verfügung stehen muss, um gegenseitige Beeinflussungen zu vermeiden.

In dieser neuen Auflage der „Nachrichten-Übertragungstechnik" wurde das seit Jahren bewährte Konzept der Strukturierung des Inhalts beibehalten, jedoch um die aktuellen Entwicklungen der digitalen Modulations- und Übertragungsverfahren, der Quellencodierungen, der Kanalcodierungen, der Verschlüsselungen, der Fehlerschutzkonzepte, der Schnittstellen und der Übertragungsprotokolle ergänzt. Außerdem wird die wachsende Zahl der verfügbaren oder geplanten Anwendungen aus dem großen Bereich der Telekommunikationstechnik behandelt. Die einzelnen Themen betrachten wir dabei aus physikalischer und mathematischer Sicht, außerdem spielen auch die Begriffsbestimmungen eine wichtige Rolle. Ergänzend finden Sie ebenso die in der Telekommunikationstechnik sehr häufig verwendeten englischen Ausdrücke (angegeben in eckigen Klammern), fachtypische Abkürzungen und Kunstworte (Akronyme).

Neben den Betrachtungen der digitalen Welt kommt aber auch die analoge Technik nicht zu kurz. Alle heute relevanten Anwendungen und ihre Grundlagen sind mit den neuesten Erkenntnissen eingearbeitet.

Für die Arbeit mit diesem Buch sind Grundkenntnisse der Physik, Mathematik, Elektrotechnik und Elektronik erforderlich, also gängiges Basiswissen.

Diese Auflage der „Nachrichten-Übertragungstechnik" umfasst alle Aspekte der modernen Telekommunikationstechnik. Damit sind Sie als Nutzer des Buches „up to date" hinsichtlich Ihres fachlichen Wissens. Das Werk ist zum Lesen, Lernen und Nachschlagen bestens geeignet und stellt deshalb eine sinnvolle Investition dar.

Köln, im Herbst 2008 *Ulrich Freyer*

Inhalt

1 Ausgangslage
   1.0 Einführung 13
   1.1 Information, Signal, Kommunikation 13
   1.2 Übertragungssysteme 16
   Lernerfolgskontrolle zu Kapitel 1 17

2 Grundbegriffe
   2.1 Pegel 18
      2.1.0 Einführung 18
      2.1.1 Pegelarten 18
      2.1.2 Abstand und Maß 24
      2.1.3 Pegelplan 25
      Lernerfolgskontrolle zu Kapitel 2.1 27
   2.2 Signale 27
      2.2.0 Einführung 27
      2.2.1 Zeitfunktion und Frequenzfunktion 27
      2.2.2 Analoge und digitale Signale 32
      2.2.3 Nutzsignale und Störsignale 36
      2.2.4 Analyse und Synthese 42
      2.2.5 Dämpfung und Verstärkung 47
      2.2.6 Kopplungsarten 50
      2.2.7 Eintore und Mehrtore 51
      2.2.8 Anpassung und Fehlanpassung 55
      Lernerfolgskontrolle zu Kapitel 2.2 59
   2.3 Elektromagnetische Wellen 60
      2.3.0 Einführung 60
      2.3.1 Schwingung und Welle 60
      2.3.2 Elektromagnetisches Feld 64
      2.3.3 Frequenz- und Wellenbereiche 70
      2.3.4 Wellenausbreitung 72
      Lernerfolgskontrolle zu Kapitel 2.3 79
   2.4 Kommunikation 80
      2.4.0 Einführung 80
      2.4.1 Arten 80
      2.4.2 Verteilung und Vermittlung 82
      2.4.3 Übertragungsmodi 83
      Lernerfolgskontrolle zu Kapitel 2.4 84
   2.5 Netze und Dienste 84
      2.5.0 Einführung 84
      2.5.1 Begriffsbestimmungen 84
      2.5.2 Netzstrukturen 88
      2.5.3 Diensteeigenschaften 90
      Lernerfolgskontrolle zu Kapitel 2.5 92
   2.6 Schnittstellen und Protokolle 92
      2.6.0 Einführung 92
      2.6.1 Begriffsbestimmungen 93
      2.6.2 Spezifikationen von Schnittstellen 93

     2.6.3 Anwendung von Protokollen 95
     Lernerfolgskontrolle zu Kapitel 2.6 96
2.7 Übertragungskapazität 96
     2.7.0 Einführung 96
     2.7.1 Kenngrößen 96
     2.7.2 Übertragungskanal 98
     Lernerfolgskontrolle zu Kapitel 2.7 100
2.8 OSI-Referenzmodell 100
     2.8.0 Einführung 100
     2.8.1 Konzept 100
     2.8.2 Schichtenstruktur 102
     2.8.3 Kommunikationsstruktur 105
     Lernerfolgskontrolle zu Kapitel 2.8 106
2.9 Elektromagentische Verträglichkeit (EMV) 106
     2.9.0 Einführung 106
     2.9.1 Begriffsbestimmungen 107
     2.9.2 Elektromagnetische Aussendungen (EMA) 108
     2.9.3 Elektromagnetische Beeinflussbarkeit (EMB) 109
     Lernerfolgskontrolle zu Kapitel 2.9 112

3 Komponenten
3.1 Elektroakustische Wandler 113
     3.1.0 Einführung 113
     3.1.1 Grundlagen 113
     3.1.2 Mikrofone 116
     3.1.3 Lautsprecher und Hörer 121
     Lernerfolgskontrolle zu Kapitel 3.1 124
3.2 Elektrooptische Wandler 125
     3.2.0 Einführung 125
     3.2.1 Grundlagen 125
     3.2.2 Aufnahme-Komponenten 127
     3.2.3 Wiedergabe-Komponenten 130
     Lernerfolgskontrolle zu Kapitel 3.2 133
3.3 Antennen 133
     3.3.0 Einführung 133
     3.3.1 Grundlagen 133
     3.3.2 Kenngrößen 134
     3.3.3 Arten 140
     Lernerfolgskontrolle zu Kapitel 3.3 146
3.4 Elektrische Leitungen 146
     3.4.0 Einführung 146
     3.4.1 Grundlagen 146
     3.4.2 Kenngrößen 148
     3.4.3 Arten 150
     3.4.4 Leitung als Übertragungskanal 154
     3.4.5 Leitung als Bauelement 155
     Lernerfolgskontrolle zu Kapitel 3.4 158
3.5 Optische Leitungen 158
     3.5.0 Einführung 158
     3.5.1 Grundlagen 158
     3.5.2 Kenngrößen 161

3.5.3 Arten 162
Lernerfolgskontrolle zu Kapitel 3.5 165
3.6 Signalwandler 165
   3.6.0 Einführung 165
   3.6.1 Analog-Digital-Umsetzer (ADU) 165
   3.6.2 Digital-Analog-Umsetzer (DAU) 169
   Lernerfolgskontrolle zu Kapitel 3.6 171

4 Verfahren
4.1 Modulation und Demodulation 172
   4.1.0 Einführung 172
   4.1.1 Modulation und Demodulation analoger Träger durch analoge Signale 174
      4.1.1.0 Einführung 174
      4.1.1.1 Amplitudenmodulation (AM) 175
      4.1.1.2 Frequenzmodulation (FM) 186
      4.1.1.3 Phasenmodulation (PM) 193
   4.1.2 Modulation und Demodulation analoger Träger durch digitale Signale 194
      4.1.2.0 Einführung 194
      4.1.2.1 Amplitudenumtastung (ASK) 196
      4.1.2.2 Frequenzumtastung (FSK) 197
      4.1.2.3 Phasenumtastung (PSK) 198
      4.1.2.4 Amplituden-Phasen-Umtastung 200
   4.1.3 Modulation und Demodulation digitaler Träger durch analoge Signale 201
      4.1.3.0 Einführung 201
      4.1.3.1 Pulsamplitudenmodulation (PAM) 202
      4.1.3.2 Pulsfrequenzmodulation (PFM) 203
      4.1.3.3 Pulsphasenmodulation (PPM) 204
      4.1.3.4 Pulsdauermodulation (PDM) 204
   4.1.4 Digitale Modulation und Demodulation im Basisband 205
      4.1.4.0 Einführung 205
      4.1.4.1 Pulscodemodulation (PCM) 206
      4.1.4.2 Varianten 208
   Lernerfolgskontrolle zu Kapitel 4.1 210
4.2 Codierung und Decodierung 211
   4.2.0 Einführung 211
   4.2.1 Grundlagen 211
   4.2.2 Arten 213
   4.2.3 Übertragungsformen 215
   Lernerfolgskontrolle zu Kapitel 4.2 217
4.3 Quellencodierung 217
   4.3.0 Einführung 217
   4.3.1 Grundlagen 217
   4.3.2 Arten 220
   Lernerfolgskontrolle zu Kapitel 4.3 227
4.4 Kanalcodierung 227
   4.4.0 Einführung 227
   4.4.1 Grundlagen 227
   4.4.2 Arten 229
   Lernerfolgskontrolle zu Kapitel 4.4 233
4.5 Multiplexierung und Demultiplexierung 233
   4.5.0 Einführung 233

    4.5.1 Zeitmultiplex (TDM) 234
    4.5.2 Frequenzmultiplex (FDM) 236
    4.5.3 Raummultiplex (SDM) 239
    4.5.4 Polarisationsmultiplex (PDM) 239
    4.5.5 Vielfachzugriff (XDMA) 240
    Lernerfolgskontrolle zu Kapitel 4.5 242
4.6 Verschlüsselung und Entschlüsselung 242
    4.6.0 Einführung 242
    4.6.1 Grundlagen 242
    4.6.2 Funktionsweise 244
    Lernerfolgskontrolle zu Kapitel 4.6 247
4.7 Übertragungssysteme 247
    4.7.0 Einführung 247
    4.7.1 Gesamtkonzept 247
    4.7.2 Bitfehlerrate 250
    4.7.3 Varianten 251
    Lernerfolgskontrolle zu Kapitel 4.7 253
4.8 Signalspeicherung 253
    4.8.0 Einführung 253
    4.8.1 Magnetische Verfahren 254
    4.8.2 Optische Verfahren 258
    4.8.3 Elektrische Verfahren 262
    Lernerfolgskontrolle zu Kapitel 4.8 263

5 Netze und Anwendungen

5.1 Telekommunikationsnetze 264
    5.1.0 Einführung 264
    5.1.1 Grundlagen 264
    5.1.2 Vermittlung und Übertragung im bisherigen Fernmeldenetz 270
    5.1.3 Vermittlung und Übertragung im ISDN 282
    5.1.4 Digitale Teilnehmer-Anschlussleitung (DSL) 289
    Lernerfolgskontrolle zu Kapitel 5.1 291
5.2 Rundfunk und Multimedia 292
    5.2.0 Einführung 292
    5.2.1 Hörfunk (Radio) 293
        5.2.1.0 Einführung 293
        5.2.1.1 Analoger Hörfunk 294
        5.2.1.2 Digitaler Hörfunk 309
    5.2.2 Fernsehen (TV) 320
        5.2.2.0 Einführung 320
        5.2.2.1 Analoges Fernsehen 321
        5.2.2.2 Digitales Fernsehen 341
    5.2.3 Multimedia 354
        5.2.3.0 Einführung 354
        5.2.3.1 Grundlagen 354
        5.2.3.2 Anwendungen 356
    Lernerfolgskontrolle zu Kapitel 5.2 357
5.3 Rundfunk-Kabelnetze 358
    5.3.0 Einführung 358
    5.3.1 Konzept 358
    5.3.2 Systeme und Kenngrößen 361

Lernerfolgskontrolle zu Kapitel 5.3	368
5.4 Datennetze	368
5.4.0 Einführung	368
5.4.1 Grundlagen	368
5.4.2 Systeme und Kenngrößen	371
Lernerfolgskontrolle zu Kapitel 5.4	379
5.5 Mobilkommunikation	379
5.5.0 Einführung	379
5.5.1 Grundlagen	379
5.5.2 Systeme und Kenngrößen	384
Lernerfolgskontrolle zu Kapitel 5.5	389
5.6 Internet	390
5.6.0 Einführung	390
5.6.1 Aufgabenstellung und Funktionsprinzip	390
5.6.2 Betriebsorganisation	391
5.6.3 Anwendungen	393
Lernerfolgskontrolle zu Kapitel 5.6	396
5.7 Satellitenkommunikation	396
5.7.0 Einführung	396
5.7.1 Aufgabenstellung und Funktionsprinzip	397
5.7.2 Systeme und Kenngrößen	403
Lernerfolgskontrolle zu Kapitel 5.7	408
5.8 Triple Play	408
5.8.0 Einführung	408
5.8.1 Konzept	408
5.8.2 Triple Play über das Kabelnetz	409
5.8.3 Triple Play über das Telefonnetz	412
5.8.4 Triple Play über Satellit	415
Lernerfolgskontrolle zu Kapitel 5.8	416
5.9 Ortung und Navigation	416
5.9.0 Einführung	416
5.9.1 Aufgabenstellung und Funktionsprinzip	416
5.9.2 Systeme und Kenndaten	418
Lernerfolgskontrolle zu Kapitel 5.9	426
6 Perspektiven	**427**
Lösungen	429
Literaturverzeichnis	463
Sachwortverzeichnis	465

1 Ausgangslage

1.0 Einführung

Nach Durcharbeiten des Kapitels können Sie den Begriff Kommunikation erklären, die Zusammenhänge zwischen Nachricht, Information und Signal aufzeigen, Nutzsignale und Störsignale unterscheiden und die Funktionsweise geführter, ungeführter und materieller Übertragung beschreiben.

1.1 Information, Signal, Kommunikation

Allgemein wird unter einer Nachricht eine beliebige Mitteilung verstanden, die eine oder mehre Informationen beinhaltet. Die Information beschreibt somit den Inhalt der Nachricht. Die Übertragung von Nachrichten zwischen räumlich entfernten Stellen erfolgt mit Hilfe physikalischer Größen. Bei einer gesprochenen Nachricht handelt es sich dabei um den vom Mund hervorgerufenen Schalldruck. In diesem Fall ist die Reichweite verständlicherweise begrenzt. Für die Überbrückung größerer Entfernungen kommen deshalb elektrische, magnetische oder optische Größen zum Einsatz. Deren Verläufe bezeichnen wir als Signale, die als technische Repräsentation der Informationen zu verstehen sind.

Bild 1.1–1 Beziehung zwischen Nachricht, Signal und Information

Für den Austausch von Informationen gilt die Bezeichnung Kommunikation. Dabei muss für jedes Signal der Informationsgehalt bekannt sein, damit die Kommunikation eindeutig ist. Bei einer gesprochenen Nachricht ist es deshalb beispielsweise erforderlich, dass die zuhörende Person die verwendete Sprache beherrscht.

Kommunikation =
Austausch von Informationen

In der Regel sollen Nachrichten über große bis sehr große Entfernungen übertragen werden. Daraus erklärt sich auch der bekannte Begriff „Telekommunikation", als Abkürzung TK (oder Tk). Die Vorsilbe „tele" steht dabei für das Wort „fern". Telekommunikation bedeutet also Kommunikation über beliebig große Entfernungen.

Telekommunikation =
Kommunikation über beliebige Entfernungen

Aus den aufgezeigten Zusammenhängen lässt sich auch erklären, dass zwischen den Begriffen

Kommunikationstechnik, Nachrichtentechnik und Informationstechnik eine klare Abgrenzung nur bedingt möglich ist.

Für Informationen sind verschiedene Formen möglich. Betrachten wir die Wahrnehmbarkeit, dann lassen sich die Gruppen Audio, Video und Daten unterscheiden.

Bei der Gruppe **Audio** [*audio*] (häufig auch nur als Ton bezeichnet) handelt es sich um alle mit dem menschlichen Ohr erfassbaren Informationen, also akustische Signale. Dazu gehören Sprache, Musik, Geräusche und alle sonstigen akustischen Eindrücke.

Die Gruppe **Video** [*video*] (häufig auch nur als Bild bezeichnet) umfasst alle mit dem menschlichen Auge erfassbaren Informationen, also optische Signale. Dazu gehören Bilder, Grafiken, Texte und alle sonstigen optischen Eindrücke. Die Bilder können feststehend oder bewegt sein, wobei schwarzweiße oder farbige Darstellung möglich ist.

Zur Gruppe **Daten** [*data*] gehören alle Informationen, die nicht unmittelbar mit Auge oder Ohr wahrnehmbar sind. Für ihre Verarbeitung bedarf es deshalb stets technischer Einrichtungen.

Für unsere weiteren Betrachtungen ist also jeweils zu beachten, ob es sich um Audiosignale, Videosignale oder Datensignale handelt.

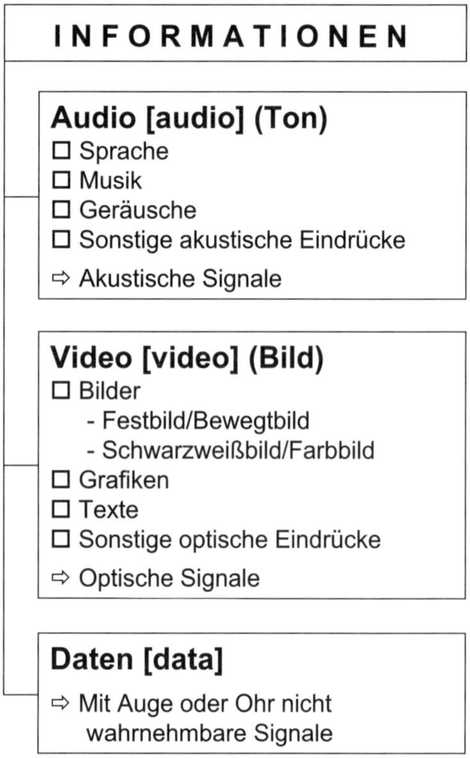

INFORMATIONEN

Audio [audio] (Ton)
☐ Sprache
☐ Musik
☐ Geräusche
☐ Sonstige akustische Eindrücke
⇨ Akustische Signale

Video [video] (Bild)
☐ Bilder
　　- Festbild/Bewegtbild
　　- Schwarzweißbild/Farbbild
☐ Grafiken
☐ Texte
☐ Sonstige optische Eindrücke
⇨ Optische Signale

Daten [data]
⇨ Mit Auge oder Ohr nicht wahrnehmbare Signale

Bild 1.1–2　Arten der Information

Beispiel 1.1–1

Beschreiben Sie einen einfachen Fall für die Beziehung zwischen Nachricht, Information und Signal.
Bei Verkehrsampeln wird durch das grüne Licht (Signal) eine Nachricht übertragen, die darüber informiert, dass die Fahrzeuge freie Fahrt haben.

Übung 1.1–1

Nach welchem grundsätzlichen Kriterium unterscheiden sich die Arten der Information?

Jede Kommunikation hat folgendes Ziel:　　Die von der einen Stelle stammenden Signale sollen unverändert zu der räumlich entfernten anderen Stelle gelangen.

1.1 Information, Signal, Kommunikation

Dies ist in der Praxis allerdings nicht erreichbar. Neben den **Nutzsignalen**, welche die eigentlich zu übertragende Information repräsentieren, treten stets auch **Störsignale** auf. Diese beeinflussen die Nutzsignale unerwünscht und dürfen deshalb bestimmte Größenordnungen nicht überschreiten, damit die vorgesehene Kommunikation bestimmungsgemäß funktioniert.

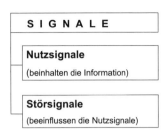

Bild 1.1–3   Arten der Signale

Die Idealvorstellung jeder Kommunikation ist die Übertragung der Signale in unveränderter Form zur räumlich entfernten Stelle.

Das Signal bleibt bei der Übertragung im Idealfall unverändert.

Übung 1.1–2
Wie können Sie bei einem Signal erkennen, ob es sich um ein Nutzsignal oder ein Störsignal handelt?

Die Kommunikation zwischen räumlich entfernten Stellen kann zwischen Menschen, technischen Einrichtungen (üblicherweise als Maschinen bezeichnet) oder Menschen und technischen Einrichtungen (sog. Mensch-Maschine-Kommunikation) erfolgen. Bei all diesen Varianten erfolgt die Informationsübertragung entweder **einseitig gerichtet** (also nur von der einen Stelle zu der anderen Stelle) oder **wechselseitig gerichtet** (also in beide Richtungen zwischen den Stellen).

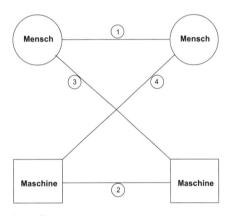

Bild 1.1–4   Varianten der Kommunikation

Die an einer Kommunikation beteiligten Menschen werden üblicherweise als **Teilnehmer** (Tln) oder **Nutzer** [*user*] bezeichnet.

Bei der Übertragung von Daten hat sich auch die Verwendung der Begriffe Server und Client eingebürgert. Der Server ist dabei eine technische Dienstleistungs-Einrichtung, die Informationen bereitstellt, während der Client (= Nutzer) als technische Einrichtung die von einem Server bereitgestellten Information aufnimmt und nutzt.

Server stellt Informationen bereit.

Client nutzt übertragene Informationen.

1.2 Übertragungssysteme

Technische Kommunikation bedeutet stets die Übertragung des Signals einer Quelle zu einer räumlich entfernten Senke. In der Quelle wird das zu übertragende Signal erzeugt, zum Beispiel durch ein Mikrofon. Die Senke nutzt dagegen das übertragene Signal für den jeweils gewünschten Dienst, zum Beispiel einen Lautsprecher für die Tonwiedergabe.

Zwischen Quelle und Senke liegt das eigentliche **Übertragungssystem** [*transmission system*]. Dieses weist stets folgende Funktionseinheiten auf: **Sender** [*sender* oder *transmitter*], **Übertragungskanal** [*transmission channel*] (häufig auch nur als **Kanal** [*channel*]) bezeichnet und **Empfänger** [*receiver*].

Das von der Quelle stammende Signal setzt der Sender in eine für den Transport im Übertragungskanal geeignete Form um. Dies ist erforderlich, weil jeder Übertragungskanal – vergleichbar einem Kanal für die Schifffahrt – eine ganz bestimmte technische Dimensionierung aufweist. Die dadurch bedingten Begrenzungen müssen berücksichtigt werden, damit die Signalübertragung keine Beeinträchtigung erfährt. Den Abschluss des Übertragungssystems bildet der Empfänger. Er passt das übertragene Signal den Erfordernissen der Senke an.

Quelle erzeugt das zu übertragende Signal.

Senke nutzt das übertragene Signal für gewünschten Dienst.

Übertragungssystem [*transmission system*]
- Sender [*sender* oder *transmitter*]
- Übertragungskanal [*transmission channel*] oder Kanal [*channel*]
- Empfänger [*receiver*]

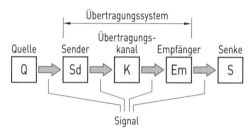

Bild 1.2–1 Grundstruktur für Kommunikationssysteme

Beispiel 1.2–1

Es soll ein für den Alltag typisches Kommunikationssystem beschrieben werden.

Dafür bietet sich das Fernsehen an. Bei einer Live-Übertragung stellt die Fernsehkamera die Quelle für die Bildinformation dar. Sie erzeugt aus den aufgenommenen Bildern die zu übertragenden Signale. Diese werden dann in einem Sender dem Übertragungskanal (Satellit, Kabel oder Terrestrik) angepasst. Beim Nutzer bereitet ein Empfänger die übertragenen Signale für die Wiedergabe auf. Als Senke dient der Bildschirm des Fernsehgeräts, auf dem die übertragenen Bildinhalte für den Betrachter dargestellt werden.

Bisher sind wir ausschließlich von **Nutzsignalen** ausgegangen. In der Praxis können jedoch beim Sender, Übertragungskanal und Empfänger zusätzlich auch **Störsignale** einwirken. Am Ausgang des Übertragungssystems tritt dann ein aus Nutz- und Störsignal bestehendes resultierendes Signal auf. Die Qualität eines Kommunikationssystems hängt von dem Verhältnis zwischen Nutzsignal und Störsignal ab. Zwischen den Werten beider Signalarten muss stets ein Mindestabstand gewährleistet sein.

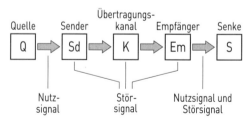

Bild 1.2–2 Nutzsignal und Störsignal beim Kommunikationssystem

Übung 1.2–1

Welche Wirkungen kennzeichnen das Störsignal in einem Kommunikationssystem?

Übertragungssysteme lassen sich auf unterschiedliche Weise realisieren.

Bei **geführter Übertragung** besteht der Übertragungskanal aus einer elektrischen Leitung (Kupferleitung) oder einer optischen Leitung (Lichtwellenleitung (LWL)). Bei elektrischen Leitungen werden Spannungsverläufe vom Sender zum Empfänger übertragen. Im einfachsten Fall handelt es sich dabei um Verstärker, in der Praxis sind es jedoch häufig Kombinationen mit Modulatoren/Demodulatoren, Codierern/Decodierern oder Multiplexern/Demultiplexern.

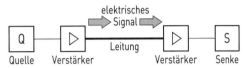

Bild 1.2–3   Geführte Übertragung mit elektrischen Leitungen

Bei optischen Leitungen werden optische Signale übertragen, die mit ihren Wellenlängen in den Bereichen 850 nm, 1300 nm oder 1550 nm liegen. Als Sender kommen elektrooptische Wandler zum Einsatz, bei den Empfängern handelt es sich um optoelektrische Wandler. Die optischen Leitungen sind meistens Glasfaserleitungen (GFL), es kann sich aber auch um Leitungen aus Kunststoff handeln, die als POF [*plastic optical fibre*] bezeichnet werden.

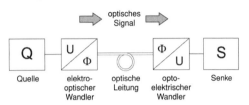

Bild 1.2–4   Geführte Übertragung mit optischen Leitungen

Bei **ungeführter Übertragung** kommen elektromagnetische Wellen zum Einsatz. Sie werden von Funksendern über Antennen in den freien Raum abgestrahlt und mit Funkempfängern über Antennen aufgenommen. Für diese Methode gilt die Bezeichnung Funkübertragung.

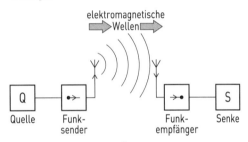

Bild 1.2–5   Ungeführte Übertragung (Funkübertragung)

Eine besondere Form der Übertragung liegt vor, wenn wir die Signale auf einen Informationsträger (z. B. CD, DVD, USB-Stick …) speichern und diesen zwischen den räumlich entfernten Stellen transportieren. Für diese Methode der **materiellen Übertragung** muss auf der Sendeseite eine Speichereinrichtung für die Signaleingabe zur Verfügung stehen, während auf der Empfangsseite eine Speichereinrichtung für die Signalausgabe erforderlich ist.

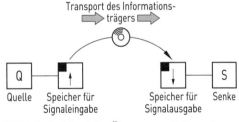

Bild 1.2–6   Materielle Übertragung (Informationsträger)

Lernerfolgskontrolle zu Kapitel 1

1. Formulieren Sie das Funktionsprinzip der Kommunikationstechnik.
2. Welche Aufgabe hat das Signal in der Kommunikationstechnik?
3. Warum wird bei jedem Übertragungssystem ein Sender benötigt?
4. Welches Verhältnis zwischen Nutzsignal und Störsignal ist für eine möglichst hohe Übertragungsqualität anzustreben?
5. Worin besteht der grundsätzliche Unterschied zwischen geführter und ungeführter Übertragung?

2 Grundbegriffe

2.1 Pegel

2.1.0 Einführung

Nach Durcharbeiten dieses Kapitels können Sie den Begriff Pegel erklären, die Zweckmäßigkeit der Pseudoeinheit Dezibel aufzeigen, Pegelarten unterscheiden, mit relativen Pegeln rechnen, absolute Pegel nutzen, die Begriffe Abstand und Maß beschreiben sowie Pegelpläne erstellen.

2.1.1 Pegelarten

Signale sind bekanntlich Verläufe physikalischer Größen. In der Kommunikationstechnik spielen dabei die elektrische Spannung U und die elektrische Wirkleistung P eine wesentliche Rolle. Die Angabe eines Spannungswertes erfolgt als Vielfaches der Einheit Volt (V), während es sich beim Leistungswert um das Vielfache der Einheit Watt (W) handelt. Das Vielfache kann dabei auch eine beliebig gebrochene Zahl sein, bei der Spannung ist zur Angabe der Polarität zusätzlich auch das Minuszeichen möglich.

Sind andere physikalische Größen der elektrischen Wirkleistung proportional, dann handelt es sich um Leistungsgrößen. Dazu gehören:

Verhalten sich dagegen physikalische Größen proportional zur Quadratwurzel der elektrischen Wirkleistung, dann sprechen wir von Feldgrößen. Dazu gehören:

Wesentliche physikalische Größen in der Kommunikationstechnik:
- **Elektrische Spannung** U
  Einheit: Volt (V)
- **Elektrische Wirkleistung** P
  Einheit: Watt (W)

Leistungsgrößen weisen Proportionalität zur elektrischen Wirkleistung P auf
- Energie, Arbeit P (Einheit: J)
- Leistungs(fluss)dichte P/A (Einheit: W/m^2)
- Energiedichte W/A (Einheit: J/m^2)

Feldgrößen weisen Proportionalität zur Quadratwurzel der elektrischen Wirkleistung P auf
- Elektrische Spannung U (Einheit: V)
- Elektrische Stromstärke I (Einheit: A)
- Elektrische Feldstärke E (Einheit: V/m)
- Magnetische Feldstärke H (Einheit: A/m)
- Kraft F (Einheit: N)
- Schalldruck p (Einheit: Pa)

In der Kommunikationstechnik ist häufig nicht der absolute Wert einer Größe von Interesse, sondern das Verhältnis von zwei gleichartigen Größen, also zum Beispiel Eingangs- und Ausgangsspannung eines Verstärkers. Es ergibt sich

Das Verhältnis zweier gleichartiger Größen ergibt dimensionslosen Ausdruck.

2.1 Pegel

dadurch ein Bruch, dessen Zähler und Nenner gleiche Dimensionen aufweisen, was zu einem dimensionslosen Ausdruck führt. Bezogen auf die beliebigen Stellen a und b ergibt sich für Leistung und Spannung:

$$x_P = \frac{P_a}{P_b} \quad \text{bzw.} \quad x_U = \frac{U_a}{U_b} \quad (2.1\text{-}1)$$

Die Beschreibung dieser Größenverhältnisse durch den dekadischen Logarithmus führt zu folgender Form:

$$y_P = \lg \frac{P_a}{P_b} \quad \text{bzw.} \quad y_U = \lg \frac{U_a}{U_b} \quad (2.1\text{-}2)$$

Das logarithmierte Verhältnis von Leistungsgrößen und Feldgrößen wird im Gegensatz zur linearen Variante als **Pegel** [*level*] bezeichnet und L als Formelzeichen verwendet.

> **Das logarithmierte Verhältnis von Leistungs- und Feldgrößen heißt Pegel L.**

Durch einen Index wird die Art des Pegels gekennzeichnet, also zum Beispiel L_P für Leistungspegel und L_U für Spannungspegel.

$L_P \Rightarrow$ Leistungspegel
$L_U \Rightarrow$ Spannungspegel

Da Pegelangaben eigentlich dimensionslos sind, wurde die Pseudoeinheit „Bel" (B) als Kennzeichnung festgelegt.
In der Praxis hat sich allerdings das Dezibel (dB) durchgesetzt, also das Zehntel-Bel. Damit werden die Pegelwerte überschaubarer.

$$1\,\text{dB} = \frac{1}{10}\,\text{B} \Leftrightarrow 1\,\text{B} = 10\,\text{dB} \quad (2.1\text{-}3)$$

Für den Leistungspegel folgt daraus:

$$L_P = \lg \frac{P_a}{P_b}\,\text{B} = \lg \frac{P_a}{P_b}\,10\,\text{dB}$$

$$\boxed{L_P = 10 \cdot \lg \frac{P_a}{P_b}\,\text{dB}} \quad (2.1\text{-}4)$$

Mit Hilfe der Leistungsformel ist der Übergang vom Leistungspegel zum Spannungspegel möglich. Es ergibt sich:

$$L_P = 10 \cdot \lg \frac{P_a}{P_b}\,\text{dB} = 10 \cdot \lg \frac{\frac{U_a^2}{R_a}}{\frac{U_b^2}{R_b}}\,\text{dB}$$

Als Bedingung gilt nun, dass sich beide Leistungen auf den gleichen Widerstand beziehen.

Forderung:
$$R_a = R_b = R \quad (2.1\text{-}5)$$

Damit ergibt sich für den Spannungspegel:

$$L_U = 10 \cdot \lg \left(\frac{U_a}{U_b}\right)^2 \text{dB} = 10 \cdot 2 \cdot \lg \frac{U_a}{U_b}\,\text{dB}$$

$$\boxed{L_U = 20 \cdot \lg \frac{U_a}{U_b}\,\text{dB}} \quad (2.1\text{-}6)$$

Übung 2.1–1
Welcher grundsätzliche Unterschied besteht zwischen Leistungspegel und Spannungspegel?

Übung 2.1–2

Welcher Spannungspegel ergibt sich am Ausgang einer Baugruppe, bei der folgende Werte gelten: Eingangsspannung 8,4 V, Ausgangsspannung 60 V?

Ist ein Pegelwert bekannt, dann können wir durch Entlogarithmieren das Verhältnis der Leistungen bzw. Spannungen einfach ermitteln.

Es ergibt sich:

Entlogarithmieren

$$y = \lg x \Leftrightarrow x = 10^y \quad (2.1–7)$$

$$\boxed{\frac{P_a}{P_b} = 10^{\frac{L_P}{10\,\text{dB}}}} \quad (2.1–8)$$

$$\boxed{\frac{U_a}{U_b} = 10^{\frac{L_U}{20\,\text{dB}}}} \quad (2.1–9)$$

Die bisherigen Betrachtungen der Leistungen und Spannungen bezogen sich auf zwei beliebige Stellen a und b im Kommunikationssystem. Das bedeutet Ortsunabhängigkeit. Der Bezug kann auch auf die Leistung oder Spannung an einer definierten Stelle erfolgen. Wir sprechen dann von relativen Pegeln.

Die Indices a und b gelten für beliebige Stellen.

In der Praxis ist jedoch häufig das Verhältnis zwischen Eingangs- und Ausgangsgröße einer Baugruppe oder eines Gerätes von Bedeutung. Der Eingang wird dabei durch Index 1 gekennzeichnet, während es sich beim Ausgang um den Index 2 handelt. Als relative Pegel sind zwei Angaben möglich, und zwar abhängig davon, ob auf den Wert am Eingang (Index 1) oder den am Ausgang (Index 2) bezogen wird.

Eingangsgrößen: Index 1
Ausgangsgrößen: Index 2

Beim **relativen Pegel** erfolgt der Bezug auf den Wert an einer definierten Stelle im Kommunikationssystem.

Es sind somit folgende Angaben für den Leistungspegel möglich:

$$L_{P(1/2)} = 10 \cdot \lg \frac{P_1}{P_2} \,\text{dB} \quad (2.1–10)$$

$$L_{P(2/1)} = 10 \cdot \lg \frac{P_2}{P_1} \,\text{dB} \quad (2.1–11)$$

Beide Pegel basieren auf den Kehrwerten der Leistungsverhältnisse. Sie weisen deshalb gleiche Zahlenwerte, jedoch unterschiedliche Vorzeichen auf.

$$L_{P(1/2)} = -L_{P(2/1)} \quad \text{bzw.} \quad L_{P(2/1)} = -L_{P(1/2)} \quad (2.1–12)$$

Bei Kommunikationssystemen ist die Wirkungsrichtung bei Baugruppen und Geräten jeweils vom Eingang zum Ausgang.

Sind die Werte von Leistung oder Spannung am Ausgang größer als die am Eingang, dann liegt Verstärkung [*gain*] vor und es ergibt sich ein positiver Wert für den Pegel. Im umgekehrten Fall, also kleinere Werte am Ausgang gegenüber dem Eingang, handelt es sich um Dämpfung [*attenuation*]. Das führt zu negativen Werten für

Ausgangsgröße > Eingangsgröße
⇒ **Verstärkung** [*gain*]

Ausgangsgröße < Eingangsgröße
⇒ **Dämpfung** [*attenuation*]

2.1 Pegel

den Pegel. Es gelten nachfolgende Zusammenhänge:

Verstärkung: $P_2 > P_1 \Rightarrow \dfrac{P_2}{P_1} > 1 \Rightarrow \lg \dfrac{P_2}{P_1} > 0 \Rightarrow L_P = 10 \cdot \lg \dfrac{P_2}{P_1} \text{ dB} > 0$ (2.1–13)

Dämpfung: $P_2 < P_1 \Rightarrow \dfrac{P_2}{P_1} < 1 \Rightarrow \lg \dfrac{P_2}{P_1} < 0 \Rightarrow L_P = 10 \cdot \lg \dfrac{P_2}{P_1} \text{ dB} < 0$ (2.1–14)

Vorstehende Aussagen gelten natürlich in gleicher Weise auch für die Spannung.

Durch das Vorzeichen ist also bei jedem Pegelwert eindeutig erkennbar, ob es sich um Verstärkung oder Dämpfung handelt, wenn sich die Angaben auf dieselbe Wirkungsrichtung beziehen. Im Sprachgebrauch und in der Fachliteratur wird dies allerdings nicht immer konsequent beachtet. So muss bei der Aussage, dass die Dämpfung 12 dB beträgt, in Berechnungen dies als – 12 dB berücksichtigt werden.

Bild 2.1–1   Verstärkungs- und Dämpfungspegel

Das Verhältnis der Leistungs- bzw. Spannungswerte wird als Verstärkungsfaktor oder Dämpfungsfaktor bezeichnet, bei den logarithmierten Verhältnissen gelten die Bezeichnungen Verstärkungspegel oder Dämpfungspegel. In Tabelle 2.1–1 sind die möglichen Varianten zusammengestellt.

Faktor = Lineares Verhältnis der Werte für P bzw. U

Pegel = Logarithmiertes Verhältnis der Werte für P bzw. U

Tabelle 2.1–1   Faktoren und Pegel für Leistung und Spannung

$P_2 > P_1$	Leistungsverstärkungsfaktor $V_P = \dfrac{P_2}{P_1}$	Leistungsverstärkungspegel $L_{P(V)} = 10 \cdot \lg \dfrac{P_2}{P_1}$ dB
$U_2 > U_1$	Spannungsverstärkungsfaktor $V_U = \dfrac{U_2}{U_1}$	Spannungsverstärkungspegel $L_{U(V)} = 20 \cdot \lg \dfrac{U_2}{U_1}$ dB
$P_2 < P_1$	Leistungsdämpfungsfaktor $D_P = \dfrac{P_2}{P_1}$	Leistungsdämpfungspegel $L_{P(A)} = 10 \cdot \lg \dfrac{P_2}{P_1}$ dB
$U_2 < U_1$	Spannungsdämpfungsfaktor $D_U = \dfrac{U_2}{U_2}$	Spannungsdämpfungspegel $L_{U(A)} = 20 \cdot \lg \dfrac{U_2}{U_1}$ dB

Durch Pegelangaben in Dezibel (dB) können auch große Werteverhältnisse mit überschaubaren Zahlen angegeben werden (Bild 2.1–2). Die Umrechnung zwischen Pegel und Zahlenverhältnis der physikalischen Größen ist durch die bereits angeführten Gleichungen möglich.

Angaben in Dezibel (dB) ermöglichen die Erfassung beliebiger Werteverhältnisse physikalischer Größen mit überschaubaren Zahlen.

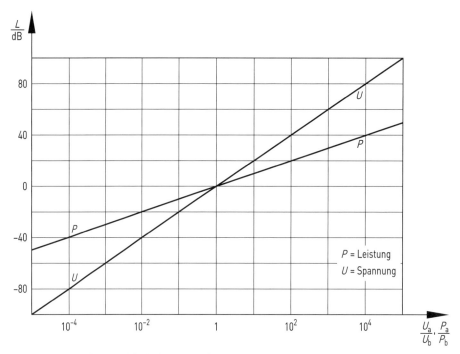

Bild 2.1–2   Relative Pegel für Leistung und Spannung

Bei den bisherigen Betrachtungen sind wir davon ausgegangen, dass sich die Pegelangaben auf unterschiedliche Spannungen oder Leistungen beziehen können, es wurde jedoch für alle Fälle der gleiche Widerstand R vorausgesetzt. In der Praxis ist dies nicht immer gegeben, weil an verschiedenen Messstellen unterschiedliche Widerstandswerte vorhanden sein können.

Wenn wir für U_1 den Widerstand R_1 und für U_2 den Widerstand R_2 annehmen, dann lässt sich die Auswirkung der unterschiedlichen Widerstände berechnen. Es ergibt sich:

Weisen R_1 und R_2 gleiche Werte auf, dann ist der Leistungspegel gleich dem Spannungspegel.

Verwenden wir bei Pegelangaben festgelegte Werte als Bezugsgröße, dann handelt es sich um absolute Pegel. Als Information über den Referenzwert wird das dB-Zeichen durch einen Zusatz ergänzt, wobei es sich um die Einheit der verwendeten Größe handelt. Genormt ist die Angabe in Klammern hinter dem dB-Zeichen. So gilt als Beispiel:

Bisher war gleicher Widerstandswert vorausgesetzt.

$$L_\mathrm{P} = L_\mathrm{U} + 10 \cdot \lg \frac{R_2}{R_1} \,\mathrm{dB} \qquad (2.1\text{–}15)$$

Wenn $R_1 = R_2$, dann $L_\mathrm{P} = L_\mathrm{U}$.

Beim **absoluten Pegel** erfolgt der Bezug auf einen festgelegten **Referenzwert**.

dB(mW) $\Rightarrow$ auf 1 mW bezogener Leistungspegel

2.1 Pegel

Grundsätzlich kann jeder Wert als Referenz verwendet werden. In der Praxis haben sich jedoch nur bestimmte Größen durchgesetzt und folgende direkte Anhängsel an das dB-Zeichen eingebürgert:

dBm: absoluter Leistungspegel, bezogen auf 1 mW
dBW: absoluter Leistungspegel, bezogen auf 1 W
dBµV: absoluter Spannungspegel, bezogen auf 1 µV
dBV: absoluter Spannungspegel, bezogen auf 1 V

Bezeichnen wir für den allgemeinen Fall den Bezugswert mit dem Index „ref" dann gelten für die Pegel folgende Beziehungen:

Absoluter Leistungspegel

$$(L_\mathrm{P})_\mathrm{abs} = 10 \cdot \lg \frac{P}{P_\mathrm{ref}}\, \mathrm{dB} \qquad (2.1\text{–}16)$$

Absoluter Spannungspegel

$$(L_\mathrm{U})_\mathrm{abs} = 20 \cdot \lg \frac{U}{U_\mathrm{ref}}\, \mathrm{dB} \qquad (2.1\text{–}17)$$

Der Index „abs" kann entfallen, wenn hinter dem dB-Zeichen der Referenzwert in Klammern angegeben ist oder die Kennzeichnung des Referenzwertes durch ein entsprechendes direktes Anhängsel an das dB-Zeichen erfolgt.

Varianten für die Angabe des absoluten Pegels (am Beispiel des Referenzwertes 1 W beim Leistungspegel L_P):

- $(L_\mathrm{P})_\mathrm{abs} = 10 \cdot \dfrac{P}{1\,\mathrm{W}}\, \mathrm{dB}$

- $L_\mathrm{P} = 10 \cdot \dfrac{P}{1\,\mathrm{W}}\, \mathrm{dB\,(W)}$

- $L_\mathrm{P} = 10 \cdot \dfrac{P}{1\,\mathrm{W}}\, \mathrm{dBW}$

Die Berechnung der wichtigsten absoluten Pegel für die Kommunikationstechnik ist in Tabelle 2.1–2 zusammengestellt. Die Ermittlung der Werte für die physikalische Größe bei vorgegebenem Pegelwert durch Entlogarithmierung ist dort ebenfalls ersichtlich.

Tabelle 2.1–2 Berechnung absoluter Pegel

Art des Pegels	Berechnung des Pegels	Entlogarithmierung
absoluter Leistungspegel Bezugswert: 1 mW	$L_P = 10 \cdot \lg \dfrac{P}{1\,\text{mW}}$ dBm	$P = 10^{L_P/10\,\text{dBm}}$ mW
absoluter Leistungspegel Bezugswert: 1 W	$L_P = 10 \cdot \lg \dfrac{P}{1\,\text{W}}$ dBW	$P = 10^{L_P/10\,\text{dBW}}$ W
absoluter Spannungspegel Bezugswert: 1 µV	$L_U = 20 \cdot \lg \dfrac{U}{1\,\mu\text{V}}$ dBµV	$U = 10^{L_U/20\,\text{dB}\mu\text{V}}$ µV
absoluter Spannungspegel Bezugswert: 1 V	$L_U = 20 \cdot \lg \dfrac{U}{1\,\text{V}}$ dBV	$U = 10^{L_U/20\,\text{dBV}}$ V
absoluter Feldstärkepegel Bezugswert: 1 µV/m	$L_E = 20 \cdot \lg \dfrac{E}{1\,\mu\text{V/m}}$ dB(µV/m)	$E = 10^{L_E/20\,\text{dB}(\mu\text{V/m})}$ µV/m

Da an der Ergänzung des dB-Zeichens erkennbar ist, dass es sich bei der Angabe um einen absoluten Pegel handelt, wird in der Fachliteratur das Adjektiv „absolut" meistens nicht verwendet. Außerdem hat sich auch eingebürgert, trotz Angaben in Dezibel (dB) als absolute Pegel lediglich von Leistung, Spannung oder Feldstärke zu sprechen.

> Häufig wird bei Angaben in Dezibel (dB) **nicht** der Begriff Pegel verwendet.

Übung 2.1–3

Erläutern Sie, warum sich durch das Entlogarithmieren bei dem auf 1 µV bezogenen absoluten Spannungspegel unmittelbar die Spannung in µV ergibt?

2.1.2 Abstand und Maß

Neben reinen Pegelangaben sind häufig auch die Unterschiede (Differenzen) zwischen zwei Pegelwerten von Interesse. Beziehen sich diese auf dieselbe Stelle, dann bezeichnen wir das Ergebnis als **Abstand** [*ratio*] (Bild 2.1–3).

Durch Zusätze wird der Bezug für diese Angabe genauer beschrieben. Als Beispiel sei der Störabstand [*signal-to-noise ratio* (SNR)] betrachtet. Ein vorgegebener Störabstand von zum Beispiel 30 dB bedeutet, dass der Pegel des Nutzsignals um 30 dB größer sein muss als der des Störsignals.

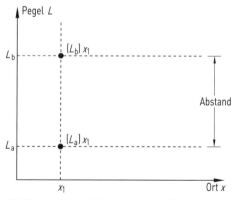

Bild 2.1–3 Pegeldifferenz „Abstand"

2.1 Pegel

Mathematisch betrachtet handelt es sich bei dem Abstand um den Betrag der Differenz von zwei auf denselben Ort bezogenen Pegelwerten.

$$\text{Abstand} = |(L_a)_{x1} - (L_b)_{x1}| \quad (2.1-18)$$

Bezug auf den selben Ort!

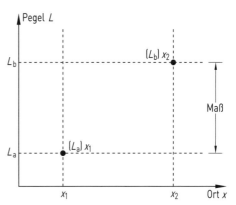

Betrachten wir dagegen den Betrag der Differenz von zwei auf unterschiedliche Orte bezogenen Pegelwerten, dann gilt die Bezeichnung **Maß** [*figure*].

Durch entsprechende Zusätze wird der Bezug für diese Angabe genauer beschrieben. Als Beispiel sei das Rauschmaß [*noise figure*] betrachtet. Es werden dabei die Pegel der Rauschsignale am Eingang und Ausgang einer elektronischen Funktionseinheit (z. B. Verstärker) betrachtet und dann der Betrag der Differenz gebildet.

Bild 2.1–4 Pegeldifferenz „Maß"

$$\text{Maß} = |(L_a)_{x1} - (L_b)_{x2}| \quad (2.1-19)$$

Bezug auf unterschiedliche Orte!

Analog zu den bereits behandelten Verstärkungs- und Dämpfungspegeln sind auch Verstärkungs- und Dämpfungsmaße definierbar. Es ergeben sich folgende Varianten:

☐ Leistungsverstärkungsmaß:
$$g_P = L_{P(2)} - L_{P(1)} \quad (2.1-20)$$
☐ Spannungsverstärkungsmaß:
$$g_U = L_{U(2)} - L_{U(1)} \quad (2.1-21)$$
☐ Leistungsdämpfungsmaß:
$$a_P = L_{P(1)} - L_{P(2)} \quad (2.1-22)$$
☐ Spannungsdämpfungsmaß:
$$a_U = L_{U(1)} - L_{U(2)} \quad (2.1-23)$$

Übung 2.1–4

Interpretieren Sie die Angabe für das Spannungsverstärkungsmaß $g_U = 24$ dB.

Der Unterschied zwischen Abstand und Maß lässt sich wie folgt merken:

Abstand bezieht sich auf die Differenz von Pegeln am selben Ort, **Maß** bezieht sich dagegen auf die Differenz von Pegeln an unterschiedlichen Orten.

2.1.3 Pegelplan

Kommunikationssysteme bestehen stets aus einer Kettenschaltung verschiedener Funktionseinheiten, jede gekennzeichnet durch Verstär-

Kommunikationssysteme sind Kettenschaltungen von Funktionseinheiten.

kung oder Dämpfung. Wir können die Veränderung der Pegelsituation innerhalb des Systems überschaubar als Grafik in einem Koordinatensystem darstellen. Es handelt sich um die Darstellung des Pegels L in Abhängigkeit vom Ort. Die Funktion $L = f(x)$ wird als Pegelplan oder Pegeldiagramm bezeichnet. Auf der x-Achse (Abzisse) ist dabei der Ort x abgetragen, während es sich bei der y-Achse (Ordinate) um den Pegel L handelt.

Der Graph beginnt mit dem Eingangspegel und endet mit dem Ausgangspegel des Systems.

Pegelplan (Pegeldiagramm) = Darstellung des Pegels in Abhängigkeit vom Ort in einem Kommunikationssystem

Beispiel 2.1–1

Der Pegelplan eines aus fünf Stufen bestehenden Kommunikationssystems ist darzustellen. Es sind in Reihenfolge der Stufen folgende Pegel für die Verstärkung bzw. Dämpfung vorgegeben: 24 dB, –10 dB, 3 dB, 18 dB, –12 dB.

Im Koordinatensystem beginnt der Graph bei 0 dB. Er steigt dann bei der ersten Stufe um 24 dB, reduziert sich bei der zweiten Stufe um 10 dB, um danach wieder um 3 dB größer zu werden. Durch die vorletzte Stufe ergibt sich ein weiterer Anstieg um 18 dB, wobei die Dämpfung der letzten Stufe wieder einen Rückgang um 12 dB bewirkt. Als Ausgangspegel tritt dann ein Wert von 23 dB auf.

Hätte zum Beispiel der Eingangspegel 15 dB betragen, dann wäre der Verlauf des Graphen zwar unverändert geblieben, jedoch insgesamt um 15 dB nach oben verschoben. Als Ausgangspegel würde sich dadurch der Wert 23 dB + 15 dB = 38 dB ergeben.

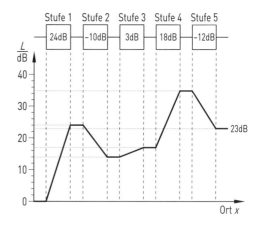

Aus vorstehendem Beispiel ist folgende Abhängigkeit erkennbar:

Positive Pegelwerte ≙ Verstärkung
⇒ Anstieg des Graphen $L = f(x)$

Negative Pegelwerte ≙ Dämpfung
⇒ Abfall des Graphen $L = f(x)$

Im Pegelplan können relative Pegel, aber auch absolute Pegel für Leistungen oder Spannungen verwendet werden. Ist am Eingang ein absoluter Pegel vorgesehen, dann ergibt sich auch am Ausgang ein absoluter Pegel. Aus dem Graphen ist beim absoluten Pegel auch erkennbar, welcher größte (maximale) und kleinste (minimale) Pegel im Kommunikationssystem auftritt.

Durch den Pegelplan wird der größte und kleinste im Kommunikationssystem auftretende Pegel erkennbar.

Lernerfolgskontrolle zu Kapitel 2.1

1. Interpretieren Sie die Pegelangabe $L_P = 0$ dB.
2. Der Spannungsverstärkungspegel eines Verstärkers beträgt 10 dB. Welche Ausgangsspannung tritt dabei auf, wenn am Eingang 15,2 V anliegen?
3. Warum kann Dämpfung auch als negative Verstärkung bezeichnet werden?
4. Geben Sie die Netzspannung (230 V) als absoluten Spannungspegel in dBV an.
5. Welcher grundsätzliche Unterschied besteht zwischen relativen und absoluten Pegeln?
6. Die Ausgangsleistung eines Senders wird mit 20 dBW angegeben. Welche Ausgangsleistung in W weist der Sender auf?

2.2 Signale

2.2.0 Einführung

Nach Durcharbeiten dieses Kapitels können Sie die Begriffe Zeitfunktion und Frequenzfunktion erläutern, analoge und digitale Signale unterscheiden, das Prinzip der Analyse und Synthese von Signalen beschreiben, das Abtasttheorem anwenden, Arten der Eintore und Zweitore aufzeigen, Zweitorparameter unterscheiden, Dämpfung und Verstärkung definieren, Funktion und Arten der Rückkopplung erklären, für die Kommunikationstechnik relevante Störeinflüsse angeben und die Problematik der Anpassung darstellen.

2.2.1 Zeitfunktion und Frequenzfunktion

Signale sind bekanntlich Verläufe physikalischer Größen. Besonders häufig ist dabei die Spannung U von Interesse, weil diese relativ einfach gemessen werden kann. Wir wollen sie deshalb in diesem Buch für allgemeine Erklärungen auch stets verwenden.

Signalverläufe sind mathematisch betrachtet Funktionen zwischen unabhängigen und abhängigen Variablen. Dabei stellt die Spannung als Signalwert stets die abhängige Variable dar. Wird dabei auf die Zeit t als unabhängige Variable Bezug genommen, dann handelt es sich um eine Zeitfunktion $f(t)$.

Im Regelfall Bezug auf die Spannung U als physikalische Größe

Eine **Zeitfunktion** $f(t)$ ist die Zuordnung zwischen dem Signalwert (z. B. Spannung U) als abhängige Variable und der Zeit t als unabhängige Variable.

Derartige Zeitabhängigkeiten können wir als Gleichung formulieren, aber ebenso als Graph (d. h. Kurvenverlauf) in einem rechtwinkligen Koordinatensystem darstellen. In diesem Fall wird auf der Ordinate (y-Achse) stets der Signalwert (z. B. Spannung) als abhängige Variable abgebildet, während es auf der Abszisse

Darstellung von Funktionen im rechtwinkligen Koordinatensystem:
- **Abszisse (x-Achse)**
  Unabhängige Variable [Zeit t]
- **Ordinate (y-Achse)**
  Abhängige Variable [Spannung U]

(*x*-Achse) die Zeit *t* als unabhängige Variable ist. Für den Graphen $u = f(t)$ sind nur der I. und IV. Quadrant von Interesse, da zwar positive und negative Spannungswerte möglich sind, jedoch keine negative Zeiten.

Bei jeder Zeitfunktion ist ein bestimmter Wertebereich vorgegeben, es gibt also stets einen größten (maximalen) und einen kleinsten (minimalen) Signalwert. Innerhalb dieser Grenzen kann jeder beliebige Signalwert auftreten. Wir können für den Bereich der Kommunikationstechnik vier Varianten bei den Zeitfunktionen unterscheiden. Die Einteilung orientiert sich daran, ob Signalwert (z.B. Spannung U) und/oder Zeit t kontinuierlich verlaufen oder nur diskret, also in festgelegten Stufungen, auftreten. Daraus folgt:

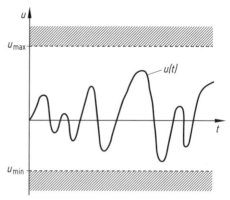

Bild 2.2–1 Zeitfunktion in der Kommunikationstechnik

Varianten der Zeitfunktionen
- ☐ Wertekontinuierliche/zeitkontinuierliche Zeitfunktion
- ☐ Wertediskrete/zeitkontinuierliche Zeitfunktion
- ☐ Wertekontinuierliche/zeitdiskrete Zeitfunktion
- ☐ Wertediskrete/zeitdiskrete Zeitfunktion

Bei wertekontinuierlichen/zeitkontinuierlichen Zeitfunktionen handelt es sich um **analoge Signale**. Diese können im gesamten Betrachtungszeitraum jeden Wert innerhalb des vorgegebenen Wertebereichs annehmen. Sie werden deshalb auch als vielwertige (oder mehrwertige) Signale bezeichnet.

Sind bei Zeitfunktionen Signalwerte nur in festgelegten Intervallen (also Zeitschritten) vorhanden und können diese wie beim analogen Signal alle Werte innerhalb des vorgegebenen Wertebereichs annehmen, dann liegen **zeitdiskrete Signale** vor.

Sind bei Signalen neben den Zeitintervallen auch noch Werteintervalle festgelegt, dann sprechen wir von **digitalen Signalen**, also wertediskreten/zeitdiskreten Zeitfunktionen. Beim vorgegebenen Wertebereich sind dabei $n + 1$ Signalwerte zugelassen. Im einfachsten Fall $n = 1$ sind nur zwei Signalwerte möglich. Es handelt sich dann um ein binäres Signal. Bei $n = 2$ können drei Signalwerte auftreten: Es liegt dann ein ternäres Signal vor. Die nächste Steigerung ist das quaternäre Signal, was $n = 3$ und vier Signalwerte bedeutet. Die Zahl der zulässigen Signalwerte ist im Prinzip beliebig. In der

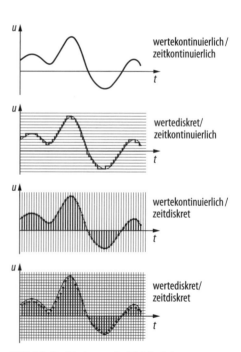

Bild 2.2–2 Varianten der Zeitfunktionen

2.2 Signale

Kommunikationstechnik spielen jedoch die Fälle $n = 1$ und $n = 2$ die wichtigste Rolle, also die zweiwertigen bzw. dreiwertigen Signale.

Für die Kommunikationstechnik sind analoge Signale mit **sinusförmige Verläufen** von besonderer Bedeutung. Diese Funktion ist nicht nur technisch einfach realisierbar, sondern lässt sich auch durch verschiedene Kenngrößen mathematisch eindeutig beschreiben. Dazu gehören der als Amplitude bezeichnete Maximalwert (Größtwert) der Spannung $\hat{u}$, die Frequenz f (oder die Periodendauer T als Kehrwert der Frequenz) und der gegenüber einem definierten Bezugszeitpunkt (z.B. Nullpunkt des Koordinatensystems) bestehende Phasenwinkel φ, der auch als Phasenverschiebungswinkel bezeichnet wird. Es gilt folgender Zusammenhang:

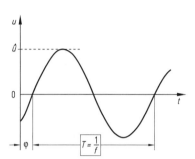

Bild 2.2–3 Sinusförmige Zeitfunktion

$$u(t) = \hat{u} \cdot \sin(2 \cdot \pi \cdot f \cdot t \pm \varphi) \qquad (2.2\text{–}1)$$

$\Delta\Delta\Delta$
Amplitude Frequenz Phasenwinkel

Das Produkt $2 \cdot \pi \cdot f$ wird als Kreisfrequenz ω bezeichnet. Gleichungen für Zeitfunktionen lassen sich damit vereinfacht darstellen. Für eine siunusförmige Zeitfunktion, die keine Phasenverschiebung aufweist (also im Nullpunkt des Koordinatensystems beginnt) ergibt sich:

Kreisfrequenz

$$\omega = 2 \cdot \pi \cdot f \qquad (2.2\text{–}2)$$

$$u(t) = \sin(\omega \cdot t) \qquad (2.2\text{–}3)$$

Beispiel 2.2–1

Die Zeitfunktion $u(t) = 12\,\text{V} \cdot \sin(2 \cdot \pi \cdot 50\,\text{Hz} \cdot (t - 90°))$ soll dargestellt werden.

Es handelt sich um einen sinusförmigen Spannungsverlauf mit folgenden Kenndaten:

$\hat{u} = 12\,\text{V},\ f = 50\,\text{Hz},\ \varphi = -90°$

Für die Periodendauer als Kehrwert der Frequenz ergibt sich:

$$T = \frac{1}{f} = \frac{1}{50\,\text{Hz}} = 20\,\text{ms}$$

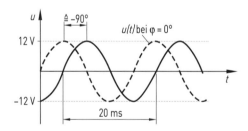

Der negative Phasenwinkel bedeutet, dass die Funktion im Prinzip um ein Viertel (90°) der Periode (360°) nach rechts verschoben ist, da sie gegenüber einer nicht phasenverschobenen Funktion später auftritt.

Neben sinusförmigen Verläufen sind auch **rechteckförmige Zeitfunktionen** in der Kommunikationstechnik von Interesse. Dabei treten periodisch sprunghafte Wechsel zwischen zwei definierten Spannungswerten auf. Es liegt deshalb Zweiwertigkeit vor, wobei auch diese Zeitfunktion durch Amplitude, Frequenz (oder Periodendauer) und Phasenwinkel beschreibbar ist.

Eine rechteckförmige Zeitfunktion muss weder symmetrisch zur Zeitachse verlaufen, noch während der Periodendauer gleichgroße positive und negative Anteile aufweisen. Eine typische Variante liegt vor, wenn der Minimalwert der Funktion 0 V beträgt (also auf der Zeitachse verläuft) und der Maximalwert kürzer als die halbe Periodendauer vorliegt. Es handelt sich dann um eine periodische Folge von Impulsen, die wir als **Puls** oder **Impulsfolge** bezeichnen.

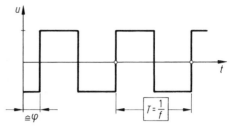

Bild 2.2–4   Rechteckförmige Zeitfunktion

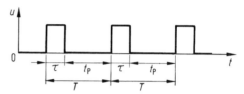

Bild 2.2–5   Puls (Impulsfolge)

Die Periodendauer T eines Pulses unterteilt sich in die Impulsdauer τ und die Impulspause t_P. Aus dem Kehrwert der Periodendauer ergibt sich die Pulsfrequenz.

Als Information über den zeitlichen Abstand zwischen den Impulsen und damit auch über die Impulspause wurde der Tastgrad g definiert, wobei der Kehrwert die Bezeichnung Tastverhältnis v trägt.

Tastgrad   **Tastverhältnis**

$$g = \frac{\tau}{T} \quad \Leftrightarrow \quad v = \frac{T}{\tau} \qquad (2.2\text{–}4)$$

Ist der Tastgrad vorgegeben, dann berechnet sich die Impulspause t_P wie folgt:

Impulspause

$$t_P = T - \tau = T \cdot (1 - g) \qquad (2.2\text{–}5)$$

Beispiel 2.2–2

Für eine Pulsfolge mit der Pulsfrequenz $f = 1$ kHz und dem Tastgrad $g = 0{,}5$ soll die Impulsdauer τ und die Impulspause t_P ermittelt werden.

Aus der Pulsfrequenz errechnet sich die Periodendauer durch Kehrwertbildung:

$$T = \frac{1}{f} = \frac{1}{1\text{ kHz}} = 1\text{ ms}$$

Die Impulsdauer ergibt sich aus der Gleichung für den Tastgrad:

$$\tau = g \cdot T = 0{,}5 \cdot 1\text{ ms}$$
$$\underline{\tau = 0{,}5\text{ ms}}$$

Daraus folgt für die Impulspause:

$$t_P = T - \tau = 1\text{ ms} - 0{,}5\text{ ms}$$
$$\underline{t_P = 0{,}5\text{ ms}}$$

Impulsdauer und Impulspause weisen also gleiche Werte auf.

Übung 2.2–1

Warum sind keine Pulse mit Tastgrad $g > 1$ möglich?

2.2 Signale

Während bei der Zeitfunktion Signalwert und Zeit einander zugeordnet sind, ist es bei der Frequenzfunktion der Signalwert und die Frequenz. Dabei gilt als vereinbart, dass sich Angaben stets auf sinusförmige Verläufe beziehen, die bekanntlich durch Amplitude, Frequenz und Phasenwinkel gekennzeichnet sind.

Der Bezug auf sinusförmige Verläufe ermöglicht den einfachen Übergang zwischen Zeit- und Frequenzfunktionen. Die Frequenzabhängigkeit ist für die Amplitude und den Phasenwinkel darstellbar.

Da bei sinusförmiger Spannung bekanntlich eine feste Verkopplung zwischen Scheitelwert und Effektivwert gegeben ist, unterscheiden sich die Ergebnisse auch nur durch einen konstanten Faktor.

Bei der Frequenzabhängigkeit des Phasenwinkels ist stets ein Referenzwert erforderlich. Dabei stellt die Größe des Phasenwinkels ein Maß für die Signallaufzeit dar.

Eine **Frequenzfunktion** $f(f)$ ist eine Zuordnung zwischen den Werten sinusförmiger Signale und der Frequenz.

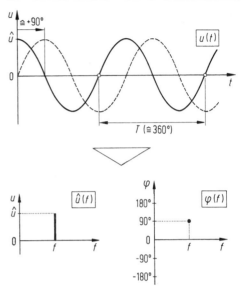

Bild 2.2–6   Übergang zwischen Zeit- und Frequenzfunktion

Bei Frequenzfunktionen, üblicherweise als Frequenzgang bezeichnet, können wir folgende Formen unterscheiden:

☐ **Amplituden-Frequenzgang**

[*amplitude frequency response*]
(auch als Amplitudengang bezeichnet):
Darstellung der Amplitude (oder des Effektivwertes) in Abhängigkeit von der Frequenz

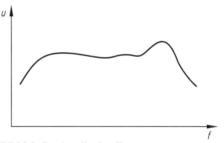

Bild 2.2–7   Amplituden-Frequenzgang

☐ **Phasen-Frequenzgang**

[*phase frequency response*]
(auch als Phasengang bezeichnet):
Darstellung des Phasenwinkels in Abhängigkeit von der Frequenz

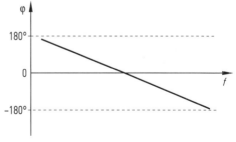

Bild 2.2–8   Phasen-Frequenzgang

Übung 2.2–2

Welche Gleichartigkeit weisen Amplituden-Frequenzgang und Phasen-Frequenzgang auf?

Ein Spezialfall des Amplituden-Frequenzgangs liegt vor, wenn nur die Amplituden einzelner Frequenzen auftreten. Diese bezeichnen wir als Spektrallinien, weshalb für die gesamte Funktion die Bezeichnung Spektrum gilt.

Die Abstände zwischen den Spektrallinien können äquidistant sein, also gleiche Abstände aufweisen oder **unregelmäßig auftreten**.

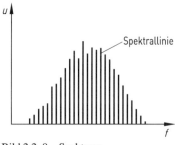

Bild 2.2–9   Spektrum

2.2.2 Analoge und digitale Signale

Ist bei einer Zeitfunktion für jeden Zeitpunkt jeder Signalwert innerhalb eines definierten Bereiches möglich, dann liegt ein wertekontinuierliches/zeitkontinuierliches Signal vor. Bei diesen Funktionen handelt es sich bekanntlich um analoge Signale.

> **Analoge Signale** weisen wertekontinuierliche/zeitkontinuierliche Verläufe auf.

Beispiel 2.2–3

Es soll ein einfaches Beispiel für ein analoges Signal betrachtet werden.

Ein typischer Fall liegt beim Telefon vor. Durch die Sprechkapsel im Hörer wird das den Schalldruck verursachende akustische Signal in eine Spannung umgesetzt, deren Verlauf sich exakt mit dem des Schalldrucks verändert.

Die Basisform analoger Signale stellen sinusförmige Verläufe dar. Diese sind bekanntlich durch Amplitude, Frequenz und Phasenwinkel gekennzeichnet, wobei die Frequenz f die wesentliche Größe ist.

Das kennzeichnende Merkmal analoger Signale ist die **Frequenz** f.

Die Einheit für die Frequenz ist das Hertz (Hz). Es gilt:

1 Hz =

1 vollständige Schwingung pro Sekunde

Aus nachfolgender Zusammenstellung ist ersichtlich, wie Angaben großer Frequenzen erfolgen:

Kilohertz (kHz):   1 kHz = $1 \cdot 10^3$ Hz =   1 000 Hz
Megahertz (MHz): 1 MHz = $1 \cdot 10^6$ Hz =   1 000 000 Hz
Gigahertz (GHz): 1 GHz = $1 \cdot 10^9$ Hz = 1 000 000 000 Hz

Werden bei analogen Signalen die Spannungswerte nur in festgelegten Zeitschritten betrachtet, dann liegt ein wertkontinuierliches/zeitdiskretes Signal vor. Wir bezeichnen es auch als

2.2 Signale

zeitquantisiertes Signal, weil zwar jeder Wert im vorgegebenen Wertebereich möglich ist, die Ermittlung der Werte allerdings nur in einem festgelegten Zeitraster erfolgt. Es wird deshalb auch von **Abtastung** [*sampling*] gesprochen.

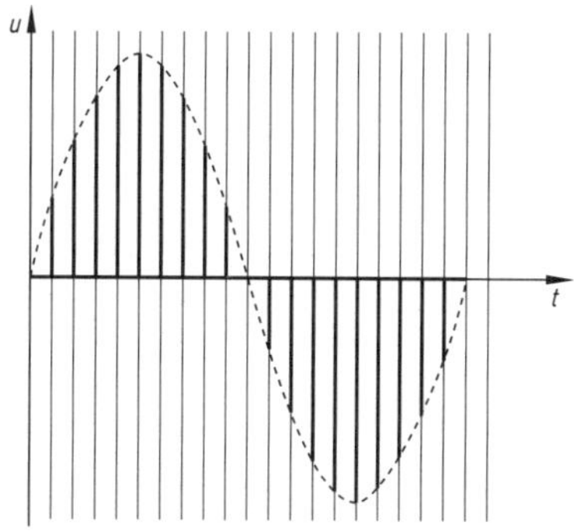

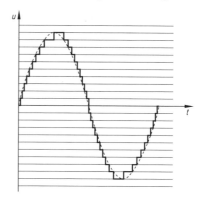

Bild 2.2–10a   Zeitquantisiertes Signal

Die vorstehend beschriebene Teilung der Zeitachse ist auch bei der Werteachse möglich. Dies ergibt dann wertdiskrete/zeitkontinuierliche Signale, für die auch die Bezeichnung wertequantisiertes Signal gilt. Bei diesem können nur vorgegebene Werte auftreten.

Bild 2.2–10b   Wertequantisiertes Signal

Übung 2.2–3

Welche Gleichartigkeit weisen zeitquantisierte und wertequantisierte Signale auf?

Betrachten wir nun Signale, die einerseits einen konstanten Zeittakt aufweisen und andererseits aber nur zwei oder drei Werte annehmen können, dann handelt es sich bekanntlich um **digitale Signale.** Dabei spielt es grundsätzlich keine Rolle, durch welche Spannungswerte die möglichen Zustände erreicht werden, ausschlaggebend ist nur die Unterscheidbarkeit.

Bei zweiwertigen Signalen sprechen wir von binären Signalen. Die beiden Zustände werden mit 0 und 1 gekennzeichnet und gelten für alle Varianten der Spannungsverläufe.

Bild 2.2–11   Binäre digitale Signale

Liegen dreiwertige Signale vor, dann handelt es sich um ternäre Signale. Die Kennzeichnung der Zustände erfolgt entweder durch – 1, 0, 1 oder durch 0, 1, 2. Auch bei diesen Signalen sind die Spannungswerte für die einzelnen Zustände grundsätzlich beliebig.

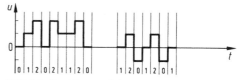

Bild 2.2–12   Ternäre digitale Signale

In der Kommunikationstechnik kommen meist nur binäre digitale Signale zum Einsatz, weil mit diesen zweiwertigen Signalen frequenzökonomische Signalübertragung möglich ist. In diesem Buch sind deshalb mit digitalen Signalen stets die zweiwertigen Signale gemeint. Sollte es sich im Einzelfall um ternäre digitale Signale handeln, dann erfolgt ein entsprechender Hinweis.

Als digitale Signale werden in diesem Buch zweiwertige Signale verstanden.

Bei digitalen Signalen wird mit jedem Zeittakt eine Elementarentscheidung getroffen, da der Signalwert entweder den Zustand 0 oder den Zustand 1 aufweist. Diese kleinstmögliche Informationseinheit bezeichnen wir als Bit, abgeleitet von dem englischen Begriff „binary digit".

Das **Bit** [*binary digit*] stellt für jeden Zeittakt eine Elementarentscheidung dar.

Bei der digitalen Kommunikation handelt es sich deshalb um die Übertragung von Bitfolgen, also im Prinzip beliebige Folgen von Nullen und Einsen. Somit stellt das Bit für digitale Signale das kennzeichnende Merkmal dar. Als Einheit für die Elementarentscheidung Bit wurde „bit" festgelegt.

Kennzeichnendes Merkmal für digitale Signale ist das Bit.

bit: Einheit für digitale Signale

Übung 2.2–4
In welcher Form können Elementarentscheidungen durch Spannungsverläufe realisiert werden?

Mit Hilfe der bereits von den Frequenzen bekannten Vorzeichen können wir große Bitmengen wie folgt angeben:

Kilobit: 1 kbit = 1.000 bit
Megabit: 1 Mbit = 1.000.000 bit
Gigabit: 1 Gbit = 1.000.000.000 bit

In der Kommunikationstechnik treten häufig Gruppen von 8 bit auf. Deshalb wurde für eine solche zusammenhängende Folge von Bits die Bezeichnung Byte gewählt und als Einheit „Byte" festgelegt.

1 Byte = 8 bit (2.2–6)

An dieser Stelle sei darauf hingewiesen, dass in der Fachliteratur auch folgende Kurzformen für die Einheiten „bit" und „Byte" verwendet werden:

„b" für „bit"   (z. B. 1 kb = 1 kbit)
„B" für „Byte" (z. B. 1 MB = 1 MByte)

Bei Speichern erfolgt in der Regel die Angabe der Kapazität in Byte. Dabei werden jedoch Potenzen zur Basis 2 verwendet. Es ergibt sich unter Einbeziehung der üblichen Schreibweise:

1 KByte = 1 KB = 2^{10} Byte = 1.024 Byte
1 MByte = 1 MB = 2^{20} Byte = 1.048.576 Byte
1 GByte = 1 GB = 2^{30} Byte = 1.073.741.824 Byte

Die digitale Kommunikation macht die Übertragung vorgegebener Bitmengen pro Zeiteinheit erforderlich. Es handelt sich also um eine **Übertragungsgeschwindigkeit,** die wir als Bitrate bezeichnen, wobei der Bezug stets auf die Zeiteinheit Sekunde (s) erfolgt. Konsequenterweise ergibt sich als Einheit für die **Bitrate** „bit/s", also Bit pro Sekunde.

1 kbit/s = 1 000 bit/s
1 Mbit/s = 1 000 000 bit/s
1 Gbit/s = 1 000 000 000 bit/s

Aus der Bitrate lässt sich die maximal zulässige Bitdauer durch Kehrwertbildung ermitteln.

Beispiel 2.2–4

Eine digitale Übertragung erfolgt mit einer Bitrate von 10 Mbit/s. Die maximal zulässige Bitdauer ist zu berechnen.

Bei der vorgegebenen Bitrate werden 10^7 bit pro Sekunde übertragen.

$v_{bit} = 10$ Mbit/s $= 10^7$ bit/s

Kehrwertbildung:

$$T = \frac{1}{10^7 \text{ bit/s}} = 10^{-7} \text{ s/bit}$$

$T = 100$ ns/bit

Das einzelne Bit darf deshalb nur 10^{-7} s dauern, also 100 ns.

Je größer die Bitrate, desto kleiner wird die zulässige Bitdauer. Damit auf der Empfangsseite die einzelnen Bits noch unterschieden werden können, darf die Bitdauer allerdings bestimmte Werte nicht unterschreiten. Es sind also keine beliebig großen Bitraten möglich. Derzeit liegen die Grenzen im Gbit/s-Bereich.

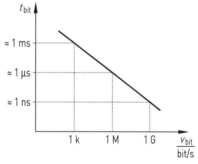

Bild 2.2–13 Zusammenhang zwischen Bitrate und Bitdauer

Die bisherigen Betrachtungen zeigen, dass bei digitalen Signalen die Bitrate als kennzeichnendes Merkmal anzusehen ist, während es sich bei analogen Signalen um die Frequenz handelt.

An dieser Stelle sei angemerkt, dass zwischen analogen und digitalen Signalen Übergänge möglich sind. Jedes analoge Signal kann in ein digitales Signal gewandelt werden und umgekehrt. Dazu werden als Analog-Digital-Umsetzer (ADU) [*analog-to-digital converter* (ADC)] bzw. Digital-Analog-Umsetzer (DAU) [*digital-to-analog converter* (DAC)] bezeichnete Funktionseinheiten verwendet, die im Abschnitt

Das kennzeichnende Merkmal für die Übertragung digitaler Signale ist die **Bitrate** v_{bit}.

Analog-Digital-Umsetzer (ADU) wandeln analoge Signale in digitale Signale.

Digital-Analog-Umsetzer (DAU) wandeln digitale Signale in analoge Signale.

„Signalwandler" noch genauer betrachtet werden.

Das von einer Quelle stammende Signal wird in der Kommunikationstechnik als Basisbandsignal bezeichnet. Es befindet sich in seiner ursprünglichen (= natürlichen) Lage und kann analoge oder digitale Form aufweisen. Für die Übertragung ist die Basisbandlage nicht immer ausreichend. Es wird dann frequenzversetzte Übertragung des Basisbandsignals genutzt, was die Verschiebung des Signals zu größeren Frequenzen bedeutet. Die Besonderheiten werden wir im Abschnitt „Verfahren" noch genauer kennen lernen.

Basisbandsignal =
Signal einer Quelle in ursprünglicher Lage

Bei frequenzversetzter Übertragung wird das Basisbandsignal in eine andere Frequenzlage gebracht.

2.2.3 Nutzsignale und Störsignale

Die Übertragung von Informationen erfolgt bekanntlich mit Hilfe von Signalen. Es handelt sich dabei um analoge oder digitale Nutzsignale, deren Verläufe bis zur Senke möglichst unverändert bleiben sollen. Durch Störeinflüsse sind jedoch Einwirkungen auf das jeweilige Nutzsignal möglich, die zu einer Verfälschung der Information führen können. Wir sprechen in diesem Fall von Störsignalen, die allerdings – bezogen auf das jeweilige Nutzsignal – bestimmte Werte nicht übersteigen dürfen, weil sonst die Information des Nutzsignals für den Nutzer nicht mehr erkennbar ist.

Nutzsignale sollen unverändert übertragen werden.

Störsignale können die mit dem Nutzsignal übertragene Information verfälschen.

In der Praxis stellt das Rauschen [*noise*] ein wesentliches Störsignal dar. Rauschquellen treten im gesamten Übertragungssystem auf. Rauschsignale stammen von Widerständen, Halbleiterkomponenten und Elektronenröhren. Dabei handelt es sich um innere Rauschquellen, die also in den Baugruppen und Geräten des Übertragungssystems vorliegen. Die Signale von äußeren Rauschquellen treten bei Funkübertragungen auf. Sie werden über die Antenne aufgenommen und lassen sich in das kosmische Rauschen und das terrestrische Rauschen einteilen. Die Verursacher des kosmischen Rauschens sind hauptsächlich die Fixsterne des Milchstraßensystems. Das terrestrische Rauschen wird dagegen durch Ionisierungsvorgänge und Inhomogenitäten innerhalb der Atmosphäre hervorgerufen. Die jeweiligen Werte hängen von der Frequenz, der Tageszeit und der Jahreszeit ab.

Rauschen [*noise*] ist ein wesentliches Störsignal.

Innere Rauschquellen treten in Baugruppen und Geräten auf.

Äußere Rauschquellen treten bei Funkübertragungen auf.

Kosmisches Rauschen durch Fixsterne des Milchstraßensystems

Terrestrisches Rauschen durch Ionisierungsvorgänge und Inhomogenitäten innerhalb der Atmosphäre

2.2 Signale

Die Ursache für innere Rauschquellen ist primär das thermische Rauschen, auch als Wärmerauschen oder Widerstandsrauschen bezeichnet. Dieses wollen wir genauer betrachten, da es modellhaft ebenso für andere Rauscharten anwendbar ist.

Das thermische Rauschen bewirkt ein von der Temperatur abhängiges Rauschsignal, und zwar durch regellose Bewegung der Elektronen in leitfähigem Material und in Halbleitern.

Thermisches Rauschen führt zu einem von der Temperatur abhängigen Rauschsignal.

Beispiel 2.2–5

Es soll das an einem Widerstand auftretende Rauschsignal betrachtet werden.

Bei jedem Widerstand tritt an seinen Anschlüssen eine völlig unregelmäßige Wechselspannung auf, auch wenn er nicht an äußere Spannungsquellen angeschlossen ist. Die Temperatur muss allerdings über dem absoluten Nullpunkt (0 K) liegen.

Die an einem Widerstand auftretende Rauschleistung P_n [*noise power* (NP)] ist von der Temperatur (in K) und der betrachteten Bandbreite B abhängig. Es gilt:

Rauschleistung

$$P_n = k \cdot T \cdot B \qquad (2.2\text{–}7)$$

Boltzmann-Konstante

Beim Faktor k handelt es sich um die Boltzmann-Konstante. Die Temperatur wird als absoluter Wert in Kelvin (K) angegeben. Es ist deshalb der Zusammenhang zu üblichen Werten in Grad Celsius zu beachten:

$$k = 1{,}38 \cdot 10^{-23} \, \frac{\text{Ws}}{\text{K}} \qquad (2.2\text{–}8)$$

$$0\,°\text{C} \cong 273{,}15 \, \text{K} \qquad (2.2\text{–}9)$$

Damit ergibt sich für die Raumtemperatur:

$$20\,°\text{C} \cong 293{,}15 \, \text{K} \qquad (2.2\text{–}10)$$

Bezogen auf diese Raumtemperatur T_0 ergibt sich durch Einsetzen der Werte folgende Rauschleistung pro Hertz Bandbreite:

Rauschleistung pro Hertz

$$P_{n(20\,°\text{C})} = k \cdot T_0 = 4 \cdot 10^{-21} \, \frac{\text{W}}{\text{Hz}} \qquad (2.2\text{–}11)$$

Wird die Leistung als absoluter Pegel in dBm angegeben, also auf 1 mW bezogen, dann handelt es sich um den Rauschpegel pro Hertz Bandbreite.

Rauschpegel pro Hertz

$$L_{n(20\,°\text{C})} = 10 \cdot \lg(k \cdot T_0) = -174 \, \frac{\text{dBm}}{\text{Hz}} \qquad (2.2\text{–}12)$$

Die Gleichungen für die Rauschleistung und den Rauschpegel zeigen deutlich, dass die Werte mit zunehmender Bandbreite größer werden. Betrachten wir die an einem Widerstand (z. B. Eingangswiderstand eines Verstärkers) auftretende Rauschspannung und mitteln sie über einen hinreichend langen Zeitraum, dann ergibt sich folgender Effektivwert:

Rauschspannung

$$U_n = 2 \cdot \sqrt{k \cdot T \cdot B \cdot R} \qquad (2.2\text{--}13)$$

Übung 2.2–5

Welche Rauschspannung tritt am Eingang eines Verstärkers bei 20° C auf, wenn die Bandbreite 100 MHz beträgt und der Eingangswiderstand den Wert von 1 kΩ aufweist?

Das an einem Widerstand auftretende Rauschsignal enthält theoretisch alle Frequenzen, die Rauschleistung pro Hertz Bandbreite ist für alle Frequenzen konstant. Wir bezeichnen ein derartiges Signal als weißes Rauschen.

Weißes Rauschen

d. h. konstante Rauschleistung pro Hertz Bandbreite für alle Frequenzen

Eine andere Situation liegt bei bandbegrenzten Signalen vor. Diese weisen nur innerhalb eines bestimmten Frequenzbereiches konstante Rauschleistung pro Hertz Bandbreite auf. Für dieses Signal gilt die Bezeichnung farbiges Rauschen.

Farbiges Rauschen

d. h. konstante Rauschleistung pro Hertz innerhalb eines definierten Frequenzbereiches.

Da für die bestimmungsgemäße Funktion von Kommunikationssystemen das Nutzsignal stets um einen bestimmten Wert größer sein muss als das Rauschsignal, stellt das Verhältnis zwischen Nutzsignal und Rauschsignal eine wichtige Information dar. Es wird stets in Dezibel (dB) angegeben und als Signal-Rausch-Abstand [signal-to-noise ratio], Störabstand oder Rauschabstand bezeichnet. Genau genommen handelt es sich um den Nutzsignal-Rauschsignal-Abstand. Als Formelzeichen ist σ (griechischer Kleinbuchstabe Sigma) festgelegt. Es werden in der Fachliteratur allerdings auch die Abkürzungen $\frac{S}{N}$ und SNR verwendet.

Signal-Rausch-Abstand

$$\sigma = 20 \cdot \lg \frac{U_s}{U_n}\, \text{dB} = 10 \cdot \lg \frac{P_s}{P_n}\, \text{dB} \qquad (2.2\text{--}14)$$

Für σ werden auch die Bezeichnungen $\frac{S}{N}$ und SNR verwendet.

Beispiel 2.2–6

An einem Verstärkerausgang soll ein Rauschabstand von 40 dB eingehalten werden. Wie groß muss das Nutzsignal gegenüber dem Rauschsignal sein?

Aus der Gleichung für den Rauschabstand ergibt sich:

$$\sigma = 40\, \text{dB} = 20 \cdot \lg \frac{U_s}{U_n}\, \text{dB}$$

Umformung und Entlogarithmierung führt zum gewünschten Spannungsverhältnis:

$$U_s = 100 \cdot U_n$$

Das Nutzsignal muss also mindestens um den Faktor 100 größer sein als das Rauschsignal.

Da jede elektronische Baugruppe und jedes elektronische Gerät Rauschsignale produziert, ist ein Maß für die Bewertung dieses störenden

2.2 Signale

Effektes erforderlich. Es wurde deshalb die Rauschzahl F definiert, und zwar als das Verhältnis des Rauschabstandes am Eingang zu dem am Ausgang.

Im Idealfall würden Baugruppen bzw. Gerät kein Rauschen erzeugen. Dann wären die Rauschleistungen am Ausgang und Eingang gleichgroß, also $F = 1$. Da in der Praxis jedoch immer Rauschen auftritt, ist die Rauschzahl stets größer als Eins.

Üblicherweise wird die Rauschzahl in Dezibel (dB) angegeben, also als Rauschmaß a_F. Es gilt dafür:

Rauschzahl

$$F = \frac{\sigma_1}{\sigma_2} = \frac{\text{Rauschabstand am Eingang}}{\text{Rauschabtand am Ausgang}} \quad (2.2\text{--}15)$$

Die Rauschzahl F ist in der Praxis stets größer als eins.

Rauschmaß

$$a_F = 10 \cdot \lg F \text{ dB} \quad (2.2\text{--}16)$$

Beispiel 2.2–7

Das Rauschmaß des LNB einer Satellitenempfangsanlage ist mit 1 dB angegeben. Um welchen Faktor unterscheiden sich die Rauschabstände zwischen Eingang und Ausgang?

Durch Entlogarithmierung der Gleichung für das Rauschmaß ergibt sich die Rauschzahl:

$F = 10^{a_F/10\,\text{dB}}$
$F = 10^{1\,\text{dB}/10\,\text{dB}} = 10^{0,1}$
$F = 1{,}26$

Aus der Definition für die Rauschzahl ergibt sich für die Rauschleistungen:

$F = \dfrac{\sigma_1}{\sigma_2} = 1{,}26$

Die Rauschabstand am Eingang ist also um den Faktor 1,26 größer als der Rauschabstand am Ausgang.

Bei Anwendungen im Hochfrequenzbereich ist meistens das Trägersignal gegenüber dem zu übertragenden Nutzsignal dominierend. Es erfolgt in solchen Fällen die Angabe als Träger-Rausch-Abstand [carrier-to-noise ratio]. Dafür gilt:

Träger-Rausch-Abstand
[*carrier-to-noise ratio*]

$$\frac{C}{N} = CNR = 20 \cdot \lg \frac{U_c}{U_n} \text{dB} = 10 \cdot \lg \frac{P_c}{P_n} \text{dB} \quad (2.2\text{--}17)$$

Übung 2.2–6

Für ein Signal gilt $CNR = 40$ dB. Wie groß muss das Trägersignal gegenüber dem Nutzsignal sein?

Bei Rauschsignalen im Niederfrequenzbereich müssen wir die Frequenzabhängigkeit des menschlichen Gehörs berücksichtigen. Dies wird durch geeignete Filter erreicht und führt zu einem Spezialfall des bandbegrenzten Rauschens. Dafür gilt nun die Bezeichnung Geräusch. Es ergibt sich damit vergleichbar den

Geräusch ist das auf die Frequenzabhängigkeit des menschlichen Ohres bezogene Rauschen.

bisherigen Betrachtungen der Geräuschabstand als bewerteter Rauschabstand.

Eine weitere wichtige Störgröße stellen die Verzerrungen [*distortion*] dar. Bei idealen Übertragungssystemen stimmen das Ausgangs- und Eingangssignal hinsichtlich Zeitfunktion und Frequenzfunktion bis auf die Verstärkung oder Dämpfung überein. Wegen der nichtidealen Eigenschaften technischer Systeme treten Abweichungen des Ausgangssignals vom Eingangssignal auf. Wir bezeichnen diese als Verzerrungen, wobei lineare und nichtlineare Verzerrungen zu unterscheiden sind.

Wird ein Signal übertragen, das nur aus einer Sinusschwingung besteht, dann ist der Zusammenhang zwischen Eingang und Ausgang linear. Bis auf die Amplitude bleibt nämlich die Zeitfunktion unverändert.

Besteht das Eingangssignal dagegen aus der Summe verschiedener Schwingungen, also mehrerer Spektralanteile, dann können am Ausgang Abweichungen vom Verlauf des überlagerten Signals auftreten. Es handelt sich dann um lineare Verzerrungen [*linear distortion*]. In diesem Fall weist der lineare Zusammenhang zwischen Eingang und Ausgang für die einzelnen Spektralanteile unterschiedliche Werte auf. Die Amplituden des Eingangssignals werden dadurch für jede Frequenz unterschiedlich verstärkt oder gedämpft, die Konstante c für den linearen Zusammenhang zwischen Eingang und Ausgang weist also eine Frequenzabhängigkeit auf. Das Ergebnis dieser Abhängigkeit bezeichnen wir als **Amplitudenverzerrungen**. Es ist aber auch die Bezeichnung Dämpfungsverzerrungen üblich.

Treten nun unterschiedliche Laufzeiten vom Eingang zum Ausgang eines Übertragungssystems für einzelne Schwingungen oder Schwingungsgruppen auf, dann liegen Phasenverzerrungen vor. Diese werden auch als Laufzeitverzerrungen bezeichnet. Bezogen auf Einzelschwingungen sprechen wir von Phasenlaufzeit, bei Schwingungsgruppen handelt es sich um die Gruppenlaufzeit.

Geräuschabstand = Bewerteter Rauschabstand

> **Verzerrungen** [*distortion*] sind die durch die nichtidealen Eigenschaften des Übertragungssystems bedingten Abweichungen des Ausgangssignals vom Eingangssignal.

Bei Sinusschwingungen besteht zwischen Eingang und Ausgang linearer Zusammenhang.

Bei Signal aus mehreren Schwingungen können am Ausgang Abweichungen vom überlagerten Signal auftreten.
⇓
Lineare Verzerrungen [*linear distortion*]

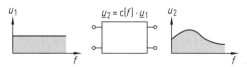

Bild 2.2–14 Amplitudenverzerrungen (Dämpfungsverzerrungen)

Phasenverzerrungen (Laufzeitverzerrungen)
Ursache:
☐ Phasenlaufzeit
 (bei Einzelschwingungen)
☐ Gruppenlaufzeit
 (bei Schwingungsgruppen)

Übung 2.2–7
Durch welche Abhängigkeit sind lineare Verzerrungen bedingt?

2.2 Signale

Da bei linearen Verzerrungen die Auswirkungen der nichtidealen Eigenschaften des Übertragungssystems für jede Frequenz ermittelt werden können, ist es auch möglich, diese Effekte teilweise oder vollständig zu kompensieren.

Ist die Abhängigkeit zwischen Eingang und Ausgang in einem Übertragungssystem nicht mehr durch eine Konstante, sondern eine nichtlineare Funktion (z. B. $x^2 + 2 \cdot x^2 + 1$) gegeben, dann treten **nichtlineare Verzerrungen** [*nonlinear distortion*] auf. Im Ausgangssignal lassen sich dabei neben dem verstärkten oder gedämpften Eingangssignal zusätzliche Signalanteile feststellen und zwar jeweils Oberschwingungen oder Mischprodukte aus den im Eingangssignal enthaltenen Schwingungen mit den verschiedenen Frequenzen.

Durch nichtlineare Verzerrungen treten bei den Zeit- und Frequenzfunktionen am Ausgang Veränderungen auf, die im Regelfall nur sehr bedingt kompensiert werden können. Die Ursache dieser störenden Einflüsse sind meistens nichtlineare Kennlinien aktiver Bauelemente.

Als Maß für die nichtlinearen Verzerrungen gilt der **Klirrfaktor** d [*distortion factor*]. Er beschreibt das Verhältnis der zusätzlich entstandenen Oberschwingungen zu dem aus der Grundschwingung (U_1) und den Oberschwingungen ($U_2, U_3, \ldots$) bestehenden Gesamtsignal. Da die Oberschwingungen in der Praxis in ihrer Amplitude schnell abnehmen, ist es meistens ausreichend, für Berechnungen nur die ersten Oberschwingungen zu verwenden.

Die Angabe des Klirrfaktors in Dezibel (dB) ergibt das **Klirrdämpfungsmaß** a_d [*distortion attenuation figure*]. Es beschreibt, um wie viel das Gesamtsignal größer als die Oberschwingungen ist.

Ein weiterer Störeffekt kann sich durch galvanische, induktive, kapazitive oder elektromagnetische Kopplung zwischen zwei Übertragungskanälen ergeben. Dabei wird ein Teil des Nutzsignals eines Kanals in den anderen Kanal eingekoppelt und überlagert das dortige Nutzsignal. Wir bezeichnen dies als **Übersprechen** [*crosstalking*], **Nebensprechen** oder Kanaltrennung. Die Angabe erfolgt als Dämpfungsmaß, also dem logarithmierten Verhältnis zwischen dem Nutzsignal und dem eingekoppelten Störsignal.

Lineare Verzerrungen können durch geeignete Maßnahmen im Übertragungssystem teilweise oder vollständig kompensiert werden.

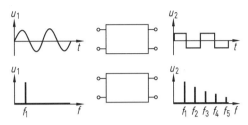

Bild 2.2–15 Nichtlineare Verzerrungen (Beispiel für Zeit- und Frequenzfunktion)

Nichtlineare Verzerrungen können im Regelfall nur sehr bedingt kompensiert werden.

Klirrfaktor

$$d = \frac{\sqrt{U_2^2 + U_3^2 + \ldots}}{\sqrt{U_1^2 + U_2^2 + U_3^2 + \ldots}} \quad (2.2\text{–}18)$$

Klirrdämpfungsmaß

$$a_d = 10 \cdot \lg \frac{1}{d} \text{ dB} \quad (2.2\text{–}19)$$

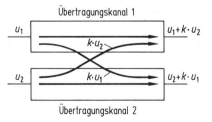

Bild 2.2–16 Übersprechen

Das Übersprechdämpfungsmaß a_{ct} [*crosstalking attenuation figure*] gilt für beide Kanäle, wobei in vielen Fällen gleiche Werte auftreten.

Übersprechdämpfungsmaß

$$a_{ct(1\to 2)} = 20 \cdot \lg \frac{U_{\text{Nutz (Kanal 2)}}}{U_{\text{Stör (Kanal 1)}}} \text{ dB} \qquad (2.2\text{--}20)$$

$$a_{ct(2\to 1)} = 20 \cdot \lg \frac{U_{\text{Nutz (Kanal 1)}}}{U_{\text{Stör (Kanal 2)}}} \text{ dB} \qquad (2.2\text{--}21)$$

Beispiel 2.2–8

Bei einer Stereoanlage ist als Kanaltrennung ein Wert von 60 dB angegeben. Welche Bedeutung hat diese Angabe?

Eine Kanaltrennung von 60 dB bedeutet, dass im betrachteten Kanal das Nutzsignal 60 dB größer ist als das vom anderen Kanal eingekoppelte Störsignal.

Übung 2.2–8

Wodurch unterscheiden sich durch Übersprechen bedingte Signale von solchen durch nichtlineare Verzerrungen hervorgerufene Signale?

Abschließend sei noch eine mögliche Störwirkung bei der Übertragung digitaler Signale betrachtet. Es betrifft Phasenschwankungen des Taktsignals, was wir als Jitter bezeichnen. Dadurch treten die Flanken der Bit vor oder nach den festgelegten Zeitpunkten auf, was die ordnungsgemäße Verarbeitung der Signale erschwert oder sogar unmöglich macht.

Jitter =
Phasenschwankungen des Taktsignals

Den Umfang des Jitters können wir mit Hilfe des **Augendiagramms** [*eye pattern*] beurteilen. Dabei werden die übertragenden Bit mit Hilfe eines Oszilloskops durch Triggerung übereinandergeschrieben dargestellt. Das Ergebnis wären im Idealfall senkrechte Verläufe zwischen den Spannungswerten. Bedingt durch Jitter und sonstige Einflüsse auf die Übertragung ergeben sich jedoch Spannungsverläufe, die einer Augenform vergleichbar sind. Die Augenweite ist dabei ein Maß für den Jitter, die Augenhöhe kennzeichnet dagegen Dämpfungsverzerrungen.

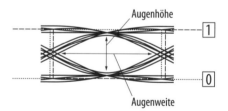

Bild 2.2–17   Augendiagramm

2.2.4 Analyse und Synthese

In der Kommunikationstechnik treten rein sinusförmige Signale nur als Ausnahme auf, im Regelfall handelt es sich um beliebige Signalverläufe.

Der französische Mathematiker Jean Baptiste Fourier (1768–1830) hat bewiesen, dass solche

2.2 Signale

Zeitfunktionen aus der Überlagerung sinusförmiger Signale mit unterschiedlichen Amplituden und Frequenzen bestehen.

Betrachten wir nun ein vorgegebenes Gesamtsignal, dann lässt sich dieses in die verschiedenen sinusförmigen Zeitfunktionen zerlegen und mathematisch beschreiben. Eine solche Vorgehensweise wird als Fourier-Analyse bezeichnet. Es ist aber als Umkehrfall auch möglich, ein Gesamtsignal aus der Überlagerung verschiedener sinusförmiger Zeitfunktionen aufzubauen. Es handelt sich dann um die Fourier-Synthese.

Beliebig verlaufende Zeitfunktionen bestehen aus der Summe unterschiedlicher sinusförmiger Zeitfunktionen.

Fourier-Analyse =
Zerlegung eines Gesamtsignals in unterschiedliche sinusförmige Zeitfunktionen

Fourier-Synthese =
Aufbau eines Gesamtsignals aus unterschiedlichen sinusförmigen Zeitfunktionen

Beispiel 2.2–9

Wie lassen sich die Begriffe Fourier-Analyse und Fourier-Synthese praxisnah veranschaulichen?

Bei vorgegebenen Gesamtsignalen können mit Hilfe eines Spektrum-Analysators die sinusförmigen Zeitfunktionen, aus denen das Signal besteht, als Spektrallinien dargestellt werden. Dagegen sind mit Hilfe eines Oszilloskops die einzelnen sinusförmigen Zeitfunktionen, aus denen ein Gesamtsignal aufgebaut werden soll, sowie das Gesamtsignal selbst darstellbar.

Jede beliebige Zeitfunktion $u(t)$ lässt sich durch die **Fourier-Reihe** beschreiben, wenn sie innerhalb einer Periode T mathematisch formulierbar ist. Die Fourier-Reihe gibt die Summe der sinusförmigen Zeitfunktionen an, aus denen sich das Gesamtsignal zusammensetzt. Sie hat folgende Struktur:

$$u(t) = U_- + \sum_{n=1}^{n \to \infty} U_{1n} \cdot \cos(n \cdot \omega \cdot t) + \sum_{n=1}^{n \to \infty} u_{2n} \cdot \sin(n \cdot \omega \cdot t) \qquad (2.2\text{–}22)$$

$$u(t) = U_- + u_{11} \cdot \cos(1 \cdot \omega \cdot t) + u_{12} \cdot \cos(2 \cdot \omega \cdot t) + u_{13} \cdot \cos(3 \cdot \omega \cdot t) + \ldots$$
$$\ldots + u_{21} \cdot \sin(1 \cdot \omega \cdot t) + u_{22} \cdot \sin(2 \cdot \omega \cdot t) + u_{23} \cdot \sin(3 \cdot \omega \cdot t) + \ldots \qquad (2.2\text{–}23)$$

Der Summand U_- wird als Gleichanteil bezeichnet, die Faktoren u_{1n} und u_{2n} heißen Fourier-Koeffizienten. Sie lassen sich mit Hilfe der Integralrechnung wie folgt ermitteln:

Gleichanteil   Fourier-Koeffizient u_{1n} Fourier-Koeffizient u_{2n}

$$\boxed{U_- = \frac{1}{T} \cdot \int_0^T u(t) \cdot dt}$$

$$\boxed{u_{1n} = \frac{2}{T} \cdot \int_0^T u(t) \cdot \cos(n \cdot \omega \cdot t) \cdot dt}$$

$$\boxed{u_{2n} = \frac{2}{T} \cdot \int_0^T u(t) \cdot \sin(n \cdot \omega \cdot t) \cdot dt}$$

(2.2–24)   (2.2–25)   (2.2–26)

Für typische Zeitfunktionen können Sie die Fourier-Reihen entsprechenden Tabellenbüchern entnehmen. Einige Beispiele sind aus nachfolgendem Bild ersichtlich.

Rechteckförmige Wechselspannung ohne Gleichspannungsanteil

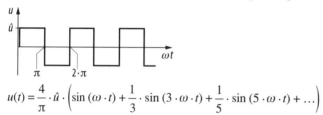

$$u(t) = \frac{4}{\pi} \cdot \hat{u} \cdot \left(\sin(\omega \cdot t) + \frac{1}{3} \cdot \sin(3 \cdot \omega \cdot t) + \frac{1}{5} \cdot \sin(5 \cdot \omega \cdot t) + \ldots \right)$$

Rechteckförmige Wechselspannung mit Gleichspannungsanteil

$$u(t) = \frac{\hat{u}}{2} + \frac{2}{\pi} \cdot \hat{u} \cdot \left(\sin(\omega \cdot t) + \frac{1}{3} \cdot \sin(3 \cdot \omega \cdot t) + \frac{1}{5} \cdot \sin(5 \cdot \omega \cdot t) + \ldots \right)$$

Sägezahnförmige Wechselspannung mit Gleichspannungsanteil

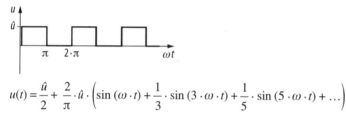

$$u(t) = \frac{2}{\pi} \cdot \hat{u} \cdot \left(\sin(\omega \cdot t) - \frac{1}{2} \cdot \sin(2 \cdot \omega \cdot t) + \frac{1}{3} \cdot \sin(3 \cdot \omega \cdot t) - \frac{1}{4} \cdot \sin(4 \cdot \omega \cdot t) + - \ldots \right)$$

Spannungsverlauf nach Einweggleichrichtung

$$u(t) = \frac{1}{\pi} \cdot \hat{u} \cdot \left(1 + \frac{\pi}{2} \cdot \cos(\omega \cdot t) + \frac{2}{1 \cdot 3} \cdot \cos(2 \cdot \omega \cdot t) - \frac{2}{3 \cdot 5} \cdot \cos(4 \cdot \omega \cdot t) + \frac{2}{5 \cdot 7} \cdot \cos(6 \cdot \omega \cdot t) - + \ldots \right)$$

Spannungsverlauf nach Brückengleichrichtung

$$u(t) = \frac{2}{\pi} \cdot \hat{u} \cdot \left(1 + \frac{2}{1 \cdot 3} \cdot \cos(2 \cdot \omega \cdot t) - \frac{2}{3 \cdot 5} \cdot \cos(4 \cdot \omega \cdot t) + \frac{2}{5 \cdot 7} \cdot \cos(6 \cdot \omega \cdot t) - + \ldots \right)$$

Bild 2.2–18 Beispiele für Fourier-Reihen

2.2 Signale

Bei realen Zeitfunktionen ergeben sich durchaus nicht alle gemäß Fourier-Reihe möglichen Anteile. Außerdem ist bei den Fourier-Koeffizienten anzumerken, dass die Periodendauer T der untersuchten Zeitfunktion $u(t)$ maßgebend ist, weil sich durch sie die **Grundfrequenz** ω ergibt. Die weiteren Koeffizienten sind immer ganzzahlige Vielfache dieser Grundfrequenz und werden als Harmonische oder Oberschwingungen bezeichnet.

Harmonische = Oberschwingungen =
Ganzzahlige Vielfache der Grundfrequenz

Übung 2.2–9

Die Fourier-Reihe einer sägezahnförmigen Wechselspannung mit Gleichanteil weist folgende Form auf:

$$u(t) = \frac{1}{2} \cdot \hat{u} - \frac{1}{\pi} \cdot \hat{u} \cdot \sin(\omega \cdot t) - \frac{1}{2 \cdot \pi} \cdot \hat{u} \cdot \sin(2 \cdot \omega \cdot t) - \frac{1}{3 \cdot \pi} \cdot \hat{u} \cdot \sin(3 \cdot \omega \cdot t) - \ldots$$

Stellen Sie die ersten sechs Anteile des Amplitudenspektrums dar.

Übung 2.2–10

Wie groß ist der Gleichanteil einer Rechteckfunktion, die symmetrisch zur Zeitachse verläuft?

Obwohl Fourier-Reihen eigentlich unendlich viele Glieder aufweisen, brauchen in der Praxis nur die Glieder mit den kleineren Frequenzen berücksichtigt werden. Da nämlich mit zunehmender Frequenz die Amplituden abnehmen, sind solche Glieder meist vernachlässigbar.

Glieder von Fourier-Reihen mit großen Frequenzen können wegen der abnehmenden Amplituden meistens vernachlässigt werden.

Abschließend sei noch die **Übertragung analoger Eingangssignale mit Hilfe zeitdiskreter Signale** betrachtet. Dabei wird beim analogen Signal durch Abtastung [*sampling*] in einem vorgegebenen Zeitraster, jeweils der Signalwert festgestellt. Das Ergebnis ist eine Folge von Impulsen mit unterschiedlichen Amplituden.

Abtastung [*sampling*] =
Ermittlung der Signalwerte einer analogen Zeitfunktion in einem vorgegebenen Zeitraster

Nach der Übertragung soll daraus das ursprüngliche analoge Signal wiedergewonnen werden. Dies erfolgt durch eine Halteschaltung [*hold circuit*], welche die Impulsfolge in einen treppenförmigen Spannungsverlauf wandelt. Durch eine nachfolgende Filterschaltung erfolgt eine Glättung und damit die Rückgewinnung des analogen Signals.

Halteschaltung [*hold circuit*]
wandelt Impulsfolgen in treppenförmigen Spannungsverlauf

Es ist natürlich von Interesse, mit welcher Frequenz f_A bzw. welchen Intervallen T_A die Abtastung erfolgen muss, damit der ursprüngliche Signalverlauf nach der Übertragung wieder möglichst genau rekonstruiert werden kann. Die systemtheoretische Betrachtung dieser Fragestellung zeigt, dass die größte im zu übertragenden Signal enthaltene Frequenz f_{max} eine wesentliche Rolle spielt. Die Abtastfrequenz muss nämlich mindestens den doppelten Wert von f_{max} aufweisen, es sind also mindestens zwei Abtastungen während einer Periode der größten Frequenz erforderlich. Diese Erkenntnis bezeichnen wir in der mathematischen Form als Abtasttheorem.

Für die Zahl der Abtastungen ist die größte im zu übertragenden Signal enthaltene Frequenz maßgebend.

Abtasttheorem

$$\frac{1}{f_A} = T_A \leq \frac{1}{2 \cdot f_{max}} \quad \Leftrightarrow \quad f_A \geq 2 \cdot f_{max}$$

(2.2–27) \hspace{2cm} (2.2–28)

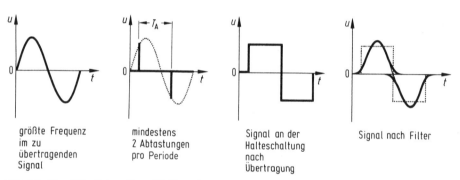

Bild 2.2–19   Abtastintervall gemäß Abtasttheorem

Im **Bild 2.2–19** ist die Aussage des Abtasttheorems noch einmal verdeutlicht. Wird die Abtastfrequenz f_A größer als $2 \cdot f_{max}$ gewählt, also das Abtastintervall T_A reduziert, dann liegt Überabtastung [*oversampling*] vor. Dies ist aus übertragungstechnischer Sicht nicht erforderlich und bedeutet größeren technischen Aufwand. Bei zu kleiner Abtastfrequenz f_A, also zu großem Abtastintervall T_A, liegt Unterabtastung vor und es ergibt sich eine Verfälschung des Ausgangssignals gegenüber dem Eingangssignal.

Überabtastung [oversampling]
$\Rightarrow f_A > 2 \cdot f_{max}$
Unterabtastung
$\Rightarrow f_A < 2 \cdot f_{max}$

Beispiel 2.2–10

Beim Telefon beträgt die größte Frequenz 3,4 kHz. Welche Abtastfrequenz ist für die Übertragung als zeitdiskretes Signal mindestens zu wählen?

2.2 Signale

Für das maximale Abtastintervall ergibt sich:

$$T_{A(max)} = \frac{1}{2 \cdot f_{max}} = \frac{1}{2 \cdot 3{,}4 \text{ kHz}}$$

$$T_{A(max)} = 147 \text{ μs}$$

Die minimale Abtastfrequenz ergibt sich durch Kehrwertbildung.

$$f_{A(min)} = \frac{1}{T_{A(max)}} = \frac{1}{147 \text{ μs}}$$

$$f_{A(min)} = 6{,}8 \text{ kHz}$$

Als Abtastfrequenz ist also mindestens eine Frequenz von 6,8 kHz erforderlich, damit das Signal optimal zurückgewonnen werden kann. Die Abtastintervalle dürfen somit nicht weiter als 147 μs auseinander liegen.

Übung 2.2–11

Welche Frequenz darf ein Signal höchstens aufweisen, wenn die max. Abtastfrequenz 50 kHz beträgt?

Treten neben dem zu übertragenden Signal oberhalb von f_{max} zusätzliche Spektralanteile auf, dann können diese in Verbindung mit der Abtastfrequenz zu Störeffekten führen. Nach der Rückwandlung treten dann nämlich Signalanteile auf, die im Original nicht enthalten waren. Für diese unerwünschte Störbeeinflussung gilt die Bezeichnung Aliasing.

Aliasing = Störeffekte durch Spektralanteile oberhalb der größten im zu übertragenden Signal enthaltenen Frequenz f_{max}

Dieser Effekt lässt sich verhindern oder zumindest stark reduzieren, wenn beim analogen Signal die Spektralanteile mit Frequenzen oberhalb der halben Abtastfrequenz, also der größten Signalfrequenz, möglichst stark unterdrückt werden. Dies ist mit entsprechenden Filtern möglich, die wir als Anti-Aliasing-Filter bezeichnen, weil sie den Aliasing-Effekt verhindern. In der Fachliteratur wird häufig auch der eigentlich unzutreffende Begriff Aliasing-Filter verwendet.

Anti-Aliasing-Filter unterdrückt beim analogen Signal alle Frequenzen oberhalb f_{max} möglichst stark und verhindert oder verringert dadurch den Aliasing-Effekt.

2.2.5 Dämpfung und Verstärkung

Durch jede Übertragung bleibt – solange keine Störeinflüsse vorliegen – der zeitliche Verlauf der Signale unverändert, jedoch nicht unbedingt Amplitude und Phase.

Durch Übertragung werden üblicherweise Amplitude und Phase des Signals verändert.

Ohne geeignete Maßnahmen ist bei jeder Übertragung das Signal am Ausgang jedes Systems oder Teiles davon kleiner als das Signal am Eingang, da alle Komponenten Widerstand gegen den Signalfluss bewirken. Es liegt dann Dämpfung [*attenuation*] vor. Durch Einsatz entspre-

Dämpfung [*attenuation*] = Ausgangssignal < Eingangssignal

chender Schaltungstechnik ist es aber auch möglich, am Ausgang ein gegenüber dem Eingang größeres Signal hervorgerufen wird. Es handelt sich dann bekanntlich um Verstärkung [*gain*].

Verstärkung [*gain*] = Ausgangssignal > Eingangssignal

Wegen der Laufzeiten des Signals vom Eingang zum Ausgang ergibt sich bei Dämpfung oder Verstärkung neben der Änderung der Amplitude stets auch noch eine Phasenverschiebung zwischen Eingangssignal $\underline{U}_1$ und Ausgangssignal $\underline{U}_2$. Es lassen sich deshalb der bereits beim Pegel behandelte Dämpfungsfaktor und Verstärkungsfaktor als komplexe Größen wie folgt beschreiben:

Dämpfungsfaktor

$$D = \frac{\underline{U}_1}{\underline{U}_2} = \frac{\hat{u}_1 \cdot \sin(\omega \cdot t \pm \varphi_1)}{\hat{u}_2 \cdot \sin(\omega \cdot t \pm \varphi_2)} \quad (2.2\text{-}29)$$

$$\underline{D} = |\underline{D}| \cdot e^{j \cdot \varphi_A} = D \cdot \exp(j \cdot \varphi_A) \quad (2.2\text{-}30)$$

Verstärkungsfaktor

$$V = \frac{\underline{U}_2}{\underline{U}_1} = \frac{\hat{u}_2 \cdot \sin(\omega \cdot t \pm \varphi_2)}{\hat{u}_1 \cdot \sin(\omega \cdot t \pm \varphi_1)} \quad (2.2\text{-}31)$$

$$\underline{V} = |\underline{V}| \cdot e^{j \cdot \varphi_A} = V \cdot \exp(j \cdot \varphi_A) \quad (2.2\text{-}32)$$

Dämpfung

$$\underline{D} = \frac{\underline{U}_1}{\underline{U}_2} = \frac{U_1 \cdot e^{j\varphi_1}}{U_2 \cdot e^{j\varphi_2}}$$

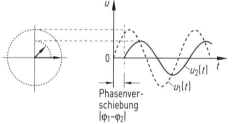

Verstärkung

$$\underline{V} = \frac{\underline{U}_2}{\underline{U}_1} = \frac{U_2 \cdot e^{j\varphi_2}}{U_1 \cdot e^{j\varphi_1}}$$

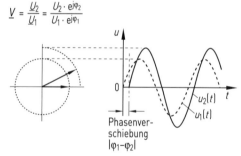

Bild 2.2–20   Dämpfung und Verstärkung von Spannungssignalen

Die Situation für Dämpfung und Verstärkung bezüglich Amplitude und Phasenwinkel ist im **Bild 2.2–20** nochmals zusammenfassend dargestellt.

Häufig bleibt bei Angaben die Phasenlage unberücksichtigt oder kann vernachlässigt werden, so dass für Dämpfung bzw. Verstärkung nur ein Zahlenwert vorliegt.

Übung 2.2–12

Durch welche Eigenschaft eines Übertragungssystems ergibt sich der Phasenwinkel zwischen Eingangsspannung und Ausgangsspannung?

2.2 Signale

Die logarithmierte Angabe des Dämpfungsfaktors D bzw. des Verstärkungsfaktors V führt zu dem bereits bekannten Dämpfungsmaß a bzw. Verstärkungsmaß g. Dabei gilt:

In der Praxis weisen Dämpfung und Verstärkung im Regelfall Frequenzabhängigkeit auf. Legen wir zum Beispiel an den Eingang eines Verstärkers ein Signal, das für alle Frequenzen die gleiche Amplitude aufweist, dann ist am Ausgang des Verstärkers die Frequenzfunktion nicht mehr gradlinig. Die Dämpfung oder Verstärkung ändert nämlich ihren Wert in Abhängigkeit von der Frequenz. Besonders interessant sind dabei solche Frequenzen, bei denen eine festgelegte Grenze unterschritten bzw. überschritten wird. Diese bezeichnen wir als **Grenzfrequenzen** [*cut-off frequencies*].

Jede Grenzfrequenz bezieht sich auf eine Referenzfrequenz, die entweder angegeben oder bekannt sein muss. In den meisten Fällen ist festgelegt, daß bei Abweichung des Ausgangspegels von dem bei der Referenzfrequenz f_{ref} um 3 dB die Grenzfrequenz erreicht ist. Für besondere Fälle gelten hierbei auch 6 dB oder 10 dB.

Da alle Funktionseinheiten in einem Übertragungssystem eine Filterwirkung aufweisen, gibt es stets zwei Grenzfrequenzen. Die kleinere Frequenz bezeichnen wir als **untere Grenzfrequenz** f_{min} [*lower cut-off frequency*], während es sich bei der größeren Frequenz um die **obere Grenzfrequenz** f_{max} [*upper cut-off frequency*] handelt. Der Bereich zwischen diesen beiden Frequenzen ist die **Bandbreite** B [*bandwidth* (BW)].

$$a = -g \Leftrightarrow g = -a \qquad (2.2\text{-}33)$$

Dämpfung und Verstärkung sind meisens frequenzabhängig.

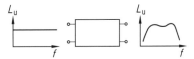

Bild 2.2–21   Frequenzabhängigkeit beim Zweitor

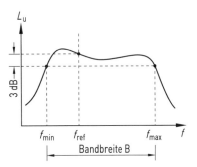

Bild 2.2–22   Grenzfrequenzen und Bandbreite

Beispiel 2.2–11

Es sollen die Begriffe Grenzfrequenz und Bandbreite am Beispiel des Telefons erläutert werden.

Für den niederfrequenten Übertragungsbereich des Telefons wurden international 0,3 kHz und 3,4 kHz als Grenzfrequenzen festgelegt. Die Referenzfrequenz beträgt 1 kHz. Als Bandbreite ergibt sich 3,1 kHz, nämlich die Differenz beider Grenzfrequenzen.

Übung 2.2–13

Welche Aufgabe hat die Referenzfrequenz für die Bemessung der Grenzfrequenzen?

Obwohl der Begriff Bandbreite eigentlich nur bei Frequenzfunktionen richtig ist, wird er dennoch in der Fachliteratur häufig auch für Übertragungsgeschwindigkeiten digitaler Signale, also der Bitrate, verwendet. Dies lässt sich daraus erklären, dass durch beide Begriffe eine Übertragungskapazität beschrieben wird, wenn auch in unterschiedlichen Einheiten.

Der Begriff Bandbreite wird häufig auch für die Bitrate verwendet.

2.2.6 Kopplungsarten

Jedes Kommunikationssystem besteht immer aus mehreren Funktionseinheiten. Das Zusammenwirken erfolgt dabei nicht immer nur in Kettenschaltung, Reihenschaltung oder Parallelschaltung, also durch eine Vorwärtsführung des Signals. Es gibt auch die teilweise Rückführung des Ausgangssignals zum Eingang und zwar bezogen auf das gesamte System oder einzelne Funktionseinheiten. Wir bezeichnen dieses Konzept als Rückkopplung [*feedback*].

Das rückgeführte Signal ergibt in Verbindung mit dem ursprünglichen Eingangssignal ein resultierendes Eingangssignal. Dabei kann das rückgeführte Signal im Grenzfall Gleichphasigkeit oder Gegenphasigkeit zum Eingangssignal aufweisen.

Ist das rückgeführte Signal in Phase mit dem Eingangssignal, dann wird das resultierende Eingangssignal größer. Das führt bei einem verstärkend arbeitenden System zu einem größeren Ausgangssignal als ohne die Rückkopplung und löst eine Art Kettenreaktion aus, weil damit auch wieder das resultierende Eingangssignal ansteigt.

Diese Form der Rückkopplung bezeichnen wir als Mitkopplung [*positive feedback*]. Es kann sich dabei das System aufschaukeln, also **Selbsterregung** eintreten. Eine Begrenzung ist nur durch die physikalischen Gegebenheiten der Schaltungstechnik gegeben.

Weist das rückgekoppelte Signal gegenüber dem ursprünglichen Eingangssignal eine Phasenverschiebung von 180° auf, dann wird wegen der Gegenphasigkeit das resultierende Eingangssignal kleiner. Es ergibt sich dadurch eine teilweise Kompensation des ursprünglichen Eingangssignals, was auch die Reduzierung von Störsignalen bewirken kann.

Zusammenwirken von Funktionseinheiten
☐ Vorwärtsführung des Signals
☐ Rückführung des Signals

Rückkopplung [*feedback*] =
Ausgangssignal wird teilweise wieder zum Eingang zurückgeführt.

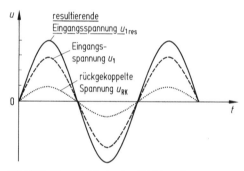

Bild 2.2–23   Gleichphasige Rückkopplung

Mitkopplung [*positive feedback*] =
Rückgekoppeltes Signal ist gleichphasig zum Eingangssignal

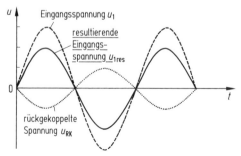

Bild 2.2–24   Gegenphasige Rückkopplung

2.2 Signale

Für diese Form der Rückkopplung gilt die Bezeichnung Gegenkopplung [*negative feedback*]. Im Grenzfall wird das Eingangssignal vollständig kompensiert.

Gegenkopplung [*negative feedback*] = Rückgekoppeltes Signal ist gegenphasig zum Eingangssignal

Übung 2.2–14

Unter welchen Bedingungen wird bei Gegenkopplung das Eingangssignal vollständig kompensiert?

Gegenkopplung zwischen den beiden Grenzwerten der Phasenlagen ermöglicht die definierte Beeinflussung des Signals.

Es sei darauf hingewiesen, dass Rückkopplung bei analogen Signalen wie bei digitalen Signalen verwendet werden kann.

2.2.7 Eintore und Mehrtore

Kommunikationssysteme bestehen stets aus verschiedenen Baugruppen, Geräten und sonstigen Komponenten, die zusammengeschaltet sind. Diese Funktionseinheiten können wir auch durch einzelne Blöcke darstellen. Sie stehen über eine bestimmte Anzahl von Anschlüssen mit der Umwelt in Verbindung. Dabei gilt als vereinbart, dass nur die eigentlichen Nutzsignale betrachtet werden und nicht die Betriebsspannungen oder Hilfsspannungen.

Kommunikationssysteme bestehen aus Funktionseinheiten, die als Blöcke darstellbar sind.

Es werden nur die Nutzsignale betrachtet.

Die Zusammenschaltung der Funktionseinheiten führt zum **Übersichtsschaltplan,** für den häufig auch noch die Bezeichnung Blockschaltbild verwendet wird. Aus diesem können wir ersehen, wie die Eingänge und Ausgänge der im Kommunikationssystem beteiligten Funktionseinheiten zusammenwirken.

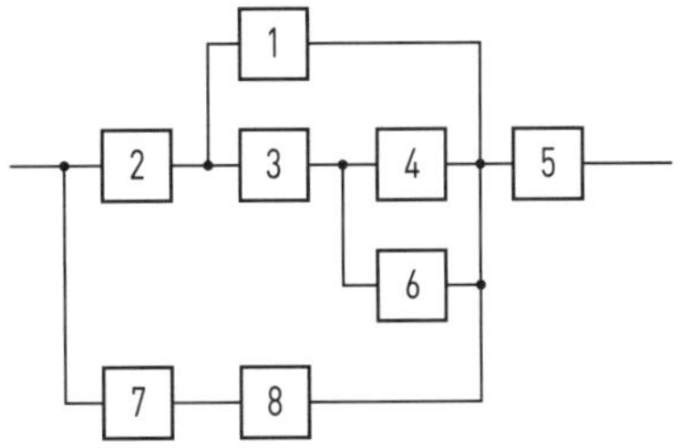

Bild 2.2–25   Übersichtsschaltplan

Beim Übersichtsschaltplan bleibt das „Innenleben" der einzelnen Blöcke unberücksichtigt. Sie werden lediglich durch Werte charakterisiert, die sich mit Hilfe von Messungen an den Anschlüssen ergeben. Dabei spielt es keine Rolle, mit welcher Technologie diese im Block bewirkt werden.

Funktionseinheiten werden durch Werte charakterisiert, die an ihren Anschlüssen feststellbar sind.

Bei Übersichtsschaltplänen können wir uns auf drei Typen für die Blöcke beschränken. Die einfachste Form weist nur einen Anschluss als Eingang oder Ausgang auf. Sie wird als **Eintor** oder **Zweipol** bezeichnet.

Bild 2.2–26 Eintor (Zweipol)

Treten bei einem Block Eingang und Ausgang auf, dann sind zwei Anschlüsse erforderlich. Es liegt dann ein **Zweitor** oder **Vierpol** vor.

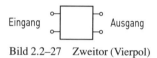

Bild 2.2–27 Zweitor (Vierpol)

Als dritte Variante seien **Dreitore** betrachtet. Bei diesen – auch als **Sechspole** bezeichnete Blöcke – sind entweder zwei Eingänge und ein Ausgang oder ein Eingang und zwei Ausgänge vorhanden.

Bild 2.2–28 Dreitor (Sechspol)

Zweitore und Dreitore werden auch als Mehrtore bezeichnet. Dazu zählen ebenfalls Blöcke, die mehr als drei Tore aufweisen.

Beispiel 2.2–12

Es sollen typische Beispiele für Eintore, Zweitore und Dreitore aufgezeigt werden.

Als Beispiel für ein Eintor sei der Oszillator angeführt, bei dem am Ausgang ein sinusförmiges Signal mit vorgegebener Frequenz auftritt. Das typische Beispiel für ein Zweitor ist der Verstärker, bei dem ein Eingangssignal zugeführt und ein definiertes Ausgangssignal hervorgerufen wird. Bei einer Mischstufe liegt dagegen ein Dreitor vor, bei der die Empfangsfrequenz und die Oszillatorfrequenz die Eingangsgrößen bilden, während am Ausgang die Zwischenfrequenz auftritt.

Bei einem Eintor sind drei Kenngrößen definiert. Es handelt sich um den Innenwiderstand $\underline{Z}_i$, die Leerlaufspannung $\underline{U}_L$ und den Kurzschlussstrom $\underline{I}_K$. Aus Bild 2.2–29 können Sie ersehen, wie diese an dem Anschluss messbar sind.

Innenwiderstand   Leerlaufspannung   Kurzschlussstrom

Bild 2.2–29 Kenngrößen eines Eintors

Treten bei einem Eintor weder Leerlaufspannung noch Kurzschlussstrom auf, dann handelt es sich um ein passives Eintor, das nur durch einen Innenwiderstand gekennzeichnet ist. Ein solches Eintor nimmt nur elektrische Signalenergie auf. Der Lautsprecher ist ein Beispiel dafür.

Treten bei Eintoren dagegen auch Leerlaufspannung und Kurzschlussstrom auf, dann handelt es sich um aktive Eintore. Diese geben funktionsbedingt elektrische Signalenergie ab, wie es zum Beispiel beim Oszillator der Fall ist.

Passive Eintore nehmen nur elektrische Signalenergie auf.

Aktive Eintore geben elektrische Signalenergie ab.

Übung 2.2–15

Welche Aussagen sind bei passiven Eintoren über die Leerlaufspannung und den Kurzschlussstrom möglich?

Unabhängig von der tatsächlichen Struktur ist für jedes Eintor ein Ersatzschaltplan möglich, der sich nur auf die bereits bekannten Kenngrößen bezieht. Es handelt sich um die Zusammenschaltung einer idealen Konstantspannungsquelle bzw. Konstantstromquelle mit dem Innenwiderstand.

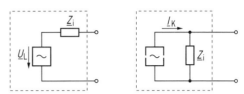

Bild 2.2–30 Ersatzschaltpläne für Eintore

Bei Zweitoren liegen dem Eintor vergleichbare Größen am Eingang und Ausgang vor. Es handelt sich um den Eingangswiderstand $\underline{Z}_1$, die Eingangsspannung $\underline{U}_1$, den Eingangsstrom $\underline{I}_1$, den Ausgangswiderstand $\underline{Z}_2$, die Ausgangsspannung $\underline{U}_2$ und den Ausgangsstrom $\underline{I}_2$. Üblicherweise werden die Ströme in das Zweitor hineinfließend gezählt. Für den allgemeinen Fall müssen wir dabei für alle Angaben von komplexen Größen ausgehen.

Bild 2.2–31 Eingangs- und Ausgangsgrößen bei Zweitoren

Am Eingang und Ausgang können wir nun wechselweise Kurzschluss oder Leerlauf betrachten. Es ergeben sich dabei unterschiedliche Werte für die Ströme und Spannungen auf beiden Seiten. Das Zweitor ist durch Verhältnisse dieser Werte zueinander beschreibbar, die wir Parameter nennen.

Damit lässt sich jedes Zweitor durch zwei Gleichungen mit gesamt vier Parametern beschreiben, ohne dessen „Innenleben" kennen zu müssen.

Bei den Zweitorparametern sind verschiedene Varianten festgelegt. Sie hängen von der Zusammenschaltung der Zweitore ab. Bei den Eingängen und Ausgängen kann Parallelschaltung oder Reihenschaltung vorliegen, wenn nicht Kettenschaltung gegeben ist. Die verschiedenen Parameter lassen sich allerdings untereinander umrechnen.

Die bisherigen Erkenntnisse sind für Zweitore, bei denen mit größeren Frequenzen (ca. ab 1 GHz) gearbeitet wird, nicht zweckmäßig, da bei Leerlauf und Kurzschluss am Eingang oder Ausgang reproduzierbare Messungen von Strom und Spannung kaum möglich sind. Es werden deshalb definierte Abschlusswiderstände verwendet. Unter dieser Randbedingung sind weitere Parameter festgelegt worden, mit

Zweitorparameter (Vierpolparameter) =
Verhältnis der Spannungen und/oder Ströme am Eingang und Ausgang eines Zweitors bei Kurzschluss oder Leerlauf.

Zusammenschaltung von Zweitoren
☐ Eingänge parallel / Ausgänge in Reihe
☐ Eingänge in Reihe / Ausgänge in Reihe
☐ Eingänge parallel / Ausgänge parallel
☐ Eingänge in Reihe / Ausgänge parallel
☐ Kettenschaltung

Bild 2.2–32 Zweitor mit definierten Abschlüssen

denen die Berechnung der Zusammenschaltung von Zweitoren bei hochfrequenten Anwendungen über 1 GHz möglich wird.

Auch bei Zweitoren lassen sich passive und aktive Formen unterscheiden und zwar durch das Verhältnis der elektrischen Signalenergie zwischen Eingang und Ausgang. Bei passiven Zweitoren ist der Wert am Ausgang gegenüber dem Eingang kleiner oder gleich, während bei aktiven Zweitoren am Ausgang gegenüber dem Eingang mehr elektrische Signalenergie auftritt.

Bei hochfrequenten Anwendungen über 1 GHz werden für Zweitorberechnungen besondere **Parameter** verwendet.

Bei **passiven Zweitoren** ist die elektrische Signalenergie am Ausgang gleich oder kleiner als die am Eingang.
Bei **aktiven Zweitoren** ist die elektrische Signalenergie am Ausgang größer als die am Eingang.

Übung 2.2–16

Ein Netzwerk besteht aus drei Widerständen in T-Schaltung. Um welche Art von Zweitor handelt es sich?

Mit Hilfe der Zweitor-Parameter können wir jedes Kommunikationssystem auf ein Zweitor reduzieren, das nur noch durch seine Parameter gekennzeichnet ist. Dieses Zweitor wird durch ein aktives Eintor gespeist, während sich am Ausgang ein passives Eintor befindet. Es liegt damit ein **belastetes Zweitor** vor. Mit Hilfe der Spannungen am Eingang und Ausgang lassen sich auch hier die bereits bekannten Angaben für Dämpfung und Verstärkung als Faktor oder Maß formulieren. Wegen der Beschaltung der beiden Zweitorseiten wird zur Kennzeichnung die Vorsilbe „Betriebs" verwendet. Es gilt:

Bild 2.2–33 Belastetes Zweitor

☐ **Betriebs-Verstärkungsfaktor** ($U_2 > U_1$)

$$V_B = \frac{U_2}{U_1} \qquad (2.2-34)$$

☐ **Betriebs-Verstärkungsmaß** ($U_2 > U_1$)

$$g_B = 20 \cdot \lg \frac{U_2}{U_1} \, \text{dB} \qquad (2.2-36)$$

☐ **Betriebs-Dämpfungsfaktor** ($U_2 < U_1$)

$$D_B = \frac{U_2}{U_1} \qquad (2.2-35)$$

☐ **Betriebs-Dämpfungsmaß** ($U_2 < U_1$)

$$a_B = 20 \cdot \lg \frac{U_2}{U_1} \, \text{dB} \qquad (2.2-37)$$

Für die Begriffe Verstärkungsfaktor bzw. Verstärkungsmaß werden auch die Bezeichnungen Übertragungsfaktor bzw. Übergangsmaß verwendet, wobei üblicherweise als Formelzeichen der Buchstabe T gilt.

Die bisherigen Ausführungen gelten vergleichbar auch für Dreitore. Die Beschreibung der Zusammenhänge zwischen den einzelnen Größen ist dabei wegen der drei Anschlüsse entsprechend aufwändiger als bei den Zweitoren.

Für den Begriff „Verstärkung" wird auch die Bezeichnung „Übertragung" verwendet.

Für Dreitore gelten den Zweitoren vergleichbare Betrachtungen.

2.2.8 Anpassung und Fehlanpassung

In jedem Kommunikationssystem soll das Nutzsignal mit geringstmöglichen Verlusten und Störeinflüssen von der Quelle zur Senke übertragen werden. Um dieses zu erreichen, müssen zwischen den Funktionseinheiten des Systems bestimmte technische Vorgaben erfüllt sein. Wir bezeichnen dies als Anpassung [*matching*]. Sind die Vorgaben nicht erfüllt, dann liegt Fehlanpassung [*mismatching*] vor.

Zur Erklärung der Anpassungsbedingungen betrachten wir die Form einer **belasteten Quelle**. An die Klemmen eines aktiven Zweitors mit dem Innenwiderstand $\underline{Z}_i$ ist dabei der Außenwiderstand $\underline{Z}_a$ angeschlossen. Für den allgemeinen Fall müssen wir hier von komplexen Widerständen (Impedanzen) ausgehen, also Real- und Imaginärteile berücksichtigen.

Bei den beiden Impedanzen ist also von Wirkwiderständen und frequenzabhängigen Blindwiderständen auszugehen, wobei es sich um kapazitive oder induktive Blindwiderstände handeln kann.

Aus den Grundlagen der Elektrotechnik wissen wir, daß die maximale Leistung von der Quelle an den Außenwiderstand abgegeben wird, wenn $R_a = R_i$ gilt. Diese Aussage berücksichtigt allerdings keine möglichen Blindanteile. Dies ist zwar bei einigen Kilohertz (kHz) noch vertretbar, bei größeren Frequenzen wird jedoch abhängig vom Verhältnis der Blindanteile von $\underline{Z}_i$ und $\underline{Z}_a$ wird ein Teil des Signals vom Außenwiderstand zum Innenwiderstand wieder reflektiert. Das führt verständlicherweise zu Veränderungen des ursprünglichen Signals. Wir können uns diese Situation durch ein vorlaufendes Signal $\underline{U}_v$ und ein rücklaufendes Signal $\underline{U}_r$ verdeutlichen.

Gilt die Beziehung $\underline{Z}_a = \underline{Z}_i$, dann handelt es sich um **Widerstandsanpassung**. Es liegen beim Außen- und Innenwiderstand gleiche Wirk- und Blindanteile vor, außerdem treten keine Reflexionen auf.

Durch **Anpassung** [*matching*] soll die Übertragung des Nutzsignals mit geringstmöglichen Verlusten und Störeinflüssen erreicht werden.
Bei **Fehlanpassung** [*mismatching*] sind die Anpassungsbedingungen nicht erfüllt.

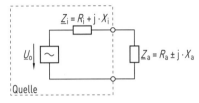

Bild 2.2–34 Belastete Quelle

Impedanz
☐ Wirkwiderstand
☐ Blindwiderstand (frequenzabhängig)
  – Kapazitiver Blindwiderstand
  – Induktiver Blindwiderstand

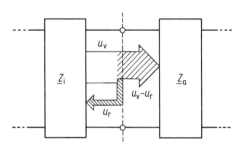

Bild 2.2–35 Reflexion

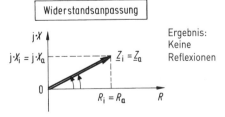

Bild 2.2–36 Widerstandsanpassung

Um maximale Wirkleistung übertragen zu können, müssen die Wirkanteile von $\underline{Z}_i$ und $\underline{Z}_a$ gleichgroß sein und sich die Blindanteile kompensieren. Dies können wir durch einen induktiven Blindwiderstand bei dem einen Widerstand und einen kapazitiven Blindwiderstand bei dem anderen Widerstand erreichen, wobei die Blindwiderstände gleiche Werte aufweisen müssen. Es liegt dann **Leistungsanpassung** vor.

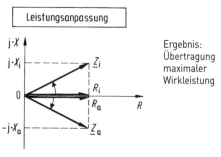

Ergebnis: Übertragung maximaler Wirkleistung

Bild 2.2–37   Leistungsanpassung

Übung 2.2–17

Unter welchen Bedingungen wird maximale Leistung ohne Reflexion übertragen?

Sobald an der Schnittstelle zwischen zwei Funktionseinheiten in einem Übertragungssystem ein rücklaufendes Signal auftritt, liegt Fehlanpassung vor. Diese können wir durch den Reflektionsfaktor $\underline{r}$, die Rückflussdämpfung a, den Welligkeitsfaktor s und den Anpassungsfaktor n mathematisch beschreiben.

Fehlanpassung liegt vor, wenn ein rücklaufendes Signal auftritt.

Diese Angaben können alle ineinander umgerechnet werden, so dass sich die Auswahl in der Praxis im Regelfall am einfachsten Messverfahren für die Fehlanpassung orientiert.

Der Reflexionsfaktor $\underline{r}$ ist eine dimensionslose komplexe Größe, die das Verhältnis eines rücklaufenden Signals $\underline{U}_r$ zum vorlaufenden Signal $\underline{U}_v$ nach Betrag und Phasenlage angibt. Er lässt sich auch aus den Werten für den Innen- und Außenwiderstand errechnen.

Reflexionsfaktor [*reflexion coefficient*]

$$\underline{r} = r \cdot e^{j \cdot \varphi} = \frac{\underline{U}_r}{\underline{U}_v} = \frac{\underline{Z}_a - \underline{Z}_i}{\underline{Z}_a + \underline{Z}_i} \qquad (2.2\text{--}38)$$

Dabei ist anzumerken, dass in vielen Fällen nur der Betrag des Reflexionsfaktors betrachtet wird.

Häufig wird nur der Betrag des Reflexionsfaktors betrachtet.

Die Refexion kann auch als Dämpfungsmaß angegeben werden. Dabei handelt es sich um den logarithmierten Kehrwert des Betrages des Reflexionsfaktors mit der Bezeichnung Rückflussdämpfung a. Sie beschreibt, wie stark das rücklaufende Signal gegenüber dem vorlaufenden Signal gedämpft ist.

Rückflussdämpfung [*return loss*]

$$a = 20 \cdot \lg \frac{1}{r} \, \text{dB} = 20 \cdot \lg \frac{U_r}{U_v} \, \text{dB}$$
$$a = 20 \cdot \lg \left| \frac{\underline{Z}_a + \underline{Z}_i}{\underline{Z}_a - \underline{Z}_i} \right| \, \text{dB} \qquad (2.2\text{--}39)$$

Der Welligkeitsfaktor s und der Anpassungsfaktor m werden aus der Überlagerung vom vorlaufenden und rücklaufenden Signal abgeleitet. Der resultierende Kurvenverlauf ist für gleiche Zeitpunkte jeder Periode konstant, wiederholt sich also nach jeder Periodendauer T. Dabei

2.2 Signale

spielt es keine Rolle, mit welcher Amplitude und welchem Phasenwinkel das rücklaufende Signal auftritt.

Beim resultierenden Signal treten durch die Überlagerung jeweils zwischen $t = 0$ und $t = T$ örtlich konstante Maxima U_{max} und Minima U_{min} auf. Dies bezeichnen wir als **stehende Wellen**. Ein Maximum tritt ein, wenn vorlaufendes und rücklaufendes Signal gleichphasig sind, während sich bei Gegenphasigkeit ein Minimum ergibt.

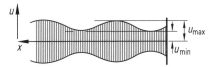

Bild 2.2–38 Stehende Wellen

$U_{max} = U_v + U_r \Rightarrow$ Gleichphasigkeit (2.2–40)
$U_{min} = U_v - U_r \Rightarrow$ Gegenphasigkeit (2.2–41)

Der Welligkeitsfaktor s beschreibt das Verhältnis zwischen Maximum U_{max} und Minimum U_{min}. Damit ergibt sich:

Welligkeitsfaktor [*standing wave ratio* (SWR)]

$$s = \frac{U_{max}}{U_{min}} = \frac{U_v + U_r}{U_v - U_r} = \frac{1+r}{1-r} = \frac{1 + \left|\frac{\underline{Z}_a - \underline{Z}_i}{\underline{Z}_a + \underline{Z}_i}\right|}{1 - \left|\frac{\underline{Z}_a - \underline{Z}_i}{\underline{Z}_a + \underline{Z}_i}\right|}$$

(2.2–42)

Der Anpassungsfaktor m ist als Kehrwert des Welligkeitsfaktors definiert. Es handelt sich somit um das Verhältnis zwischen Minimum U_{min} und Maximum U_{max}. Daraus folgt:

Anpassungsfaktor [*inverse standing wave ratio*]

$$m = \frac{U_{min}}{U_{max}} = \frac{U_v - U_r}{U_v + U_r} = \frac{1-r}{1+r} = \frac{1 - \left|\frac{\underline{Z}_a - \underline{Z}_i}{\underline{Z}_a + \underline{Z}_i}\right|}{1 + \left|\frac{\underline{Z}_a - \underline{Z}_i}{\underline{Z}_a + \underline{Z}_i}\right|}$$

(2.2–43)

Beispiel 2.2–13

Ein Verstärker wird mit einem Widerstand von 100 Ω abgeschlossen, der Innenwiderstand beträgt 50 Ω. Die Fehlanpassung ist in den vier Varianten anzugeben.

$$r = \frac{\underline{Z}_a - \underline{Z}_i}{\underline{Z}_a + \underline{Z}_i} = \frac{100\,\Omega - 50\,\Omega}{100\,\Omega + 50\,\Omega} = \frac{50}{150} = \underline{\underline{\frac{1}{3}}}$$

$$a = 20 \cdot \lg \frac{1}{r} \, \text{dB} = 20 \cdot \lg \frac{1}{\frac{1}{3}} \, \text{dB} = 20 \cdot \lg 3 \, \text{dB} = 20 \cdot 0{,}477 \, \text{dB} = \underline{\underline{9{,}54 \, \text{dB}}}$$

$$s = \frac{1+r}{1-r} = \frac{1+\frac{1}{3}}{1-\frac{1}{3}} = \frac{\frac{4}{3}}{\frac{2}{3}} = \frac{4}{2} = \underline{\underline{2}}$$

$$m = \frac{1-r}{1+r} = \frac{1-\frac{1}{3}}{1+\frac{1}{3}} = \frac{\frac{2}{3}}{\frac{4}{3}} = \frac{1}{2} = \underline{\underline{\frac{1}{2}}}$$

In der Kommunikationstechnik wird für die Nutzsignale Widerstandsanpassung angestrebt, also die Übertragung ohne Reflexionen. Dies erfordert bekanntlich gleich große Innen- und Außenwiderstände, d. h., $\underline{Z}_a = \underline{Z}_i$. Setzen wir diese Bedingung in die Gleichungen für r, a, s und m ein, dann ergeben sich die Werte für die totale Anpassung. Das Gegenteil, nämlich die totale Fehlanpassung tritt bei **Kurzschluss** ($\underline{Z}_a = 0$) oder **Leerlauf** ($\underline{Z}_a \to \infty$) am Ausgang auf, weil dabei das vorlaufende Signal hundertprozentig reflektiert wird.

	totale Anpassung ($\underline{Z}_a = \underline{Z}_i$)	totale Fehlanpassung ($\underline{Z}_a = 0$ oder $\underline{Z}_a \to \infty$)
Reflexionsfaktor r	0	1
Rückflussdämpfung a	$\to \infty$ dB	0 dB
Welligkeitsfaktor s	1	$\to \infty$
Anpassungsfaktor m	0	1

Zwischen den vorstehend angeführten Grenzfällen liegt der Bereich der unterschiedlichen Fehlanpassungen. Aus dem Bild 2.2–39 ist dies für den Anpassungsfaktor m und den Welligkeitsfaktor s ersichtlich. Abhängig von dem betrachteten Grad der Fehlanpassung sind die stehenden Wellen unterschiedlich stark ausgeprägt. Dabei ist zu berücksichtigen, dass die Darstellung für den Betrag der Spannung erfolgt.

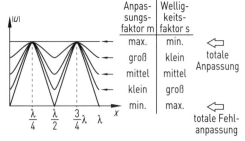

Bild 2.2–39 Welligkeitsfaktor und Anpassungsfaktor

Übung 2.2–18

Eine Generatorschaltung mit dem Innenwiderstand $\underline{Z}_i = 50\,\Omega$ wird mit $\underline{Z}_a = 100\,\Omega$ abgeschlossen. Wie verändert sich der Reflexionsfaktor, wenn die gegebene Situation $\underline{Z}_a = 2 \cdot \underline{Z}_i$ auf $\underline{Z}_a = \frac{1}{2} \cdot \underline{Z}_i$ geändert wird?

Bei der Anpassung muss auch dass durch den Innenwiderstand und Außenwiderstand bewirkte Rauschen berücksichtigt werden. Da dieses jedoch ein unerwünschter Störeinfluss

Bei Anpassung muss auch das Rauschen berücksichtigt werden.

ist, wird bekanntlich eine stets kleinstmögliche Rauschzahl bzw. ein minimales Rauschmaß angestrebt, was durch geeignete Bemessung von $\underline{Z}_i$ und $\underline{Z}_a$ erreicht werden kann. Wir bezeichnen diese Situation als Rauschanpassung [*noise matching*], gekennzeichnet durch F_{min} bzw. $(a_F)_{min}$.

Es ist allerdings festzustellen, dass die Widerstandswerte für Rauschanpassung von denen für Widerstandsanpassung abweichen. Es ist deshalb stets ein Kompromiss zwischen den beiden eigentlich gewünschten Anpassungsarten erforderlich.

> **Rauschanpassung** [*noise matching*] = Dimensionierung des Innen- und Außenwiderstandes für kleinstmögliche Rauschzahl bzw. minimales Rauschmaß

Es ist stets ein Kompromiss zwischen Widerstandsanpassung und Rauschanpassung erforderlich.

Lernerfolgskontrolle zu Kapitel 2.2

1. Welche kennzeichnenden Merkmale weist eine sinusförmige Zeitfunktion auf?
2. Auf welchen Wert bezieht sich die Angabe eines Phasenwinkels?
3. Welcher Zusammenhang besteht zwischen der Periodendauer eines Pulses und der Pulsfrequenz?
4. Welchen kleinsten Wert kann das Tastverhältnis aufweisen?
5. In welcher Weise unterscheiden sich zeitquantisierte und wertequantisierte Signale?
6. Welcher Zusammenhang besteht zwischen binären und ternären digitalen Signalen?
7. Deuten Sie die Angabe 3,16 MB/s.
8. Warum darf die Bitrate bei Kommunikationssystemen nicht beliebig groß sein?
9. Wie viele Glieder weist eine beliebige Fourier-Reihe auf?
10. Stellen Sie die ersten fünf Oberschwingungen für die Frequenz 1 MHz als Frequenzfunktion $u = f(f)$ dar.
11. Welche grundsätzliche Aussage macht das Abtasttheorem?
12. Ein Signal mit f_{max} = 15 kHz soll als zeitdiskretes Signal übertragen werden. Welche Grenzfrequenz muss das Anti-Aliasing-Filter aufweisen?
13. Welche Gemeinsamkeit weisen aktive und passive Eintore auf?
14. Welche grundsätzliche Funktion haben die verschiedenen Zweitorparameter?
15. Welche Information liefert der Phasenwinkel beim Verstärkungsfaktor?
16. Beim Zweitor wird die Bandbreite meist bei den Grenzfrequenzen bestimmt, deren Pegel 3 dB unterhalb des Referenzwertes liegen. Wie verändert sich der Wert für die Bandbreite grundsätzlich, wenn der Bezug auf den Pegel 6 dB unterhalb des Referenzwertes erfolgt?
17. Welcher grundsätzliche Unterschied besteht zwischen Mitkopplung und Gegenkopplung?
18. Durch welche Abhängigkeiten bestimmt sich die Rauschspannung an einem Widerstand?
19. Was bedeutet es, wenn für einen Verstärker als Rauschmaß 0 dB angegeben sind?
20. In welcher Weise muss sich das Verhältnis zwischen Nutzsignal und Störsignal verändern, wenn der Störabstand vergrößert werden soll?
21. Welcher Unterschied besteht zwischen SNR und CNR?
22. Welche Art der Verzerrungen beschreibt der Klirrfaktor und welche das Klirrdämpfungsmaß?
23. Durch welche Maßnahme kann die Augenweite im Augendiagramm vergrößert werden?
24. Welchen Effekt verursachen durch Fehlanpassung bedingte Reflexionen?
25. Wie unterscheiden sich der Reflexionsfaktor und die Rückflussdämpfung vom Welligkeitsfaktor und Anpassungsfaktor?
26. In welcher Beziehung stehen Rauschanpassung und Widerstandsanpassung zueinander?

2.3 Elektromagnetische Wellen

2.3.0 Einführung

Nach Durcharbeiten dieses Kapitels können Sie den Begriff der elektromagnetischen Welle erklären, den Zusammenhang zwischen Wellenlänge und Frequenz formulieren, die Abstrahlung elektromagnetischer Wellen erläutern, die wesentlichen Größen des elektrischen Feldes berechnen, die Eigenschaften der Atmosphäre als Übertragungskanal erklären und die Varianten der Ausbreitung elektromagnetischer Wellen unterscheiden.

2.3.1 Schwingung und Welle

Den Begriff der Schwingung können wir überschaubar vom mechanischen Pendel ableiten. Durch äußere Krafteinwirkung wird das Pendel aus seiner Ruhelage gebracht und wechselt danach ständig zwischen zwei Positionen. Dies bedeutet, dass Lageenergie (potentielle Energie) und Bewegungsenergie (kinetische Energie) in zeitlicher Abfolge wechselweise auftreten.

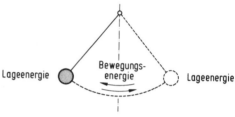

Bild 2.3–1 Pendel

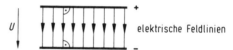

Bild 2.3–2 Elektrisches Feld und Spannung

Bild 2.3–3 Magnetisches Feld und Strom

Dieser regelmäßige Übergang zwischen zwei Energieformen ist auch bei elektrischen Systemen möglich. Das einfachste elektrische Schwingungssystem ist der Parallel-Resonanzkreis, also die Parallelschaltung einer Kapazität C und einer Induktivität L. Um das Funktionsprinzip zu verstehen, müssen wir uns aus den Grundlagen der Elektrotechnik in Erinnerung bringen, dass ein elektrisches Feld mit der Spannung verknüpft ist, während dies beim magnetischen Feld der Strom ist.

Gehen wir von einem geladenen Kondensator aus, dann entlädt sich dieser in die parallel geschaltete Spule. Dabei wird durch den Entladestrom das elektrische Feld im Kondensator abgebaut, dafür aber das magnetische Feld in der Spule aufgebaut. Bedingt durch die Selbstinduktion baut sich nun an der Spule eine Gegenspannung auf, welche die erneute Auflading des Kondensators bewirkt und damit die Ausgangssituation wieder herstellt. Bei idealen, also verlustfreien Bauelementen ergeben sich dann sinusförmige Verläufe von Spannung und Strom. Da diese auf der Wechselwirkung zwischen elektrischem und magnetischem Feld basieren, bezeichnen wir sie als elektromagnetische Schwingungen.

Abbau des elektrischen Feldes im Kondensator (= Entladung) bewirkt Aufbau des magnetischen Feldes in der Spule. Die damit durch Selbstinduktion bewirkte Gegenspannung führt wieder zur Auflading des Kondensators.

Schwingungen in elektrischen Systemen =
Elektromagnetische Schwingungen

2.3 Elektromagnetische Wellen

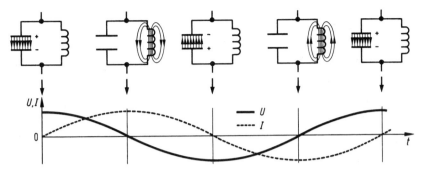

Bild 2.3–4 Schwingungen in elektrischen Systemen

Bei einer Schwingung liegt also die zeitliche Änderung physikalischer Größen vor, im betrachteten Fall sind es Spannung und Strom. Breitet sich eine Schwingung in einem beliebigen Medium (z. B. Luft) aus, dann tritt zusätzlich noch eine räumliche Änderung der physikalischen Größen auf. Das Ergebnis bezeichnen wir als Welle.

Schwingung =
Zeitliche Änderung physikalischer Größen

Welle =
Zeitliche und räumliche Änderung physikalischer Größen

Die Fortpflanzung einer Welle verläuft immer mit einer bestimmten Geschwindigkeit v. Der Weg für eine komplette Schwingung heißt Wellenlänge λ (sprich: lambda). Daraus folgt:

Wellenlänge

$$\lambda = v \cdot T \tag{2.3–1}$$

Da sich Frequenz f und Periodendauer T bekanntlich reziprok zueinander verhalten, gilt als gleichwertige Aussage:

$$\lambda = \frac{v}{f} \tag{2.3–2}$$

Die Fortpflanzungsgeschwindigkeit für elektromagnetische Wellen in Luft und Vakuum ist die Lichtgeschwindigkeit c_0.

Lichtgeschwindigkeit

$$c_0 = 2{,}997\,924\,58 \cdot 10^8 \frac{m}{s}$$
$$c_0 \approx 3 \cdot 10^8 \frac{m}{s} \tag{2.3–3}$$

Damit ergeben sich folgende wichtige Zusammenhänge für die Ausbreitung elektromagnetischer Wellen:

$$\lambda = c_0 \cdot T = \frac{c_0}{f} \tag{2.3–4}$$

Beispiel 2.3–1

Eine UKW-Sendeanlage strahlt elektromagnetische Wellen auf der Frequenz 100 MHz ab. Die Wellenlänge und die Periodendauer sind zu ermitteln.

$$\lambda = \frac{c_0}{f} = \frac{3 \cdot 10^8 \, \frac{m}{s}}{100 \cdot 10^6 \, Hz} = \underline{\underline{3 \, m}} \qquad T = \frac{1}{f} = \frac{1}{100 \cdot 10^6 \, Hz} = \underline{\underline{10 \, ns}}$$

Die abgestrahlten elektromagnetischen Wellen benötigen also für eine komplette Schwingung 10 ns und legen in dieser Zeit 3 m zurück.

Übung 2.3–1

Welcher wesentliche Unterschied besteht zwischen einer Welle und einer Schwingung?

Übung 2.3–2

Auf welche Frequenz müssen Sie einen Rundfunkempfänger einstellen, um einen auf der Wellenlänge 49 m arbeitenden Sender empfangen zu können?

Für die Kommunikationstechnik spielt die Ausbreitung elektromagnetischer Wellen in der Luft eine wesentliche Rolle, weil sie die Basis jeder Funkanwendung darstellt. Es ist deshalb abzuklären, wie diese Wechselwirkung zwischen dem elektrischen und magnetischen Feld zustande kommt.

Für Funkanwendungen ist das Ausbreitungsmedium Luft vorrangig von Bedeutung.

Dabei gehen wir von einem realen Parallel-Resonanzkreis aus, also einem Schwingkreis in Parallelschaltung. Die Felder sind dabei in dem Kondensator und der Spule konzentriert. Schon in geringer Entfernung von diesen Bauelementen sind keine Felder mehr feststellbar. Es gilt deshalb die Bezeichnung **geschlossener Schwingkreis**.

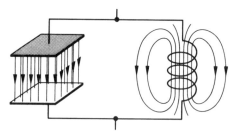

Bild 2.3–5 Geschlossener Schwingkreis

Für die weiteren Betrachtungen soll die Spule lediglich aus einem geraden Leiterstück bestehen. Denken wir uns nun die Beläge des Kondensators immer weiter voneinander entfernt, dann ist das Ergebnis eine gestreckte Form. Bei dieser findet der Wechsel zwischen den beiden Feldern natürlich auch noch statt. Wegen der durch das „Aufklappen" bewirkten Struktur sprechen wir nun von einem **offenen Schwingkreis**.

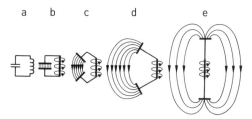

Bild 2.3–6 Offener Schwingkreis

Seine Besonderheit besteht darin, dass sich abwechselnd Energieanteile aus dem elektrischen und magnetischen Feld lösen und damit Abstrahlung in den umgebenden Raum erfolgt.

Mit Hilfe des offenen Schwingkreises können elektromagnetische Wellen in den Raum abgestrahlt werden.

2.3 Elektromagnetische Wellen

Die dem offenen Schwingkreis durch Abstrahlung elektromagnetischer Wellen entzogene Energie muss wieder ersetzt werden, wenn die Wellen in ihrer Amplitude konstant bleiben sollen. Dies ist durch eine Generatorschaltung möglich.

Der offene Schwingkreis stellt die Grundform der Antenne dar, die den Übergang elektromagnetischer Wellen zwischen elektrisch leitfähigem Material und dem Raum ermöglicht. Das vollständige System zur Abstrahlung elektromagnetischer Wellen können wir als Generator verstehen, an den zwei gleich lange, in entgegengesetzter Richtung zeigende Leiterstücke angeschlossen sind. Diese bilden den offenen Schwingkreis, wobei sie einerseits als Spule arbeiten, andererseits aber auch als Beläge des Kondensators wirken. Der Generator ersetzt dabei die abgestrahlte Energie.

Wegen der konstruktiven Lösung mit den beiden Leiterstücken sprechen wir beim offenen Schwingkreis auch von einem Dipol.

Die Abstrahlung der Feldenergien können wir durch den Verlauf der elektrischen und magnetischen Feldlinien verdeutlichen. Im **Bild 2.3–8** ist dies für eine vollständige Schwingung erfolgt. Im Mittelpunkt befindet sich jeweils der mit dem Dipol abgeschlossene Generator. Funktionsbedingt ergeben sich die elektrischen

Die Abstrahlung entzieht dem offenen Schwingkreis Energie
⇒ Abhilfe: Generator

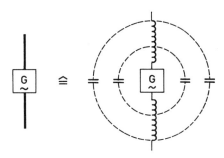

Bild 2.3–7 Anordnung zur Abstrahlung elektromagnetischer Wellen

Ein offener Schwingkreis wirkt als **Dipol**.

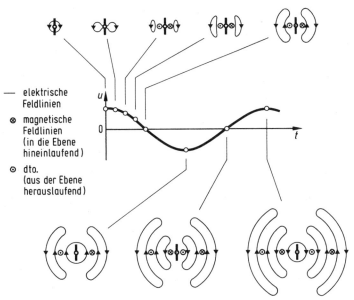

Bild 2.3–8 Wellenabstrahlung

Feldlinien in Zeichnungsebene, während die magnetischen Feldlinien in Querrichtung, also um 90 Grad versetzt, dazu verlaufen. Den Vorgang müssen wir uns räumlich vorstellen, da die Abstrahlung in allen drei Dimensionen erfolgt. Die elektrischen Feldlinien bilden eine Verschachtelung mehrerer Kugelschalen, während die magnetischen Feldlinien kreisförmig um die Anordnung verlaufen.

Die vom Dipol abgelösten Feldlinien haben stets einen geschlossenen Verlauf. Sie breiten sich mit Lichtgeschwindigkeit c_0 in den umgebenden Raum aus. Beide Felder sind dabei voneinander abhängig, da die eine Energieform erst durch die andere hervorgerufen wird. Es liegt somit eine Verkettung zwischen elektrischem und magnetischem Feld vor. Deshalb gilt auch die Bezeichnung elektromagnetisches Feld.

Die elektrischen und magnetischen Feldlinien haben stets einen geschlossenen Verlauf und breiten sich mit Lichtgeschwindigkeit c_0 aus.

Ein **elektromagnetisches Feld** ergibt sich aus der Verkettung zwischen elektrischem und magnetischem Feld.

Übung 2.3–3
Welche Aufgabe hat der Generator bei dem System für die Abstrahlung elektromagnetischer Wellen?

Übung 2.3–4
In welcher Form wird von einem offenen Schwingkreis Feldenergie abgestrahlt?

2.3.2 Elektromagnetisches Feld

Das von einem Dipol bewirkte elektromagnetische Feld kann durch die Angabe der elektrischen und magnetischen Feldstärke beschrieben werden. Dabei müssen wir allerdings beachten, dass beide Größen Vektoren sind, also im Raum ausgerichtete Größen, die auch noch von der Zeit abhängen.

Die exakte mathematische Formulierung der orts- und zeitabhängigen Feldstärkeverteilung im Raum führt zu komplizierten Differentialgleichungen. Sie werden nach ihrem Entwickler, dem englischen Physiker James Clerk Maxwell (1831–1879), als Maxwellsche Gleichungen bezeichnet. Für unsere Zwecke ist es ausreichend, nur die Ergebnisse dieser Gleichungen darzustellen und zu interpretieren.

Wegen der kugelförmigen Ausbreitung der Wellen ist es vorteilhaft für die Beschreibung der Feldstärke im Raum keine rechtwinkligen Koordinaten, sondern Kugelkoordinaten zu

Das elektromagnetische Feld lässt sich durch die elektrische und magnetische Feldstärke beschreiben.
Elektrische und magnetische Feldstärke sind Vektoren.

Die **Maxwellschen Gleichungen** beschreiben die orts- und zeitabhängige Feldstärkeverteilung im Raum.

Kugelförmige Ausbreitung der Wellen

2.3 Elektromagnetische Wellen

verwenden. Dabei befindet sich die Strahlungsquelle im Mittelpunkt einer Kugel, deren Radius r der Entfernung zum betrachteten Punkt entspricht, dessen Lage durch zwei Winkel charakterisiert ist. Der Winkel φ (phi) zählt dabei in der horizontalen Ebene, beginnend von einer festzulegenden Bezugsrichtung. Durch den Winkel ϑ wird in gleicher Weise die Lage in der vertikale Ebene beschrieben. Jeder beliebige Punkt im Raum kann durch die drei senkrecht zueinander angeordneten Komponenten r, φ und ϑ eindeutig beschrieben werden.

Als grundsätzliche Erkenntnisse aus den Maxwellschen Gleichungen sind die Abhängigkeiten der Feldstärke von der Entfernung r zur Quelle von Interesse. Dabei ergibt sich, daß bei der elektrischen Feldstärke in Richtung des Winkels φ überhaupt keine Anteile auftreten, während dies bei der magnetischen Feldstärke für die Komponenten in Richtung r und ϑ gilt.

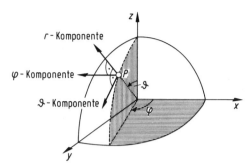

Bild 2.3–9 Kugelkoordinaten

Die Feldstärkewerte sind abhängig von der Entfernung r zur Strahlungsquelle.

Ergebnisse der Maxwellschen Gleichungen

Elektrische Feldstärke

$$E_r \sim \frac{1}{r} \cdot \left[\frac{\lambda}{r} + \left(\frac{\lambda}{r}\right)^2 \right] \quad (2.3\text{--}5)$$

$$E_\varphi = 0 \quad (2.3\text{--}6)$$

$$E_\vartheta \sim \frac{1}{r} \cdot \left[1 + \frac{\lambda}{r} + \left(\frac{\lambda}{r}\right)^2 \right] \quad (2.3\text{--}7)$$

Magnetische Feldstärke

$$H_r = 0 \quad (2.3\text{--}8)$$

$$H_\varphi \sim \frac{1}{r} \cdot \left[1 + \frac{\lambda}{r} \right] \quad (2.3\text{--}9)$$

$$H_\varphi = 0 \quad (2.3\text{--}10)$$

Betrachten wir nun das Feld um die Strahlungsquelle in einer Entfernung r, die gegenüber der Wellenlänge λ klein ist, dann sind die in vorstehenden Abhängigkeiten auftretenden Glieder mit λ/r vernachlässigbar, da die Glieder mit $(\lambda/r)^2$ überwiegend zur Feldstärke beitragen.

Bei Entfernungen, die groß gegenüber der Wellenlänge sind, interessieren dagegen nur Glieder mit λ/r, weil solche mit Potenzen von r vernachlässigbar klein werden.

Die beiden vorstehenden Erkenntnisse führen uns zu den Begriffen Nahfeld und Fernfeld. Als Übergang zwischen den Feldern wird für die Praxis der Bereich $4 \cdot \lambda \ldots 10 \cdot \lambda$ verwendet. Es gilt somit:

$r < \lambda$ bedeutet:
Glieder mit $\dfrac{\lambda}{r}$ sind vernachlässigbar.

$r > \lambda$ bedeutet:
Glieder mit $\left(\dfrac{\lambda}{r}\right)^2$ sind vernachlässigbar.

Nahfeld

$$r < 4 \cdot \lambda \ldots 10 \cdot \lambda \quad (2.3\text{--}11)$$

Fernfeld

$$r > 4 \cdot \lambda \ldots 10 \cdot \lambda \quad (2.3\text{--}12)$$

Im Übergangsbereich $4\lambda \ldots 10\lambda$ muss für den Einzelfall entschieden werden, ob Bedingungen des Nahfeldes oder Fernfeldes gelten sollen.

Bezogen auf vorstehende Festlegungen sind damit folgende Aussagen für die Feldstärken möglich:

Feldstärke im Nahfeld

$$\boxed{E_r \sim \frac{1}{r^3} \quad E_\varphi = 0 \quad E_\vartheta \sim \frac{1}{r^3}} \quad (2.3-13)$$

Feldstärke im Fernfeld

$$\boxed{E_r = 0 \quad E_\varphi = 0 \quad E_\vartheta \sim \frac{1}{r}} \quad (2.3-14)$$

$$\boxed{H_r = 0 \quad H_\varphi \sim \frac{1}{r} \quad H_\vartheta = 0} \quad (2.3-15)$$

Im Nahfeld nehmen also die beiden Komponenten der elektrischen Feldstärke mit $1/r^3$ ab, wobei die magnetische Feldstärke vernachlässigbar ist. Beim Fernfeld tritt dagegen jeweils eine Komponente der elektrischen und magnetischen Feldstärke auf, wobei diese mit $1/r$ abnimmt. Wegen der verwendeten Kugelkoordinaten können wir feststellen, dass beide Komponenten nicht nur senkrecht zueinander stehen, sondern auch senkrecht zur Ausbreitungsrichtung. Außerdem sind sie gleichphasig.

Im Fernfeld besteht bei ungestörter Ausbreitung in Luft oder Vakuum zwischen den Beträgen beider Feldstärkevektoren folgende Verknüpfung:

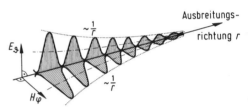

Bild 2.3–10 Ausbreitung im Fernfeld

$$\boxed{E = Z_0 \cdot H} \quad (2.3-16)$$

Den Ausdruck Z_0 bezeichnen wir als Feldwellenwiderstand (exakt: Freiraum-Feldwellenwiderstand). Sein Wert errechnet sich aus der magnetischen Feldkonstante μ_0 und der elektrischen Feldkonstante ε_0. Er ist daher konstant und unabhängig von der Frequenz.

Feldwellenwiderstand

$$\boxed{Z_0 = \sqrt{\frac{\mu_0}{\varepsilon_0}} = \sqrt{\frac{1{,}257 \cdot 10^{-6} \frac{\text{V} \cdot \text{s}}{\text{A} \cdot \text{m}}}{8{,}859 \cdot 10^{-12} \frac{\text{A} \cdot \text{s}}{\text{V} \cdot \text{m}}}}} \quad (2.3-17)$$

$$Z_0 = 376{,}68 \ \Omega$$

Beispiel 2.3–2

Bei einer Strahlungsquelle beträgt die Feldstärkekomponente E_ϑ in 2 m Entfernung 10 mV/m. Welchen Wert weist sie in 10 m Entfernung auf, wenn dafür wegen der verwendeten Frequenz Nahfeldbedingungen gelten?

2.3 Elektromagnetische Wellen

Für den Punkt der Strahlungsquelle ($r = 0$) ergibt sich wegen der Abnahme der Feldstärke mit $1/r^3$ folgender Wert:

$$E_\vartheta (2\,\text{m}) = 10\,\frac{\text{mV}}{\text{m}} = \frac{1}{8} \cdot E_\vartheta (0\,\text{m})$$

$$E_\vartheta (0\,\text{m}) = 80\,\frac{\text{mV}}{\text{m}}$$

Daraus ergibt sich für die gesuchte Entfernung:

$$E_\vartheta (10\,\text{m}) = \frac{1}{1000} \cdot E_\vartheta (0\,\text{m}) = \frac{1}{1000} \cdot 80\,\frac{\text{mV}}{\text{m}}$$

$$\underline{\underline{E_\vartheta (10\,\text{m}) = 80\,\frac{\mu\text{V}}{\text{m}}}}$$

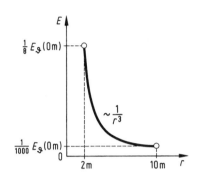

Von 2 m auf 10 m Entfernung nimmt die Feldstärke von 10 mV/m auf 80 µV/m ab.

Der im Beispiel aufgezeigte Weg ist vergleichbar auch für Betrachtungen im Fernfeld möglich, wobei dann natürlich die Abnahme der Feldstärke mit $1/r$ zu berücksichtigen ist.

Im Fernfeld ist die Abnahme der Feldstärke mit $1/r$ zu berücksichtigen.

Übung 2.3–5

Im Fernfeld einer Sendeanlage werden 180 µV/m für die elektrische Feldstärke gemessen. Welchen Wert weist die magnetische Feldstärke auf?

Übung 2.3–6

In welchem Umfang treten im Fernfeld Feldstärkekomponenten auf?

Die bisherigen Ausführungen zeigen, dass im Fernfeld übersichtliche Verhältnisse vorliegen. Beim Nahfeld sind diese nicht so günstig, da hier noch Rückwirkungen zum Strahler auftreten. Das wird auch durch die beiden Komponenten der elektrischen Feldstärke verdeutlicht.

Im Nahfeld treten Rückwirkungen zum Strahler auf.

Die weiteren Betrachtungen werden sich aus vorstehenden Gründen nur auf das Fernfeld beziehen. Dabei spielt es keine Rolle, auf welche Weise das elektromagnetische Feld erzeugt worden ist.

Die weiteren Betrachtungen beziehen sich immer nur auf das Fernfeld.

Die von einer Strahlungsquelle in den Raum abgegebene Wirkleistung wird als Strahlungsleistung P_S [*radiated power*] bezeichnet. Wir gehen dabei davon aus, dass die Abstrahlung der Energie in alle Richtungen mit gleicher Stärke,

Strahlungsleistung P_S [*radiated power*] = Von einer Strahlungsquelle in den Raum abgegebene Wirkleistung

also kugelförmig erfolgt. Ein Strahler mit solcher Strahlungscharakteristik heißt Kugelstrahler oder isotroper Strahler. Die Strahlungsleistung P_S verteilt sich somit über die Kugeloberfläche $4 \cdot \pi \cdot r^2$. Es kann deshalb die Leistung pro Flächeneinheit angegeben werden. Dafür gilt der Begriff Strahlungsdichte S oder Leistungsflussdichte LFD [*power flux density* (PFD)]. Der jeweilige Wert ergibt sich aus dem Verhältnis der Strahlungsleistung zur Kugeloberfläche, wobei deren Radius dem Betrachtungsabstand zur Quelle entspricht.

Kugelstrahler = Isotroper Strahler = Strahler mit kugelförmiger Strahlungscharakteristik

Strahlungsdichte S = Leistungsflussdichte (LFD) [*power flux density* (PFD)] = Strahlungsleistung pro Flächeneinheit

$$S = \frac{P_S}{4 \cdot \pi \cdot r^2} \qquad (2.3-18)$$

Beispiel 2.3–3

Ein Kugelstrahler weist eine Strahlungsleistung von 10 kW auf. Welche Strahlungsdichte ergibt sich für einen Empfänger in 5 km Entfernung?

$$S = \frac{P_S}{4 \cdot \pi \cdot r^2} = \frac{10 \cdot 10^3 \text{ W}}{4 \cdot \pi \cdot (5 \cdot 10^3 \text{ m})^2}$$
$$S = 31{,}8 \, \frac{\mu W}{m^2}$$

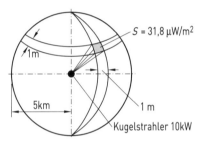

Am Empfangsort stehen also 31,8 µW pro m² zur Verfügung. Bezogen auf 1 m² Empfangsfläche darf der Empfänger nur 31,8 µW benötigen. Bei größerem Bedarf ist kein Empfang möglich. Abhilfe könnte dann allerdings eine größere Empfangsfläche schaffen, weil damit die verfügbare Leistung entsprechend größer würde.

Die Strahlungsdichte bezieht sich stets auf die Ausbreitungsrichtung der elektromagnetischen Wellen. Wir können deshalb beide Größen zu einem Vektor zusammenfassen. Er wird als Strahlungsvektor oder Poynting-Vektor bezeichnet und stellt eine Aussage über Richtung und Dichte der elektromagnetischen Energieströme dar.

Der **Strahlungsvektor** (= Poynting-Vektor) beschreibt die Intensität des elektromagnetischen Feldes in Ausbreitungsrichtung r.

Da aber auch die Komponenten der elektrischen und magnetischen Feldstärke die Intensität des Feldes in Ausbreitungsrichtung beschreiben, gilt folgende Beziehung:

$$S = E \cdot H \qquad (2.3-19)$$

Wegen der Verknüpfung der elektrischen und magnetischen Feldstärke über den Feldwellenwiderstand Z_0 kann die Strahlungsdichte auch aus nur einer Feldstärke berechnet werden. Es gilt bezogen auf die elektrische Feldstärke:

$$S = \frac{E^2}{Z_0} \qquad (2.3-20)$$

Beispiel 2.3–4

Im vorhergehenden Beispiel haben wir für einen Kugelstrahler mit $P_S = 10$ kW in 5 km Entfernung eine Strahlungsdichte $S = 31{,}8$ µW/m² errechnet. Welche elektrische Feldstärke tritt an dem Empfangsort auf?

$$S = \frac{E^2}{Z_0} \quad \rightarrow \quad E = \sqrt{S \cdot Z_0} = \sqrt{31{,}83 \cdot 10^{-6} \frac{W}{m^2} \cdot 376{,}68 \, \Omega} = 109{,}5 \, \frac{mV}{m}$$

Am Empfangsort ist also eine elektrische Feldstärke von 109,5 mV/m vorhanden. Für diesen Wert muss der Empfänger ausgelegt sein.

In vielen Fällen ist es zweckmäßig, die Feldstärke am Empfangsort unmittelbar aus der Strahlungsleistung berechnen zu können. Durch Verwendung der beiden Gleichungen für die Strahlungsdichte und entsprechende Umformungen ergibt sich:

$$S = \frac{P_S}{4 \cdot \pi \cdot r^2} \quad S = \frac{E^2}{Z_0}$$

$$E = \frac{1}{2 \cdot r} \cdot \sqrt{\frac{P_S \cdot Z_0}{\pi}} \qquad (2.3\text{--}21)$$

Setzen wir die Werte für Z_0 und π ein, dann ergibt sich folgende zugeschnittene Größengleichung:

$$E = 5{,}475 \cdot \frac{\sqrt{P_S}}{r} \qquad (2.3\text{--}22)$$

E in V/m, r in m, P_S in W

Beispiel 2.3–5

Im vorletzten Beispiel haben wir für eine Strahlungsquelle mit $P_S = 10$ kW die Strahlungsdichte in 5 km Entfernung berechnet und daraus im letzten Beispiel die elektrische Feldstärke am Empfangsort ermittelt. Dies soll nun unmittelbar aus der Strahlungsleistung erfolgen.

$$E = \frac{5{,}475 \cdot \sqrt{P_S}}{r} = \frac{5{,}475 \cdot \sqrt{10 \cdot 10^3}}{5 \cdot 10^3} \, \frac{mV}{m} = 109{,}5 \, \frac{mV}{m}$$

Übung 2.3–7

Ein Kugelstrahler arbeitet mit 100 W Strahlungsleistung und 3 m Wellenlänge. Welche elektrische Feldstärke tritt in 100 m Entfernung auf?

Übung 2.3–8

Bei einem Kugelstrahler soll die Strahlungsdichte bestimmt werden. Die Messung der magnetischen Feldstärke ergab 1,5 A/m.

Übung 2.3–9

Erläutern Sie, ob der in vorstehender Übung berechnete Feldstärkewert für alle Entfernungen vom Strahler gilt.

Bei den bisherigen Ausführungen wurden mit Ausnahme der Abgrenzung zwischen Nahfeld und Fernfeld keine Unterscheidungen bezüglich der Frequenzen gemacht, da die Aussagen im Prinzip für alle Frequenzen Gültigkeit haben. Nachfolgend wollen wir deshalb die spezifischen Besonderheiten betrachten.

Die bisherigen Aussagen gelten prinzipiell für alle Frequenzen.

2.3.3 Frequenz- und Wellenbereiche

Das Spektrum der elektromagnetischen Wellen weist Frequenzen bis 10^{24} Hz auf. Dieser sehr große Gesamtbereich ist wegen der unterschiedlichen physikalischen Eigenschaften in Teilbereiche gegliedert. Dabei sind die im Bild 2.3–11 angegebenen Grenzen der Bereiche nur als Anhaltspunkte zu verstehen, weil die Übergänge nicht im Detail festgelegt sind.

In der Kommunikationstechnik kommen derzeit Frequenzen bis 275 GHz zum Einsatz. Bezogen auf die Funktechnik gelten die in nachfolgender Tabelle aufgezeigten Frequenzbereiche.

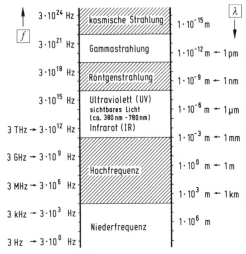

Bild 2.3–11 Spektrum der elektromagnetischen Wellen

Tabelle 2.3–1 Frequenzbereiche der Funktechnik

Bezeichnung [deutsch]	Bezeichnung [englisch]	Frequenz f	Wellenlänge λ
Megameterwellen	extremly low frequencies (ELF)	kleiner 3 kHz	größer 100 km
Myriameterwellen	very low frequencies (VLF)	3 ... 30 kHz	100 ... 10 km
Kilometerwellen	low frequencies (LF)	30 ... 300 kHz	10 ... 1 km
Hektometerwellen	medium frequencies (MF)	0,3 ... 3 MHz	1000 ... 100 m
Dekameterwellen	high frequencies (HF)	3 ... 30 MHz	100 ... 10 m
Meterwellen	very high frequencies (VHF)	30 ... 300 MHz	10 ... 1 m
Dezimeterwellen	ultra high frequencies (UHF)	0,3 ... 3 GHz	100 ... 10 cm
Zentimeterwellen	super high frequencies (SHF)	3 ... 30 GHz	10 ... 1 cm
Millimeterwellen	extremly high frequencies (EHF)	30 ... 300 GHz	10 ... 1 mm

Die Nutzung von Frequenzen für Funkzwecke ist international geregelt. Maßgebend ist die Internationale Feldmeldeunion [*International Telecommunication Union* (ITU)], die 1865 als

Internationale Fernmeldeunion
[*International Telecommunication Union* (ITU)]

2.3 Elektromagnetische Wellen

Internationaler Telegraphenverein gegründet wurde und heute als älteste UN-Unterorganisation praktisch alle Staaten der Welt als Mitglieder aufweist. Die ITU trifft auf Basis des Internationalen Fernmeldevertrags völkerrechtlich verbindliche Festlegungen, welche Frequenzen für welche Nutzungen und unter welchen Randbedingungen eingesetzt werden dürfen. Diese Vorgaben sind in den Radio Regulations niedergelegt.

Alle Staaten der Welt sind Mitglieder der ITU.

Internationaler Fernmeldevertrag
⇓
Radio Regulations

Auf europäischer Ebene erfolgt die Umsetzung der Radio Regulations durch die Europäische Konferenz der Verwaltungen für Post und Telekommunikation [*Conférence Européen des Administrations des Postes et des Télécommunication* (CEPT)], der 46 europäische Staaten als Mitglieder angehören.

Europäische Konferenz der Verwaltungen für Post und Telekommunikation
[*Conférence Européen des Administrations des Postes et des Télécommunication* (**CEPT**)]

Das nationale Frequenzmanagement in Deutschland obliegt der Bundesnetzagentur für Elektrizität, Gas, Telekommunikation, Post und Eisenbahnen (BNetzA). Diese Bundesbehörde arbeitet auf Basis des Telekommunikationsgesetzes (TKG). Das Ziel ist eine marktgerechte und zukunftsorientierte Frequenzregulierung, die Chancengleichheit sicherstellt und Wettbewerb ermöglicht. In der Praxis erfolgt dies durch verbindliche Verordnungen und entsprechende Bescheide.

Bundesnetzagentur für Elektrizität, Gas, Telekommunikation, Post und Eisenbahnen (**BNetzA**)

Telekommunikationsgesetz (**TKG**)

An erster Stelle steht dabei der Frequenzbereichszuweisungsplan. Aus diesem ist ersichtlich, welcher Funkdienst in welchem festgelegten Frequenzbereich primär (also vorrangig) oder sekundär (also nachrangig) zulässig ist. Dabei werden Frequenzen zwischen 9 kHz und 275 GHz erfasst. In dem darauf aufbauenden Frequenznutzungsplan erfolgt die Angabe, welche Randbedingungen der jeweilige Funkdienst zu berücksichtigen hat. Die Inbetriebnahme eines Funkdienstes ist allerdings nur zulässig, wenn eine Frequenzzuteilung der BNetzA vorliegt.

Frequenzbereichszuweisungsplan

Frequenznutzungsplan

Frequenzzuteilung
☐ Einzelzuteilung
☐ Allgemeinzuteilung

Bei dieser kann es sich um Einzelzuteilung (also zum Beispiel die Frequenz eines Rundfunksenders) oder Allgemeinzuteilung handeln. Im letzteren Fall ist eine Frequenz oder ein Frequenzbereich für definierte Anwendungen ohne besonderes Verfahren nutzbar. Als Beispiel seien die Frequenzen für schnurlose Telefone genannt.

An dieser Stelle sei darauf hingewiesen, dass Frequenzzuteilungen im Regelfall kostenrelevant sind. Sie können auch das Ergebnis von Ausschreibungen sein.

Kosten für Frequenzzuteilung

Ausschreibung vor Frequenzzuteilung

2.3.4 Wellenausbreitung

Für die Funktechnik wird der freie Raum als Übertragungskanal genutzt. Es handelt sich dabei um die Lufthülle der Erde. Sie wird als Atmosphäre bezeichnet und unterteilt sich in Troposphäre, Stratosphäre und Ionosphäre. Die im Bild 2.3–12 angegebenen Höhen sind allerdings nur als Anhaltswerte zu verstehen, da es für die Abgrenzung zwischen den Bereichen keine Festlegung von Werten gibt.

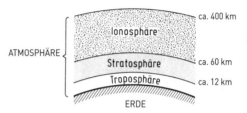

Bild 2.3–12   Unterteilung der Atmosphäre

In den einzelnen Bereichen der Atmosphäre können **Beeinflussungen der elektromagnetischen Wellen** auftreten. Dazu zählen Dämpfung, Reflexion, Interferenz, Beugung und Streuung, wobei alle Effekte zeitlichen und räumlichen Schwankungen unterliegen und außerdem auch von der Frequenz abhängen. Die Ursache sind Sonnenstrahlung, Strahlungen aus dem Weltraum und durch beide Einflüsse hervorgerufene Ionisationsvorgänge. Sie treten am stärksten in der **Ionosphäre** auf. Es ergeben sich dabei verschiedene Schichten. Die im Bild 2.3–13 angegebenen Werte stellen dabei nur Anhaltspunkte dar, weil Höhe, Dicke und Struktur der einzelnen Ionosphärenschichten von der Tages- und Jahreszeit abhängen. Deshalb ist die Ionosphäre kein Bereich mit konstanten Eigenschaften, sondern ein Übertragungskanal, dessen Spezifikationen starke Zeit- und Frequenzabhängigkeit aufweisen.

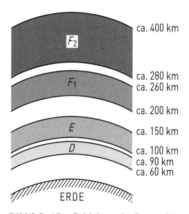

Bild 2.3–13   Schichten der Ionosphäre

Die Eigenschaften der Ionosphäre für die Ausbreitung elektromagnetischer Wellen sind zeit- und frequenzabhängig.

Die Abstrahlung elektromagnetischer Wellen erfolgt bei jeder Sendeanlage über die Antenne, wobei zwei Formen möglich sind. Verlaufen abgestrahlte Wellen längs der Erdoberfläche, dann bezeichnen wir sie als **Bodenwelle**. Ihre Reichweite ist begrenzt und zwar abhängig von der Geländestruktur (d. h. der Topographie) sowie der Bebauung und dem Bewuchs (d. h. der Morphographie). Als wesentliche Effekte gelten dabei Dämpfung, Beugung und Reflexion.

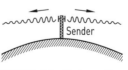

Bild 2.3–14   Bodenwelle

2.3 Elektromagnetische Wellen

Verlaufen dagegen die Wellen in Richtung Raum, dann gilt die Bezeichnung **Raumwelle**. Diese ist nicht direkt empfangbar, sondern erst nach Reflexion an Schichten der Ionosphäre. Dabei wird die unter dem Einfallswinkel α ankommende Welle unter dem Winkel β zur Erde umgelenkt. Abhängig vom Einfallswinkel α der Welle, der Frequenz und den momentanen Eigenschaften der Reflexionsschicht, die den Ausfallswinkel β bestimmen, sind durch die Raumwelle erhebliche Entfernungen überbrückbar.

Da eine reflektierte Raumwelle unter bestimmten Voraussetzungen auch von der Erdoberfläche wieder in Richtung Ionosphäre gelenkt werden kann, ist Mehrfachreflexion möglich. Diese vergrößert die Reichweite erheblich.

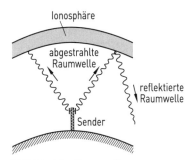

Bild 2.3–15   Raumwelle

Bei **Mehrfachreflexion** wird die Raumwelle am Erdboden wieder reflektiert.

Übung 2.3–10
Können Bodenwelle und Raumwelle gleichzeitig an der Ionosphäre reflektiert werden?

Von Antennen werden im Regelfall Bodenwelle und Raumwelle gleichzeitig abgestrahlt. Abhängig von der dämpfungsbedingten Reichweite der Bodenwelle und der Reflexion der Raumwelle könenn wir verschiedene Empfangszonen unterscheiden.

Im einfachsten Fall wird die Raumwelle nicht oder noch nicht reflektiert, so dass nur die Bodenwelle empfangbar ist. Es handelt sich dann um die **Nahempfangszone** (Kurzform: Nahzone).

Tritt nun zusätzlich die reflektierte Raumwelle auf, dann bezeichnen wir den Bereich, in dem nur diese empfangbar ist, als **Fernempfangszone** (Kurzform: Fernzone).

Es ist aber auch ein Bereich möglich, in dem die Bodenwelle schon nicht mehr und die reflektierte Raumwelle noch nicht empfangbar ist. Es handelt sich dann um die **Tote Zone**. Die gegensätzliche Situation liegt vor, wenn gleichzeitig Bodenwelle und reflektierte Raumwelle empfangen werden können. Es kommt dabei zu einer Überlagerung der Wellen. Diesen Bereich bezeichnen wir als **Interferenzzone** oder Verwirrungszone.

Da sich Boden- und Raumwelle bekanntlich mit Lichtgeschwindigkeit ausbreiten, wird die Raumwelle am Empfangsort stets später ein-

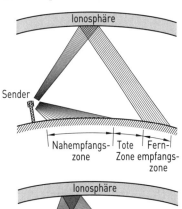

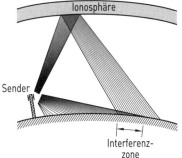

Bild 2.3–16   Empfangszonen

treffen, da sie den längeren Weg hat. Es treten also unterschiedliche Laufzeiten auf, was eine Phasenverschiebung zwischen den Signalen von Bodenwelle und Raumwelle am Empfangsort bewirkt. Da die Reflexionsbedingungen für die Raumwelle nicht konstant sind, können alle Fälle von Gleichphasigkeit bis Gegenphasigkeit auftreten. Das resultierende Empfangssignal liegt damit zwischen Signalverdopplung (bezogen auf den reinen Empfang der Bodenwelle) und Signalauslöschung.

In der Interferenzzone überlagern sich die Bodenwelle und die reflektierte Raumwelle. Wegen der unterschiedlichen Laufzeiten liegt das resultierende Empfangssignal zwischen Signalverdopplung und Signalauslöschung.

Die vorstehend beschriebene Interferenz der beiden Wellen führt hinsichtlich Amplitude und Funktionsverlauf zu einem zeitabhängig variierenden Empfangssignal. Einen solchen Effekt bezeichnen wir als Schwund [*fading*]. Dieser Störeffekt betrifft meistens nur einzelne Frequenzen oder schmale Frequenzbereiche, wirkt also frequenzselektiv. Wegen der zeitlichen Abhängigkeit treten die Schwunderscheinungen jedoch üblicherweise im gesamten Bereich des Empfangssignals auf.

> **Schwund** [*fading*] =
> Zeitabhängige frequenzselektive Änderungen des Empfangssignals hinsichtlich Amplitude und Funktionsverlauf

Übung 2.3–11

Worin besteht die Besonderheit bei der toten Zone bezüglich Bodenwelle und reflektierter Raumwelle?

Nachfolgend wollen wir die Frequenzabhängigkeit bei der Wellenausbreitung genauer betrachten.

Frequenzabhängigkeit der Wellenausbreitung

Bei **Längst- und Langwellen** erfolgt ausschließlich die Nutzung der Bodenwelle, weil die Raumwelle in der Ionosphäre nicht reflektiert wird. Die Wellen bereiten sich also in einem Kanal zwischen Erdoberfläche und Ionosphäre aus. Die erzielbare Reichweite ist wesentlich von der Strahlungsleistung abhängig, da die Bodenwelle starker Dämpfung unterliegt.

Bei Längst- und Langwellen tritt nur die Bodenwelle auf. Bei Lang- und Längstwellen liegen zu jeder Zeit konstante Ausbreitungsbedingungen vor.

Längst- und Langwellen weisen bei Tag und Nacht, aber auch zu allen Jahreszeiten gleiche Empfangsbedingungen auf, weil die Ausbreitungsbedingungen konstant sind.

Bei den **Mittelwellen** treten Bodenwelle und reflektierte Raumwelle auf, jedoch abhängig von der Tageszeit. Vom frühen Vormittag bis zum späten Nachmittag wird nämlich die Raumwelle in der Ionosphäre wegen der Sonneneinstrahlung praktisch nicht reflektiert, so dass sich nur die Nahempfangszone ergibt. Zu

2.3 Elektromagnetische Wellen

den anderen Zeiten des Tages tritt neben der Bodenwelle auch die Raumwelle auf. Dies führt zum Aufbau der Fernempfangszone, allerdings auch verbunden mit der Möglichkeit einer Interferenzzone.

Die Empfangsverhältnisse sind bei den Mittelwellen neben der Tageszeit zusätzlich auch noch von der Jahreszeit abhängig. Prinzipiell ist der Empfang im Sommerhalbjahr schlechter als in den Wintermonaten.

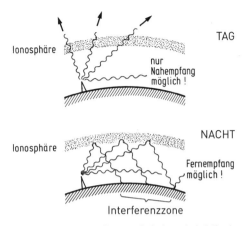

Bild 2.3–17   Empfangsverhältnisse bei Mittelwellen

Übung 2.3–12

Welche Empfangsverhältnisse sind bei den Mittelwellen in den Mittagsstunden im Sommer und in den Abendstunden im Winter gegeben?

Bei den **Kurzwellen** spielen die Schichten der Ionosphäre eine wesentliche Rolle. Abhängig vom Abstrahlwinkel der Antenne, der Frequenz und den spezifischen Eigenschaften der jeweiligen Schicht ergeben sich Reflexionen und ermöglichen damit ausgeprägten Fernempfang. Durch Mehrfachreflexionen ist mit Kurzwellen ein erdumspannender Empfang realisierbar.

Da die Nahempfangszone meistens recht klein ist und die reflektierte Raumwelle erst in entsprechender Entfernung vom Sender auf die Erdoberfläche auftrifft, ergeben sich bei den Kurzwellen häufig recht große tote Zonen.

Jede vollständige Reflexion der Raumwelle (d. h. von der Erdoberfläche zur Ionosphäre und zurück) wird als Sprung [*hop*] bezeichnet. Die dabei überbrückte Entfernung heißt Sprungdistanz.

Wie bereits erwähnt, sind die Eigenschaften der Ionosphäre und ihrer Schichten von Einwirkungen aus dem Weltraum abhängig. Für die Kurzwellen ist dabei die Sonnenfleckenzahl R [*sun spot number* (SSN)] von Bedeutung. Sie beschreibt die Aktivitäten auf der Sonnenoberfläche, wobei eine periodische Schwankung von 11 Jahren feststellbar ist. Bei einer großen

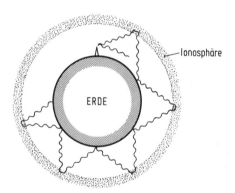

Bild 2.3–18   Fernempfang bei Kurzwellen durch Mehrfachreflexion

Sprung [*hop*] bezeichnet die mit einer Reflexion der Raumwelle überbrückbare Entfernung
⇒ **Sprungdistanz**

Sonnenfleckenzahl R

[*sun spot number* (SSN)]

Zahl von Sonnenflecken (= Sonnenfleckenmaximum) sind die Übertragungsbedingungen günstiger, während bei einer kleinen Zahl von Sonnenflecken (= Sonnenfleckenminimum) die Übertragungsbedingungen schlecht sind. Letzteres gilt besonders für große Frequenzen, also kleine Wellenlängen.

> **Sonnenfleckenmaximum** ergibt gute Ausbreitungsbedingungen für Kurzwellen

> **Sonnenfleckenminimum** ergibt schlechte Ausbreitungsbedingungen für Kurzwellen, besonders für große Frequenzen

Vorstehende Ausführungen zeigen die Abhängigkeit der Übertragungsqualität bei den Kurzwellen von der Tageszeit, Jahreszeit und Sonnenfleckenzahl. Es lässt sich deshalb eine größte für die Übertragung verwendbare Frequenz [*maximum usable frequency* (MUF)] definieren. Andererseits gilt dies aber auch für eine kleinste verwendbare Frequenz [*lowest usable frequency* (LUF)]. Sie ergibt sich wegen des unterschiedlichen Dämpfungsverhaltens in der Atmosphäre. Der Bereich zwischen MUF und LUF kennzeichnet die Frequenzen, die für eine Übertragung unter den gegebenen Randbedingungen überhaupt geeignet sind. Die Frequenzinformationen werden ähnlich den Wettervorhersagen durch die Auswertung umfangreicher Beobachtungen ermittelt und in sog. **Funkprognosen** zusammengestellt.

> **MUF** [*maximum usable frequency*] = Größte für die Übertragung verwendbare Frequenz

> **LUF** [*lowest usable frequency*] = Kleinste für die Übertragung verwendbare Frequenz

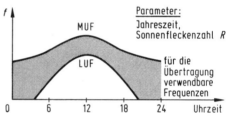

Bild 2.3–19 MUF und LUF bei Kurzwellen

Übung 2.3–13

Durch welchen Effekt wird bei Kurzwellen erdumspannender Fernempfang ermöglicht?

Bei den **Meterwellen** (z. B. UKW-Bereich) ist nur noch die Bodenwelle von Interesse, da im Regelfall für die Raumwelle keine Refexion an Ionosphärenschichten auftritt. Meterwellen breiten sich relativ geradlinig aus. Sie weisen ein den Lichtstrahlen vergleichbares Verhalten auf, weshalb wir bei Meterwellen von einem **quasioptischen Verhalten** sprechen.

Theoretisch kann deshalb nur eine geradlinige Verbindung zwischen Sender und Empfänger überbrückt werden. Bedingt durch die Erdkrümmung ist die mögliche Reichweite primär von den Antennenhöhen beim Sender und Empfänger abhängig. Jede Verbindung ist somit

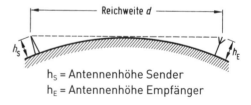

h_S = Antennenhöhe Sender
h_E = Antennenhöhe Empfänger

Bild 2.3–20 Reichweite bei Meterwellen

Die Erdkrümmung begrenzt die Reichweite bei Meterwellen.

2.3 Elektromagnetische Wellen

durch den sog. **Radiohorizont** [*radio horizon*] begrenzt. Als Abschätzung für die Reichweite d gilt, wenn zwischen Sender und Empfänger keine Hindernisse vorliegen:

$$\frac{d}{\text{m}} \approx 4{,}6 \cdot 10^3 \cdot \left(\sqrt{\frac{h_S}{\text{m}}} + \sqrt{\frac{h_E}{\text{m}}}\right) \quad (2.3\text{--}23)$$

Wegen der physikalischen Effekte Reflexion und Beugung ist unter Umständen auch Empfang an solchen Stellen möglich, die keine Sichtverbindung zum Sender haben.

Bei der **Reflexion** wird die abgestrahlte Welle ganz oder teilweise von natürlichen oder künstlichen Hindernissen zurückgeworfen.

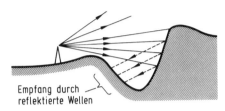

Bild 2.3–21 Reflexion

Durch **Beugung** wird ein Abweichen der Wellen vom geradlinigen Verlauf bewirkt. Auf diese Weise sind auch Gebiete erreichbar, die vom Sender aus gesehen hinter Hindernissen liegen.

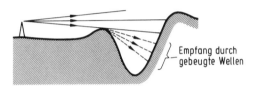

Bild 2.3–22 Beugung

Bei Meterwellen können auch Reichweiten auftreten, die erheblich über dem theoretischen Wert liegen. Diese bezeichnen wir als **Überreichweiten**. Sie treten dann auf, wenn sich in der Troposphäre unter bestimmten meteorologischen Bedingungen reflexionsfähige Schichten bilden, die als **Inversionsschichten** bezeichnet werden. Dabei treten zwischen zwei Inversionsschichten Reflexionen auf und es kommt zu einer Führung der Wellen in einem durch diese Schichten begrenzten Kanal [*duct*]. Auf diese Weise können Entfernungen über 1 000 km überbrückt werden, während es sich unter Normalbedingungen nur um ca. 100 km handelt.

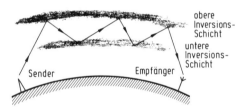

Bild 2.3–23 Überreichweiten

Führung der Wellen in einem durch Inversionsschichten begrenzten Kanal [*duct*].

Übung 2.3–14

Durch welche Maßnahmen ist es möglich, die auf den Radiohorizont begrenzte Reichweite zu vergrößern?

Bei **Dezimeterwellen** entspricht das Verhalten noch stärker dem der Lichtwellen als bei den Meterwellen. Auch hier treten die Effekte der Reflexion und Beugung auf. Andererseits ist auch mit vertretbarem Aufwand die Bündelung

Dezimeterwellen zeigen ein stark quasioptisches Verhalten.

Bündelung mit vertretbarem Aufwand

dieser Wellen möglich. Damit können durch gerichtete Übertragungen mit geringer Leistung große Entfernungen überbrückt werden. Es handelt sich dabei um Richtfunkverbindungen [radio link].

Richtfunkverbindung [radio link] = Gerichtete Funkübertragung durch gebündelte elektromagnetische Wellen

Für eine ungestörte Übertragung von Dezimeterwellen muss allerdings eine definierte Zone zwischen Sender und Empfänger frei von Hindernissen sein, da sich sonst Interferenzen der direkten Wellen mit den von der Erdoberfläche reflektierten Wellen ergeben. Dieser Bereich wird nach dem französischen Physiker Augustin Jean Fresnel (1788–1827) als **Fresnel-Zone** bezeichnet. Es handelt sich um einen Rotationsellipsoid, dessen Breite b und Länge d von der Wellenlänge λ abhängt. Es gilt:

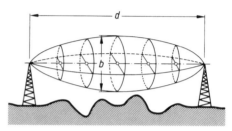

Bild 2.3–24   Fresnel-Zone

$$b = \sqrt{d \cdot \lambda} \qquad (2.3\text{–}24)$$

Mit Dezimeterwellen sind auch über die Fresnel-Zone hinausgehende Reichweiten möglich. In diesen Fällen werden troposphärische Inhomogenitäten für eine Streustrahlung [scatter] genutzt. Auf diese Weise gelangen Anteile der Welle zur Erde zurück und können empfangen werden. Für dieses Verfahren gilt die Bezeichnung **Troposcatter**.

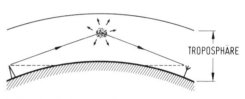

Bild 2.3–25   Troposcatter

Beispiel 2.3–6

Bei einer Richtfunkanlage im Dezimeterwellenbereich wird durch Einsatz einer neuen Anlage eine größere Frequenz verwendet. Wie verändert sich die Breite b der Fresnel-Zone?
Da der Abstand d zwischen Sender und Empfänger unverändert bleibt, wird bei größerer Frequenz, also kleinerer Wellenlänge, die Breite der Fresnel-Zone gemäß Gleichung 2.3–24 kleiner.

Übung 2.3–15

Bei einer Richtfunkverbindung sei die Breite der Fresnel-Zone wegen vorhandener Hindernisse zwischen Sender und Empfänger vorgegeben. Was passiert, wenn der Abstand zwischen Sender und Empfänger verringert wird?

Damit für den Aufbau von Funkverbindungen mit quasioptischen Wellen die Spezifikationen für die Sende- und Empfangsseite bestimmt werden können, ist es hilfreich, die auf dem Übertragungsweg wirksame Dämpfung zu er-

2.3 Elektromagnetische Wellen

kennen. Für eine hindernisfreie Verbindung gilt als Freiraum-Dämpfungsmaß:

Freiraum-Dämpfungsmaß

$$a_0 = 20 \cdot \lg \frac{4 \cdot \pi \cdot d}{\lambda} \, \text{dB} \quad (2.3\text{-}25)$$

Hindernisse und/oder Witterungseinflüsse (z. B. Regengebiete) ergeben zusätzliche Dämpfungen.

Beispiel 2.3–7

Eine Satellitenfunkverbindung wird auf der Frequenz 11,8 GHz betrieben. Der Abstand zwischen Satellit und Empfangseinrichtung beträgt 40 000 km. Die Freiraum-Dämpfung soll ermittelt werden.

Gemäß Gleichung 2.3–25 ergibt sich:

$$a_0 = 20 \cdot \lg \frac{4 \cdot \pi \cdot d}{\lambda} \, \text{dB} = 20 \cdot \lg \frac{4 \cdot \pi \cdot d \cdot f}{c_0} \, \text{dB} = 20 \cdot \lg \frac{4 \cdot \pi \cdot 40 \cdot 10^6 \, \text{m} \cdot 11,8 \cdot 10^9 \, \text{Hz}}{3 \cdot 10^8 \, \frac{\text{m}}{\text{s}}} \, \text{dB} = 183,7 \, \text{dB}$$

Das Signal vom Satelliten zur Erdoberfläche wird um 183,7 dB gedämpft.

Zentimeter- und Millimeterwellen lassen sich wegen des ausgeprägt quasioptischen Verhaltens mit wenig Aufwand bündeln und dann gerichtet abstrahlen. Andererseits ergeben sich wegen der Wellenlänge häufig Reflexionen.

Zentimeter- und Millimeterwellen
- ☐ Vorteil: Einfache Bündelung
- ☐ Nachteil: Häufige Reflexion

Durch die in der Atmosphäre enthaltenen Gase sowie durch Wasser (als Regen, Schnee, Nebel oder Wolken) werden Zentimeter- und Millimeterwellen stark gedämpft. Die Werte sind von der Frequenz abhängig und können entsprechenden Tabellen oder Diagrammen entnommen werden.

Starke Dämpfung durch Gase und Wasser

Abschließend sei auch noch darauf hingewiesen, dass bei Zentimeter- und Millimeterwellen die Wellenlängen in Größenordnung der Bauelementeabmessungen liegen, während sonst die Wellenlängen ein Vielfaches davon betragen. Bei Geräten und Anlagen muss dies entsprechend berücksichtigt werden, um Störeffekte zu vermeiden.

Die Wellenlängen der Zentimeter- und Millimeterwellen liegen im Bereich der Bauelementeabmessungen.

Lernerfolgskontrolle zu Kapitel 2.3

1. Welche Bedeutung hat die Lichtgeschwindigkeit c_0 für die elektromagnetischen Wellen?
2. Welchen Weg legt eine elektromagnetische Welle mit $f = 1$ MHz in 1 s zurück?
3. Ein Sender arbeitet auf der Frequenz $f = 500$ kHz. Wie verändert sich die Wellenlänge, wenn die Frequenz verdoppelt wird?

4. Durch welche Besonderheit zeichnet sich der offene Schwingkreis aus?
5. Durch welche grundsätzliche Abhängigkeit ist ein elektromagnetisches Feld gekennzeichnet?
6. Welche Bereiche sind in einem elektromagnetischen Feld unterscheidbar und welche Abgrenzung gilt?
7. Welche Phasenlage hat die elektrische und magnetische Feldstärkekomponente im Fernfeld?
8. Welche Bedeutung hat die Angabe $PFD = 10 \frac{\mu W}{m^2}$?
9. Von einer Sendeanlage ist die magnetische Feldstärke bekannt. Die Leistungsflussdichte soll berechnet werden.
10. Welche Aufgabe hat der Frequenzbereichszuweisungsplan?
11. Welche Beeinflussungen können für elektromagnetische Wellen in der Atmosphäre auftreten?
12. Durch welche Gegebenheiten lassen sich die verschiedenen Empfangszonen erklären?
13. Welche wesentlichen Eigenschaften gelten bei der Ausbreitung elektromagnetischer Wellen in Abhängigkeit von der Wellenlänge?
14. Erläutern Sie die Funktion der Fresnel-Zone.

2.4 Kommunikation

2.4.0 Einführung

Nach Durcharbeiten dieses Kapitels können Sie die verschiedenen Dialogformen beschreiben, On-line- und Offline-Betrieb erklären, das Funktionsprinzip für Verteilung und Vermittlung aufzeigen, Übertragungsmodi unterscheiden und die Notwendigkeit des Synchronismus bei digitaler Übertragung darstellen.

2.4.1 Arten

Jede Kommunikation bedeutet den Austausch von Informationen, stellt also einen Dialog dar. Teilnehmer (Tln) in einem Kommunikationssystem können bekanntlich Menschen und/oder Maschinen sein, wobei für die Handhabung durch den Menschen Endgeräte [*terminals*] erforderlich sind, während Maschinen selber die Funktion der Endgeräte wahrnehmen.

> **Kommunikation** ist der Dialog von Informationen.

> **Endgeräte** [*terminals*] ermöglichen die Handhabung der Kommunikation.

Beispiel 2.4–1

Es sollen typische Endgeräte für den Einsatz in Büros aufgezeigt werden.

Der Telefonapparat ist ein Endgerät, welches der Mensch für Sprachkommunikation benötigt, während es sich beim Telefaxgerät um ein Endgerät für die Maschine-Maschine-Kommunikation handelt.

2.4 Kommunikation

Kommunikation findet stets zwischen mindestens zwei Endgeräten statt. Dabei können wir drei **Betriebsarten** [*operation mode*] unterscheiden.

Im einfachsten Fall läuft das Signal von dem Endgerät des einen Teilnehmers in einer Richtung durch das Übertragungssystem zum Endgerät des anderen Teilnehmers. Diese Dialogform bezeichnen wir als **Simplexbetrieb,** Richtungsbetrieb oder unidirektionalen Betrieb.

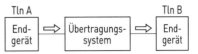

Bild 2.4–1 Simplexbetrieb

Diese Betriebsart stellt im Prinzip eine Einbahnstraße dar. Um den Austausch von Informationen zwischen den beiden Teilnehmern zu ermöglichen, muss die Verbindungsrichtung umschaltbar sein. Es besteht dann entweder eine Verbindung vom Tln A zum Tln B oder vom Tln B zum Tln A. Diese Dialogform wird als **Halbduplexbetrieb,** Semiduplexbetrieb oder Wechselbetrieb bezeichnet.

Bild 2.4–2 Halbduplexbetrieb

Übung 2.4–1
Liegt bei einer normalen Funksprechverbindung Wechselbetrieb vor?

Für viele Anwendungen ist es hilfreich, wenn die Verbindung zwischen den Endgeräten in beiden Richtungen gleichzeitig besteht. Wird diese Möglichkeit im Kommunikationssystem realisiert, dann liegt Vollduplexbetrieb, Gegenbetrieb oder bidirektionaler Betrieb vor.

Bild 2.4–3 Vollduplexbetrieb

Bei jeder Kommunikation sind hinsichtlich des zeitlichen Zugriffs zwei Varianten möglich, nämlich **Online** und **Offline**. Online bedeutet Kommunikation in Echtzeit [*realtime*], der Dialog erfolgt dabei simultan. Bei Offline erfolgt stets eine Zwischenspeicherung, für die der Begriff „*store and forward*" üblich ist. Der Abruf bzw. die Weiterleitung der Informationen weist deshalb immer einen Zeitversatz auf.

In der Praxis spielt es auch eine wichtige Rolle, wie die Kommunikation technisch realisiert wird. Wir müssen nämlich zwischen der leitungsgebundenen und der funkgestützten Kommunikation unterscheiden. Im ersten Fall kann es sich um elektrische Leitungen oder optische Leitungen (z. B. Glasfaserleitungen) handeln. Unabhängig davon handelt es sich dann um eine Festkommunikation, weil die Endgeräte wegen des erforderlichen Anschlusses an die

Online =
Kommunikation in Echtzeit [*realtime*]

Offline =
Kommunikation mit Zeitversatz durch Zwischenspeicherung [*store and forward*]

Leitungsgebundene Kommunikation
(Elektrische oder optische Leitungen)
⇓
Festkommunikation
(Stationäre Kommunikation)

Leitungen stationär sind. Dagegen liegt bei funkgestützter Kommunikation Mobilkommunikation vor. Da Funkverbindungen drahtlos sind, können die Endgeräte überall dort genutzt werden, wo ausreichende Feldstärke des übertragenen Signals verfügbar ist.

Funkgestützte Kommunikation
⇓
Mobilkommunikation
(Mobile Kommunikation)

Beispiel 2.4–2

Arbeitet ein Anrufbeantworter im Online- oder Offline-Betrieb?
Der Anrufbeantworter arbeitet im Offline-Betrieb, da er die Informationen des rufenden Teilnehmers zwischenspeichert und sie an den gerufenen Teilnehmer erst auf dessen Abfrage weiterleitet.

2.4.2 Verteilung und Vermittlung

Bei Kommunikationssystemen sind im Regelfall mehrere Teilnehmer vorhanden. Die Endgeräte werden deshalb an ein System angeschlossen, welches die Verbindungen ermöglicht. Für dieses gilt die Bezeichnung **Netz** [*network*].

Steht nun die über ein Endgerät in das Netz eingespeiste Information wahlfrei allen anderen angeschlossenen Teilnehmern zur Verfügung, dann nennen wir diese Art des Zugriffs **Verteilung** [*distribution*].

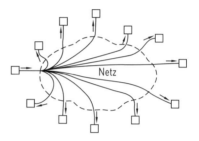

☐ Endgerät
Bild 2.4–4   Verteilung

Sind nur gezielte Verbindungen zwischen zwei Teilnehmern möglich, dann geht die bei Verteilung bestehende Gemeinschaftskommunikation in Individualkommunikation über. Im Netz müssen dabei die jeweils gewünschten Verbindungen zwischen Endgeräten gezielt aufgebaut werden können. Diese Art des Zugriffs bezeichnen wir als **Vermittlung** [*switching*]. Für den gesamten Übertragungsvorgang gilt dabei auch die aus den Begriffen Übertragung und Vermittlung gebildete Bezeichnung **Übermittlung** [*transmission*, oder auch: *transfer*].

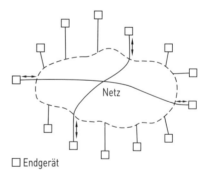

☐ Endgerät
Bild 2.4–5   Vermittlung

Übermittlung [*transmission, transfer*] =
Übertragung + Vermittlung

Übung 2.4–2

Welcher Unterschied besteht zwischen Verteilung und Vermittlung bezüglich des Verbindungsaufbaus zwischen den Endgeräten?

Das Konzept der Verteilung und Vermittlung ist unabhängig davon, ob das Kommunikationssystem für analoge oder digitale Signale ausgelegt ist.

2.4.3 Übertragungsmodi

Der Dialog zwischen den Endgeräten in Kommunikationssystemen kann durch analoge oder digitale Signale erfolgen. Es ist auch möglich, dass beide Signalarten gleichzeitig auftreten.

Kommunikation durch analoge und/oder digitale Signale

Beispiel 2.4–3

In welchem Kommunikationssystem werden gleichzeitig analoge und digitale Signale verwendet? Diese Situation ist bei den Rundfunk-Kabelnetzen gegeben. Über bestimmte Kanäle werden analoge Fernsehprogramme verteilt, während über andere Kanäle dies für digitale Fernsehprogramme erfolgt.

Bei analoger Übertragung in Kommunikationssystemen ist die Bandbreite, also der Frequenzbedarf, das wesentliche Kriterium. Mit möglichst wenig Bandbreite sollen möglichst viele Informationen übertragen werden. Erfolgt dagegen digitale Übertragung im Kommunikationssystem, dann ist die Bitrate das maßgebende Kriterium. Das Ziel ist stets, viele Informationen mit geringstmöglicher Bitrate zu übertragen, und zwar bezogen auf eine vorgegebene Signalqualität.

Analoge Übertragung
Kriterium: Bandbreite

Digitale Übertragung
Kriterium: Bitrate

Bei digitaler Übertragung muss außerdem sichergestellt werden, dass sendendes und empfangendes Endgerät für die aus mehreren Bits bestehenden Zeichen (= Datenworte) im Gleichlauf (also synchron) arbeiten, weil sonst Übertragungsfehler auftreten.

Bei synchroner Übertragung wird der Gleichlauf zwischen den Endgeräten durch ein konstantes Taktsignal ständig sichergestellt. Sendung und Empfang erfolgen also mit gleicher Taktfrequenz.

Bei digitaler Übertragung ist Gleichlauf (= Synchronität) zwischen sendendem und empfangendem Endgerät erforderlich.

Synchrone digitale Übertragung
d. h. ständiger Synchronität zwischen den Endgeräten.

Im Falle der asynchronen Übertragung ist nur bei jedem einzelnen Zeichen eine momentane Synchronität zwischen sendendem und empfangendem Endgerät gegeben. Das wird durch geeignete Startsignale am Anfang und Stoppsignale am Ende des Zeichens bewirkt.

Asynchrone digitale Übertragung
d. h. nur während der einzelnen Zeichen herrscht Synchronität zwischen den Endgeräten.

Bedingt durch den erforderlichen Aufwand für die Start- und Stoppsignale sind die erreichbaren Netto-Bitraten bei asynchroner Übertragung stets kleiner als die bei synchroner Übertragung.

Die Netto-Bitrate ist bei asynchroner Übertragung stets kleiner als die Netto-Bitrate bei synchroner Übertragung.

Lernerfolgskontrolle zu Kapitel 2.4
1. Erklären Sie die Funktion des Fernsehgerätes als Endgerät.
2. In welcher Betriebsart arbeitet das Telefon?
3. Welche Dialogform kommt bei Verteilung zum Einsatz?
4. Welche Mindestanforderung muss bei digitaler Übertragung erfüllt sein, damit keine Übertragungsfehler auftreten?

2.5 Netze und Dienste

2.5.0 Einführung

Nach Durcharbeiten dieses Kapitels können Sie die Aufgabenstellung von Netzen und ihre Funktionseinheiten darstellen, die Aufgabe von Vermittlungseinrichtungen beschreiben, Verbindungs- und Vermittlungsarten beschreiben, den Begriff des Dienstes interpretieren, Netzstrukturen erläutern und Eigenschaften von Diensten angeben.

2.5.1 Begriffsbestimmungen

Kommunikationssysteme sind stets für mehrere Teilnehmer ausgelegt. Dabei kann es sich auch um sehr große Zahlen handeln. Als typisches Beispiel sei das Telefon als weltweites Kommunikationssystem für Sprach- und Textübertragung mit Vermittlung angeführt.

Die Gesamtheit aller Ressourcen, mit denen die Kommunikation zwischen den Teilnehmern möglich wird, bezeichnen wir als Netz [*network*]. Dazu gehören neben Hardware und Software auch die Schnittstellen und die Protokolle.

Netz [*network*] =
Gesamtheit aller Ressourcen, um die Kommunikation zwischen den Teilnehmern zu ermöglichen.

In Netzen sind drei Funktionsgruppen unterscheidbar, nämlich Übertragungswege/Übertragungseinrichtungen, Verteileinrichtungen/Vermittlungseinrichtungen und Endgeräte.

Als **Übertragungswege** sind elektrische und/oder optische Leitungen oder Funkverbindungen möglich. Wir können deshalb zwischen Leitungsnetzen und Funknetzen unterscheiden. Es gibt allerdings auch Kommunikationssysteme, bei denen beide Arten der Übertragungs-

Leitungsnetz =
Elektrische und/oder optische Leitungen als Übertragungswege

2.5 Netze und Dienste

wege zum Einsatz kommen. Derartige Mischnetze werden auch als **Hybridnetze** bezeichnet.

Die **Übertragungseinrichtungen** haben primär die Aufgabe, die Signalpegel auf dem für störungsfreie Übertragung erforderlichen Wert zu halten. Es handelt sich um Verstärkerstellen (bei Leitungsnetzen) bzw. Repeater (bei Funknetzen), mit denen die Kompensation der auf den Übertragungswegen auftretenden Dämpfung erfolgt. Daneben kann auch eine Korrektur anderer Übertragungsmängel (z. B. Verzerrungen) erfolgen.

Funknetz =
Funkverbindungen als Übertragungswege

Übertragungseinrichtungen kompensieren die Dämpfung der Übertragungswege und korrigieren ggf. andere Übertragungsmängel.

Übung 2.5–1
In welchem Umfang ändert sich der Bedarf an Übertragungseinrichtungen in einem Netz, wenn bei den Übertragungswegen geringere Dämpfungen realisiert werden?

Verteileinrichtungen/Vermittlungseinrichtungen sind zur Steuerung der Verbindung zwischen den Endgeräten erforderlich. Verteileinrichtungen sorgen dafür, dass von einem Eingangssignal alle vorgesehenen Endgeräte gleichzeitig erreicht werden. Dies können wir als **Massenkommunikation** verstehen.

Vermittlungseinrichtungen stellen dagegen **Individualkommunikation** sicher, also die gezielte Verbindung zwischen zwei Endgeräten.

Endgeräte sind notwendige Schnittstellen für die Nutzung eines Kommunikationssystems. Sie weisen unterschiedlichste Bauformen auf. Ein wichtiges Kriterium ist ihre einfache Bedienbarkeit.

Die vorstehend beschriebenen Einrichtungen für die Verteilung bzw. Vermittlung von Signalen werden wegen ihrer Funktion auch als Netzknoten [*network nod*] bezeichnet. Dabei sei angemerkt, dass in einem Netz auch mehrere Netzknoten vorhanden sein können, außerdem können durch vergleichbare Einrichtungen Netze miteinander verbunden werden.

Vom Funktionsprinzip her spielt es keine Rolle, ob die Verteilung bzw. Vermittlung für analoge oder digitale Signale erfolgt.

Verteileinrichtungen stellen die gleichzeitige Verbindung zu mehreren Endgeräten sicher.

Vermittlungseinrichtungen stellen die individuelle Verbindung zwischen zwei Endgeräten sicher.

Endgeräte bilden die Schnittstelle für die Nutzung von Kommunikationssystemen.

Verteileinrichtungen/Vermittlungseinrichtungen sind **Netzknoten** [*network nod*].

Verteilung/Vermittlung kann für analoge und digitale Signale erfolgen.

Beispiel 2.5–1
Es soll eine einfache Verteileinrichtung betrachtet werden.
Ein Verteilverstärker verdeutlicht das Konzept einer Verteileinrichtung. Er weist einen Eingang und mehrere Ausgänge auf.

Bei Verteilung und Vermittlung liegen unterschiedliche Verbindungsarten vor. Bei Verteilung handelt es sich funktionsbedingt stets um eine **Punkt-zu-Mehrpunkt-Verbindung** [*point-to-multipoint connection*]. Dieses Konzept wird auch als **Multicast** bezeichnet. Bei Vermittlung soll dagegen jedes an das Netz angeschlossene Endgerät wahlfrei im Rahmen einer **Punkt-zu-Punkt-Verbindung** [*point-to-point connection*] jedes andere an das Netz angeschlossene Endgerät erreichen können. Da nur Individualverbindungen möglich sind, gilt hier auch die Bezeichnung **Unicast**.

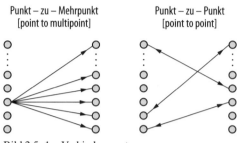

Bild 2.5–1   Verbindungsarten

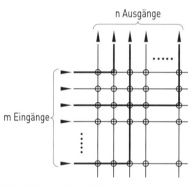

Bild 2.5–2   Koppelfeld

Vermittlungseinrichtungen sind von ihrer Funktion her **Koppelfelder**, bei denen m Eingänge genau n Ausgänge erreichen können. Dies erfordert verständlicherweise eine entsprechende Steuerung des Verbindungsaufbaus und wird in modernen Netzen durch entsprechende Software unterstützt.

Für Vermittlungseinrichtungen gibt es zwei unterschiedliche funktionale Konzepte, nämlich die verbindungsorientierte Vermittlung und die verbindungslose Vermittlung.

Bei **verbindungsorientierter** [*connection oriented*] **Vermittlung** ist für die Dauer der Verbindung zwischen den Endgeräten der beiden Teilnehmer eine physikalische Verbindung gegeben. Dabei kann es sich um Leitungen (elektrische oder optische) und/oder Funkstrecken handeln, aber auch einen Zeitbereich oder Frequenzbereich in einem Gesamtsignal. Für diese Art der Vermittlung sind die Bezeichnungen Leitungsvermittlung oder Durchschaltevermittlung üblich.

Die **verbindungslose** [*connection less*] **Vermittlung** betrifft ausschließlich digitale Signale.

Bei diesen ist die systematische Begrenzung auf definierte Datenmengen möglich. Dafür gelten die Begriffe Paket [*packet*], Rahmen [*frame*] oder Zelle [*cell*]. Sie bestehen immer aus einem Kopfteil [*header*] und der Nutzlast [*pay load*]. Im Kopfteil sind Steuerungsinformationen ent-

Vermittlung
⇓
verbindungsorientiert [*connection oriented*]
⇓
Leitungsvermittlung
(Durchschaltevermittlung)
⇓
Physikalische Verbindung zwischen beiden beteiligten Endgeräten für die Dauer der Verbindung

Paket [*packet*], **Rahmen** [*frame*] und **Zelle** [*cell*] bestehen stets aus dem **Kopfteil** [*header*] und der **Nutzlast** [*pay load*].

2.5 Netze und Dienste

halten, wozu auch die Zieladresse gehört. Die Nutzlast umfasst dagegen die Bits der zu übertragenden Information.

Bei der **Vermittlung von Paketen, Rahmen oder Zellen** ist eine konstante physikalische Verbindung zwischen den beiden beteiligten Endgeräten nicht unbedingt erforderlich. Da es sich um definierte kleine Datenmengen mit Zieladresse im Kopfteil handelt, können sie auf unterschiedlichen Übertragungswegen und ohne vorgegebenes Zeitraster zum gewünschten Endgerät gelangen. Es handelt sich somit um virtuelle Verbindungen, also nur scheinbar direkte Übertragungswege von dem einen zum anderen Endgerät.

Dieses rekonstruiert aus den auf verschiedenen Wegen und zu verschiedenen Zeiten ankommenden Paketen, Rahmen oder Zellen das ursprüngliche Signal. Für das aufgezeigte Konzept gilt die Bezeichnung Paketvermittlung.

Zieladresse im Kopfteil
⇓
Pakete, Rahmen oder Zellen können auf unterschiedlichen Übertragungswegen und ohne vorgegebenes Zeitraster zum gewünschten Endgerät gelangen.

Vermittlung
⇓
verbindungslos [*connection less*]
⇓
Paketvermittlung
⇓
Pakete, Rahmen, Zellen
(Kopfteil [*header*] + Nutzlast [*pay load*])
⇓
Virtuelle Verbindung zwischen beiden beteiligten Endgeräten für die Dauer der Verbindung

An dieser Stelle sei darauf hingewiesen, dass die Zieladresse im Kopfteil eines Pakets, eines Rahmens oder einer Zelle von großer Bedeutung für die Kommunikationssysteme ist. Auf diese Weise kann nämlich jeder Teilnehmer adressiert werden, was besonders bei kommerziellen Anwendungen eine Rolle spielt.

Kopfteil von Paket, Rahmen oder Zelle
⇓
Adressierbarkeit des Teilnehmers

Übung 2.5–2

Warum werden bei Durchschaltevermittlung keine Header mit Zieladressen verwendet?

Bei Netzen spielt es auch eine Rolle, welche Konditionen für den Anschluss der Teilnehmer herrschen. Wir können hier zwei Gruppen unterscheiden, nämlich die öffentlichen Netze und die privaten Netze.

Bei öffentlichen Netzen [*public networks*] ist der diskriminierungsfreie Zugang für Jedermann möglich, solange er die betrieblichen Vorgaben einhält. Als Beispiel sei das Telefonnetz angeführt. Im Falle privater Netze [*private networks*] hat sein Betreiber das exklusive Auswahlrecht bezüglich der Teilnehmer. Es sind im

Bei **öffentlichen Netzen** [*public networks*] ist die Zugangsmöglichkeit für Jedermann diskriminierungsfrei gegeben.

Bei **privaten Netzen** [*private networks*] bestimmt der Netzbetreiber die Zugangsmöglichkeit.

Prinzip beliebige Kriterien möglich, da es sich bei privaten Netzen um geschlossene Benutzergruppen (GBG) [*closed user groups* (CUG)] handelt.

Unabhängig von Art und Funktionsweise eines Netzes müssen wir stets berücksichtigen, dass es eine Zuständigkeit für die technische Abwicklung der Nutzung des Netzes gibt. Diese liegt beim Netzbetreiber [*network operator*]. Sein Angebot ist eine technische Dienstleistung, die unabhängig von den zu übertragenden Informationen ist.

Der Sinn und Zweck von Netzen ist deren Nutzung für die Kommunikation, also den Austausch von Informationen. Dafür gibt es vielfältige Arten, jeweils gekennzeichnet durch bestimmte Eigenschaften. Es handelt sich um den Oberbegriff Dienste [*services*], den wir wie folgt definieren können:

Netzbetreiber [*network operator*] bietet als Dienstleistung die technische Nutzung des Netzes an.

Dienst [*service*] =
Fähigkeit eines Netzes, Informationen einer bestimmten Art mit bestimmten Vorgaben (wie zeitliche Aspekte, Qualitätsindikatoren, ...) möglichst störungsfrei zwischen den beteiligten Endgeräten zu übertragen.

Typische Beispiele für Dienste sind Telefonie, Mobilfunk, Satellitenfunk, aber auch Radio und Fernsehen.

Bei Diensten sind zwei Gruppen Beteiligter zu unterscheiden, und zwar die Erbringer von Diensten und die Anwender von Diensten. Als typische Bezeichnungen werden Diensteanbieter [*service provider*] und Dienstenutzer [*service user*], meist nur in Kurzform Nutzer [*user*] genannt, verwendet.

Da die Realisierung jedes Dienstes ein Netz erfordert, muss der Diensteanbieter einen Vertrag mit einem Netzbetreiber abschließen. Der Nutzer benötigt dagegen einen Vertrag mit dem Diensteanbieter oder einem beauftragten Dritten als Vermarkter. Häufig bilden Diensteanbieter und Netzbetreiber eine geschäftliche Einheit, was bei Störfällen für den Nutzer hilfreich sein kann.

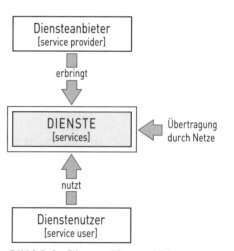

Bild 2.5–3   Diensteanbieter und Dienstenutzer

2.5.2 Netzstrukturen

Für die Kommunikation in Netzen, also die Abwicklung von Diensten, müssen die Funktionseinheiten in bestimmter Weise miteinander

Netztopologie =
Grundstrukturen von Netzen

2.5 Netze und Dienste

verknüpft sein. Dies ist zwar grundsätzlich beliebig, basiert jedoch in der Praxis stets auf Grundstrukturen, die wir als **Netztopologie** bezeichnen. Es handelt sich um Sternnetze, Busnetze, Ringnetze, Baumnetze und Maschennetze.

Beim **Sternnetz** sind alle Endgeräte an einen Netzknoten angeschlossen. Dieser bildet den kritischen Punkt, da bei seinem Ausfall ein vollständiger Funktionsausfall des Netzes eintritt. Eine derartige Problematik kann beim **Busnetz** nicht auftreten, weil eine Busleitung (meist nur als Bus bezeichnet) als gemeinsames Medium für alle Endgeräte zur Verfügung steht. Alle Endgeräte werden über entsprechende Koppeleinheiten an den Bus angeschlossen. Bei diesem Konzept sind stets Regelungen über den Zugriff der Endgeräte auf das gemeinsame Medium erforderlich.

Das **Ringnetz** ist durch eine Ringleitung als Bus gekennzeichnet, in der die Signale umlaufen können, was üblicherweise gerichtet erfolgt. Die Ringleitung stellt das gemeinsame Medium dar, an das die Endgeräte über entsprechende Koppeleinheiten angeschlossen werden. Wie beim Busnetz muss es auch hier für den Zugriff Regelungen geben.

Bei **Baumnetzen** sind im Prinzip Sternnetze über ihre Netzknoten zu einem größeren Verbund zusammengefasst, wobei die Struktur baumförmig erscheint. **Maschennetze** weisen vom Prinzip her Verbindungen zwischen allen beteiligten Netzknoten und Endgeräten auf. Es handelt sich dann um eine **Vollvermaschung**. Da bei einer großen Zahl beteiligter Funktionseinheiten der Aufwand für die Verbindungen stark ansteigt, werden nicht immer alle möglichen Maschen realisiert. Es liegt dann eine **Teilvermaschung** vor.

Maschennetze erfordern zwar einen großen technischen Aufwand, dafür bleibt aber auch bei Ausfall von Netzknoten im Falle der Vollvermaschung die Verfügbarkeit vollständig erhalten.

Sternnetz

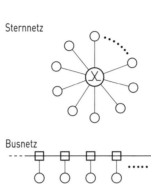

Busnetz

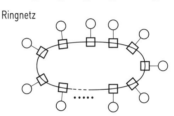

Ringnetz

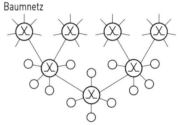

Baumnetz

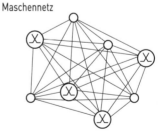

Maschennetz

Ⓧ Netzknoten
○ Endgerät
—☐— Koppeleinheit

Bild 2.5–4 Grundstrukturen der Netze

Übung 2.5–3

Welcher Unterschied besteht bezüglich des Netzknotens zwischen einem Sternnetz und einem Busnetz?

In der Praxis realisierte Netze weisen häufig Mischungen aus den aufgezeigten Grundformen als gekoppelte Strukturen auf. Dies erfolgt aus Gründen der Zweckmäßigkeit, wie einfachere Netzverwaltung, bessere Lastverteilung oder größere Verfügbarkeit.

Werden einzelne Netze über ein Ringnetz oder Busnetz miteinander verkoppelt, dann wird dieses als **Backbone** [dtsch: Rückgrat] oder Backbone-Netz bezeichnet. Es ist auch möglich, einzelne Netze nur über bestimmte Verbindungen miteinander zu verkoppeln, um dadurch unterschiedliche Ebenen zu bilden. Es liegt dann ein **hierarchisches Netz** vor.

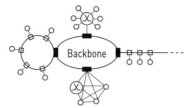

Bild 2.5–5   Backbone-Netz

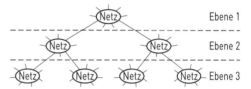

Bild 2.5–6   Hierarchisches Netz

Soll die Kapazität eines bestehenden Netzes erweitert werden, dann ist dieses durch den Aufbau eines zweiten Netzes erreichbar, welches das erste Netz überlagert. Ein derartiges Netz bezeichnen wir deshalb als **Overlay-Netz**.

> **Overlay-Netze** sind solche Netze, die bereits vorhandene Netze überlagern.

Bezüglich ihrer Funktion ist bei Netzen auch zu unterscheiden, ob sie nur für einen bestimmten Dienst geeignet sind oder ob gleichzeitig mehrere unterschiedliche Dienste abgewickelt werden können. Es handelt sich dann entweder um ein **dienste-spezifisches Netz** [*dedicated services network*] oder ein **dienste-integrierendes Netz** [*integrated services network*].

Dienste-spezifische Netze können nur für vorgegebene Dienste verwendet werden, während bei dienste-integrierenden Netzen mehrere Dienste gleichzeitig und unabhängig voneinander über dieses Netz möglich sind.

Netzfunktion

☐   dienste-spezifisch [*dedicated services*]
☐   dienste-integrierend [*integrated services*]

2.5.3   Diensteeigenschaften

Dienste sind durch ihre Eigenschaften beschreibbar. Bei diesen können wir zwischen den Basiseigenschaften, den optionalen Eigenschaften, den Komforteigenschaften und der Dienstgüte [*quality of service* (QoS)] unterscheiden.

Die Basiseigenschaften sind solche, die der Dienst immer erbringt. Es handelt sich also um die Grundausstattung mit Leistungsmerkmalen. Betrifft es dagegen Eigenschaften, die erst bei

Dienste weisen stets bestimmte **Eigenschaften** auf.

Basiseigenschaften erbringt ein Dienst immer.

2.5 Netze und Dienste

Erfüllung bestimmter Kriterien verfügbar sind, dann sprechen wir von optionalen Eigenschaften. Deren Nutzung ist üblicherweise kostenrelevant.

Optionale Eigenschaften erbringt ein Dienst bei Erfüllung bestimmter Kriterien.

Bei Diensten sind aber auch Eigenschaften möglich, die nicht unmittelbar die Funktion betreffen, jedoch die Abwicklung bequemer, einfacher und/oder schneller machen. Hierfür gilt die Bezeichnung Komforteigenschaften.

Komforteigenschaften ermöglichen bequemere, einfachere und/oder schnellere Abwicklung eines Dienstes.

Jeder Dienst in einem Kommunikationssystem ist für den Nutzer nur dann akzeptabel, wenn er eine Mindestqualität aufweist. Diese bezeichnen wir als Dienstgüte [*quality of service* (QoS)]. Sie wird unter anderem durch die Verfügbarkeit, die Übertragungsgeschwindigkeit und die übertragbare Informationsmenge gekennzeichnet.

Die **Dienstgüte** [*quality of service* (QoS)] beschreibt die Mindestqualität für einen Dienst.

Beispiel 2.5–2

Die Diensteeigenschaften sollen am Beispiel des Telefondienstes aufgezeigt werden.
Eine Basiseigenschaft des Telefondienstes ist der Wählbetrieb. Als optionale Eigenschaft sei die Wahlwiederholung angeführt. Eine Komforteigenschaft ist die Anzeige der Nummer und/oder des Namens des rufenden Teilnehmers.

Bezüglich der Dienstgüte kann davon ausgegangen werden, dass der Telefondienst zu weit über 95 Prozent der Zeit für die Teilnehmer unmittelbar verfügbar ist, um Verbindungen zu anderen Teilnehmern aufbauen zu können.

Übung 2.5–4

Bei den meisten Mobilfunkdiensten können dem gerufenen Teilnehmer auch kurze Texte übermittelt werden (SMS [*short message service*]). Zu welcher Gruppe von Diensteeigenschaften gehört diese Möglichkeit?

Die Eigenschaft eines Dienstes stellt auch die Zugriffsmethode dar. Hier können wir zwischen Verteildiensten und Abrufdiensten unterscheiden.

Bei Verteildiensten werden die Informationen über einen Netzknoten den Endgeräten der Teilnehmer automatisch zugeführt. Dieser „Bring-Dienst" wird auch als Push-Dienst [*push service*] bezeichnet. Diese Situation ist bei Abrufdiensten [*on-demand services*] nicht mehr gegeben. Es handelt sich hier nämlich um „Hol-Dienste", die auch als Pull-Dienste [*pull services*] bezeichnet werden. Der Nutzer muss dabei durch eigene Aktivitäten den Zugriff bewirken.

Verteildienste („Bring-Dienste")
sind Push-Dienste [*push services*].
Sie bringen den Dienst automatisch zum Endgerät des Teilnehmers.

Abrufdienste [*on-demand services*] („Hol-Dienste") sind Pull-Dienste [pull services].
Der Teilnehmer muss solche Dienste vom Netz anfordern.

Der Zugang zu Verteildiensten oder Abrufdiensten kann kostenlos oder entgeltpflichtig, also kostenrelevant, sein. Im ersten Fall handelt es sich um einen freien Dienst [*free services*]. Werden dagegen Entgelte gefordert, dann liegen Bezahldienste [*pay services*] vor. Für diese ist stets eine vertragliche Regelung zwischen Anbieter und Teilnehmer erforderlich.

Freie Dienste [*free services*]
⇒ entgeltfrei
Bezahldienste [*pay services*]
⇒ entgeltpflichtig

Der Zugang zu Bezahldiensten wird im Regelfall durch geeignete Maßnahmen geschützt, damit nur autorisierte Teilnehmer darauf zugreifen können. Dabei handelt es sich üblicherweise um Verfahren, die wir mit dem Sammelbegriff Verschlüsselung bezeichnen. Eindeutiger ist hier allerdings der englische Begriff Conditional Access (CA), was bedingter Zugang heißt und den Zugang unter der Bedingung eines entsprechenden Vertrags und der Zahlung der vereinbarten Entgelte meint.

Schutz vor unbefugtem Zugriff auf Bezahldienste durch **Verschlüsselung** [*conditional access* (**CA**)]

Abschließend sei noch auf eine grundsätzliche Forderung bei Diensten hingewiesen, nämlich die Nutzerfreundlichkeit. Diese ist dann gegeben, wenn der Nutzer des Dienstes möglichst wenig über das dienste-erbringende Netz wissen muss. Es handelt sich um ein Problem der Schnittstelle zwischen Mensch und Maschine [*man-machine-interface*]. Schlechte Bedienbarkeit und/ oder unzureichende Nutzerführung reduzieren nämlich die Akzeptanz für Dienste.

Grundsätzliche Forderung an Dienste:
Nutzerfreundlichkeit

Problemstellung:
Mensch-Maschine-Schnittstelle
[*man-machine-interface*]

Lernerfolgskontrolle zu Kapitel 2.5

1. Welche Unterschiede bestehen zwischen Leitungsnetzen und Funknetzen bezüglich ihrer grundsätzlichen Aufgabenstellung?
2. Welche Aufgabe hat ein Koppelfeld?
3. Welche Verkopplung besteht zwischen Netzen und Diensten?
4. Welche Aufgabe hat ein Overlay-Netz?
5. Welcher wesentliche Unterschied besteht für den Nutzer zwischen Verteildiensten und Abrufdiensten?

2.6 Schnittstellen und Protokolle

2.6.0 Einführung

Nach Durcharbeiten dieses Kapitels können Sie die Begriffe Schnittstelle und Protokoll definieren, Geräteschnittstellen spezifizieren, serielle und parallele Übertragung unterscheiden, die Funktion der Luftschnittstelle erklären, die Aufgabenstellung von Protokollen erläutern und die Entwicklung von Protokollen darstellen.

2.6.1 Begriffsbestimmungen

Jedes Kommunikationssystem besteht aus verschiedenen Komponenten, bei denen ein entsprechendes Zusammenwirken erforderlich ist, damit das System bestimmungsgemäß funktioniert. Für die Übergänge zwischen den Komponenten gilt die Bezeichnung **Schnittstelle** [*interface*]. Diese Übergänge müssen bestimmte Bedingungen erfüllen, also definierte mechanische und elektrische Werte einhalten und/oder mit einer vorgegebenen Software störungsfrei arbeiten können.

Die an den Schnittstellen einzuhaltenden technischen Bedingungen werden als Schnittstellendefinition bezeichnet.

Für die bestimmungsgemäße Funktion müssen die Komponenten von Kommunikationssystemen störungsfrei zusammenwirken.

> **Schnittstelle** [*interface*] =
> Definierter Übergang bezüglich Hardware und/oder Software zwischen Komponenten eines Kommunikationssystems.

Schnittstellendefinition =
Technische Bedingungen an Schnittstellen

Übung 2.6–1
Wodurch bestimmt sich die Zahl der Schnittstellen in einem Kommunikationssystem?

Neben den Vorgaben für die Schnittstellen sind auch Festlegungen für den Ablauf der Kommunikationsvorgänge erforderlich, weil nur so ein geordneter und damit effizienter Betrieb möglich ist. Es gibt deshalb einen Satz von Regeln über die Abwicklung der einzelnen Schritte eines Kommunikationsvorgangs. Dieses Regelwerk wird als **Protokoll** [*protocol*] bezeichnet. Es kann dienstespezifische und diensteunabhängige Eigenschaften aufweisen.

Für geordneten und effizienten Kommunikationsvorgang sind Festlegungen erforderlich.

> **Protokoll** [*protocol*] =
> Verbindliche Regelungen für die Abwicklung der einzelnen Schritte bei Kommunikationsvorgängen.

Protokolle sind in fast allen Fällen in nationalen Normen bzw. internationalen Standards festgelegt. Für die Abwicklung eines Protokolls gilt die Bezeichnung Prozedur, sie stellt also die Realisierung des Protokolls dar.

Prozedur =
Abwicklung eines Protokolls

2.6.2 Spezifikationen von Schnittstellen

Soll ein DVD-Spieler an ein Fernsehgerät angeschlossen werden, dann müssen mechanische und elektrische Bedingungen erfüllt werden, damit die einwandfreie Funktion gewährleistet ist. Diese umfassen die Art der Steckverbindung, die Kontaktbelegung und den zulässigen Pegelbereich.

Derartige Geräteschnittstellen sind durch mechanische und elektrische Kenndaten eindeutig beschreibbar.

> Durch mechanische und elektrische Kenndaten sind Geräteschnittstellen eindeutig beschreibbar.

Durch Normung (Standardisierung) von Schnittstellen ist es möglich, Geräte verschiedener Hersteller problemlos miteinander verbinden zu können.

Bei digitalen Signalen sind noch weitere Festlegungen für die Schnittstellen erforderlich. Die Übertragung der Bits oder Bytes kann beispielsweise nacheinander über eine Leitung oder gleichzeitig über mehrere Leitungen erfolgen. Im ersten Fall handelt es sich um **serielle Übertragung,** während bei Gleichzeitigkeit **parallele Übertragung** vorliegt. Bezüglich der Übertragungskapazität hat die parallele Übertragung gegenüber der seriellen Übertragung zwar Vorteile, dafür ist allerdings bei der parallelen Übertragung der Aufwand größer.

Genormte Schnittstellen ermöglichen das Zusammenwirken von Geräten verschiedener Hersteller.

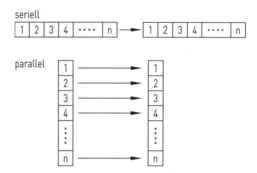

Bild 2.6.–1   Serielle und parallele Übertragung digitaler Signale

Übung 2.6–2
Welchen Vorteil hat die parallele Übertragung gegenüber der seriellen Übertragung?

Schnittstellen müssen auch für die vorgesehene Bitrate ausgelegt sein.

Bitrate als Schnittstellendefinition

Die richtige Funktion von Schnittstellen lässt sich durch festgelegte Verfahren sicherstellen. Ein einfaches Beispiel dafür ist das **Handschlag-Verfahren** [*handshake procedure*]. Bei diesem erfolgt beim Verbindungsaufbau und Verbindungsabbau, also bei jeder Aktivität der einen Seite jeweils eine Bestätigung der anderen Seite. Ein typischer Anwendungsfall für das Handschlag-Verfahren ist beim Telefaxdienst gegeben.

Handschlag-Verfahren [*handshake procedure*] = Bestätigung jeder Aktivität der einen Seite durch die andere Seite beim Verbindungsaufbau und Verbindungsabbau in digitalen Kommunikationssystemen.

Arbeiten Kommunikationssysteme oder Teile davon funkgestützt statt mit Leitungen, dann sind auch dafür Schnittstellenbedingungen erforderlich. Die Kriterien für Senden und Empfangen werden deshalb als **Luftschnittstelle** [*common air interface* (CAI)] festgelegt, um die Besonderheiten der Ausbreitung elektromagnetischer Wellen und die Funktion der Antennen zu berücksichtigen. Es gilt dafür auch die Bezeichnung Funkschnittstelle.

Luftschnittstelle

[*common air interface* (**CAI**)] = Kriterien für die Funkaussendung und den Funkempfang in Kommunikationssystemen.

Moderne Kommunikationssysteme stützen sich verstärkt auf den Einsatz von Software. Es besteht aus diesem Grund häufig auch die Notwendigkeit, dass Softwarepakete in vorgegebener Weise zusammenarbeiten. Dies erfolgt durch Software-Schnittstellen, die meist als Anwendungs-Programmier-Schnittstelle [*application programming interface* (API)] bezeichnet werden. Entsprechen Softwarepakte einer bestimmten API, dann ist die störungsfreie Funktion sichergestellt.

Software Schnittstelle

Anwendungs-Programmier-Schnittstelle
[*application programming interface* (**API**)]

2.6.3 Anwendung von Protokollen

Protokolle stellen bekanntlich Regelwerke durchzuführender Maßnahmen dar, bei deren Einhaltung die fehlerfreie Kommunikation in einem System zwischen den beteiligten Endgeräten gewährleistet ist. Diese eindeutige Abfolge des Vorgehens kann bei komplexeren Kommunikationssystemen nur rechnergestützt sichergestellt werden.

Protokolle gewährleisten die fehlerfreie Kommunikation zwischen den beteiligten Endgeräten in einem System.

Kommunikationssysteme bestehen häufig aus Teilsystemen, die über Schnittstellen verknüpft sind. Dies führt dazu, dass meistens mehrere Protokolle zu berücksichtigen sind und gestaffelt abgearbeitet werden müssen. Wir sprechen dann von einer Protokoll-Architektur. Deckt dagegen ein Protokoll die vollständige Verbindung zwischen zwei Endgeräten ab, dann handelt es sich um ein Ende-zu-Ende-Protokoll [*end-to-end-protocol*]. Solche Protokolle gelten im Regelfall jeweils nur für einen Dienst.

Verknüpfung von Teilsystemen über Schnittstellen

Protokoll-Architektur =
Gestaffelte Struktur von Protokollen

Ende-zu-Ende-Protokolle [*end-to-end protocol*] ermöglichen die Kommunikation zwischen zwei Endgeräten für einen Dienst.

Die meisten Protokolle sind heute auf internationaler Ebene festgelegt. Maßgebend dafür ist die Internationale Fernmeldeunion [*International Telecommunication Union* (ITU)].

Sie erarbeitet dabei in international besetzten Arbeitsgruppen Protokolle, die als Empfehlungen [*recommendations*] bezeichnet werden, allerdings für die Mitgliedsstaaten der ITU als verbindliche Vorgaben gelten.

Die Internationale Fernmeldeunion [*International Telecommunication Union* (ITU)] erarbeitet **Protokolle als verbindliche Empfehlungen** [*recommendations*].

Neben der ITU werden Protokolle auch von anderen Organisationen und großen Firmen entwickelt. Deren Durchsetzung bestimmt sich aus wirtschaftlichen Interessen und der Akzeptanz am Markt.

Protokolle werden auch durch Dritte erstellt.

Übung 2.6–3
Welcher Nachteil würde sich bei ausschließlich auf nationaler Ebene festgelegter Protokolle ergeben?

Wie bei den Standards werden auch Protokolle ständig auf Mängel und Aktualität untersucht

Bearbeitung von Protokollen
☐ Korrektur von Mängeln

und im Bedarfsfall korrigiert oder dem neuesten Stand angepasst. Da bei digitaler Übertragung ein Übertragungsweg gleichzeitig auch für unterschiedliche Dienste nutzbar ist, werden die Protokolle zunehmend einer Struktur angepasst, welche dieser Entwicklung Rechnung trägt. Dies bedeutet den Übergang von geschlossenen Systemen zu offenen Systemen.

Ein besonderes Merkmal offener Systeme besteht darin, dass diese von spezifischen Diensten unabhängig sind, also eine „Mehr-Dienst-Fähigkeit" aufweisen.

☐ Bedarfsgerechte Aktualisierung
☐ Strukturierung für Mehr-Dienste-Fähigkeit

Übergang von geschlossenen zu offenen Systemen

Offene Systeme sind von spezifischen Diensten unabhängig.

Lernerfolgskontrolle zu Kapitel 2.6

1. Welche grundsätzlichen Auswirkungen ergeben sich in einem Kommunikationssystem, wenn eine Schnittstellenbedingung nicht erfüllt ist?
2. Welche Voraussetzung muss erfüllt sein, damit zwei Komponenten eines Kommunikationssystems funktionsfähig zusammengeschaltet werden können?
3. Welcher grundsätzliche Unterschied besteht zwischen Geräteschnittstellen und Luftschnittstellen?
4. Welches Konzept weist ein Ende-zu-Ende-Protokoll auf?

2.7 Übertragungskapazität

2.7.0 Einführung

Nach Durcharbeiten dieses Kapitels können Sie den Begriff Nachrichtenquader erläutern, die Abhängigkeiten zwischen Sender, Übertragungskanal und Empfänger darstellen, den Einfluss des Störabstands und der Dämpfung erklären sowie den Einfluss von Datenreduktion und Fehlerschutz auf die Kanalkapazität beschreiben.

2.7.1 Kenngrößen

Kommunikationssysteme sollen bekanntlich mit Hilfe analoger oder digitaler Signale Informationen übertragen. Dabei handelt es sich stets um bestimmte Nachrichtenmengen. Für diese müssen die Komponenten des Systems ausgelegt sein. Das von der Quelle bzw. dem Sender erzeugte Signal muss einerseits in den Übertragungskanal „passen", andererseits muss aber auch der Empfänger für das übertragene Signal geeignet sein.

Steht der Übertragungskanal eine bestimmte Zeitdauer für die Übertragung zur Verfügung, dann können wir die zu übertragende Nachrich-

2.7 Übertragungskapazität

tenmenge als Quader darstellen. Die Kantenlängen hängen von der verfügbaren Bandbreite, dem notwendigen Störabstand und der möglichen Übertragungszeit ab. Im Bedarfsfall muss dieser Nachrichtenquader durch geeignete Verfahren dem vorgegebenen Übertragungskanal angepasst werden. Jede Änderung einer der drei Kenngrößen hat Auswirkungen auf die beiden anderen Kenngrößen, weil das Volumen des Quaders nicht verändert werden darf, da es die zu übertragende Nachrichtenmenge repräsentiert. Der Übertragungskanal kann durchaus bessere Werte als der Nachrichtenquader aufweisen, also von diesem nicht ganz ausgefüllt werden. Dann ist es möglich, den Übertragungskanal für mehrere Nachrichtenquader zu nutzen.

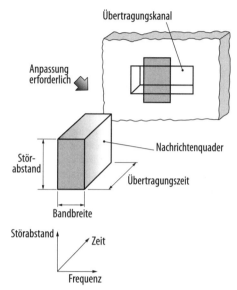

Bild 2.7.–1 Nachrichtenquader und Übertragungskanal

Übung 2.7–1

Was passiert, wenn das Volumen des Übertragungskanals kleiner ist als das des Nachrichtenquaders von der Quelle?

Bei **Echtzeitübertragungen** lässt sich an der Kenngröße Zeit keine Änderung realisieren, bei Bandbreite und Störabstand sind jedoch stets Variationen möglich. Die Veränderung der Bandbreite lässt sich durch entsprechende Filter erreichen. Beim Störabstand ist bei analogen Signalen die Zahl der Amplitudenstufen maßgebend. Digitale Signale benötigen systembedingt einen geringeren Störabstand als analoge Signale. Dies ist schon aus ihrer Zweiwertigkeit zu erklären.

Die verschiedenen Verfahren zur Anpassung des Nachrichtenquaders an die Spezifikationen des Übertragungskanals werden wir in späteren Kapiteln noch genauer kennenlernen. Es handelt sich um Modulation/Demodulation, Codierung/Decodierung und Multiplexierung/Demultiplexierung. Das Ziel jeder Übertragung ist es, die Informationen mit möglichst wenig Aufwand von der Quelle bis zur Senke zu bringen. Dabei ist zu berücksichtigen, dass für den Menschen als Nutzer eines Kommunikationssystems nur diejenigen Anteile einer Nachricht aufgenommen werden, die sich innerhalb seines

Die Bandbreite ist durch Filterung beeinflussbar.

Digitale Signale erfordern einen kleineren Störabstand als analoge Signale.

Anpassung an den Übertragungskanal durch
☐ Modulation/Demodulation
☐ Codierung/Decodierung
☐ Multiplexierung/Demultiplexierung

Gehörfeldes bzw. Gesichtssinns befinden. Es ist also nur die Übertragung dieser relevanten Anteile erforderlich. Gleiches gilt für die redundanten Anteile. Damit sind im Prinzip Informationen gemeint, die entweder mehrfach auftreten oder sich aus anderen ergeben. Der Begriff Redundanz bedeutet nämlich soviel wie Weitschweifigkeit.

Vorstehend beschriebene Situation ermöglicht Datenreduktion [*data reduction*] des Quellensignals und damit auch eine Verringerung der Übertragungskapazität. Dieser Ansatz gilt nicht nur für Audio- und Videosignale, sondern grundsätzlich ebenso für Datensignale.

Datenreduktion wird in der Praxis meist durch den Fehlerschutz [*error protection*] wieder teilweise kompensiert. Dabei handelt es sich um eine definierte Zahl von Bits, die man dem datenreduzierten Signal hinzufügt, damit bei der Übertragung auftretende Fehler erkannt und korrigiert werden können.

Abschließend sei auch darauf hingewiesen, dass durch Signalisierungen, Steuerungsinformationen und sonstige zusätzliche Informationen ebenfalls eine größere Übertragungskapazität erforderlich werden kann.

Der Mensch nimmt nur solche Nachrichten auf, die in seinem **Gehörfeld** bzw. **Gesichtssinn** auftreten.

Es brauchen nur die **relevanten** und **nicht redundanten** Anteile einer Nachricht übertragen werden.

Datenreduktion [*data reduction*] beim Quellensignal

Fehlerschutz [*error protection*]
erhöht die erforderliche Übertragungskapazität des datenreduzierten Signals.

2.7.2 Übertragungskanal

Übertragungskanäle sind in den meisten Fällen vorgegeben. Die Anpassung an deren technische Spezifikationen erfolgt durch den Sender und den Empfänger. Bei Übertragungskanälen müssen wir stets zwischen elektrischen oder optischen Leitungen und Funkstrecken unterscheiden. Für jeden Fall dieser leitungsgebundenen oder funkgestützten Übertragungen ergibt sich eine spezifische Kanalkapazität [*channel capacity*]. Darunter verstehen wir die in einem bestimmten Zeitraum über einen vorhandenen Kanal übertragbare Informationsmenge. Der Übertragungskanal kann bei Kommunikationssystemen durchaus den „Flaschenhalts" darstellen.

Generell gilt für die Übertragungskapazität eines ungestörten Kanals:
Dabei ist C die Kanalkapazität in bit/s, B die Bandbreite in Hz, auf die das zu übertragende Signal bei der Abtastung begrenzt wurde, und n

Sender und Empfänger bewirken Anpassung an vorhandenen Übertragungskanal.

Kanalkapazität [*channel capacity*] =
Informationsmenge, die in einer bestimmten Zeit über einen vorhandenen Kanal übertragen werden kann.

Kanalkapazität eines ungestörten Kanals

$$C = 2 \cdot B \cdot \mathrm{ld}\, n \qquad (2.7\text{--}1)$$

2.7 Übertragungskapazität

die Zahl der im Kanal zu übertragenden Werte, wenn diese gleiche Wahrscheinlichkeit aufweisen. Die Bezeichnung ld steht für Logarithmierung, also den Logarithmus zur Basis 2 ($\log_2$). Treten im Übertragungskanal Störungen auf, dann reduziert sich der Wert für die Kanalkapazität, und zwar abhängig von der Stärke der Störeinwirkung.

Logarithmus zur Basis 2:
$\text{ld} = \log_2$

Störeinflüsse reduzieren die Kanalkapazität.

Übung 2.7–2

Von welchen Größen ist die Kanalkapazität abhängig?

Bei leitungsgebundenen Übertragungskanälen gibt es stets einen Wert für die maximale Bandbreite B_{max} von analogen Signalen und/oder für die maximal mögliche Bitrate $(v_{bit})_{max}$ digitaler Signale. Es erfolgt dabei immer der Bezug auf einen bestimmten Störabstand. Es kann auch die Abhängigkeit der Bandbreite bzw. Bitrate vom Störabstand als Funktion angegeben sein.

Analoge Signale:
$B_{max} = f(\text{Störabstand})$
Digitale Signale:
$(v_{bit})_{max} = f(\text{Störabstand})$

Leitungsgebundene Übertragungskanäle sind auch durch ihre längenabhängige Dämpfung gekennzeichnet. Diese Werte in dB/100 m oder dB/km müssen wir berücksichtigen, damit bei vorgegebener Länge des Übertragungskanals das am Empfängereingang zur Verfügung stehende Signal noch so groß ist, dass es der Empfänger bestimmungsgemäß verarbeiten kann. Aus der Dämpfung bestimmt sich somit das vom Sender zu liefernde kleinste Eingangssignal für den Übertragungskanal.

Leitungsgebundene Übertragungskanäle
⇓
Längenabhängige Dämpfung
⇓
Angabe in dB/100 m oder dB/km

Dämpfung des leitungsgebundenen Übertragungskanals bestimmt den kleinsten Wert des einzuspeisenden Signals.

Kommen Funkstrecken als Übertragungskanäle zum Einsatz, dann weisen diese im Regelfall wegen der ungeführten Übertragung elektromagnetischer Wellen eine große Kanalkapazität auf. Um diese möglichst vollständig zu nutzen, gibt es verschiedene Verfahren, wie die Kanalkapazität gleichzeitig für mehrere Anwendungen ohne gegenseitige Beeinflussung eingesetzt werden kann. Für diese Mehrfachnutzung gilt auch die Bezeichnung Vielfachzugriff [*multiple access*].

Gleichzeitige Nutzung der Kanalkapazität für mehrere Anwendungen bei funkgestützten Übertragungskanälen
⇓
Vielfachzugriff [*multiple access*]

Auch bei Funkstrecken tritt Dämpfung auf. Sie ist allerdings von der Entfernung zwischen Sender und Empfänger abhängig, außerdem auch von der Frequenz, welche für die Übertragung genutzt wird. Daraus lässt sich die mindestens erforderliche Strahlungsleistung des jeweiligen Senders bestimmen.

Kriterien für die Dämpfung bei Funkstrecken:
☐ Entfernung Sender ↔ Empfänger
☐ Übertragungsfrequenz

Lernerfolgskontrolle zu Kapitel 2.7

1. Welche Informationen lassen sich aus dem Nachrichtenquader ermitteln?
2. Was wird durch Datenreduktion bewirkt?
3. Welchen Einfluss hat bei Übertragungskanälen ein zunehmender Wert für den erforderlichen Störabstand auf die maximale Bitrate?
4. Welche Bedeutung hat der Unterschied zwischen einem großen und einem kleinen Wert für die Kanalkapazität?

2.8 OSI-Referenzmodell

2.8.0 Einführung

Nach Durcharbeiten dieses Kapitels können Sie geschlossene und offene Kommunikationssysteme unterscheiden, das Konzept des OSI-Referenzmodells erklären, die Aufgabenstellungen der Schichten des OSI-Referenzmodells beschreiben und den Ablauf der Kommunikation zwischen offenen Systemen darstellen.

2.8.1 Konzept

Jeder Kommunikationsvorgang lässt sich durch hierarchische Zerlegung in eine strukturierte Form bringen. An oberster Stelle dieser Hierarchie steht die **Anwendung** [*application*], also der gewünschte Dienst.

Strukturierung des Kommunikationsvorganges
☐ Spitze der Hierarchie: Anwendung
☐ Basis: Physik

Als Basis dient die **Physik,** deren Wirkungsmechanismen durch Naturgesetze vorgegeben sind und für die Anwendungen nutzbar gemacht werden sollen.

Die Wirkungsmechanismen der Physik sind durch Naturgesetze vorgegeben.

Beispiel 2.8–1

Welcher Wirkungsmechanismus liegt bei einem unmittelbaren Gespräch zwischen zwei Personen vor?
Bei direkter Kommunikation zwischen zwei Personen greifen die Gesetzmäßigkeiten der Akustik für das Sprechen. Diese werden jedoch von den Kommunikationspartnern seit ihrer Kindheit beherrscht.

Im Falle der Telekommunikation können sich die Beteiligten nicht mehr unmittelbar erreichen. Es bedarf deshalb eines Übertragungsmediums, um vorhandene Entfernungen zu überbrücken. Dies ist bekanntlich durch Leitungsverbindungen oder Funkstrecken realisierbar. Dabei wird zwar das akustische Signal als elektrisches Signal übertragen, die Anwen-

Bei Telekommunikation erreichen sich die Teilnehmer nicht mehr unmittelbar.
⇓
Übertragungsmedium ist erforderlich.
⇓
Leitungsverbindungen oder Funkstrecken

2.8 OSI-Referenzmodell

dung „Duplex-Sprachkommunikation" erfährt dadurch allerdings keine Änderung.

Bei der Kommunikation stellt die Sprache nur einen Fall dar. Wir müssen deshalb alle Arten von Audiosignalen, Videosignalen und Datensignalen berücksichtigen. In allen Fällen sind jedoch die bisher aufgezeigten Ebenen, oben die Anwendung und unten die Physik, nicht ausreichend.

Es sind Audio, Video und Daten zu berücksichtigen.

Es bedarf der Identifizierung weiterer Funktionen:

Funktionen für Kommunikation:

☐ Für jede Art der Information ist eine Syntax erforderlich, also eine verbindlich festgelegte Darstellungsform.

• **Syntax**

☐ Für die Abwicklung des Dialogs ist stets ein Protokoll erforderlich.

• **Protokoll**

☐ Es wird auch stets eine Ende-zu-Ende-Transportsteuerung benötigt, damit die Kommunikation zuverlässig und kostengünstig erfolgen kann.

• **Transportsteuerung**

☐ Im Falle der Vermittlung bedarf es auch der üblicherweise als Routing bezeichneten Steuerung des Aufbaus und Abbaus des Verbindungsweges zwischen den beteiligten Endgeräten.

• **Vermittlung**

☐ Um eine optimale Kommunikation zu erreichen, ist auch die Sicherung der Information von großer Bedeutung.

• **Sicherung**

Übung 2.8–1

Warum bedarf es der Identifizierung vorstehender Funktionen bei einem Kommunikationsvorgang?

Bei analogen Diensten kommen stets eigene Netze zum Einsatz, es handelt sich also um dienstespezifische Konzepte. Dafür gilt auch die Bezeichnung *Closed Systems Interconnection* (CSI), was Kommunikation in geschlossenen Systemen bedeutet.

Closed Systems Interconnection (CSI)
d. h. Kommunikation in geschlossenen Systemen

Digitale Dienste ermöglichen die Unabhängigkeit von eigenen Netzen. Sie können über unterschiedliche Netze betrieben werden. Das steigert die Effizienz und reduziert die Kosten, lässt sich allerdings nur durch offene Kommunikationssysteme erreichen. Dafür wurde von der Internationalen Normungsorganisation ISO ein Referenzmodell für derartige Netze entwickelt. Als Bezeichnung gilt dafür OSI [*open systems interconnection*], also Kommunikation

Digitale Dienste sollen in unterschiedlichen Netzen betrieben werden können.
⇓
Offene Kommunikationssysteme
⇓

in offenen Systemen. Das **OSI-Referenzmodell** gibt keine Vorgaben für die Implementation von Netzen, sondern bietet den strukturierten Mechanismus von Kommunikationsvorgängen. Es besteht aus sieben Schichten [*layer*], die hierarchisch angeordnet zwischen dem physikalischen Medium und der Anwendung liegen. Jede Schicht beschreibt bestimmte Funktionen und weist zur darüber und darunter liegenden Schicht eindeutige Schnittstellen auf. Dadurch wird es möglich, Netze bzw. Kommunikationssysteme mit Hardware und Software beliebiger Hersteller aufzubauen, es müssen lediglich die Schnittstellenbedingungen erfüllt sein.

Auf diese Weise wird Wettbewerb ermöglicht und es werden Fortschritte in der Technologie sowie bei der Softwareentwicklung nicht behindert.

Offene Systeme führen damit zu wirtschaftlichen, also für die Teilnehmer kostengünstigen Kommunikationsmöglichkeiten.

OSI [*open systems interconnection*]-**Referenzmodell**
⇓
Strukturierter Mechanismus von Kommunikationsvorgängen
⇓
7 Schichten [*layer*] zwischen physikalischem Medium und Anwendung

Verwendung von Hardware und Software beliebiger Hersteller, wenn Schnittstellenbedingungen erfüllt sind.

Offene Systeme ermöglichen wirtschaftliche Kommunikation.

2.8.2 Schichtenstruktur

Das OSI-Referenzmodell weist sieben Schichten auf, wobei die niedrigste Schicht (Schicht 1) auf dem physikalischen Medium aufsetzt, das selbst nicht als Schicht betrachtet wird. Diese Schicht weist eine bestimmte Funktionalität auf und erbringt gegenüber der nächsthöheren Schicht (Schicht 2) eine Dienstleistung, definiert durch die Schnittstelle zwischen beiden Schichten. Die Schicht 2 benötigt die Dienstleistung der Schicht 1, um in Verbindung mit ihrer eigenen Funktionalität nun für die Schicht 3 eine Dienstleistung bereitstellen zu können.

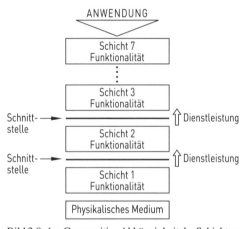

Bild 2.8–1   Gegenseitige Abhängigkeit der Schichten

2.8 OSI-Referenzmodell

Dieses Konzept setzt sich bis zur höchsten Schicht (Schicht 7) fort, so dass die darüber liegende Anwendung auf ein verschachteltes System der Schichten trifft. Ein vollständiges offenes Kommunikationssystem umfasst dabei alle sieben Schichten.

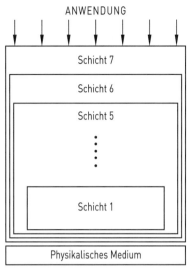

Bild 2.8–2 Schichten aus Sicht der Anwendung

Übung 2.8–2

Woraus ergibt sich die Verschachtelung der Schichten des OSI-Referenzmodells?

Mit Hilfe der Schichten 1 bis 4 werden Transportfunktionen für die Daten zwischen Quelle und Senke beschrieben. Die Schichten 5 bis 7 regeln dagegen die Anwendung der Kommunikation und setzen einen reibungslosen Datentransport voraus.

Schicht 1 ... 4
beschreiben **Transportfunktionen**
Schicht 5 ... 7
beschreiben **Kommunikationsanwendungen**

Die Schicht 1 stellt die physikalische Schicht dar und wird als Übertragungsschicht [*physical layer*] bezeichnet. Sie beschreibt die elektrischen und mechanischen Eigenschaften der Verbindungen im Kommunikationssystem, wie Pegel, Bitrate, Art der Steckverbindung, Steckerbelegung, Zahl der Leiter, usw.

Schicht 1
Übertragungsschicht
[*physical layer*]

→ elektrische und mechanische Eigenschaften in Verbindungen

Die Schicht 2 bezeichnen wir als Sicherungsschicht [*data link layer*]. Sie beschreibt den Fehlerschutz und die Zugriffsmöglichkeiten. Die damit verbundene Fehlererkennung und Fehlerkorrektur bedeutet den Übergang von bisher ungesicherter Übertragung zu gesicherter Übertragung.

Schicht 2
Sicherungsschicht
[*data link layer*]

→ Fehlererkennung, Fehlerkorrektur, Zugriffsverfahren

Die Schicht 3 regelt auf der Netzebene als Vermittlungsschicht [*network layer*] den Aufbau und Abbau von Verbindungen sowie die Lenkung ihres Verlaufs [*routing*]. Sie schließt die erforderliche Adressierung mit ein.

Schicht 3
Vermittlungsschicht
[*network layer*]

→ Aufbau, Lenkung und Abbau von Verbindungen

Die Schicht 4 ist die Transportschicht [*transport layer*]. Sie behandelt die Übertragung der digitalen Signale zwischen den an der Kommunikation beteiligten Endgeräten, stellt also den eigentlichen Nutzern die Transportmöglichkeit zur Verfügung.

Die Kommunikationssteuerungsschicht [*session layer*] gehört als Schicht 5 zur Sitzungsebene. Sie behandelt die Eröffnung, Durchführung und Beendigung der Kommunikationsbeziehung, was die Synchronisation zwischen den beteiligten Endgeräten und den Zugriffsschutz einschließt.

Die Schicht 6 ist als Darstellungsschicht [*presentation layer*] für die Präsentation der Information zuständig. Dazu gehören auch Vereinbarungen über entsprechende Darstellungsformen und im Bedarfsfall erforderliche Anpassungen der Übertragungsformate.

Die oberste Schicht des OSI-Referenzmodells ist die Schicht 7 und gehört zur Anwendungsebene. Sie regelt als Verarbeitungsschicht [*application layer*] im Detail, wie die Endgeräte einer Kommunikation zusammenwirken und bildet damit die Verknüpfung zu den Anwendungsprogrammen.

Die Schichten des OSI-Referenzmodells weisen eine vollständige Struktur auf und stellen eine Art Aufgabenverteilung mit gegenseitiger Abhängigkeit dar.

Schicht 4
Transportschicht
[*transport layer*]

→ Übertragung zwischen den Endgeräten

Schicht 5
Kommunikationssteuerungsschicht
[*session layer*]

→ Funktion für Aufbau, Durchführung und Abbau einer geordneten Kommunikation

Schicht 6
Darstellungsschicht
[*presentation layer*]

→ Darstellung der Information im einheitlichen Format

Schicht 7
Verarbeitungsschicht
[*application layer*]

→ Zusammenwirken der Endgeräte im Detail

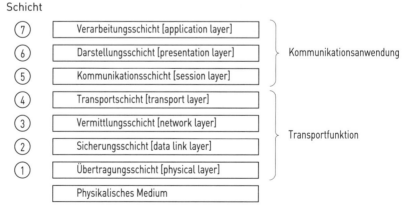

Bild 2.8–3   Schichten des OSI-Referenzmodells

Übung 2.8–3

Welche grundsätzlichen Einteilungen bestehen bei den Schichten des OSI-Referenzmodells?

Bei realen Kommunikationssystemen ist für jede Funktion der Bezug auf die Schichten des OSI-Referenzmodells möglich.

2.8.3 Kommunikationsstruktur

Verbindungen in Kommunikationssystemen verlaufen real stets über physikalische Medien (z. B. Koaxialkabel). Damit zwei Endgeräte miteinander störungsfrei kommunizieren können, sind für die einzelnen Schichten Protokolle erforderlich, die dann über das physikalische Medium abgewickelt werden. So gibt es als transportorientierte Protokolle das Übertragungsprotokoll, das Sicherungsprotokoll, das Vermittlungsprotokoll und das Transportprotokoll, während es sich bei dem Kommunikationssteuerungsprotokoll, dem Darstellungsprotokoll und dem Verarbeitungsprotokoll um die anwendungsorientierten Protokolle handelt.

Für die einzelnen Schichten des OSI-Referenzmodells sind **Protokolle** erforderlich.
☐ Schicht 1 ... 4
Transportorientierte Protokolle
☐ Schicht 5 ... 7
Anwendungsorientierte Protokolle

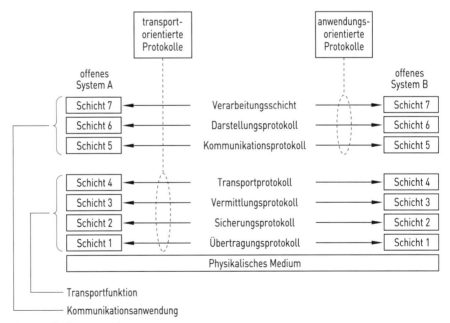

Bild 2.8–4   Kommunikationsanwendung

Die Verbindungsstruktur bei offenen Kommunikationssystemen verläuft von der Schicht 7 des Systems A über die weiteren Schichten dieses Systems, dann über das physikalische Medium und abschließend von der Schicht 1 des Systems B bis zu deren Schicht 7. Auf diese Weise wird allen aufgezeigten Aspekten der offenen Kommunikation Rechnung getragen.

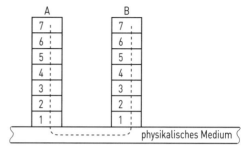

Bild 2.8–5   Verbindungsstruktur bei offenen Systemen

Es ist auch möglich, dass bei der Verbindung von zwei vollständig offenen Systemen ein unvollständig offenes System als Transitsystem dazwischen auftritt. Bei diesem werden dann allerdings nur Transportfunktionen genutzt. Als Beispiel sei der Wechsel des physikalischen Mediums beim Übertragungskanal eines Kommunikationssystems (z. B. von Koaxialkabel auf Glasfaserleitung) betrachtet. Hier übernimmt das Transportsystem die erforderliche Anpassung zwischen den beiden Medien (z. B. durch Einsatz elektrooptischer Umsetzer).

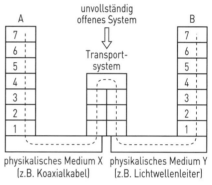

Bild 2.8–6   Einsatz von Transportsystemen

Lernerfolgskontrolle zu Kapitel 2.8

1. Welche grundsätzlichen Vorteile ergeben sich durch die Schichten im OSI-Referenzmodell für den Aufbau von Kommunikationssystemen?
2. Welche Abhängigkeiten gibt es zwischen den Schichten des OSI-Referenzmodells?
3. In welcher Weise ist es möglich, unterschiedliche physikalische Medien in offenen Kommunikationssystemen zu verwenden?

2.9   Elektromagnetische Verträglichkeit (EMV)

2.9.0   Einführung

Nach Durcharbeiten dieses Kapitels können Sie die Problemstellung der elektromagnetischen Verträglichkeit erklären, den Wirkungsmechanismus der EMV beschreiben, Maßnahmen zur Reduzierung der Störstrahlung darstellen, Konzepte zur Verbesserung der Einstrahlungsfestigkeit formulieren und die möglichen Wirkungen elektromagentischer Wellen auf den Menschen aufzeigen.

2.9.1 Begriffsbestimmungen

Die Funktion der Kommunikationstechnik basiert bekanntlich auch auf der Nutzung elektrischer, magnetischer und elektromagnetischer Felder. Dabei können wir folgende Arten unterscheiden:

- ☐ **Elektrisches Feld**
  - ☐ ☐ statisch/konstant
    (d. h. elektrisches Gleichfeld)
  - ☐ ☐ zeitabhängig
    (d. h. elektrisches Wechselfeld)
- ☐ **Magnetisches Feld**
  - ☐ ☐ statisch/konstant
    (d. h. magnetisches Gleichfeld)
  - ☐ ☐ zeitabhängig
    (d. h. magnetisches Wechselfeld)
- ☐ **Elektromagnetisches Feld**
  - ☐ ☐ niederfrequentes elektromagnetisches Feld
  - ☐ ☐ hochfrequentes elektromagnetisches Feld

Besondere Bedeutung haben elektromagnetische Felder, weil sich diese bekanntlich bei geführter und nicht geführter Ausbreitung elektromagnetischer Wellen ergeben. Dabei sollen allerdings keine unerwünschten Störeffekte auftreten. Deshalb sind Festlegungen für die Verträglichkeit technischer und biologischer Systeme gegenüber dem Einfluss elektromagnetischer Felder erforderlich. Wir sprechen deshalb von **elektromagnetischer Verträglichkeit** (EMV) [*electromagnetic compatibility* (EMC)].

Bezogen auf technische Systeme (wie Baugruppen, Geräte, Anlagen) ist für die EMV folgende Definition möglich:

Problemstellung:
Verträglichkeit technischer und biologischer Systeme gegenüber elektromagnetischen Feldern.

> **Die elektromagnetiche Verträglichkeit (EMV) technischer Systeme ist gegeben, wenn diese in einem vorgegebenen Umfeld bestimmungsgemäß arbeiten können und dabei die Umgebung nicht unzulässig beeinflussen.**

Bei biologischen Systemen handelt es sich um Menschen, Tiere und Pflanzen. Unsere Betrachtungen sollen allerdings auf den Menschen beschränkt bleiben. Es gilt dabei folgende Forderung:

Beim Menschen dürfen durch das Einwirken elektromagnetischer Felder zu keiner Zeit gesundheitlichen Schäden auftreten.

Die aufgezeigte Problematik wird häufig auch durch den Begriff **Elektrosmog** gekennzeichnet.

Übung 2.9–1

Warum gelten EMV-Anforderungen primär für elektromagnetische Felder?

Um den **Wirkungsmechanismus der EMV** zu erklären, können wir das bereits bekannte Konzept der Kommunikationssysteme verwenden. Dabei ist allerdings zu berücksichtigen, dass jetzt die Betrachtungen nur auf Störsignale bezogen sind. Das für die EMV geltende System besteht aus der **Störquelle** (= Störsender), dem **Störkanal** und der **Störsenke** (= Störempfänger). Bei der Störquelle ist das Problem der **Störemission** gegeben, also der Aussendung von Störsignalen. Für die Störsenke ist die **Störimmission** maßgebend, also die Einwirkung von Störsignalen. Der maximal zulässige Wert dafür wird als **Störfestigkeit** oder Störempfindlichkeit bezeichnet.

Vorstehende Erkenntnisse zeigen, dass die EMV aus den Bereichen elektromagnetische Aussendungen (EMA) und elektromagnetische Beeinflussbarkeit (EMB) besteht.

Den Störkanal können wir als galvanische Kopplung, induktive Kopplung, kapazitive Kopplung oder Wellenkopplung zwischen dem störenden und dem gestörten System verstehen.

Da die elektromagnetische Verträglichkeit die ungestörte Funktion von Systemen betrifft, stellt die EMV ein Umweltschutzproblem dar.

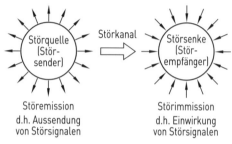

Bild 2.9–1   Wirkungsmechanismus der EMV

EMV	=	EMA	+	EMB
Verträglichkeit		Aussendungen		Beeinflussbarkeit

EMV ist ein Umweltschutzthema.

2.9.2   Elektromagnetische Aussendungen (EMA)

Elektromagnetische Aussendungen können verständlicherweise nur bei technischen Systemen auftreten. In Standards ist festgelegt, welche Grenzwerte für die Störsignale nicht überschritten werden dürfen. Die Angaben erfolgen häufig als Leistungspegel (z. B. in dBpW). Da sich solche Leistungswerte messtechnisch allerdings nur schwer ermitteln lassen, erfolgt üblicherweise die Umrechnung in Störfeldstärke. Die Leistung des Störsignals stellt dabei die von den elektromagnetischen Wellen bekannte Strahlungsleistung dar und wird als **Störstrahlungsleistung** bezeichnet.

Angabe des **Grenzwertes für die Störsignale** als Leistungspegel

Umrechnung in **Störfeldstärke**.

2.9 Elektromagnetische Verträglichkeit (EMV)

Auch bei geführter Übertragung elektromagnetischer Wellen treten Abstrahlungen von den Leitungssystemen auf, sogar bei Verwendung geschirmter Kabel.

Um die Grenzwerte der Störstrahlungsleistung bzw. Störfeldstärke nicht zu überschreiten, sind schaltungstechnische Maßnahmen und/oder Abschirmungen möglich. Im ersten Fall wird sichergestellt, dass Störsignale möglichst erst gar nicht entstehen (z. B. Oszillatorschaltungen mit hoher spektraler Reinheit) und damit auch keine Abstrahlung erfolgen kann. Durch Abschirmung wird dagegen auftretende Störstrahlung reduziert, bevor sie bei der Störsenke einwirken kann.

Die Grenzwerte für Störaussendungen und die zu berücksichtigenden Randbedingungen sind in Norm, der DIN EN 50081 „Elektromagnetische Verträglichkeit (EMV); Fachgrundnorm Störaussendung" festgelegt.

Auch bei geführter Übertragung treten elektromagnetische Aussendungen auf.

Möglichkeiten zur Einhaltung der Grenzwerte für die Störstrahlungsleistung bzw. Störfeldstärke:
☐ **Schaltungstechnische Maßnahmen**
☐ **Abschirmung**

Grundnorm für Störaussendungen:
DIN EN 50081

Übung 2.9–2
Durch welche Angaben ist der Grenzwert für die Störaussendungen gekennzeichnet?

Bei den bisher betrachteten Fällen handelt es sich üblicherweise um **kontinuierliche Störstrahlung**. Neben dieser Form ist aber auch **impulsförmige Störstrahlung** möglich. Auslöser dafür sind durch Schaltvorgänge bewirkte Funken, Blitzentladungen, elektrostatische Entladungen, Störimpulse auf der Netzspannung sowie alle anderen schnellen Ausgleichsvorgänge. Geht eine Funkenentladung in einen Lichtbogen über, dann ergibt sich wieder eine kontinuierliche Störstrahlung.

Auslöser impulsförmiger Störstrahlung:
☐ Schaltfunken
☐ Blitzentladungen
☐ Elektrostatische Entladungen
☐ Netzspannungs-Störimpulse
☐ Schnelle Ausgleichsvorgänge

Impulsförmige Störstrahlung lässt sich bei Leitungen durch Kondensatoren oder RC-Glieder wirkungsvoll dämpfen. Mit Hilfe dieser „Entstörelemente" kann die Wirkung der Störung unmittelbar an der Quelle reduziert werden, weil sie für die unerwünschten Spektralanteile einen Kurzschluss bewirken.

Reduzierung impulsförmiger Störstrahlung durch Kondensatoren oder RC-Glieder.

2.9.3 Elektromagnetische Beeinflussbarkeit (EMB)

Damit die bei technischen Systemen einwirkenden Störaussendungen möglichst geringe Auswirkungen hervorrufen, sind folgende Maßnahmen einzeln oder kombiniert möglich:

☐ Abschirmung (Kurzform: Schirmung)
☐ Ableitung
☐ Filterung
☐ Kompensation

Durch **Abschirmung** wollen wir theoretisch einen feldfreien Raum um die Störsenke schaffen. Dabei ist zu berücksichtigen, dass bei niederfrequenten elektromagnetischen Feldern die magnetische Feldkomponente vorrangig Bedeutung hat, während bei hochfrequenten elektromagnetischen Feldern nur die elektrische Feldkomponente berücksichtigt werden braucht.

Die Abschirmung gegen elektrische Felder ist durch eine geschlossene elektrisch leitende Hülle möglich, die auch als Faradeyscher Käfig bezeichnet wird. Die Feldlinien des Störfeldes enden senkrecht auf der Hülle, wobei wegen ihrer Leitfähigkeit der Ladungsausgleich stattfindet. Durch Erdung der Hülle werden Störspannungen gegen Masse abgeleitet.

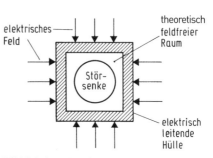

Bild 2.9–2 Abschirmung gegen elektrisches Feld

In der Praxis ist keine unendlich gute Abschirmung erreichbar, weshalb sich auch innerhalb der Abschirmung stets ein Störfeldanteil feststellen lässt. Das logarithmierte Verhältnis zwischen den Störfeldstärken außerhalb und innerhalb der Abschirmung ergibt das Schirmdämpfungsmaß. Es gilt:

Schirmdämpfungsmaß für elektrisches Feld

$$a_E = 20 \cdot \lg \frac{E_{außen}}{E_{innen}} \, dB \qquad (2.9\text{--}1)$$

Für die Abschirmung gegen magnetische Felder sind magnetisch leitende Hüllen erforderlich. Der Werkstoff soll dafür eine möglichst große Permeabilität, also eine große Permeabilitätszahl μ_r aufweisen. Für die magnetischen Feldlinien ist dann im Abschirmmaterial der Widerstand kleiner als außerhalb, weshalb der größte Teil des einwirkenden Feldes nicht zur Störsenke gelangt.

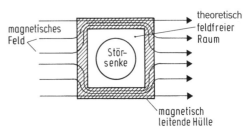

Bild 2.9–3 Abschirmung gegen magnetisches Feld

Vergleichbar dem elektrischen Feld ergibt sich als Schirmdämpfungsmaß:

Schirmdämpfungsmaß für magnetisches Feld

$$a_H = 20 \cdot \lg \frac{H_{außen}}{H_{innen}} \, dB \qquad (2.9\text{--}2)$$

Angaben für das Schirmdämpfungsmaß in der Fachliteratur beziehen sich üblicherweise auf das elektrische Feld.

Übung 2.9–3

Warum muss beim Schirmdämpfungsmaß zwischen dem elektrischen und magnetischen Feld unterschieden werden?

Leitungsgebundene Störsignale sind durch die schaltungstechnische Maßnahme **Ableitung** reduzierbar. Dabei müssen wir stets die Frequenzabhängigkeit berücksichtigen, damit das Nutzsignal möglicht unbeeinflusst bleibt.

Durch Netzwerke aus R, C und L sind Entstörungsschaltungen realisierbar, durch die Störsignale vor der Störsenke gegen Masse abgeleitet oder gedämpft werden. Mit Resonanzkreisen kann dies frequenzselektiv erfolgen, was eine gezielte **Filterung** von Störsignalen ermöglicht.

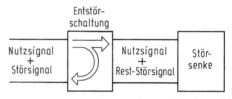

Bild 2.9–4 Reduzierung leitungsgebundener Signale

Eine weitere Variante zur Verringerung der Wirkung leitungsgebundener Störsignale besteht darin, durch eine Schaltung das Störsignal zu erkennen, danach eine Phasenverschiebung von 180° vorzunehmen und abschließend das gegenphasige Signal und das ursprüngliche Signal zu addieren. Wegen der Phasensituation heben sich die störenden Anteile theoretisch vollständig auf, in der Praxis ergibt sich durch die **Kompensation** eine wirksame Störsignalunterdrückung, erfordert allerdings entsprechenden schaltungstechnischen Aufwand.

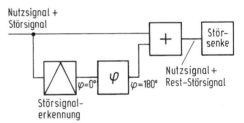

Bild 2.9–5 Störsignalkompensation

Die Grenzwerte für die Einstrahlungsfestigkeit technischer Systeme sind in der Norm DIN EN 50082 „Elektromagnetische Verträglichkeit (EMV); Fachgrundnorm Störfestigkeit" festgelegt.

Grundnorm für Störfestigkeit:
DIN EN 50082

Bei der **Einwirkung elektromagnetischer Felder auf den Menschen** ist zwischen thermischen und nichtthermischen Wirkungen zu unterscheiden. Durch zu große Feldstärkewerte ergeben sich im Körper punktuell starke Überhitzungen, was sich als innere Verbrennungen auswirkt.

Elektromagnetische Felder können beim Menschen thermische und nichtthermische Wirkungen hervorrufen.

Die in Normen festgelegten Grenzwerte für die zulässige Einwirkung elektromagnetischer Felder auf Personen sind stets so gewählt, dass thermische Wirkungen mit Sicherheit nicht auftreten.

Die Grenzwerte für die zulässige Einwirkung elektromagnetischer Felder auf Personen stellen sicher, dass **thermische Wirkungen** nicht auftreten.

Unterhalb dieser Grenze liegende Werte lösen bei einem kleinen Prozentsatz der Bevölkerung dennoch körperliche Effekte (z. B. Kopfschmerzen, Konzentrationsschwäche, Schlafstörungen, Mattigkeit, ...), also nichtthermische Wirkungen, aus. In diesen Fällen liegt sog. Elektrosensibilität vor, deren Ursache bisher noch nicht eindeutig bekannt ist.

Elektrosensibilität ist die ungewollte Fähigkeit von Personen, **nichtthermische Wirkungen** bei elektromagnetischen Feldern unterhalb der Grenzwerte zu empfinden.

Die Einwirkung elektromagnetischer Felder auf Personen kann durch Abschirmung und/oder durch möglichst großen Abstand zur Störquelle reduziert werden.

Lernerfolgskontrolle zu Kapitel 2.9

1. Welcher grundsätzliche Unterschied besteht bei der EMV zwischen technischen und biologischen Systemen?
2. Welche Funktionen weisen Störquelle und Störsenke im EMV-System auf?
3. Welche Effekte kann die Einwirkung elektromagnetischer Wellen auf Personen hervorrufen?

3 Komponenten

3.1 Elektroakustische Wandler

3.1.0 Einführung

Nach Durcharbeiten dieses Kapitels können Sie die Aufgabenstellung elektroakustischer Wandler charakterisieren, die Konzepte der Wandlung von Schalldruck in elektrische Spannung und umgekehrt aufzeigen, Kenngrößen elektroakustischer Wandler erklären und die verschiedenen Arten der Mikrofone, Lautsprecher und Hörer unterscheiden.

3.1.1 Grundlagen

Die Übertragung akustischer Signale beginnt stets mit ihrer Wandlung in elektrische Signale. Diese erfolgt durch Mikrofone. Auf der Empfangsseite ist konsequenterweise wieder die Rückwandlung in akustische Signale erforderlich. Dafür kommen Lautsprecher und Hörer als Wandler zum Einsatz.

Mikrofone wandeln akustische Signale in elektrische Signale.

Lautsprecher und Hörer wandeln elektrische Signale in akustische Signale.

Akustische Signale sind durch Kräfte hervorgerufene mechanische Schwingungen, die sich als Schallwellen durch Gase, Flüssigkeiten und Feststoffe mit definierter Geschwindigkeit ausbreiten. Wir können deshalb Luftschall, Flüssigkeitsschall und Körperschall unterscheiden, wobei sich unsere Betrachtungen in diesem Buch auf den Luftschall beziehen.

Arten des Schalls
☐ Luftschall
☐ Flüssigkeitsschall
☐ Körperschall

Beim Luftschall können wir drei Frequenzbereiche unterscheiden. Frequenzen zwischen 20 Hz und 16 kHz werden vom menschlichen Ohr wahrgenommen, weshalb dafür die Bezeichnung Hörschall gilt. Frequenzen unterhalb 20 Hz sind nicht mehr hörbar, sondern äußern sich durch unmittelbare Einwirkungen auf den Körper (z. B. Vibrationen). Es liegt dann Infraschall vor.

$f = 20$ Hz ... 16 kHz → **Hörschall**
Mit dem menschlichen Ohr wahrnehmbar.

$f < 20$ Hz → **Infraschall**
Unmittelbare Körpereinwirkung (z. B. Vibrationen).

Bei Frequenzen über 16 kHz sprechen wir von Ultraschall. Dieser ist zwar nicht mit dem menschlichen Ohr wahrnehmbar, kann jedoch bei intensiver Einwirkung das Nervensystem beeinflussen.

$f > 16$ kHz → **Ultraschall**
Beeinflussung des Nervensystems bei intensiver Einwirkung.

Übung 3.1–1
Welche Gemeinsamkeiten weisen Infraschall und Ultraschall auf?

Beim Luftschall erfahren die Luftmoleküle Auslenkungen aus ihrer Ruhelage und rufen damit Schwankungen des Luftdrucks hervor. Diese werden von Molekül zu Molekül weitergegeben, so dass eine Schallwelle entsteht. Bei sinusförmigen Änderungen treten periodische Verdichtungen und Verdünnungen der Luft in Ausbreitungsrichtung des Schalls als longitudinale Welle auf.

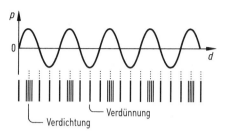

Bild 3.1–1   Schallausbreitung

Die Abweichungen vom mittleren Luftdruck werden als **Schalldruck** p bezeichnet, für den als Einheit Pascal (Pa) gilt. Die Schallwellen pflanzen sich mit der Schallgeschwindigkeit c fort. Sie ist von der Materie abhängig, in der sich die Wellen ausbreiten. Für Luft gilt:

Schallgeschwindigkeit in Luft

$$c_{\text{Luft}} = 340 \, \frac{\text{m}}{\text{s}} \tag{3.1-1}$$

Die vom menschlichen Ohr empfundene Lautstärke eines Schallsignals hängt unmittelbar vom Schalldruck ab. Dabei gibt es eine untere und obere Grenze des Hörempfindens, nämlich die Hörschwelle und die Schmerzgrenze. Die Hörschwelle liegt bei $2 \cdot 10^{-5}$ Pa (= 20 µPa) und wird als Bezugswert p_0 verwendet. Bei einem Schalldruck von etwa $6 \cdot 10^1$ Pa (= 60 Pa) tritt der als Schmerzgrenze bezeichnete Grenzfall auf. Beide Werte gelten für eine Frequenz des Schallsignals von 1 kHz.

Im Regelfall wird der Schalldruck als Pegel angegeben. Es handelt sich um das logarithmierte Verhältnis des auftretenden Schalldrucks zu dem der Hörschwelle.

Grenzen des Hörempfindens
(bezogen auf 1 kHz)
☐ **Hörschwelle:**
  $p_0 = 2 \cdot 10^{-5}$ Pa = 20 µPa
☐ **Schmerzgrenze:**
  $p_{\max} = 6 \cdot 10^1$ Pa = 60 Pa

Schalldruckpegel

$$L_p = 20 \cdot \lg \frac{p}{p_0} \, \text{dB} \tag{3.1-2}$$

Elektroakustische Wandler sollen bekanntlich Schalldruck in elektrische Spannung wandeln oder in umgekehrter Weise arbeiten. Dabei müssen wir allerdings beachten, dass für gleiche Lautstärkeempfindung der Schalldruckpegel frequenzabhängig ist. Wegen des nichtlinearen Verhaltens des menschlichen Ohrs ist also für jede Frequenz ein anderer Schalldruckpegel erforderlich. Durch umfangreiche Messreihen wurden **Kurven gleicher Lautstärke** ermittelt und außerdem die Einheit „phon" für diese subjektive Empfindung festgelegt. Dabei entspricht bei 1 kHz der Wert in Phon genau dem dB-Wert für den Schalldruckpegel.

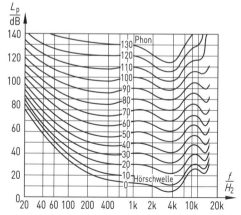

Bild 3.1–2   Kurven gleicher Lautstärke

3.1 Elektroakustische Wandler

Das Funktionsprinzip jedes elektroakustischen Wandlers besteht in einem Wechselspiel zwischen einer Membran und einem Wandler. Beim Mikrofon bewirkt der Schall Auslenkbewegungen der Membran. Die so hervorgerufene Kraftwirkung setzt ein Wandler in eine elektrische Spannung um. Bei Lautsprechern und Hörern liegt die umgekehrte Arbeitsweise vor. Die elektrische Spannung ruft über einen Wandler Kräfte hervor, die eine Membran zur Auslenkung bringen und damit den gewünschten Schalldruck hervorrufen.

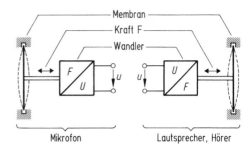

Bild 3.1-3   Funktionsprinzip elektroakustischer Wandler

Übung 3.1–2

In welcher Weise verändert sich die Spannung bei einem Mikrofon, wenn der Schalldruckpegel größer wird?

Elektroakustische Wandler setzen bekanntlich Bewegung in elektrische Spannung um oder umgekehrt. Sind bei einem Verfahren beide Wirkungsrichtungen möglich, dann handelt es sich um einen reversiblen (d.h. umkehrbaren) Vorgang. Im Gegensatz dazu stehen die nicht reversiblen Verfahren. Die Vorgänge sind dann nicht umkehrbar, können also nur in einer Wirkungsrichtung verlaufen.

Reversibles Verfahren = Umkehrbarer Vorgang
Nicht reversibles Verfahren = Nicht umkehrbarer Vorgang

Das einfachste, allerdings nicht reversible Verfahren, ist die durch druckabhängige Widerstände bewirkte **Stromsteuerung** in einem geschlossenen Stromkreis. Durch den einwirkenden Schalldruck tritt bedingt durch die Widerstandsänderung auch eine Stromänderung auf. Am Lastwiderstand erhalten wir dadurch ein dem Schalldruck proportionale Spannungsverlauf.

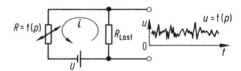

Bild 3.1-4   Stromsteuerung

Beim **Induktionsprinzip** ist ein reversibles Verfahren gegeben. Die Ausgangslage bildet ein elektrischer Leiter in einem magnetischen Feld. Wird dieser Leiter durch den Schalldruck im Feld bewegt, dann ergibt sich wegen der Induktionswirkung zwischen den Enden des Leiters eine dem Schalldruck proportionale Spannung. Andererseits wird eine Bewegung des Leiters im Magnetfeld hervorgerufen, sobald an diesen eine Spannung angelegt wird.

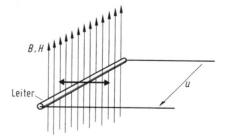

Bild 3.1-5   Induktion

Eine andere Form der Wandlung mit Hilfe des magnetischen Feldes ist die Änderung des magnetischen Flusses in einem **magnetischen Kreis**. Die Flussänderung bewirkt dabei durch Induktion an den im magnetischen Kreis befindlichen Spulen eine Spannung. Diese Wirkungsweise ist umkehrbar, also für Mikrofone, Lautsprecher und Hörer nutzbar.

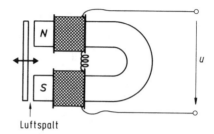

Bild 3.1–6   Magnetischer Kreis

Die Wandlung zwischen Schalldruck und Spannung kann auch über das elektrische Feld erfolgen, am einfachsten durch Variation der Beläge eines Kondensators. Bei konstant gehaltener Ladung des Kondensators ergibt die so bewirkte **Kapazitätsveränderung** eine Variation der Spannung zwischen den Belägen. Diese Funktionsweise ist auch umkehrbar. Änderungen der Spannung an einem geladenen Kondensator rufen nämlich Kräfte auf die Beläge hervor.

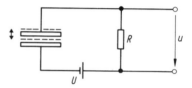

Bild 3.1–7   Spannungsgesteuerte Kapazitätsänderung

Ein reversibles Wandlerprinzip nutzt den **Piezoeffekt**. Bei verschiedenen natürlichen oder künstlich hergestellten Kristallen treten nämlich einerseits bei Beanspruchung auf Zug, Druck oder Biegung Ladungsverschiebungen im Kristallgefüge auf. Damit ist Schalldruck in elektrische Spannung umsetzbar. Andererseits wirkt auf die Kristalle eine Kraft ein, sobald eine elektrische Spannung angelegt wird.

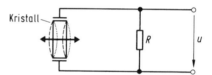

Bild 3.1–8   Piezoelektrischer Effekt

3.1.2   Mikrofone

Mikrofone sind analoge Energiewandler für Schalldruck in elektrische Spannung. Im Idealfall ist der am Ausgang des Mikrofons messbare Spannungsverlauf der Funktion des einwirkenden Schalldrucks proportional.

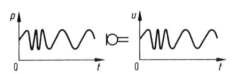

Bild 3.1–9   Mikrofon (Idealfall)

Unabhängig von den verwendeten Funktionsprinzipien sind Mikrofone durch festgelegte Kenngrößen beschreibbar. Eine grundlegende Kenngröße ist der **Übertragungsfaktor** T_M. Er beschreibt das Verhältnis der vom Mikrofon abgegebenen Spannung U zum einwirkenden Schalldruck p bei der Bezugsfrequenz 1 kHz und wird auch als **Empfindlichkeit** bezeichnet. Beziehen wir den Übertragungsfaktor auf den Referenzwert $T_0 = 1$ V/Pa, dann ergibt sich als logarithmiertes Verhältnis das **Übertragungsmaß** a_M und damit eine Angabe in Dezibel (dB).

Übertragungsfaktor für Mikrofone

$$T_M = \frac{U}{p}\bigg|_{f = 1\,\text{kHz}} \quad (3.1-3)$$

Übertragungsmaß für Mikrofone

$$a_M = 20 \cdot \lg \frac{T_M}{T_0} \text{dB} \bigg|_{T_0 = 1\,\text{V/Pa}} \quad (3.1-4)$$

3.1 Elektroakustische Wandler

Übung 3.1–3
Beschreiben Sie die grundsätzliche Vorgehensweise, um das Übertragungsmaß zu ermitteln.

Die bisherigen Betrachtungen gelten nur für die Frequenz 1 kHz. Ermitteln wir das Übertragungsmaß für unterschiedliche Frequenzen, dann ergibt sich der als **Übertragungsfunktion** bezeichnete **Frequenzgang** des Mikrofons. Dabei zeigt sich, dass ein Bandpassverhalten gegeben ist. Der möglichst geradlinige Verlauf der Übertragungsfunktion über einen großen Frequenzbereich kennzeichnet die Qualität eines Mikrofons.

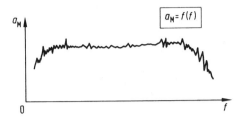

Bild 3.1–10   Übertragungsfunktion

Die bisherigen Aussagen bezogen sich auf eine Position unmittelbar vor der Mikrofonmembran, also in der „Hauptempfangsrichtung". Bewegen wir nun eine Quelle mit konstantem Schalldruck in einem Kreis um das Mikrofon, dann ergibt sich für jeden Winkel ein anderes Übertragungsmaß. Das Mikrofon weist also eine Abhängigkeit von der Richtung des Schalldrucks auf, darstellbar durch Kurven für konstantes Übertragungsmaß. Dieses Verhalten bezeichnen wir als **Richtcharakteristik**.

Die Form der Richtwirkung ist von der Frequenz des Schalldrucksignals abhängig. Es ergeben sich für unterschiedliche Frequenzen somit verschiedene Verläufe.

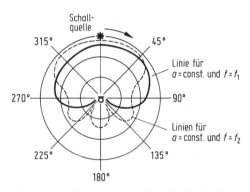

Bild 3.1–11   Ermittlung der Richtcharakteristik

Der Vorteil der Richtcharakteristik besteht darin, dass nur aus bestimmten Richtungen einwirkender Schalldruck in elektrische Spannung gewandelt wird. Für den Einsatz in der Praxis haben sich die Formen Kugel, Acht, Niere, Kardiode und Ellipse als Richtcharakteristik bewährt. Die Angaben gelten üblicherweise für eine Bezugsfrequenz von 1 kHz.

Richtwirkung tritt stets in allen drei Dimensionen auf. Bei der Kugelcharakteristik wird Schalldruck aus allen Richtungen in gleiche

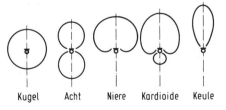

Bild 3.1–12   Formen der Richtcharakteristik

Werte umgesetzt, während dies bei der Keulencharakteristik nur für einen keulenförmigen Bereich vor dem Mikrofon gilt.

Für das Kommunikationssystem stellt jedes Mikrofon ein aktives Eintor dar. Funktionsbedingt ist sein Innenwiderstand frequenzabhängig. Angaben erfolgen deshalb auf 1 kHz bezogen.

Mikrofon weist als aktives Eintor einen frequenzabhängigen Innenwiderstand auf. Sein Wert wird auf 1 kHz bezogen angegeben.

Mikrofone können nur bis zu einem Grenzwert des Schalldrucks bestimmungsgemäß arbeiten. Er kennzeichnet die zulässige Belastbarkeit des Mikrofons und wird als Übersteuerungsgrenze bezeichnet. Darüber liegende Schalldruckwerte bewirken erhebliche Verzerrungen oder sogar die Zerstörung des Mikrofons.

Die **Übersteuerungsgrenze** kennzeichnet die zulässige Belastbarkeit des Mikrofons mit Schalldruck.

Übung 3.1–4
Durch welche Kenngrößen kann ein Mikrofon beschrieben werden?

Die aufgezeigten Funktionsprinzipien werden bei den Mikrofonen in verschiedenen Bauformen verwendet. Die klassische Variante stellt das Kohlemikrofon dar, welches mit Hilfe von Kohlekörnern zwischen zwei Elektroden Stromsteuerung nutzt. Seit vielen Jahren ist allerdings dieser Wandlertyp technologisch überholt.

Kohlemikrofon
Nutzt über Kohlekörner zwischen zwei Elektroden Stromsteuerung

Wird ein dünnes Metallbändchen zwischen den Polen eines Dauermagneten angeordnet, dann ergibt sich durch Induktionswirkung zwischen beiden Enden eine elektrische Spannung, sobald Schalldruck auf dieses Bändchen einwirkt. Diese Bauform bezeichnen wir als **Bändchenmikrofon**. Dieses ist durch sehr guten Frequenzgang und kleinem Innenwiderstand gekennzeichnet, weist jedoch starke Empfindlichkeit gegen mechanische Beeinflussung auf.

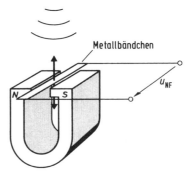

Bild 3.1–13   Bändchenmikrofon

Wird statt des Leiters beim Bändchenmikrofon eine Spule in dem ringförmigen Spalt eines Dauermagneten angeordnet, dann verstärkt sich die Induktionswirkung entsprechend. Der einwirkende Schalldruck verändert die Lage der Spule und ruft damit die induzierte Spannung hervor. Diese Form des elektrodynamischen Mikrofons heißt **Tauchspulmikrofon**. Derartige Mikrofone stellen eine robuste Konstruk-

3.1 Elektroakustische Wandler

tion dar, weisen einen guten Frequenzgang auf, benötigen für den Betrieb keine Hilfsspannung und besitzen gegenüber dem Bändchenmikrofon ein größeres Übertragungsmaß sowie einen größeren Innenwiderstand (200 … 400 Ω).

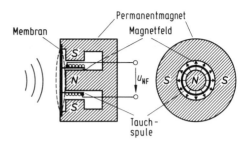

Bild 3.1–14 Tauchspulmikrofon

Bei einem Kondensator gilt bekanntlich folgende Beziehung zwischen Ladung, Kapazität und Spannung:

$$\boxed{Q = C \cdot U} \tag{3.1–5}$$

Wird die Ladung konstant gehalten, dann führt eine Veränderung des Abstandes der Beläge zu einer Veränderung der Kapazität und damit auch der Spannung. Dieser Effekt ist auch für Mikrofone nutzbar, indem ein Belag als Membran ausgebildet, während einige Löcher in der Gegenelektrode den Schalldruckausgleich gewährleisten.

Ein derart aufgebautes Mikrofon hat die Wirkung eines Kondensators, der über eine konstante Hilfsspannung an einen Lastwiderstand angeschlossen ist. Die durch den Schalldruck bewirkten Kapazitätsänderungen rufen die gewünschten Spannungsänderungen hervor. Es handelt sich also um ein elektrostatisches Mikrofon, das auch als **Kondensatormikrofon** bezeichnet wird. Für dieses sind folgende Merkmale charakterisierend:

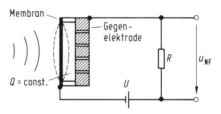

Bild 3.1–15 Kondensatormikrofon

Merkmale für Kondensatormikrofon:
☐ Sehr guter Frequenzgang
☐ Großer Innenwiderstand
☐ Kleines Übertragungsmaß
☐ Hilfsspannung erforderlich

Die Hilfsspannung kann bei elektrostatischen Mikrofonen entfallen, wenn **Elektrete** verwendet werden. Dabei handelt es sich um Werkstoffe, die eine konstante Ladungsmenge enthalten, wobei die im Elektret enthaltenen elektrischen Elementardipole bei der Herstellung durch ein von außen einwirkendes elektrisches Feld ausgerichtet werden. Dadurch ergibt sich die Struktur eines geladenen Kondensators mit konstanter Ladung. Verwenden wir bei einem elektrostatischen Mikrofon als bewegliche Membran eine solche aus Elektret, dann bildet diese mit der gelochten feststehenden Gegenelektrode einen Kondensator, dessen Ladung von Elektret bestimmt ist. Es liegt damit ein

Elektret enthält elektrische Elementardipole.
⇓
Ausrichtung durch von außen einwirkendes elektrisches Feld

Elektretmikrofon vor. Durch den Schalldruck ändert sich der Abstand zwischen den Elektroden und damit auch die Kapazität. Wegen der durch das Elektret bedingten konstanten Ladung ergibt sich eine dem Schalldruck proportionale Spannung.

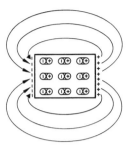

Bild 3.1–16 Elektret

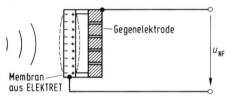

Bild 3.1–17 Elektretmikrofon

Übung 3.1–5

Welchen Nachteil weist das Kondensatormikrofon gegenüber dem Elektretmikrofon auf?

Es gibt allerdings noch eine weitere Variante des Kondensatormikrofons. Das Mikrofon wirkt hier als Kapazität eines Resonanzkreises im Hochfrequenzbereich. Der Schalldruck ruft deshalb Änderungen der Resonanzfrequenz hervor, was die Empfindlichkeit gegen Störungen wesentlich reduziert. Mit Hilfe geeigneter Schaltungen lässt sich die niederfrequente Spannung aus dieser Frequenzänderung gewinnen.

Bei **Kristallmikrofonen** handelt es sich um den piezoelektrischen Effekt bestimmter Kristalle, die mechanisch mit der Membran des Mikrofons verbunden sind. Durch den Schalldruck wird die Auslenkung des Piezo-Kristalls hervorgerufen, so dass an diesem die dem Schalldruck proportionale Spannung unmittelbar auftritt. Für Kristallmikrofone gelten folgende Merkmale:

Bewirkt der Schalldruck die Änderung des Flusses in einem magnetischen Kreis, dann führt das

Einsatz des Kondensatormikrofons als Kapazität eines Resonanzkreises im Hochfrequenzbereich. Der Schalldruck bewirkt proportionale Frequenzänderung.

Merkmale für Kristallmikrofon:
☐ Kleine und robuste Bauform möglich
☐ Sehr großer Innenwiderstand (1 ... 2 MΩ)
☐ Vorrangig für Sprache geeignet
☐ Empfindlichkeit gegen Temperatureinflüsse
☐ Empfindlichkeit gegen Feuchtigkeit möglich

3.1 Elektroakustische Wandler

zu der robusten Konstruktion des **elektromagnetischen Mikrofons**. Die Bewegung der Membran ruft dabei die Änderung eines Luftspalts und damit auch der Flussdichte im magnetischen Kreis hervor. An den Spulen im Kreis ergibt sich deshalb eine induzierte Spannung, die proportional zum Schalldruck verläuft. Elektromagnetische Mikrofone weisen ein kleines Übertragungsmaß auf, benötigen keine Hilfsspannung und sind nur für den Sprachgebrauch geeignet.

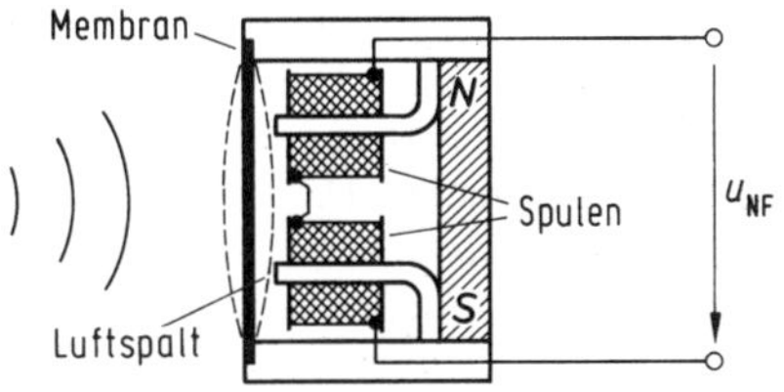

Bild 3.1–18   Elektromagnetisches Mikrofon

3.1.3 Lautsprecher und Hörer

Lautsprecher und Hörer sollen niederfrequente Wechselspannung in akustische Energie wandeln. Der Schalldruck muss bei Lautsprechern für den zu versorgenden Raum ausreichend große Werte aufweisen, während bei Hörern nur soviel Schalldruck benötigt wird, wie für die unmittelbare Einwirkung auf das Ohr erforderlich ist.

Lautsprecher und Hörer weisen also die zu Mikrofonen reziproke Funktion auf. Deshalb gibt es für diese auch vergleichbare Kenngrößen.

Der Wirkungsgrad eines Lautsprechers oder Hörers lässt sich durch den **Übertragungsfaktor** T_L beschreiben. Es handelt sich um das Verhältnis des abgegebenen Schalldrucks p zur Eingangsspannung U und zwar bezogen auf 1 kHz. Für Lautsprecher liegen die Werte des Übertragungsfaktors im Bereich 0,1 … 6 Pa/V.

> Lautsprecher und Hörer wandeln niederfrequente Wechselspannung in Schalldruck.
>
> ☐ Lautsprecher versorgen Räume
> ☐ Hörer versorgen die Ohren

Lautsprecher   Hörer

Bild 3.1–19   Schaltzeichen

Übertragungsfaktor für Lautsprecher und Hörer

$$T_L = \left. \frac{p}{U} \right|_{f = 1\,\text{kHz}} \qquad (3.1-6)$$

Beziehen wir den Übertragungsfaktor auf den Referenzwert $T_0 = 1$ Pa/V, dann ergibt sich als logarithmiertes Verhältnis das **Übertragungsmaß** und damit eine Angabe in Dezibel (dB).

Wie bei Mikrofonen führt auch bei Lautsprechern und Hörern die Darstellung des Übertragungsmaßes in Abhängigkeit von der Frequenz zu dem als **Übertragungsfunktion** bezeichneten **Frequenzgang**.

Eine wesentliche Information stellt beim Lautsprecher die **Richtcharakteristik** dar. Um diese zu ermitteln, wird eine konstante Eingangsspan-

Übertragungsmaß für Hörer und Lautsprecher

$$a_L = \left. 20 \cdot \lg \frac{T_L}{T_0} \,\text{dB} \right|_{T_0 = 1\,\text{Pa/V}} \qquad (3.1-7)$$

Die Übertragungsfunktion $a_L = f(f)$ beschreibt den Frequenzgang.

nung verwendet und der Schalldruck rings um den Lautsprecher gemessen. Die Verbindungslinien zwischen den Punkten gleichen Schalldrucks ergeben eindeutige Darstellungen der Richtwirkung. Die Messungen zeigen allerdings für verschiedene Frequenzen unterschiedliche Verläufe. Bei kleinen Frequenzen sind diese fast kreisförmig, nach allen Richtungen nahezu gleich groß, bei größer werdenden Frequenzen gehen sie in Keulenform über.

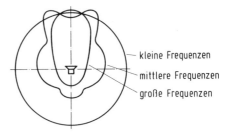

Bild 3.1–20   Richtcharakteristik

Übung 3.1–6

Kann für die Ermittlung der Richtcharakteristik der Übertragungsfaktor T_L herangezogen werden?

Während Mikrofone aktive Eintore sind, handelt es sich bei Lautsprechern und Hörern um passive Eintore. Sie weisen ebenfalls einen frequenzabhängigen Innenwiderstand auf. Dieser wird meistens als Nennimpedanz bezeichnet und ist stets auf die Frequenz 1 kHz bezogen.

Ein Lautsprecher kann konstruktionsbedingt nicht beliebige Eingangssignale verarbeiten. Die maximal zulässige Leistung, bezogen auf sinusförmige Eingangssignale, bezeichnen wir als Nennleistung. In der Praxis werden auch noch andere Leistungsbezeichnungen wie Musikleistung, Dauerleistung oder Spitzenleistung verwendet. Dabei kommen unterschiedliche Bewertungskriterien zur Anwendung.

In der Praxis handelt es sich bei den meisten Lautsprechern um **elektrodynamische Lautsprecher**. Deren Bauform ist vergleichbar den Tauchspulmikrofonen. Die nun als Schwingspule bezeichnete Tauchspule ist allerdings mit einer kegelförmigen Membran für die Schallabstrahlung verbunden.

Die der Schwingspule zugeführte niederfrequente Wechselspannung ruft in dieser einen Strom hervor. Dadurch tritt ein magnetisches Wechselfeld auf. Dieses überlagert sich dem konstanten Magnetfeld im Ringfeld des Dauermagneten. Das resultierende Feld bewirkt die Auslenkung des stromdurchflossenen Leiters und damit auch der Membran.

Lautsprecher und Hörer sind passive Zweipole.

Nennimpedanz =
Innenwiderstand bei der Frequenz 1 kHz

Nennleistung =
Für den einwandfreien Betrieb maximal zulässige Eingangsleistung, bezogen auf sinusförmige Signale.

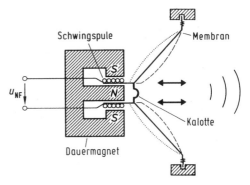

Bild 3.1–21   Elektrodynamischer Lautsprecher

3.1 Elektroakustische Wandler

Elektrodynamische Lautsprecher weisen ein großes Übertragungsmaß auf, besitzen einen von der Membranfläche abhängigen guten Frequenzgang und können auch für große Nennleistungen (z. B. 100 W) gebaut werden. Die Nennimpedanz beträgt im Normalfall 4 Ω oder 8 Ω.

Beim **elektrostatischen Lautsprecher** wird das Kondensatorprinzip genutzt, und zwar die Kraftwirkung des elektrischen Feldes. Er besteht aus einer feststehenden Metallelektrode und einer in einem geringen Abstand angebrachten beweglichen metallischen Gegenelektrode als Membran. Zusammen bilden beide einen Plattenkondensator, der über eine Gleichspannung aufgeladen wird. Die niederfrequente Wechselspannung ruft als Eingangsspannung Ladungsänderungen hervor. Dadurch treten Kräfte auf, welche die Auslenkung der Membran im Rhythmus der niederfrequenten Wechselspannung bewirken.

Der Frequenzgang des elektrostatischen Lautsprechers hängt wesentlich von der Dimensionierung der Elektroden ab. Je größer die Flächen sind, desto besser ist die Wiedergabe kleiner Frequenzen.

Elektrostatische Lautsprecher weisen vergleichbar den Kondensatormikrofonen eine große Nennimpedanz auf.

Lautsprecher sind auch durch Verwendung des piezoelektrischen Effektes realisierbar. Es handelt sich dann um **piezoelektrische Lautsprecher**. Bei diesen ruft die Eingangsspannung abhängig vom verwendeten Piezokristall mechanische Schwingungen hervor, deren Abstrahlung über eine Membran erfolgt. Die piezoelektrischen Lautsprecher weisen eine große Nennimpedanz auf und sind vorrangig für die Abstrahlung großer Frequenzen geeignet.

Merkmale elektrodynamischer Lautsprecher:
☐ Großes Übertragungsmaß
☐ Große Nennleistungen möglich
☐ Nennimpedanz im Bereich 4 … 8 Ω

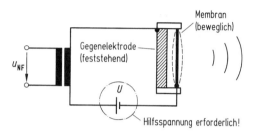

Bild 3.1–22   Elektrostatischer Lautsprecher

Je größer die Elektroden des elektrostatischen Lautsprechers, umso besser ist die Wiedergabe kleiner Frequenzen.

Große Nennimpedanz

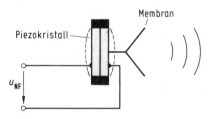

Bild 3.1–23   Piezoelektrischer Lautsprecher

Übung 3.1–7

Ist ein elektrostatischer Lautsprecher oder ein piezoelektrischer Lautsprecher besser für die Wiedergabe großer Frequenzen geeignet?

Hörer können wir auch als Miniaturlautsprecher verstehen, weshalb gleichartige Kenngrößen wie beim Lautsprecher gegeben sind. Bezüglich

Hörer sind Miniaturlautsprecher.

der Bauformen sind offene, halboffene und geschlossene Hörer zu unterscheiden:

☐ Offene Hörer
☐ Halboffene Hörer
☐ Geschlossene Hörer

Diese Angaben informieren über die akustische Trennung zwischen dem vom Hörer abgegebenen Schalldruck und dem Umgebungsgeräusch. Beim offenen Hörer wirken beide Anteile gleichzeitig auf das Ohr, während beim geschlossenen Hörer die Umwelt akustisch völlig abgetrennt ist. Im Falle des halboffenen Hörers liegt ein Kompromiss zwischen den beiden Varianten vor.

Abhängig von der Konstruktion ergibt sich keine, eine definierte oder eine vollständige Trennung zwischen dem Schalldrucksignal des Hörers und den Umgebungsgeräuschen.

Für Hörer sind folgende Bauformen typisch:

☐ Elektrodynamischer Hörer
☐ Piezoelektrischer Hörer (Kristallhörer)
☐ Elektrostatischer Hörer
☐ Elektromagnetischer Hörer

Elektrodynamische und **piezoelektrische Hörer** haben dieselben Funktionsmerkmale wie entsprechende Lautsprecher, lediglich die Abmessungen und der maximale Schalldruckpegel sind dem Nutzungsbereich am Ohr angepasst.

Bei **elektrostatischen Hörern** handelt es sich stets um solche, bei denen Elektret verwendet wird, also eine Hilfsspannung nicht erforderlich ist. Es liegt dabei die umgekehrte Arbeitsweise eines Elektretmikrofons vor. Die niederfrequente Wechselspannung ruft hier Kräfte auf die Membran hervor und bewirkt damit deren Auslenkung.

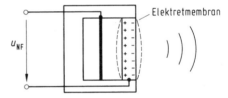

Bild 3.1–24 Elektrostatischer Hörer mit Elektretmembran

Bei einem **elektromagnetischen Hörer** ist ein dem elektromagnetischen Mikrofon vergleichbarer Aufbau gegeben. Die Eingangsspannung führt dabei durch die Induktionswirkung zu entsprechender Membranbewegung. Elektromagnetische Hörer weisen eine robuste Bauform auf und waren lange Zeit der klassische Typ des „Kopfhörers".

Elektromagnetische Hörer weisen die umgekehrte Funktion elektromagnetischer Mikrofone auf. Sie sind durch eine robuste Bauweise gekennzeichnet.

Lernerfolgskontrolle zu Kapitel 3.1

1. Können in der Praxis negative Schalldruckpegel auftreten?
2. Warum muss bei dem Vergleich von Schalldruckangaben dieselbe Bezugsfrequenz verwendet werden?

3. Für das Rednerpult in einer Versammlungshalle soll das Mikrofon der Verstärkeranlage beschafft werden.
   Welche Richtcharakteristik ist für die Aufgabenstellung am besten geeignet?
4. Welche wesentlichen Unterschiede bestehen zwischen einem Bändchenmikrofon und einem Tauchspulmikrofon?
5. Worin besteht der wesentliche Unterschied zwischen Lautsprecher und Hörer?
6. Kann ein elektromagnetisches Mikrofon auch als Hörer verwendet werden?

3.2 Elektrooptische Wandler

3.2.0 Einführung

Nach Durcharbeiten dieses Kapitels können Sie die Aufgabenstellung elektrooptischer Wandler angeben, die Nutzung des Fotoeffektes erklären, die Funktion von Aufnahmeröhren beschreiben, das Konzept von Bildsensoren skizzieren, die Notwendigkeit der Fokussierung des Elektronenstrahls bei Bildröhren darstellen sowie den Aufbau und die Funktionsweise von Bildröhren und Flachbildschirmen erläutern.

3.2.1 Grundlagen

Neben dem Ohr ermöglicht auch das Auge differenzierte Sinnesempfinden. Sollen optische Informationen von einer Quelle zu einer Senke übertragen werden, dann ist der Einsatz elektrooptischer Wandler erforderlich. Mit Hilfe von Aufnahme-Komponenten werden dabei optische Signale in elektrische Spannung gewandelt, während sich bei Wiedergabe-Komponenten aus elektrischer Spannung optische Signale ergeben.

Die gleichzeitige Übertragung eines vollständigen Bildes durch nur ein Signal ist nicht möglich. Es bietet sich die punktweise Übertragung der Bildinformation an, also die Verwendung gleich großer **Bildelemente** [*picture elements* (PEL)]. Diese werden häufig auch als **Pixel** bezeichnet.

Die Größe der Bildelemente bestimmt die Auflösung, also die Unterscheidbarkeit von Details des Bildinhaltes. Vergleichbar dem Rasterdruck gilt, dass mit zunehmender Zahl von Bildelementen je Flächeneinheit wegen des feineren Rasters die Bildqualität steigt. Wenige Bildelemente pro Flächeneinheit führen dagegen zu einem groben Raster und damit geringer Auflösung.

Aufnahme-Komponenten:
Optische Signale → Elektrische Spannung
Wiedergabe-Komponenten:
Elektrische Spannung → Optische Signale

Übertragung der Bildinformation durch gleich große Bildelemente [*picture elements* (PEL)]

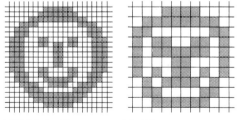

Bild 3.2–1   Rasterung und Auflösung

Für die Wandlung optischer Signale in elektrische Spannung wird der innere oder äußere Fotoeffekt genutzt. Im ersten Fall führt die Lichteinwirkung dazu, dass aus der Oberfläche einer Elektrode einer Aufnahmeröhre Elektronen herausgelöst werden und damit eine Ladungsänderung auftritt. Beim inneren Fotoeffekt ergeben sich dagegen durch Lichteinwirkung Änderungen der Leitfähigkeit einer aus Halbleitermaterial aufgebauten Elektrode.

Äußerer Fotoeffekt =
Änderung des Ladungszustandes durch Herauslösen von Elektronen aus einer Elektrode.

Innerer Fotoeffekt =
Änderung der Leitfähigkeit einer Elektrode aus Halbleitermaterial.

Bei beiden Varianten des Fotoeffektes bewirkt das optische Signal ein Ladungsbild, welches durch Abtastung zum gewünschten elektrischen Signal führt. Für diesen Vorgang wird ein mit Hilfe elektrischer oder magnetischer Felder gebündelter fokussierter Elektronenstrahl verwendet. Er ist praktisch trägheitslos abzulenken und kann damit jede Stelle des Ladungsbildes erreichen.

Abtastung des Ladungsbildes durch fokussierten Elektronenstrahl.

Bei Verwendung von Vakuumröhren erfolgt die Abtastung des Ladungsbildes mit einem fokussierten Elektronenstrahl. Dieser lässt sich praktisch trägheitslos ablenken und kann jede Stelle des Ladungsbildes erreichen. Moderne Aufnahme-Komponenten arbeiten mit dem inneren Fotoeffekt, sind in Halbleitertechnik ausgeführt und werden üblicherweise als Bildsensoren bezeichnet. Dabei kommt für jedes Bildelement eine lichtempfindliche Zelle zum Einsatz, bei der durch Lichteinwirkung eine Ladungsveränderung auftritt. Der Ladungszustand der einzelnen Zellen lässt sich elektronisch abfragen, so dass hier kein fokussierter Elektronenstrahl benötigt wird.

Bei **Vakuumröhren** erfolgt die Abtastung des Ladungsbildes durch fokussierten Elektronenstrahl.

Nutzung des inneren Fotoeffekts bei **Bildsensoren** durch lichtempfindliche Zellen in Halbleitertechnik

Bei der Bildwiedergabe spielen bei Elektronenstrahlröhren die Leuchtstoffe auf dem Bildschirm eine wesentliche Rolle. Diese werden durch den Elektronenstrahl zur Lichtaussendung angeregt, wobei die Farbe von der Art der Leuchtstoffe abhängt. Es handelt sich hier um den Fluoreszenz-Effekt. Die Wiedergabe des Bildes erfolgt durch zeilenweise Darstellung der Bildelemente in der üblichen Leserichtung, also von links nach rechts.

Fluoreszenz =
Anregung von Leuchtstoffen zur Lichtaussendung.

Kommen andere Verfahren für die Bildwiedergabe zum Einsatz, dann wird jeder Bildpunkt einzeln angesteuert. Es gibt dafür zwei wesentliche Technologien, nämlich die Flüssigkristall-Bildschirme [*liquid crystal display* (LCD)] und die Plasma-Bildschirme [*plasma display* (PD)]. Bei LCDs wird die steuerbare Licht-

Flüssigkristall-Bildschirme
[*liquid crystal display* (**LCD**)]

Plasma-Bildschirme
[*plasma display* (**PD**)]

3.2 Elektrooptische Wandler

durchlässigkeit von Flüssigkristallen genutzt, bei PDs ist es die Plasma-Entladung in einzelnen Bildpunktzellen. Halbleitergestützte Bildschirme können auch durch Anordnungen von lichtemittierenden Dioden [*light emitting diodes* (LED)] und deren spezifische Ansteuerung realisiert werden.

Bildschirm mit **lichtemittierenden Dioden** [*light emitting diode* (**LED**) *display*]

Wiedergabe-Komponenten in Halbleitertechnologie ermöglichen gegenüber Bildröhren eine erheblich geringere Bautiefe. Sie werden deshalb als Flachbildschirme [*flat screen*] bezeichnet.

> **Flachbildschirm** [*flat screen*] = Wiedergabe-Komponenten in Halbleitertechnologie mit geringer Bautiefe.

Die Aufnahme- und Wiedergabe-Komponenten, die bildpunktweise arbeiten, sind ebenso wie die Elektronenstrahlröhren durch einen zeilenstrukturierten Bildaufbau gekennzeichnet.

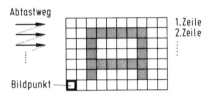

Bild 3.2–2 Zeilenstrukturierter Bildaufbau

Übung 3.2–1
Welche grundsätzliche Bedingung gibt es bezüglich der punktweisen Abtastung und Wiedergabe von Bildern bezüglich der Reihenfolge der Bildelemente?

3.2.2 Aufnahme-Komponenten

Aufnahme-Komponenten sind Wandler, die Licht in elektrische Spannung umsetzen. Bei farbigen Bildern ist dabei die getrennte Betrachtung der Grundfarben Rot, Grün und Blau erforderlich. Dies geschieht entweder mit Hilfe farbempfindlicher (dichroitischer) Spiegel, die jeweils einen Teil des Spektrums reflektieren und den Rest durchlassen. Für jede Grundfarbe wird dann eine Aufnahme-Komponente benötigt. Die andere Möglichkeit ist der Einsatz von Streifenfiltern, bei denen im Mikrometerbereich liegende und nur für eine Grundfarbe durchlässige Streifen nebeneinander angeordnet sind. Kommen geeignete Steuerschaltungen zum Einsatz, dann wird nur eine Aufnahme-Komponente benötigt.

Eine wichtige Kenngröße für jede Aufnahme-Komponente ist die **Empfindlichkeit**. Sie beschreibt die Abhängigkeit zwischen der einwirkenden **Beleuchtungsstärke** E_v (Einheit: Lux (lx)) oder dem **einwirkenden Lichtstrom** Φ_v

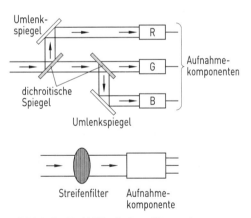

Bild 3.2–3 Farbbildaufnahme (Konzept)

(Einheit: Lumen (lm)) zum daraus resultierenden **Signalstrom** i. Diese Funktion $i = f(E_v)$ bzw. $i = f(\Phi_v)$ verläuft im Arbeitsbereich der Aufnahme-Komponente geradlinig. Bei großen Lichtwerten tritt abhängig von der verwendeten Technologie eine **Sättigung** ein. Außerdem darf ein Grenzwert nicht überschritten werden, da sonst die Aufnahme-Komponente nicht mehr bestimmungsgemäß funktioniert.

Ohne Lichteinwirkung, also bei totaler Abdunkelung, dürfte eigentlich kein Signalstrom mehr auftreten, in der Praxis verbleibt jedoch stets ein Reststrom. Wir bezeichnen ihn als **Dunkelstrom,** da er ohne ein optisches Signal am Eingang auftritt.

Bei schnellen Schwenkbewegungen oder Veränderungen des Bildinhaltes können auch Nachzieheffekte auftreten, die sich bei der Bildwiedergabe störend bemerkbar machen. Diese Trägheit ist abhängig von der für die Aufnahme-Komponenten verwendete Technologie.

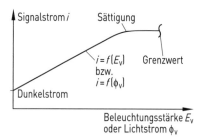

Bild 3.2–4   Empfindlichkeitskurve

Trägheit bei der Aufnahme-Komponente bewirkt **Nachzieheffekte** bei der Bildwiedergabe.

Übung 3.2–2

Durch welches Kriterium ergibt sich der Dunkelstrom bei einer Aufnahme-Komponente?

Unabhängig von ihrer Ausführungsform wird bei allen Aufnahme-Komponenten das zu übertragende Bild mit Hilfe einer Fotooptik in ein Ladungsbild umgesetzt und dieses dann als elektrisches Signal abgetastet.

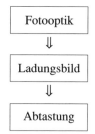

Bei Aufnahme-Komponenten, die das Konzept der Vakuumröhren nutzen, handelt es sich um **Aufnahmeröhren.** Bei diesen wird das Bild auf einer als Fotokatode bezeichneten Elektrode scharf abgebildet. Die dabei herausgeschlagenen Elektronen gelangen auf eine unmittelbar dahinter oder in einem definierten Abstand angebrachte Speicherplatte, auf der das dem aufgenommenen Bild entsprechende Ladungsbild entsteht. Dessen Abtastung erfolgt mit einem fokussierten Elektronenstrahl, wobei die Helligkeit jedes Bildelements der vorliegenden Ladungsmenge proportional ist.

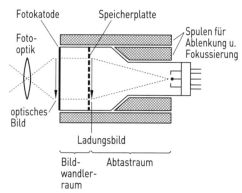

Bild 3.2–5   Aufnahme-Röhre

Übung 3.2–3

Warum ist bei Aufnahmeröhren eine Fotooptik erforderlich?

Aufnahmeröhren entsprechen inzwischen nicht mehr dem Stand der Technik. Sie wurden durch Aufnahme-Komponenten in Halbleitertechnologie abgelöst, also solchen mit Bildsensoren. Diese arbeiten im Regelfall mit ladungsgekoppelten Schaltungen [*charge coupled device* (CCD)].

Bildsensoren sind integrierte Schaltungen, mit zeilen- und spaltenweise angeordneten Elektroden, bei denen sich in jedem Kreuzungspunkt ein Ladungsspeicher befindet. Deren Ladungsmenge hängt vom Bildinhalt ab. Da für jedes Bildelement ein Ladungsspeicher erforderlich ist, bestimmt deren Zahl die realisierbare Bildauflösung. Die Angabe erfolgt als Produkt, bezogen auf die Zeilen und Spalten. So weist ein Bildsensor mit der Auflösung 948 × 612 pro Zeile 948 Ladungsspeicher und pro Spalte 612 Ladungsspeicher auf. Gesamt besteht das Bild somit aus 580 176 Bildelemente.

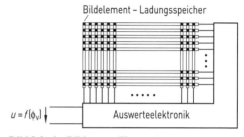

Bild 3.2–6   Bildsensor (Konzept)

Auflösung von Bildsensoren =
Zahl der Ladungsspeicher pro Zeile ×
Zahl der Ladungsspeicher pro Spalte

In der Praxis bestehen Bildsensoren stets aus einem Bildbereich, auf den das Licht unmittelbar einwirken kann, und einem verdeckten Speicherbereich. Das einwirkende Bild ruft dabei im Bildbereich ein Ladungsbild hervor. Dieses wird dann in einem festen Zeittakt in den Speicherbereich geschoben und von dort über ein Register als Videosignal zeilenweise ausgelesen. Sobald sich die Information im verdeckten Speicherbereich befindet, steht der Bildbereich für die Aufnahme des nächsten Bildes zur Verfügung.

Der Speicherbereich kann entweder streifenförmig zwischen den Ladungsspeichern für die Bildelemente oder vom Bildbereich getrennt angeordnet sein. Für das erste Verfahren gilt die Bezeichnung **Interline-Transfer,** während beim streifenförmig angeordneten verdeckten Speicherbereich **Frame-Transfer** vorliegt. Die Ladungsverschiebung ist beim Interline-Transfer zwar aufwendiger, dafür aber gegenüber dem Frame-Transfer schneller.

Jeder **Bildsensor** weist Bildbereich und verdeckten Speicherbereich auf.

Zeilenweises Auslesen aus dem Speicherbereich

Ladungsspeicherung bei Bildsensoren:
☐ Interline-Transfer
☐ Frame-Transfer

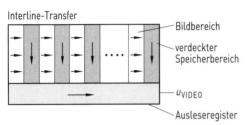 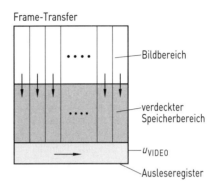

Bild 3.2–7 Funktionsweise von Bildsensoren

Übung 3.2–4
Welche Funktion hat der verdeckte Speicherbereich bei einem Bildsensor?

Gegenüber Aufnahmeröhren weisen Bildsensoren eine größere Lichtempfindlichkeit auf, liefern also bereits bei geringen Lichtstärken verwertbare Ausgangssignale.

3.2.3 Wiedergabe-Komponenten

Wiedergabe-Komponenten sollen elektrische in optische Signale wandeln. Bauformen als Vakuumröhren werden als Bildröhren bezeichnet, während es sich bei solchen in Halbleitertechnologie um Flachbildschirme [*flat screen*] handelt. Ihre wesentlichen Kenngrößen sind die Form und nutzbare Fläche des Bildschirms. Es gibt rechteckige, quadratische und runde Bildschirme, das Maß für die mögliche Bildgröße ist die Diagonale oder der Durchmesser des Bildschirms.

Die Wiedergabe farbiger Bilder erfolgt bei Bildröhren mit Hilfe der **additiven Farbmischung** aus den Grundfarben Rot, Grün und Blau. Dafür muss der Bildschirm so aufgebaut sein, dass zum Beispiel für jedes Bildelement jeweils Leuchtpunkte für die drei Grundfarben in einem als **Farbtripel** bezeichneten Dreieck auftreten. Die Anordnung der Grundfarben kann auch in senkrechten schmalen Streifen erfolgen. Das Auge des Betrachters bildet daraus den tatsächlichen Farbeindruck, abhängig von der Stärke der Grundfarben.

Wiedergabe-Komponenten wandeln elektrische Signale in optische Signale.

Bildröhre =
Wiedergabe-Komponente als Vakuumröhre

Flachbildschirm [*flat screen*] =
Wiedergabe-Komponente in Halbleitertechnologie
Diagonale bzw. Durchmesser des Bildschirms kennzeichnen die maximal mögliche Bildgröße.

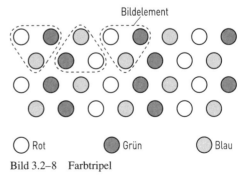

Bild 3.2–8 Farbtripel

3.2 Elektrooptische Wandler

Voraussetzung ist eine entsprechende Loch- oder Streifenmaske unmittelbar hinter der Leuchtschicht.

Der Leuchtstoff des Bildschirms wird durch einen fokussierten Elektronenstrahl zur Lichtaussendung angeregt. Diese Fokussierung kann durch elektrische oder magnetische Felder erfolgen. Um die gewünschte Lichtaussendung zu ermöglichen, müssen die Elektronen ausreichend beschleunigt sein. Deshalb werden für Bildröhren stets Anodenspannungen im Kilovolt-Bereich (kV-Bereich) benötigt.

Wie bei den Aufnahmeröhren muss auch bei den Bildröhren der Elektronenstrahl zeilenweise über den Bildschirm bewegt werden, um die Lichtaussendung für die Bildelemente anzuregen. Es muss deshalb die horizontale (waagerechte) und vertikale (senkrechte) Ablenkung des Elektronenstrahls erfolgen. Dies ist durch elektrische oder magnetische Felder möglich.

Für die Strahlablenkung durch elektrische Felder werden üblicherweise in der Bildröhre angebrachte Plattenelektroden verwendet. Das Verfahren arbeitet leistungslos und praktisch trägheitslos, wobei große Ablenkgeschwindigkeiten erreichbar sind.

Die Strahlablenkung durch magnetische Felder erfordert außerhalb der Bildröhre angebrachte Spulen. Für deren Betrieb muss stets eine bestimmte elektrische Leistung aufgebracht werden. Dafür sind allerdings große Ablenkwinkel realisierbar.

Durch die Ablenkung des Elektronenstrahls ist jede beliebige Position auf dem Bildschirm erreichbar. Die Ablenkung in horizontaler Richtung bezeichnen wir auch als X-Ablenkung, während bei vertikaler Richtung Y-Ablenkung vorliegt.

Die bisherigen Ausführungen zeigen, dass bei Bildröhren stets folgende Funktionen erforderlich sind: Elektronenstrahlerzeugung, Elektronenstrahlfokussierung, Elektronenstrahlablenkung und Leuchtstoffanregung. Abhängig von der Bildgröße und dem Ablenkwinkel weisen Bildröhren stets eine entsprechende Bautiefe auf.

Bei Bildröhren wird Leuchtstoff auf dem Bildschirm durch einen **fokussierten Elektronenstrahl** zur Lichtaussendung angeregt.

Anodenspannungen im Kilovolt-Bereich erforderlich.

Elektronenstrahl muss durch Ablenkung zeilenweise über den Bildschirm bewegt werden.

Strahlablenkung durch elektrisches Feld:
☐ Keine elektrische Leistung erforderlich
☐ Große Ablenkgeschwindigkeit möglich

Strahlablenkung durch magnetisches Feld:
☐ Elektrische Leistung erforderlich
☐ Große Ablenkwinkel möglich

> Durch Strahlablenkung ist jede beliebige Position auf dem Bildschirm erreichbar.

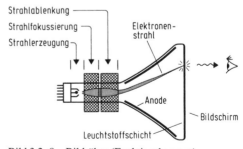

Bild 3.2–9 Bildröhre (Funktionskonzept)

Übung 3.2–5

Bei Bildröhren für Fernsehgeräte sind Ablenkwinkel von 110 Grad üblich. Welche Methode der Strahlablenkung ist dafür zu bevorzugen?

Bei Flachbildschirmen [*flat screen*] stellt die Bildauflösung eine wesentliche Kenngröße dar, also die Zahl der darstellbaren Bildpunkte in horizontaler und vertikaler Richtung. Die Angabe erfolgt als Produkt aus der Zahl der Bildpunkte pro Zeile und der Zahl der Zeilen pro Bild.

Beispiel 3.2–1

Für ein Fernsehgerät mit Flachbildschirm ist als Auflösung 1280 × 720 angegeben. Welche Bedeutung hat diese Information?

Die Angabe 1280 × 720 bedeutet, dass der Flachbildschirm 1280 Bildpunkte pro Zeile und 720 Zeilen pro Bild aufweist. Es handelt sich somit um eine rasterförmige Anordnung von insgesamt 921.600 Bildpunkten.

Bei Flachbildschirmen in **LCD-Technologie** kommen Flüssigkristalle als steuerbare Lichtventile zum Einsatz. Für jeden Bildpunkt sind drei LCD-Zellen erforderlich, die durch eine **Hintergrundbeleuchtung** [*back light*] bestrahlt werden. Vor den LCD-Zellen befinden sich Farbfilter für die Grundfarben Rot (R), Grün (G) und Blau (B). Durch das wiederzugebende Videosignal erfolgt die Steuerung des Durchlasses der drei zu einem Bildpunkt gehörenden LCD-Zellen. Die vorgeschalteten Farbfilter bewirken die additive Farbmischung, so dass jede gewünschte Farbe für einen Bildpunkt realisierbar ist.

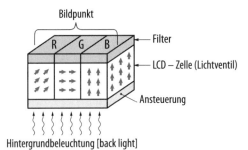

Bild 3.2–10   Flüssigkristall-Anzeige (Prinzip)

Flachbildschirme in **Plasma-Technologie** benötigen keine Hintergrundbeleuchtung. Sie arbeiten nämlich nach dem Konzept der Gasentladung. Für jeden Bildpunkt sind drei Plasma-Zellen erforderlich, die abhängig von der Ansteuerung durch das wiederzugebende Videosignal Licht in den Grundfarben bewirken. Dabei handelt es sich auch wieder um additive Farbmischung für jeden Bildpunkt.

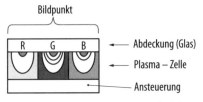

Bild 3.2–11   Plasma-Anzeige (Prinzip)

Bei LCD- und Plasma-Flachbildschirmen sind also die Bildpunkte matrixförmig (d. h. in einem festen Raster) angeordnet und deshalb mit Hilfe geeigneter Ansteuerschaltungen einzeln aktivierbar, so dass die Umsetzung des Videosignals in das optische Signal problemlos mög-

Matrixförmige Anordnung der Bildpunkte
⇓
Aktivierung des einzelnen Bildpunktes durch geeignete Ansteuerschaltung

lich ist. Funktionsbedingt ist bei LCD die Leistungsaufnahme relativ konstant, während sie beim Plasma unmittelbar vom Bildinhalt abhängt und deshalb die Werte variabel sind. Die sonstigen Kenngrößen, wie Helligkeit, Kontrast, Betrachtungswinkel, Reaktionszeit und andere, sind für beide technologischen Varianten inzwischen vergleichbar, wenn auch die Daten für den spezifischen Fall individuell geprüft werden sollten.

Lernerfolgskontrolle zu Kapitel 3.2

1. Warum kann ein Bild nicht in seiner Gesamtheit durch ein Signal übertragen werden?
2. Welche Teile sind für die Funktion von Aufnahmeröhren unbedingt erforderlich?
3. Worin besteht der grundsätzliche Unterschied zwischen dem Frame-Transfer und dem Interline-Transfer?
4. Warum muss bei Bildröhren der Elektronenstrahl fokussiert werden?
5. Warum benötigt eine Plasma-Anzeige keine Hintergrundbeleuchtung?
6. Erläutern Sie, bezogen auf den Flachbildschirm, den Begriff Bildauflösung.

3.3 Antennen

3.3.0 Einführung

Nach Durcharbeiten dieses Kapitels können Sie die Aufgabenstellung von Antennen erläutern, die Kenngrößen von Antennen angeben, den Antennengewinn berechnen, Richtdiagramme auswerten, die Arbeitsweise verschiedener Antennenarten beschreiben, das Konzept der Parabolantennen und Offset-Antennen erklären und die Funktion von Planarantennen skizzieren.

3.3.1 Grundlagen

Mit dem Konzept des offenen Schwingkreises können wir bekanntlich den verlustarmen Übergang elektromagnetischer Wellen von einem Leiter in den umgebenden Raum bewirken. In der Praxis kommen dafür als Antennen bezeichnete technische Funktionseinheiten zum Einsatz. Deren Abstrahlung elektromagnetischer Wellen ruft ein konstantes elektromagnetisches Feld hervor, wenn der Antenne von einem Sender ständig Energie zugeführt wird. Bedingt durch die Wirkungsweise als offener Schwingkreis gilt die Abstrahlung von einer Antenne

> **Antenne =**
> Technische Funktionseinheit, die den Übergang elektromagnetischer Wellen zwischen einem Leiter und dem umgebenden Raum ermöglicht.

Die Abstrahlung elektromagnetischer Wellen durch Antenne erfolgt bei deren Resonanzfrequenz.

nur für die Resonanzfrequenz und ein mehr oder weniger schmales umliegendes Frequenzband.

Die Abstrahlung elektromagnetischer Wellen ist auch umkehrbar. Bringen wir nämlich die Antenne (= offener Schwingkreis) in ein elektromagnetisches Feld, dann bewirken Induktion und Influenz eine Wechselspannung mit Resonanzfrequenz am Antennenanschluss. Anteile der Energie des elektromagnetischen Feldes werden somit angekoppelt, was durch den Begriff Empfang [*reception*] charakterisiert ist.

Die einfachste Realisierung des offenen Schwingkreises stellt der **Dipol** dar. Er besteht aus zwei gleich langen und in entgegengesetzte Richtung zeigenden Leiterstäben und wird entweder an den Ausgang eines Senders oder an den Eingang eines Empfängers angeschlossen. Die Länge der Stäbe ist unmittelbar von der Wellenlänge und damit auch von der Frequenz abhängig.

In der Praxis gibt es eine große Zahl verschiedener Bauformen für Antennen, dennoch können wir die Funktionsweise jeder Antenne auf den Dipol zurückführen.

Antennen, die zur Abstrahlung elektromagnetischer Energie eingesetzt werden, bezeichnen wir als Sendeantennen. Ist dagegen die Aufnahme elektromagnetischer Energie vorgesehen, dann handelt es sich um Empfangsantennen.

Für Antennen gilt das **Reziprozitätsgesetz**. Dies bedeutet, dass jede Antenne als Sende- oder Empfangsantenne einsetzbar ist. Bei den Kenngrößen sind deshalb keine Unterscheidungen zwischen diesen Einsatzformen erforderlich.

3.3.2 Kenngrößen

Aus den bisherigen Ausführungen ist ersichtlich, dass jede Antenne einen frequenzabhängigen Widerstand darstellt. Messen wir die Werte für verschiedene Frequenzen und tragen diese in die komplexe Widerstandsebene ein, dann ergibt die Verbindung der aus Wirk- und Blindanteil bestehenden Impedanzwerte die

> **Vorgang der Abstrahlung elektromagnetischer Energie mit dem offenen Schwingkreis ist umkehrbar.**

Der Vorgang der Abstrahlung elektromagnetischer Energie ist umkehrbar.
⇓
Empfang [*reception*]

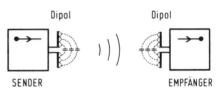

Bild 3.3–1   Dipol als offener Schwingkreis

> Die Funktionsweise jeder Antenne kann immer auf den Dipol zurückgeführt werden.

Sendeantenne =
Antenne strahlt elektromagnetische Energie ab.
Empfangsantenne =
Antenne nimmt elektromagnetische Energie auf.

Bild 3.3–2   Schaltzeichen für Antennen

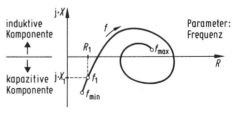

Bild 3.3–3   Ortskurve einer Antenne

3.3 Antennen

Ortskurve der Antenne, als die frequenzabhängige Darstellung der an den Anschlussklemmen der Antenne wirkenden Impedanz.

Aus der Ortskurve können wir ersehen, welche Antennen-Eingangsimpedanz $\underline{Z}_{Ant}$ (auch als Fußpunktwiderstand bezeichnet) bei einer vorgegebenen Betriebsfrequenz vorliegt.

Bei den Resonanzfrequenzen der Antenne weist die Antennen-Eingangsimpedanz $\underline{Z}_{Ant}$ nur Wirkteile auf, ist also reell. Hier sind auch beste Voraussetzungen für die Leistungsanpassung zwischen Antenne und Sender bzw. Empfänger gegeben. Bei allen anderen Frequenzen treten bei der Antennen-Eingangsimpedanz $\underline{Z}_{Ant}$ auch Blindanteile auf. Diese müssen für Leistungsanpassung kompensiert werden.

> Die **Ortskurve** stellt die Antennen-Eingangsimpedanz $\underline{Z}_{Ant}$ (Fußpunktwiderstand) in Abhängigkeit von der Frequenz dar.

Wenn $\underline{Z}_{Ant}$ **reell**,
dann optimale Leistungsanpassung möglich.

Wenn $\underline{Z}_{Ant}$ **komplex**,
dann Kompensation der Blindanteile für Leistungsanpassung erforderlich.

Übung 3.3–1

Wie lassen sich die Resonanzfrequenzen einer Antenne feststellen und welche Besonderheit ist dabei gegeben?

Beim Dipol hängt die Länge der beiden Leiterstücke unmittelbar von der Frequenz ab. Gehen wir von der Gesamtlänge der Leiterstücke aus, dann entspricht diese genau der halben Wellenlänge der kleinsten Resonanzfrequenz des Dipols. Dabei ergibt sich für eine Halbwelle des hochfrequenten Stromes bzw. der hochfrequenten Spannung eine sinusförmige Verteilung über die Länge des Dipols. Wir bezeichnen diese Form der Antenne als $\lambda/2$-Dipol oder **Halbwellendipol**.

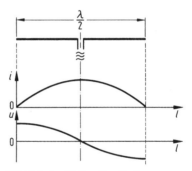

Bild 3.3–4   Halbwellendipol

Bei der nächsten Resonanzfrequenz des Dipols ist die Frequenz größer, die Wellenlänge also kleiner. Über die Länge des Dipols tritt deshalb eine volle Schwingung von Strom und Spannung auf. Es gilt nun die Bezeichnung λ-Dipol, Ganzwellendipol oder **Vollwellendipol**.

Die weiteren Resonanzfrequenzen der Antenne führen zu jeweils um $\lambda/2$ größere Dipole (z. B. $3/2 \cdot \lambda$, $2 \cdot \lambda$, ...). Den Verlauf von Strom und Spannung können wir dafür leicht ermitteln, da im Resonanzfall der Strom an den Dipolenden stets Null sein muss, während die Spannung den maximalen Wert annimmt.

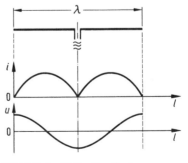

Bild 3.3–5   Vollwellendipol

Übung 3.3–2

Geben Sie für die dargestellte Ortskurve einer Antenne die Punkte der Resonanzfrequenzen für den $\lambda/2$-Dipol und λ-Dipol an.

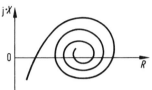

Bei Betrachtung der Antenne als Resonanzkreis müssen wir auch dessen Bandbreite berücksichtigen. Dieser Wert ist durch die mechanische Konstruktion der Antenne wesentlich beeinflussbar. Antennen mit sehr flachen Resonanzkurven heißen Breitbandantennen, da sie über einen großen Frequenzbereich unter resonanzähnlichen Bedingungen betrieben werden können.

Breitbandantenne =
Antenne mit resonanzähnlichen Betriebsbedingungen über einen großen Frequenzbereich.

Für die rechnerische Betrachtung des elektromagnetischen Feldes wird bekanntlich das Modell des Kugelstrahlers (isotropen Strahlers) verwendet. Diese kugelförmige Ausbreitung der Feldstärke gibt es bei realen Antennen nicht, es liegen vielmehr in den verschiedenen Raumrichtungen unterschiedliche Werte vor. Für die Bewertung einer Antenne ist es deshalb von Interesse, in welchem Umfang sie auf die Richtung bezogen vom Kugelstrahler abweicht. Wegen der Reziprozität zwischen Sendeantenne und Empfangsantenne kann der Vergleich zwischen der realen Antenne und dem Kugelstrahler wahlweise mit der Strahlungsleistung oder der Feldstärke erfolgen. Wir wollen in diesem Buch die elektrische Feldstärke E dafür verwenden.

Vergleich zwischen realer Antenne und Kugelstrahler ist mit der Strahlungsleistung oder der Feldstärke möglich.

Wird dieselbe Strahlungsleistung von einem Kugelstrahler und einer realen Antenne abgegeben, dann ergibt sich für dieselbe Entfernung von diesen Strahlungsquellen bezogen auf den Kugelstrahler die Feldstärke E_i, während die reale Antenne die Feldstärke E_{Ant} bewirkt. Für gleiche Entfernung von der Strahlungsquelle ergibt das logarithmierte Verhältnis der Feldstärke der realen Antenne zur Feldstärke des Kugelstrahlers den Antennengewinn G_i, wobei der Index i den Bezug auf den isotroper Strahler (Kugelstrahler) kennzeichnet:

E_i = Feldstärke des Kugelstrahlers
E_{Ant} = Feldstärke der realen Antenne

Antennengewinn
bezogen auf den **Kugelstrahler**

$$G_i = 20 \cdot \lg \frac{E_{Ant}}{E_i} \text{ dB} \qquad (3.3\text{–}1)$$

Beispiel 3.3–1

Die reale Antenne eines Rundfunksenders ruft mit der Strahlungsleistung P_S in einer Entfernung von 20 km eine elektrische Feldstärke von 186,3 µV/m hervor. Bei einem Kugelstrahler würde sich mit derselben Strahlungsleistung bei derselben Entfernung nur eine Feldstärke von 3 µV/m ergeben. Wie groß ist der Antennengewinn?

$$G_i = 20 \cdot \lg \frac{E_{Ant}}{E_i} \, \text{dB}$$

$$G_i = 20 \cdot \lg \frac{186,3 \, \mu V/m}{3 \, \mu V/m} \, \text{dB} = 20 \cdot \lg 62,1 \, \text{dB}$$

$$\underline{\underline{G_i = 36 \, \text{dB}}}$$

An Stelle des theoretischen Kugelstrahlers können wir auch den realen Halbwellendipol als Bezugsantenne verwenden. Beim Antennengewinn ändert sich dann der Index von „i" auf „d", um die nun andere Bezugsantenne zu kennzeichnen.

Für den Antennengewinn G_d ergibt sich verständlicherweise ein anderer Wert als für den Antennengewinn G_i, weil der Halbwellendipol bezogen auf den Kugelstrahler selbst bereits einen Antennengewinn aufweist. Durch Berechnung lässt sich ermitteln, dass der Antennengewinn des Halbwellendipols gegenüber dem Kugelstrahler **2,15 dB** beträgt. Der Wert für G_i ist also stets um 2,15 dB größer als der für G_d und umgekehrt. Die Zusammenhänge sind im Bild 3.3–6 verdeutlicht.

In der Fachliteratur hat sich eingebürgert, für die Kennzeichnung der Bezugsantenne die Pseudoeinheit Dezibel durch einen Buchstaben zu ergänzen. Konsequenterweise wird der Buchstabe „i" für den Kugelstrahler und der Buchstabe „d" für den Halbwellendipol verwendet. Beim Vergleich von Angaben für den Antennengewinn ist deshalb stets zu prüfen, ob dieselbe Bezugsantenne verwendet wurde, also ob der Kugelstrahler oder der Halbwellendipol als Referenz diente. Im Bedarfsfall müssen wir die oben angeführte Differenz zwischen beiden Formen berücksichtigen.

Antennengewinn
bezogen auf den **Halbwellendipol**

$$G_d = 20 \cdot \lg \frac{E_{Ant}}{E_d} \, \text{dB} \qquad (3.3-2)$$

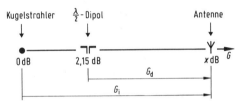

Bild 3.3–6   Antennengewinn

$$\boxed{G_i = \ldots \text{dB}} \Leftrightarrow \boxed{G = \ldots \text{dBi}} \qquad (3.3-3)$$

$$\boxed{G_d = \ldots \text{dB}} \Leftrightarrow \boxed{G = \ldots \text{dBd}} \qquad (3.3-4)$$

Vergleiche des Antennengewinns
⇓
Bezugsantenne berücksichtigen

Übung 3.3–3

Für eine Antenne wurde ein Antennengewinn $G_d = 14$ dB bestimmt. Wie groß ist der Antennengewinn bezogen auf den Kugelstrahler?

Werden die Punkte gleicher Feldstärke um eine reale Antenne ermittelt und miteinander verbunden, dann ergeben sich Strahlungsdiagramme, aus denen wir erkennen können, in welcher Richtung die Antenne hauptsächlich Energie abstrahlt bzw. aus welcher Richtung sie vorrangig Energie aufnimmt. Ergeben sich dabei kreisförmige Verläufe, dann handelt es sich um Rundstrahl-Charakteristik. Treten dagegen keulenförmige Verläufe auf, dann liegt Richtstrahl-Charakteristik vor.

Die Keule in Hauptrichtung für Senden bzw. Empfangen bezeichnen wir als **Hauptkeule**. Die anderen Keulen heißen **Nebenkeulen**, es ist aber auch die Bezeichnung Nebenzipfel gebräuchlich.

Da die Feldstärke räumlich verteilt um die Antenne auftritt, unterscheiden wir zwischen der Strahlungscharakteristik in horizontaler und vertikaler Richtung. Dafür gelten die Bezeichnungen **Horizontal-Richtcharakteristik** bzw. **Vertikal-Richtcharakteristik**, wobei wir uns die Antenne stets im Mittelpunkt des Koordinatensystems vorstellen müssen.

Die Abweichung der Hauptkeule in der horizontalen Ebene von einer festgelegten Null-Grad-Richtung (z. B. Nordrichtung) bezeichnen wir als **Richtungswinkel** oder **Azimutwinkel**. Bei Betrachtung der vertikalen Ebene wird für die Null-Grad-Richtung von der Hauptrichtung parallel zur Erdoberfläche ausgegangen. Weicht die Hauptkeule davon ab, dann ergibt sich der **Erhebungswinkel** oder **Elevationswinkel**. Er kann positive, aber auch negative Werte aufweisen.

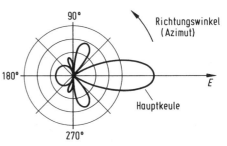

Bild 3.3–7   Horizontal-Richtcharakteristik

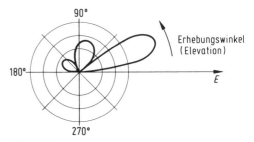

Bild 3.3–8   Vertikal-Richtcharakteristik

Beispiel 3.3–2

Die Richtcharakteristik des Halbwellendipols soll dargestellt werden.

Die Horizontal-Richtcharakteristik des Halbwellendipols hat die Form einer Acht, während die Vertikal-Richtcharakteristik Kreisform aufweist. Es handelt sich um die einfachste Form möglicher Richtdiagramme. Lediglich beim theoretischen Kugelstrahler wäre die Situation noch einfacher, weil dann beide Richtcharakteristika Kreise wären.

3.3 Antennen

Bei jedem Richtdiagramm ist das Verhältnis zwischen der Hauptkeule und der Nebenkeule in Gegenrichtung von Interesse, da auch in der Gegenrichtung Senden bzw. Empfangen möglich wäre. Das logarithmierte Verhältnis der maximalen Feldstärkewerte der angeführten Keulen wird als Vor-Rück-Verhältnis (*VRV*) bezeichnet. Um Störeffekte zu vermeiden, werden besonders für Empfangsantennen große Werte für das Vor-Rück-Verhältnis angestrebt.

Nebenkeule in Gegenrichtung zur Hauptkeule berücksichtigen.

Vor-Rück-Verhältnis

$$VRV = 20 \cdot \lg \frac{E_{\text{Hauptrichtung}}}{E_{\text{Gegenrichtung}}} \text{dB} \qquad (3.3-5)$$

Da die Hauptkeulen von Antennen unterschiedliche Formen aufweisen können, ist ihre Bewertung durch den **Öffnungswinkel** möglich. Dieser ist vergleichbar der Bandbreite festgelegt und zwar als Winkel zwischen den beiden Punkten, bei denen die maximale Feldstärke in Hauptrichtung um 3 dB abgesunken ist. Entsprechend der beiden Richtcharakteristika ist stets zwischen dem horizontalen und vertikalen Öffnungswinkel zu unterscheiden. Angaben über die Öffnungwinkel ermöglichen eine plastische Vorstellung über die Richtwirkung der Antenne.

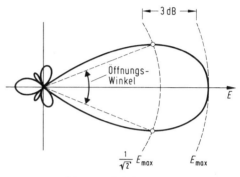

Bild 3.3–9   Öffnungswinkel

Übung 3.3–4

Skizzieren Sie die Horizontal-Richtcharakteristik und den Öffnungswinkel einer Antenne bei *VRV* = 8 dB.

Antennen wandeln bekanntlich Spannung in Feldstärke oder umgekehrt. Es spielt deshalb eine wichtige Rolle, wie sich die elektrische Feldstärke in Bezug zur Antennenachse ausbreiten soll bzw. ausbreitet. Die Information über den Verlauf der Feldlinien bezeichnen wir als Polarisation, wobei drei grundsätzliche Arten zu unterscheiden sind.

Bei **horizontaler Polarisation** handelt es sich um waagerechten Verlauf, während bei **vertikaler Polarisation** senkrechter Verlauf gegeben ist, was einer Drehung um 90 Grad entspricht. Die Lage der Feldstärkekomponenten in Ausbreitungsrichtung bleibt in beiden Fällen stets konstant und damit zeitunabhängig.

Ändert dagegen der Vektor der elektrischen Feldstärke seine Lage kreisförmig um die Mittelachse der Ausbreitungsrichtung, dann zeigt der Feldlinienverlauf eine zeitliche Abhängigkeit. Wir bezeichnen dies als **zirkulare**

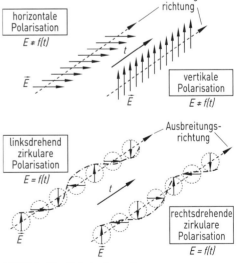

Bild 3.3–10   Polarisationsarten

Polarisation, wobei, bezogen auf die Ausbreitungsrichtung, zwischen rechtsdrehender und linksdrehender zirkularer Polarisation unterschieden wird.

Arbeitet ein Sender mit einer bestimmten Polarisation, dann müssen die Empfangsantennen für dieselbe Polarisation vorgesehen werden. Mit Antennen für eine der anderen Polarisationsarten ist zwar auch Empfang möglich, jedoch ist das Empfangssignal dann stets um einen bestimmten Wert kleiner. Dieser wird als Polarisationsentkopplung bezeichnet und in Dezibel (dB) angegeben. Bei ausreichend großer Polarisationsentkopplung ist es möglich, eine Sendefrequenz gleichzeitig für zwei unabhängige Übertragungen zu nutzen. Als Beispiel sei das Satellitenfernsehen angeführt.

Die **Polarisationsentkopplung** gibt an, wie stark sich das Empfangssignal einer Antenne für die gesendete Polarisation von dem Empfangssignal für eine andere Polarisation unterscheidet.

3.3.3 Arten

Die einfachste Bauform einer Antenne ist der bereits behandelte Dipol. Die beiden geraden Leiterstücke heißen Dipolstäbe und sind entsprechend der Wellenlänge der Betriebsfrequenz bemessen. Diese als **offener Dipol** bezeichnete Antenne weist eine Antennen-Eingangsimpedanz im Bereich 50 ... 100 Ω auf.

Bild 3.3–11 Offener Dipol

Größere Werte (ca. 300 Ω) erreichen wir, wenn die beiden Enden des Dipols mit einem zusätzlichen Leiter verbunden werden, der in einem geringen Abstand parallel zu den Dipolstäben verläuft. Dies kann als Zusammenwirken von zwei Dipolen verstanden werden, wobei der obere Dipol kurzgeschlossen ist und seine Enden mit denen des unteren Dipols verbunden sind. Es liegt nun ein **geschlossener Dipol** vor, für den auch die Bezeichnung Faltdipol gilt.

Bild 3.3–12 Geschlossener Dipol

Die Resonanzfrequenz für Dipole bestimmt sich bekanntlich aus den Abmessungen der Dipolstäbe. Bezüglich der Bandbreite besteht eine Abhängigkeit von ihrem Durchmesser. Es gilt:

Je dicker die Dipolstäbe, desto breitbandiger der Dipol.

3.3 Antennen

Die Horizontal-Richtcharakteristik eines Dipols weist bekanntlich die Form einer Acht auf. Werden nun zwei Dipole um 90 Grad gegeneinander versetzt angerodnet und phasenrichtig zusammengeschaltet, dann überlagern sich beide Diagramme und es ergibt sich ein angenähert kreisförmiger Verlauf. Wir bezeichnen diese Dipolkombination als **Kreuzdipol**.

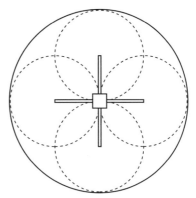

Bild 3.3-13 Kreuzdipol

Um die Richtwirkung eines Dipols und damit auch das Vor-Rück-Verhältnis zu verbessern, können vor und hinter dem offenen oder geschlossenen Dipol in entsprechenden Abständen Leiterstücke angebracht werden. Befinden sich diese bezogen auf die Hauptrichtung vor dem Dipol, dann handelt es sich um **Direktoren,** hinter dem Dipol angebrachte Leiterstücke bezeichnen wir dagegen als **Reflektoren**. Die aufgezeigte Bauform heißt **Richtantenne** oder nach ihrem japanischen Entwickler **Yagi-Antenne.**

Direktoren sind immer etwas kürzer als der Dipol, während Reflektoren stets etwas länger sind. Von der Funktion her können Direktoren und Reflektoren als Dipole verstanden werden, deren Anschlussklemmen kurzgeschlossen sind. Deshalb kann dort keine Energie zu- oder abgeführt werden. Sie wird zum eigentlichen Dipol hin reflektiert und bewirkt damit die angeführten Änderungen der Spezifikationen.

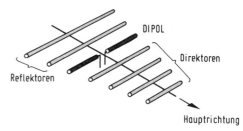

Bild 3.3-14 Richtantenne

> Direktoren und Reflektoren verbessern die Richtwirkung, den Antennengewinn und das Vor-Rück-Verhältnis.

Übung 3.3-5

Worin besteht der Unterschied zwischen Direktoren und Reflektoren bei Richtantennen?

Ist für eine bestimmte Anwendung der Öffnungswinkel einer Richtantenne zu groß, dann sind durch geeignete Zusammenschaltung von zwei oder mehr Antennen kleinere Werte erreichbar, da sich die Richtdiagramme der Einzelantennen überlagern. Der Antennengewinn dieser Kombination ist dabei stets größer als bei den einzelnen Richtantennen.

> Die Zusammenschaltung von Antennen verbessert die Richtwirkung und den Antennengewinn gegenüber den einzelnen Antennen.

Werden die Antennen in definierten Abständen übereinander angeordnet, dann sprechen wir von gestockten Antennen oder **Mehrebenen-Antennen**. Bei zwei Antennen liegt also eine Zwei-Ebenen-Antenne vor. Durch diese Aufbauform wird der vertikale Öffnungswinkel gegenüber dem der einzelnen Richtantenne kleiner.

Erfolgt dagegen der Aufbau von zwei Antennen in definierten Abständen nebeneinander, dann gilt die Bezeichnung Zwillingsantenne. Konsequenterweise handelt es sich bei drei Antennen um eine Drillingsantenne und bei vier Antennen um eine Vierlingsantenne. Mit zunehmender Antennenzahl reduziert sich der horizontale Öffnungswinkel gegenüber der Einzelantenne entsprechend.

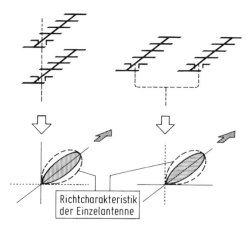

Bild 3.3–15   Zwei-Ebenen-Antenne und Zwillingsantenne

Die Kombination der vorstehend aufgezeigten Arten der Zusammenschaltung führt zu flächigen Antennenanordnungen in Zeilen und Spalten, die häufig als Array bezeichnen werden. Dadurch ergeben sich gleichzeitig für den horizontalen und vertikalen Öffnungswinkel kleinere Werte. Das aufgezeigte Konzept wird üblicherweise mit offenen oder geschlossenen Dipolen realisiert.

Arrays von Sendeantennen werden üblicherweise als Dipolwände bezeichnet.

Antennen-Array =
Flächige Anordnung von Einzelantennen in Zeilen und Spalten

Sendeantennen-Array:
Dipolwand

Bedingt durch seine Bauform weist der Dipol einen symmetrischen Feldlinienverlauf auf, wobei die Symmetrieebene in der Mitte senkrecht zwischen den Dipolhälften liegt. Verwenden wir dafür eine elektrisch leitfähige Fläche, dann ändert sich der Feldlinienverlauf nicht und eine Dipolhälfte kann entfallen. Die verbleibende Hälfte heißt Monopol. Seine Länge ist vergleichbar dem Dipol unmittelbar von der Betriebsfrequenz abhängig.

In der Praxis werden Monopole als Sendeantennen eingesetzt, wenn vertikal polarisierte Abstrahlung vorgesehen ist. Es gilt dann auch die Bezeichnung Vertikalstrahler. Monopole sind natürlich auch als Empfangsantennen einsetzbar. Sie werden dann üblicherweise als Stabantennen bezeichnet.

Die Nachbildung der zweiten Dipolhälfte durch eine elektrisch leitfähige Fläche ist auf unterschiedliche Weise möglich. Wird der Monopol

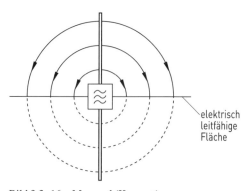

Bild 3.3–16   Monopol (Konzept)

3.3 Antennen

unmittelbar auf dem Erdboden positioniert, dann ist ein Erdnetz die typische Lösung. Es handelt sich dabei um im Erdboden verlegte Drähte mit der Länge der Dipolhälfte, die readial vom Monopol verlaufen. Als „Gegengewicht" sind aber auch metallische Flächen oder die Anordnung von Leiterstäben verwendbar. Ein Beispiel ist eine am Kraftfahrzeug angebrachte Stabantenne, bei der die Karosserie diese Funktion wahrnimmt.

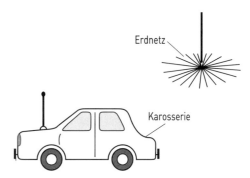

Bild 3.3–17   Gegengewicht beim Monopol

Übung 3.3–6
Warum kann die Funktion des Monopols auf den Dipol zurückgeführt werden?

Bei den Dipolen ist funktionsbedingt die elektrische Feldstärke maßgebend. Bestimmte Antennen nutzen aber auch die magnetische Komponente des elektromagnetischen Feldes. Es handelt sich um die **Rahmenantenne** [*loop antenna*]. Sie besteht aus einer entsprechend dimensionierten Spule, im einfachsten Fall eine Drahtschleife. Rahmenantennen arbeiten nach dem Induktionsprinzip und werden im Regelfall als Empfangsantennen eingesetzt. Wirkt ein elektromagnetisches Feld auf eine Rahmenantenne ein, dann ergibt sich am Antennenanschluss eine hochfrequente Spannung als Maß für die dem Feld entnommene Energie.

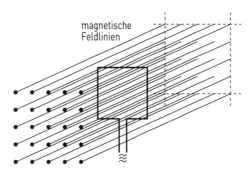

Bild 3.3–18   Rahmenantenne

Der Wirkungsgrad von Rahmenantennen für Empfangszwecke kann durch Verwendung von Ferritstäben verbessert werden. Diese bestehen aus gesinterten pulverisierten Eisenoxiden und bilden einen für die magnetischen Feldlinien besonders leitfähigen Kern der Spule. Diese Bauform bezeichnen wir als **Ferritantenne**. Sie ist durch eine Bündelung der magnetischen Feldlinien gekennzeichnet.

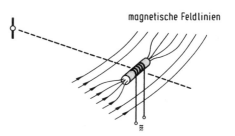

Bild 3.3–19   Ferritantenne

Da die Feldstärkekomponenten bekanntlich nur in bestimmten Richtungen auftreten, ist eine feste Verkopplung zwischen der magnetischen Feldstärkekomponente und der Position des Rahmens gegeben. Der größte Spannungswert wird induziert, wenn die Rahmenantenne senkrecht zu den magnetischen Feldlinien steht. Es liegt eine dem Dipol vergleichbare Richtwirkung vor. Ordnen wir die Rahmenantenne drehbar an, dann wirkt sie als **Peilantenne**.

An dieser Stelle sei darauf hingewiesen, dass die Abmessungen bei Rahmenantennen unmittelbar von der Betriebsfrequenz abhängen. Kleinere Frequenzen, also große Wellenlängen, machen große Durchmesser bei ringförmiger Form des Rahmens bzw. große Seitenlängen bei quadratischer Form des Rahmens erforderlich, damit ein ausreichend großes Empfangssignal am Antennenanschluss auftritt. Bei großen Frequenzen, also kleinen Wellenlängen, reichen entsprechend geringere Abmessungen bei der Rahmenantenne aus.

Für große Frequenzen (ab dem GHz-Bereich) sind Richtantennen mit großem Antennengewinn, kleinen Öffnungswinkeln und möglichst kleinen Nebenkeulen schwierig zu realisieren. Als Lösung bieten sich Reflektoren an, die Teil eines Paraboloiden sind und als Parabolspiegel bezeichnet werden. Sie bündeln die Strahlen im Brennpunkt des Paraboloiden, wo sich die eigentliche Antenne – im Regelfall als **Speisesystem** [feed system] bezeichnet – befindet. Wegen des dargestellten Konzeptes für den Reflektor bezeichnen wir solche Antennen als **Parabolantennen**.

Die Fokussierung erfolgt bei Parabolantennen in gleicher Weise wie bei einem Scheinwerfer. Die mechanischen Halterungen für das Speisesystem liegen jedoch konstruktionsbedingt im Strahlengang und führen zu Abschattungen. Wegen der zentralen Lage des Speisesystems bezeichnen wir solche Antennen als **zentralgespeiste Parabolantennen**. Das aufgezeigte Problem der Abschattungen ist lösbar, wenn die Speisung nicht mehr zentral erfolgt. Dies lässt sich durch einen Reflektor erreichen, der nur einen Ausschnitt eines Voll-Parabolspiegels bildet. Das Speisesystem liegt dann zwar noch immer im Brennpunkt des Paraboloiden, jedoch nicht mehr in der Mitte des Reflektors. Es reicht vielmehr eine mechanische Halterung am unteren Rand des Reflektors aus, also außerhalb des Strahlengangs.

Solche offsetgespeisten Antennen heißen offiziell **Offset-Parabolantennen** und werden üblicherweise nur als **Offset-Antennen** bezeichnet.

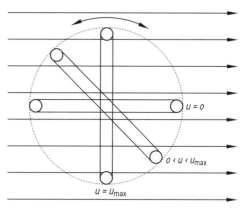

Bild 3.3–20   Peilantenne

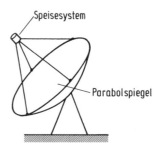

Bild 3.3–21   Zentralgespeiste Parabolantenne

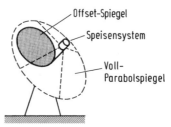

Bild 3.3–22   Offset-Parabolantenne

3.3 Antennen

Die Fokussierung einer Parabolantenne hängt unmittelbar von den Abmessungen des Reflektors ab und wird durch den Öffnungswinkel charakterisiert. Dafür gelten dieselben Festlegungen wie bei den Richtantennen. Mit zunehmender Größe des als Reflektor wirkenden Parabolspiegels verringert sich der Öffnungswinkel und umgekehrt.

In der Praxis hat sich für den Empfang die Offset-Antenne durchgesetzt, da sie bei gleichem Strahlengang des ankommenden Feldes senkrechter montiert werden kann und damit Witterungseinflüsse durch Regen, Schnee und Eis verhindert.

Je größer der als Reflektor wirkende Parabolspiegel, desto kleiner der Öffnungswinkel und umgekehrt.

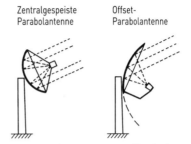

Bild 3.3–23   Montage von Parabolantennen

Übung 3.3–7
Welche Aufgabe hat der Reflektor einer Offset-Antenne?

Bedingt durch die Entwicklung der Halbleitertechnologie sind für den GHz-Bereich auch Empfangsantennen in der Form von Arrays realisierbar. Da sie nur eine Dicke von einigen Zentimetern aufweisen, gilt die Bezeichnung **Planarantennen** oder Flachantennen. In einem Bereich von 30 cm × 30 cm bis 60 cm × 60 cm sind dabei einige tausend Halbwellendipole angeordnet. Durch unmittelbar dahinter integrierte Anpassungs- und Verstärkerschaltungen werden die sehr kleinen Spannungen am Fußpunkt der Dipole zu einem Gesamt-Ausgangssignal zusammengefasst.

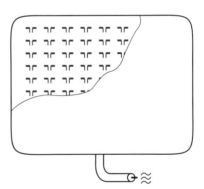

Bild 3.3–24   Planarantenne

Mit Planarantennen sind gegenüber Offset-Antennen nur geringere Werte für den Antennengewinn und größere Öffnungswinkel realisierbar. Außerdem ergeben sich bei Planarantennen stets mehr Nebenkeulen im Horizontal- und Vertikal-Richtdiagramm.

In der Praxis sollen häufig einzelne Antennen für verschiedene Aufgaben in unterschiedlichen Frequenzbereichen eingesetzt werden. Für solche multifunktionalen Verwendungen spielt bei der Antenne die Bandbreite in den einzelnen Frequenzbereichen eine wesentliche Rolle. Bei Lösungsansätzen müssen wir allerdings berücksichtigen, dass es sich stets um einen Kompromiss aus Vor- und Nachteilen handelt.

Verwendung einer Antenne für verschiedene Aufgaben in unterschiedlichen Frequenzbereichen

Lernerfolgskontrolle zu Kapitel 3.3

1. Welche Bedeutung hat das Reziprozitätsgesetz für den Einsatz von Antennen?
2. Welche der folgenden Aussagen ist richtig?
   A. Je größer die Betriebsfrequenz, desto länger muss der Dipol sein.
   B. Je größer die Betriebsfrequenz, desto kürzer muss der Dipol sein.
   C. Die Länge des Dipols ist unabhängig von der Frequenz.
3. Erläutern Sie den Begriff Schmalbandantenne.
4. Warum kann der auf den isotropen Strahler bezogene Antennengewinn nie kleiner als 0 dB sein?
5. Bei einem Fernsehsender wird die Abstrahlung von horizontaler Polarisation auf vertikale Polarisation umgestellt. Können die bisherigen Empfangsantennen weiter verwendet werden?
6. Wodurch unterscheidet sich ein Antennen-Array von einer Richtantenne?
7. Kann mit einer Rahmenantenne die Richtung vom Empfangsort zum Sender bestimmt werden?
8. Welcher Unterschied besteht zwischen einer zentralgespeisten Parabolantenne und einer Offset-Parabolantenne?

3.4 Elektrische Leitungen

3.4.0 Einführung

Nach Durcharbeiten dieses Kapitels können Sie die Leitungsbeläge erklären, die Frequenzabhängigkeit der Leitungen deuten, den Begriff des Wellenwiderstandes erläutern, die Dimensionierung von Koaxialkabeln aufzeigen, die Funktion von Hohlleitern beschreiben, den Einsatz von Leitungen als Übertragungskanal berechnen, Induktivitäten und Kapazitäten mit Leitungen realisieren und Widerstandstransformation mit Leitungen konzipieren.

3.4.1 Grundlagen

Elektrische Leitungen sollen elektrische Signale über definierte Entfernungen geführt übertragen. Sie bestehen aus Leitermaterial (z. B. Kupfer) in gestreckter Form mit meist rundem Querschnitt und bieten deshalb für Spannung und Strom optimale Bedingungen. Weil damit stets ein elektrisches bzw. magnetisches Feld verkoppelt ist, dienen Leitungen der geführten Verbreitung elektromagnetischer Energie, was wir als **Wellenleitung** bezeichnen.

Für die einwandfreie Funktion der Übertragung ist stets ein geschlossener Stromkreis erforderlich. Dies bedeutet einen Hinleiter vom Sender zum Empfänger und von diesem eine Rückleitung zum Sender. Dies gilt unabhängig von den verschiedenen Bauformen für die Leitungen.

Elektrische Leitung
↓
Leitermaterial in gestreckter Form
↓
Spannung und Strom
↓
elektrisches und magnetisches Feld
↓
Wellenleitung

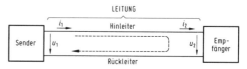

Bild 3.4–1   Leitung als geschlossener Stromkreis

3.4 Elektrische Leitungen

Wie bekannt, hängt die Ausbreitungsgeschwindigkeit elektromagnetischer Wellen v vom Ausbreitungsmedium ab. Während bei Luft die Lichtgeschwindigkeit c_0 gilt, besteht bei elektrischen Leitungen eine Abhängigkeit von der Permittivitätszahl ε_r und der Permeabilitätszahl μ_r der Materie zwischen Hin- und Rückleiter in folgender Weise:

$$v = \frac{c_0}{\sqrt{\varepsilon_r \cdot \mu_r}} \qquad (3.4-1)$$

Daraus folgt für die Wellenlänge:

$$\lambda = \frac{1}{\varepsilon_r \cdot \mu_r} \cdot \frac{c_0}{f} \qquad (3.4-2)$$

Die Wellenlänge ist also um den durch ε_r und μ_r der Materie zwischen Hin- und Rückleiter bestimmten Verkürzungsfaktor k kleiner als in Luft.

Verkürzungsfaktor

$$\boxed{\lambda = k \cdot \lambda_{\text{Luft}}} \qquad (3.4-3)$$

Beispiel 3.4–1

Der Kabeltyp RG 58 C/U weist den Verkürzungsfaktor $k = 0{,}66$ auf. Für eine Betriebsfrequenz von 3 MHz soll die für eine Wellenlänge erforderliche Kabellänge berechnet werden.

Für die Wellenlänge in Luft gilt:

$$\lambda_{\text{Luft}} = \frac{c_0}{f} = \frac{3 \cdot 10^8 \text{ m/s}}{3 \cdot 10^6 \text{ Hz}}$$
$$\lambda_{\text{Luft}} = 100 \text{ m}$$

Für die Wellenlänge im Kabel ergibt sich damit:

$$\lambda = k \cdot \lambda_{\text{Luft}} = 0{,}66 \cdot 100 \text{ m}$$
$$\underline{\underline{\lambda = 66 \text{ m}}}$$

Es ist also für eine Wellenlänge von 100 m in Luft nur eine Kabellänge von 66 m erforderlich.

Das vorstehende Beispiel zeigt, dass wir stets zwischen der elektrischen Länge l_{el} und der mechanischen Länge l_{mech} unterscheiden müssen. Beide Angaben sind wie die Wellenlängen über den Verkürzungsfaktor verknüpft.

$$\boxed{l_{\text{mech}} = k \cdot l_{\text{el}}} \qquad (3.4-4)$$

Übung 3.4–1

Wie verändert sich die Wellenlänge in einer Leitung, wenn bei $k = 0{,}8$ die Eingangsfrequenz verdoppelt wird?

3.4.2 Kenngrößen

Jede Leitung ist ein passiver Zweitor mit den entsprechenden Kenngrößen. Bei einem der Leitung zugeführten Signal sind am Ausgang Änderungen hinsichtlich Amplitude und Phasenlage feststellbar. Es handelt sich dabei um Dämpfung und durch Laufzeiten bedingte Phasenverschiebungen. Bei impulsförmigem Eingangssignal (Bild 3.4–2) sind am Ausgang auch Änderungen der Signalform möglich, jedoch nicht bei sinusförmigen Eingangssignalen.

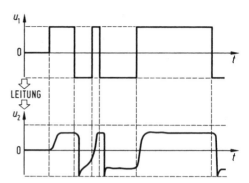

Bild 3.4–2 Signalbeeinflussung durch Leitung

Betrachtung eines sehr kurzen Leitungsabschnitts

Die aufgezeigte Situation lässt sich am besten erklären, wenn wir einen sehr kurzen Leitungsabschnitt genauer betrachten. Durch Messung sind dabei in Richtung der Leiter ein Widerstand und eine Induktivität feststellbar, während sich zwischen Hinleiter und Rückleiter ein Leitwert und eine Kapazität bemerkbar machen. Dies können wir in einem Ersatzschaltplan zusammenhängend darstellen.

Der Längswiderstand R ergibt sich durch den Widerstand des Leitermaterials während die gestreckte Form des Leiters die Induktivität L bedingt. Der Leitwert G ist der Querwiderstand zwischen Hin- und Rückleiter, da die Isolation nicht unendlich gut ist. Die Kopplung über das elektrische Feld zwischen dem Hin- und Rückleiter wird durch die Kapazität C gekennzeichnet.

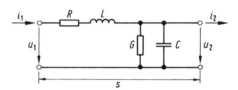

Bild 3.4–3 Ersatzschaltplan für sehr kurzen Leitungsabschnitt

Bei normalen Leitungen treten vorstehende Werte bei jedem beliebigen Leitungsabschnitt auf, also unabhängig davon, wo wir diese abgrenzen. Es gilt deshalb die Bezeichnung **homogene Leitung**. Diese lässt sich deshalb durch Leitungskonstanten eindeutig charakterisieren. Dabei handelt es sich um die auf sehr kurze Leitungslänge s bezogenen Werte für R, L, G und C. Sie werden als Widerstandsbelag R', Induktivitätsbelag L', Leitwertbelag G' und Kapazitätsbelag C' bezeichnet. Es handelt sich also um Angaben, von Werten pro Längeneinheit.

Leitungskonstanten für homogene Leitung

Widerstandsbelag	$R' = \dfrac{R}{s}$	(3.4–5)
Induktivitätsbelag	$L' = \dfrac{L}{s}$	(3.4–6)
Leitwertbelag	$G' = \dfrac{G}{s}$	(3.4–7)
Kapazitätsbelag	$C' = \dfrac{C}{s}$	(3.4–8)

3.4 Elektrische Leitungen

Die Werte für die Leitungskonstanten, also der verschiedenen Beläge, hängen von der jeweiligen Bauform der Leitung ab.

Vorstehende Ausführungen zeigen, dass übliche elektrische Leitungen frequenzabhängig sind und ein Tiefpassverhalten mit entsprechender Grenzfrequenz aufweisen. Für den Einsatz der elektrischen Leitung als Übertragungskanal muss dies entsprechend berücksichtigt werden.

Jede Leitung wirkt als Tiefpass.

Mit Hilfe des Ersatzschaltplans können die Spannungs- und Stromverhältnisse auf der Leitung auch hinsichtlich Ort und Zeit genau beschrieben werden. Es ergeben sich als Leitungsgleichungen bezeichnete Differentialgleichungen, von denen wir lediglich eine wesentliche Erkenntnis betrachten wollen. An jeder Stelle der Leitung ist nämlich das Verhältnis zwischen Spannung und Strom konstant ist, solange ungestörter Betrieb vorliegt, also das Signal nur vom Sender zum Empfänger verläuft. Diese Konstante hat die Dimension eines Widerstandes und wird als Wellenwiderstand $\underline{Z}_0$ bezeichnet.

Die **Leitungsgleichungen** beschreiben die Verhältnisse von Spannung und Strom auf einer Leitung nach Ort und Zeit.

Wellenwiderstand

$$\underline{Z}_0 = \sqrt{\frac{R' + j \cdot \omega \cdot L'}{G' + j \cdot \omega \cdot C'}} \qquad (3.4-9)$$

Er tritt als komplexe Größe auf und ist von der Frequenz abhängig. Für viele Anwendungsfälle können jedoch die Wirkanteile gegenüber den Blindanteilen vernachlässigt werden. Bleiben R' und G' unberücksichtigt, dann sprechen wir von einer verlustfreien Leitung. Der Wellenwiderstand hängt dann nur noch vom Induktivitätsbelag L' und Kapazitätsbelag C' ab. Es ergibt sich dadurch eine frequenzunabhängige reelle Größe.

Wellenwiderstand einer verlustfreien Leitung

$$\underline{Z}_0 = Z_0 = \sqrt{\frac{L'}{C'}} \qquad (3.4-10)$$

Der Wellenwiderstand ist kein reales Bauelement, sondern eine wichtige Information für die Anpassungsbedingungen zwischen Sender und Leitung bzw. Leitung und Empfänger oder Abschlusswiderstand.

Wellenwiderstand informiert über Anpassungsbedingungen der Leitung.

Übung 3.4–2

Welchen Zusammenhang gibt es zwischen der Grenzfrequenz und dem Wellenwiderstand einer Leitung?

Für unsere weiteren Betrachtungen sollen die Leitungen als verlustfrei gelten. Im Bedarfsfall sind allerdings die durch den Widerstandbelag R' und Leitwertbelag G' bewirkten Verluste gesondert zu betrachten.

Für die weiteren Betrachtungen wird von verlustfreien Leitungen ausgegangen.

3.4.3 Arten

In der Praxis sind Leitungen meistens isoliert und in ihrem Verlauf flexibel. Es gilt dann die Bezeichnung Kabel. Bei den Leitungen bzw. Kabeln sind unterschiedliche Kriterien unterscheidbar. Dazu gehören:

Kabel = Isolierte flexible Leitung

☐ **Einsatzbereich**
(wie Außenbereich, Innenbereich, …)
☐ **Verlegeart**
(wie Freileitungen, Erdkabel, Seekabel, …)
☐ **Leiterzahl**
(wie Einleiterkabel, Zweileiterkabel, Mehrleiterkabel, …)
☐ **Isolation** zwischen Hin- und Rückleiter
(wie Luft, Papier, Kunststoff, Öl, Gas, …)

Besteht eine Leitung nur aus einem Draht, den wir auch als Ader bezeichnen, dann handelt es sich um ein Einleiterkabel. Beim Einsatz als Freileitung dient dabei häufig die Verbindung über die Erde als Rückleiter.

Einleiterkabel =
Eindrahtleitung =
Einadrige Leitung

Eine für die Kommunikationstechnik besonders wichtige Leitungsart ist das Zweileiterkabel. Dieses weist zwei Adern auf, fasst damit Hin- und Rückleiter in einer Bauform zusammen und wird deshalb als symmetrische Zweidrahtleitung oder symmetrische zweiadrige Leitung bezeichnet. Für die beiden Adern gilt die Bezeichnung Doppelader (DA) oder Paar [*pair*].

Zweileiterkabel =
Symmetrische Zweidrahtleitung =
Symmetrische zweiadrige Leitung

Doppelader (DA) = **Paar** = 2 Adern

Bei Zweidrahtleitungen kommt fast immer Verdrillung zum Einsatz, bei der die Adern zueinander kontinuierlich ihre Lage verändern. Das Maß der Verdrillung ist die auch als Dralllänge bezeichnete Schlaglänge. Dabei handelt es sich um den kleinsten Abstand zwischen zwei Stellen der Leitung, bei denen sich die Lage der Adern wiederholt.

Bild 3.4–4 Verdrillung symmetrischer Zweidrahtleitungen

Aus den Leitungsgleichungen lässt sich ableiten, dass durch Verdrillung eine störende Abstrahlung der mit Hilfe der Leitung übertragenen Signale in großem Umfang verhindert wird, weil eine ständig wechselnde gegenläufige Führung der Adern vorliegt.

Verdrillung verhindert die **Abstrahlung** von Zweidrahtleitungen in wesentlichem Umfang.

Ein anderer Effekt der Verdrillung ist die stärkere Unterdrückung einstrahlender elektromagnetischer Felder, was die Störbeeinflussung des Nutzsignals in der Leitung entsprechend reduziert.

Verdrillung reduziert die Wirkung der **Störeinstrahlung** auf Zweidrahtleitungen.

3.4 Elektrische Leitungen

Je größer die zu übertragende Frequenz, desto enger muss die Verdrillung der Zweidrahtleitung sein. Dies erfordert höheren Fertigungsaufwand, weshalb verdrillte Zweidrahtleitungen mit großen Grenzfrequenzen höhere Kosten verursachen.

Mit Verdrillung sind also beide Aspekte der elektromagnetischen Verträglichkeit (EMV), die Störabstrahlung und die Störeinstrahlung, günstig beeinflussbar. Dies kann vergleichbar auch durch Abschirmung (Kurzform: Schirmung) [*shielding* oder *screening*] erfolgen. Dabei handelt es sich um elektrisch leitfähige Umhüllungen einzelner isolierter Adern oder Adernpaare. Für Abschirmungen ist stets eine Verbindung mit einem zentralen Massepunkt oder der Erde erforderlich.

Durch Abschirmung, die gleichzeitig beide Adern umfasst, können wir die potentielle Störsituation wirkungsvoll verbessern. Es sind somit folgende beide Varianten unterscheidbar:

- **UTP** [*unshielded twisted pair*]-Leitung für ungeschirmte verdrillte Zweidrahtleitung
- **STP** [*shielded twisted pair*]-Leitung für geschirmte verdrillte Zweidrahtleitung

Die Auswahl einer Zweidrahtleitung hinsichtlich Verdrillung und Abschirmung hängt von der erforderlichen Bandbreite bzw. der zu übertragenden Bitrate ab. Während bei Leitungen für klassische Telekommunikationsaufgaben (z. B. Telefon) geringere Anforderungen gestellt werden, ist bei Leitungen für die Übertragung größerer Bitraten erheblich mehr Aufwand erforderlich, was sich auch bei den Kosten bemerkbar macht. Aus vorstehenden Gründen wird deshalb häufig zwischen Telekommunikationskabeln und Datenkabeln unterschieden. Letztere erfüllen besonders hinsichtlich der exakten engen Verdrillung hohe Anforderungen. Durch die Einteilung in Kategorien wird die Auswahl erleichtert, weil dadurch die nutzbare Bandbreite erkennbar ist. (Tabelle 3.4–1).

Art der Verdrillung	Grenzfrequenz der Zweidrahtleitung
eng	groß
weit	klein

Abschirmung (Schirmung) [*shielding* oder *screening*] reduziert die Störabstrahlung und Störeinstrahlung.

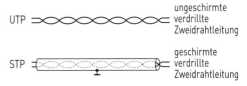

Bild 3.4–5 Arten verdrillter Zweidrahtleitungen

Anforderungen bezüglich Verdrillung und Abschirmung hängen von der erforderlichen Bandbreite bzw. der zu übertragenden Bitrate ab.

Tabelle 3.4–1 Einteilung bei Datenkabeln

Kategorie	Bandbreite
5	100 MHz
6	250 MHz
6A	500 MHz
7	600 MHz
7A	1 000 MHz

Die Unterscheidung zwischen ungeschirmten und geschirmten Versionen ist grundsätzlich auch für **unverdrillte Zweidrahtleitungen** [*untwisted pair* (UP)] möglich, weil sich auch bei diesen durch Abschirmung die elektromagnetische Verträglichkeit verbessert.

In der Praxis sind meistens mehrere Zweidrahtleitungen (UTP oder STP) in Mehrleiterkabeln zusammengefasst. Dabei würden sich meistens allerdings ohne besondere Vorkehrungen die kapazitiven und induktiven Kopplungen zwischen den Leiterpaaren störend bemerkbar machen.

Um diese Effekte zu reduzieren, kommt Verseilung zum Einsatz, was systematische Verdrillung der ungeschirmten und/oder geschirmten Doppeladern (DA) bedeutet. Auf diese Weise können auch viele Doppeladern ohne gegenseitige Funktionsprobleme in einem Kabel untergebracht werden.

Abschirmung unverdrillter Zweidrahtleitungen [*untwisted pair* (UP)] verbessert ebenfalls EMV.

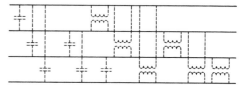

Bild 3.4–6   Verkoppelungen bei Mehrleiterkabeln

Verseilung =
Systematische Verdrillung von ungeschirmten und/oder geschirmten Doppeladern (DA)

Übung 3.4–3
Warum ist bei Mehrleiterkabeln Verseilung erforderlich?

In der Datentechnik kommen häufig Bussysteme zum Einsatz, bei denen wegen der Parallelübertragung mehrere Adern benötigt werden. Dafür haben sich als **Flachkabel** aufgebaute Mehrleiterkabel bewährt. Bei diesen verlaufen alle Leiter parallel zueinander, so dass diese Kabel eine bandförmige Struktur aufweisen. Für die Anschlüsse stehen entsprechende Steckerleisten zur Verfügung.

Die Übertragung hochfrequenter Signale mit Zweidrahtleitungen erfordert bekanntlich einen von der Frequenz abhängigen Aufwand bei Verdrillung und Abschirmung. Deshalb bietet sich der Übergang zu unsymmetrisch aufgebauten Leitungen an.

Es handelt sich um das Koaxialkabel, häufig auch nur als Koaxkabel oder Koax bezeichnet. Dabei verläuft der als Innenleiter bezeichnete Hinleiter genau in der Mitte einer metallischen Hülle, die als Außenleiter die Funktion des Rückleiters hat. Der Innenleiter mit dem Durchmesser d ist somit ständig vom Außenleiter mit dem Durchmesser D umgeben, wobei sich beide

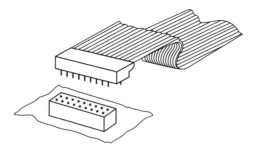

Bild 3.4–7   Flachkabel

Übergang von symmetrischen Zweidrahtleitungen zu unsymmetrisch aufgebauten Leitungen
⇓
Koaxialkabel (Koaxkabel, Koax)
⇒ Innenleiter verläuft konzentrisch in einer als Außenleiter wirkenden metallischen Hülle.

3.4 Elektrische Leitungen

Leiter stets in einem definierten Abstand zueinander befinden. Deshalb werden Koaxialkabel auch als selbstabschirmende Kabel bezeichnet.

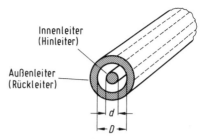

Bild 3.4–8 Koaxialkabel

Das Schirmdämpfungsmaß hängt vom Aufbau des Außenleiters ab. Er kann aus einer Kupferfolie und/oder einem Geflecht aus Kupferdrähten bestehen. Bei einem zweischichtigen Aufbau (1. Schicht: Folie, 2. Schicht: Geflecht) werden für das Schirmdämpfungsmaß über 100 dB erreicht. Die genauen Werte sind aus den Datenblättern der Koaxialkabel ersichtlich.

Außenleiter
☐ einschichtig (Folie **oder** Geflecht)
☐ zweischichtig (Folie **und** Geflecht)

Um die zentrische Lage des Innenleiters zum Außenleiter sicherzustellen, wird der Raum zwischen beiden Leitern mit Kunststoffen vollständig ausgefüllt, wobei diese Materialien jeweils durch ihre Permittivitätszahlen ε_r gekennzeichnet sind.

Materie zwischen Innenleiter und Außenleiter bestimmt die Permittivitätszahl ε_r.

Die Auswertung der Leitungsgleichungen ergibt, dass der Wellenwiderstand des Koaxialkabels vom Durchmesser des Innenleiters und Außenleiters sowie von der Permittivitätszahl ε_r abhängt. Es gilt als zugeschnittene Größengleichung:

Wellenwiderstand des Koaxialkabels

$$\underline{Z}_0 = \frac{60}{\sqrt{\varepsilon_r}} \cdot \ln \frac{D}{d} \, \Omega \qquad (3.4-11)$$

Typische Werte für den Wellenwiderstand von Koaxialkabeln sind 50 Ω und 75 Ω.

Übung 3.4–4
Wie kann der Wellenwiderstand eines Koaxialkabels vergrößert werden?

Koaxialkabel sind bis etwa 3 GHz einsetzbar. Für die Übertragung höherfrequenter Signale bietet sich die Verwendung von **Hohlleitern** an. Es handelt sich dabei um gestreckte metallische Hohlkörper mit rundem, rechteckigem oder elliptischem Querschnitt, in denen durch eine Sonde elektromagnetische Felder angeregt werden. Abhängig von den Abmessungen des Hohlleiters und der Leitfähigkeit der Innenwände bilden sich unterschiedliche Feldkombinationen aus. Sie werden als **Moden** bezeichnet und ermöglichen bei richtiger Dimensionierung

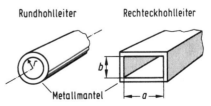

Bild 3.4–9 Hohlleiterformen

eine spezielle Form der geführten Wellenausbreitung mit geringen Verlusten bis in den EHF-Bereich.

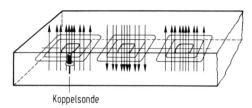

Bild 3.4–10 Einkopplung und Wellenausbreitung im Hohlleiter

Im Gegensatz zu den bisher behandelten Leitungen ist ein Hohlleiter erst oberhalb einer kritischen Frequenz f_c, also unterhalb der Grenzwellenlänge λ_c funktionsfähig. Sie verhalten sich also wie ein Hochpass.

Hohlleiter sind erst **oberhalb** der kritischen Frequenz f_c funktionsfähig.

Übung 3.4–5
Wodurch unterscheidet sich ein Hohlleiter bezogen auf seine Funktion von einer koaxialen Leitung?

3.4.4 Leitung als Übertragungskanal

Durch Leitungen erfolgt bekanntlich die geführte Ausbreitung elektromagnetischer Wellen. Die Auswertung der Leitungsgleichungen zeigt, dass bei der Übertragung Beeinflussungen des Signals auftreten und zwar Dämpfung sowie Phasenverschiebung. Die Werte lassen sich je aus dem Übertragungsmaß ermitteln. Für diese komplexe Größe gilt:

Sie lässt sich in den Realteil α und den Imaginärteil β aufteilen. Der Realteil α wird als Dämpfungsmaß oder Dämpfungsbelag bezeichnet und gibt die Dämpfung in Dezibel (dB) pro Längeneinheit an. Für den Imaginärteil β gilt die Bezeichnung Phasenmaß oder Phasenbelag. Es handelt sich dabei um die Aussage in Grad pro Längeneinheit über das Nacheilen des Signals gegenüber dem Leitungsanfang.

Leitungen bewirken die geführte Ausbreitung elektromagnetischer Wellen.

Übertragungsmaß einer Leitung

$$\gamma = \sqrt{(R' + j \cdot \omega \cdot L') \cdot (G' + j \cdot \omega \cdot C')} \quad (3.4-12)$$

$$\gamma = \alpha + j \cdot \beta \quad (3.4-13)$$

Dämpfungsmaß/Dämpfungsbelag α =
Dämpfung des Signals pro Längeneinheit

Phasenmaß/Phasenbelag β =
Phasenverschiebung des Signals pro Längeneinheit

Übung 3.4–6
Welche Dämpfung weist ein 32 m langes Koaxialkabel auf, wenn $\alpha = 12\,\text{dB}/100\,\text{m}$ angegeben ist?

Bei den Werten für das Dämpfungsmaß α und Phasenmaß β ist deren Frequenzabhängigkeit

3.4 Elektrische Leitungen

zu berücksichtigen. Dabei gilt als grundsätzliche Abhängigkeit:

Dämpfungsmaß α und Phasenmaß β nehmen mit steigender Frequenz zu.

In den Datenblättern für Kabel sind deshalb meist die Werte für verschiedene Frequenzen angegeben.

Um eine störungsfreie Übertragung zu erreichen, muss die Leitung mit einem Widerstand abgeschlossen sein, der dem Wellenwiderstand der Leitung entspricht, also Widerstandsanpassung vorliegen. In diesem Fall tritt nur eine vom Leitungsanfang zum Leitungsende verlaufende Welle auf.

Entspricht der abschließende Widerstand nicht dem Wellenwiderstand, dann liegt Fehlanpassung vor und ein Teil des Signals wird am Leitungsende reflektiert. Neben der vorlaufenden Welle tritt in diesem Fall noch eine rücklaufende Welle auf, so dass sich ein resultierendes Signal ergibt und die bereits behandelten stehenden Wellen hervorruft.

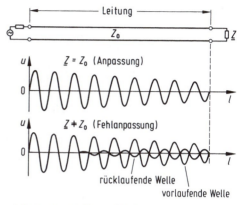

Bild 3.4–11 Wellen auf der Leitung

Ein Maß für die Fehlanpassung ist bekanntlich der Reflexionsfaktor $\underline{r}$, als Verhältnis der rücklaufenden Welle zur vorlaufenden Welle nach Amplitude (Betrag) und Phasenlage (Phase). Bezogen auf den Wellenwiderstand der Leitung $\underline{Z}_0$ und den Abschlusswiderstand $\underline{Z}$ gilt:

Reflexionsfaktor bei einer mit $\underline{Z}$ abgeschlossenen Leitung

$$\underline{r} = \frac{\underline{U}_r}{\underline{U}_v} = \frac{\underline{Z} - \underline{Z}_0}{\underline{Z} + \underline{Z}_0} \tag{3.4-14}$$

Wegen der bekannten Abhängigkeiten ist eine Umrechnung in die Rückflussdämpfung a, den Welligkeitsfaktor s oder den Anpassungsfaktor m problemlos möglich.

Der Grenzfall ist gegeben, wenn eine Leitung am Ende kurzgeschlossen ist oder leer läuft.

Grenzfälle für den Leitungsabschluss: Kurzschluss oder Leerlauf

3.4.5 Leitung als Bauelement

Schließen wir eine Leitung der Länge l mit einem Widerstand $\underline{Z}$ ab, dann lässt sich aus den Leitungsgleichungen berechnen, welcher Eingangswiderstand $\underline{Z}_1$ bei der Leitung auftritt. Es gilt:

Eingangswiderstand einer mit $\underline{Z}$ abgeschlossenen Leitung

$$\underline{Z}_1 = Z_0 \cdot \frac{\dfrac{\underline{Z}}{\underline{Z}_0} + j \cdot \tan\left(2 \cdot \pi \cdot \dfrac{1}{\lambda}\right)}{1 + j \cdot \dfrac{\underline{Z}}{\underline{Z}_0} \cdot \tan\left(2 \cdot \pi \cdot \dfrac{1}{\lambda}\right)} \tag{3.4-15}$$

Sind die Frequenz und der Wellenwiderstand vorgegeben, dann können wir durch geeignete Wahl des Abschlusswiderstandes und der Leitungslänge jeden beliebigen Impedanzwert am Leitungseingang realisieren.

Eine andere Möglichkeit besteht darin, Kurzschluss (d. h. $\underline{Z} = 0$) oder Leerlauf (d. h. $\underline{Z} \to \infty$) am Leitungsende zu verwenden. Es ergibt sich dann der Kurzschluss-Eingangswiderstand $\underline{Z}_{1K}$ gemäß Gleichung 3.4–16 bzw. der LeerlaufEingangswiderstand $\underline{Z}_{1L}$ gemäß Gleichung 3.4–17. Wegen der tan- bzw. cot-Funktion gilt: Bei Leitungslängen kleiner $\lambda/4$ ist der Kurzschluss-Eingangswiderstand rein induktiv, während es sich beim Leerlauf-Eingangswiderstand um eine rein kapazitive Größe handelt.

Durch Kurzschluss oder Leerlauf am Leitungsende sind also gewünschte Werte von Induktivitäten oder Kapazitäten realisierbar, wenn wir bei vorgegebenem Wellenwiderstand die Kabellänge entsprechend wählen.

Leitungen lassen sich auch für die Widerstandstransformation einsetzen, also um ein gewünschtes Verhältnis zwischen Abschlusswiderstand $\underline{Z}$ und Eingangswiderstand $\underline{Z}_1$ zu bewirken.

Für die Praxis sind besonders die Leitungslängen $\lambda/4$ und $\lambda/2$ von Bedeutung.

Setzen wir diese Längen in Gleichung 3.4–15 ein, dann ergibt sich für die $\lambda/4$-Leitung, dass die Transformation durch geeignete Wahl des Wellenwiderstandes möglich ist. Bei einer $\lambda/2$-Leitung tritt als Eingangswiderstand stets der Wert des Abschlusswiderstandes auf, und zwar unabhängig vom Wellenwiderstand.

Durch definierten Abschluss am Leitungsende ist jeder beliebige Impedanzwert als Eingangswiderstand realisierbar.

Kurzschluss-Eingangswiderstand

$$\underline{Z}_{1K} = j \cdot Z_0 \cdot \tan\left(2 \cdot \pi \cdot \frac{l}{\lambda}\right) \qquad (3.4-16)$$

Leerlauf-Eingangswiderstand

$$\underline{Z}_{1L} = -j \cdot Z_0 \cdot \cot\left(2 \cdot \pi \cdot \frac{l}{\lambda}\right) \qquad (3.4-17)$$

Durch Kurzschluss und Leerlauf am Leitungsende sind beliebige Induktivitätswerte bzw. Kapazitätswerte realisierbar.

Widerstandstransformation

$$l = \frac{\lambda}{4} \quad \to \quad \underline{Z}_{1(\lambda/4)} = \frac{Z_0^2}{\underline{Z}} \qquad (3.4-18)$$

$$l = \frac{\lambda}{2} \quad \to \quad \underline{Z}_{1(\lambda/2)} = \underline{Z} \qquad (3.4-19)$$

Beispiel 3.4–2

Der Widerstand 200 Ω soll mit Hilfe einer $\lambda/4$-Leitung auf $\underline{Z}_1 = 32\,\Omega$ transformiert werden. Welchen Wellenwiderstand muss die Leitung aufweisen?

Für die Transformation gilt: $\qquad \underline{Z}_{1(\lambda/4)} = \dfrac{Z_0^2}{\underline{Z}}$

Umformung nach Z_0 und Einsetzen der Werte ergibt:
$\qquad Z_0 = \sqrt{\underline{Z}_{1(\lambda/4)} \cdot \underline{Z}} = \sqrt{32\,\Omega \cdot 200\,\Omega}$

$\qquad \underline{\underline{Z_0 = 80\,\Omega}}$

Der Wellenwiderstand der Leitung muss also für die gewünschte Transformation 80 Ω betragen.

3.4 Elektrische Leitungen

Übung 3.4–7

Bei einer Transformationsschaltung mit $\lambda/4$-Leitung wird die Betriebsfrequenz verdoppelt. Welche Auswirkung ergibt sich für die Transformation?

Den Wellenwiderstand einer Leitung können wir aus ihrem Kurzschluss-Eingangswiderstand und Leerlauf-Eingangswiderstand wie folgt berechnen:

$$\underline{Z}_0 = \sqrt{\underline{Z}_{1K} \cdot \underline{Z}_{1L}} \qquad (3.4-20)$$

Die Kurzschluss- und Leerlaufwerte lassen sich messtechnisch einfach ermitteln.

Ein Spezialfall der Widerstandstransformation liegt bei Kurzschluss bzw. Leerlauf vor. Aus den Gleichungen für die Transformation ergibt sich:

		$\lambda/4$-Leitung	$\lambda/2$-Leitung
Kurzschluss	($\underline{Z} = 0$)	$\underline{Z}_{1K(\lambda/4)} = \to \infty$ (3.4–21)	$\underline{Z}_{1K(\lambda/2)} = 0$ (3.4–22)
Leerlauf	($\underline{Z} \to \infty$)	$\underline{Z}_{1L(\lambda/4)} = 0$ (3.4–23)	$\underline{Z}_{1L(\lambda/2)} = \to \infty$ (3.4–24)

Es ergeben sich damit Komponenten, die sich entweder wie ein Serien-Resonanzkreis oder ein Parallel-Resonanzkreis verhalten. Diesen Effekt können wir für die Unterdrückung störender Frequenzen nutzen.

Wirkung wie Serien-Resonanzkreis oder Parallel-Resonanzkreis

Als Beispiel sei die Anwendung einer kurzgeschlossenen $\lambda/4$-Leitung zur Unterdrückung von Oberwellen betrachtet. Derartige Leitungen können wir an beliebiger Stelle der Übertragungsleitung anschließen. Wegen ihrer selektiven Wirkung gilt üblicherweise die Bezeichnung **Stichleitung** [*stub*].

Für die Betriebsfrequenz f wirkt die Stichleitung als Leerlauf und ruft damit keine Beeinflussung hervor. Bezogen auf die erste Oberwelle $2 \cdot f$ stellt sie jedoch einen Kurzschluss dar, weil hier nun eine kurzgeschlossene $\lambda/2$-Leitung vorliegt. Diese führt zu einer wirkungsvollen Unterdrückung aller geradzahligen Vielfachen der Grundfrequenz. Stichleitungen stellen aus diesem Grunde Oberwellenfilter dar.

Die vorstehend besprochenen Anwendungen für Leitungen sind prinzipiell mit allen Leitungsarten realisierbar.

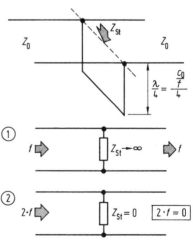

Bild 3.4–12 Stichleitung als Oberwellenfilter

Lernerfolgskontrolle zu Kapitel 3.4

1. Welche grundsätzliche Aussage gilt bei elektrischen Leitungen für das Verhältnis zwischen Länge und Durchmesser?
2. Kann der Wellenwiderstand einer Leitung in allen Fällen als frequenzunabhängig betrachtet werden?
3. Warum muss beim Koaxialkabel der Innenleiter über die gesamte Länge exakt in der Mitte der Außenleiterhülle geführt werden?
4. Für ein Koaxialkabel und einen Hohlleiter sei als Grenzfrequenz 2 GHz angegeben. Welche Bedeutung hat dieser Wert für das Koaxialkabel bzw. den Hohlleiter?
5. Wie groß ist der Reflexionsfaktor bei angepasster Leitung?
6. Unter welchen Bedingungen kann eine $\lambda/2$-Stichleitung als Oberwellenfilter genutzt werden?

3.5 Optische Leitungen

3.5.0 Einführung

Nach Durcharbeiten dieses Kapitels können Sie die Funktionsweise von Lichtwellenleitern skizzieren, die nummerische Apertur und die Modendispersion erklären, das Bandbreite-Länge-Produkt erklären, die Arten der Lichtwellenleiter unterscheiden und die Spezifikationen von Lichtwellenleitern nutzen.

3.5.1 Grundlagen

Der stetig zunehmende Bedarf an Übertragungskapazität in der Kommunikationstechnik hat auch zur Entwicklung optischer Leitungen geführt. Bei diesen werden keine elektrischen Signale, sondern optische Signale übertragen. Die typischen Anwendungen liegen dabei im Infrarotbereich (IR-Bereich). Es handelt sich um Wellenlängen zwischen 800 nm und 1600 nm, was Frequenzen im THz-Bereich bedeutet. Der Bereich ab 1260 nm ist in verschiedene Bänder aufgeteilt (Tabelle 3.5–1).

Optische Leitungen werden als Lichtwellenleiter (LWL) [*fibre optics*] bezeichnet und sollen optische Signale geführt übertragen. Kommt dabei Glas als optisch leitfähiges Medium zum Einsatz, dann handelt es sich um Glasfaserleitungen (GFL). Bei Verwendung optisch leitfähiger Kunststoffe liegen Kunststofffaserleitungen [*plastic optical fibre* (POF)] vor.

Tabelle 3.5–1 Wellenlängenbereiche für optische Übertragung

Band	Bedeutung	Wellenlänge (in nm)
O	original	1260 … 1355
E	extended	1355 … 1460
S	short	1460 … 1525
C	conventional	1525 … 1565
L	long	1565 … 1625
U	ultralong	1625 … 1675

Lichtwellenleiter (LWL) [*fibre optics*]
- Glasfaserleitungen (GFL)
- Kunststofffaserleitungen [*plastic optical fibre* (POF)]

3.5 Optische Leitungen

Die grundsätzliche Funktion von Lichtwellenleitern basiert auf der Totalreflexion von Licht an der Grenzfläche zwischen einem optisch dichteren und einem optisch dünneren Medium. Jedes LWL-Kabel besteht deshalb aus einem optisch dichteren Kern, der mit einem optisch dünneren Mantel umgeben ist, und einer äußeren mechanischen Schutzhülle.

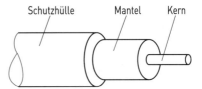

Bild 3.5–1   Aufbau eines Lichtwellenleiters

Eine wesentliche Kenngröße für jedes optische Medium ist ihre Brechzahl n. Sie wird auch als Brechungsindex bezeichnet und gibt an, um welchen Faktor sich das Licht im Medium gegenüber Luft bzw. Vakuum langsamer ausbreitet. Die Brechzahl ist somit ein Maß für die „optische Leitfähigkeit". Für Luft bzw. Vakuum gilt $n = 1$, während die Brechzahl bei Medien für LWL stets größer als eins ist. Es gilt:

Brechzahl (= Brechungsindex)

$$n = \frac{\text{Lichtgeschwindigkeit in Luft/Vakuum}}{\text{Lichtgeschwindigkeit im Medium}}$$

$$n = \frac{c_0}{v_{\text{Medium}}} = \frac{3 \cdot 10^8 \, \frac{\text{m}}{\text{s}}}{v_{\text{Medium}}} \quad (3.5\text{–}1)$$

Brechzahl: klein $\Rightarrow$ groß
Medium: optisch $\Rightarrow$ optisch
           dünn   dicht

Gehen wir von zwei nebeneinander angeordneten optischen Medien mit unterschiedlichen Brechzahlen aus, dann wird an der Grenzfläche unter dem Winkel α einfallendes Licht reflektiert und gebrochen. Das Licht wird unter dem Winkel α reflektiert, während sich beim gebrochenen Licht der Winkel β ergibt, wobei $\beta > \alpha$ gilt. Die Voraussetzungen für diesen Effekt sind $n_1 > n_2$ und Einspeisung des Licht in das dichtere optische Medium (Bild 3.5–2). Wird nun der Einfallswinkel α so verändert, dass sich für den Winkel β genau 90 Grad ergeben, dann verläuft das gebrochene Licht in der Grenzfläche und es tritt nur noch das reflektierte Signal auf. Deshalb sprechen wir nun von **Totalreflexion**. Diese ist allerdings nur möglich, wenn der Winkel α_{TR} eingehalten wird (Bild 3.5–3).

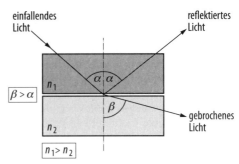

Bild 3.5–2   Reflexion und Brechung

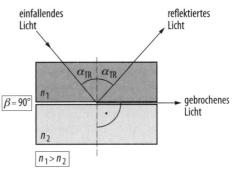

Bild 3.5–3   Totalreflexion

Bezogen auf einen Lichtwellenleiter gilt: Eingekoppeltes Licht wird in einem LWL durch Reflexion an der Kern-Mantel-Grenzfläche nur dann transportiert, wenn es in einem bestimmten Winkelbereich erfolgt. Den größten zulässigen Winkel (bezogen auf die Mittelachse des LWL) dafür bezeichnen wir als **Akzeptanzwinkel** Θ. Bei dreidimensionaler Betrachtung ist auch die Bezeichnung **Akzeptanzkegel** üblich (Bild 3.5–4). Für den Sinus des Akzeptanzwinkels gilt die Bezeichnung numerische Apertur NA, wobei der Wert unmittelbar von den Brechzahlen des Kernmaterials und des Mantelmaterials abhängt. Es gilt:

Daraus folgt, dass es für jeden Lichtwellenleiter einen maximal zulässigen Akzeptanzwinkel gibt.

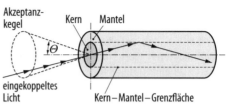

Bild 3.5–4 Akzeptanzwinkel

Numerische Apertur

$$NA = \sin \Theta = \sqrt{n_{\text{Kern}}^2 - n_{\text{Material}}^2} \qquad (3.5-2)$$

Übung 3.5–1

Welcher Effekt tritt auf, wenn bei einem LWL für das eingekoppelte Signal der Akzeptanzwinkel überschritten wird?

Das optische Signal wird üblicherweise über eine kleine Linse dem LWL zugeführt, weil diese eine für den Akzeptanzwinkel erforderliche Fokussierung ermöglicht. Als Strahlungsquelle kommen hauptsächlich Laserdioden als optische Sender zum Einsatz, deren Aussendung vom elektrischen Signal gesteuert wird. Der Empfang der optischen Signale erfolgt im Regelfall durch geeignete Fotodioden.

Bei Übertragungssystemen mit LWL wird stets monochromatisches Licht verwendet, um eine möglichst störungsfreie Übertragung zu erreichen. Dieses Signal weist nur eine Wellenlänge bzw. Frequenz auf und wird deshalb auch als einwelliges Licht bezeichnet.

Die Art der Lichtführung in einem LWL bezeichnen wir als Mode. Sie ist abhängig von den Brechzahlen, dem Einstrahlungswinkel, den Reflexionen und auch der Wellenlänge des Lichts.

In der Praxis treten abhängig vom Material und der Geometrie des LWL stets mehrere Moden auf. Da die Ausbreitungswege im Kern dabei unterschiedliche Längen haben, ergibt sich bei Einstrahlung nur eines Lichtimpulses beim Empfänger ein mehr oder weniger in die Breite verzerrter Impuls. Dieser Effekt wird als **Modendispersion** bezeichnet.

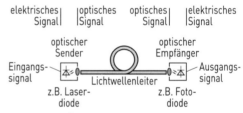

Bild 3.5–5 Übertragungssystem mit LWL

In LWL-Übertragungssystemen wird **monochromatisches Licht** (= einwelliges Licht) verwendet.

Mode =
Ausbreitungsweg eines Lichtstrahls bestimmter Wellenlänge im Lichtwellenleiter (LWL)

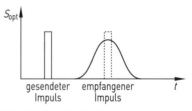

Bild 3.5–6 Modendispersion

Übung 3.5–2

In welcher Art verändert sich der Empfangsimpuls, wenn durch geeignete Maßnahmen die Modendispersion reduziert wird?

3.5.2 Kenngrößen

Lichtwellenleiter sind ein hervorragendes, jedoch keineswegs verlustfreies Übertragungsmedium. Eine wesentliche Kenngröße ist daher die Dämpfung. Dafür gilt:

Die Dämpfung im Lichtwellenleiter (LWL) bezieht sich stets auf die optische Leistung.

Die vom Material des Lichtwellenleiters abhängige Dämpfung wird durch Absorption und Streuung des eingekoppelten Lichts hervorgerufen, bewirkt eine von der Leitungslänge abhängige Reduzierung der Leistung und begrenzt damit die Übertragungsdistanz. Die Angaben der Dämpfungswerte erfolgen in dB/km. Die jeweiligen Werte für einen LWL sind aus den Datenblättern ersichtlich.

Die in einem LWL-Übertragungssystem auftretenden Dämpfungen sind auch von der Güte der Verbindungsstellen abhängig. Es gibt zahlreiche Möglichkeiten für die Abweichung vom Idealfall. Dazu gehören Stirnflächenabstand, Achsenversatz, Unterschiede im Kerndurchmesser, Kippwinkel, Fehlwinkel, Stirnflächenfehler (führt zu mangelhafter optischer Leitfähigkeit) und Unterschiede der nummerischen Apertur. Durch derartige Mängel sind Dämpfungen im Bereich 0,1 … 0,6 dB möglich.

Die Dämpfung ist auch von der Güte der LWL-Verbindungsstellen abhängig.

Mängel bei LWL-Verbindungsstellen können Dämpfungen im Bereich 0,1 … 0,6 dB bewirken.

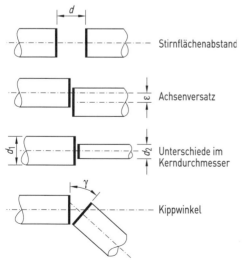
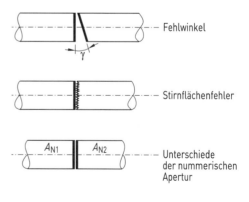

Bild 3.5–7 Mängel bei LWL-Verbindungsstellen

Als weitere Kenngröße von Lichtwellenleitern sei die bereits erläuterte Dispersion angeführt. Die damit bewirkte Verbreiterung des gesendeten Pulses auf der Empfangsseite hat verschiedene materialbedingte Ursachen. Je geringer der Abstand zwei aufeinander folgender Pulse ist, desto gravierender wirkt sich die Dispersion aus. Da viele Pulse pro Zeiteinheit eine große Bandbreite bedeuten und die Dispersion mit der Leitungslänge zunimmt, können Bandbreite und Leitungslänge nicht gleichzeitig beliebig vergrößert werden. Als kennzeichnendes Merkmal gibt deshalb der LWL-Hersteller ein Bandbreiten-Längen-Produkt (auch als Bandbreiten-Entfernungs-Produkt bezeichnet) an, üblicherweise in MHz · km oder auch in Mbit/s · km. So bedeutet die Angabe 100 MHz · km, dass 100 MHz Bandbreite über 1 km ohne unzulässige Beeinflussung übertragen werden können. Bei 50 MHz Bandbreite wären es 2 km und bei 10 MHz Bandbreite sogar 10 km.

Bei einer vorgegebenen zu übertragenden Bandbreite bzw. Bitrate bestimmt sich somit aus dem Bandbreiten-Längen-Produkt die maximale LWL-Länge, die ohne Regenerator einsetzbar ist.

Dispersion hat verschiedene materialbedingte Ursachen.

Geringer Pulsabstand
⇓
Große Bandbreite
⇓
Stärkere Auswirkung der Dispersion

Bandbreiten-Längen-Produkt
☐ Große Bandbreite ⇒ kleine Länge
☐ Kleine Bandbreite ⇒ große Länge

Übung 3.5–3
Bei einem LWL-Übertragungssystem mit vorgegebenem Bandbreiten-Längen-Produkt soll die zu übertragende Bitrate von 2 Mbit/s auf 6 Mbit/s geändert werden. Welche Auswirkung ergibt sich?

Als Kenngröße eines LWL spielt auch die bereits erläuterte numerische Apertur eine Rolle, weil ihr Wert ein Maß für die Einkoppelverluste ist. Diese können sich zwischen folgenden Komponenten ergeben:

Einkoppelverluste
☐ Sendediode → Kern des LWL
☐ Kern LWL 1 → Kern LWL 2
☐ Kern LWL → Empfangsdiode

Die numerische Apertur begrenzt die in den LWL einkoppelbare optische Leistung. Je größer der AN-Wert, desto mehr Leistung kann verfügbar gemacht werden.

3.5.3   Arten

Bei Lichtwellenleitern sind unterschiedliche Materialien und Durchmesser für Kern und Mantel möglich. Dadurch ergeben sich über den Querschnitt auch verschiedene Verläufe der

3.5 Optische Leitungen

Brechzahl. Dies bewirkt eine jeweils differenzierte Lichtführung. In der Praxis können wir folgende LWL-Arten unterscheiden:

LWL-Arten
☐ Multimode-Stufenprofil-LWL
☐ Multimode-Gradientenprofil-LWL
☐ Monomode-Stufenprofil-LWL

Für Stufen- bzw. Gradientenprofil wird in der Fachliteratur auch die Bezeichnung Stufenindex bzw. Gradientenindex verwendet.

Profil = Index

Bei dem auch als Mehrmoden-LWL bezeichneten Multimode-LWL sind mehrere Moden möglich, während es bei dem auch als Einmode-LWL bezeichneten Monomode-LWL nur ein Mode gibt. Die Unterscheidung der Profile bezieht sich auf den Brechzahlverlauf in Kern und Mantel. LWL mit Stufenprofil weisen beim Kern einen konstanten Verlauf und am Übergang zum Mantel einen Sprung (also eine Stufe) auf. Beim Gradientenprofil nimmt dagegen die Brechzahl von der Mitte des Kerns bis zum Kern-Mantel-Übergang kontinuierlich ab.

Multimode-LWL: mehrere Moden
Monomode-LWL: nur ein Mode

Profil bezieht sich auf Brechzahlverlauf

Stufenprofil-LWL:
Konstanter Verlauf der Brechzahl im Kern, Sprung am Übergang zum Mantel
Gradientenprofil-LWL:
Variierender Verlauf der Brechzahl im Kern

Beim Multimode-Stufenprofil-LWL ist der Kerndurchmesser groß gegen die Lichtwellenlänge. Wegen des Brechzahlverlaufs weist diese LWL-Art eine konstante Ausbreitungsgeschwindigkeit im Kern auf. Wegen der unterschiedlichen Wege ergeben sich allerdings verschiedene Laufzeiten für das optische Signal und damit eine starke Dispersion, die wir in diesem Fall auch als Modemdispersion bezeichnen.

Multimode-Stufenprofil-LWL
Moden haben unterschiedliche Laufzeiten
⇓
Starke Modendispersion

Die zum Rande des Kerns abnehmende Brechzahl beim Multimode-Gradientenprofil-LWL bewirkt dagegen über den Kernquerschnitt gesehen unterschiedliche Ausbreitungsgeschwindigkeiten. Dadurch wird das optische Signal stets zur Mittelachse gebeugt und es ergeben sich für die Moden fast gleiche Laufzeiten. Deshalb ist der empfangene Impuls weniger breit als beim Multimode-Stufenprofil-LWL, die Dispersion also erheblich geringer.

Multimode-Gradientenprofil-LWL
Moden haben fast gleiche Laufzeiten
⇓
Geringe Modendispersion

Wird der Kern der LWL so gewählt, dass er kaum dicker als die Lichtwellenlänge ist, dann kann sich nur ein Mode ausbreiten und es liegt ein Monomode-Stufenprofil-LWL vor. Dies führt zu großen Werten für das Bandbreiten-Längen-Produkt und kleinstmöglicher Signalbeeinflussung.

Monomode-Stufenprofil-LWL
Es ist nur ein Mode möglich.

Übung 3.5–4

Welche Abhängigkeit ist bei Lichtwellenleitern zwischen dem Kerndurchmesser und der Ausbreitung von Moden gegeben?

Die aufgezeigten Arten der Lichtwellenleiter erfordern unterschiedlichen Aufwand bei der Fertigung. Sie weisen aber auch unterschiedliche Spezifikationen auf. Die typischen Werte für Glasfaserleitungen (GFL) sind aus der nachfolgenden Zusammenstellung ersichtlich.

Die Arten der Lichtwellenleiter unterscheiden sich durch den fertigungstechnischen Aufwand und die Spezifikationen.

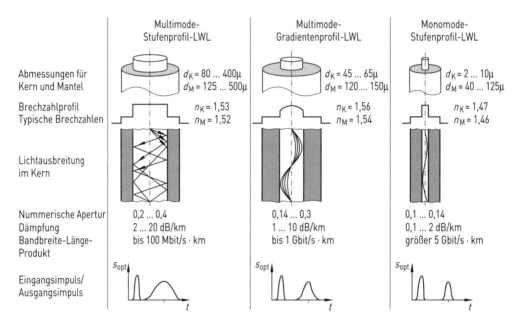

Kunststofffaserleitungen (POF) zeichnen sich gegenüber GFL durch erheblich größere Abmessungen für Kern (z. B. 1,1 mm) und Mantel (z. B. 1,2 mm) aus, außerdem sind Anschlüsse einfacher realisierbar. Die materialbedingte größere Robustheit von Kunststofffaserleitungen führt allerdings zu großen Dämpfungswerten. Sie liegen im Bereich 100 ... 150 dB/km, weshalb Übertragungssysteme mit POF nur für geringe Längen geeignet sind.

Wie bei elektrischen Leitungen gibt es auch bei optischen Leitungen Kabel mit einem LWL oder einer größeren Zahl von Lichtwellenleitern. Diese haben neben der größeren Übertragungskapazität auch noch den Vorteil des erheblich geringeren Gewichts gegenüber allen Varianten

Kunststofffaserleitungen
[*plastic optical fibre* (POF)]
☐ $d_{\text{Kern}} \sim 1{,}1$ mm
☐ $d_{\text{Mantel}} \sim 1{,}2$ mm
☐ Dämpfung: 100 ... 150 dB/km

Kabel mit einem oder mehreren LWL

der Kupferleitungen. Außerdem gibt es bei LWL funktionsbedingt weder Abstrahlung noch Einstrahlung störender Signale. Abschirmungen sind deshalb bei Lichtwellenleitern nicht erforderlich.

Bei LWL gibt es keine EMV-Probleme.
⇒ Es sind keine Abschirmungen erforderlich.

Lernerfolgskontrolle zu Kapitel 3.5

1. Welche grundsätzlichen Möglichkeiten gibt es, den Akzeptanzwinkel eines LWL zu verändern?
2. Welche Arten der Dämpfung können bei LWL-Systemen unterschieden werden?
3. Welchen Zusammenhang gibt es zwischen der materialabhängigen Dämpfung eines LWL und dem Bandbreiten-Längen-Produkt?
4. Warum weist der Ausgangsimpuls bei einem Monomode-Stufenprofil-LWL gegenüber dem Eingangsimpuls kaum eine Veränderung auf?

3.6 Signalwandler

3.6.0 Einführung

Nach Durcharbeiten dieses Kapitels können Sie die Aufgabenbereiche für Analog-Digital-Umsetzer (ADU) und Digital-Analog-Umsetzer (DAU) angeben, die verschiedenen Umsetzverfahren erklären, Spezifikationen für die Umsetzer benennen und die Unterschiede zwischen den Verfahren aufzeigen.

Bei Kommunikationssystemen liefern die Quellen im Regelfall analoge Signale. Um diese für digitale Signalübertragung nutzen zu können, müssen sie erst einmal in digitale Signale gewandelt werden. Dafür kommen Analog-Digital-Umsetzer (ADU) zum Einsatz. Die umgekehrte Situation liegt bei den Senken vor, bei denen für Audio und Video analoge Signale benötigt werden. Am Ende der digitalen Signalübertragung sind deshalb Digital-Analog-Umsetzer (DAU) für die Rückwandlung erforderlich.

ADU und DAU stellen wichtige Schnittstellen in Kommunikationssystemen dar, weil ihre Funktion die Qualität der gesamten Übertragung wesentlich mitbestimmt.

3.6.1 Analog-Digital-Umsetzer

Analog-Digital-Umsetzer (ADU) [*analog-to-digital converter* (ADC)] sind aktive Zweitore, die ein analoges Eingangssignal benötigen und dafür ein entsprechendes digitales Ausgangssignal liefern. Es wird also ein im Rahmen vorgegebener Grenzwerte vielwertiges Signal in eine Folge zweiwertiger Signale umgesetzt.

Jeder ADU ist durch eine **Umsetzerkennlinie** mit stufigem Verlauf gekennzeichnet. Durch diese wird jedem Teilbereich der analogen Ein-

Analog-Digital-Umsetzer (ADU)
[*analog-to-digital converter* (ADC)]

Bild 3.6–1   Schaltzeichen für ADU

gangsspannung ein aus mehreren Bits bestehendes Datenwort zugeordnet, dessen Ausgabe seriell oder parallel erfolgen kann. So ist dem im Bild 3.6–2 markierten ersten Teilbereich des analogen Eingangssignals das Datenwort 101 zugeordnet, bei dem markierten zweiten Teilbereich ist es das Datenwort 011. Bei den Teilbereichen handelt es sich im Regelfall um konstante Zeitabschnitte.

Die Genauigkeit der Umsetzung hängt davon ab, wie viele Stufen die Umsetzerkennlinie aufweist. Je feiner die Stufung, desto länger werden allerdings die Datenworte.

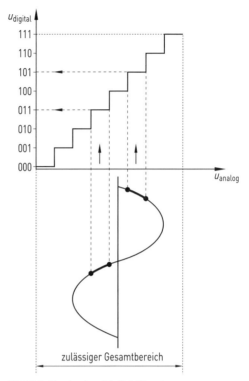

Bild 3.6–2 Analog-Digital-Umsetzung

Die maximale Zahl der Stufen einer Umsetzerkennlinie wird als Auflösung bezeichnet. Sie bezieht sich stets auf den zulässigen Gesamtbereich des analogen Eingangssignals, wobei für diesen auch die Abkürzung FS [*full scale*] üblich ist. Die Angabe der Auflösung erfolgt als Anzahl der Bits, welche für die Stufenzahl benötigt wird. So sind bei einer Auflösung von 8 bit maximal $2^8 = 256$ Stufen möglich.

Übung 3.6–1

Welche Informationen liefert die Umsetzerkennlinie eines ADU?

Die Umsetzerkennlinie eines ADU kann gleichmäßige oder ungleichmäßige Stufen aufweisen. Im Fall der ungleichmäßigen Stufung werden bestimmte Eingangsspannungsbereiche in mehr Datenworte umgesetzt, während es bei den anderen weniger Datenworte sind.

Weicht der Verlauf der Umsetzerkennlinie von seiner vorgegebenen Form ab, dann ist die Umwandlung fehlerbehaftet. Bei Verschiebung der

Stufung der **Umsetzerkennlinie**
☐ gleichmäßig
☐ ungleichmäßig

Offsetfehler =
Abweichung der Umsetzerkennlinie von der ursprünglichen Lage.

Kennlinie nach rechts oder links handelt es sich um Offsetfehler, während bei Abweichung von der ursprünglichen Steigung Verstärkungsfehler vorliegen. Beide Mängel sind im Regelfall abgleichbar. Dies gilt jedoch nicht, wenn die Kennlinie vom linearen Verlauf abweicht und eine gekrümmte Form aufweist. Es handelt sich dann um Linearitätsfehler.

Jeder ADU benötigt für die Umsetzung eines analogen Eingangswertes in ein Datenwort eine bestimmte Wandlungszeit [*conversion time*], die auch als Umsetzzyklus bezeichnet wird. Dies führt zu einer Begrenzung der Bitrate des Ausgangssignals und über die Taktfrequenz für die Abtastung des analogen Eingangssignals ebenso zu einer maximal zulässigen Frequenz für dieses Signal. Die vom ADU realisierbare Bitrate wird deshalb als Arbeitsgeschwindigkeit bezeichnet, während die Umsetzfrequenz angibt, welche Frequenz das Eingangssignal für welche Datenwortlänge aufweisen darf (z. B. bis 10 MHz bei 8 bit). Je größer die Frequenz sein soll, desto kürzer werden die Datenworte. Umgekehrt sind bei kleineren Frequenzen längere Datenworte möglich.

Ein einfaches Konzept für einen ADU ist der Einsatz eines Spannungs-Frequenz-Umsetzers. Dabei wird die analoge Eingangsspannung in eine Pulsfolge umgesetzt, deren Frequenz der Spannung proportional ist. Die Zahl der Impulse wird für eine festgelegte Torzeit ermittelt und als digitales Signal ausgegeben.

Eine andere Möglichkeit für die Analog-Digital-Umsetzung besteht im Vergleich des jeweils abgetasteten Spannungswertes mit in Zweierpotenz gestuften Vergleichsspannungen, was als **Stufenumsetzer** bezeichnet wird. Die jeweilige Eingangsspannung bewirkt über einen Differenzverstärker, dass die Steuerschaltung beim elektronischen Schalter die Einschaltung der entsprechenden Vergleichsspannung auslöst. Diese kennzeichnet dann unmittelbar das digitale Signal. Wegen der Funktionsweise von Stufenumsetzern sprechen wir auch vom Wägeverfahren oder sukzessiver Approximation.

Die analoge Eingangsspannung kann auch mit einer sägezahnförmigen Spannung verglichen

Verstärkungsfehler =
Abweichung der Umsetzerkennlinie von der ursprünglichen Steigung.

Linearitätsfehler =
Abweichung der Umsetzerkennlinie von dem ursprünglich linearen Verlauf.

Wandlungszeit [*conversion time*] =
Zeit für Umsetzung eines analogen Eingangswertes in ein Datenwort

Arbeitsgeschwindigkeit =
vom ADU realisierbare Bitrate

Umsetzfrequenz =
Größte Frequenz des Eingangssignals bei definierter Datenwortlänge

ADU mit **Spannungs-Frequenz-Umsetzung** wandelt Eingangsspannung in Pulsfolge mit spannungsproportionaler Frequenz und Zählung während einer Torzeit.

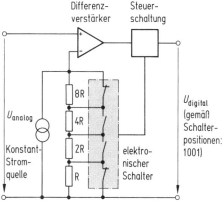

Bild 3.6–3   Stufenumsetzer

werden. Dabei ist die Zeit maßgebend, bis der Sägezahn den Wert der Eingangsspannung erreicht. Dies wird durch Impulse mit definiertem Abstand ermittelt. Bei kleinen Werten der Eingangsspannung ergeben sich wenige Zählimpulse, während bei großen Werten entsprechend mehr Zählimpulse auftreten. Die Zahl der Impulse ist ein direktes Maß für die Eingangsspannung. Sie kann unmittelbar als digitales Signal ausgegeben werden.

Das vorstehend beschriebene Wandlerkonzept bezeichnen wir als **Sägezahn-Umsetzverfahren** oder Ein-Rampen-Verfahren.

Ein anderes Verfahren für Analog-Digital-Umsetzung verwendet ebenfalls Zählimpulse. Es handelt sich um das **Dual-Slope-Verfahren** (Zwei-Rampen-Verfahren). Dabei lädt der für einen Abtastzeitpunkt gegebene Wert der Eingangsspannung für die konstante Zeit t_1 einen Kondensator auf. Danach erfolgt die Entladung bezogen auf eine Referenzspannung. Die Entladezeit t_2 ist ein direktes Maß für die Eingangsspannung, da von ihr die Aufladung des Kondensators abhängt.

Der Name des Verfahrens erklärt sich aus den durch Aufladung und Entladung gegebenen beiden Rampen [*slopes*] im Spannungs-Zeit-Diagramm.

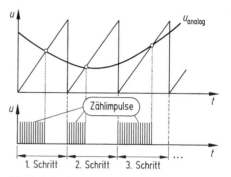

Bild 3.6–4 Sägezahn-Umsetzverfahren

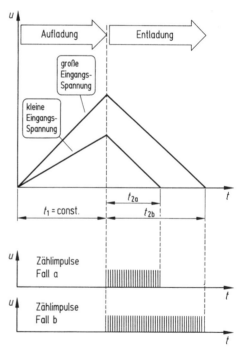

Bild 3.6–5 Dual-Slope-Verfahren

Übung 3.6–2

Wodurch unterscheiden sich die Lade- und Entladezeiten beim Dual-Slope-Verfahren?

3.6 Signalwandler

Ein schaltungstechnisch aufwendiges Verfahren kommt bei den **Parallelumsetzern** [*flash converter*] zum Einsatz. Ähnlich dem Stufenumsetzer werden auch hier mit Hilfe einer Konstantstromquelle Referenzspannungen gebildet und zwar bezogen auf die Stufung der Eingangsspannung, die für eine vorgesehene Auflösung erforderlich ist.

Soll beispielsweise die Auflösung 8 bit betragen, dann sind 256 Referenzspannungen erforderlich. Der Vergleich mit dem analogen Eingangssignal erfordert eine entsprechende Zahl von Komparatoren. Deren Ausgangssignale werden mit Hilfe einer Codierschaltung in die gewünschten Datenworte umgesetzt.

Parallelumsetzer können wegen des verwendeten Konzeptes für die Umsetzung sehr schnell arbeiten und sind deshalb auch für Signale mit Frequenzen im MHz-Bereich geeignet.

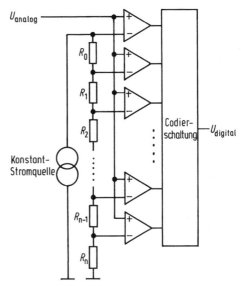

Bild 3.6–6 Parallelumsetzer

3.6.2 Digital-Analog-Umsetzer

Digital-Analog-Umsetzer (DAU) [*digital-to-analog converter* (DAC)] sind aktive Zweitore, die digitale Eingangssignale in analoge Ausgangssignale umsetzen, also zweiwertige Signale in vielwertige Signale wandeln.

Digital-Analog-Umsetzer sind von ihrer Funktion her die Umkehrung der Analog-Digital-Umsetzer, weshalb vergleichbare Funktionsprinzipien gelten. Beim DAU werden die zugeführten Datenworte nacheinander in Spannungswerte umgesetzt und daraus ein kontinuierliches Signal gebildet.

Beim DAU gibt es dem Analog-Digital-Umsetzer (ADU) vergleichbare Kenngrößen. Auch hier ist die Umsetzerkennlinie von Wichtigkeit, mit allen bekannten Fehlermöglichkeiten. Linearitätsfehler liegen dabei üblicherweise im Promille-Bereich.

Während beim analogen Eingangssignal des ADU die Zahl der Stufen den zulässigen Gesamtbereich bestimmt, gilt dies beim DAU für die maximale Länge des Datenwortes. Die Arbeitsgeschwindigkeit entspricht auch beim DAU der Umsetzfrequenz und ist unmittelbar von der Taktfrequenz abhängig.

Digital-Analog-Umsetzer (DAU)
[*digital-to-analog converter* (ADU)]

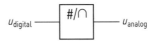

Bild 3.6–7 Schaltzeichen für DAU

Umsetzerkennlinie
(Fehlermöglichkeiten wie beim ADU)

Die **Arbeitsgeschwindigkeit** hängt unmittelbar von der Taktfrequenz ab.

Übung 3.6–3

Welche Änderungen der Funktion ergeben sich bei einem DAU, wenn die Taktfrequenz verdoppelt wird?

Beim **Stufenumsetzer** wird eine Integrierstufe mit den Datenworten angesteuert. Jedes Bit mit dem Zustand „1" bewirkt eine gleichstarke Aufladung des Kondensators. Über den Widerstand erfolgt ständig eine Entladung und zwar in der Weise, dass sich die Aufladespannung im Rahmen eines Datenwortes jeweils von einer zur nächsten Stelle halbiert. Dies entspricht der im dualen System erforderlichen Stellenbewertung. Am Ausgang der Integrierstufe ergibt sich deshalb das gewünschte analoge Signal.

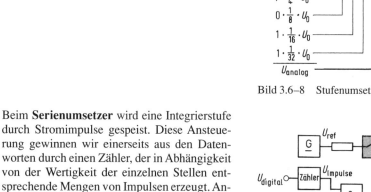

Bild 3.6–8 Stufenumsetzer

Beim **Serienumsetzer** wird eine Integrierstufe durch Stromimpulse gespeist. Diese Ansteuerung gewinnen wir einerseits aus den Datenworten durch einen Zähler, der in Abhängigkeit von der Wertigkeit der einzelnen Stellen entsprechende Mengen von Impulsen erzeugt. Andererseits erfolgt über ein UND-Glied die Verknüpfung mit einem Taktgenerator, damit die Datenworte nacheinander abgearbeitet werden.

Die Zahl der Stromimpulse bewirkt die proportionale Aufladung des Kondensators und damit das analoge Ausgangssignal.

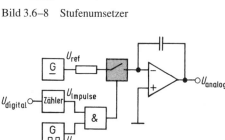

Bild 3.6–9 Serienumsetzer

Übung 3.6–4

Welche Gemeinsamkeiten weisen Stufenumsetzer und Serienumsetzer auf?

Parallelumsetzer können mit großen Taktfrequenzen arbeiten. Es kommt eine Summierstufe zum Einsatz, die von den Bits des Datenwortes bewirkte Teilströme addiert. Diese ergeben sich durch entsprechend gestufte Widerstände, wobei jedes Bit über einen elektronischen Schalter zur Steuerung beiträgt.

Die Stufung der Widerstände ist von den Wertigkeiten der Stellen des Datenwortes abhängig. Als typische Wertigkeitsfolge gilt:

Parallelumsetzer sind auch für große Taktfrequenzen geeignet.

1 – 2 – 4 – 8 – 16 – ... Die Teilströme stehen dann im Verhältnis 1 : 2 : 4 : 8 : 16: ...

Abschließend sei noch erwähnt, dass Digital-Analog-Umsetzer häufig ein Tiefpass nachgeschaltet ist, um störende höherfrequente Anteile (z. B. Taktfrequenz) zu unterdrücken.

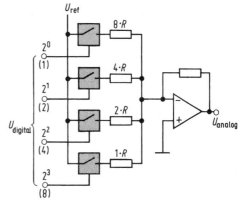

Bild 3.6–10 Parallelumsetzer

Lernerfolgskontrolle zu Kapitel 3.6

1. Welcher grundsätzliche Unterschied besteht zwischen Analog-Digital-Umsetzern mit 8 bit Auflösung und mit 16 bit Auflösung?
2. Stufenumsetzer und Parallelumsetzer verwenden für ihre Funktion Referenzspannungen. Warum arbeitet der Parallelumsetzer schneller?
3. Es sei eine Kettenschaltung aus ADU und DAU gegeben, bei der beide Umsetzer gleiche Spezifikationen aufweisen. Welche Abhängigkeiten bestehen zwischen Eingangs- und Ausgangsspannung dieser Kettenschaltung?
4. Welche Aussage über die Genauigkeit des Analogsignals ist möglich, wenn zwischen einem DAU für 8-bit-Datenworte und 10-bit-Datenworte verglichen wird?

4 Verfahren

4.1 Modulation und Demodulation

4.1.0 Einführung

Nach Durcharbeiten dieses Kapitels können Sie den Begriff der Modulation erklären, analoge und digitale Modulation unterscheiden, die Möglichkeiten der Trägersignalbeeinflussung durch das Modulationssignal angeben, die Amplitudenmodulation mathematisch und grafisch erfassen, Leistungsbegriffe bei der Amplitudenmodulation interpretieren, die Funktion der Frequenzmodulation darstellen, die Varianten der Umtastung beschreiben, die zeitlichen Abhängigkeiten bei der Pulsmodulation aufzeigen, die Aufgabenstellung der Demodulation angeben, AM-Detektoren dimensionieren, kohärente und nicht kohärente Demodulation unterscheiden, die Funktionsweise der verschiedenen FM-Demodulationen erklären, die Demodulation umgetasteter Signale skizzieren und die Konzepte für die Demodulation pulsmodulierter Signale aufzeigen.

Die Übertragung von Signalen in dem als ursprüngliche Lage bezeichneten Basisband über größere Entfernungen würde wegen der auftretenden Dämpfung sehr viel Aufwand erfordern und deshalb nicht wirtschaftlich sein. Es kommen daher sinusförmige oder pulsförmige Trägersignale zum Einsatz, mit deren Hilfe ein Transport des **Basisbandsignals** auch über große Entfernungen effizient, also mit möglichst geringen Verlusten bei optimaler Nutzung des jeweiligen Übertragungskanals, möglich ist. Dabei beeinflusst das zu übertragende Basisbandsignal ein oder mehrere Parameter des Trägersignals systematisch und bewirkt dadurch ein neues Signal. Diesen Vorgang bezeichnen wir als Modulation. Sie wird schaltungstechnisch durch Modulatoren bewirkt.

Übertragung des Basisbandsignals über größere Entfernungen ist nicht wirtschaftlich.

Ziele der Basisbandübertragung mit Trägersignalen
☐ geringe Verluste
☐ optimale Nutzung des Übertragungskanals

Modulation =
Systematische Beeinflussung eines Parameters oder mehrerer Parameter eines sinusförmigen oder pulsförmigen Trägersignals durch das als Modulationssignal bezeichnete zu übertragende Basisbandsignal.

Das Eingangssignal eines Modulators ist das nun als Modulationssignal bezeichnete zu übertragende Basisbandsignal [*baseband signal*]. In Verbindung mit dem von einem entsprechenden Generator zugeführten **Träger(signal)** tritt am Ausgang das gewünschte modulierte Signal auf.

Bild 4.1–1 Modulator

4.1 Modulation und Demodulation

Wird für die Modulation nur ein Träger verwendet, dann sprechen wir von einem Ein-Träger-Verfahren [*single carrier system*]. Neben dieser bisher typischen Form gibt es inzwischen allerdings auch Modulationsverfahren, die mit mehreren Trägersignalen arbeiten. Dafür gilt dann die Bezeichnung **Mehr-Träger-Verfahren** [*multi carrier system*].

Es gibt eine Menge unterschiedlicher Modulationsverfahren und zwar abhängig von folgenden Kriterien:

Ein-Träger-Verfahren
[*single carrier system*]

Mehr-Träger-Verfahren
[*multi carrier system*]

☐ **Art des Modulationssignals**
(analog oder digital)
☐ **Art des Trägersignals**
(analog oder digital)
☐ **Betroffene(r) Parameter des Trägers**
(Amplitude, Frequenz, Phase, ...)
☐ **Zahl der Träger**
(Ein/Mehr-Träger-Verfahren)

Die Modulation eines sinusförmigen (analogen) Trägers bezeichnen wir auch als Schwingungsmodulation, während bei Modulation eines pulsförmigen (digitalen) Trägers Pulsmodulation gegeben ist.

Einen Sonderfall stellt die Modulation im Basisband dar, bei der kein Trägersignal zum Einsatz kommt. Hierbei wird ein analoges Basisbandsignal in ein digitales Signal überführt, allerdings ohne Betrachtung des Übertragungskanals.

Jedes Modulationsverfahren hat seine spezifischen Vor- und Nachteile, stets soll jedoch die verfügbare Bandbreite/Bitrate des Übertragungskanals bestmöglich genutzt werden.

Wir können die Modulation als einen Beladevorgang des Trägersignals durch das Modulationssignal verstehen. Auf der Empfangsseite ist ein Abladevorgang erforderlich, der die Modulation rückgängig macht und damit den Zugriff auf das ursprüngliche Signal ermöglicht. Diesen Vorgang bezeichnen wir als **Demodulation**. Ihre schaltungstechnische Realisierung erfolgt durch Demodulatoren.

Wird bei einem Übertragungssystem ein Modulationsverfahren verwendet, dann ist vor dem Sender ein Modulator und nach dem Empfänger ein Demodulator erforderlich.

Sinusförmiges Trägersignal
⇒ **Schwingungsmodulation**
Pulsförmiges Trägersignal
⇒ **Pulsmodulation**

Durch Modulation im Basisband wird ein analoges Basisbandsignal in ein digitales Signal überführt.

Durch Modulation soll die verfügbare Bandbreite/Bitrate des Übertragungskanals bestmöglich genutzt werden.

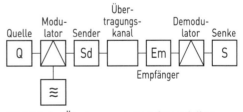

Bild 4.1–2   Übertragungssystem für modulierte Signale

Übung 4.1–1

Welche grundsätzliche Aufgabenstellung hat die Demodulation?

Prinzipiell spielt es für den Einsatz von Modulationsverfahren keine Rolle, ob die Übertragung per Funk oder leitungsgebunden erfolgt. Bei der Wahl der Modulationsart sollte allerdings die Orientierung an den Spezifikationen des jeweiligen Übertragungskanals erfolgen.

> Modulationsverfahren sind bei Funkübertragung und Leitungsübertragung einsetzbar.

4.1.1 Modulation und Demodulation analoger Träger durch analoge Signale

4.1.1.0 Einführung

Analoge Trägersignale weisen sinusförmige Verläufe auf und sind wie folgt beschreibbar:

Trägersignal

$$u_T(t) = \hat{u}_T \cdot \sin(\omega_T \cdot t \pm \varphi_T) \qquad (4.1\text{–}1)$$

Als veränderliche Parameter sind die Amplitude $\hat{u}_T$, die Frequenz ω_T und der Phasenwinkel φ_T möglich.

Allgemein weist das Modulationssignal beliebige Verläufe auf. Da diese gemäß Fourier-Analyse bekanntlich als Summe von Sinuskurven unterschiedlicher Amplitude und Frequenz darstellbar sind, können wir das Modulationssignal grundsätzlich als sinusförmig betrachten.

Modulationssignal

$$u_M(t) = \hat{u}_M \cdot \sin(\omega_M \cdot t \pm \varphi_M) \qquad (4.1\text{–}2)$$

Vorstehende Ausführungen zeigen, dass es drei Möglichkeiten zur Beeinflussung des Trägersignals gibt. Wird die Amplitude des Trägersignals im Rhythmus des Modulationssignals geändert, dann liegt Amplitudenmodulation (AM) vor. Die Variation der Frequenz des Trägersignals führt zur Frequenzmodulation (FM), während die Beeinflussung des Phasenwinkels Phasenmodulation (PM) bewirkt.

Amplitudenmodulation (AM)

$$u_{AM}(t) = \underbrace{k \cdot u_M(t)}_{\text{Amplitude}} \cdot \sin(\omega_T \cdot t \pm \varphi_T) \qquad (4.1\text{–}3)$$

Die Modulationsarten können wir so verstehen, als ob der jeweilige Parameter des Trägersignals durch das mit Hilfe einer Konstante k angepasste Modulationssignal ersetzt wird.

Frequenzmodulation (FM)

$$u_{FM}(t) = \hat{u}_T \cdot \sin(\underbrace{k \cdot u_M(t)}_{\text{Frequenz}} \cdot t \pm \varphi_T) \qquad (4.1\text{–}4)$$

Phasenmodulation (PM)

$$u_{PM}(t) = \hat{u}_T \cdot \sin(\omega_T \cdot t \pm \underbrace{k \cdot u_M(t)}_{\text{Phase}}) \qquad (4.1\text{–}5)$$

Da FM und PM die zeitabhängige Veränderung der Winkelangabe des Sinus bewirken, werden beide Modulationsarten auch als Winkelmodulation bezeichnet.

Frequenzmodulation ⎫
Phasenmodulation ⎬ Winkelmodulation

Übung 4.1–2
Welche Gemeinsamkeiten weisen AM, FM und PM auf?

Auf der Empfangsseite wird durch Demodulation das Modulationssignal $u_M(t)$ aus dem modulierten Signal zurückgewonnen.

4.1.1.1 Amplitudenmodulation (AM)

Bei der Amplitudenmodulation wird die Amplitude des sinusförmigen Trägersignals durch das Modulationssignal variiert. Die Phasenwinkel der Signale spielen dabei keine Rolle. Um den Verlauf des amplitudenmodulierten Signals (AM-Signal) zu ermitteln, verwenden wir deshalb folgenden Ansatz:

$$u_{AM}(t) = \underbrace{(\hat{u}_T + \hat{u}_M \cdot \sin(\omega_M \cdot t))}_{\text{Amplitude}} \cdot \sin(\omega_T \cdot t) \quad (4.1\text{–}6)$$

Die Multiplikation ergibt:

$$u_{AM}(t) = \hat{u}_T \cdot \sin(\omega_T \cdot t) + \hat{u}_T \cdot \left(\frac{\hat{u}_M}{\hat{u}_T} \cdot \sin(\omega_M \cdot t) \cdot \sin(\omega_T \cdot t)\right) \quad (4.1\text{–}7)$$

Umformung mit Hilfe des Additionstheorems führt zu folgender Form:

$$u_{AM}(t) = \hat{u}_T \cdot \sin(\omega_T \cdot t) + \frac{\hat{u}_T}{2} \cdot \left(\frac{\hat{u}_M}{\hat{u}_T} \cdot \cos((\omega_T - \omega_M) \cdot t)\right) - \frac{\hat{u}_T}{2} \cdot \left(\frac{\hat{u}_M}{\hat{u}_T} \cdot \cos((\omega_T + \omega_M) \cdot t)\right) \quad (4.1\text{–}8)$$

Das Verhältnis zwischen den Amplituden von Modulationssignal und Trägersignal wird als Modulationsgrad m bezeichnet.

Modulationsgrad

$$\boxed{m = \frac{\hat{u}_M}{\hat{u}_T}} \quad (4.1\text{–}9)$$

Daraus folgt für das **AM-Signal**:

$$\boxed{u_{AM}(t) = \hat{u}_T \cdot \sin(\omega_T \cdot t) + \frac{m}{2} \cdot \hat{u}_T \cdot \cos((\omega_T - \omega_M) \cdot t) - \frac{m}{2} \cdot \hat{u}_T \cdot \cos((\omega_T + \omega_M) \cdot t)} \quad (4.1\text{–}10)$$

Das am Ausgang des Modulators auftretende amplitudenmodulierte Signal $u_{AM}(t)$ ist nicht mehr rein sinusförmig, sondern es variieren die Amplituden des Trägersignals im Rhythmus der Amplituden des Modulationssignals. Die Verbindungslinie zwischen den Maximal- und Minimalwerten bezeichnen wir als **Hüllkurve**. Deren Verlauf entspricht dem des Modulationssignals.

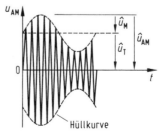

Bild 4.1–3 AM-Signal im Zeitbereich

Der Modulationsgrad kann alle Werte zwischen Null und Eins annehmen, die Amplitude des Modulationssignals somit zwischen den Werten Null und $\hat{u}_T$ variieren.

$$\boxed{0 \leq m \leq 1}$$ (4.1–11)

Wird das Modulationssignal größer als das Trägersignal, dann liegt Übermodulation vor. Diese ist jedoch unerwünscht, weil dann das Modulationssignal durch Demodulation nicht mehr ungestört zurückgewonnen werden kann.

$\hat{u}_M > \hat{u}_T \rightarrow m > 1 \rightarrow$ **Übermodulation**

Beispiel 4.1–1

In welchem Verhältnis stehen bei $m = 80\,\%$ das Modulationssignal und das Trägersignal zueinander?

Aus der Definition für den Modulationsgrad ergibt sich:

$$m = \frac{\hat{u}_M}{\hat{u}_T} = 0{,}8 = \frac{8}{10} = \frac{4}{5}$$

Die Amplitude des Modulationssignals beträgt 80 % der Amplitude des Trägersignals.

Übung 4.1–3

Stellen Sie die Hüllkurve des AM-Signals aus vorstehendem Beispiel als Zeitfunktion dar.

Die Gleichung 4.1–10 zeigt, dass ein AM-Signal drei Anteile aufweist, nämlich das Trägersignal sowie Summe und Differenz aus Trägerfrequenz und Modulationsfrequenz.

Anteile des AM-Signals
☐ Trägerfrequenz
☐ Summe aus Trägerfrequenz und Modulationsfrequenz
☐ Differenz aus Trägerfrequenz und Modulationsfrequenz

Die Anteile oberhalb und unterhalb der Trägerfrequenz bezeichnen wir als Seitenfrequenzen. Deren Amplituden sind vom Modulationsgrad abhängig. Im Regelfall weist das Modulationssignal nicht nur eine Frequenz auf, sondern besteht aus einer Summe von Anteilen mit unterschiedlichen Frequenzen. Da jeder Anteil eine Seitenfrequenz im AM-Signal bewirkt, ergeben sich als Gesamtheit Seitenbänder, und zwar oberhalb und unterhalb der Trägerfrequenz. Das Seitenband oberhalb der Trägerfrequenz bezeichnen wir als **oberes Seitenband** (OSB)

$\left.\begin{array}{r}\omega_T - \omega_M \\ \omega_T + \omega_M\end{array}\right\}$ **Seitenfrequenzen**

4.1 Modulation und Demodulation

[*upper sideband* (USB)], während das Seitenband unterhalb der Trägerfrequenz **unteres Seitenband** (USB) [*lower sideband* (LSB)] heißt. Jedes Seitenband weist alle Anteile zwischen der kleinsten Frequenz des Modulationssignals f_{Mmin} und der größten Frequenz des Modulationssignals f_{Mmax} auf.

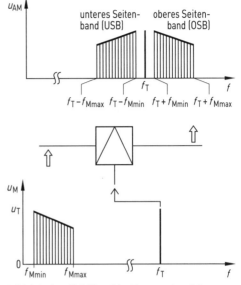

Bild 4.1–4 AM-Signal im Frequenzbereich

Beispiel 4.1–2

Ein Audiosignal im Bereich 100 Hz ... 4,5 kHz soll durch Amplitudenmodulation mit der Trägerfrequenz 932 kHz übertragen werden. Welche Form weist das AM-Signal im Frequenzbereich auf?

Für die Darstellung sind folgende Angaben verfügbar: $f_T = 932$ kHz, $f_{Mmin} = 0{,}1$ kHz, $f_{Mmax} = 4{,}5$ kHz. Das untere Seitenband (USB) umfasst somit den Frequenzbereich 927,5 ... 931,9 kHz, während es sich bei dem oberen Seitenband (OSB) um den Frequenzbereich 932,1 ... 936,5 kHz handelt.

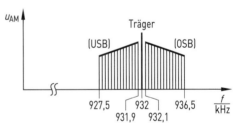

Das AM-Signal ist bezogen auf die Trägerfrequenz symmetrisch aufgebaut. Das Frequenzband des Modulationssignals tritt zweimal auf, wobei die Lage des oberen Seitenbandes dem des Basisbandsignals entspricht, während beim unteren Seitenband Umkehrung gegeben ist. Das OSB befindet sich also in **Regellage** (d. h. je größer die Frequenz des Modulationssignals, desto größer die Frequenz des AM-Signals), während für das USB **Kehrlage** (d. h. je größer die Frequenz des Modulationssignals, desto kleiner die Frequenz des AM-Signals) gilt.

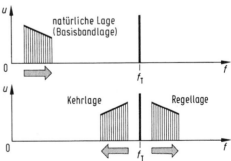

Bild 4.1–5 Regellage und Kehrlage beim AM-Signal

Übung 4.1–4

Welcher Unterschied besteht zwischen Regellage und Kehrlage der Seitenbänder eines AM-Signals?

Die Darstellung des AM-Signals im Frequenzbereich zeigt, dass dessen Bandbreite unmittelbar von der größten Modulationsfrequenz abhängt. Wegen des symmetrischen Aufbaus des Signals entspricht der Frequenzbedarf genau dem doppelten Wert der größten Modulationsfrequenz. Soll also ein Signal von maximal 3,4 kHz übertragen werden, dann beträgt die Bandbreite des AM-Signals 6,8 kHz.

Für die Dimensionierung von Schaltungen sind die Grenzwerte des AM-Signals von Interesse, also bei kleinstem Modulationsgrad ($m = 0$) und größtem Modulationsgrad ($m = 1$).

Ohne Modulation, also bei $m = 0$, besteht das AM-Signal nur aus dem Trägersignal $\hat{u}_\mathrm{T}$. Beim maximalen Modulationsgrad $m = 1$ ergibt sich für das AM-Signal als kleinster Wert null, beim größten Wert ist es dagegen das Doppelte der Spitzenspannung des Trägersignals. Diese lässt sich auch mit Hilfe der **Zeigerdarstellung** veranschaulichen. Dabei wird der Zeiger für den Träger als feststehend betrachtet, während sich die Zeiger der beiden Seitenfrequenzen an deren Spitze angeordnet gegenläufig drehen und für jeden Zeitpunkt einen anderen resultierenden Gesamtzeiger bewirken.

Bandbreite des AM-Signals

$$B_\mathrm{AM} = 2 \cdot f_\mathrm{max} \qquad (4.1\text{--}12)$$

$$u_\mathrm{AMmin}(m = 0) = \hat{u}_\mathrm{T} \qquad (4.1\text{--}13)$$

$$u_\mathrm{AMmax}(m = 0) = \hat{u}_\mathrm{T} \qquad (4.1\text{--}14)$$

$$u_\mathrm{AMmin}(m = 1) = 0 \qquad (4.1\text{--}15)$$

$$u_\mathrm{AMmax}(m = 1) = 2 \cdot \hat{u}_\mathrm{T} \qquad (4.1\text{--}16)$$

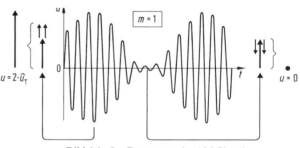

Bild 4.1–6 Grenzwerte des AM-Signals

Damit der Modulator aus den beiden Eingangssignalen, nämlich Modulations- und Trägersignal, das AM-Signal als Ausgangssignal bilden kann, muss er eine bestimmte Arbeitskennlinie aufweisen.

Eine lineare Kennlinie $u_2 = k \cdot u_1$ ist nicht ausreichend, weil sich dadurch jeweils nur eine Überlagerung der beiden Eingangsfrequenzen ergibt. Für die Erzeugung der beiden Seitenbän-

Die Arbeitskennlinie des Modulators soll die richtige Verknüpfung zwischen den beiden Eingangssignalen (Trägersignal, Modulationssignal) und dem Ausgangssignal (AM-Signal) bewirken.

4.1 Modulation und Demodulation

der wird deshalb eine nichtlineare Kennlinie benötigt, im einfachsten Fall eine quadratische Kennlinie. Bei dieser ist die Ausgangsspannung u_2 mit der Eingangsspannung u_1 über eine Konstante k quadratisch verknüpft.

Quadratische Kennlinie

$$u_2 = k \cdot u_1^2 \qquad (4.1\text{--}17)$$

Gehen wir bei der Eingangsspannung von einer Reihenschaltung der Spannungen von Trägersignal $u_T(t)$, Modulationssignal $u_M(t)$ und einer den Arbeitspunkt bestimmenden Gleichspannung U_0 aus, dann ergibt sich:

$$u_2 = k \cdot (U_0 + \hat{u}_T \cdot \sin(\omega_T \cdot t) + \hat{u}_M \cdot \sin(\omega_M \cdot t))^2 \qquad (4.1\text{--}18)$$

Das Ergebnis der Ausrechnung zeigt, dass bedingt durch die quadratische Kennlinie einerseits die für AM relevanten Anteile (Fettdruck) auftreten, andererseits aber auch einige unerwünschte Anteile (Normaldruck) im Signal enthalten sind. Es gilt:

$$\begin{aligned}u_2 = k \cdot \big(&U_0^2 + \mathbf{2 \cdot U_0 \cdot \hat{u}_T \cdot \sin(\omega_T \cdot t)} + 2 \cdot U_0 \cdot \hat{u}_M \cdot \sin(\omega_M \cdot t) \\ &+ \hat{u}_T \cdot \hat{u}_M \cdot \cos((\omega_T - \omega_M) \cdot t) - \hat{u}_T \cdot \hat{u}_M \cdot \cos((\omega_T + \omega_M) \cdot t) \\ &+ \hat{u}_T^2 \cdot (\tfrac{1}{2} - \tfrac{1}{2} \cdot \cos(2 \cdot \omega_T \cdot t)) - \hat{u}_M^2 \cdot (\tfrac{1}{2} - \tfrac{1}{2} \cdot \cos(2 \cdot \omega_M \cdot t)) \big)\end{aligned} \qquad (4.1\text{--}19)$$

Die nicht erwünschten Anteile liegen mit ihren Frequenzen ausreichend entfernt von der Trägerfrequenz und den Seitenbandfrequenzen, so dass sie durch einen Bandpass unterdrückt werden können. Mit $U_0 = \hat{u}_T$ und $k = 1/(2 \cdot \hat{u}_T)$ geht dann der verbleibende Rest vorstehender Gleichung in die bekannte Form für das AM-Signal über.

Unterdrückung der für das AM-Signal nicht relevanten Anteile durch einen Bandpass.

Der einfachste Fall einer nichtlinearen Kennlinie ist bei einer Diode gegeben. Bei der Verwendung von Transistoren wird zum Beispiel die nichtlineare Abhängigkeit zwischen Basisstrom I_B bzw. Basis-Emitter-Spannung U_{BE} und Kollektorstrom I_C bzw. Kollektor-Emitter-Spannung U_{CE} genutzt. Für große Ausgangsleistungen spielen auch heute noch Röhren eine wichtige Rolle. Dabei wird die Nichtliniarität durch Änderung des Arbeitspunktes im Rhythmus des Modulationssignals bewirkt.

Nichtlineare Abhängigkeiten zwischen Eingangs- und Ausgangsspannung können durch Dioden, Transistoren und Röhren bewirkt werden.

Von den Sendeantennen ist uns bekannt, dass die abgestrahlte elektromagnetische Energie durch den Sender nachgeliefert werden muss. Soll nun Amplitudenmodulation (AM) für den Funkdienst verwendet werden, dann ist eine entsprechende Ausgangsleistung des AM-Senders erforderlich. Dies wird üblicherweise durch eine dem AM-Modulator nachgeschaltete Leistungsverstärkerstufe erreicht. Als Abschluss können wir dabei stets von einem Wirkwiderstand R ausgehen, gleichgültig ob die An-

Bei Verwendung der Amplitudenmodulation (AM) für Funkdienste ist eine entsprechende **Ausgangsleistung des AM-Senders** erforderlich, damit die von der Antenne abgestrahlte Energie wieder nachgeliefert wird.

tenne direkt oder über eine Leitung angeschlossen ist.

Wie das AM-Signal selbst, ist auch die Ausgangsleistung P_{AM} vom Modulationsgrad abhängig. Grundsätzlich gilt für die Wirkleistung das Integral über eine Periode des Quadrates des AM-Signals:

AM-Ausgangsleistung

$$P_{AM} = \frac{1}{T} \cdot \int_0^T \frac{(u_{AM}(t))^2}{R} \, dt \qquad (4.1\text{--}20)$$

Ein Grenzfall liegt bei $m = 0$ vor, also ohne Modulationssignal. Die Ausgangsleistung wird dann nur durch das Trägersignal bestimmt. Sie wird als Trägerleistung P_T [*carrier power P_C*] bezeichnet und gilt als Bezugsgröße für weitere Leistungsangaben.

$$P_{AM}(m=0) = \frac{u_T^2}{R} \qquad (4.1\text{--}21)$$

Trägerleistung P_T [*carrier power P_C*] = Wirkleistung während einer Periode des AM-Signals, wenn kein Modulationssignal vorhanden ist.

Betrachten wir nun dagegen das AM-Signal, wenn das Modulationssignal den größten Augenblickswert aufweist, dann ergibt sich der Wert für die Spitzenleistung $\hat{P}_{AM}$ [*peak envelope power* (PEP)]. Er kann als Fläche unter der über eine Periode des Trägersignals betrachteten $u_{AM}^2(t)$-Kurve verstanden werden.

Spitzenleistung $\hat{P}_{AM}$ [*peak envelope power* (PEP)] = Wirkleistung während einer Periode des AM-Signals, wenn das Modulationssignal seinen größen Augenblickswert aufweist.

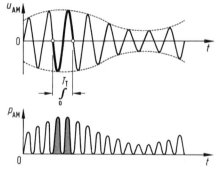

Bild 4.1–7 AM-Spitzenleistung

Die Auswertung der Integralgleichung führt zu folgendem Ergebnis:
Der größte Wert der Spitzenleistung tritt bei $m = 1$ auf. Er beträgt das Vierfache der Spitzenleistung.

$$\hat{P}_{AM} = (1+m)^2 \cdot P_T \qquad (4.1\text{--}22)$$

$$\hat{P}_{AM}(m=1) = 4 \cdot P_T \qquad (4.1\text{--}23)$$

Während die Spitzenleistung für die elektrische Belastbarkeit der Bauelemente von Bedeutung ist, stellt die mittlere Leistung $\overline{P}_{AM}$ [*mean power* (P_M)] ein Kriterium für die auftretende Wärme-

4.1 Modulation und Demodulation

belastung des Senders dar. Die mittlere Leistung bezieht sich auf das AM-Signal während einer Periode der kleinsten Frequenz (also größte Periodendauer) des Modulationssignals.

Mittlere Leistung $\bar{P}_{AM}$ [*mean power* P_M] = Wirkleistung des AM-Signals während der kleinsten Frequenz (d. h. größten Periodendauer) des Modulationssignals.

Die Berechnung der mittleren Leistung erfolgt in analoger Weise zur Spitzenleistung. Die Integration ist jedoch etwas aufwendiger, da sie zuerst über die Periode des Trägersignals T_T und dann über die größte Periodendauer des Modulationssignals T_{Mmax} erfolgen muss. Die Ausrechnung ergibt:

$$\bar{P}_{AM} = \frac{1}{T_{max}} \cdot \int_0^{T_{Mmax}} \left(\frac{1}{T_T} \cdot \int_0^{T_T} \frac{u_{AM}(t)^2}{R} \, dt \right) dt \quad (4.1\text{--}24)$$

$$\bar{P}_{AM} = \left(1 + \frac{m^2}{2}\right) \cdot P_T \quad (4.1\text{--}25)$$

Daraus folgt, dass der größte Wert der mittleren Leistung bei $m = 1$ auftritt und den anderthalbfachen Wert der Trägerleistung annimmt.

$$\bar{P}_{AM}(m=1) = \frac{3}{2} \cdot P_T \quad (4.1\text{--}26)$$

Übung 4.1–5

Welche Abhängigkeit besteht zwischen der mittleren Leistung des AM-Signals und der Periodendauer des Modulationssignals?

Die bisherigen Betrachtungen gelten stets für das gesamte AM-Signal. Es setzt sich aus der Trägerleistung und den Seitenbandleistungen zusammen. Es gilt:

$$\bar{P}_{AM} = P_T + P_{USB} + P_{OSB} \quad (4.1\text{--}27)$$

Da die beiden Seitenbandleistungen gleich sind, ist folgende Vereinfachung möglich:

$$P_{SB} = P_{USB} = P_{OSB} \quad (4.1\text{--}28)$$

Damit ergibt sich:

$$\bar{P}_{AM} = P_T + 2 \cdot P_{SB} \quad (4.1\text{--}29)$$

Durch Umformung und Einsetzen der bekannten Beziehung für die mittlere Leistung erhalten wir:

$$P_{SB} = \frac{m^2}{4} \cdot P_T \quad (4.1\text{--}30)$$

Daraus ist ersichtlich, dass bei maximalem Modulationsgrad die Leistung eines Seitenbandes einem Viertel der Trägerleistung entspricht.

$$P_{SB}(m=1) = \frac{1}{4} \cdot P_T \quad (4.1\text{--}31)$$

Beziehen wir die Seitenbandleistung auf die mittlere Leistung des gesamten AM-Signals, dann ergibt sich:

$$P_{SB} = \frac{1}{2 + \dfrac{4}{m^2}} \cdot \bar{P}_{AM} \quad (4.1\text{--}32)$$

Die Gleichung zeigt, dass auch bei maximalem Modulationsgrad das Seitenband nur ein Sechstel der mittleren Leistung beträgt. Es wird also auch im günstigsten Fall nur knapp 17 % der gesamten Signalleistung für die eigentliche Nachricht genutzt.

$$P_{SB}(m=1) = \frac{1}{6} \cdot \bar{P}_{AM} \quad (4.1\text{--}33)$$

Das bisher betrachtete AM-Verfahren bezeichnen wir wegen des symmetrischen Signalaufbaus als Zweiseitenband-Amplitudenmodulation (ZSB-AM) [*double sideband amplitude modulation* (DSB-AM)]. Da für die zu übertragende Information eigentlich nur ein Seitenband erforderlich ist und auch der Träger nicht zur Information beiträgt, sind abgeleitet von der ZSB-AM verschiedene AM-Verfahren mit besserem Wirkungsgrad entwickelt worden.

Im AM-Signal hat das Trägersignal bekanntlich den größten Anteil. Wird der Träger völlig oder teilweise unterdrückt, dann verändert sich die Leistungsaufteilung im Ausgangssignal, weil die Anteile für die Seitenbänder größer werden. Die vollständige Unterdrückung des Trägers wird konsequenterweise als **Trägerunterdrückung** [*carrier suppression*] bezeichnet, während es sich bei teilweiser Unterdrückung um **Trägerabsenkung** [*carrier reduction*] handelt. Die Angabe über den Umfang der Absenkung des Trägersignals erfolgt in Dezibel (dB). Das verbleibende Trägersignal heißt Restträger.

Durch Trägerunterdrückung oder Trägerreduzierung vergrößert sich der Leistungsanteil für die Seitenbänder. Da beide Seitenbänder dieselbe Information beinhalten, kann ohne Informationsverlust auch nur ein Seitenband übertragen werden. Dieses Verfahren bezeichnen wir als **Einseitenband-Amplitudenmodulation** (ESB-AM) [*single sideband amplitude modulation* (SSB-AM)], wobei dies für das obere und untere Seitenband möglich ist. In beiden Fällen beträgt die Bandbreite dann nur noch die Hälfte des Wertes für die ZSB-AM, nämlich genau der größten Frequenz des Modulationssignals.

Das Einseitenbandverfahren wird in der Praxis mit Trägerunterdrückung oder Trägerabsenkung eingesetzt. Dies ermöglicht eine optimale Kombination zwischen Leistung und Bandbreite.

Zweiseitenband (ZSB)-AM
[*double sideband* (DSB)-AM]

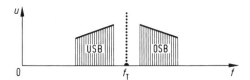

Bild 4.1–8   AM-Signal mit Trägerunterdrückung

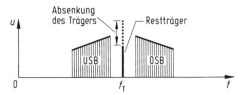

Bild 4.1–9   AM-Signal mit Trägerabsenkung

Einseitenband (ESB)-AM
[*single sideband* (SSB)-AM]

$$B_{ESB-AM} = f_{Mmax} \quad (4.1–34)$$

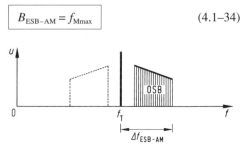

Bild 4.1–10   Einseitenband-AM

4.1 Modulation und Demodulation

Wir können das Einseitenbandverfahren auch zweimal bei demselben Träger anwenden. Dazu wird bei einem ZSB-AM-Signal das obere Seitenband unterdrückt und bei einem anderen das untere Seitenband. In jedem Seitenband treten damit unterschiedliche Informationen auf, also voneinander unabhängige Seitenbänder [*independent sideband* (ISB)]. Der Vorteil besteht darin, dass nur eine Trägerfrequenz für zwei Modulationssignale erforderlich ist.

Zweiseitenband-AM mit voneinander unabhängigen Seitenbändern
[*independent sideband* (ISB)-AM]

Sollen durch Amplitudenmodulation auch sehr kleine Modulationsfrequenzen übertragen werden, dann liegen diese ganz nahe beim Trägersignal. Dies führt bei der Auf- und Abbereitung eines ESB-Signals zu Filterproblemen. Abhilfe dafür bietet die Restseitenband-Amplitudenmodulation (RSB-AM) [*vestigial sideband amplitude modulation* (VSB-AM)]. Dabei wird noch ein Teil des zweiten Seitenbandes mit übertragen, so dass die Rückgewinnung der kleinen Modulationsfrequenzen unproblematisch erfolgen kann. Die Bandbreite eines RSB-AM-Signals liegt somit zwischen den Werten für ESB-AM und ZSB-AM. Eine typische Anwendung der Restseitenband-Amplitudenmodulation ist beim analogen Fernsehen gegeben.

Restseitenband (RSB)-AM
[*vestigial sideband* (VSB)-AM]

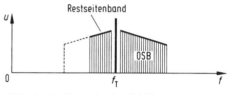

Bild 4.1–11   Restseitenband-AM

Übung 4.1–6

Geben Sie in Reihenfolge der benötigten Bandbreite die verschiedenen AM-Verfahren an, beginnend mit dem kleinsten Bandbreitebedarf.

Bei der ISB-AM werden bekanntlich mit Hilfe eines Trägersignals zwei unterschiedliche Modulationssignale übertragen. Dies kann technisch eleganter mit der **Quadratur-Amplitudenmodulation** (QAM) [*quadrature amplitude modulation* (QAM)] gelöst werden. Es handelt sich um zwei ZSB-AM-Signale, bei denen zwar die Frequenz der beiden Trägersignale gleich ist, jedoch eine Phasenverschiebung von 90° besteht. Die Zusammenfassung beider Signale führt zu dem resultierenden QAM-Signal, dessen Bandbreite dem eines ZSB-AM-Signals entspricht.

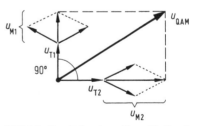

Bild 4.1–12   Zeigerdarstellung für Quadratur-Amplitudenmodulation (QAM)

Für die Erzeugung des QAM-Signals wird ein Trägerfrequenzgenerator verwendet und dessen Ausgangssignal dem einen ZSB-AM-Modulator direkt zugeführt, während es der andere über einen 90°-Phasenschieber erhält. Mit Hilfe eines Summierers werden die Ausgänge der beiden Modulatoren zum QAM-Signal zusammengefasst.

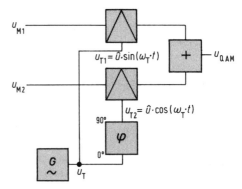

Bild 4.1–13   Modulator für QAM

Mathematisch betrachtet weist das Trägersignal für den einen Modulator Sinusform auf, während der Phasenschieber für den anderen Cosinusform bewirkt. Der Ausgang des direkt angesteuerten Modulators wird auch als Inphase-Komponente (I-Komponente) bezeichnet, während es beim phasenverschoben angesteuerten Modulator die Quadratur-Komponente (Q-Komponente) ist.

☐ Trägersignal sinusförmig ⇒
Signal am Modulatorausgang:
Inphase-Komponente (I-Komponente)
☐ Trägersignal cosinusförmig ⇒
Signal am Modulatorausgang:
Quadratur-Komponente (Q-Komponente)

Bei der **Demodulation** von AM-Signalen können wir zwischen inkohärenten und kohärenten Verfahren unterscheiden. Bei inkohärenter Demodulation wird das Trägersignal nicht benötigt, während bei kohärenter Demodulation für die Funktionsfähigkeit das Trägersignal erforderlich ist.

Inkohärente Demodulation:
Trägersignal nicht erforderlich
Kohärente Demodulation:
Trägersignal erforderlich

AM-Demodulatoren für das inkohärente Verfahren nutzen die in der Hüllkurve des AM-Signals enthaltenen Informationen. Dafür reicht bereits eine einfache Diodenschaltung aus. Die Diode bewirkt dabei die Gleichrichtung des AM-Signals. Durch einen nachgeschalteten Bandpass erfolgt die Ausfilterung des Modulationssignals. Dieser lässt sich bereits mit einem RC-Glied als Tiefpass in Verbindung mit einem Kondensator zur Abtrennung des Gleichspannungsanteils realisieren (Bild 4.1–14).

Das RC-Glied muss dabei so bemessen sein, dass zwar die hochfrequenten Trägersignalanteile möglichst gut unterdrückt werden, jedoch keine signifikante Beeinflussung des niederfrequenten Modulationssignals auftritt. Für die Zeitkonstante des RC-Gliedes gilt folgender Bereich:

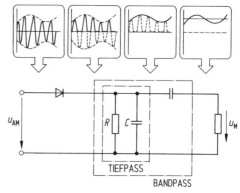

Bild 4.1–14   AM-Demodulator mit Diode

$$T_T < \boxed{\tau = R \cdot C} < T_M \qquad (4.1\text{–}35)$$

Wegen der aufgezeigten Funktionsweise des Dioden-Demodulators gilt für ihn die Bezeichnung Hüllkurvendetektor oder Spitzenwertgleichrichter. Er erfordert nur geringem Schaltungsaufwand, es sind allerdings Verzerrungen beim Ausgangssignal nicht ganz vermeidbar.

AM-Demodulator mit Diode =
Hüllkurvendetektor =
Spitzenwertgleichrichter =
☐ Geringer Schaltungsaufwand
☐ Verzerrungen beim Ausgangssignal

Beispiel 4.1–3

Welche Zeitkonstante ist für das RC-Glied eines Hüllkurvendetektors erforderlich, wenn für das AM-Signal $f_T = 800$ kHz und $f_M = 1$ kHz gilt?

$$T_T = \frac{1}{f_T} = \frac{1}{800 \cdot 10^3 \text{ Hz}} < \tau = R \cdot C < T_M = \frac{1}{f_M} = \frac{1}{1 \cdot 10^3 \text{ Hz}}$$

$$1{,}25 \text{ μs} < \tau = R \cdot C < 1000 \text{ μs}$$

Bei einem gewählten Wert für die Zeitkonstante von 500 μs kann das RC-Glied zum Beispiel durch $R = 500$ kΩ und $C = 1$ nF realisiert werden.

Übung 4.1–7

Welchen Einfluss hat die Trägerfrequenz auf die Dimensionierung des RC-Gliedes eines Spitzenwertgleichrichters?

Bei **kohärenter Demodulation** wird das durch die Modulation frequenzmäßig um die Trägerfrequenz verschobene Modulationssignal wieder in die Basisbandlage gebracht. Es handelt sich im Prinzip um eine **Abwärtsmischung**, die bei großen Frequenzen auch in mehreren Schritten über Zwischenfrequenzen erfolgen kann. Derartige Demodulationsschaltungen heißen **Synchrondemodulator** oder **Produktdetektor** und erfordern für ihre bestimmungsgemäße Funktion stets ein Signal mit der Trägerfrequenz.

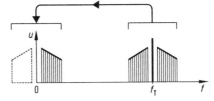

Bild 4.1–15 Kohärente Demodulation

Wird bei einem amplitudenmodulierten Signal mit vollem oder abgesenktem Träger gearbeitet, dann lässt sich das trägerfrequente Signal aus dem AM-Signal durch Filterung gewinnen, was wir als Trägerrückgewinnung bezeichnen. Bei unterdrücktem Träger müssen wir dagegen einen ausreichend frequenzstabilen Generator verwenden.

Für die kohärente Demodulation ist **Trägerrückgewinnung** oder ein ausreichend frequenzstabiler Generator erforderlich.

Es lässt sich aus den Gleichungen für die AM-Signale ableiten, dass im Regelfall das Signal mit der Trägerfrequenz auch in der Phasenlage mit dem Trägersignal übereinstimmen muss.

Das Signal mit der Trägerfrequenz muss bei kohärenter Demodulation im Regelfall gleiche Phase wie das Trägersignal aufweisen.

Synchrondemodulatoren sind für alle aufgezeigten AM-Varianten verwendbar. Sie liefern bei vertretbarem technischem Aufwand optimale Ergebnisse. Im Falle der QAM wird das Demodulations-Konzept zweifach angewendet, wobei die beiden Signale mit Trägerfrequenz allerdings 90 Grad Phasenverschiebung zueinander aufweisen müssen.

Synchrondemodulation bei QAM erfordert zwei Signale mit Trägerfrequenz und 90 Grad Phasenverschiebung zueinander.

4.1.1.2 Frequenzmodulation (FM)

Bei Frequenzmodulation (FM) ändert sich die Frequenz des Trägersignals f_T proportional zum Spannungsverlauf des Modulationssignals $u_M(t)$. Den Phasenwinkel können wir als konstant betrachten und für die weiteren Betrachtungen vernachlässigen. Das frequenzmodulierte Signal (FM-Signal) am Ausgang des Modulators $u_{FM}(t)$ ist sinusförmig, weist im Gegensatz zum AM-Signal konstante Amplitude auf und ist für jeden Zeitpunkt durch eine bestimmte Frequenz gekennzeichnet, wobei diese zwischen einem kleinsten und größten Wert liegt. Die Abweichung von der Trägerfrequenz wird als **Frequenzhub** Δf_T oder $\Delta \omega_T$ bezeichnet.

FM: $f_T \sim u_M(t)$

FM-Signal
☐ Sinusförmiger Verlauf
☐ Konstante Amplitude
☐ Frequenz ändert sich proportional zum Modulationssignal $u_M(t)$

Frequenzhub

$$\Delta \omega_T = 2 \cdot \pi \cdot \Delta f_T \sim u_M(t) \tag{4.1–36}$$

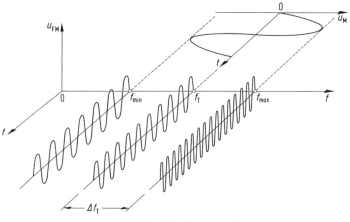

Bild 4.1–16 Frequenzhub

Übung 4.1–8

Welche Aussage ist für den Frequenzhub möglich, wenn die Amplitude des einem FM-Modulators zugeführten Modulationssignals größer wird?

4.1 Modulation und Demodulation

Die Amplitude des Modulationssignals bestimmt bekanntlich die Frequenz des FM-Signals, die Frequenz des Modulationssignals dagegen die zeitliche Änderung des zum Sinus gehörenden Winkels α. Es gilt:

$$u_{FM}(t) = \hat{u}_T \cdot \sin(\alpha(t)) \qquad (4.1\text{--}37)$$

Beziehen wir das Modulationssignal ein, dann ergibt sich:

$$u_{FM}(t) = \hat{u}_T \cdot \sin\left((\omega_T \cdot t) + \cdot \frac{\Delta \omega_T}{\omega_M} \cdot \sin(\omega_M \cdot t)\right) \qquad (4.1\text{--}38)$$

Das Verhältnis zwischen Frequenzhub $\Delta\omega_T$ und Modulationsfrequenz ω_M bezeichnen wir als Modulationsindex M.

Modulationsindex

$$\boxed{M = \frac{\Delta\omega_T}{\omega_M} = \frac{\Delta f_T}{f_M}} \qquad (4.1\text{--}39)$$

Für die Zeitfunktion des FM-Signals erhalten wir damit folgende Form:

$$\boxed{u_{FM}(t) = \hat{u}_T \cdot \sin((\omega_T + M \cdot \sin \omega_M) \cdot t)} \qquad (4.1\text{--}40)$$

Die Berechnung dieser ineinander verschachtelten Winkelfunktionen ergibt eine Überlagerung von Sinuskurven, deren Amplituden vom Modulationsindex abhängen. Die Werte bestimmen sich aus den **Bessel-Funktionen** $J_n(M)$ und können entsprechenden Kurven oder Tabellen entnommen werden.

Die Frequenzen der vorstehend angeführten Sinuskurven liegen jeweils im Abstand der Modulationsfrequenz beidseitig zur Trägerfrequenz.

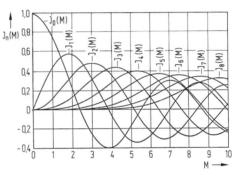

Bild 4.1–17 Bessel-Funktionen

Bei FM-Signalen treten also Seitenfrequenzen auf, deren Amplituden durch die Bessel-Funktionen bestimmt sind. Es gilt:

$$u_{FM}(t) = \hat{u}_T \cdot J_0(M) \cdot \sin(\omega_T \cdot t)$$
$$+ \hat{u}_T \cdot \sum_{n=1}^{\infty} J_n(M) \cdot \sin((\omega_T + n \cdot \omega_M) \cdot t)$$
$$+ \hat{u}_T \cdot \sum_{n=1}^{\infty} (-1)^n \cdot J_n(M) \cdot \sin((\omega_T - n \cdot \omega_M) \cdot t) \qquad (4.1\text{--}41)$$

In ausgeschriebener Form ergibt sich:

$$\begin{aligned}
u_{FM}(t) = &\ \hat{u}_T \cdot J_0(M) \cdot \sin(\omega_T \cdot t) \\
&+ \hat{u}_T \cdot J_1(M) \cdot \sin((\omega_T + \omega_M) \cdot t) \\
&+ \hat{u}_T \cdot J_2(M) \cdot \sin((\omega_T + 2 \cdot \omega_M) \cdot t) \\
&+ \hat{u}_T \cdot J_3(M) \cdot \sin((\omega_T + 3 \cdot \omega_M) \cdot t) \\
&+ \ldots + \ldots \\
&- \hat{u}_T \cdot J_1(M) \cdot \sin((\omega_T - \omega_M) \cdot t) \\
&+ \hat{u}_T \cdot J_2(M) \cdot \sin((\omega_T - 2 \cdot \omega_M) \cdot t) \\
&- \hat{u}_T \cdot J_3(M) \cdot \sin((\omega_T - 3 \cdot \omega_M) \cdot t) \\
&+ \ldots - \ldots \qquad (4.1\text{--}42)
\end{aligned}$$

Während die Seitenfrequenzen oberhalb der Trägerfrequenz stets positive Amplitudenwerte aufweisen, treten bei den Seitenfrequenzsignalen unterhalb Trägerfrequenz alternierende Vorzeichen auf. Dies ist bei Darstellung der Frequenzfunktion zu beachten. In der Fachliteratur wird allerdings häufig nur mit Beträgen gearbeitet, wobei dann ausschließlich positive Anteile auftreten.

Das Spektrum des FM-Signals ist also theoretisch unbegrenzt. Die neben dem Trägersignal auftretenden Seitenfrequenzsignale werden auch als Seitenschwingungen bezeichnet und sind mit zunehmender Frequenz vernachlässigbar, weil mit steigender Ordnungszahl die Amplituden abnehmen.

Das Frequenzspektrum des FM-Signals ist theoretisch unbegrenzt.

Die Amplituden der **Seitenschwingungen** nehmen mit zunehmender Frequenz ab.

Beispiel 4.1–4

Für ein FM-Signal sei der Modulationsindex $M = 2$ und die Modulationsfrequenz $f_M = 5$ kHz. In welchem Verhältnis stehen die Seitenschwingungen zum Träger?

Die gesuchten Werte ergeben sich aus den Bessel-Funktionen:

$$f_T: J_0(2) = +0{,}22$$

$f_T - 5$ kHz: $J_1(2) = -0{,}58$ $f_T + 5$ kHz: $J_1(2) = 0{,}58$
$f_T - 10$ kHz: $J_2(2) = +0{,}35$ $f_T + 10$ kHz: $J_2(2) = 0{,}35$
$f_T - 15$ kHz: $J_3(2) = -0{,}13$ $f_T + 15$ kHz: $J_3(2) = 0{,}13$
$f_T - 20$ kHz: $J_4(2) = +0{,}03$ $f_T + 20$ kHz: $J_4(2) = 0{,}03$

Übung 4.1–9

Wie wird die Amplitude und die Frequenz des Modulationssignals im FM-Signal repräsentiert?

Die Zahl der Seitenschwingungen ist unmittelbar vom Modulationsindex M abhängig. Es gilt:

M klein $\Rightarrow$ Wenige Seitenschwingungen
M groß $\Rightarrow$ Viele Seitenschwingungen

Die Praxis zeigt, dass mindestens $M + 1$ Seitenschwingungen für eine Übertragung berücksichtigt werden müssen, wenn diese eine vertretbare Qualität aufweisen soll.

Die Bandbreite des FM-Signals lässt sich deshalb unmittelbar aus dem Frequenzhub und der größten Frequenz des Modulationssignals berechnen, da sich Modulationsindex M und Frequenzhub Δf_T proportional zueinander verhalten.

Bandbreite des FM-Signals

$$B_{FM} = 2 \cdot (\Delta f_T + f_M) \qquad (4.1–43)$$

Beispiel 4.1–5

Im UKW-Bereich (87,5 … 108 MHz) wird Hörfunk mit Frequenzmodulation übertragen. Der maximale Frequenzhub ist mit 75 kHz festgelegt, während die größte Modulationsfrequenz 15 kHz beträgt. Welcher Modulationsindex liegt vor und wie groß ist die Bandbreite des FM-Signals?

4.1 Modulation und Demodulation

$$M = \frac{\Delta f_T}{f_M} = \frac{75 \text{ kHz}}{15 \text{ kHz}}$$
$$\underline{\underline{M = 5}}$$

$$B_{FM} = 2 \cdot (\Delta f_T + f_M) = 2 \cdot (75 \text{ kHz} + 15 \text{ kHz})$$
$$\underline{\underline{B_{FM} = 180 \text{ kHz}}}$$

Bei einem Modulationsindex $M = 5$ beträgt die Bandbreite des FM-Signals 180 kHz.

Im Gegensatz zum AM-Signal benötigt das FM-Signal erheblich mehr Bandbreite. Diesem Nachteil steht allerdings der Vorteil einer geringeren Empfindlichkeit gegen Störungen bei der Übertragung gegenüber.

FM gegenüber AM:
☐ Mehr Bandbreite
☐ Geringere Störempfindlichkeit

Die Erzeugung eines FM-Signals basiert immer auf dem Konzept, dass die Kapazität oder Induktivität eines Oszillators proportional zum Verlauf des Modulationssignals geändert wird.

Änderung der Kapazität oder Induktivität eines Oszillators proportional zum Verlauf des Modulationssignals.

In der Praxis werden häufig Kapazitätsdioden (Varicap-Dioden) eingesetzt. Sie arbeiten als spannungsgesteuerte Kapazität und ermöglichen damit die Variation der Frequenz der Oszillatorschaltung.

Mit Hilfe einer Gleichspannung wird der Arbeitspunkt der Kapazitätsdioden festgelegt und damit auch die Trägerfrequenz. Durch Überlagerung des Modulationssignals variiert die Spannung an der Diode und damit auch deren Kapazität. Folge ist die gewünschte Änderung der Frequenz des Oszillators.

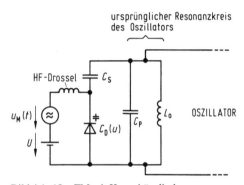

Bild 4.1–18 FM mit Kapazitätsdiode

Es können auch elektronische Kapazitäten oder Induktivitäten für die Frequenzbestimmung eingesetzt werden. Diese nutzen die Phasenbeziehungen zwischen Strom und Spannung bei aktiven und passiven Bauelementen. Bei der elektronischen Kapazität muss die Ausgangsspannung dem Ausgangsstrom um 90 Grad nacheilen, während bei der elektronischen Induktivität eine Voreilung um 90 Grad erforderlich ist. Da als Steuerspannung das Modulationssignal dient, ergibt sich am Ausgang des Oszillators das gewünschte FM-Signal, weil die Oszillatorfrequenz proportional zum Modulationssignal variiert.

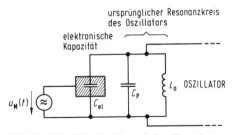

Bild 4.1–19 FM mit elektronischer Kapazität

Übung 4.1–10

Welches grundsätzliche Konzept wird für die Erzeugung von FM-Signalen genutzt?

Bei der Demodulation von FM-Signalen ist die Umsetzung von Frequenzänderungen in Spannungsänderungen erforderlich.

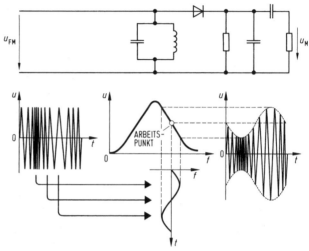

Die einfachste Lösung ist die Nutzung der Frequenzabhängigkeit von Resonanzkreisen. Dabei ist deren Resonanzfrequenz so zu wählen, dass die Trägerfrequenz des FM-Signals auf der Mitte einer der Flanken der Resonanzkurve liegt. Die durch den Frequenzhub bedingte Variation der Frequenz bewirkt dann eine Spannungsänderung. Sie stellt eine Amplitudenmodulation dar, deren weitere Verarbeitung schon bekannt ist. Das Konzept der Wandlung von FM in AM mit anschließender Demodulation bezeichnen wir als **Flankendiskriminator**. Die Qualität seiner Funktion hängt von der Länge und Geradlinigkeit der Flanke des Resonanzkreises ab. Außerdem muss vor dem Flankendiskriminator unbedingt ein Amplitudenbegrenzer eingesetzt werden, um Stör-AM zu vermeiden.

Da die Flanken der Resonanzkurve nicht beliebig lang gemacht werden können, treten bedingt durch die nichtlinearen Anteile der Kurve beim Flankendiskriminator für große Frequenzhübe stets Verzerrungen auf. Abhilfe ist durch zwei gegeneinander geschaltete Flankendiskriminatoren möglich, die auf unterschiedliche Resonanzfrequenzen arbeiten. Bei dieser als **Gegentaktdiskriminator** oder Differenzdiskriminator bezeichneten Schaltung ergibt sich eine resultierende Arbeitskennlinie, die gegenüber der des Flankendiskriminators erheblich länger

Bild 4.1–20 Flankendiskriminator

Frequenzabhängigkeit von Resonanzkreisen
⇓
Frequenzhub bewirkt Spannungsänderung

Amplitudenbegrenzer vor Flankendiskriminator erforderlich!

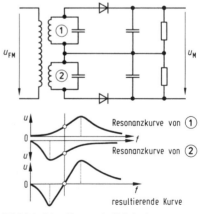

Bild 4.1–21 Gegentaktdiskriminator

4.1 Modulation und Demodulation

ist und bei der sich Nichtlinearitäten der einzelnen Kurven teilweise kompensieren.

Die Demodulation von FM-Signalen kann auch mit Hilfe phasenabhängiger Schaltungen erfolgen. Dabei werden Bandfilter verwendet, die zweifach miteinander gekoppelt sind. Durch feste Kopplung bleibt die Phasenlage des Signals erhalten, während bei loser Kopplung bezogen auf die Resonanzfrequenz eine Phasenverschiebung von genau 90° zwischen den Spannungen am Eingang und Ausgang auftritt. Abweichungen von der Resonanzfrequenz bewirken proportionale Änderungen der Phasenverschiebung.

In der Praxis eingesetzte Schaltungen verwenden eine Mittelanzapfung am Ausgangskreis des Bandfilters, auf die sich zwei Dioden beziehen. Im Falle dieser als **Phasendiskriminator** bezeichneten Schaltung tritt vor den Dioden jeweils eine Spannung auf, die aus der Phasenbeziehung zwischen den beiden eingekoppelten Spannungen u_1 und $u_2/2$ resultiert.

Bei Trägerfrequenzen ergeben sich an den beiden Widerständen gleich große, aber wegen der Diodenpolung gegeneinander gerichtete Spannungen u_a und u_b. Das Ausgangssignal ist deshalb null. Bei Abweichungen von der Trägerfrequenz ändert sich die Phasenlage der lose eingekoppelten Spannung und damit auch das Ausgangssignal. Dessen Verlauf entspricht dabei genau der Frequenzänderung im FM-Signal.

Kopplung beim Bandfilter	Phasenverschiebung zwischen Eingangs- und Ausgangssignal
Fest	Keine Phasenverschiebung bei Resonanzfrequenz
Lose	90° Phasenverschiebung bei Resonanzfrequenz

Phasendiskriminator basiert auf der Phasenbeziehung zwischen zwei eingekoppelten Spannungen.

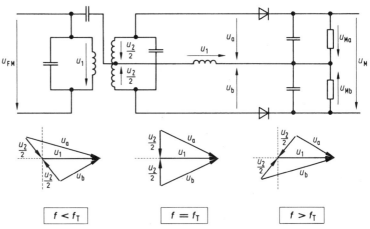

Bild 4.1–22 Phasendiskriminator mit kapazitiver Kopplung

Gehen wir beim Phasendiskriminator auf antiparallele Diodenschaltung über, dann ergibt sich der **Verhältnisdiskriminator,** der auch als **Ratiodetektor** bezeichnet wird. Bis zu den Dioden hat er die bereits bekannte Arbeitsweise. Die nachfolgenden Kondensatoren C1 und C2 bilden mit den Widerständen R1 und R2 eine Brückenschaltung, an dessen Diagonale das dem Frequenzhub proportionale Modulationssignal auftritt.

Der Verhältniskriminator wird auch als Ratiodetektor bezeichnet.

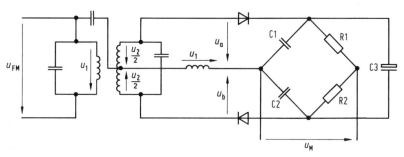

Bild 4.1–23   Verhältnisdiskriminator

Durch den Kondensator C3 weist der Verhältnisdiskriminator den Vorteil auf, selbsttätig als Amplitudenbegrenzer zu wirken. Der Kondensator weist mit den Widerständen R1 und R2 eine große Zeitkonstante auf und lädt sich bei ungestörtem Signal auf einen konstanten Wert auf. Im Falle von Stör-AM nimmt er entweder Ladungen auf oder gibt sie ab, was eine Bedämpfung bzw. Entdämpfung der Schaltung darstellt und dadurch die gewünschte konstante Amplitude bewirkt.

Der Verhältnisdiskriminator weist durch den Kondensator C3 eine selbsttätige Amplitudenregelung auf.

Bei Phasen- und Verhältnisdiskriminatoren sind zahlreiche Varianten möglich. So kann die Kopplung beim Bandfilter auch induktiv erfolgen oder durch Wahl eines anderen Bezugspunktes ein unsymmetrischer Ausgang geschaffen werden. Die grundsätzliche Funktion des Demodulators bleibt davon unberührt.

Bei Phasen- und Verhältnisdiskriminatoren sind auch induktive Kopplungen und/oder unsymmetrische Ausgänge möglich.

Für die Demodulation von FM-Signalen können wir auch **Phasenregelkreise** [*phase-locked loop* (PLL)] nutzen. Das FM-Signal gelangt dabei zu einem Komparator für den Phasenvergleich. Als Referenzfrequenz dient das Signal eines spannungsgesteuerten Oszillators [*voltage controlled oscillator* (VCO)]. Dessen Steuerspannung ergibt sich aus dem Ausgangssignal des Komparators nach entsprechender Verarbeitung.

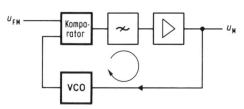

Bild 4.1–24   FM-Demodulator mit Phasenregelkreis

4.1 Modulation und Demodulation

Der Regelkreis ist so eingestellt, dass bei der Trägerfrequenz auch der VCO diese Frequenz erzeugt. Damit ist die Ausgangsspannung Null. Jede Variation der Frequenz des Eingangssignals bewirkt ein Ausgangssignal beim Komparator. Über den Tiefpass wird der VCO angesteuert. Er führt seine Frequenz damit auf die Eingangsfrequenz nach. Die Ausgangsspannung der PLL-Schaltung entspricht deshalb dem Modulationssignal.

FM-Demodulatoren mit Phasenregelkreisen sind im Regelfall nicht mit diskreten Bauelementen aufgebaut, sondern stehen als einfach beschaltbare Integrierte Schaltungen (IC) zur Verfügung.

Das FM-Signal bewirkt über den Komparator eine Steuerspannung für den VCO. Diese entspricht dem Modulationssignal.

FM-Demodulatoren mit Phasenregelkreisen sind meistens als integrierte Schaltungen (IC) ausgeführt.

Übung 4.1–11

Welche grundsätzliche Aussage ist über die Grenzfrequenz des Tiefpasses in einem FM-Demodulator mit Phasenregelkreis möglich?

Eine weitere Möglichkeit für die FM-Demodulation bietet der **Zähldiskriminator**. Diese Schaltung formt die Nulldurchgänge des FM-Signals in Pulse konstanter Amplitude und Dauer um. Der Abstand zwischen den Pulsen bestimmt sich aus dem Modulationssignal. Durch Mittelwertbildung über den zeitlichen Verlauf der Pulsfolge kann dieses zurückgewonnen werden.

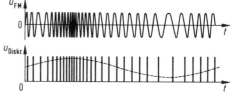

Bild 4.1–25 Zähldiskriminator

4.1.1.3 Phasenmodulation (PM)

Bei der Phasenmodulation (PM) wird im Gegensatz zur FM nicht die Frequenz, sondern der Phasenwinkel des Trägersignals proportional zum Modulationssignal $u_M(t)$ verändert. Die Abweichung aus der Ruhelage wird deshalb konsequenterweise als **Phasenhub** $\Delta\varphi_T$ bezeichnet.

Die Geschwindigkeit für die Änderung des Phasenwinkels ist von der Modulationsfrequenz abhängig. Die Zeigerdarstellung der PM veranschaulicht, wie der Zeiger des Phasenhubes aus seiner Ruhelage ausgelenkt wird.

Phasenhub

$$\Delta\varphi_T = |\varphi_T - \varphi_M| \sim u_M(t) \qquad (4.1\text{–}44)$$

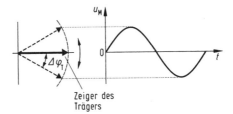

Bild 4.1–26 Zeigerdarstellung der PM

Unter Berücksichtigung des Phasenhubes ergibt sich folgende Zeitfunktion für das phasenmodulierte Signal:

$$u_{PM}(t) = \hat{u}_T \cdot \sin\left((\omega_T + \Delta\varphi_T \cdot \sin\omega_M) \cdot t\right) \quad (4.1-45)$$

Es ist eine der Frequenzmodulation vergleichbare Signalstruktur gegeben. Der Vorteil von PM gegenüber FM besteht allerdings darin, dass bei gleichen Randbedingungen ein kleinerer Störabstand für die bestimmungsgemäße Funktion ausreicht. PM weist also gegenüber FM eine geringere Störempfindlichkeit auf.

Der Abstand zwischen Nutzsignal und Störsignal (Störabstand) darf bei PM kleiner sein als bei FM.

Übung 4.1–12

Durch welche Größe wird die Lage des Zeigers beim PM-Signal bestimmt?

PM-Signale werden üblicherweise durch Überlagerung von zwei AM-Signalen gebildet, die 90 Grad Phasenverschiebung zueinander aufweisen, jedoch dasselbe Modulationssignal verwenden.

Für die Demodulation von PM-Signalen sind den Demodulatoren für FM vergleichbare Schaltungen verwendbar.

Bildung eines PM-Signals
$u_M(t) \rightarrow u_{AM}(t)$
$u_M(t) \rightarrow u_{AM}(t) + 90°$
$\Sigma \quad \overline{u_{PM}(t)}$

4.1.2 Modulation und Demodulation analoger Träger durch digitale Signale

4.1.2.0 Einführung

Bei digitalen Modulationssignalen treten ausschließlich diskrete Werte in einem konstanten Zeitraster auf. Dadurch ergeben sich unstetige Änderungen der Parameter des analogen Trägersignals (Amplitude, Frequenz, Phase) und ermöglichen die Übertragung entsprechender Bitraten. Eine derartige Modulation wird als **Umtastung** [*shift keying*] bezeichnet. Es sind folgende Arten unterscheidbar:

Bei digitalem Modulationssignal ergeben sich für die Parameter des Trägersignals (Amplitude, Frequenz, Phase) ausschließlich diskrete Werte.

☐ **Amplitudenumtastung**
   [*amplitude shift keying* (ASK)]
☐ **Frequenzumtastung**
   [*frequency shift keying* (FSK)]
☐ **Phasenumtastung**
   [*phase shift keying* (PSK)]

4.1 Modulation und Demodulation

Für die grafische Darstellung der Verhältnisse bei diesen Modulationsverfahren können wir die Zeitfunktion, die Frequenzfunktion oder das Zeigerdiagramm verwenden. Es handelt sich um gleichwertige Darstellungen, aus denen allerdings die Parameter in unterschiedlicher Form ersichtlich sind. Nachfolgendes Bild zeigt die Zusammenhänge für ein zweiwertiges Modulationssignal, also ein Bit.

Darstellungsmöglichkeiten
- **Zeitfunktion:**
  Amplitude, Frequenz, Phase
- **Frequenzfunktion:**
  Amplitude, Frequenz
- **Zeigerdiagramm:**
  Amplitude, Phase

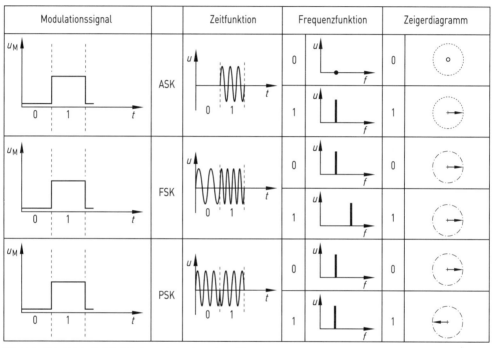

Bild 4.1–27 Digitale Modulation mit zweiwertigen Signalen

Wird der jeweilige Parameter des Trägersignals durch ein Modulationssignal mit 4, 8, 16, 32, 64, 128 oder mehr möglichen Wertigkeiten beeinflusst, dann sind auch entsprechend mehr unterschiedliche Zustände übertragbar und damit eine größere Bitrate realisierbar. Es liegt dann ein höherwertiges Modulationsverfahren vor.

Weist das Modulationssignal mehr als zwei Wertigkeiten auf, dann ist eine größere Bitrate realisierbar.

Übung 4.1–13

Worin besteht der grundsätzliche Unterschied der digitalen Modulation zur AM, FM und PM?

Während bei der bisher betrachteten analogen Modulation die Bandbreite und der erforderliche Störabstand die wesentlichen Kriterien darstellen, sind es bei der digitalen Modulation die übertragbare Bitrate und die für eine störungsfreie Übertragung zulässige Bitfehlerhäufigkeit (BFH).

Die übertragbare Bitrate ist unmittelbar von der Bandbreite des verfügbaren Übertragungskanals abhängig. Das Verhältnis zwischen beiden Größen wird als Bandbreitenausnutzung ε, Bandbreiteneffizienz oder spektrale Effizienz [*spectral efficiency*] bezeichnet und in bit/s pro Hz angegeben.

Kriterien für digitale Modulation
☐ Übertragbare Bitrate
☐ Zulässige Bitfehlerhäufigkeit

Bandbreitenausnutzung ε =
Angabe der pro Hz Bandbreite übertragbare Bitrate, also in (bit/s)/Hz

Beispiel 4.1-6

Für die Übertragung eines Fernsehsignals durch digitale Modulation wird eine Bandbreitenausnutzung ε = 2,4 (bit/s)/Hz erreicht. Welche Bedeutung hat dies für die übertragbare Bitrate, wenn die Kanalbandbreite 8 MHz beträgt?
Die angegebene Bandbreitenausnutzung bedeutet, dass 2,4 bit/s pro Hz Bandbreite übertragen werden. Bezogen auf die Kanalbandbreite ergibt sich die übertragbare Bitrate als Produkt aus Bandbreitenausnutzung und Kanalbandbreite.
$v_{bit} = \varepsilon \cdot B_{Kanal} = 2,4$ (bit/s)/Hz $\cdot 8 \cdot 10^6$ Hz = 19,2 Mbit/s
Über den vorgegebenen Kanal sind also 19,2 Mbit/s übertragbar.

Es werden stets möglichst große Werte für die Bandbreitenausnutzung angestrebt. Dafür gilt folgende grundsätzliche Erkenntnis:

> **Je höherwertiger das Modulationsverfahren, desto größer die Bandbreitenausnutzung.**

Um die zulässige Bitfehlerhäufigkeit (BFH) nicht zu überschreiten, darf der Störabstand einen Mindestwert nicht unterschreiten. Es wird dafür im Regelfall der Träger-Rausch-Abstand C/N angegeben.

Es besteht eine Abhängigkeit der Bitfehlerhäufigkeit (BFH) vom Träger-Rausch-Abstand.

4.1.2.1 Amplitudenumtastung (ASK)

Bei der **Amplitudenumtastung** [*amplitude shift keying* (ASK)] handelt es sich um eine Amplitudenmodulation mit rechteckförmigen Modulationssignal. Der Modulationsgrad wird dabei an den Übergängen zwischen 0 und 1 sprunghaft geändert, was auch die Bezeichnung **digitale Amplitudenmodulation** erklärt.

Bei der Amplitudenumtastung hat deshalb die Hüllkurve auch einen rechteckförmigen Verlauf. Dabei kann der Wechsel zwischen $m = 0$ und $m = 1$ vorliegen, es ist jedoch grundsätzlich nur eine ausreichende Unterscheidbarkeit der

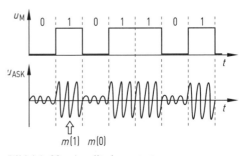

Bild 4.1–28 Amplitudenumtastung

Modulationsgrade erforderlich. In der Praxis sind deshalb Wechsel beim Modulationsgrad zwischen 0,1 und 0,9 bzw. 0,2 und 0,8 üblich.

Für die Demodulation von ASK-Signalen sind alle bekannten Schaltungen für AM-Demodulatoren verwendbar.

4.1.2.2 Frequenzumtastung (FSK)

Während bei ASK die Amplitude gemäß des zweiwertigen Modulationssignals geändert wird, gilt dies bei der als **digitale Frequenzmodulation** bezeichneten Frequenzumtastung [*frequency shift keying* (FSK)] für die Frequenz. Bezogen auf ein zweiwertiges Modulationssignal treten am Ausgang eines FSK-Modulators die Frequenzen $f_T + \Delta f$ für $f(1)$ und $f_T - \Delta f$ für $f(0)$ auf.

Die Frequenzänderung Δf muss so gewählt werden, dass durch den Demodulator die beiden Frequenzen (für 1 und 0) bis zu einem festgelegten C/N-Wert unterscheidbar sind.

Eine höherwertigere FSK können wir erreichen, wenn der Wechsel nicht zwischen zwei Frequenzen erfolgt, sondern zwischen vier, acht oder mehr Frequenzen. Auf diese Weise ist die gleichzeitige Übertragung mehrerer Bitströme möglich, was die Bandbreitenausnutzung verbessert.

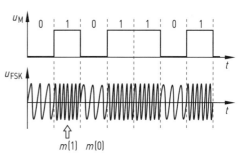

Bild 4.1–29   Frequenzumtastung

Höherwertige FSK erfordert mehr als zwei diskrete Frequenzen.

Übung 4.1–14

Welche grundsätzliche Forderung müssen die Frequenzen erfüllen, die bei einem FSK-Signal die Zustände 0 und 1 repräsentieren?

Die Demodulation von FSK-Signalen erfordert die Feststellung, welche der definierten diskreten Frequenzen vorliegt. Dafür sind alle behandelten FM-Demodulatoren geeignet. Wir können aber auch frequenzselektive Komponenten (z. B. Resonanzkreise) verwenden. An einem entsprechend dimensionierten Parallelschwingkreis ergibt sich bei der Frequenz für den Zustand 1 maximale Spannung, während beim Zustand 0 ein auf diese Frequenz abgestimmter Reihenschwingkreis die Spannung Null bewirkt, da er als Saugkreis im Resonanzfall bekanntlich einen Kurzschluss darstellt.

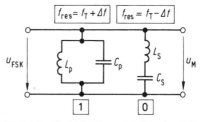

Bild 4.1–30   FSK-Demodulation durch Resonanzkreis

4.1.2.3 Phasenumtastung (PSK)

Bei der Phasenumtastung [*phase shift keying* (PSK)] ändert sich die Phasenlage des Trägersignals sprunghaft, wobei für jeden Zustand 0 und 1 ein definierter Wert gegeben ist. Wird eine Bitfolge übertragen, dann treten bei jedem Wechsel von 0 nach 1 bzw. 1 nach 0 Phasensprünge von 180 Grad auf. Es handelt sich dann um **zweiwertige Phasenumtastung,** üblicherweise als 2-PSK oder BPSK [*binary phase shift keying*] bezeichnet.

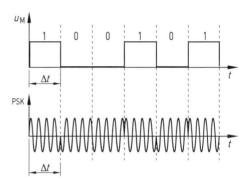

Bild 4.1–31   Zweiwertige Phasenumtastung

Bei der 2-PSK ergibt sich eine Bandbreitenausnutzung von nur 1 (bit/s)/Hz, da lediglich zwei Phasenzustände auftreten. Eine Verbesserung ist durch **höherwertigere Phasenumtastung** möglich. Die erste Stufe stellt dabei die **vierwertige Phasenumtastung** (4-PSK) dar, die auch als QPSK [*quadrature phase shift keying*] bezeichnet wird. Wir können sie als zweifache Anwendung der 2-PSK bei 90 Grad Phasenverschiebung verstehen. Je Phasenlage werden zwei Bit repräsentiert, was die Bandbreitenausnutzung von 1 (bit/s)/Hz auf 2 (bit/s)/Hz erhöht.

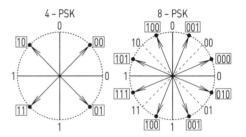

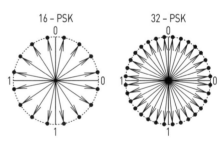

Bild 4.1–32   Höherwertige Phasenumtastung

Weitere Steigerungen ergeben sich bei Verwendung von noch mehr Phasenlagen. So beträgt die Bandbreitenausnutzung bei 8-PSK genau 3 (bit/s)/Hz, bei 16-PSK sind es 4 (bit/s)/Hz, während bei 32-PSK sogar 5 (bit/s)/Hz gelten. Größere Wertigkeiten kommen in der Praxis kaum zum Einsatz, weil dann die Phasenlagen bei der Demodulation nicht mehr ausreichend unterscheidbar wären. Wir müssen nämlich berücksichtigen, dass durch Störbeeinflussungen bei der Übertragung für jede Phasenlage ein bestimmter Entscheidungsbereich für die eindeutige Zeichenerkennung erforderlich ist. Mit zunehmender Wertigkeit der Phasenumtastung werden diese Bereiche immer kleiner. Dies lässt sich anschaulich mit Hilfe eines Analysators durch das Konstellationsdiagramm verdeutlichen, bei dem nur die jeweilige Lage der Endpunkte der Phasenzeiger dargestellt wird. Die Reduzierung der Entscheidungsbereiche ist auch daran erkennbar, dass der Mindestwert für den Signal-Rausch-Abstand C/N mit zunehmender Wertigkeit der PSK größer wird. So beträgt er für eine Bitfehlerhäufigkeit BFH von 10^{-6} bei 4-PSK 13,7 dB, während es bei 16-PSK bereits 24 dB sind.

An dieser Stelle sei darauf hingewiesen, dass die angeführten Bandbreitenausnutzungen bei den verschiedenen PSK-Varianten nur für den Idealfall gelten. Da in der Praxis die Bits jedoch keinen exakten rechteckförmigen Verlauf aufweisen, sind die realen Werte etwa ein Viertel kleiner.

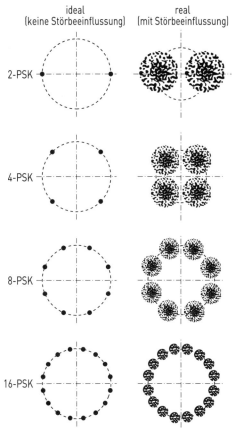

Bild 4.1–33 Entscheidungsbereiche für eindeutige Zeichenerkennung bei PSK

Übung 4.1–15

Durch welche Eigenschaft ist höherwertige Phasenumtastung gekennzeichnet?

Die Demodulation von PSK-Signalen erfordert phasenempfindliche Detektoren. Bei höherwertiger PSK handelt es sich dabei fast ausschließlich um digitale Signalprozessoren. In jedem Fall ist große Genauigkeit für die Taktfrequenz erforderlich, um die eindeutige Zuordnung zwischen Phasenlage und Zeichen sicherzustellen.	PSK-Demodulation durch phasenempfindliche Detektoren. Große Genauigkeit für die Taktfrequenz ist erforderlich.

4.1.2.4 Amplituden-Phasen-Umtastung

Bei der PSK hat sich gezeigt, dass die Zahl der möglichen Phasenzustände begrenzt ist. Um die verfügbare Übertragungskapazität optimal zu nutzen, also die Bandbreitenausnutzung zu verbessern, bietet sich eine Kombination aus Phasenumtastung und Amplitudenumtastung an. Sie wird als Quadratur-Amplitudenmodulation (QAM) [*quadrature amplitude modulation* (QAM)] bezeichnet. Wir haben das Konzept bereits bei der analogen Amplitudenmodulation kennen gelernt.

Quadratur-Amplitudenmodulation (QAM) ist eine Kombination aus Phasenumtastung und Amplitudenumtastung.

Mit der QAM ist prinzipiell die Übertragung zweier voneinander unabhängiger digitaler Signale möglich. Für das eine Signal wird ein sinusförmiges Trägersignal verwendet, während es für das andere Signal ein cosinusförmiges Trägersignal ist. Für beide Signale wird Amplitudenumtastung (ASK) durchgeführt, danach erfolgt die Zusammenfassung der beiden modulierten Signale zu einem Zeiger. Das mit dem sinusförmigen Träger modulierte Signal bezeichnen wir als **Inphase-Komponente** (I-Komponente), beim cosinusförmigen Träger handelt es sich um die **Quadratur-Komponente** (Q-Komponente). Es gilt somit folgender Zusammenhang:

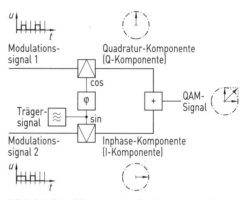

Bild 4.1–34 Konzept der Quadratur-Amplitudenmodulation (QAM)

Die Phasenzeiger beider Komponenten können innerhalb eines vorgegebenen Wertebereichs jede Länge aufweisen. Wie bei der PSK wird grundsätzlich die Wertigkeit bei der QAM ebenfalls mit einer Ziffer gekennzeichnet. Aus dem Konstellationsdiagramm ist ersichtlich, welche Kombinationen aus Amplituden und Phasenwinkeln auftreten.

**QAM-Signal =
I-Komponente + Q-Komponente**

Die Bezeichnung 64-QAM bedeutet deshalb, dass 64 Zustände auftreten können. Dabei beträgt die Bandbreitenausnutzung im Idealfall 6 (bit/s)/Hz, real ist es etwa ein Viertel weniger. Für $BFH = 10^{-6}$ beträgt der Mindestwert für C/N allerdings 27 dB. In der Praxis sind bisher folgende Arten der QAM üblich: 16-QAM, 64-QAM und 256-QAM. Es wird allerdings auch an der technischen Realisierung von 512-QAM und 1024-QAM gearbeitet, um eine noch bessere Bandbreitenausnutzung zu erreichen.

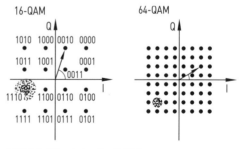

Bild 4.1–35 Arten der QAM

4.1 Modulation und Demodulation

Die Amplituden und Phasenwinkel sind für alle Konstellationen so gewählt, dass sich eine gleichmäßige Verteilung der Punkte ergibt. Das führt zu gleich großen Entscheidungsbereichen für die eindeutige Zeichenerkennung.

Übung 4.1–16
Welche Gemeinsamkeit haben die Zeiger bei der QAM und der PSK?

Bei der Demodulation von QAM-Signalen werden zuerst die Phasenlage des Zeiger festgestellt und dann durch Mischung mit einem sinusförmigen und einem cosinusförmigen Trägersignal die beiden ursprünglichen Amplituden zurückgewonnen.

QAM-Demodulation
1. Phasenlage der Zeiger feststellen
2. Mischung mit cosinusförmigem Trägersignal
   $\Rightarrow$ Ergibt Modulationssignal 1
3. Mischung mit sinusförmigem Trägersignal
   $\Rightarrow$ Ergibt Modulationssignal 2

Ein Vergleich zwischen acht- und höherwertigen Formen von QAM mit PSK zeigt, dass bei gleicher Wertigkeit die Bereiche für Störbeeinflussung bei QAM größer sind, was auch kleinere Mindestwerte für den Signal-Rausch-Abstand bedeutet. Im Bild 4.1–36 ist diese Situation am Beispiel der 16-QAM und 16-PSK dargestellt.

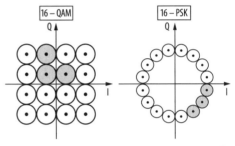

Bild 4.1–36 Gegenüberstellung von QAM und PSK gleicher Wertigkeit

4.1.3 Modulation und Demodulation digitaler Träger durch analoge Signale

4.1.3.0 Einführung

An Stelle sinusförmiger Trägersignale sind auch rechteckförmige Pulsfolgen als digitale Trägersignale möglich. Diese können einfach erzeugt werden und lassen sich gemäß Fourier-Analyse auf die Überlagerung von Sinuskurven unterschiedlicher Frequenz und Amplitude zurückführen.

Digitales Trägersignal =
Rechteckförmige Pulsfolge

Für die Modulation stehen bei einem solchen Trägersignal die Pulsamplitude, die Pulsfrequenz, die Pulsphase und die Pulsdauer als Parameter zur Verfügung. Es liegen also bei dieser Pulsmodulation vergleichbare Verhältnisse wie bei analogen Trägern vor.

Parameter des digitalen Trägers
☐ Pulsamplitude
☐ Pulsfrequenz
☐ Pulsphase
☐ Pulsdauer

Übung 4.1–17

Welche Unterschiede und Gleichheiten weist die Modulation digitaler Träger gegenüber der Modulation analoger Träger auf?

Pulsmodulierte Signale werden nur bei leitungsgebundener Übertragung verwendet, da digitale Träger für Funkanwendungen problematisch sind.

Pulsmodulationsverfahren kommen nur bei leitungsgebundener Übertragung zum Einsatz.

4.1.3.1 Pulsamplitudenmodulation (PAM)

Bei der Pulsamplitudenmodulation (PAM) variieren die Amplituden der Pulsfolge im Rhythmus des Modulationssignals, während Pulsfrequenz, Pulsphase und Pulsdauer konstant bleiben. Wir können dies auch als Abtastung verstehen, also Feststellung des Amplitudenwertes des Modulationssignals in konstanten Zeitabständen.

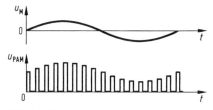

Bild 4.1–37   Pulsamplitudenmodulation

Das PAM-Signal kann mit Hilfe einer Diodenschaltung erzeugt werden, auf welche die Überlagerung des Trägersignals und des Modulationssignals einwirkt.

Das am Ausgang dieses Eintakt-Diodenmodulators auftretende modulierte Signal bezeichnen wir als unipolares PAM-Signal, weil nur positive oder negative Spannungswerte auftreten.

Eintakt-Diodenmodulator
⇓

Unipolares PAM-Signal =
Bei diesem Signal treten nur positive oder negative Spannungswerte auf.

Eine andere Variante stellt der Gegentakt-Diodenmodulator dar, bei dem die Dioden in beiden Zweigen gleiche Polung aufweisen. Das digitale Trägersignal schaltet dabei das Modulationssignal in der Weise zum Ausgang durch, dass positive und negative Spannungswerte auftreten. Es handelt sich dann um ein bipolares PAM-Signal.

Gegentakt-Diodenmodulator
⇓

Bipolares PAM-Signal =
Bei diesem Signal treten positive und negative Spannungswerte auf.

4.1 Modulation und Demodulation

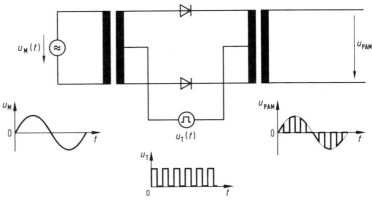

Bild 4.1–38 Gegentakt-Diodenmodulator

Übung 4.1–18

Welchen Unterschied weisen unipolare und bipolare PAM auf?

Für die Demodulation von PAM-Signalen können wir die bereits bekannten **Hüllkurvendetektoren** verwenden. Dabei müssen die Zeitkonstanten für die Aufladung und Entladung des Kondensators hinter der Diode so dimensioniert werden, dass die Abweichungen vom Spitzenwert möglichst klein bleiben.

Wird die Breite der Abtastimpulse bei PAM klein gewählt, dann bliebt in den zeitlichen Lücken zwischen den Pulsen Platz für andere Abtastungen. Damit können mehrere PAM-Signale gleichzeitig über einen gemeinsamen Kanal übertragen werden. Es handelt sich dann um ein Multiplexsignal.

PAM-Demodulation
⇓
Hüllkurvendetektor

Abhängig von der Breite der Abtastimpulse können mehrere PAM-Signale gleichzeitig über einen Kanal übertragen werden.

4.1.3.2 Pulsfrequenzmodulation (PFM)

Das Konzept der Frequenzmodulation ist auch bei digitalem Träger anwendbar. Dabei stellt die Zahl der Impulse pro Zeiteinheit ein Maß für den zu übertragenden Wert des Modulationssignals dar. Es handelt sich dann um Pulsfrequenzmodulation (PFM).

Bei großen Werten des Modulationssignals liegen die Pulse dicht beieinander, während die Abstände zu kleineren Spannungswerten hin größer werden.

PFM-Signale können wir durch entsprechend gesteuerte Kippschaltungen erzeugen. Die Demodulation ist durch eine Diode mit nach-

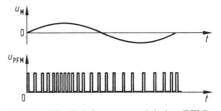

Bild 4.1–39 Pulsfrequenzmodulation (PFM)

geschaltetem RC-Glied als Tiefpass zur Mittelwertbildung möglich. Viele Pulse ergeben große Spannungswerte, während bei wenigen Pulsen die Spannung entsprechend sinkt.

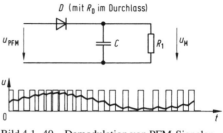

Bild 4.1–40   Demodulation von PFM-Signalen

4.1.3.3 Pulsphasenmodulation (PPM)

Gehen wir von konstanten Intervallen beim digitalen Trägersignal aus, dann kann die Information auch durch die Phasenlage der Pulse ausgedrückt werden. Abhängig vom Modulationssignal ändert sich die Lage der Pulse im Intervall. Diese Form der Trägerbeeinflussung wird auch als Pulslagemodulation [*pulse position modulation* (PPM)] bezeichnet.

Ein PPM-Signal wird üblicherweise dadurch erzeugt, dass im ersten Schritt für das Modulationssignal eine Pulsamplitudenmodulation (PAM) durchgeführt wird und danach die Verarbeitung in einer phasenabhängigen Schaltung erfolgt.

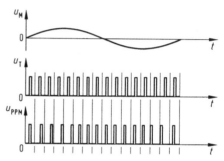

Bild 4.1–41   Pulsphasenmodulation (PPM)

Übung 4.1–19

Warum sind bei der PPM konstante Betrachtungsintervalle erforderlich?

Für die Demodulation von PPM-Signalen werden diese im Rahmen des Betrachtungsintervalls mit einem sägezahnförmigen Signal verglichen. Das Ergebnis ist ein PAM-Signal, bei der die Pulse allerdings unterschiedliche Abstände zueinander aufweisen. Das Modulationssignal ergibt sich dann durch Spitzenwertgleichrichtung.

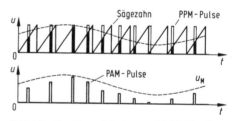

Bild 4.1–42   Demodulation von PPM-Signalen

4.1.3.4 Pulsdauermodulation (PDM)

Bei den bisher behandelten Pulsmodulationsverfahren wird stets mit Pulsen gearbeitet, die die gleiche Zeitdauer aufweisen. Wird diese nun in Abhängigkeit vom Modulationssignal variiert, dann ergibt sich Pulsdauermodulation (PDM), die auch als Pulsbreitenmodulation

4.1 Modulation und Demodulation

[*pulse width modulation* (PWM)] oder Pulslängenmodulation bezeichnet wird. Wie bei der PPM sind auch hier konstante Zeitintervalle erforderlich, damit für den jeweiligen Puls eine Bezugsgröße gegeben ist.

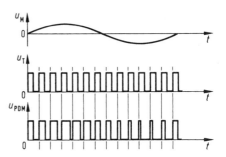

Bild 4.1–43 Pulsdauermodulation (PDM)

PDM-Signale können wir durch den Vergleich des Modulationssignals mit einem sägezahnförmigen Signal gewinnen. Dabei muss der Sägezahn dem Betrachtungsintervall entsprechen. Für das PDM-Signal können wir die Zeiten vor oder nach der Schnittstelle von Modulationssignal und Sägezahn verwenden.

Schaltungstechnisch lässt sich ein PDM-Signal mit einem Komparator erzeugen. Dem einen Eingang dieser Vergleicherschaltung führen wir das Modulationssignal zu, dem anderen das Sägezahnsignal als Referenz.

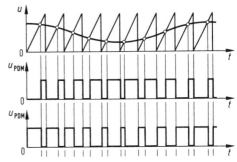

Bild 4.1–44 Erzeugung von PDM-Signalen

Zur Demodulation wird zuerst das PDM-Signal mit Hilfe eines Sägezahns in ein PAM-Signal gewandelt. Dabei kann die vordere oder hintere Flanke der Pulse als Bezug gelten. Das Modulationssignal ergibt sich aus den Mittelwerten der nun mit unterschiedlichen Abständen vorliegenden Pulse des PAM-Signals.

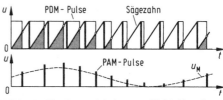

Bild 4.1–45 Demodulation von PDM-Signalen

4.1.4 Digitale Modulation und Demodulation im Basisband

4.1.4.0 Einführung

Bei den bisher dargestellten Verfahren der Pulsmodulation wird stets ein Parameter des digitalen Trägersignals gemäß dem Verlauf des analogen Modulationssignals variiert. Dies führt zu einer begrenzten Störfestigkeit bei der Übertragung. Diese Situation lässt sich erheblich verbessern, wenn wir das analoge Modulationssignal in ein digitales Signal wandeln, bei dem Bitfolgen auftreten, die von festgelegten Abtastzeitpunkten und Wertestufen für das Modulationssignal abhängen. Bei dieser Art der Modulation bleiben wir im Basisband, es wird also kein Trägersignal verwendet.

Pulsmodulationsverfahren
⇓
Variable: Parameter des digitalen Trägersignals
⇓
Begrenzte Störfestigkeit
⇓
Abhilfe: Wandlung des analogen Modulationssignals in ein digitales Signal mit Bitfolgen, die von Abtastung und Wertestufen abhängen
⇓
Modulation im Basisband

4.1.4.1 Pulscodemodulation (PCM)

Die einfachste Form der digitalen Modulation bezeichnen wir als Pulscodemodulation [*pulse code modulation*] (PCM). Sie umfasst stets drei Schritte, nämlich die Zeitquantisierung, die Wertequantisierung und die Codierung.

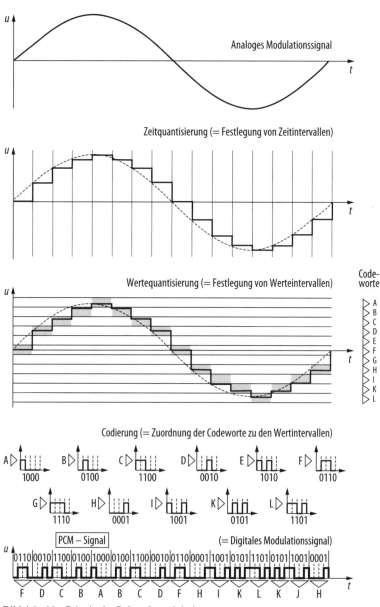

Bild 4.1–46   Prinzip der Pulscodemodulation

4.1 Modulation und Demodulation

Bei der Zeitquantisierung handelt es sich um die bereits bekannte Abtastung des analogen Modulationssignals in konstanten Zeitintervallen. Für die dabei möglichen Amplitudenwerte erfolgt als zweiter Schritt die Festlegung von Werteintervallen. Diese Wertequantisierung kann über den gesamten Wertebereich konstant sein oder variable Stufungen aufweisen. Jeder Abtastwert lässt sich somit einem Werteintervall zuordnen. Der letzte Schritt ist dann die Verknüpfung dieser Werteintervalle mit Codeworten, also Bitfolgen definierter Länge. Deren Stellenzahl ist davon abhängig, wie viele quantisierte Wertebereiche unterscheidbar sein sollen. Bei einer größeren Zahl von Quantisierungsstufen sind längere Codeworte erforderlich, als bei gröberer Stufung des Wertebereichs. Dies ist einsichtig, weil jeder Wert nach der Übertragung unterscheidbar sein muss.

Zeitquantisierung =
Konstante Zeitintervalle

Wertequantisierung =
Konstante oder variable Stufung im gesamten Wertebereich

Codierung =
Länge der Codeworte ist unmittelbar von der Zahl der Quantisierungsstufen abhängig.

Übung 4.1–20
Wodurch wird die Länge eines PCM-Codewortes bestimmt?

Die Qualität einer Pulscodemodulation ist unmittelbar von der Zahl der Quantisierungsintervalle im Zeit- und Wertebereich abhängig. Je feiner die Stufung im Zeitbereich, umso mehr Codeworte müssen pro Zeiteinheit übertragen werden. Dagegen erfordert eine große Zahl von Intervallen im Wertebereich längere Codeworte, damit jede Stufung unterscheidbar ist.

Viele Intervalle im Zeitbereich erfordern viele Codeworte pro Zeiteinheit.

Viele Intervalle im Wertebereich erfordern lange Codeworte.

Im Wertebereich kann es für verschiedene Anwendungen sinnvoll sein, kleine und große Werte unterschiedlich zu quantisieren. Dies wird durch größere und kleinere Intervalle realisiert, wobei große Intervalle zu einer entsprechend geringeren Genauigkeit der Abbildung des analogen Signals führen, während kleine Intervalle die größere Genauigkeit ergeben. Diese Form bezeichnen wir als nichtlineare Quantisierung, während es sich bei gleichen Intervallen im Wertebereich um lineare Quantisierung handelt.

Lineare Quantisierung =
Gleich große Intervalle im Wertebereich

Nichtlineare Quantisierung =
Unterschiedliche große Intervalle im Wertebereich

Von der Quantisierung im Wertebereich hängt auch der mindest erforderliche Störabstand ab. Grundsätzlich können wir uns merken, dass er mit zunehmender Zahl der Intervalle im Wertebereich, also abnehmender Länge der Intervalle, immer größer wird. Außerdem erfordern mehr Intervalle im Wertebereich auch längere Codeworte, da jedes Intervall vom anderen unterscheidbar sein muss.

Tabelle 4.1–1 Quantisierung und Störabstand

Zahl der Intervalle im Wertebereich	Länge des Codewortes	Mindest-Störabstand
4	2 bit	14 dB
8	3 bit	20 dB
16	4 bit	26 dB
32	5 bit	32 dB
64	6 bit	38 dB
128	7 bit	44 dB
256	8 bit	50 dB
512	9 bit	56 dB
1 024	10 bit	62 dB

Die Quantisierung im Zeit- und Wertebereich bestimmt auch unmittelbar die erforderliche Bitrate. Die Intervalle im Zeitbereich sind mit der Abtastfrequenz verkoppelt, während von der Zahl der Intervalle im Wertebereich bekanntlich die Länge des Codewortes abhängt. Die Bitrate ergibt sich deshalb als Produkt aus Abtastfrequenz und Codewortlänge.

Bitrate = Abtastfrequenz · Codewortlänge

(4.1–46)

Übung 4.1–21

Welchen Vorteil hat die PCM gegenüber anderen Pulsmodulationsverfahren?

Bei der Demodulation von PCM-Signalen werden zuerst die Codeworte wiedergewonnen und dann das ursprüngliche wertequantisierte Signal. Die Rückwandlung in das analoge Signal erfolgt wie bei der PAM.

Da Codeworte im Regelfall konstante Länge aufweisen, können wir das einzelne Codewort durch eine Zählschaltung ermitteln. Mit Hilfe einer Matrix werden daraus dann die quantisierten Amplitudenwerte wieder gewonnen. Das Ergebnis ist ein PAM-Signal, das entsprechend demodulierbar ist.

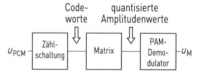

Bild 4.1–47 Demodulation von PCM-Signalen

4.1.4.2 Varianten

Durch die Quantisierung der Amplituden findet bei der PCM eine Reduktion der Irrelevanz statt, die Redundanz bleibt jedoch erhalten. Sie ist dadurch erklärbar, dass sich der Signalwert von Abtastung zu Abtastung im Regelfall nur wenig

Nur geringe Änderung des Signalwertes von Abtastung zu Abtastung
⇓
Redundanz

4.1 Modulation und Demodulation

ändert. Durch Redundanzreduktion lässt sich die Bitrate des zu übertragenden Signals verringern.

Eine dafür geeignete Variante der PCM ist die Differenz-Pulscodemodulation [*differential pulse code modulation*] (DPCM). Diese arbeitet mit prädiktiver Codierung und bedeutet, dass mit einer als Prädiktor bezeichneten Funktionseinheit jeweils aus dem vorangegangenen Abtastwert und unter Einbeziehung statistischer Abhängigkeiten ein Vorhersagewert gebildet wird. Dann erfolgt die Bildung des Differenzwertes zwischen dem aktuellen Signalwert und dem vorhergesagten Schätzwert für die nächste Abtastung. Für die nachfolgende Codierung der quantisierten Differenzwerte sind nun kürzere Codeworte ausreichend, was zu einer Reduzierung der Bitrate führt.

Auf der Empfangsseite werden mit Hilfe des dort eingesetzten Prädiktors ebenfalls Vorhersagewerte gewonnen, die-se zu den übertragenen Differenzwerten addiert und damit das ursprüngliche Signal rekonstruiert.

Differenz-Pulscodemodulation
[*differential pulse code modulation*] (DPCM)
⇓
Nutz-Differenz zwischen Abtastwerten und Vorhersagewert

Prädiktor erzeugt einen Vorhersagewert für die nächste Abtastung.

Differenz aus Signalwert und Vorhersagewert führt zu kürzeren Codeworten und damit zur Reduzierung der Bitrate.

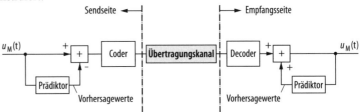

Bild 4.1–48   Funktionsprinzip der DPCM

Der einfachste Fall liegt bei der DPCM vor, wenn 1-bit-Codeworte verwendet werden, was zwei Intervalle im Wertebereich bedeutet. Damit lässt sich allerdings nur die Vorhersage übertragen, dass der nächste Abtastwert kleiner oder größer ist als der aktuelle Wert. Wir bezeichnen diese Variante als Deltamodulation (DM). Gegenüber DPCM bewirkt diese eine noch kleinere Bitrate, weist allerdings dafür auch eine größere Ungenauigkeit auf.

Deltamodulation (DM) =
DPCM mit 1-bit-Codeworten

Übung 4.1–22

Wie ergibt sich das bei DPCM verwendete Differenzsignal?

Die DPCM zeichnet sich gegenüber der PCM durch eine geringere Bitrate aus und benötigt damit auch weniger Übertragungskapazität. Dagegen steht jedoch ein größerer schaltungstechnischer Aufwand.

Die Demodulation erfolgt nach demselben Konzept wie bei der PCM, wobei zuerst allerdings aus den Differenzsignalen die ursprünglichen Codeworte wieder zu gewinnen sind.

Vorteil DPCM:
Geringere Bitrate gegenüber PCM.
Nachteil DPCM:
Größerer schaltungstechnischer Aufwand gegenüber PCM.

Lernerfolgskontrolle zu Kapitel 4.1

1. In welcher Weise werden die Parameter des zu übertragenden Signals bei der Modulation verändert?
2. Welchen Wert muss das Modulationssignal bei AM für $m = 0$ mindestens aufweisen?
3. Warum darf die Schaltung eines AM-Modulators nicht für den Maximalwert der Trägerspannung ausgelegt werden?
4. Weshalb wird bei einem AM-Modulator ein Bandpass benötigt?
5. Wie teilt sich die Leistung eines AM-Signals bei $m = 0,5$ auf?
6. Skizzieren Sie ein SSB-Signal, bei dem das obere Seitenband unterdrückt ist und die Trägerabsenkung 6 dB beträgt.
7. Durch welche Besonderheit ist QAM hinsichtlich der Trägerfrequenzen charakterisiert?
8. Warum muss bei einem AM-Synchrondemodulator die Oszillatorfrequenz für die Mischstufe der Trägerfrequenz des AM-Signals entsprechen?
9. In welcher Beziehung stehen das FM-Signal und die Amplitude des Modulationssignals?
10. Warum ist bei FM keine Unterscheidung zwischen mittlerer Leistung und Spitzenleistung möglich?
11. Ist vor einem Gegentaktdiskriminator eine Amplitudenbegrenzung des FM-Signals erforderlich?
12. Wie unterscheiden sich Phasendiskriminator und Verhältnisdiskriminator bezüglich der Bildung der Ausgangsspannung?
13. In welcher Darstellungsform können gleichzeitig die Kriterien für ASK, FSK und PSK aufgezeigt werden?
14. Welche Aussage ist bei der Phasenumtastung hinsichtlich der Amplitude möglich?
15. Wodurch unterscheidet sich die 4-PSK von der 16-PSK hinsichtlich der Übertragungskapazität?
16. In welchen Fällen sind die Entscheidungsbereiche für eindeutige Zeichenerkennung bei PSK und QAM gleich?
17. Welcher Unterschied besteht zwischen der 16-PSK und der 16-QAM hinsichtlich der Entscheidungsbereiche für eindeutige Zeichenerkennung?
18. Wie kann bipolare PAM in unipolare PAM gewandelt werden?
19. Welche Parameter des Trägersignals bleiben bei einem PFM-Signal unverändert?
20. Durch welche Gleichheiten zeichnen sich PPM und PDM hinsichtlich ihrer Funktion aus?
21. Worin besteht der Unterschied zwischen einem normalen PAM-Signal und einem von PDM auf PAM umgewandelten Signal?
22. Warum wird bei der DM gegenüber der PCM eine geringere Übertragungskapazität benötigt?

4.2 Codierung und Decodierung

4.2.0 Einführung

Nach Durcharbeiten dieses Kapitels können Sie die Verwendung von Codierung begründen, den prinzipiellen Aufbau von Codes erklären, Übertragungsformate unterscheiden, die Funktion des Fehlerschutzes darstellen, Blockcodierung und Faltungscodierung beschreiben, die Coderate deuten, das Interleaving erklären und das Konzept der Verschlüsselung darstellen.

Für die Übertragung digitaler Signale ist es in vielen Fällen erforderlich oder zweckmäßig, auftretende Zeichen durch andere zu ersetzen. Es muss sich dabei allerdings um die eindeutige Zuordnung von Zeichen aus einem festgelegten Zeichenvorrat zu Zeichen aus einem anderen festgelegten Zeichenvorrat handeln, damit auch wieder in die Ursprungsform transformiert werden kann.

Codierung ist die eindeutige Zuordnung von Zeichen aus einem festgelegten Zeichenvorrat zu Zeichen aus einem anderen festgelegten Zeichenvorrat.

Ein klassisches Beispiel für Codierung ist das Morse-Alphabet, bei dem für jeden Buchstaben des Alphabets eine bestimmte Folge von Punkten und Strichen festgelegt wurde, was durch elektrische Signale einfach realisierbar ist.

Die Codierung wird mit Hilfe eines in der Fachliteratur auch als Encoder bezeichneten Coders realisiert. Nach Übertragung der codierten Zeichen erfolgt durch einen Decoder die Decodierung, damit beim Empfänger die ursprünglichen Zeichen wieder zur Verfügung stehen.

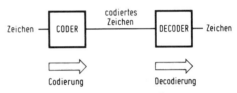

Bild 4.2–1 Codierung und Decodierung

Übung 4.2–1

Welche Aufgabe hat ein Decoder?

Für die Verwendung der Codierung gibt es drei wesentliche Gründe. An erster Stelle steht der Vorteil der Übertragung mit weniger Aufwand. Außerdem ergibt sich eine geringe Bitrate bei den codierten Zeichen, was zu einer größeren Übertragungsgeschwindigkeit führt. Durch Codierung tritt außerdem auch eine Verschlüsselung auf, da die Zeichen nicht unmittelbar erkennbar sind.

Gründe für Codierung
- ☐ Einfachere Übertragung
- ☐ Schnellere Übertragung
- ☐ Gesicherte Übertragung

4.2.1 Grundlagen

Für die am Ausgang eines Coders (= Encoders) auftretenden codierten Zeichen gilt der Begriff Codeworte. Das System für deren Aufbau bezeichnen wir als Code.

Code =
System für den Aufbau der Codeworte.

In der Praxis können wir vom **Binärcode** ausgehen. Jedes Element der Codeworte hat dabei zwei unterscheidbare Zustände, die üblicherweise mit 0 und 1 bezeichnet werden. Die Länge eines Codewortes bestimmt sich aus der Dauer für die einzelnen Bit. Die Zahl der unterscheidbaren Codeworte hängt unmittelbar von der Zahl der Elemente pro Codewort ab. Es gilt folgende Zusammenstellung:

Jedes Element eines Codewortes hat zwei unterscheidbare Zustände.

Zahl der unterscheidbaren Codeworte = f (Zahl der Elemente pro Codewort)

Elemente pro Codewort	1	2	3	4	5	6	7	8	9
Zahl der unterscheidbaren Codeworte	2	4	8	16	32	64	128	256	518

Die Länge der Codeworte wird in der Pseudoeinheit „bit" angegeben, für die Übertragungsgeschwindigkeit gilt die Bitrate in „bit/s".

Im Regelfall werden Codeworte mit konstanter Stellenzahl verwendet, was eine bestimmte Zahl verfügbarer Codeworte ergibt. Nicht genutzte Codeworte führen zur **Redundanz** R. Es gilt:

Regelfall:
Codeworte mit konstanter Stellenzahl

Redundanz = verfügbare Codeworte − genutzte Codeworte

$$R = N_{\text{verfügbar}} - N_{\text{genutzt}} \quad (4.2{-}1)$$

Die Redundanz ist für die Feststellung von Übertragungsfehlern von Bedeutung.

Beispiel 4.2–1

Welche Redundanz ist gegeben, wenn mit einem dreistelligen Code sechs Zeichen codiert werden? Mit einem dreistelligen Code lassen sich $2^3 = 8$ unterschiedliche Codeworte realisieren, es sind $8 \cdot 3$ bit = 24 bit verfügbar. Für die sechs Zeichen werden aber nur $6 \cdot 3$ bit = 18 bit benötigt. Die Redundanz beträgt somit (24−18) bit = 6 bit, also 2 Codeworte.

Übung 4.2–2

Wann ist bei einer Codierung keine Redundanz mehr gegeben?

Bei der Stellenzahl pro Codewort ist neben dem Zustand des jeweiligen Codeelementes auch die Wertigkeit der Stellen von Bedeutung. Das Codewort wird in den meisten Fällen von links nach rechts gelesen, wobei das rechte Codeelement die niedrigste Wertigkeit besitzt, während das linke Codeelement die höchste Wertigkeit aufweist. Wir können somit bei jedem Codewort zwischen dem **niedrigstwertigen Bit** [*least significant bit* (LSB)] und dem **höchst-**

Wertigkeit der Stellen in einem Codewort beachten!

wertigen Bit [*most significant bit* (MSB)] unterscheiden.

Es ist bei Codierungen aber auch die Festlegung der umgekehrten Reihung für die Codeelemente möglich. Deshalb sollte stets darauf geachtet werden, welche Stellenwertigkeiten gelten.

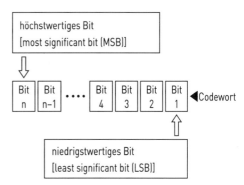

Bild 4.2–2   Stellenwertigkeit

Der für eine Übertragung auf der Sendeseite verwendete Code muss auf der Empfangsseite natürlich bekannt sein, damit durch den Decoder die ursprünglichen Zeichen wiedergewonnen werden können.

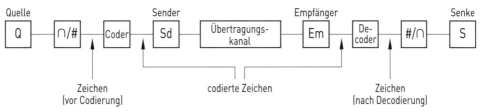

Bild 4.2–3   Übertragungssystem für codierte Zeichen

4.2.2 Arten

Handelt es sich bei den zu übertragenden Zeichen ausschließlich um Dezimalzahlen, dann kann jede Stelle einzeln codiert werden. Es sind dann lediglich für die Ziffern 0 bis 9 Codeworte erforderlich. Diese müssen eine Länge von 4 bit aufweisen, um die zehn Ziffern unterscheidbar darstellen zu können. Das Ergebnis wird als **BCD** [*binary coded decimal*] bezeichnet und weist folgende Form auf:

BCD [*binary coded decimal*] = Ziffernweise Codierung einer Dezimalzahl durch vierstellige Codeworte.

Ziffer	0	1	2	3	4	5	6	7	8	9
BCD-Codewort	0000	0001	0010	0011	0100	0101	0110	0111	1000	1001

Bezüglich der Stellenwertigkeit gilt bei den Codeworten des BCD-Codes die aufsteigende Potenz zur Basis 2:

MSB $\quad\quad\quad$ LSB
$2^3 \quad 2^2 \quad 2^1 \quad 2^0$
8 $\quad$ 4 $\quad$ 2 $\quad$ 1 ◄ Dezimaler Stellenwert

In den meisten Fällen ist die Codierung von Ziffern nicht ausreichend, sondern es wird sie auch für Buchstaben und sonstigen Zeichen (z. B. Komma, Punkt, Rechenzeichen, …) benötigt. Dies führt zu alphanumerischen Codes.

Deren Codeworte sind sieben- bis neunstellig, um die erforderliche Zahl der unterscheidbaren Codeworte zu ermöglichen.

Der wohl bekannteste alphanumerische Code heißt ASCII [*American Standard Code for Information Interchange*]. Er ist siebenstellig und umfasst alle Ziffern, alle Buchstaben (in Klein- und Großschreibung) sowie eine große Zahl sonstiger Zeichen.

Aus der Tabelle 4.2–1 lassen sich die ASCII-Codeworte leicht ermitteln, als Beispiel ist es dort für den Buchstaben Y darstellt.

Eine erhebliche Erweiterung des ASCII-Codes stellt der **Unicode** dar. Es handelt sich um einen international standardisierten 16-bit-Code, der gesamt 65.536 (also 2^{16}) unterschiedliche Codeworte ermöglicht. Damit lassen sich auch die Zeichen aller europäischen und außereuropäischen Sprachen darstellen, was im Rahmen der Globalisierung einen positiven Effekt darstellt.

Alphanumerischer Code = Codierung von Ziffern, Buchstaben und sonstigen Zeichen.

ASCII [*American Standard Code for Information Interchange*] = International standardisierter siebenstelliger alphanumerischer Code.

Tabelle 4.2–1   ASCII-Code

Durch Ergänzung von einer oder zwei Stellen kann bei jedem Code die Möglichkeit der Erkennung und ggf. Korrektur von Übertragungsfehlern geschaffen werden.

Die bisher behandelte Codierung von Ziffern, Buchstaben und sonstigen Zeichen stellt nur

Für die Erkennung und ggf. Korrektur von Übertragungsfehlern sind zusätzliche Stellen beim Codewort erforderlich.

4.2 Codierung und Decodierung

einen Teil dieses Gebiets dar. Die bei Audio- und Videosignalen typischen Codierungsverfahren werden wir bei den entsprechenden Anwendungen kennenlernen.

Außerdem sei darauf hingewiesen, dass häufig auch der Begriff Codierung verwendet wird, obwohl es sich nicht um eine solche im Sinne der ursprünglichen Definition handelt.

Codierung von Audio- und Videosignalen wird bei den Anwendungen behandelt.

4.2.3 Übertragungsformen

Durch die Codierung ergeben sich stets Folgen von Nullen und Einsen. Sie müssen vom Decoder einwandfrei erkannt und verarbeitet werden können. Dies gilt auch, wenn derselbe Zustand (0 oder 1) mehrfach nacheinander auftritt.

Der Decoder muss als Empfangssignal auch Folgen von Nullen und Einsen erkennen und verarbeiten können.

In der Fachliteratur wird für den Zustand 1 auch die Bezeichnung „Mark" verwendet, während es beim Zustand 0 die Bezeichnung „Space" ist.

Zustand „1" ≙ Mark
Zustand „0" ≙ Space

Für die Darstellung der beiden Zustände 0 und 1 sind solche Formate wünschenswert, bei denen einerseits das Taktsignal leicht zurückgewonnen werden kann und andererseits möglichst kein Gleichspannungsanteil auftritt. Außerdem wird auch die Erkennung und/oder Korrektur von Übertragungsfehlern angestrebt.

Kriterien
☐ Rückgewinnung des Taktsignals
☐ Gleichspannungsanteil
☐ Fehlererkennung/Fehlerkorrektur

Beim **RZ-** [*return to zero*] **Format** geht bei jedem Bit mit dem Zustand 1 der Pegel für Eins bei der Hälfte der Bitdauer auf den Pegel für Null zurück. Es findet also bei jedem Bit mit dem Zustand 1 ein Pegelwechsel statt, was die Taktsignalrückgewinnung erleichtert.

Bild 4.2–4 RZ-Format

Bleibt beim Bit mit dem Zustand 1 der Pegel über die gesamte Bitdauer erhalten, erfolgt also kein Wechsel auf den Zustand Null, dann liegt **NRZ-** [*non return to zero*] **Format** vor. Wegen des während der Bitdauer konstanten Pegels benötigt dieses Signal gegenüber dem RZ-Format eine geringere Bandbreite, dafür ist allerdings die Rückgewinnung des Taktsignals aufwändiger.

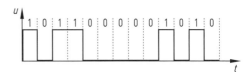

Bild 4.2–5 NRZ-Format

Bei dem auch als Biphase-Format bezeichneten **Manchester-Format** tritt bei jedem Bit jeweils bei der Hälfte der Bitdauer ein Pegelwechsel auf. Ein Eins-Bit weist damit in der ersten Bithälfte den Zustand 1 auf und in der zweiten Bithälfte den Zustand 0. Beim Null-Bit tritt dagegen in der ersten Bithälfte der Zustand 0 und in der zweiten Bithälfte der Zustand 1 auf.

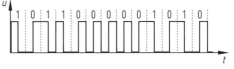

Bild 4.2–6 Manchester-Format

Werden beim RZ- bzw. NRZ-Format die Eins-Bits mit wechselnder Polarität übertragen, dann liegt das **AMI-** [*alternate mark inversion*] **Format** vor. Es wird auch als pseudoternär bezeichnet, weil drei Signalpegel (+ 1, 0, – 1) auftreten. Diese Form ermöglicht Gleichspannungsfreiheit für die Übertragung.

Beim AMI-Format treten drei Signalpegel auf.
⇓
Ermöglicht gleichspannungsfreie Übertragung

Beim **RZ-AMI-Format** weist das Eins-Bit jeweils in der ersten Bithälfte den Pegel für + 1 oder – 1 auf. Der Wechsel zwischen beiden Werten erfolgt immer dann, wenn ein weiteres Eins-Bit auftritt.

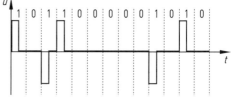

Bild 4.2–7 RZ-AMI-Format

Das **NRZ-AMI-Format** weist natürlich ebenfalls drei Signalpegel auf, jedoch ist der Pegel für + 1 oder – 1 für die gesamte Dauer jedes Eins-Bit vorhanden. Bei diesem Format ist wie bei RZ-AMI die Erkennung fehlerhaft übertragener Eins-Bits einfach möglich, weil auf jeden Fall das nachfolgende Eins-Bit gegenüber dem Vorgänger stets die andere Polarität aufweisen muss.

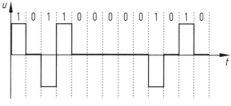

Bild 4.2–8 NRZ-AMI-Format

Übung 4.2–3

Welcher wesentliche Unterschied besteht zwischen den Formaten NRZ und NRZ-AMI?

Bei längeren Folgen von Null-Bits ist auch bei einem AMI-Format die Taktsignalrückgewinnung auf der Empfangsseite problematisch. Dies lässt sich durch das **HDB-3-** [*high density bipolar of order 3*] **Format** vermeiden. Die Eins-Bits werden dabei wie vom AMI-Format bekannt dargestellt, für die Null-Bits gelten folgende Regeln: Es treten nur maximal drei Null-Bits nacheinander auf, ein viertes Null-Bit wird mit dem Pegel + 1 oder – 1 entgegen der AMI-Regel dargestellt. Dieses Bit bezeichnen wir deshalb als V(erletzungs)- [*violating*] Bit. Damit sich durch diese kein Gleichanteil ergibt, ist bei den nächsten vier Gruppen von Null-Bits jeweils wechselnde Polarität erforderlich.

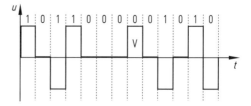

Bild 4.2–9 HDB-3-Format

Da unterschiedliche Formate für die Übertragung verwendbar sind, muss das verwendete Format verständlicherweise auf der Empfangsseite bekannt sein, damit einwandfreie Deco-

Verwendetes Übertragungsformat muss auf der Empfangsseite bekannt sein.

dierung möglich ist. Außerdem müssen wir berücksichtigen, dass wegen der stets vorhandenen Bandbegrenzung beim Übertragungskanal die ideale Rechteckform der Bit nicht mehr gegeben ist, sondern eine Impulsverbreiterung auftritt. Dies kann zur gegenseitigen Beeinflussung der Bits führen. Die dadurch bewirkten Bitfehler werden auch als Intersymbolstörung bezeichnet.

Bandbegrenzung
ergibt
Impulsverbreiterung
führt zu
Intersymbolstörungen

Lernerfolgskontrolle zu Kapitel 4.2

1. Wodurch bestimmt sich die Länge der codierten Zeichen?
2. Welche grundsätzliche Forderung muss jeder Decoder in einem Übertragungssystem erfüllen?
3. Wodurch unterscheiden sich der BCD-Code und der ASCII-Code?
4. Warum stellt die Taktsignalrückgewinnung ein wichtiges Kriterium bei den Übertragungsformen dar?

4.3. Quellencodierung

4.3.0 Einführung

Nach Durcharbeiten dieses Kapitels können Sie die Aspekte für Datenreduktion darstellen, Redundanz und Irrelevanz erklären, psychoakustische und psychooptische Effekte beschreiben sowie Audio- und Videocodierung gemäß MPEG erläutern.

4.3.1 Grundlagen

Bei jedem digitalen Übertragungssystem stellt das digitalisierte analoge Quellensignal die Eingangsgröße dar. Für eine unbeeinflusste Übertragung muss der Übertragungskanal mindestens für die Bitrate dieses nun digitalen Quellensignals ausgelegt sein. Dabei stellt sich stets die Frage nach der Wirtschaftlichkeit, da mit zunehmender Bitrate auch die Kosten steigen. Die Problemlösung besteht nun darin, die Bitrate so stark wie möglich zu reduzieren, jedoch ohne Informationsverlust. Diese Art der Datenreduktion [*data reduction*] wird als Quellencodierung [*source coding*] bezeichnet und soll das digitale Quellensignal von allen Anteilen befreien, welche für die Senke nicht erforderlich sind.

Übertragungskanal muss für die Bitrate des Quellensignals ausgelegt sein.

Quellencodierung [*source coding*] =
Datenreduktion [*data reduction*] beim digitalen Quellensignal, um es von allen Anteilen zu befreien, welche für die Senke nicht erforderlich sind.

Durch Quellencodierung wird also die Bitrate gegenüber der des digitalen Quellensignals kleiner, wobei wir auf der Empfangsseite subjektiv keine Änderung gegenüber der Qualität des ursprünglichen Signals feststellen. Da die Reduzierung der Bitrate wie ein Zusammenrücken der ursprünglichen Bitfolge des Quellensignals erscheint, wird in der Fachliteratur Datenreduktion häufig auch als Datenkompression [*data compression*] bezeichnet, obwohl dies nicht wirklich zutreffend ist.

Die Quellencodierung ist primär bei Audio- und Videosignalen von Bedeutung.

> Datenreduktion verändert die Qualität des ursprünglichen Signals subjektiv nicht.

Datenreduktion [*data reduction*] wird auch als Datenkompression [*data compression*] bezeichnet.

Beispiel 4.3–1

Warum bietet sich Datenreduktion an, wenn ein analoges PAL-Fernsehbild digitalisiert wurde und digital übertragen werden soll?

Wir gehen von folgenden Randbedingungen aus:

Bildformat: 4 : 3 (Bildbreite : Bildhöhe) / 625 Zeilen (Z) pro Bild (B) / 25 Bilder (B) pro Sekunde (s) / quadratische Bildelemente (BE) / 256 Werteintervalle beim Luminanzsignal / 256 Werteintervalle beim Chrominanzsignal

Für die Luminanz (d.h. Helligkeit) und die Chrominanz (d.h. Farbe) sind also jeweils 256 unterscheidbare Zustände vorgesehen. Für jedes Bildelement (BE) sind deshalb (8 + 8) bit = 16 bit lange Codeworte erforderlich. Da von quadratischen Bildelementen ausgegangen wird, sind wegen des Bildformats pro Zeile 625 · (4/3) = 833,3 BE vorhanden. Das gesamte Bild besteht somit aus 833,3 · 625 = 520.812,5 BE. Diese Menge muss nun 25-mal pro Sekunde übertragen werden, was zu einer Bitrate von über 200 Mbit/s führt. Der genaue Wert berechnet sich wie folgt:

$$v_{bit} = (8+8)\frac{bit}{BE} \cdot \left(625 \cdot \frac{4}{3}\right)\frac{BE}{Z} \cdot 625\frac{Z}{B} \cdot 25\frac{B}{s} = \mathbf{208{,}3} \text{ Mbit/s}$$

Übertragungskanäle für eine solche Bitrate sind nicht wirtschaftlich zu betreiben.

Zur Realisierung der Datenreduktion als Quellencodierung werden die Unzulänglichkeiten des menschlichen Auges und Ohres genutzt. Es sind nachfolgende Aspekte von Interesse.

☐ Das menschliche Auge nimmt Änderungen der Helligkeit (Luminanz) besser wahr als Änderungen der Farbinformation (Chrominanz). Deshalb kann die Chrominanz gröber gestuft übertragen werden.

☐ Bei dem für das Fernsehen festgelegten 25 Vollbildern pro Sekunde ändert sich der Bildinhalt von Bild zu Bild nur minimal. Es reicht deshalb aus, nur die Unterschiede zwischen gleichen Bildelementen in aufeinanderfolgenden Bildern zu übertragen.

☐ In Bildern auftretende Bewegungsvorgänge sind weitgehend vorhersagbar, da bei den 25 Vollbildern pro Sekunde von Bild zu Bild

Das Auflösungsvermögen des menschlichen Auges ist für die Helligkeit (Luminanz) besser als für die Farbe (Chrominanz).

Der Inhalt eines Fernsehbildes ändert sich von Bild zu Bild nur minimal. Die Übertragung der Unterschiede zwischen den Bildern ist deshalb ausreichend.

4.3 Quellencodierung

keine sprunghaften Änderungen auftreten. Es ist deshalb für jedes bewegte Objekt als Prognose berechenbar, wo es sich im nächsten Bild befindet und welcher räumliche Bereich von Bildelementen betroffen ist.

Die Bewegung von Objekten in Fernsehbildern ist für das jeweils nächste Bild ausreichend gut vorhersagbar.

☐ Bei Audiosignalen ist die Frequenzabhängigkeit des menschlichen Ohres zu berücksichtigen. Signale mit gleichem Schalldruck werden bei unterschiedlichen Frequenzen mit unterschiedlicher Lautstärke empfunden. Diese nichtlineare Ohrempfindlichkeitskurve ermöglicht die Reduzierung der zu übertragenden Informationen.

Das menschliche Ohr weist einen ausgeprägten Amplituden-Frequenzgang auf (Ohrempfindlichkeitskurve).

☐ Unterhalb bestimmter Schalldruckpegel tritt bei Tonsignalen überhaupt kein Höreindruck mehr auf. Die Übertragung von Pegelwerten, die unter dieser Ruhehörschwelle liegen ist deshalb überflüssig.

Schalldruckpegel unterhalb der Ruhehörschwelle bewirken keinen Höreindruck.

☐ Bei lauten Einzeltönen sind frequenzmäßig benachbarte Töne mit kleinen Pegeln nicht wahrnehmbar. Sie werden durch den dominanten Ton verdeckt und sind deshalb für die Übertragung nicht erforderlich. Es gilt die Bezeichnung Verdeckungseffekt.

Laute Töne verdecken frequenzmäßig benachbarte leise Töne.

☐ Das menschliche Ohr kann nicht jede Einzelfrequenz unterscheiden, es hat also nur ein begrenztes Auflösungsvermögen. Wir können deshalb den Frequenzbereich in schmale Teilbereiche gliedern und von diesen jeweils nur einen Mittelwert übertragen. Diese Subband-Codierung reduziert die Datenmenge erheblich.

Einzelfrequenzen von Tonsignalen sind nicht unterscheidbar, deshalb reichen Mittelwerte von Frequenz-Teilbereichen für die Übertragung aus.

Übung 4.3–1

Warum spielt das Auflösungsvermögen des menschlichen Auges und Ohres bei der Datenreduktion eine wesentliche Rolle?

Das Ergebnis jeder Quellencodierung ist das quellencodierte Signal, das nun übertragen werden soll.

Übung 4.3–2

Was ist unter dem Begriff quellencodiertes Signal zu verstehen?

Bei der Datenreduktion können wir zwei Anteile unterscheiden, nämlich die Redundanz und die Irrelevanz. Bei der Redundanz handelt es sich um Weitschweifigkeit, besonders aber um solche Anteile im Nutzsignal, die mehrfach vor-

Redundanz =
Anteile im Nutzsignal, die mehrfach vorhanden sind oder sich aus anderen Anteilen ergeben.

handen sind oder sich aus anderen Anteilen ergeben bzw. ableiten lassen. Die Irrelevanz steht für Bedeutungslosigkeit einer Information. Dazu zählen alle Anteile des Nutzsignals, die auf der Empfangsseite nicht von Bedeutung, also nicht relevant sind.

Jede Quellencodierung ist also die Summe aus Redundanzreduktion und Irrelevanzreduktion.

Irrelevanz =
Anteile im Nutzsignal, die mit der zu übertragenden Information in keinem Zusammenhang stehen.

Quellencodierung =
Redundanzreduktion + Irrelevanzreduktion

4.3.2 Arten

Da digitale Signale im Regelfall in Rahmen gleicher Länge übertragen werden, stellt die Differenzmethode den einfachsten Ansatz für eine Datenreduktion dar. Es erfolgt hierbei der systematische Vergleich zwischen aufeinanderfolgenden Rahmen. Nur für die Stellen, bei denen Unterschiede auftreten, wird eine Information übertragen, da die gleichbleibenden Stellen als redundant gelten.

Die Differenzmethode erfordert auf der Empfangsseite entsprechenden schaltungstechnischen Aufwand für den Vergleich der Rahmen, außerdem tritt eine Verzögerung auf, weil für den Vergleich jeweils ein Rahmen zwischengespeichert werden muss.

Differenzmethode =
Vergleich aufeinanderfolgender Rahmen und Übertragung von Informationen nur bei den Stellen, die unterschiedlich sind.

Differenzmethode weist Verzögerung um mindestens eine Rahmenlänge auf.

Die Quellencodierung für Hörfunk und Fernsehen ist durch internationale Standards vorgegeben. Die meisten wurden von der internationalen Arbeitsgruppe „Motion Picture Experts Group" entwickelt, weshalb diese Standards auch unter der Bezeichnung MPEG bekannt sind. Dabei müssen wir stets zwischen der Audiocodierung (also Quellencodierung der Audiosignale) und der Videocodierung (also Quellencodierung der Videosignale) unterscheiden.

Die **Audiocodierung** basiert auf den bereits aufgezeigten psychoakustischen Effekten und berücksichtigt den Frequenzbereich 20 Hz … 20 kHz.

Mit Hilfe einer großen Zahl von Hörtests wurde dafür die Auswirkung des frequenz- und pegelabhängigen Verdeckungseffektes ermittelt. Das Ergebnis sind Pegel-Frequenz-Funktionen für jede Frequenz, wobei sich für jeden Pegel ein anderer Verlauf ergibt. Diese Kurven werden als **Mithörschwellen** bezeichnet und charakterisieren anschaulich die Auswirkung der Verdeckung.

MPEG [Motion Picture Experts Group] erarbeitet Standards für:
☐ Audiocodierung [*audio coding*]
  (= Quellencodierung von Audiosignalen)
☐ Videocodierung [*video coding*]
  (= Quellencodierung von Videosignalen)

Audiocodierung nutzt psychoakustische Effekte.

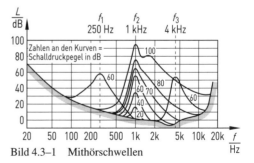

Bild 4.3–1 Mithörschwellen

4.3 Quellencodierung

Wegen des geringen Auflösungsvermögens des menschlichen Ohres erfolgt die Aufteilung des gesamten niederfrequenten Bereiches in 32 Teilbänder mit jeweils 750 Hz Bandbreite. Bezogen auf die Abtastfrequenz 48 kHz für das Gesamtsignal beträgt die Abtastfrequenz je Teilband 1,5 kHz. Für die Aufteilung kommt eine entsprechende Filterbank zum Einsatz.

Für jedes Teilband wird durch zwölf aufeinander folgende Abtastwerte die Mithörschwelle mit Hilfe eines psychoakustischen Modells ermittelt. Diese steuern Quantisierung und Codierung der Teilbandsignale. Danach erfolgt die Formatierung des Bitstroms und die Ergänzung des Fehlerschutzes.

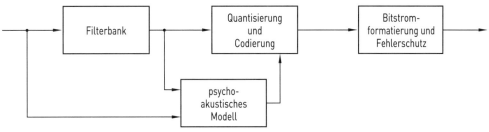

Bild 4.3–2   Audiocodierung (Konzept)

Übung 4.3–3

Warum kann bei der Audiocodierung mit Teilbändern gearbeitet werden?

Da pro Teilband 64 unterscheidbare Pegelstufen möglich sein sollen, sind 6-bit-Codeworte erforderlich. Jede Pegelstufe entspricht einer Dynamik von 2 dB, weshalb eine Dynamik des Audiosignals von bis zu 128 dB verarbeitet werden kann.

64 Pegelstufen pro Teilband
↓
6-bit-Codeworte
↓
Größe zulässige Dynamik des Ausgangssignals: 128 dB

Die Qualität einer Audiocodierung ist wesentlich durch die für ein Stereosignal erforderliche Bitrate gekennzeichnet. Da der Wirkungsgrad der Codierungsverfahren bisher ständig verbessert wurde, ist dieser Wert auch ständig kleiner geworden. Die Bezugsgröße ist stets das digitalisierte analoge Quellensignal, also das Signal vor der Datenreduktion. Die Bitrate beträgt hier 1,411 kbit/s. Die erste Version der Audiocodierung MPEG-1 Layer 1 ermöglichte anfänglich bereits eine Reduzierung auf 384 kbit/s und dann auf 256 kbit/s. Durch MPEG-1 Layer 2, auch als MUSICAM [*masking pattern adapted*

Qualität Audiocodierung
↓
Bitrate für Stereosignal
↓
Reduzierung durch ständige Verbesserung der Codierungsverfahren.

universal subband integrated coding and multiplexing] bezeichnet, wurden 192 kbit/s erreicht. Die weitere Entwicklung führte zu MPEG-1 Layer 3, auch bekannt als MP 3, mit nur noch 128 kbit/s. Die neueste in der Praxis umgesetzte Entwicklung stellt MPEG-4 AAC dar, wobei die angehängte Abkürzung „advanced audio coding" (= fortgeschrittene Audiocodierung) bedeutet. Bei AAC sind bereits 96 kbit/s für ein Stereosignal ausreichend, es wird durch das Verfahren aber auch das Raumklangverfahren Dolby 5.1 unterstützt.

Tabelle 4.3–1
Entwicklung der Audiocodierung

Verfahren	Bitrate für Stereosignal
ohne Codierung	1411 kbit/s
MPEG-1 Layer 1 1. Stufe	384 kbit/s
MPEG-1 Layer 1 2. Stufe	256 kbit/s
MPEG-1 Layer 2 (MUSICAM)	192 kbit/s
MPEG-1 Layer 3 (MP 3)	128 kbit/s
MPEG-4 AAC	96 kbit/s

Die neueren Methoden der Audiocodierung weisen also eine stetige Verbesserung der Codiereffizienz auf, dafür nimmt allerdings die Komplexität der Systeme zu, so dass auf der Sende- und Empfangsseite entsprechend mehr Aufwand getrieben werden muss.

Verbesserung der Codiereffizienz
↓
Zunahme der Komplexität
auf der Sende- und Empfangsseite

Übung 4.3–4

Wodurch unterscheiden sich die verschiedenen Audiocodierungs-Verfahren grundsätzlich?

Grundsätzlich sind alle betrachteten Audiocodierungs-Verfahren skalierbar, können also den Erfordernissen angepasst werden. So ist zum Beispiel für reine Sprachübertragung (z. B. Nachrichtensendungen) eine erheblich kleinere Bitrate ausreichend.

Audiocodierungs-Verfahren sind skalierbar.

Durch **Videocodierung** soll das Videosignal von möglichst allen redundanten und irrelevanten Anteilen befreit werden. Dabei basieren alle Maßnahmen auf den Bildelementen (BE) [*picture element* (PEL)], aus denen sich das digitale Fernsehbild aufbaut. Sie haben jeweils eine horizontale und vertikale Position im Bild und weisen für jeden Zeitpunkt spezifische Werte für die **Helligkeit** (Luminanz) und **Farbe** (Chrominanz) auf. Dabei ist es üblich, nicht die drei Grundfarben Rot (R), Grün (G) und Blau (B) zu verwenden, sondern lediglich die beiden Farbdifferenzsignale C_R und C_B.

Kennzeichnende Merkmale für **Bildelemente**
☐ Horizontale Position im Bild (x-Position)
☐ Vertikale Position im Bild (y-Position)
☐ Zeit t
☐ Helligkeitswert Y
☐ Farbdifferenzwert $C_R = k \cdot (R - Y)$
☐ Farbdifferenzwert $C_B = k \cdot (B - Y)$

4.3 Quellencodierung

Die Videocodierung soll nun bei möglichst kleiner Bitrate sicherstellen, dass die vorstehenden Informationen über die Bildelemente auf der Empfangsseite entweder zur Verfügung stehen oder wiedergewonnen werden können.

Die bisher noch vorrangig verwendete Videocodierung ist im internationalen Standard ISO/IEC 13813 festgelegt und wird als MPEG-2 bezeichnet. Sie nutzt die nachfolgend beschriebenen Aspekte.

Standard
ISO/IEC 13813
↓
MPEG-2

- **Räumliche Redundanz**
  [*spatial redundancy*]

  Treten in Bildern größere Bereiche mit gleicher Helligkeit und Farbe auf (z. B. Himmel), dann gilt für diese Bereiche eine räumliche Korrelation. Es ist deshalb nicht erforderlich für jedes Bildelement alle Informationen zu übertragen. Zeigen z. B. alle Bildelemente einer Zeile den Himmel mit gleicher Helligkeit und Farbe, dann reicht es aus, das erste Bildelement exakt anzugeben und für die folgenden Bildelemente eine codierte Anweisung, dieses Bildelement zu duplizieren. Dadurch lässt sich die Bitrate abhängig vom Bildinhalt erheblich reduzieren.

  Die räumliche Redundanz wird beim einzelnen Bild berücksichtigt, weshalb die Bezeichnung „intraframe compression" gilt. Dabei steht „intra" für „innerhalb".

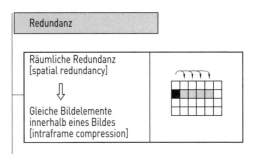

- **Zeitliche Redundanz**
  [*temporal redundancy*]

  Zwischen aufeinanderfolgenden Bildern eines Videosignals treten wegen der Vollbildfrequenz von 25 Hz meist nur geringe Unterschiede auf. Es ist deshalb nicht erforderlich, jedes Bild vollständig zu übertragen, sondern es reicht aus, dies lediglich für die Unterschiede zwischen den Bildern durchzuführen. Auch dadurch reduziert sich die Bitrate abhängig vom Bildinhalt.

  Die zeitliche Redundanz berücksichtigt nicht die Beziehung innerhalb des Bildes, sondern die zwischen benachbarten Bildern. Es gilt nun die Bezeichnung „interframe compression", wobei „inter" für „zwischen" steht.

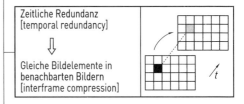

☐ **Statistische Redundanz**
[*statistical redundancy*]

Da jedes Bild vom vorhergehenden nur geringfügig abweicht, kann diese Gegebenheit für Vorhersagen [*prediction*] des Bildinhaltes genutzt werden. Es besteht eine statistische Wahrscheinlichkeit, welche Informationen im nächsten Bild auch vorhanden sind, weshalb nur die vorhersagbaren (also die wahrscheinlichen) Änderungen übertragen zu werden brauchen. Dies führt ebenfalls zu einer Reduzierung der Bitrate.

☐ **Psycho-optische Redundanz**
[*psycho-visual-redundancy*]

Das menschliche Auge hat stets ein begrenztes Auflösungsvermögen, was für die Datenreduktion optimal nutzbar ist.

- Das Auge ist für Änderungen der Farbe weniger empfindlich als für Änderungen der Helligkeit. Die Farbauflösung ist also geringer als die Schwarzweiß-Auflösung.
- Das Auge kann beliebig feine Details nichts unterscheiden. Es liegt ein begrenztes räumliches Auflösungsvermögen vor.
- Das Auge kann beliebig schnellen Bewegungsabläufen nicht folgen. Dies bedeutet ein begrenztes zeitliches Auflösungsvermögen.

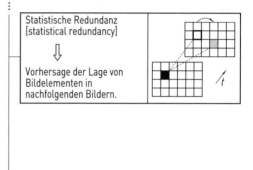

Bild 4.3–3   Redundanz im Videosignal

Übung 4.3–5

Wodurch unterscheiden sich die räumliche und die zeitliche Redundanz?

Durch die Redundanzreduktion bleiben alle nicht-redundanten Anteile für die Übertragung erhalten, so dass sich trotz der reduzierten Bitrate die ursprüngliche Bildqualität nicht verändert. Insoweit stellt die Redundanzreduktion ein verlustfreies Verfahren dar.

Die MPEG-2-Videocodierung stützt sich auf zwei wichtige „Werkzeuge".

☐ **Diskrete Cosinus-Transformation (DCT)**

Es handelt sich um eine Sonderform der diskreten Fourier-Transformation, die einen unmittelbaren Übergang zwischen Einzelwerten im Zeitbereich und Frequenzbereich ermöglicht. Sie bewirkt die Beseitigung der räumlichen Redundanz durch Konzentra-

Die Redundanzreduktion ist ein verlustfreies Verfahren.

Diskrete Cosinus-Transformation (DCT) beseitigt räumliche Redundanz.

4.3 Quellencodierung

tion der Signalenergie auf wenige Koeffizienten in einem definierten Bildbereich.

☐ **Bewegungsschätzung**

Dieses Verfahren basiert auf dem Konzept der Differenz-Pulscodemodulation (DPCM) und bewirkt die Beseitigung der zeitlichen Redundanz.

Für die Durchführung der DCT wird das Bild in Blöcke zu je 8 × 8 Bildelementen aufgeteilt. Damit ergeben sich pro Bild 90 × 72 Blöcke. Wegen des geringeren Auflösungsvermögens für die Farbe werden dafür aus vier Blöcken bestehende Makroblöcke gebildet, was pro Bild zu 45 × 36 Makroblöcken führt. Für die Blöcke bzw. Makroblöcke ergeben sich dann nur noch eine begrenzte Zahl von DCT-Koeffizienten an Stelle der Angaben für die einzelnen Bildelemente, was den Effekt der Datenreduktion bewirkt.

Bewegungsschätzung beseitigt zeitliche Redundanz.

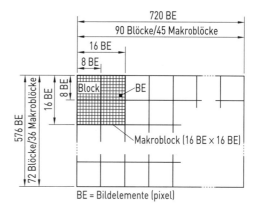

Bild 4.3–4 Bildeinteilung in Blöcke und Makroblöcke

Die Bewegungsschätzung geht jeweils vom Makroblock aus. Er wird mit dem Makroblock verglichen, der sich im vorhergehenden und/oder nachfolgenden Bild an derselben Stelle befindet. Bei Bewegungen zeigen sich dabei natürlich Unterschiede. Nun wird durch einen Algorithmus (also eine Rechenvorschrift) der Makroblock in einem definierten Suchbereich solange verschoben, bis er mit einem Makroblock des anderen Bildes bestmöglich zur Deckung kommt. Es liegt dann eine als „block matching" bezeichnete Anpassung vor. Aus der Verschiebung wird nun ein Bewegungsvektor ermittelt und für den Aufbau des nächsten Bildes verwendet.

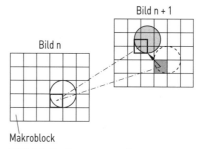

Bild 4.3–5 Bewegungsvektor

Übung 4.3–6

Welche Informationen weist der Bewegungsvektor auf?

Bei der MPEG-2-Videocodierung sind folgende Bildtypen zu unterscheiden:

☐ I-Bilder (intra-codierte Bilder)

Es handelt sich um durch DCT datenreduzierte Vollbilder.

I-Bilder =
Durch DCT datenreduzierte Vollbilder.

☐ P-Bilder (unidirektional prädizierte Bilder)

Es handelt sich um solche Bilder, die aus vorangegangenen I-Bildern vorhergesagt werden.

☐ B-Bilder (bidirektional prädizierte Bilder)

Es handelt sich um solche Bilder, die aus einem vorangegangenen Bild und einem nachfolgenden Bild vorhergesagt werden.

Diese Bildtypen unterscheiden sich erheblich in der Bitmenge. Es gilt pro Vollbild:

P-Bilder =
Durch Prädiktion aus vorangegangenen I-Bildern gewonnene Bilder.

B-Bilder =
Durch Prädiktion aus einem vorangegangenen Bild und einem nachfolgenden Bild gewonnene Bilder.

Bitmenge der Bildtypen
☐ I-Bilder: $9 \cdot 10^5$ bit
☐ P-Bilder: $3 \cdot 10^5$ bit
☐ B-Bilder: $1 \cdot 10^5$ bit

Je weniger Bit auftreten, desto kleiner ist auch die erforderliche Bitrate.

Im Standard ist die Reihenfolge der Bildtypen wie folgt festgelegt:

... I B B P B B P B B P B B I ...

Auf der Empfangsseite werden durch Decodierung die ursprünglichen Bilder wieder hergestellt. Zuerst gilt dies für die I-Bilder, da sie alle Informationen enthalten. Es erfolgt dann mit Hilfe des I-Bildes die Decodierung des ersten P-Bildes. Der nächste Schritt ist die Rekonstruktion der beiden B-Bilder aus dem zwischengespeicherten I-Bild und P-Bild. Dann werden die weiteren P-Bilder decodiert und daraus die weiteren B-Bilder gewonnen.

Durch die Bewegungsschätzung und Prädiktion der P-Bilder und B-Bilder ergibt sich in Verbindung mit der diskreten Cosinus-Transformation (DCT) für übliche Fernsehbilder eine Bitrate von nur 4 ... 6 Mbit/s, während dieser Wert ohne Datenreduktion bekanntlich über 200 Mbit/s beträgt. Diese enorme Verringerung der Bitrate hat dabei subjektiv keinen Einfluss auf die Bildqualität.

Wie bei der Audiocodierung wurde inzwischen auch die Videocodierung mit dem Ziel einer größeren Effizienz weiterentwickelt. Das Ergebnis trägt die Bezeichnung MPEG-4 und ist im internationalen Standard ISO/IEC 14496 festgelegt. Mit diesem Quellencodierungskonzept reicht im Vergleich zu MPEG-2 bereits die Hälfte der Bitrate für vergleichbare Fernsehbilder, also 2 ... 3 Mbit/s. Damit können bei einem vorgegebenen Übertragungskanal entsprechend mehr Informationen übertragen werden.

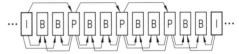

Bild 4.3–6   Bilderfolge bei MPEG-2

Bei der Decodierung werden zuerst die I-Bilder gewonnen, weil diese alle Informationen enthalten.

Durch MPEG-2 reduziert sich die Bitrate für übliche Fernsehbilder von über 200 Mbit/s auf 4 ... 6 Mbit/s, ohne subjektiven Einfluss auf die Bildqualität.

MPEG-4 gemäß Standard ISO/IEC 14496 weist gegenüber MPEG-2 eine etwa fünfzig Prozent geringere Bitrate auf.

Der Vorteil von MPEG-2 und MPEG-4 ist ihre Skalierbarkeit. Es kann also die gewünschte Bildqualität mit Hilfe entsprechender Parameter gewählt werden. Damit sind alle Stufen zwischen VHS-Qualität und hochauflösendem Fernsehen HDTV [*high definition television*] möglich. Die Bitrate ist unmittelbar von der gewünschten Bildqualität (= Bildauflösung) abhängig, so dass verfügbare Übertragungskapazität optimal genutzt werden kann. Wir müssen allerdings beachten, dass die Bitrate mit zunehmender Bildauflösung größer wird.

MPEG-2 und MPEG-4 sind skalierbar
↓
Bildqualität (= Bildauflösung) ist wählbar
↓
Zunehmende Bildauflösung erfordert größere Bitrate

Lernerfolgskontrolle zu Kapitel 4.3
1. Welche grundsätzliche Zielsetzung ist bei der Datenreduktion gegeben?
2. Wie lässt sich der Verdeckungseffekt bei Audiosignalen für die Datenreduktion nutzen?
3. Erklären Sie den Begriff Irrelevanzreduktion.
4. Welche beiden Grenzfälle können bei dem Rahmenvergleich der Differenzmethode auftreten?
5. Welche Aussagen sind durch die Mithörschwellen möglich?
6. Welcher grundsätzliche Unterschied besteht zwischen P-Bildern und B-Bildern?

4.4 Kanalcodierung

4.4.0 Einführung

Nach Durcharbeiten dieses Kapitels können Sie Kanalcodierung als Fehlerschutz darstellen, FEC und BEC unterscheiden, Fehlerarten aufzeigen, Block- und Faltungscodes skizzieren, den Begriff der Coderate erklären und die Funktion des Interleaving beschreiben.

4.4.1 Grundlagen

Das quellencodierte Signal stellt die auf ein Minimum „abgemagerte" Bitfolge dar, die nun zu übertragen ist. Jede Störbeeinflussung würde dabei allerdings eine unzulässige Bitfehlerrate bewirken. Dies können wir durch einen entsprechenden Fehlerschutz vermeiden, der als „elektronische Verpackung" des quellencodierten Signals auf dem Übertragungskanal zu verstehen ist. Bei Störungen wird diese Schutzschicht angegriffen und nicht das Nutzsignal.

Fehlerschutz bedeutet die „elektronische Verpackung" des quellencodierten Signals.

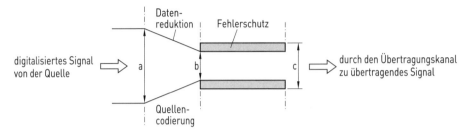

a Bitrate des digitalisierten Signals der Quellen
b Bitrate nach Datenreduktion
c Bitrate des zu übertragenden Signals

Bild 4.4–1   Quellencodierung und Fehlerschutz

Alle Maßnahmen des Fehlerschutzes werden als Kanalcodierung [*channel coding*] bezeichnet. Sie dienen dazu, die Bitfolgen des Nutzsignals gegen Übertragungsfehler zu schützen, und zwar durch Erkennen von Fehlern und ggf. deren Korrektur. Es handelt sich im Prinzip um Codierungen, die mit wenig Aufwand optimalen Schutz des Nutzsignals Schutzwirkung bewirken sollen. Fehlerschutz umfasst deshalb stets die Komponenten Fehlererkennung und Fehlerkorrektur.

Fehlerschutz	=	Fehlererkennung	+	Fehlerkorrektur
[*error protection*]		[*error detection*]		[*error correction*]

Durch die Ergänzung des quellencodierten Signals mit Fehlerschutzbits wird bewusst eine Redundanz aufgebaut. Dieses Fehlerschutzkonzept nutzt also den Hinkanal (Vorwärtskanal) zur Empfangsseite, weshalb dafür üblicherweise die Bezeichnung Vorwärtsfehlerkorrektur [*forward error correction* (FEC)] gilt. Es ist für jede Echtzeitübertragung von großer Bedeutung.

Bei nicht zeitkritischen Übertragungen kann Fehlerschutz auch durch automatische Mehrfachübertragung [*automatic repeat request* (ARQ)] erfolgen. In diesem Fall wird von der Empfangsseite die erneute Übertragung definierter Bitfolgen über den Rückkanal zur Sendeseite automatisch angefordert. Es handelt sich damit um Rückwärtsfehlerkorrektur [*backward error correction* (BEC)].

Vorwärtsfehlerkorrektur
[*forward error correction* (FEC)]
↓
Ergänzung von Redundanz
im Hinkanal

Automatische Mehrfachübertragung
[*automatic repeat request* (ARQ)]
↓
Rückwärtsfehlerkorrektur
[*backwards error correction* (BEC)]
↓
Anforderung für Wiederholung der
Übertragung über den Rückkanal

Übung 4.4–1
Wann wird bei FEC kein Rückkanal benötigt?

4.4.2 Arten

Bei der Auswahl von Codierungen für den Fehlerschutz ist zuerst abzuklären, welche Fehlerart erkannt und korrigiert werden soll. Ausgangspunkt ist der zu übertragende Bitstrom. Dabei bildet stets eine definierte Zahl von Bit ein Symbol (oder Zeichen). Abhängig von Lage und Menge fehlerhaft empfangener Bit unterscheiden wir **Bitfehler** [*bit error*], **Burstfehler** [*burst error*] und **Symbolfehler** [*symbol error*]. Ein als Einzelfehler bezeichneter Bitfehler bedeutet, dass ein einzelnes Bit falsch empfangen wird. Bei einem Burstfehler handelt es sich um das gehäufte Auftreten von Bitfehlern in einem Block mit vorgegebener Länge. Für derartige Fehler gilt auch der Begriff Bündelfehler.

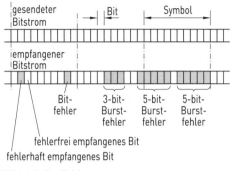

Bild 4.4–2   Fehlerarten

Übung 4.4–2
Welche Beziehung besteht zwischen Einzelfehlern und Bündelfehlern?

Beim Fehlerschutz ist zwischen **Blockcodierung** [*block coding*] und **Faltungscodierung** [*convolution coding*] zu unterscheiden. Für Blockcodierung wird der zu übertragende Bitstrom in Blöcke fester Länge eingeteilt. Den m Informationsbit werden nun k Fehlerschutzbits als Redundanz angehängt, um Fehlerkennung und Fehlerkorrektur zu ermöglichen. Die Blöcke weisen damit eine Länge von $n = (m + k)$ bit auf.

Als Beispiel für die Blockcodierung sei die Quer- und Längsparitätsprüfung [*vertical/longitudinal redundancy check*] (VRC /LRC) betrachtet. Dabei werden im einfachsten Fall die Informationsbit in Zeilen und Spalten angeordnet und jeweils die Quersummen per modulo-2-Addition gebildet. Bei fehlerhafter Übertragung eines Bit lässt sich dies durch Prüfung der Quersummen für die Zeilen und Spalten erkennen und durch Inversion einfach korrigieren.

In der Praxis wird bei der Blockcodierung üblicherweise mit Prüfbits als sog. Kontrollbits gearbeitet, die als Ergänzung der Nutzbits dienen. Für die Erzeugung der Prüfbits gibt es verschiedene Verfahren. Sie unterscheiden sich im Aufwand, aber auch in der Zahl der Bits. Davon hängt ab, wie viele Fehler erkannt werden können und wie viele davon korrigierbar sind.

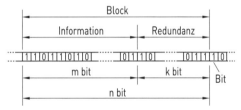

Bild 4.4–3   Blockcodierung

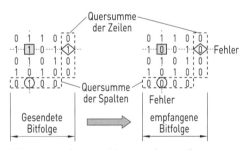

Bild 4.4–4   Quer- und Längsparitätsprüfung

Blockcodierung arbeitet im Regelfall mit Prüfbits als Ergänzung der Nutzbits.

Aufwand der Blockcodierung bestimmt Zahl der erkennbaren und korrigierbaren Fehler.

Im Gegensatz zu Blockcodes erfordern **Faltungscodes** keine Aufteilung des Bitstroms in definierte Segmente. Der Begriff Faltung stammt aus der Mathematik und bedeutet die Bildung des Produktes zweier Funktionen mit anschließender Integration. Eine Funktion ist durch den zu übertragenden Bitstrom gegeben, während die andere durch die Konstellation des Codes vorgegeben wird.

Faltungscodes sind stets bitorientiert und lassen sich durch Schieberegister realisieren. Es werden dabei m bit des zu übertragenden Bitstroms in diesem gespeichert und durch Kombination verschiedener Abgriffe beim Schieberegister zu einem aus n bit bestehenden faltungscodierten Bitstrom gewandelt.

Die Zahl der auf einmal ausgelesenen n bit ist dabei stets größer als die Zahl der auf einmal eingelesenen m bit, die Differenz kennzeichnet die mit Hilfe der Faltungscodierung angestrebte Ergänzung redundanter Bit als Fehlerschutz.

Die beim Faltungscoder gleichzeitig eingelesenen Bit bezeichnen wir als **Eingangsrahmenbreite** m, für die gleichzeitig ausgelesenen Bit gilt der Begriff **Ausgangsrahmenbreite** n. Im Bild ist ein Beispiel für die Faltungscodierung mit $m = 1$ und $n = 2$ dargestellt. Ein in das Schieberegister eingespeistes Bit bewirkt dabei zwei Bit am Ausgang, erkennbar durch die beiden Zweige.

Faltungscodierung erfordert keine Blockbildung beim zu übertragenden Bitstrom.

Faltung =
Integration des Produktes zweier Funktionen

Faltungscodes
☐ sind bitorientiert
☐ sind durch Schieberegister realisierbar

Zahl der auf einmal ausgelesenen Bit n
ist stets größer als
Zahl der auf einmal eingelesenen Bit m

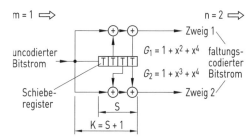

Bild 4.4–5 Faltungscodierung

Übung 4.4–3
Erklären Sie den Begriff der Ausgangsrahmenbreite eines Faltungscodes.

Die Speichertiefe M des Faltungscoders, als das „Gedächtnis" dieser Funktionseinheit, ist definiert als das Produkt aus der Länge des Schieberegisters S und der Eingangsrahmenbreite m. Im aufgezeigten Beispiel gilt $M = S \cdot m = 4$. Die Gesamtzahl aller am Codierungsprozess beteiligten Bit wird als Beeinflussungslänge [*constraint length*] K bezeichnet. Für das Beispiel ergibt sich $K = (S + 1) \cdot m = 5$. Die Leistungsfähigkeit hinsichtlich Fehlererkennung und Fehlerkorrektur steigt mit zunehmender Beeinflussungslänge. Neben diesem Wert wird der Faltungscode durch Anzahl und Anordnung der Abgriffe beim Schieberegister charakterisiert, weil diese die zweite Funktion für die Fal-

Speichertiefe
$M = S \cdot m$

Beeinflussungslänge
$K = (S + 1) \cdot m$

Leistungsfähigkeit der Faltungscodierung steigt mit zunehmender Beeinflussungslänge.

4.4 Kanalcodierung

tung bewirken. Hierfür gilt üblicherweise die Bezeichnung Generatorpolynom. Abhängig von der Beschaltung des Schieberegisters sind die Koeffizienten dieser Polynome entweder 0 oder 1. Für die Generatorpolynome in den beiden Zweigen im vorstehenden Bild gilt:

Faltungscoder können auch für andere Eingangs- und Ausgangsrahmenbreiten gebaut werden. Pro Bit des Ausgangsrahmens ist dabei jedoch ein gesonderter Codierzweig erforderlich. In allen Fällen gilt folgendes Funktionsprinzip:

Der Umfang einer Codierung für den Fehlerschutz bestimmt sich unmittelbar aus der Zahl der als Redundanz dem Nutzsignal zugefügten Bit. Das Verhältnis des nicht codierten Bitstroms zum codierten Bitstrom bezeichnen wir als **Coderate** R. Dafür gilt:

Generatorpolynom G
bestimmt sich durch Anzahl und Anordnung der Abgriffe beim Schieberegister.

$G_1 = 1 + 0 \cdot x^1 + 1 \cdot x^2 + 0 \cdot x^3 + 1 \cdot x^4$
$G_1 = 1 + x^2 + x^4$

$G_2 = 1 + 0 \cdot x^1 + 0 \cdot x^2 + 1 \cdot x^3 + 1 \cdot x^4$
$G_2 = 1 + x^3 + x^4$

Die m gespeicherten Eingangsbit und das aktuelle Bit am Eingang werden als $m + 1$ Werte mit genauso viel durch das Generatorpolynom bedingte Werte gefaltet (also paarweise multipliziert) und dann addiert.

$$\boxed{\text{Coderate } R = \frac{\text{Zahl der Nutzbits}}{\text{Zahl der Nutzbits} + \text{Zahl der Fehlerschutzbits}}} \quad (4.4\text{--}1)$$

Die Coderate beschreibt also die Relation zwischen dem eigentlichen Nutzsignal und dem Gesamtsignal. Da der Fehlerschutz als eine Art „Verpackung" des zu übertragenden Bitstroms zu verstehen ist, können wir die Coderate auch mit Hilfe einer Netto-Bitrate $(v_{bit})_{Netto}$ und einer Brutto-Bitrate $(v_{bit})_{Brutto}$ beschreiben. Die Netto-Bitrate bezieht sich dabei auf das Nutzsignal vor dem Fehlerschutz, während die Brutto-Bitrate für das um den Fehlerschutz ergänzte Gesamtsignal gilt.

$$\boxed{\textbf{Coderate } R = \frac{\text{Netto} - \text{Bitrate } (v_{bit})_{Netto}}{\text{Brutto} - \text{Bitrate } (v_{bit})_{Brutto}}} \quad (4.4\text{--}2)$$

Die Qualität des Fehlerschutzes hängt unmittelbar von der gewählten Coderate ab, also von der Menge der Fehlerschutzbit. Aus der Definition können wir erkennen, dass die Coderate stets kleiner/gleich Eins ist. Je kleiner die Coderate, desto besser ist der Fehlerschutz und umgekehrt. Dabei müssen wir jedoch berücksichtigen, dass mit steigendem Fehlerschutz auch die Brutto-Bitrate zunimmt.

Coderate	Fehlerschutz
klein $\left(\text{z. B. } \dfrac{1}{2}\right)$	stark
...	
mittel $\left(\text{z. B. } \dfrac{3}{4}\right)$	mäßig
...	
groß $\left(\text{z. B. } \dfrac{7}{8}\right)$	schwach

Blockcodierung und Faltungscodierung erfordern wegen der dem Nutzsignal zugefügten Bit mehr Übertragungskapazität als ohne Fehlerschutz. Bei vorgegebener Bitrate für den Übertragungskanal reduziert sich deshalb wegen des Fehlerschutzes die Bitrate für das Nutzsignal.

Bei einem anderen Ansatz für den Fehlerschutz bleibt dagegen die Bitrate unverändert. Es handelt sich um die Verschachtelung der zu übertragenden Informationen, was im Zeitbereich und/oder Frequenzbereich erfolgen kann. In der Fachsprache hat sich dafür die englische Bezeichnung **Interleaving** durchgesetzt. Es ist Zeit-Interleaving [*time interleaving*] und Frequenz-Interleaving [*frequency interleaving*] möglich.

Das Konzept des Interleaving besteht darin, die im ursprünglichen Signal nebeneinander liegenden (also zusammenhängenden) Informationen in kleinen Portionen breiter zu verteilen. Dadurch werden Burstfehlern in einem gewissen Umfang die Wirkung genommen, weil dann nur noch kleine Anteile zusammenhängender Informationen bei Störungen betroffen sind, so dass die Fehlerkorrektur nicht überfordert wird.

Bei konstantem Übertragungskanal wird mit zunehmendem Fehlerschutz die Bitrate für das Nutzsignal kleiner.

Interleaving =
Verschachtelung der zu übertragenden Informationen im Zeitbereich und/oder Frequenzbereich.

Konzept des Interleaving:

Ursprünglich im Signal zusammenhängende Informationen werden in kleinen Portionen im Zeit- oder Frequenzbereich breiter verteilt.
⇓
Reduziert die Wirkung von Burstfehlern

Übung 4.4–4

Welchen wesentlichen Unterschied weist das Interleaving gegenüber der Faltungscodierung auf?

Beim **Zeit-Interleaving** wird die ursprüngliche Reihenfolge der Bits gemäß einer Systematik, die auf der Empfangsseite bekannt ist, verändert. Dort erfolgt das De-Interleaving und zwar mit Hilfe eines Pufferspeichers für eine festgelegte Blocklänge. Weil das Nutzsignal erst nach Einlesen wieder in die ursprüngliche Form gebracht werden kann, weist das Empfangssignal beim Zeit-Interleaving gegenüber dem Sendesignal stets eine Verzögerung auf.

Frequenz-Interleaving ist dann von Bedeutung, wenn die Übertragung der Bits des digitalen Nutzsignals mit Hilfe einer großen Zahl nebeneinander liegender Trägersignale erfolgt. Die ursprüngliche Reihenfolge der Bits wird dabei vergleichbar dem Zeit-Interleaving auf die Trägerfrequenzen gemäß einer festgelegten Systematik verteilt. Auf diese Weise reduziert sich die Auswirkung des selektiven Schwundes.

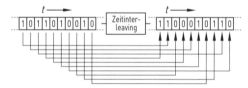

Bild 4.4–6   Zeit-Interleaving

Beim Frequenz-Interleaving erfolgt die Verteilung des Nutzsignals auf nicht nebeneinander liegende Trägersignale.
⇓
Reduziert die Wirkung des selektiven Schwundes.

Zusammenfassend können wir feststellen, dass durch den Fehlerschutz die Netto-Bitrate in die Brutto-Bitrate überführt wird. Es gilt:

> Brutto-Bitrate = Netto-Bitrate + Fehlerschutz

Der Übertragungskanal muss dabei für die Brutto-Bitrate ausgelegt sein.

Lernerfolgskontrolle zu Kapitel 4.4

1. Welches besondere Merkmal weist die Blockcodierung auf?
2. Interpretieren Sie die Angabe der Coderate $R = 1$.
3. Warum ergibt sich beim Zeit-Interleaving stets eine Verzögerung vom Empfangssignal gegenüber dem Sendesignal?

4.5 Multiplexierung und Demultiplexierung

4.5.0 Einführung

Nach Durcharbeiten dieses Kapitels können Sie die grundsätzliche Struktur von Multiplexverfahren erklären, die verschiedenen Multiplexverfahren unterscheiden und ihre Eigenschaften angeben, Anwendungen von Multiplexverfahren erkennen, die Notwendigkeit des Vielfachzugriffs erläutern und die Varianten des Vielfachzugriffs aufzeigen.

Jeder Übertragungskanal ist bekanntlich durch seine Kanalkapazität definiert. Für das zu übertragende Signal wird diese allerdings in vielen Fällen nicht vollständig benötigt, was aus wirtschaftlicher Sicht unbefriedigend ist. Es wurden deshalb Verfahren entwickelt, bei denen die gleichzeitige Nutzung eines Übertragungskanals für mehrere zu übertragende Signale möglich ist. Es handelt sich somit um die Vielfachnutzung (auch Mehrfachnutzung genannt) eines Übertragungskanals. Derartige Konzepte bezeichnen wir als Multiplexverfahren.

Die Kanalkapazität eines Übertragungskanals wird von zu übertragenden Signalen häufig nicht vollständig benötigt.
⇓
Lösungsansatz:
Gleichzeitige Nutzung eines Übertragungskanals für mehrere Signale

> **Multiplexverfahren =**
> Vielfachnutzung (Mehrfachnutzung) von Übertragungskanälen für zu übertragende Signale.

Auf der Sendeseite erfolgt durch entsprechende Zusammenfassung mehrerer zu übertragender Signale die **Multiplexierung**. Dieser Vorgang wird auf der Empfangsseite rückgängig gemacht, damit die Signale wieder einzeln zur Verfügung stehen. Es erfolgt also die **Demultiplexierung**.

☐ Multiplexierung auf Sendeseite
☐ Demultiplexierung auf Empfangsseite

Für die Realisierung eines Multiplexverfahrens werden als technische Funktionseinheiten auf der Sendeseite ein Multiplexer (MUX) und auf der Empfangsseite ein Demultiplexer (DEMUX) benötigt.

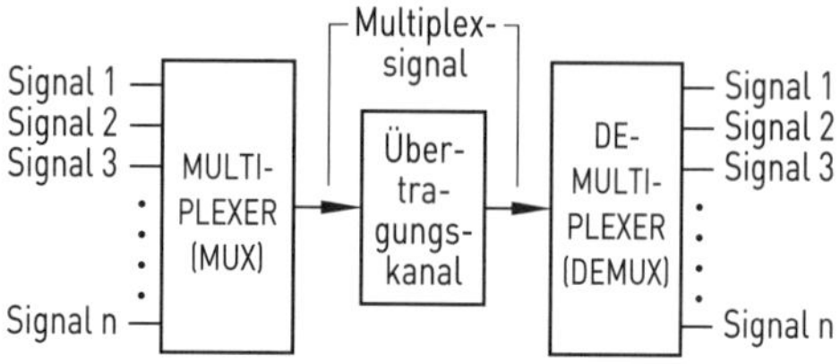

Bild 4.5–1 Multiplexverfahren (Konzept)

Übung 4.5–1
Welche Aufgabe hat ein Demultiplexer?

Das **Multiplexsignal** stellt eine Verschachtelung der zu übertragenden Signale dar. Als Kriterien dafür können Zeit, Frequenz, Codierung, Raum und Polarisation verwendet werden.

Mögliche Kriterien für Multiplexierung:
- ☐ Zeit
- ☐ Frequenz
- ☐ Codierung
- ☐ Raum
- ☐ Polarisation

Auf der Empfangsseite soll durch die Demultiplexierung der Zugriff auf alle übertragenen Signale einzeln erfolgen können. Ist dies für mehrere Teilnehmer gleichzeitig und ohne gegenseitige Beeinflussung möglich, dann gilt die Bezeichnung Vielfachzugriff oder Mehrfachzugriff.
Multiplexverfahren erhöhen die Wirtschaftlichkeit von Übertragungssystemen und kommen deshalb in der Praxis häufig zum Einsatz.

Vielfachzugriff (Mehrfachzugriff) [*multiple access*] = Möglichkeit des gleichzeitigen Zugriffs mehrerer Teilnehmer auf die per Multiplexsignal übertragenen Signale.

4.5.1 Zeitmultiplex (TDM)

Die Abtastung eines analogen Signals muss bekanntlich mit mindestens dem doppelten Wert der größten im Signal enthaltenen Frequenz erfolgen. Die Zeiten zwischen den auftretenden Abtastimpulsen stehen grundsätzlich für andere Nutzungen zur Verfügung. Dabei kann es sich auch um Abtastimpulse anderer Signale handeln. Abhängig von den erforderlichen zeitlichen Abständen der Abtastimpulse können wir auf diese Weise mehrere Signale zeitlich gestaffelt übertragen.
Dieses Verfahren wird als Zeitmultiplex [*time division multiplex* (TDM)] bezeichnet und durch zyklische Abtastung der zu übertragenden Signale realisiert.
Dabei müssen Multiplexer und Demultiplexer synchron arbeiten.

Nutzung der Zeiten zwischen den Abtastimpulsen für die zeitlich gestaffelte Übertragung weiterer Signale.

Zeitmultiplex
[*time division multiplex* (TDM)] = Zeitlich gestaffelte Übertragung mehrerer Signale.

4.5 Multiplexierung und Demultiplexierung

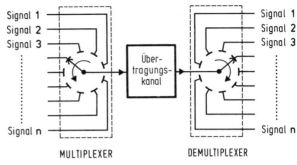

Bild 4.5–2 Zeitmultiplex (Konzept)

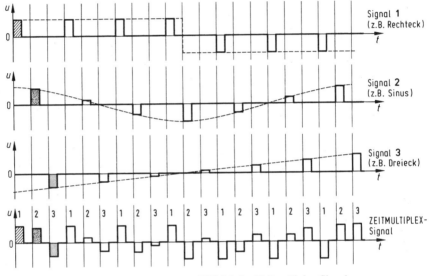

Bild 4.5–3 Zeitmultiplex-Signal

Übung 4.5–2

Warum müssen die Signale beim Zeitmultiplex-Verfahren zyklisch abgetastet werden?

Das Zeitmultiplex-Signal besteht somit aus Abtastimpulsen in einem festen Zeittakt, was die sichere Rückgewinnung der einzelnen Signale durch den Demultiplexer ermöglicht. Bei jedem Abtastimpuls steht dabei die gesamte Kanalkapazität zur Verfügung.

Eine typische Anwendung des Zeitmultiplex-Verfahrens ist das System PCM 30 zur gleichzeitigen Übertragung von dreißig Telefongesprächen in Pulscodemodulation (PCM) über einen Übertragungskanal. Es bildet die Basis

> Bei jeder Abtastung steht die gesamte Kanalkapazität zur Verfügung.

System PCM 30 ist eine Anwendung des Zeitmultiplexverfahrens. Es ermöglicht die gleichzeitige Übertragung von 30 Telefongesprächen in einem Übertragungskanal.

für die höherwertigen Systeme wie PCM 120, PCM 480 und PCM 960.

Wegen der oberen Grenzfrequenz in der Telefontechnik von 3,4 kHz wird beim **System PCM 30** mit einer Abtastfrequenz von 8 kHz gearbeitet. Aus dem Kehrwert ergibt sich als Rahmendauer der Wert von 125 μs. Da im System gesamt 32 Kanäle vorgesehen sind, wobei zwei Kanäle für die Übertragung von Steuerungsinformationen dienen, stehen für jeden Kanal 3,9 μs zur Verfügung. In dieser Zeit sind jeweils die achtstelligen Codeworte des PCM-Signals für den jeweiligen Kanal zu übertragen.

Wir erhalten damit eine maximale Bitdauer von 487,5 ns, die der Demultiplexer verarbeiten können muss.

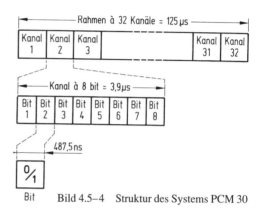

Bild 4.5–4 Struktur des Systems PCM 30

Es ergibt sich somit folgende Bitrate, für die der Übertragungskanal ausgelegt sein muss:

$$v_{PCM\,30} = f_A \cdot N_{Codewort} \cdot N_{Kanal}$$
$$= 8 \text{ kHz} \cdot 8 \text{ bit} \cdot 32$$
$$v_{PCM\,30} = 2,048 \text{ Mbit/s}$$

Die Kapazität eines Zeitmultiplex-Systems wird durch die Bitdauer bzw. Abtastdauer bestimmt, die auf der Empfangsseite noch verarbeitet werden kann.

4.5.2 Frequenzmultiplex (FDM)

Im Gegensatz zum Zeitmultiplex erfolgt beim Frequenzmultiplex [*frequency division multiplex* (FDM)] keine zeitliche, sondern die frequenzmäßige Staffelung der zu übertragenden Signale. Durch Mischung wird deshalb jedes Signal im Frequenzbereich so verschoben, dass sie für die Übertragung nebeneinander liegen.

Dabei ist für jede Umsetzung eine andere Trägerfrequenz erforderlich. Über entsprechend dimensionierte Bandpässe werden die entstandenen Signale zum Gesamtsignal zusammengefasst, wobei zwischen den einzelnen Signalen stets Schutzabstände eingehalten werden, um gegenseitige Störbeeinflussungen zu vermeiden.

Im Demultiplexer trennen Bandfilter das Multiplexsignal in die einzelnen Signalanteile. Danach erfolgt durch Mischung die Rückumsetzung in die Basisbandlage.

Frequenzmultiplex
[*frequency division multiplex* (FDM)] =
Frequenzmäßig gestaffelte gleichzeitige Übertragung mehrerer Signale.

Für Frequenzmultiplex-Systeme sind unterschiedliche Trägerfrequenzen erforderlich.

Schutzabstände zwischen den einzelnen Signalen

4.5 Multiplexierung und Demultiplexierung

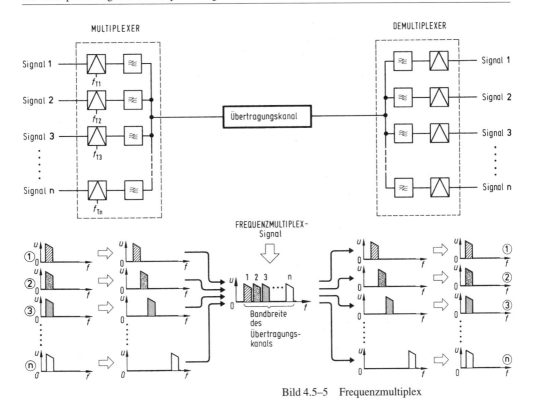

Bild 4.5–5 Frequenzmultiplex

Übung 4.5–3

Wie viele Telefongespräche im standardisierten Frequenzbereich 0,3 ... 3,4 kHz können über einen Übertragungskanal mit der oberen Grenzfrequenz f_{max} = 30 kHz mit FDM übertragen werden, wenn jeweils unten ein Schutzabstand von 300 Hz und oben ein Schutzabstand von 600 Hz vorgesehen ist?

Ein Beispiel für Frequenzmultiplex ist die Trägerfrequenz-Technik (TF-Technik). Durch systematische Frequenzstaffelung wird dabei die gleichzeitige Übertragung von einigen hundert Telefongesprächen möglich. Den Ausgangspunkt bildet der als Kanal bezeichnete Frequenzbereich 0,3 ... 3,4 kHz für ein Telefongespräch. Mit Hilfe der Trägerfrequenzen 12 kHz, 16 kHz und 20 kHz erfolgt die Umsetzung von drei Kanälen zu einer Vorgruppe (VG) im Bereich 12 kHz ... 24 kHz und steht als Signal für weitere Umsetzungen zur Verfügung. Die Schutzabstände zwischen den Kanälen sind wegen der nicht idealen Dämpfungsverläufe der Bandpässe erforderlich.

Trägerfrequenz-Technik (TF-Technik)

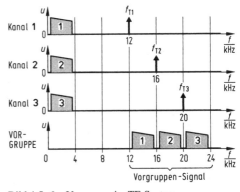

Bild 4.5–6 Vorgruppe im TF-System

Aus vier Vorgruppen wird im nächsten Schritt mit Hilfe der Trägerfrequenzen 84 kHz, 96 kHz, 108 kHz und 120 kHz eine Primärgruppe (PG) gebildet. Sie liegt im Frequenzbereich 60 ... 108 kHz. Weitere nach vorstehendem Konzept durchgeführte Umsetzungen ergeben Sekundärgruppen (SG), Tertiärgruppen (TG) und Quartiärgruppen (QG). Diese streng hierarchische Ordnung in einem TF-System ist in nachfolgendem Bild nochmals verdeutlicht.

TF-Systeme sind hierarchisch strukturiert

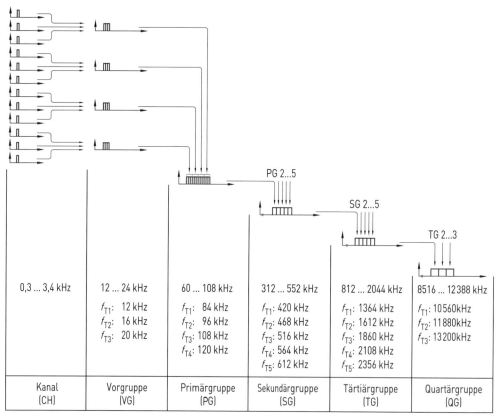

Bild 4.5–7 Hierarchie im TF-System

Um den störungsfreien Betrieb eines TF-Systems zu gewährleisten, müssen alle Trägerfrequenzen mit großer Präzision eingehalten werden. Sie sind deshalb in einem 4-kHz-Raster aufgebaut und werden von einer entsprechend frequenzstabilen Quelle abgeleitet.

Die Trägerfrequenzen basieren auf einem 4-kHz-Raster und werden von einer frequenzstabilen Quelle abgeleitet.

Übung 4.5–4

Welche Auswirkung hat es, wenn sich in einem TF-System eine Trägerfrequenz ändert?

4.5 Multiplexierung und Demultiplexierung

Bei optischen Übertragungssystemen kommt eine der FDM vergleichbare Multiplexart zum Einsatz. Es handelt sich um den Wellenlängenmultiplex [*wavelength division multiplex* (WDM)]. Bei diesem Konzept werden verschiedene Lichtwellenbereiche gleichzeitig über einen Lichtwellenleiter (LWL) übertragen. Da Wellenlänge und Frequenz bekanntlich über die Ausbreitungsgeschwindigkeit verkoppelt sind, stellt WDM ein der FDM vergleichbares System dar, bedingt durch die Wellenlängen liegen die Frequenzen allerdings im THz-Bereich.

Wellenlängenmultiplex
[*wavelength division multiplex* (WDM)]
ist Frequenzmultiplex im optischen Bereich.
⇓
Gleichzeitige Nutzung verschiedener Lichtwellenbereiche in einem Lichtwellenleiter (LWL)

4.5.3 Raummultiplex (SDM)

Wird bei einem mehradrigen Kabel für jedes zu übertragende Signal eine Doppelader (DA) verwendet, dann ist für jedes Signal ein räumlich getrennter Weg gegeben. Dabei handelt es sich um ein Beispiel für Raummultiplex [*space division multiplex* (SDM)]. Die Kapazität solcher Systeme hängt somit von bestimmten Kenndaten (z. B. Abmessungen) für die Übertragung der einzelnen Signale ab. Diese müssen solche Werte aufweisen, dass gegenseitige Störungen nicht möglich sind.

In der Funktechnik bedeutet Raummultiplex eine derartige räumliche Staffelung der Sendestellen, dass sich deren Strahlungsdiagramme nicht überschneiden. Auf diese Weise lassen sich mit einer Sendefrequenz mehrere Gebiete gleichzeitig versorgen, wobei unterschiedliche Informationen übertragen werden können. Bei richtiger Standortwahl für die Sender treten keine gegenseitigen Beeinflussungen auf.

Raummultiplex
[*space division multiplex* (SDM)] =
Räumlich gestaffelte gleichzeitigen Übertragung mehrerer Signale.

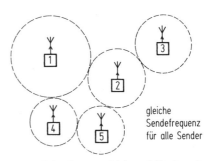

Bild 4.5–8 Raummultiplex mit Funksendern

Übung 4.5–5

Durch welches Kriterium ist die Zahl der übertragbaren Signale bei Raummultiplexsystemen begrenzt?

4.5.4 Polarisationsmultiplex (PDM)

Um die Frequenzressourcen optimal zu nutzen, bietet sich ihre Mehrfachnutzung [*frequency reuse*] an. Ein Ansatz stellt dabei die gleichzeitige

Verwendung unterschiedlicher Polarisationen des hochfrequenten Sendesignals dar, was besonders bei Satellitenübertragung eine Rolle spielt. Wir bezeichnen ein solches Konzept als Polarisationsmultiplex [*polarisation division multiplex* (PDM)]. Es wird entweder horizontale und vertikale Polarisation oder linksdrehende und rechtsdrehende Polarisation eingesetzt. Hier ist jeweils eine ausreichende Entkopplung gegeben, so dass keine gegenseitige Störbeeinflussung der Signale auftritt.

Die Antennen auf der Sende- und Empfangsseite müssen bei PDM für die verwendeten unterschiedlichen Polarisationen ausgelegt sein. Zur Trennung der Polarisationen sind auf der Empfangsseite entsprechende Polarisationsweichen erforderlich.

> **Polarisationsmultiplex**
> [*polarisation division multiplex* (PDM)] =
> Gleichzeitige Übertragung mehrerer Signale mit Hilfe unterschiedlicher Polarisationen des Sendesignals

Sende- und Empfangsantennen müssen für die unterschiedlichen Polarisationen ausgelegt sein.

4.5.5 Vielfachzugriff (XDMA)

Der Vielfachzugriff ermöglicht bekanntlich die gleichzeitige Nutzung der per Multiplexsignal in einem Kommunikationssystem übertragenen Signale durch mehrere Teilnehmer und zwar unabhängig voneinander. Dies kann bezogen auf die verschiedenen Parameter der Signale erfolgen.

Wird die Zeit als Zugriffskriterium verwendet, dann liegt Vielfachzugriff im Zeitmultiplex [*time division multiple access* (TDMA)] vor. Für jeden Teilnehmer stehen dabei für den Zugriff definierte Zeitschlitze [*time slots*] in einem festen Raster zur Verfügung. Die Menge der übertragbaren Information hängt von deren Länge ab. Sie können aus betrieblichen und technischen Gründen nicht beliebig klein gemacht werden, weshalb TDMA-Systeme eine maximale Kanalzahl nicht überschreiten können.

Während beim TDMA bei jedem Zeitschlitz die volle Bandbreite zur Verfügung steht, erfolgt beim Vielfachzugriff im Frequenzmultiplex [*frequency division multiple access* (FDMA)] die Aufteilung in Teilbereiche, denen dann jeweils eine Trägerfrequenz zugeordnet ist. Für den Zugriff auf eine bestimmte Information muss deshalb die entsprechende Trägerfrequenz bekannt sein.

> **Vielfachzugriff** =
> Unabhängige und gleichzeitige Nutzung eines über ein Kommunikationssystem übertragenes Multiplexsignal durch mehrere Teilnehmer.

> **Vielfachzugriff in Zeitmultiplex** =
> [*time division multiple access* (TDMA)] =
> Definierte Zeitschlitze für jeden Teilnehmer

Zahl der Kanäle hängt von der Länge der Zeitschlitze ab.

> **Vielfachzugriff im Frequenzmultiplex**
> [*frequency division multiple access* (FDMA)] =
> Ein Kanal oder mehrere Kanäle pro Träger

4.5 Multiplexierung und Demultiplexierung

Wird pro Träger ein Kanal übertragen, dann handelt es sich um Einzelkanalträger und es gilt die Bezeichnung **SCPC** [*single channel per carrier*]. Eine andere Lösung stellen die Mehrkanalträger dar. Dabei wird mit einem Träger auf mehrere Kanäle zugegriffen, was zu der Bezeichnung **MCPC** [*multi channel per carrier*] führt.

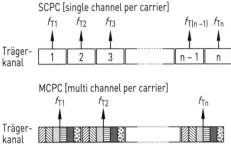

Bild 4.5–9 Einzelkanalträger und Mehrkanalträger

Übung 4.5–6

Durch welche Maßnahmen kann die Kapazität eines FDMA-Systems gesteigert werden?

Beim Vielfachzugriff im Codemultiplex [*code division multiple access* (CDMA)] wird jedes zu übertragende schmalbandige Signal mit Hilfe eines spezifischen Codes in ein breitbandiges Signal gewandelt, so dass die gesamte Bandbreite des Übertragungskanals zur Verfügung steht. Dies wird als **Spreizung** [*spread spectrum*] bezeichnet. Wegen der Codierung können alle Signale die volle Bandbreite des Übertragungskanals gleichzeitig nutzen.

CDMA gewährleistet eine relativ hohe Übertragungssicherheit, erfordert jedoch auf der Sende- und Empfangsseite einen entsprechenden technischen Aufwand.

| **Vielfachzugriff im Codemultiplex =** [*code division multiple access* (CDMA)] = Zugriff auf einzelne Kanäle durch spezifische Codes |

Eine weitere Möglichkeit für den gleichzeitigen Zugriff mehrerer Teilnehmer ist beim Vielfachzugriff im Raummultiplex gegeben. Er wird als SDMA [*space division multiple access*] bezeichnet und ermöglicht den gezielten Zugriff auf einzelne Kanäle. Für drahtgebundene Systeme ist dies mit einfachen Mitteln realisierbar, bei Funksystemen wird mit Antennen gearbeitet, die ausgeprägte Richtcharakteristik aufweisen.

| **Vielfachzugriff im Raummultiplex =** [*space division multiple access* (SDMA)] = Gezielter Zugriff auf die einzelnen Kanäle |

Die doppelte Nutzung von Frequenzen bzw. Frequenzbereichen ist bekanntlich durch Einsatz unterschiedlicher Polarisationen möglich. Bei diesem Polarisationsmultiplex kann es sich um lineare Polarisation (horizontal/vertikal) oder zirkulare Polarisation (rechtsdrehend/ linksdrehend) handeln.

Für den Vielfachzugriff im Polarisationsmultiplex [*polarisation division multiple access*

Frequenzbänder können durch unterschiedliche Polarisationsrichtungen doppelt genutzt werden.

(PDMA)] sind für die jeweilige Polarisation geeignete Antennen erforderlich. Sie weisen zu der jeweils komplementären Polarisationsrichtung eine ausgeprägte Entkopplung auf.

> **Vielfachzugriff im Polarisationsmultiplex**
> [*polarisation division multiple access* (PDMA)] =
> Gezielter Zugriff auf gewünschte Polarisation

Lernerfolgskontrolle zu Kapitel 4.5

1. Welches grundsätzliche Konzept weisen Multiplexverfahren auf?
2. Können mit Zeitmultiplex-Systemen unmittelbar auch analoge Signale übertragen werden?
3. Warum erfolgt bei FDM die gleichzeitige Übertragung der einzelnen Signale?
4. Welche Aufgabe hat der Multiplexer bei SDM?
5. Welche Anforderung wird bei PDMA an die Antenne gestellt?

4.6 Verschlüsselung und Entschlüsselung

4.6.0 Einführung

Nach Durcharbeiten dieses Kapitels können Sie die Aufgabenstellung der Verschlüsselung und Entschlüsselung darlegen, den Begriff Conditional Access (CA) erklären, die Funktion der Verwürfelung skizzieren, die Notwendigkeit von Schlüsselworten begründen und die grundsätzliche Arbeitsweise von CA-Systemen beschreiben.

4.6.1 Grundlagen

Sollen in Kommunikationsnetzen nur autorisierte Nutzer Zugang haben, dann sind entsprechende Maßnahmen erforderlich, um dies sicherzustellen. Bei Kommunikationssystemen mit Sternnetzen ist dies relativ einfach, weil hier die Kommunikation zwischen der zentralen Sendestelle im Sternpunkt und den Nutzern stets über Punkt-zu-Punkt-Verbindungen erfolgt. Dadurch ist die eindeutige Adressierung jedes Nutzers gegeben, und zwar bedingt durch die individuelle Leitungsverbindung. Der Zugang kann damit unmittelbar vom Sternpunkt für jeden Nutzer gesteuert werden.

Eine andere Situation liegt bei einem Verteilsystem nach dem Punkt-zu-Mehrpunkt-Konzept vor, wie es sich bei Baumnetzen darstellt. In diesem Fall erhalten alle angeschlossenen Nutzer gleichzeitig dieselben Inhalte. Um nun den autorisierten Zugang sicherzustellen, wird üblicherweise Verschlüsselung eingesetzt. Für

Problemstellung:
Es sollen nur autorisierte Nutzer Zugang haben.

Sternnetze
⇓
Punkt-zu-Punkt-Verbindungen
⇓
Zugang für jeden Nutzer über die individuelle Anschlussleitung vom Sternpunkt steuerbar

Baumnetze
⇓
Punkt-zu-Mehrpunkt-Verbindungen
⇓
Einsatz von Conditional Access (CA)
⇓
Zugang zu Inhalten nur für Berechtigte

4.6 Verschlüsselung und Entschlüsselung

diesen Begriff gilt in der Fachsprache die eigentlich richtigere Bezeichnung „Conditional Access" und die Abkürzung „CA". Das lässt sich mit „bedingter Zugang" oder „Zugang unter Bedingungen" übersetzen und bedeutet „Zugang nur für Berechtigte".

Beispiel 4.6–1

Welchen typischen Anwendungsfall für Conditional Access (CA) gibt es im Alltag?

Es handelt sich um das Bezahlfernsehen [Pay-TV]. Der Nutzer kann auf Pay-TV-Programme nur dann zugreifen, wenn er über einen kostenrelevanten Vertrag mit dem Anbieter von diesem dafür autorisiert wird.

Bei dem Zugang stellt sich natürlich die Frage: Zugang zu was? Hier können wir zwischen Inhalten [content], Diensten [service] und Netzen [network] unterscheiden. Beispiele für die einzelnen Fälle sind aus Bild 4.6–1 ersichtlich.

Zugang zu was?

INHALTE	DIENSTE	NETZE
☐ Programme	☐ Kostenlose Dienste (z. B. Free-TV)	☐ Satellit
☐ Audiovisuelle Angebote	☐ Bezahldienste (z. B. Pay-TV)	☐ Kabel
☐ Filme	☐ Abrufdienste (z. B. Video on Demand (VoD))	☐ Terrestrik
☐ Dokumentationen	☐ Interaktive Dienste (z. B. iTV)	☐ DSL
☐ Nachrichten	•	☐ WLAN
☐ Spiele	•	•
•	•	•
•		•
•		

Bild 4.6–1   Inhalte, Dienste, Netze

Conditional Access (CA) können wir als einen Spezialfall der Codierung/Decodierung verstehen, weil die Nutzer individuelle Zugangsberechtigungen erhalten.

CA = Spezialfall der Codierung/Decodierung

Zuerst erfolgt bei jedem CA-System die Verwürfelung [scrambling] des zu übertragenden Signals. Dies bedeutet die Änderung der ursprünglichen Reihenfolge im Bitstrom nach einem festgelegten Algorithmus. Dieser wird vertraulich behandelt, um Piraterie [piracy], also „Hacken", zu erschweren.

1. Schritt
Verwürfelung [scrambling]

Die eigentliche Verschlüsselung [encryption] bedeutet die Bereitstellung eines elektronischen

2. Schritt
Verschlüsselung [encryption]

Schlüssels, also eines spezifischen Codeworts [*control word*] als Schlüsselwort. Dieses wird mit dem Signal zum Nutzer übertragen, der sich mit Hilfe einer entsprechenden intelligenten Chipkarte (üblicherweise als Smart Card bezeichnet) identifizieren muss. Das Schlüsselwort wird in einer sog. Autorisierungseinheit aus dem Bitstrom wiedergewonnen, damit es in Verbindung mit den Informationen von der Smart Card den Entwürfler in Funktion setzen kann. Es handelt sich dabei um die Entschlüsselung [*decryption*], während durch den Entwürfeler das verwürfelte Signal wieder in seine ursprüngliche Form gebracht wird. Dabei handelt es sich um Entwürfelung [*descrambling*]. Passen das Schlüsselwort und die Daten der Smart Card nicht zueinander, dann ist weder Entschlüsselung noch Entwürfelung möglich.

3. Schritt
Übertragung

4. Schritt
Entschlüsselung [*decryption*]

5. Schritt
Entwürfelung [*descrambling*]

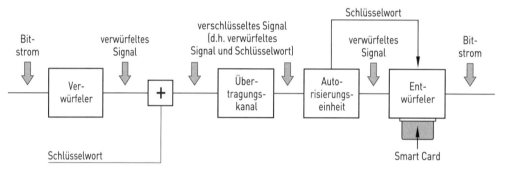

Bild 4.6–2   Verschlüsselung und Verwürfelung

Übung 4.6–1

Welche Aufgabe hat die Verwürfelung eines Signals?

4.6.2   Funktionsweise

Ein CA-System umfasst auf der Sendeseite die Verwürfelung und die Verschlüsselung, während es sich auf der Empfangsseite um die Entschlüsselung und die Entwürfelung handelt. Im Bild 4.6–3 sind diese Zusammenhänge nochmals am Beispiel des digitalen Fernsehens DVB veranschaulicht.

4.6 Verschlüsselung und Entschlüsselung

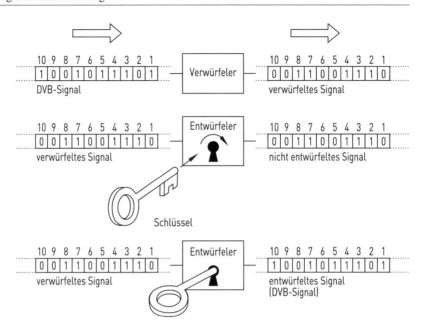

Bild 4.6–3   Conditional Access (Prinzip)

Damit ein CA-System möglichst große Sicherheit gegen Piraterie gewährleistet, wird mit einer Kombination folgender Signale gearbeitet:

☐ Control Word (CW)
☐ Entitlement Management Message (EMM)
☐ Entitlement Control Message (ECM)

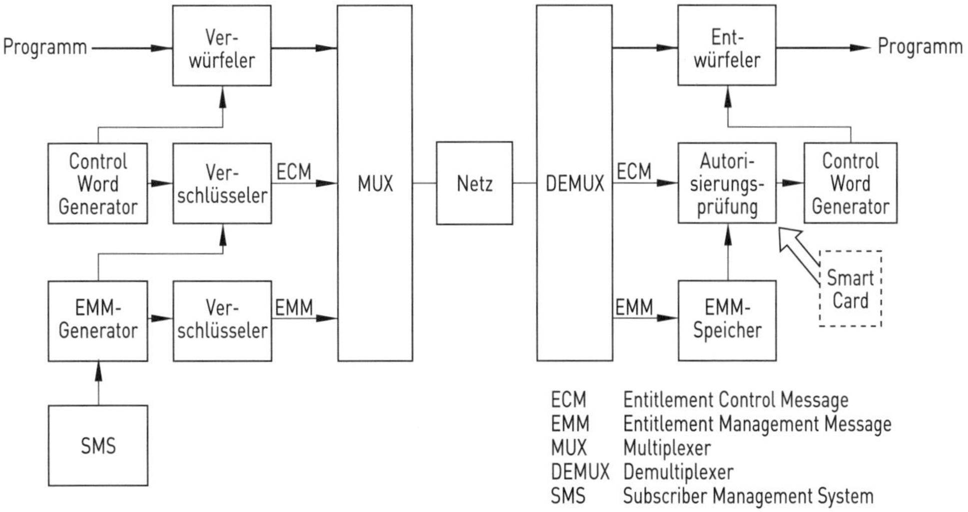

ECM   Entitlement Control Message
EMM   Entitlement Management Message
MUX   Multiplexer
DEMUX Demultiplexer
SMS   Subscriber Management System

Bild 4.6–4   Arbeitsweise des CA-Systems

Das CW ist das Schlüsselwort, welches für die Freigabe des Entwürflers benötigt wird. Die EMM ist ein teilnehmerspezifisches Signal. Es autorisiert den einzelnen Nutzer für den Zugriff auf Inhalte. Die administrative Abwicklung erfolgt dabei über die Teilnehmerverwaltung, üblicherweise als Subscriber Management System (SMS) bezeichnet.

EMM ist ein nutzerspezifisches Signal.

Die ECM ist ein inhaltespezifisches Signal und sichert den Zugriff auf den gewünschten Inhalt. Aus Gründen der Sicherheit werden die EMMs und die ECMs selbst auch verschlüsselt übertragen. Außerdem erfolgt alle 10 s ein Wechsel der ECMs.

ECM ist ein inhaltespezifisches Signal.

Die ECMs werden alle 10 Sekunden gewechselt.

Auf der Empfangsseite erfolgt die Autorisierungsprüfung mit Hilfe der EMMs und der ECMs. Außerdem ist eine Smart Card erforderlich. Es handelt sich um eine Chipkarte, die der Teilnehmer individuell vom SMS bei Vertragsabschluss erhält. Die Auswertung des EMM und ECM ist allerdings nur in Verbindung mit der Smart Card des Nutzers möglich.

Die Smart Card ist eine Chipkarte, die der Nutzer bei Vertragsabschluss vom SMS erhält.

Übung 4.6–2

Worin unterscheiden sich EMMs und ECMs?

Für die Realisierung eines CA-Systems wird im Endgerät des Nutzers auf jeden Fall eine als CAM [*conditional access module*] bezeichnete technische Funktionseinheit benötigt. Sie kann entweder im Endgerät integriert sein, wofür die Bezeichnung „embedded CA" (= integrietes CA) gilt, oder über die standardisierte Schnitt-

Endgerät des Nutzers benötigt ein CAM [*conditional access module*].

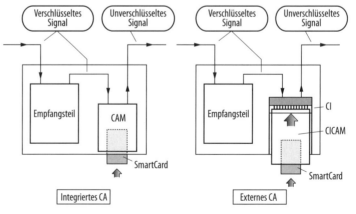

Bild 4.6–5   Integriertes und externes CA

stelle CI [*common interface*] als externes CA in das Endgerät eingesteckt werden. Im letzteren Fall ist für die CAM-Steckkarte auch die Bezeichnung CICAM [*common interface conditional access module*] üblich. Bei beiden CA-Varianten wird dem Modul an einem Anschluss das verschlüsselte Signal zugeführt, während an einem anderen Anschluss das unverschlüsselte, also ursprüngliche Signal zur Verfügung steht. Jedes CAM weist auch einen Kartenleser auf, um die Auswertung der Smart Card des Nutzers zu ermöglichen.

Die meisten CA-Systeme verwenden zwar den standardisierten Verwürfelungs-Algorithmus, sind aber ansonsten proprietäre Systeme, die sich durch den Aufwand für die Schlüsselworte unterscheiden.

Bei externem CA wird ein CICAM [*common interface conditional access module*] benötigt. Jedes CAM weist einen Kartenleser für die Smart Card auf.

CA-Systeme sind stets proprietär.

Lernerfolgskontrolle zu Kapitel 4.6

1. Warum ist bei einem Übertragungssystem mit Sternnetz für die Zugangsberechtigung kein CA-System erforderlich?
2. Welche Aufgabe hat die Smart Card bei einem CA-System?
3. Wie gelangt das Schlüsselwort zum Entwürfeler?

4.7 Übertragungssysteme

4.7.0 Einführung

Nach Durcharbeiten dieses Kapitels können Sie die Verknüpfung der verschiedenen Verfahren in einem Übertragungssystem beschreiben, die Bitfehlerrate erklären, das Prinzip der frequenzversetzten Übertragung darstellen, Echtzeitübertragung und zeitversetzte Übertragung unterscheiden sowie die verschiedenen Kriterien für die Übertragungskanäle aufzeigen.

4.7.1 Gesamtkonzept

Bei einem Übertragungssystem handelt es sich stets um ein Zusammenwirken der verschiedenen bisher behandelten Verfahren. Dies ist unabhängig davon, ob analoge oder digitale Quellensignale vorliegen. Der real erforderliche Aufwand für ein Übertragungssystem richtet sich nach Art und Zahl der zu übertragenden Signale und den Kenngrößen des Übertragungskanals.

Es können analoge oder digitale Signale übertragen werden.

Diese und die Kenngrößen des Übertragungskanals bestimmen den Aufwand für ein Übertragungssystem.

Wir wollen den im Bild 4.7–1 dargestellten allgemeinen Fall für ein digitales Übertragungssystem für mehrere Signale betrachten, um die systematische Struktur kennenzulernen.

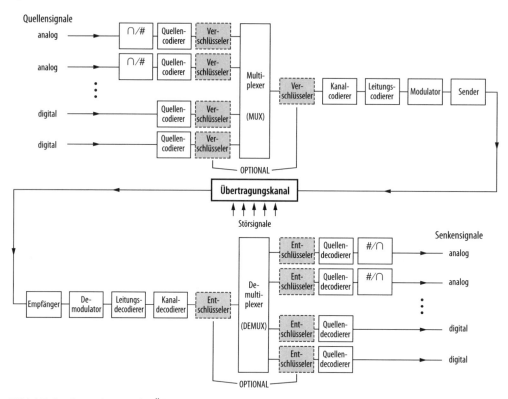

Bild 4.7–1 Gesamtkonzept für Übertragungssystem

An erster Stelle erfolgt stets die Quellencodierung, also die möglichst starke Datenreduktion. Handelt es sich um analoge Quellensignale, dann ist jeweils ein Analog-Digital-Umsetzer (ADU) vorgeschaltet. Die datenreduzierten Signale gelangen dann zum Multiplexer, der am Ausgang das Multiplexsignal liefert. Eine vorgesehene Verschlüsselung kann optional vor dem Multiplexer für jedes Signal einzeln oder nach dem Multiplexer für das gesamte Multiplexsignal erfolgen.

Der nächste Schritt ist die Kanalcodierung, also das Hinzufügen des Fehlerschutzes. Es folgt dann im Bedarfsfall der Leitungscodierer, also die Wahl der für den jeweiligen Übertragungskanal optimalen Codierung des Nutzsignals.

Analoge Signale mit ADU in digitale Signale wandeln.

Verschlüsselung **vor** dem MUX = Verschlüsselung der Einzelsignale

Verschlüsselung **nach** dem MUX = Verschlüsselung des Multiplexsignals

Leitungscodierer bewirkt für den Übertragungskanal geeignete Codierung des Nutzsignals.

4.7 Übertragungssysteme

Der Modulator sorgt danach für die entsprechende Beeinflussung eines oder mehrerer Trägersignale. Das modulierte Signal wird dann durch den Sender mit ausreichendem Pegel dem Übertragungskanal zugeführt.

Sender bewirkt ausreichenden Pegel für den Übertragungskanal.

Beim Übertragungskanal kann es sich um einen leitungsgebundenen Kanal oder einen Funkkanal handeln. Außerdem müssen wir berücksichtigen, dass auf diesem Weg Störsignale einwirken und damit das Nutzsignal entsprechend beeinflusst wird.

Auf den Übertragungskanal wirken Störsignale ein.

Auf der Empfangsseite muss die auf der Sendeseite durchgeführte Signalverarbeitung in Schritten wieder rückgängig gemacht werden. An erster Stelle steht der Empfänger, um das gewünschte Signal zu selektieren. Durch den Demodulator erfolgt dann die Rückgewinnung des Signals im Basisband. Danach wird die Leitungs- und Kanalcodierung rückgängig gemacht, so dass wieder das Multiplexsignal zur Verfügung steht. Mit Hilfe des Demultiplexers ist dann der Zugriff auf die einzelnen Signale möglich. Bei verschlüsselten Signalen erfolgt die Entschlüsselung entweder vor dem Demultiplexer gleichzeitig für das gesamte Signal oder nach dem Demultiplexer für jedes Einzelsignal. Den Abschluss bildet die Quellendecodierung, um ein für die Senke geeignetes Signal zu erhalten. Soll dieses analoge Form aufweisen, dann schließt sich ein Digital-Analog-Umsetzer (DAU) an.

Signalverarbeitung auf **Sendeseite**	Signalverarbeitung auf **Empfangsseite**
Codierer	→ Decodierer
Modulator	→ Demodulation
Sender	→ Empfänger
Verschlüsseler	→ Entschlüsseler
ADU	→ DAU

Entschlüsselung **vor** oder **nach** DEMUX

DAU ermöglicht analoges Signal für die Senke.

Übung 4.7–1

Kann ein Übertragungssystem gleichzeitig für die Übertragung analoger und digitaler Signale genutzt werden?

Alle Kommunikationssysteme lassen sich auf das vorstehend behandelte Konzept für ein Übertragungssystem zurückführen. Der reale technische Aufwand ist von der Aufgabenstellung abhängig. So entfallen beispielsweise Multiplexer und Demultiplexer, wenn nur ein Signal übertragen werden soll. Jeder Funktionsblock im Gesamtkonzept muss für die optimale Funktion des Übertragungssystems bestimmte Spezifikationen aufweisen. Außerdem ist jeweils die einwandfreie Anpassung zwischen den Funktionsblöcken von Bedeutung.

Das aufgezeigte Gesamtkonzept gilt für alle Übertragungssysteme.

Die Funktionsblöcke müssen bestimmte Spezifikationen aufweisen.

Anpassung zwischen den Funktionsblöcken.

4.7.2 Bitfehlerrate

Bei analogen Signalen spielt für die Beurteilung der Signalqualität bekanntlich der Störabstand [*signal-to-noise ratio* (SNR)], also das Verhältnis des Nutzsignals zum Störsignal (üblicherweise das Rauschsignal), die wesentliche Rolle.

Auf den Übertragungskanal einwirkende Störsignale bewirken stets eine Reduzierung des Störabstandes. Für jede Art der Übertragung ist immer ein Mindestwert für den Störabstand erforderlich. Wird er unterschritten, dann ist die einwandfreie Übertragung des analogen Nutzsignals nicht mehr gewährleistet.

Bei digitaler Signalübertragung wirken sich Störsignale auf den Übertragungskanal verständlicherweise auf den Bitstrom aus. Das führt zu fehlerhaft übertragenen Bits. Mit dem Zustand „1" gesendete Bits werden dadurch als Bits mit dem Zustand „0" empfangen und umgekehrt.

Das Verhältnis zwischen der Zahl der fehlerhaft empfangenen Bits und der Gesamtzahl der übertragenen Bits wird als Bitfehlerrate (BFR) [*bit error rate* (BER)] oder Bitfehlerhäufigkeit (BFH) bezeichnet, wobei in der Fachliteratur hauptsächlich die Abkürzung BER verwendet wird. Die Bitzahlen beziehen sich stets auf dieselbe Zeitspanne.

Die Bitfehlerrate ist eine dimensionslose Zahl. Sie wird üblicherweise als Zehnerpotenz angegeben, wobei wegen des kleinen Zahlenwertes ein negativer Exponent auftritt, weil der Nenner gegenüber dem Zähler immer erheblich größer ist.

Bei analoger Signalübertragung ist der Störabstand [*signal-to-noise ratio* (SNR)] maßgebend.

> Mindestwert für den Störabstand darf nicht unterschritten werden.

Störsignale bewirken fehlerhaft übertragene Bits.

Bitfehlerrate (= Bitfehlerhäufigkeit)

$$BER = \frac{Zahl\ der\ fehlerhaft\ empfangenen\ Bits}{Gesamtzahl\ der\ empfangenen\ Bits}$$

(4.7–1)

Beispiel 4.7–1

Welche Bedeutung hat die Angabe $BER = 10^{-5}$?
Es handelt sich um die Angabe einer Bitfehlerrate. Dafür gilt:

$$BER = \frac{Zahl\ der\ fehlerhaft\ empfangenen\ Bits}{Gesamtzahl\ der\ empfangenen\ Bits} = 10^{-5} = \frac{1}{10^5} = \frac{1}{100\,000}$$

Bei 100 000 empfangenen Bits ist also ein Bit fehlerhaft.

Die Bitfehlerrate ist ein Gütemerkmal digitaler Übertragungssysteme. Es wird deshalb stets ein möglichst kleiner BER-Wert angestrebt. Dabei können wir uns merken:

Je **größer** der Zahlenwert des negativen Exponenten der BER-Angabe, desto **kleiner** ist die Zahl der fehlerhaft empfangenen Bits und damit auch die Bitfehlerrate BER.

Übung 4.7–2
Welche grundsätzlichen Möglichkeiten sind gegeben, um eine Bitfehlerrate zu beeinflussen?

Bei der Angabe einer Bitfehlerrate müssen wir stets darauf achten, ob es sich um einen vorhandenen oder einen geforderten Wert handelt. So ist durch entsprechende Messungen einerseits feststellbar, welche Bitfehlerrate zum Beispiel ein Signal aufweist. Andererseits kann es sich aber auch um einen geforderten Mindest- oder Maximalwert handeln, damit ein Übertragungssystem noch bestimmungsgemäß funktionieren kann. Vorhandene und geforderte Bitfehlerraten müssen somit immer zueinander „passen", um Übertragungsfehler zu vermeiden.

BER-Angaben
☐ Vorhandene *BER*
☐ Geforderte *BER*
  ☐ ☐ BER_{min}
  ☐ ☐ BER_{max}

$BER_{vorhanden}$ darf **nicht größer** sein als $BER_{gefordert}$!

4.7.3 Varianten

Moderne Kommunikationssysteme arbeiten fast ausschließlich mit digitaler Übertragung. Dabei kann es sich um Audiosignale, Videosignale oder Daten handeln. Sie sind jeweils durch ihre Bitrate gekennzeichnet. Dies ermöglicht transparente Übertragung, also beliebige Mischformen dieser drei Arten.

Die Quellensignale befinden sich in der Basisbandlage, was wir auch als ursprüngliche Lage bezeichnen können. Für den Signaltransport über größere Entfernung stellt dies wegen der auftretenden Verluste durch Dämpfung und/oder des erforderlichen technischen Aufwands keine zweckmäßige Lösung dar. Abhilfe bietet die frequenzversetzte Übertragung. Dabei wird das Basisbandsignal durch Mischung in eine andere Frequenzlage verschoben, bei der bessere Übertragungsbedingungen gegeben sind. In der Praxis handelt es sich um den Hochfrequenzbereich, wobei es grundsätzlich keine Rolle spielt, ob für die Übertragung Leitungen oder Funkverbindungen genutzt werden.

Aufgabenstellung:
Transparente Übertragung von Audio, Video oder Daten

Unmittelbare Basisbandübertragung ist nur über kurze Entfernungen sinnvoll.

Soll das Basisband auf relativ große Frequenzen verschoben werden, dann kann es zweckmäßig sein, dies nicht in einem Schritt durchzuführen, sondern mehrstufig zu arbeiten.

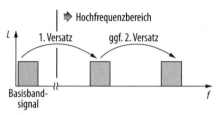

Bild 4.7–2   Frequenzversetzte Übertragung (Konzept)

Der Aufwand für eine Basisbandübertragung oder frequenzversetzte Übertragung hängt unmittelbar von der Bandbreite und damit auch der Bitrate des Basisbandsignals ab. Wir können deshalb zwischen Schmalband- und Breitbandübertragung unterscheiden und zwar relativ zur Lage im Hochfrequenzbereich. So kann ein 1 MHz breites Basisbandsignal bei einem Frequenzversatz auf 50 MHz noch als breitbandig gesehen werden, bei Verschiebung auf 500 MHz handelt es sich dagegen um Schmalbandigkeit.

Schmalbandübertragung
d. h. Bandbreite des Basisbandsignals relativ zum Frequenzversatz **klein**

Breitbandübertragung
d. h. Bandbreite des Basisbandsignals relativ zum Frequenzversatz **groß**

Ein interessanter Aspekt einer Übertragung ist auch der Zeitbezug. Wird nämlich das Quellensignal ohne Verzögerung (mit Ausnahme der durch die Signalverarbeitung erforderlichen Zeiten) zur Senke übertragen, dann bezeichnen wir diese Zeitgleichheit als Echtzeitübertragung [*realtime transmission*]. Für verschiedene Anwendungen wird dagegen mit gezielter Zwischenspeicherung gearbeitet. Es liegt dann zeitversetzte Übertragung [*timeshift transmission*] vor. Der Versatz kann im Prinzip beliebige Werte aufweisen, also einige Sekunden bis hin zu vielen Stunden betragen.

Echtzeitübertragung [*realtime transmission*]
→ Kein Zeitverzug

Zeitversetzte Übertragung [*timeshift transmission*]
→ Definierter Zeitverzug

Übung 4.7–3

Erklären Sie die Echtzeitübertragung auf Basis der zeitversetzten Übertragung.

Die Echtzeitübertragung darf allerdings nicht mit der Live-Übertragung verwechselt werden, weil sich die Live-Übertragung auf einen aktuellen Inhalt (z. B. Fußballspiel) bezieht, während sich die Echtzeitübertragung auf einen zeitlichen Aspekt der Übertragung bezieht.

Bei leitungsgebundenen Kommunikationssystemen ist bekanntlich zwischen elektrischen und optischen Leitungen zu unterscheiden. Abhängig von der Größe und Komplexität eines

Live-Übertragung
→ Bezug auf Inhalte
Echtzeitübertragung
→ Bezug auf Übertragung
Leitungsgebundene Übertragung
☐ mit elektrischen Leitungen
☐ mit optischen Leitungen

solchen Systems ist es durchaus möglich, in Teilbereichen wechselweise elektrische oder optische Leitungen zu verwenden. Die erforderlichen Übergänge sind durch elektrooptische und optoelektrische Wandler realisierbar.

Beide Leitungsarten können in Teilbereichen auch wechselweise zum Einsatz kommen.

Lernerfolgskontrolle zu Kapitel 4.7

1. Wodurch unterscheidet sich die Verschlüsselung vor und nach dem Multiplexer bei einem Übertragungssystem?
2. Welche Voraussetzungen müssen bei jeder *BER*-Angabe hinsichtlich der Zeit erfüllt werden?
3. Bei einem Übertragungssystem wird als Mindestwert für die Bitfehlerrate 10^{-5} gefordert, bei einem anderen Übertragungssystem sind es 10^{-8}. Welche Forderung ist einfacher zu erfüllen?
4. Wie ändert sich der Inhalt des Basisbandsignals, wenn frequenzversetzte Übertragung erfolgt?
5. Welches Problem besteht, wenn in einem Kommunikationssystem elektrische und optische Leitungen zum Einsatz kommen?

4.8 Signalspeicherung

4.8.0 Einführung

Nach Durcharbeiten dieses Kapitels können Sie das Konzept der Signalspeicherung aufzeigen, die Arten der Signalspeicherung unterscheiden, die für jede Signalspeicherung relevanten Kriterien nennen, Kriterien und Anwendungen der magnetischen Aufzeichnung erläutern, die Funktion der optischen Speicherung skizzieren, Vor- und Nachteile von CDs und DVDs angeben und die Arbeitsweise von Festwertspeichern beschreiben.

Speicherung bedeutet allgemein Zwischenlagerung mit Ziel einer späteren Nutzung. Speicherung von Signalen ermöglicht es, Übertragungen zu beliebigen Zeiten durchführen zu können, weil das zu übertragende Signal auf der Empfangsseite stets angenommen wird. Wegen der Speicherung kann seine weitere Verarbeitung zeitlich unabhängig von der Übertragung erfolgen. Als einfaches Beispiel sei der Anrufbeantworter erwähnt.

Während bei einem üblichen Übertragungssystem wegen der unmittelbaren Verkopplung zwischen Quelle und Senke **Online-Betrieb** gegeben ist, handelt es sich bei Verwendung der Signalspeicherung um **Offline-Betrieb**.

Durch Signalspeicherung ist die Übertragung und weitere Verarbeitung von Signalen zu beliebigen Zeiten möglich.

Signalspeicherung ermöglicht Offline-Betrieb.

Übung 4.8–1

Zwischen welchen beiden Aktivitäten ist die Signalspeicherung stets angesiedelt?

Das Konzept jeder Signalspeicherung besteht darin, Signale so auf ein geeignetes Speichermedium zu übertragen, dass die Verfügbarkeit der Signale zu jeder beliebigen Zeit möglich ist.

Konzept der Signalspeicherung:
Signale auf ein geeignetes **Speichermedium** übertragen.

Früher wurden mechanische Verfahren für die Signalspeicherung verwendet. Als Beispiele seien die Schallplatte und der Lochstreifen angeführt. Diese erfüllen jedoch die heutigen Anforderungen hinsichtlich Speicherkapazität und Handhabung nicht mehr. Für die Signalspeicherung werden deshalb inzwischen folgende Verfahren verwendet:

Die mechanischen Verfahren der Signalspeicherung (Schallplatte, Lochstreifen, …) entsprechen nicht mehr den heutigen Anforderungen.

Verfahren für Signalspeicherung
☐ Magnetische Verfahren
☐ Optische Verfahren
☐ Elektrische Verfahren

Bei jeder Signalspeicherung ist zu berücksichtigen, dass einerseits die Eingabe des Signals in den Speicher erforderlich ist, andererseits aber auch die Ausgabe des Signals aus dem Speicher möglich sein muss. Es kann sich dabei um analoge oder digitale Signale handeln.

Grundfunktion für Signalspeicher:
☐ Signaleingabe
☐ Signalausgabe

Die Signalspeicherung ist unter anderem durch folgende Kriterien gekennzeichnet.

Kriterien für Signalspeicherung
☐ Speicherkapazität
☐ Zugriffsverfahren
☐ Handhabung
☐ Störfestigkeit
☐ Portabilität
☐ Preis-Leistungs-Verhältnis

Diese müssen wir bei jeder Bewertung und Beschaffung von Speichereinrichtungen berücksichtigen.

4.8.1 Magnetische Verfahren

Beim magnetischen Verfahren nutzen wir die Kraftwirkung magnetischer Felder auf kleinste magnetische Partikel, die als Elementarmagnete bezeichnet werden. In der Praxis handelt es sich um dünne, flexible Kunststoffbänder oder um Platten verschiedener Stärke, die eine magnetisierbare Schicht aufweisen. Sie besteht aus pulverisiertem Material mit magnetischen Eigenschaften, wie Eisen, Chrom oder Oxiden dieser Metalle.

Magnetische Verfahren nutzen die Kraftwirkung magnetischer Felder auf Elementarmagnete.

4.8 Signalspeicherung

Das zu speichernde Signal bewirkt über eine Spule mit magnetisch leitfähigem Kern ein magnetisches Feld, welches die Elementarmagnete der magnetisierbaren Schicht aus der regellosen Lage in eine geordnete Position bringt, die am Signalverlauf orientiert ist.

Für die Wiedergabe des gespeicherten Signals nutzen wir das Induktionsprinzip. Dafür wird die magnetisierte Schicht gezielt in einem aus Spule und Kern bestehenden magnetischen Kreis bewegt. Die dadurch hervorgerufene Änderung des magnetischen Flusses ergibt eine dem ursprünglichen Signal proportionale Spannung.

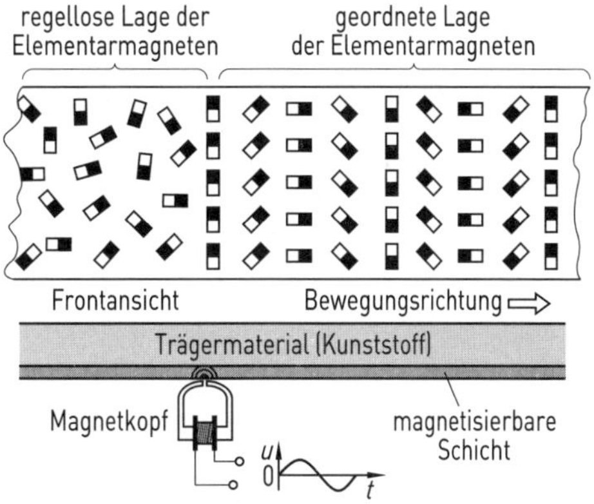

Bild 4.8–1 Magnetisches Verfahren der Signalspeicherung (Konzept)

Die Aufnahme und Wiedergabe wird durch Magnetköpfe realisiert. Sie bestehen aus ringförmigen Kernen magnetisch leitfähigen Materials mit einem definierten Luftspalt und mindestens einer auf den Kern aufgebrachten Spule.

Wird ein gespeichertes Signal nicht mehr benötigt, dann kann es gelöscht werden. Ein als Löschkopf bezeichneter spezieller Magnetkopf stellt dabei mit Hilfe einer geeigneten Wechselspannung wieder die regellose Lage der Elementarmagnete her.

Magnetkopf (für Ausnahme und Wiedergabe) besteht aus:
- ☐ Ringförmiger Kern aus magnetisch leitfähigem Material mit **Luftspalt**
- ☐ Spule (auf Kern aufgebracht)

Löschkopf =
Spezieller Magnetkopf, bei dem mit Hilfe einer geeigneten Wechselspannung das gespeicherte Signal gelöscht werden kann.

Übung 4.8–2
Welche Effekte werden bei Aufnahme und Wiedergabe genutzt?

Die magnetische Signalspeicherung erfolgt stets in definierten Spuren. Deren Breite hängt vom Material der magnetisierbaren Schicht und den mechanischen Gegebenheiten der Magnetköpfe ab. Bei Bandmaterial ist die Aufzeichnung längs oder schräg zur Bewegungsrichtung des Bandes möglich. Bei der Längsspuraufzeichnung können wir zwischen dem **Ein-Spur-Verfahren** (Vollspuraufzeichnung), dem **Zwei-Spur-Verfahren** (Halbspuraufzeichnung) und dem **Vier-Spur-Verfahren** (Viertelspuraufzeichnung) unterscheiden. Im Falle der Schrägspuraufzeichnung wird das Band in einem definierten Winkel schräg am Magnetkopf vorbei geführt. Die Folge sind gestaffelt angeordnete schräg zur Bewegungsrichtung des Bandes verlaufende Spuren bestimmter Länge. Bei Platten sind die Spuren üblicherweise ringförmig angeordnet, so dass die Länge einer Spur von außen nach innen hin abnimmt. Eine andere Lösung stellt der spiralförmige Verlauf dar. Es gibt dann, wie bei der klassischen Schallplatte, nur eine Spur.

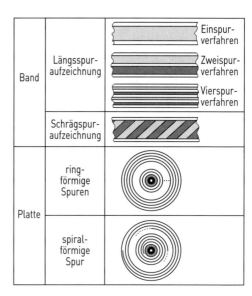

Bild 4.8–2 Spuren bei magnetischer Aufzeichnung

Ein besonderes Kriterium für jede magnetische Aufzeichnung stellt die größte aufzuzeichnende Frequenz dar. Es besteht dabei nämlich eine Abhängigkeit von der Spaltenbreite des Magnetkopfes und der Bandgeschwindigkeit bzw. Drehzahl der Platte. Durch die Spaltenbreite ergibt sich der Einflussbereich auf die magnetisierbare Schicht des Bandes bzw. der Platte. Es gilt:

Die kleinste erreichbare Spaltenbreite liegt aus technologischen Gründen bei etwa 1 µm.

Je größer die Bandgeschwindigkeit bzw. Drehzahl der Platte, desto größere Frequenzen können aufgezeichnet werden. Wir können uns folgende Proportionalität merken:

Da die Spaltenbreite nicht beliebig klein gemacht werden kann, ist die größte aufzuzeichnende Frequenz im Prinzip unmittelbar von der Bandgeschwindigkeit bzw. Drehzahl der Platte abhängig. Aus wirtschaftlichen Gründen soll dieser Wert allerdings möglichst klein gehalten werden.

Eine typische Anwendung der magnetischen Signalaufzeichnung ist bei den Magnetbandkassetten-Geräten gegeben. Bei Audiokassetten-Geräten reicht Längsspuraufzeichnung aus,

$$\boxed{f_{max} = f(s, v)} \quad (4.8\text{–}1)$$

mit
f_{max} = Größte aufzuzeichnende Frequenz
s = Spaltenbreite des Magnetkopfes
v = Bandgeschwindigkeit bzw. Drehzahl der Platte

Je kleiner die Spaltenbreite, desto besser kann die magnetisierbare Schicht beeinflusst werden.

$$\boxed{f_{max} \approx \frac{v}{s}} \quad (4.8\text{–}2)$$

Die Bandgeschwindigkeit bzw. die Drehzahl der Platte soll aus wirtschaftlichen Gründen möglichst klein sein.

Anwendung: **Audiokassette**
(Längsspuraufzeichnung)

4.8 Signalspeicherung

weil die maximal aufzuzeichnende Frequenz relativ klein ist.

Bei der Aufzeichnung von Videosignalen sind dagegen Frequenzen bis 5 MHz zu berücksichtigen. Dies bedeutet eine Bandgeschwindigkeit von 6,25 m/s, was bei Längsspuraufzeichnung einen sehr großen Bandverbrauch bedeuten würde. Aus diesem Grund hat sich für Videokassetten-Geräte (Videorecorder) die Schrägspuraufzeichnung durchgesetzt, wobei wegen der gewählten Schräglage pro Spurabschnitt genau ein Halbbild gespeichert wird. Die Aufzeichnung des Audiosignals und der Synchronisiersignale erfolgt allerdings im Längsspurverfahren.

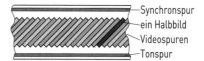

Bild 4.8–3 Magnetische Aufzeichnung beim Videorecorder

Eine Anwendung der magnetischen Aufzeichnung auf Platten stellt die bei jedem Computer (PC, Laptop, ...) vorhandene Festplatte dar. Dies gilt auch für die leicht handhabbaren Disketten. In beiden Fällen wird mit ringförmigen Spuren gearbeitet.

Anwendung: **Festplatte**
(ringförmige Spuren)

Anwendung: **Diskette**
(ringförmige Spuren)

Für das magnetische Verfahren gelten nachfolgend aufgezeigte Vor- und Nachteile.

Die Speicherkapazität ist groß, hängt jedoch von der Spurbreite und der magnetischen Schicht von Band oder Platte ab. Bei Platten wird sie natürlich auch von deren Durchmesser bestimmt. Bei Disketten liegt die Speicherkapazität im Mbit-Bereich, für Festplatten gilt der Gbit-Bereich. Bei Bändern ist verständlicherweise die Bandlänge maßgebend.

Speicherkapazität (Band und Platte):
☐ Groß
☐ Abhängig von Spurbreite, magnetisierbarer Schicht und Plattendurchmesser bzw. Bandlänge

Der Zugriff auf eine beliebige Stelle ist funktionsbedingt beim Band langsam, weil das Band erst bis zu dieser Stelle umgespult werden muss. Bei Platten kann dagegen der Zugriff schnell erfolgen, weil der Magnetkopf an die entsprechende Stelle bewegt wird.

Zugriff (Band):
Langsam

Zugriff (Platte):
Schnell

Die Handhabung von Band und Platte ist einfach, wobei Aufnahme und Wiedergabe meistens mit demselben Gerät möglich ist. Mit Ausnahme der Festplatte, die im Regelfall im Computer fest installiert ist, können alle anderen Varianten einfach transportiert und damit flexibel an verschiedenen Stellen genutzt werden.

Handhabung (Band und Platte):
☐ Einfach
☐ Aufnahme und Wiedergabe meistens mit dem selben Gerät möglich.

Portabilität (außer Festplatte):
Problemlos

Übung 4.8–3

Worin besteht der wesentliche Unterschied beim Wiedergabekonzept von Band und Platte?

Bezüglich der magnetischen Verfahren muss grundsätzlich berücksichtigt werden, dass durch von außen einwirkende starke Magnetfelder Aufzeichnungen auf Band oder Platte beeinflusst oder völlig gelöscht werden können. Dies lässt sich durch entsprechende Schutzmaßnahmen allerdings verhindern.

> **Äußere Magnetfelder können magnetische Aufzeichnungen beeinflussen oder löschen.**

4.8.2 Optische Verfahren

Während mit den magnetischen Verfahren auch analoge Signale gespeichert werden können, ist dies bei optischen Verfahren nur für digitale Signale möglich. Das Konzept besteht darin, die Bitfolge des zu speichernden Signals auf einer Platte mit verspiegelter Oberfläche mechanisch nachzubilden. Für die Wiedergabe wird dies durch Abtastung mit Licht ermittelt und in ein elektrisches Signal gewandelt. Dabei dreht sich die optische Platte und wird mit konstanter Geschwindigkeit abgetastet.

> **Mit optischen Verfahren lassen sich nur digitale Signale speichern.**

Die Wiedergabe erfolgt durch Abtastung der Bitfolge mit einem Lichtstrahl bei konstanter Geschwindigkeit der optischen Platte.

Da auf der optischen Platte nur zwei Zustände unterscheidbar sein müssen, wird mit als Pits bezeichneten Vertiefungen in der verspiegelten Oberfläche gearbeitet. Als Abtastquelle verwenden wir das einwellige (d. h. monochromatische) Licht eines Lasers. Es wird mit Hilfe einer geeigneten Optik so fokussiert, dass sich entweder bei den Pits oder bei den unveränderten Stellen auf der optischen Platte maximale Reflexion ergibt. Bei dem jeweils anderen Zustand liegt dann geringere Reflexion vor. Die Intensität des reflektierten Lichtes lässt sich mit einer Fotodiode feststellen und in elektrische Spannung als digitales Signal umsetzen.

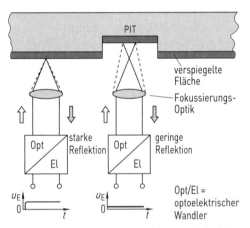

Bild 4.8–4   Optische Signalspeicherung (Prinzip)

Übung 4.8–4

Warum ergibt sich bei den Pits eine andere Reflexion für das abtastende Licht gegenüber der Oberfläche der Platte?

Aus vorstehenden Ausführungen erkennen wir folgende Besonderheit der optischen Verfahren:

> **Optische Speicherung arbeitet mit berührungsloser Abtastung.**

Mit optischen Signalspeichern kann deshalb beliebig häufig Wiedergabe erfolgen und zwar ohne Beeinträchtigung der Signalqualität.

4.8 Signalspeicherung

Für die Speicherung der Bitfolge werden bekanntlich Pits verwendet, also Vertiefungen in verspiegelter Oberfläche. Diese weisen zwar konstante Breite auf, jedoch unterschiedliche Länge. Die Pits sind in einer spiralförmigen Spur angeordnet, vom Plattenrand zur Plattenmitte verlaufend. Um einen konstanten Bitstrom zu erhalten, wird mit konstanter Geschwindigkeit abgetastet, weshalb sich die Drehzahl von kleinen Werten außen auf große Werte innen kontinuierlich ändert.

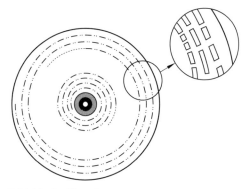

Bild 4.8–5   Pitstruktur

Die Pitstruktur kann unmittelbar aus der binären Eins-Null-Folge (1-0-Folge) abgeleitet werden. Jede Eins ergibt eine Pitflanke, während bei aufeinanderfolgenden Nullen der Zustand unverändert bleibt. Es gibt jedoch stets eine Maximalzahl aufeinanderfolgender Nullen, die vom System akzeptiert werden, was eine größte zulässige Pitlänge bedingt. Dies ist ein Teil des bei optischen Speichern typischen Fehlerschutzes, mit dem die ausreichend genaue Übertragung der Taktfrequenz für die Auslesung sichergestellt wird.

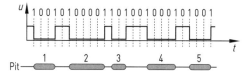

Bild 4.8–6   Bitfolge und Pitlänge

Andererseits gibt es auch eine Mindestlänge für die Pits, was dem Abstand zwischen zwei aufeinander folgenden Einsen entspricht. Die Unterschreitung des Wertes würde die eindeutige Trennung zwischen den beiden Zuständen verhindern.

> Für die Pits gibt es eine Mindestlänge und eine Maximallänge.

Um auch bei leichter Verschmutzung oder Beschädigung der Plattenoberfläche noch eine möglichst ungestörte Wiedergabe zu ermöglichen, werden bei der Aufnahme etwa 50 Prozent der Gesamtkapazität für den Fehlerschutz verwendet. Dafür kommt entsprechend aufwändige Codierung zum Einsatz.

Um ungestörte Wiedergabe sicherzustellen, werden etwa 50 Prozent der Gesamtkapazität für den Fehlerschutz verwendet.

Übung 4.8–5

Welche Auswirkung hätte es, wenn bei optischen Speichern kein Fehlerschutz verwendet wird?

Für die einwandfreie Wiedergabe muss die Abtasteinrichtung der optischen Platte exakt auf der Pitspur geführt werden. Diese Spurführung erfolgt durch ein Servosystem, angesteuert durch eine bei der Abtastung wie folgt gewonnene Regelspannung. Das fokussierte Licht des verwendeten Lasers gelangt mit Hilfe eines halbdurchlässigen Spiegels auf die Oberfläche der optischen Platte. Das von dort reflektierte Licht lässt nun diesen Spiegel auf eine Anordnung von drei Fotosensoren einwirken. Bei richtiger Spurlage ergibt sich bei dem mittleren Fotosensor das größte Signal. Abweichungen der Abtasteinrichtung von der Spur rufen dagegen bei einem der seitlichen Fotosensoren einen Signalanstieg hervor, während sich beim mittleren Fotosensor der bisherige Wert reduziert. Aus dieser Veränderung wird nun eine Regelspannung gewonnen, die über das Servosystem die Abtasteinrichtung solange verschiebt, bis wieder beim mittleren Fotosensor das größte Signal auftritt. Mit Hilfe des beschriebenen Regelkreises wird die optimale Abtastung einer optischen Speicherplatte sichergestellt.

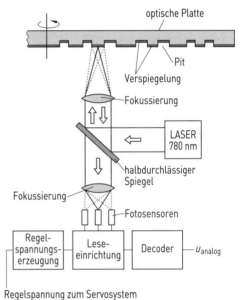

Bild 4.8–7   Abtastung bei optischer Platte (Konzept)

Optische Speicherplatten werden in der Praxis seit längerer Zeit vielfältig genutzt. Die Urform ist die **Compact Disc** (CD). Sie hat einen Durchmesser von 120 mm und weist für die Pitspur eine Breite von 0,6 µm auf. Die Drehzahl liegt zwischen 200 min^{-1} (innen) und 500 min^{-1} (außen). Die Speicherkapazität der CD liegt im Megabyte (MB-)Bereich.

Die Markteinführung der CD erfolgte mit gespeicherten Audiosignalen, inzwischen hat sich jedoch die CD als transparenter Datenspeicher für diverse Anwendungen etabliert und bewährt. Dazu zählen Audio, Video, Daten und Multimedia. Dabei besteht bezüglich der Bezeichnungen der CDs keine Einheitlichkeit, es gibt lediglich eingebürgerte Formen.

Wir können bei den CDs jedoch folgende Funktionsarten unterscheiden:

Die CD-ROM [*compact disc – read-only memory*] ist ein Nur-Lese-Speicher. Die Informationen sind in diesem Fall bei der Speicherung unveränderlich auf der optischen Platte festgelegt worden.

Compact Disc (CD)
☐ Durchmesser: 120 mm
☐ Pitbreite: 0,6 µm
☐ Drehzahl:
  ☐ ☐ Innen: 200 min^{-1}
  ☐ ☐ Außen: 500 min^{-1}
☐ Speicherkapazität: im MB-Bereich

CDs sind transparente Datenspeicher
Anwendungsbereiche:
Audio, Video, Daten, Multimedia

CD-Funktionsarten
☐ CD-ROM
☐ CD-R
☐ CD-RW

CD-ROM ist ein Nur-Lese-Speicher.

4.8 Signalspeicherung

Es besteht aber auch die Möglichkeit, dass der Nutzer selber Inhalte auf einer CD speichert. Wegen des Funktionskonzeptes der Speicherung wird ein solcher Speichervorgang als „brennen" bezeichnet, es ist aber auch der Begriff „beschreiben" gebräuchlich. Ist dabei eine CD nur einmal beschreibbar, dann gilt die Bezeichnung CD-R [*compact disc – recordable*]. Kann dagegen eine CD gelöscht und wiederholt beschrieben werden, dann handelt es sich um eine CD-RW [*compact disc – read & write*], also einen Schreib-Lese-Speicher.

Speicherung von Inhalten auf einer CD durch den Nutzer wird als „brennen" oder „beschreiben" bezeichnet.

CD-R ist nur einmal beschreibbar.

CD-RW ist ein Schreib-Lese-Speicher, kann also wiederholt beschrieben werden.

Die konsequente Weiterentwicklung der CD führte zur DVD [*digital versatile disc*]. Hier werden gegenüber der CD Laser mit geringerer Lichtwellenlänge, schmaleren Pitspuren und kürzeren Längen bei den Pits verwendet. Dadurch steigt die Speicherkapazität auf einige Gigabyte (GB).

DVD [*digital versatile disc*]
Änderungen gegenüber CD:
☐ Geringere Lichtwellenlänge des Lasers
☐ Schmalere Pitspur
☐ Kürzere Pitlängen
☐ Speicherkapazität: einige GB

Die DVD wurde bei ihrer Markteinführung primär für Videosignale genutzt. Inzwischen wird sie vergleichbar der CD als transparenter Datenspeicher angewendet, mit dem Vorteil der größeren Speicherkapazität. Wir können bei den DVDs folgende grundsätzlichen Varianten unterscheiden:

☐ DVD-V → DVD – Video   DVD für Video- und Audioaufzeichnung
☐ DVD-A → DVD – Audio   DVD für ausschließliche Audioaufzeichnung
☐ DVD-R / DVD+R → DVD – recordable   Nur einmal beschreibbare DVD
☐ DVD-RW/DVD+RW → DVD – read & write   Wiederholt beschreibbare DVD
☐ DVD-ROM → DVD – read only memory   DVD als Nur-Lese-Speicher
☐ DVD-RAM → DVD – random access memory   DVD als Schreib-Lese-Speicher

Die Entwicklung hin zu Bildern in höherer Auflösung hat nicht nur zum hochauflösenden Fernsehen [*high definition television* (HDTV)] geführt, sondern auch zu einem neuen DVD-Format. Es handelt sich um die Blu-ray Disc (BD), die nach dem bereits bekannten Prinzip der optischen Speicher arbeitet, jedoch ist der Laser gegenüber der üblichen DVD hier noch kurzwelliger. Dies ermöglicht eine höhere Packungsdichte der Pits und führt zu Speicherkapazitäten bis 50 GB. Auf diese Weise lassen sich komplette Filme mit hoher Auflösung auf

Hochauflösendes Fernsehen
[*high definition television* (HDTV)]
⇓
Blu-ray Disc (BD)
Änderungen gegenüber DVD:
☐ Kurzwelligerer Laser
☐ Höhere Packungsdichte der Pits
☐ Speicherkapazität bis 50 GB

einer BD problemlos unterbringen. Grundsätzlich ist diese DVD-Variante aber auch für alle anderen Anwendungen geeignet.

Für die optischen Verfahren gelten nachfolgende Vor- und Nachteile.

Die Speicherkapazität liegt im Gigabyte-Bereich. Der genaue Wert hängt jeweils von der Wellenlänge des verwendeten Lasers ab.

Speicherkapazität:
Bis zu 50 GB, abhängig von der Wellenlänge des verwendeten Lasers

Wie bei jeder Platte ist der Zugriff schnell bis sehr schnell. Dies ist unmittelbar davon abhängig, wie schnell das Servosystem die Abtasteinheit bewegen kann.

Zugriff:
Schnell bis sehr schnell
(abhängig vom Servosystem)

Wegen der Plattenform der bisher gängigen optischen Speicher ist deren Handhabung sehr einfach. Außerdem können sie einfach transportiert und deshalb an beliebigen Stellen eingesetzt werden.

Handhabung:
Sehr einfach
Portabilität:
Problemlos

Wie CDs müssen auch DVDs vor Verschmutzung oder Beschädigung der Plattenoberfläche geschützt werden.

4.8.3 Elektrische Verfahren

Die Speicherung von Bitfolgen, also beliebiger Folgen von Einsen und Nullen, kann auch auf rein elektrischer Basis erfolgen. Im Prinzip ist dabei für jedes Bit ein Kippstufe erforderlich. Mit Hilfe der IC-Technologie können sehr viele solcher Stufen kostengünstig auf einem Chip mit kleinen Abmessungen untergebracht werden. Von der Funktion her handelt es sich um eine matrixartige Anordnung, also eine Bildung von Zeilen und Spalten. Die Organisation des Zugriffs wird von einer Steuerschaltung übernommen. Da keine bewegten Teile bei diesen Speichern vorhanden sind, ist bei solchen Festwertspeichern eine große **Zugriffsgeschwindigkeit** realisierbar. Dies gilt für die Eingabe, wie für die Ausgabe.

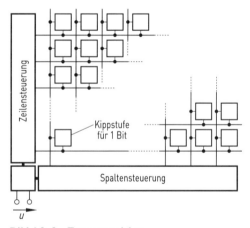

Bild 4.8–8 Festwertspeicher

Typische Anwendungen elektrischer Speicher sind die **Arbeitsspeicher** [*random access memory* (RAM)] im Computer (PC, Laptop, …), die Speicherkarten in vielfältigen Bauformen und die leicht handhabbaren USB-Sticks. Es gibt auch die ersten Ansätze, die Festplatten in portablen Computern durch elektrische Festwertspeicher, also Speicherkarten mit entsprechender Speicherkapazität, zu ersetzen. Damit

Anwendungen:
☐ Arbeitsspeicher im Computer
☐ Speicherkarte
☐ USB-Stick

würden mechanische Problemstellungen hinsichtlich Antrieb und Abtastung nicht mehr gegeben sein.

Übung 4.8–6

Worin besteht das Konzept jedes elektrischen Speichers?

Bei elektrischen Speichern hängt es davon ab, ob der Speicherinhalt nach Abschalten der Betriebsspannung erhalten bleibt oder nicht. Bleibt er erhalten, dann sprechen wir von einem nichtflüchtigen Speicher, während es sich sonst um einen flüchtigen Speicher handelt. Bei nichtflüchtigen Speichern wird mit integrierten Kapazitäten gearbeitet, welche ihren Ladungszustand über sehr lange Zeit halten.

Nichtflüchtige Festwertspeicher =
Speicherinhalt bleibt auch nach Abschaltung der Betriebsspannung erhalten.

Flüchtiger Festwertspeicher =
Speicherinhalt geht nach Abschaltung der Betriebsspannung verloren

Elektrische Festwertspeicher weisen stets kleine Abmessungen auf. Speicherkapazität lässt sich bis in den Gigabyte-Bereich realisieren. Ein wichtiges Kriterium ist die maximale Geschwindigkeit für die Eingabe und Ausgabe von Daten. Diese Einlese- und Auflesegeschwindigkeit wird in kbit/s oder Mbit/s angegeben, wobei sich beide Werte meistens unterscheiden. Die genauen Angaben sind aus den Datenblättern ersichtlich.

Speicherkapazität im Gigabyte Bereich realisierbar

Dateneingabe   /   Datenausgabe
⇓
Einlese-   /   Auslese-
geschwindigkeit   geschwindigkeit
   (Angabe in kbit/s oder Mbit/s)

Lernerfolgskontrolle zu Kapitel 4.8

1. Welche Grundfunktionen müssen bei jeder Signalspeicherung gewährleistet sein?
2. Welche Merkmale müssen für die Funktion eines Magnetkopfes erfüllt sein?
3. Welche Auswirkung hat die Erhöhung der Bandgeschwindigkeit bei magnetischer Aufzeichnung?
4. Weshalb muss sich die Drehzahl der Platte eines optischen Speichers bei der Abtastung ständig ändern?
5. Welche grundlegende Funktion ist bei jeder CD gegeben?
6. Wodurch unterscheiden sich flüchtige und nichtflüchtige Speicher bei der Eingabe von Bitfolgen?

5 Netze und Anwendungen

5.1 Telekommunikationsnetze

5.1.0 Einführung

Nach Durcharbeiten dieses Kapitels können Sie die Strukturen und Funktionsprinzipien von TK-Netzen erkennen, die Arbeitsweise des Fernsprechnetzes erklären, den Telefaxdienst skizzieren, Aufbau des ISDN und Anwendungen im ISDN darstellen.

5.1.1 Grundlagen

Unter **Telekommunikationsnetzen** (TK-Netze) ist jede Infrastruktur (Hardware und Software) zu verstehen, die Kommunikation zwischen angeschlossenen Teilnehmern (Menschen oder Maschinen) ermöglicht. Dabei kann es sich um Individualkommunikation oder Verteilkommunikation handeln.

Ist der Zugang zu einem TK-Netz grundsätzlich für jedermann möglich, dann handelt es sich um ein **öffentliches TK-Netz** [*public network*]. Das Gegenstück sind **private TK-Netze** [*private networks*], bei denen der Zugang von den Konditionen des jeweiligen Netzbetreibers abhängt. Solche Netze sind besonders für geschlossene Nutzergruppen [*closed user group*] geeignet.

Bei TK-Netzen kann die Verbindung zwischen den Teilnehmern (Tln) leitungsgebunden oder funkgestützt (also „drahtlos") erfolgen. Im ersten Fall liegen Festnetze vor, während es sich bei Nutzung der Funktechnik um mobile Kommunikation über Mobilfunknetze handelt. Unabhängig von diesen unterschiedlichen Übertragungstechnologien können wir TK-Netze als „black box" verstehen, bei denen die Teilnehmer über definierte, als **Netzschnittstellen** bezeichnete Netzzugangspunkte angeschlossen sind.

In diesem Kapitel wollen wir nur die leitungsorientierten TK-Festnetze betrachten, wenn auch bei diesen in einzelnen Abschnitten Funkverbindungen zum Einsatz kommen. Mobilfunknetze weisen ein anderes Funktionskonzept auf, weshalb für diese ein gesondertes Kapitel vorgesehen ist.

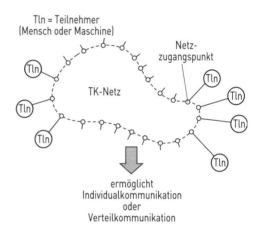

Bild 5.1–1 Telekommunikationsnetz (Grobstruktur)

Festnetz
d.h. zwischen den Teilnehmern bestehen Leitungsverbindungen

Mobilfunknetz
d.h. zwischen den Teilnehmern bestehen Funkverbindungen

In diesem Kapitel werden nur TK-Festnetze behandelt.

5.1 Telekommunikationsnetze

Jedes TK-Festnetz ist für eine maximale Zahl von Teilnehmern ausgelegt. Individualkommunikation erfordert dabei stets Vermittlung und Übertragung, also **Übermittlung**. Im Netz erfolgt dies für die Signale, während bei den Teilnehmern die eigentliche Nachricht von Interesse ist. Es bedarf deshalb bei jedem Teilnehmer einer **Endeinrichtung** [*terminal equipment*], welche die Umsetzung der übermittelten Signale in eine für die Quelle bzw. Senke geeignete Form sicherstellt. In dem verfeinerten Kommunikationsmodell ergibt sich deshalb zwischen Endeinrichtung und Quelle/Senke die **Teilnehmerschnittstelle** [*subscriber interface*] (auch als Nutzerschnittstelle [*user interface*] bezeichnet).

Jedes TK-Festnetz ist für eine maximale Zahl von Teilnehmern ausgelegt.

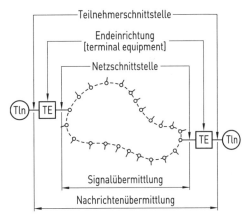

Bild 5.1–2   Verfeinertes Kommunikationsmodell

Jeder an ein TK-Festnetz angeschlossene Teilnehmer soll individuell erreicht werden können. Deshalb ist jedem Anschluss eine spezifische Teilnehmernummer, auch als Rufnummer bezeichnet, zugeordnet. Ein typisches Beispiel stellt die Telefonnummer dar.

Jeder Netzzugangspunkt ist durch spezifische **Teilnehmernummer bzw. Rufnummer** identifizierbar.

Übung 5.1–1

Welche grundsätzliche Forderung müssen alle Rufnummern der Netzzugangspunkte eines TK-Netzes erfüllen?

Bei Vermittlungsnetzen kann es sich um verbindungsorientierte oder verbindungslose Übermittlung handeln. Bei der verbindungsorientierten Variante besteht für die Dauer der Übertragung eine physikalische Leitungsverbindung zwischen den beiden Teilnehmer-Endeinrichtungen. Wir können dabei drei Phasen unterscheiden, nämlich den Verbindungsaufbau, die eigentliche Übertragung und den Verbindungsabbau.

Der Verbindungsaufbau umfasst die Auswahl des gewünschten Teilnehmers, die Feststellung der Kommunikationsbereitschaft der Endeinrichtung und das Herstellen der Verbindung zwischen den beiden Teilnehmer-Endeinrichtungen. Die Übertragung stellt den gewünschten Informationsaustausch dar, während der Verbindungsabbau die Freigabe der verwendeten Einrichtungen für andere Verbindungen bedeutet.

Übermittlung kann verbindungsorientiert oder verbindungslos erfolgen.

Verbindungsorientierte Übermittlung
☐ Verbindungsaufbau
☐ Übertragung
☐ Verbindungsabbau

Die Übertragung stellt den gewünschten Informationsaustausch dar.

Bei der verbindungslosen Übermittlung besteht keine physikalische, sondern nur eine virtuelle (also scheinbare) Leitungsverbindung zwischen den Teilnehmer-Endeinrichtungen. Es wird hierbei mit **Datenpaketen** gearbeitet, die im **Kopfteil** [*header*] jeweils die Ursprungsadresse und die Zieladresse aufweisen. Wegen dieser Informationen können die Datenpakete über beliebige Wege im TK-Festnetz zum Ziel gelangen.

Während bei der verbindungsorientierten Übermittlung Leitungsvermittlung erforderlich ist, handelt es sich bei der verbindungslosen Übermittlung um Speichervermittlung, weil im Netz das Umspeichern von Datenpaketen erfolgt.

Bei der Speichervermittlung sind drei Varianten zu unterscheiden. Im Falle der klassischen Paketvermittlung [*packet switching*] wird die zu übertragende Nachricht in Pakete mit variabler Länge aufgeteilt und mit einem Kopfteil zur Steuerung versehen. Enthält das Paket die gesamte zu übertragende Nachricht, dann liegt Sendungsvermittlung [*message switching*] vor. Im Kopfteil ist dabei auch der Weg durch das Netz festgelegt, wobei jede Nachricht ihren eigenen Weg hat. Eine spezielle Form der Paketvermittlung ist bei ATM [*asynchronous transfer mode*] gegeben. Hier wird mit Paketen gearbeitet, die eine begrenzte, jedoch feste Länge haben. Es gilt dafür die Bezeichnung ATM-Zellen, bei denen auch jeweils ein Kopfteil vorhanden ist. Bei der Übertragung stellen diese Zellen die kleinste Einheit dar, so dass sich die zu übertragende Nachricht auf jeweils entsprechend viele ATM-Zellen verteilt. Wir sprechen deshalb von Zellenvermittlung [*cell switching*], bei der im Gegensatz zur Paketvermittlung jedoch stets alle Zellen einer Nachricht nacheinander beim Empfänger eintreffen, gesteuert durch die entsprechenden Angaben in den Kopfteilen der Zellen.

Bei allen aufgezeigten Fällen der Speichervermittlung bedarf es bei jedem Vermittlungsvorgang der Auswertung der Kopffelder, was im Regelfall eine Zwischenspeicherung der Nutzinformation erforderlich macht.

> Bei **verbindungsloser Übermittlung** wird mit **Datenpaketen** gearbeitet, die im **Kopfteil** [*header*] Ursprungs- und Zieladresse enthalten.

> **Bei verbindungsloser Übermittlung wird mit Speichervermittlung gearbeitet.**

> **Paketvermittlung** [*packet switching*]
> ☐ Zu übertragende Nachricht wird in Pakete mit variabler Länge aufgeteilt.
> ☐ Jedes Paket hat einen Kopfteil.
>
> **Sendungsvermittlung** [*message switching*]
> ☐ Zu übertragende Nachricht wird gesamt in einem Paket übertragen.
> ☐ Kopfteil legt Weg des Paketes durch das Netz fest.

> **Zellenvermittlung** [*cell switching*]
> ☐ Zu übertragende Nachricht wird in als ATM [*asynchronous transfer mode*]-Zellen bezeichnete Pakete begrenzter, jedoch fester Länge aufgeteilt.
> ☐ Kopfteil der Zellen legt fest, dass alle Zellen einer Nachricht nacheinander beim Empfänger eintreffen.

> Bei jeder Art der **Speichervermittlung** erfolgt die Auswertung der Kopfteile der Pakete, im Regelfall verbunden mit Zwischenspeicherung der Nutzinformation.

Übung 5.1–2

Warum müssen bei Speichervermittlung die Pakete stets Kopfteile aufweisen?

Die Funktion jedes Vermittlungsnetzes basiert auf einer entsprechenden Zahl von **Netzknoten** (NK) [*network nod*], die durch Verbindungsleitungen miteinander verbunden sind. Die Verbindungen zu den Teilnehmer-Anschlusseinheiten bezeichnen wir als Teilnehmer-Anschlussleitungen (TAL) [*subscriber line*].

Bei den Netzknoten handelt es sich um Vermittlungsstellen (VStn), bei denen jede ankommende Leitung wahlfrei mit jeder abgehenden Leitung verbunden werden kann und dadurch die Verknüpfung vom rufenden Teilnehmer zum gerufenen Teilnehmer ermöglicht. Im Regelfall sind bei solchen Verbindungen mehrere Knoten beteiligt. Für den Aufbau der Verbindungen wurden früher elektromechanische Schalteinrichtungen genutzt, während dies heute vollelektronisch erfolgt.

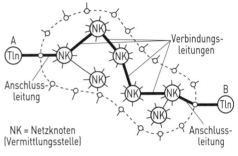

Bild 5.1–3   Struktur im TK-Netz

Für die Steuerung der Verbindungen in einem Netzknoten ist eine entsprechende Signalisierung erforderlich, damit stets die gewünschte Verknüpfung erfolgt. Diese werden durch das **Koppelfeld**, dem Kern jeder Vermittlungsstelle, realisiert. Am Eingang und Ausgang befinden sich Anschalteeinheiten, die einerseits die Anpassung an die ankommenden bzw. abgehenden Leitungen bewirken, andererseits aber auch die Verarbeitung der Signalisierung zur Steuerung des Koppelfeldes sicherstellen.

Bei Netzknoten können die ankommenden bzw. abgehenden Leitungen auch Teilnehmer-Anschlussleitungen (TAL) sein. Es handelt sich dann um eine Teilnehmer-Vermittlungsstelle (TVSt).

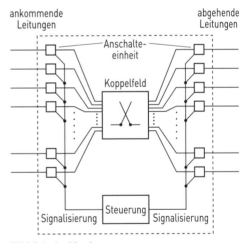

Bild 5.1–4   Netzknoten

Das Nutzungsverhalten der an TK-Festnetze angeschlossenen Teilnehmer zeigt, dass nicht alle gleichzeitig Verbindungen aufbauen wollen. Die Koppelfelder brauchen deshalb bezüglich der Schalteinrichtungen nicht für alle ankommenden und abgehenden Leitungen ausgelegt zu sein. Andererseits muss jedoch für jeden Teilnehmer eine eigene Anschlussleitung vorhanden sein. Diese Problemstellung wird

Es wollen nicht alle an ein TK-Festnetz angeschlossenen Teilnehmer gleichzeitig Verbindungen aufbauen.

durch Bündelung ankommender Leitungen und die Entbündelung abgehender Leitungen gelöst. Es handelt sich um die gruppenweise Zusammenfassung von Leitungen, wobei nur eine begrenzte Zahl der ankommenden Leitungen einer Gruppe die abgehenden Leitungen erreichen können. Am Eingang des Koppelfeldes befindet sich deshalb ein **Konzentrator**, am Ausgang ist es ein **Expander**. Durch sie kann der Aufwand bei den Schalteinrichtungen in Abhängigkeit von den statistischen Nutzungsgegebenheiten klein gehalten werden, was der Wirtschaftlichkeit dient.

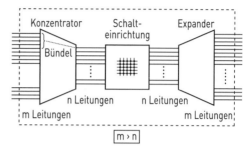

Bild 5.1–5   Koppelfeld

Bündelung durch Konzentrator am Eingang des Koppelfeldes, Entbündelung durch Expander am Ausgang des Koppelfeldes.

Übung 5.1–3
Durch welche Gegebenheit ist das Konzentrieren und Expandieren bei Koppelfeldern möglich?

Telekommunikation ist aus wirtschaftlicher Sicht ein Wachstumsmarkt. Damit steigen auch die Anforderungen an die Netzstrukturen. Um dieser Situation Rechnung zu tragen, bieten sich bei TK-Netzen folgende Ebenen an:

Telekommunikation ist ein Wachstumsmarkt.

Ebenen bei TK-Netzen
☐ Übertragungsebene
☐ Vermittlungsebene
☐ Diensteebene

Für ihre Funktion benötigt jede Ebene die Funktion(en) der darunter liegenden Ebene(n). Die Übertragungsebene bildet die Basis jedes TK-Netzes und umfasst alle für die Übertragung erforderlichen Leitungsverbindungen. Dabei kann es sich um Kupferkabel, Lichtwellenleiter oder Funkstrecken handeln. Dazu gehören aber auch alle Multiplexverfahren, weil diese eine effizientere Nutzung der Übertragungskanäle ermöglichen.

Übertragungsebene
☐ Elektrische Leitungen
☐ Optische Leitungen
☐ Funkstrecken

Die **Vermittlungsebene** wird durch die verschiedenen Vermittlungsstellen, also die Netzknoten, gebildet. Sie sind durch Nutzung der Übertragungsebene miteinander vernetzt und bilden die Drehscheibe für die Kommunikation, da nur durch sie eine Verbindung zwischen zwei Netzzugangspunkten realisierbar ist.

Vermittlungsebene
☐ Vermittlungsstellen
  (= Netzknoten)

Während **Übertragungs- und Vermittlungsebene** zur Infrastruktur gehören, bezieht sich die **Diensteebene** auf die Nutzung. In spezifischen (dienste-dedizierten) Netzen ist nur ein bestimmter Dienst möglich, während bei dienste-

Diensteebene
☐ dienstespezifisch
☐ diensteintegrierend

5.1 Telekommunikationsnetze

integrierenden Netzen gleichzeitig mehrere unterschiedliche Dienste abgewickelt werden können.

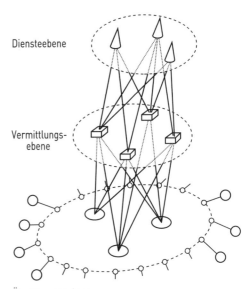

Bild 5.1-6   Ebenen bei TK-Netzen

Bei Betrachtung realer Netze müssen wir die historische Entwicklung berücksichtigen. Es wurden zuerst nur Netze für einen Dienst aufgebaut und für die Nutzung optimiert. Das Ziel war stets eine kostengünstige Übermittlung oder Verteilung, verbunden mit ausgeprägter Bedienfreundlichkeit. Als wichtigsten Ausgangspunkt können wir das Telefonnetz betrachten, als klassischen Fall der analogen Vermittlung und Übertragung. Die Entwicklung der Informationstechnik, die Fortschritte in der Technologie und die ständige Zunahme des Kommunikationsbedarfs führten relativ schnell zur Digitalisierung. Damit wurde auch die Möglichkeit der Dienste-Integration geschaffen. Es gilt:

Das Telefonnetz ist der klassische Fall der analogen Vermittlung und Übertragung.

> **Dienste-Integration =**
> Zwei oder mehr unterschiedliche Dienste können gleichzeitig über eine Verbindung übertragen werden.

Dies bedeutet, dass für zwei oder mehr unterschiedliche Dienste nur eine Verbindung erforderlich ist.

Das bei Dienste-Integration auftretende Gesamtsignal enthält somit Bitfolgen unterschiedlicher Dienste, die jedoch ohne Kenntnis der Übertragungsprotokolle nicht auseinandergehalten werden können. Diese Unabhängigkeit des Übertragungssystems von den Inhalten bezeichnen wir als transparente Übertragung.

> **Transparente Übertragung =**
> Im Gesamtsignal sind Bitfolgen unterschiedlicher Dienste enthalten. Zur Identifizierung müssen die Übertragungsprotokolle bekannt sein.

5.1.2 Vermittlung und Übertragung im bisherigen Fernmeldenetz

Die ursprüngliche Aufgabe von Fernmeldenetzen bestand darin, Sprechverbindungen im Vollduplexbetrieb zwischen zwei Teilnehmern in beliebigen Entfernungen zueinander zu ermöglichen. Es handelt sich dabei um Telefonie (Fernsprechtechnik), für deren Realisierung stets elektroakustische Wandler erforderlich sind.

Obwohl die menschliche Sprache ein relativ breites Frequenzband aufweist, reichen für eine gute Sprachverständlichkeit wegen der frequenzabhängigen Empfindlichkeit des menschlichen Ohres Anteile im Bereich zwischen 1 kHz und 3 kHz aus. Die Bandbreite des Telefonsignals wurde deshalb international auf den Bereich 0,3 kHz bis 3,4 kHz festgelegt. Dies ermöglicht den wirtschaftlichen Aufbau von Telefonnetzen mit ausreichenden Übertragungsqualität in einem 4-kHz-Raster.

> **Telefonie (Fernsprechtechnik)** = Sprachübertragung im Vollduplexbetrieb zwischen zwei Teilnehmern über beliebige Entfernungen.

Frequenzbereich für Telefonsignal

300 Hz	...	3,4 Hz
untere Grenzfrequenz		obere Grenzfrequenz

Übung 5.1–4
Warum weicht bei einer Telefonverbindung das Klangbild im Regelfall von dem der natürlichen Sprache ab?

Telefonnetze sollen es ermöglichen, dass wahlfrei und gleichzeitig Sprechverbindungen zwischen einer großen Zahl von Teilnehmern aufgebaut werden können. Die dafür bei den Teilnehmern erforderlichen technischen Einrichtungen sind die **Telefonapparate**.

Für die einwandfreie Funktion einer Telefonverbindung ist bei jedem Telefonapparat ein Mikrofon und ein Hörer erforderlich. Sie werden auch als Hörkapsel und Sprechkapsel bezeichnet und sind im **Telefonhörer** integriert.

> **Telefonverbindung (Fernsprechverbindung)** = Sprechverbindung zwischen zwei Teilnehmern mit Hilfe von Telefonapparaten.

Der **Telefonhörer** beinhaltet Mikrofon und Hörer, welche für die Sprechverbindung erforderlich sind.

Die einfachste Fernsprechverbindung zwischen zwei Teilnehmern lässt sich durch die jeweils getrennte Zusammenschaltung einer Sprechkapsel mit einer Hörkapsel realisieren. Für die Verbindung ist eine vieradrige Leitungsverbindung erforderlich. Wir bezeichnen dieses Verfahren der getrennten Wege für Sprechen und Hören als **Vierdrahtbetrieb**.

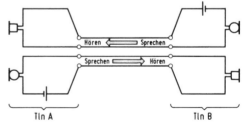

Bild 5.1–7 Vierdrahtbetrieb

5.1 Telekommunikationsnetze

Den Aufwand an Kabeladern können wir um die Hälfte reduzieren, wenn bei jedem Teilnehmer Hör- und Sprechkapsel in Reihe geschaltet werden, wobei jeweils ein Übertrager für die Anpassung zwischen diesen beiden Komponenten sorgt. Es liegt dann **Zweidrahtbetrieb** vor.

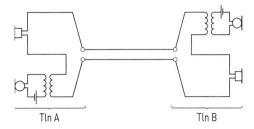

Bild 5.1–8 Zweidrahtbetrieb

Der Zweidrahtbetrieb weist allerdings immer noch einen störenden Effekt auf. Es wird nämlich wegen der Reihenschaltung stets ein gewisser Teil der zu übertragenden Energie von der Hörkapsel des sprechenden Teilnehmers aufgenommen. Dabei hört dieser über die eigene Hörkapsel, was er spricht. Dafür gilt die Bezeichnung Rückhören. Mit Hilfe einer Brückenschaltung lässt sich dies erheblich reduzieren, also eine **Rückhördämpfung** erreichen. Die Hörkapsel liegt dabei in der Brückendiagonale, während die Brückenzweige aus einem Übertrager mit Mittelanzapfung sowie der Übertragungsleitung und einer als Leitungsnachbildung Z_N bezeichneten Impedanz bestehen. Der Wert der Leitungsnachbildung soll möglichst genau dem Wert des Eingangswiderstandes der Übertragungsleitung entsprechen. Im Falle der Gleichheit beider Werte befindet sich die Brücke im Gleichgewicht. An die Hörkapsel wird dann keine Energie mehr abgegeben und somit das Rückhören theoretisch vollständig verhindert.

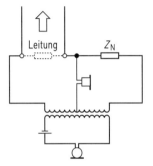

Bild 5.1–9 Brückenschaltung zur Rückhördämpfung

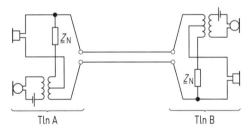

Bild 5.1–10 Zweidrahtbetrieb mit Rückhördämpfung

Für den **Zweidrahtbetrieb mit Rückhördämpfung** ist bei jedem Teilnehmer die Brückenschaltung sowie eine Betriebsspannungsquelle erforderlich. Werden nun in der Brückenschaltung für die Rückhördämpfung die Sprech- und Hörkapsel miteinander vertauscht, dann ändert sich die gegenseitige Entkopplung zwischen den beiden Wandlern nicht, dagegen sind die Spannungsquellen nun galvanisch verbunden. Wir können deshalb eine zentrale Spannungsquelle verwenden, was zu der Bezeichnung **Zentralbatteriesystem** führt.

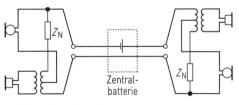

Bild 5.1–11 Zentralbatteriesystem

Übung 5.1–5

Welche Aufgabe hat die Leitungsnachbildung in einer Schaltung zur Rückhördämpfung?

Bei Fernsprechverbindungen über größere Entfernungen sind wegen der Dämpfung des Signals zu deren Kompensation Verstärker erforderlich. Da diese bekanntlich nur eine Wirkungsrichtung haben, beim Zweidrahtbetrieb jedoch in beide Richtungen Signale übertragen werden, kommen als **Zweidrahtverstärker** bezeichnete Baugruppen zum Einsatz. Diese weisen zwei normale Verstärker auf, die über Gabelschaltungen so miteinander verbunden sind, dass in beiden Wirkungsrichtungen ohne gegenseitige Beeinflussung Verstärkung möglich ist. Sie können damit problemlos in jede Zweidrahtverbindung geschaltet werden.

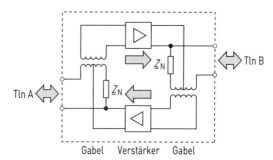

Bild 5.1–12   Zweidrahtverstärker

Eine wesentliche Aufgabenstellung im Telefonnetz ist die Vermittlung zwischen den Teilnehmeranschlüssen. Diese sind jeweils über die zweiadrige Teilnehmer-Anschlussleitung mit der Vermittlungsstelle verbunden. Telefonnetze sind also stets Sternnetze. Der Verbindungsaufbau zwischen den Teilnehmeranschlüssen erfolgt durch Wählvermittlung. Dabei werden die Koppelfelder in den Vermittlungsstellen vom Teilnehmer durch entsprechende Bedienvorgänge (z. B. Tastenbedienung) angesteuert.

> **Wählvermittlung** bedeutet vom Teilnehmer gesteuerten Aufbau einer Telefonverbindung.

Bei der Vermittlung einer Verbindung zwischen Teilnehmer (Tln) A und B sind stets folgende Schritte erforderlich:

☐ Tln A lässt die Vermittlungsstelle erkennen, dass er eine Verbindung zu einem anderen Teilnehmer aufbauen will.

→ z. B. durch Abheben des Telefonhörers

☐ Vermittlungsstelle lässt Tln A erkennen, dass sie zum Verbindungsaufbau bereit ist.

→ z. B. durch Dauerton als akustisches „Freizeichen"

☐ Tln A informiert die Vermittlungsstelle, dass er eine Verbindung zum Tln B haben möchte.

→ z. B. durch Wahl der Telefonnummer

☐ Vermittlungsstelle lässt Tln B erkennen, dass für ihn eine Verbindung vorgesehen ist.

→ z. B. durch akustisches Signal im Telefonapparat des Tln B

☐ Dabei erfolgt gleichzeitig die Prüfung, ob Tln B vielleicht bereits ein Gespräch führt. Falls dies der Fall ist, wird dem Tln A eine entsprechende Information gegeben.

→ z. B. durch unterbrochene Tonfolge als akustisches „Besetztzeichen"

☐ Tln B meldet sich bei der Vermittlungsstelle.

☐ Die Vermittlungsstelle schaltet dann die Leitung von Tln A zu Tln B durch. Die Sprechverbindung ist damit aufgebaut und wird von der Vermittlungsstelle gegen Störungen durch andere Tln geschützt.

☐ Die Beendigung des Gesprächs signalisieren Tln A oder Tln B der Vermittlungsstelle.

☐ Die Vermittlungsstelle trennt dann die Leitungsverbindung zwischen Tln A und Tln B auf. Danach ist wieder der Gesprächsaufbau mit anderen Tln möglich.

→ z. B. durch Abheben des Telefonhörers

→ z. B. durch „Besetztzeichen"

→ z. B. durch Auflegen des Telefonhörers

Die Funktion jeder Wählvermittlung ist davon abhängig, dass vom Telefonapparat des Teilnehmers Wählinformationen zur Vermittlungsstelle gelangen. Durch diese wird dann der selbsttätige Aufbau der Verbindung zum gewünschten Teilnehmer ausgelöst.

Wählvermittlung erfordert als Ansteuerung Wählinformationen vom Telefonapparat.

⇓

Selbsttätiger Verbindungsaufbau

Die Wählinformationen für die Ansteuerung der Vermittlungsstelle wurden früher durch von der Nummernscheibe des Telefons gesteuerte Kontakte in einem Stromkreis hervorgerufen. Wegen der dabei auftretenden Stromimpulse bezeichnen wir dieses Konzept als Impulswahl-Verfahren (IWV).

Durch die Nummernscheibe des Telefons werden Stromimpulse als Wählinformationen für die Vermittlungsstelle bewirkt.

⇓

Impulswahl-Verfahren (IWV)

Übung 5.1–6

Welche Aufgabe hat die Nummernscheibe in einem Telefonapparat für IWV?

Für den Wählvorgang werden heute fast nur noch Tonfrequenzsignale und die dafür erforderlichen Tastenwahl-Telefone verwendet. Letztere weisen für jede Ziffer (0 bis 9) eine gesonderte Taste auf, deren Betätigung jeweils ein Mischsignal zweier Tonfrequenzen auslöst. Dieses wird zur Vermittlungsstelle übertragen. Mit Hilfe frequenzselektiver Empfänger ist dort jede Ziffer eindeutig identifizierbar und für die Ansteuerung der Koppelfelder verwendbar. Das aufgezeigte Konzept wird als Mehrfrequenzwahl-Verfahren (MFV) bezeichnet.

Das MFV ist für elektronisch gesteuerte Koppelfelder in Vermittlungsstellen konzipiert, weil dadurch der Zeitaufwand für den Aufbau einer Verbindung verringert werden kann.

Die durch Tastenwahl hervorgerufene Übertragung der Kombinationen von zwei Tonfrequenzen für jede Ziffer zur Vermittlungsstelle bewirkt dort nach frequenzselektiver Auswertung die erforderlichen Schaltvorgänge.

⇓

Mehrfrequenzwahl-Verfahren (MFV)

Telefonapparate für MFV lassen sich aus vorstehenden Gründen voll elektronisch aufbauen, wobei die Gabelumschalter allerdings häufig noch mechanisch gesteuert sind.

Die für das Mehrfrequenzwahl-Verfahren verwendeten Frequenzpaare sind aus Bild 5.1–13 ersichtlich. Neben den Zifferntasten gibt es zusätzlich auch noch die Tasten „Stern" und „Raute", mit denen spezifische Steuervorgänge ausgelöst werden.

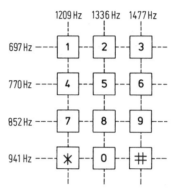

Bild 5.1–13 Frequenzpaare beim MFV

Die bisherigen Erkenntnisse zeigen uns, dass bei jedem Telefon die Grundfunktionen „Rufen", „Wählen" und „Sprechen" zur Verfügung stehen müssen. Die Rufeinheit wird aktiviert, wenn der Telefonapparat über die Vermittlungsstelle von einem anderen Tln gerufen wird. Die Wähleinheit bewirkt, dass die Wählsignale in der für die Vermittlungsstelle geeigneten Form aufgebaut werden. Die Sprecheinheit dient der eigentlichen Sprachkommunikation und schließt den Telefonhörer mit ein.

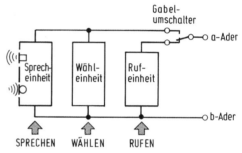

Bild 5.1–14 Grundfunktion eines Telefons

Die Verbindung zwischen einem Telefonapparat, als Endgerät beim Teilnehmer, und der Vermittlungsstelle (VSt) erfolgt bekanntlich über die aus a-Ader und b-Ader bestehende Teilnehmer-Anschlussleitung (TAL). Sie läuft bei der VSt auf eine als **Teilnehmerschaltung** (TS) bezeichnete Baugruppe auf. Damit wird einerseits die Steuerung der Koppelfelder in der Vermittlungsstelle ausgelöst und andererseits die Belegung durch andere Anrufer verhindert, solange der Teilnehmer selber eine Verbindung aufbauen will oder bereits ein Gespräch führt.

Die rechnergesteuerten elektronischen Koppelfelder bewirken nun im Rahmen einer digitalen Vermittlung [*digital switching*] die gewünschte Verbindung zwischen zwei Teilnehmeranschlüssen. Bei der früher verwendeten analogen Vermittlung wurden die Koppelfelder durch elektromechanische Schalteinrichtungen (z. B. Hebdrehwähler) realisiert.

Die von den Telefonen der Teilnehmer erzeugten Wählinformationen steuern die Koppel-

Telefonapparat
⇓
Teilnehmer-Anschlussleitung (TAL)
(Zweidrahtverbindung: a-Ader, b-Ader)
⇓
Teilnehmerschaltung (TS) in Vermittlungsstelle (VSt) löst Steuerung der Koppelfelder aus und sperrt gegen ankommende Belegung, wenn der Telefonapparat bereits eingesetzt ist.

Digitale Vermittlung [*digital switching*] = Verwendung elektronischer Koppelfelder in der Vermittlungsstelle.

5.1 Telekommunikationsnetze

felder in der VSt, um die Leitung zum gewünschten Teilnehmer durchzuschalten. Dabei müssen wir allerdings berücksichtigen, dass die Zahl der gleichzeitig realisierbaren Verbindungen in einem Netz aus wirtschaftlichen Gründen stets kleiner ist, als die theoretisch größtmögliche Zahl.

Die Zahl der realisierbaren Verbindungen orientiert sich an dem über längere Zeit ermittelten Gesprächsaufkommen. Netzüberlastungen, gekennzeichnet durch das Besetztzeichen, treten deshalb immer dann auf, wenn zu Spitzenzeiten mehr als die durchschnittliche Zahl der Teilnehmer gleichzeitig Verbindungen aufbauen wollen.

Während bei analoger Vermittlung eine direkte Steuerung durch jede gewählte Ziffer gegeben ist, handelt es sich bei digitaler Vermittlung um indirekte Steuerung. Die elektronischen Koppelfelder werden nämlich über einen Rechner angesteuert, der die Funktion der zentralen Steuereinheit wahrnimmt.

Das Konzept des Verbindungsaufbaus durch digitale Vermittlung können wir als **elektronisches Wählsystem** (EWS) charakterisieren. Das Kernstück ist dabei das von einem zentralen Prozessor [*central processor* (CP)] angesteuerte Koppelfeld [*switching network* (SN)]. Die jedem Teilnehmer in der Vermittlungsstelle zugeordnete Teilnehmerschaltung muss wegen der digitalen Steuerung im Gegensatz zur analogen Vermittlung einige Aufgaben zusätzlich wahrnehmen. Zur Unterscheidung wird sie deshalb als Anschlussgruppe [*line trunk group* (LTG)] bezeichnet. Für ihre Funktion gilt das Kunstwort BORSHT. Dabei gilt:

B [*battery*]: Spannungsversorgung

O [*overvoltage protection*]: Überspannungsschutz

R [*ringing*]: Rufsignal zu anderen Teilnehmern

S [*signalling*]: Rufsignal von anderen Teilnehmern

H [*hybrid*]: Übergang zwischen Zweidraht und Vierdraht

T [*testing*]: Zugriff auf Teilnehmer-Anschlussleitung für Testzwecke

An eine Vermittlungsstelle ist stets nur eine begrenzte Zahl von Teilnehmern anschließbar,

> Die Zahl der gleichzeitig realisierbaren Verbindungen in einem Netz ist stets kleiner als die theoretisch größtmögliche Zahl.

Netzüberlastungen treten auf, wenn mehr Verbindungen gewünscht werden, als gleichzeitig realisierbar sind.

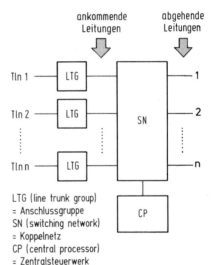

Bild 5.1–15 Elektronisches Wählsystem (EWS)

außerdem können auch nur begrenzte Entfernungen überbrückt werden. Große Teilnehmerzahlen und Entfernungen erfordern deshalb den hierarchisch gestaffelten Einsatz von Vermittlungsstellen.

> Große Teilnehmerzahlen und große Entfernungen erfordern den hierarchisch gestaffelten Einsatz von Vermittlungsstellen.

Übung 5.1–7

Welche Begrenzung weist jede Vermittlungsstelle auf?

Grundsätzlich ist im öffentlichen TK-Festnetz die Unterscheidung zwischen der Orts(netz)ebene und der Fern(netz)ebene erforderlich. Bei den Vermittlungsstellen auf der Ortsnetzebene laufen die Teilnehmer-Hauptanschlüsse auf. Diese Netze weisen deshalb eine Sternstruktur auf. Auf der Fernnetzebene gibt es keine unmittelbaren Teilnehmeranschlüsse. Das nationale Fernnetz stellt ein ausgeprägtes Maschennetz dar.

Öffentliches TK-Festnetz
☐ Ortsnetzebene
  ⇒ Sternnetz-Struktur
  ⇒ Teilnehmer-Hauptanschlüsse
☐ Fernnetzebene
  ⇒ Maschennetz-Struktur

Wir müssen außerdem berücksichtigen, dass die früher übliche analoge Vermittlung und Übertragung im TK-Festnetz inzwischen durch die digitale Vermittlung und Übertragung abgelöst worden ist.

Früher:
Analoge Vermittlung und Übertragung
Heute:
Digitale Vermittlung und Übertragung

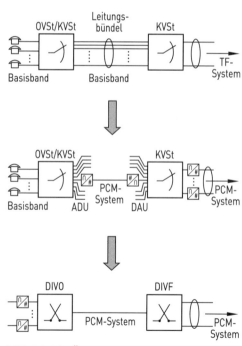

Bei analoger Vermittlung/Übertragung erfolgte auf der Ortsnetzebene bis zur ersten VSt auf der Fernnetzebene, der Knotenvermittlungsstelle (KVSt), Basisbandübertragung. Zwischen diesen Vermittlungsstellen wurden jedoch Trägerfrequenz (TF-)Systeme eingesetzt, also Frequenzmultiplex-Übertragung in einem 4-kHz-Raster. Im nächsten Schritt erfolgte die Ablösung dieser TF-Technik durch PCM-Systeme, also Zeitmultiplex-Übertragung. Wegen der digitalen Übertragung machte das allerdings Analog-Digital-Umsetzer (ADU) und Digital-Analog-Umsetzer (DAU) an den Eingängen bzw. Ausgängen der Vermittlungsstellen erforderlich. Durch Umrüstung auf rein digitale Vermittlungsstellen können diese Funktionseinheiten hier entfallen. Sie sind nur noch für jede Teilnehmer-Anschlussleitung erforderlich, damit das Sprachsignal in analoger Form zur Ver-

Bild 5.1–16 Übergang von analoger auf digitale Übertragung und Vermittlung

fügung steht. Für die digitalen Vermittlungen gelten folgende allgemeine Bezeichnungen:

Digitale Vermittlung
☐ auf der Ortsnetzebene:
Digitale Ortsvermittlungsstelle (DIVO)
☐ auf der Fernnetzebene:
Digitale Fernvermittlungsstelle (DIVF)

Das nationale TK-Festnetz besteht aus den als Zugangsnetze [*access network*] oder Lokalnetze bezeichneten Ortsnetzen, den Regionalnetzen als Verbindungselemente der Ortsnetzebene und der Fernnetzebene sowie dem Weitverkehrsnetz. Die Vermittlungsstellen der Zugangsnetze/Lokalnetze weisen DIVO-Struktur

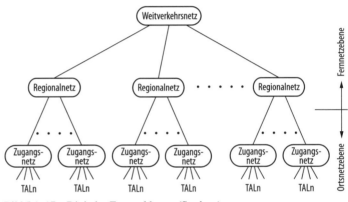

Bild 5.1–17   Digitales Fernmeldenetz (Struktur)

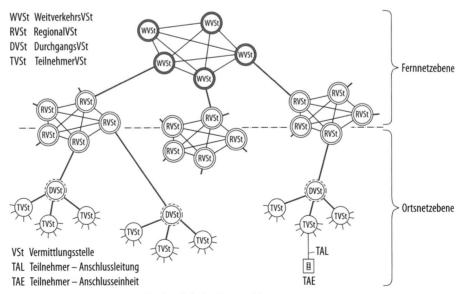

Bild 5.1–18   Vermittlungsstellen im digitalen Fernmeldenetz

auf und lassen sich in Teilnehmer-Vermittlungsstellen (TVSt) und Durchgangs-Vermittlungsstellen (DVSt) einteilen. Die TVStn weisen die Teilnehmeranschlüsse auf, während die DVStn Verbindungen zu anderen Vermittlungsstellen der Fernnetzebene oder Ortsnetzebene ermöglichen. Die zur Fernnetzebene gezählten Regionalnetze sind Maschennetze und bestehen aus den Regional-Vermittlungsstellen (RVSt), die auch als Bereichs-Vermittlungsstellen (BVSt) bezeichnet werden. Sie haben DIVF-Struktur und weisen eine Doppelrolle als Vermittlungsstelle im Zugangsnetz und im Weitverkehrsnetz auf. Letzteres wird durch ein vollständig vermaschtes Netz von 23 Weitverkehrs-Vermittlungen (WVSt) gebildet, wobei die WVStn verständlicherweise als digitale Fernvermittlungsstellen (DIVF) ausgeführt sind. Die Vermaschung stellt ein robustes Netzkonzept dar und garantiert hohe Netzverfügbarkeit.

DIVO-Struktur
☐ Teilnehmer-Vermittlungsstelle (TVSt)
☐ Durchgang-Vermittlungsstelle (DVSt)

Regional-Vermittlungsstelle (RVSt) = Bereichs-Vermittlungsstelle (BVSt)

DIVF-Struktur
☐ Regional-Vermittlungsstelle (RVSt)
☐ Weitverkehrs-Vermittlungsstelle (WVSt)

Übung 5.1–8

Welcher Unterschied besteht zwischen TVSt und DVSt?

Übung 5.1–9

An welchem Netz sind die Teilnehmer angeschlossen?

Vom Weitverkehrsnetz erfolgen auch die Übergänge zum internationalen Fernmeldenetz und zum Mobilfunk.

Beim bisherigen analogen Fernmeldenetz gab es bei den Vermittlungsstellen folgende Hierarchie: Ortsvermittlungsstelle (OVSt) → Endvermittlungsstelle (EVSt) → Knotenvermittlungsstelle (KVSt) → Zentralvermittlungsstelle (ZVSt). Aus den bisherigen Ausführungen ersehen wir, dass beim digitalen Fernmeldenetz folgende Stufung gilt: Teilnehmer-Vermittlungsstelle (TVSt) → Durchgangs-Vermittlungsstelle (DVSt) → Regional-Vermittlungsstelle (RVSt) → Weitverkehrs-Vermittlungsstelle (WVSt). Aus Bild 5.1–19 ist ersichtlich, wie sich diese Vermittlungsstellen der beiden Technologien funktionell entsprechen.

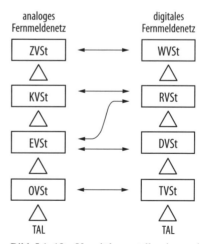

Bild 5.1–19 Vermittlungsstellen im analogen und digitalen Fernmeldenetz

5.1 Telekommunikationsnetze

Neben der Bereitstellung der gewünschten Verbindung spielt im TK-Netz auch die Signalisierung, die Verkehrslenkung und die Ermittlung der Nutzungsentgelte eine wichtige Rolle. Lösungsansätze für diese Aufgabenstellungen erfordern jedoch die eindeutige Identifizierbarkeit jedes Teilnehmers. Dies erfolgt durch individuelle Ziffernfolgen, die als Rufnummern, Telefonnummern oder Teilnehmernummern bezeichnet werden.

> Jedem Teilnehmer wird eine individuelle Rufnummer zugeordnet.

Jeder Teilnehmer kann durch Wahl einer drei- bis siebenstelligen Rufnummer alle anderen Teilnehmer im selben Ortsnetz erreichen. Ist der gewünschte Teilnehmer an ein anderes Ortsnetz angeschlossen, dann muss zuerst die Ziffer „0" als Ausscheidungsziffer für den Ortsnetzverkehr gewählt werden, danach eine zwei- bis fünfstellige **Ortsnetzkennzahl** (ONKz) für das gewünschte Ortsnetz und abschließend die Rufnummer.

Übung 5.1–10

Warum sind bei Einsatz von DIVOn bei den Teilnehmer-Anschlussleitungen ADU bzw. DAU erforderlich?

Für eine Verbindung in das internationale Fernmeldenetz ist eine weitere Null für die Ausscheidung aus dem deutschen Fernnetz erforderlich. Dann folgt eine zwei- bis vierstellige **Länderkennzahl** (LKz), mit der das nationale Netz des gewünschten Landes erreicht wird. Den Abschluss bilden die der ONKz vergleichbare Bereichskennzahl (BKz) [*area code*] und die Rufnummer des Teilnehmers.

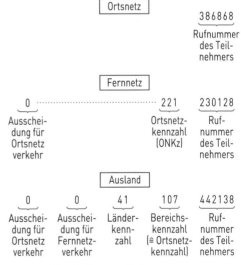

Bild 5.1–20 Aufbau von Rufnummern

Die aufgezeigte Struktur der Rufnummern ermöglicht weltweite Verbindungen, ist aber auch für deren betriebliche Abwicklung von

Bedeutung. Durch die **Signalisierung** wird der Teilnehmer über den Status seines Anschlusses (wie Freizeichen, Besetztzeichen, Rufton, ...) informiert. Die Steuerung des kürzesten Weges einer Verbindung über die Vermittlungsstellen ist die **Verkehrslenkung**. Zur Ermittlung der Entgelte für jede Verbindung werden Zählimpulsgeber (ZIG) eingesetzt. Sobald eine Verbindung aufgebaut ist, erfolgt auf der rufenden Seite die Erfassung der Zählimpulse. Die Auswertung ermöglicht die Ermittlung der Nutzungsentgelte.

Signalisierung, d. h. Status des Anschlusses

Verkehrslenkung, d. h. kürzeste Verbindungswege

Ermittlung der Nutzungsentgelte, d. h. Basisdaten für die Telefonrechnung

Übung 5.1–11

Warum sind in TK-Netzen Rufnummern erforderlich?

Der Anschluss von Telefonapparaten oder anderen Geräten an die Teilnehmer-Anschlussleitung erfolgt mit Hilfe einer standardisierten Steckverbindung, die wir als **Telekommunikations-Anschlusseinheit** (TAE) bezeichnen. Es handelt sich um Flachstecker mit jeweils drei Kontakten auf beiden Seiten, wobei durch mechanische Codierung die Varianten „F" und „N" zu unterscheiden sind. Bei der TAE-F können nur Telefonapparate angeschlossen werden, für alle anderen Geräte (sog. Zusatzeinrichtungen) ist es die TAE-N.

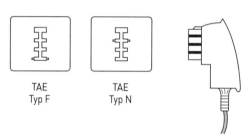

Bild 5.1–21 Telekommunikations-Anschlusseinheit (TAE)

Der klassische Dienst im bisherigen Fernmeldenetz ist der Telefondienst mit seinen weltweiten Verbindungsmöglichkeiten. An der zweiten Stelle steht inzwischen der Telefaxdienst, also die Möglichkeit des Fernkopierens. Durch den Einsatz von Modems ist über das Netz auch langsame Datenübertragung realisierbar.

Dienste im bisherigen Fernmeldenetz
☐ Telefondienst
☐ Telefaxdienst
☐ Langsame Datenübertragung via Modem

Beim Telefon sind außer den bereits bekannten Grundfunktionen ergänzend unterschiedliche Leistungsmerkmale möglich, durch die der betriebliche Komfort größer wird. Dazu gehören Wahlwiederholung, Kurzwahlspeicher, Direktruf, elektronisches Sperrschloss, Umschaltbarkeit zwischen IWV und MFV, Freisprechen und andere.

Leistungsmerkmale ermöglichen komfortableren Betrieb eines Telefons.

Eine weitere Verbesserung der Handhabbarkeit des Telefons liegt beim **schnurlosen Telefon** [*cordless telephone* (CT)] vor. Bei diesem ist die Leitungsverbindung zwischen Basisstation und Mobilteil durch eine bidirektionale Funkverbindung ersetzt. Diese arbeitet üblicherweise im

5.1 Telekommunikationsnetze

900-MHz-Bereich. Dabei ergibt sich bei einer typischen Strahlungsleistung von 10 mW eine Reichweite von bis zu 300 m.

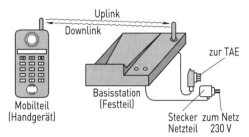

Bild 5.1–22 Schnurloses Telefon

Während Telefone den Typ „F" der TAE benötigen, ist es beim Telefax der Typ „N". Dieser Dienst ermöglicht die Übertragung beliebiger feststehender Bildvorlagen im Halbduplex-Betrieb. Dazu wird die Vorlage in ein Punkteraster aufgeteilt und dann die Helligkeit dieser einzelnen Bildelemente zeilenweise abgetastet, in elektrische Signale gewandelt und übertragen. Auf der Empfangsseite ermöglicht eine entsprechende Druckeinrichtung die Wiedergabe der Vorlage auf Papier.

Ein **Telefaxgerät**, häufig nur als Faxgerät oder Faxer bezeichnet, besteht aus vier Hauptgruppen. Die Leseeinrichtung setzt die Bildvorlage in elektrische Signale um. Für die Abtastung kommen die bereits bekannten elektrooptischen Wandler zum Einsatz, im Regelfall sind es als ladungsgekoppelte Schaltungen [*charge coupled device* (CCD)] aufgebaute Bildsensoren. Sie tasten die Vorlage punktweise oder zeilenweise ab.

Telefax → TAE Typ „N"

Telefaxdienst =
Halbduplex-Übertragung der Helligkeitswerte der in Bildelemente aufgeteilten Vorlage.

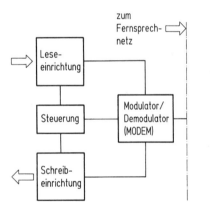

Bild 5.1–23 Telefaxgerät (Funktionsprinzip)

Die Schreibeinrichtung hat dagegen die Aufgabe, die empfangenen elektrischen Signale in einem Ausdruck auf Papier umzusetzen. Dabei kann es sich um Normalpapier oder Thermopapier handeln. Die Verbindung zum Fernmeldenetz erfolgt über einen Modulator (für Sendung) bzw. Demodulator (für Empfang). Diese Baugruppe bezeichnen wir als Modem. Sie stellt für beide Betriebsrichtungen die Anpassung zum Übertragungskanal her. Das Zusammenwirken der aufgezeigten drei Funktionsgruppen wird durch eine Steuereinheit bewirkt.

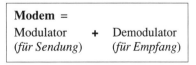

Übung 5.1–12
Welche Aufgabe hat die Leseeinrichtung eines Telefaxgerätes?

Für die Standardisierung der Telefax-Übertragung wurde ein Kompromiss zwischen Auflösung und Übertragungsdauer der Bildvorlage festgelegt. Bei den zur Zeit typischen Telefaxgeräten beträgt die Auflösung 3,85 Zeilen/mm oder 7,8 Zeilen/mm, wobei die Übertragung einer Vorlage im A4-Format weniger als eine Minute dauert. Es wird mit Frequenzumtastung (FSK) gearbeitet und Fehlerschutz verwendet, so dass bei Übertragungsfehlern die Korrektur automatisch erfolgt.

Telefax-Übertragung
☐ Auflösung:
 3,85 Zeilen/mm oder 7,8 Zeilen/mm
☐ Übertragungsdauer:
 < 1 min für A4-Vorlage
☐ Übertragungsverfahren:
 FSK, Fehlerschutz

Das Übertragungsprotokoll für Telefax basiert auf einer Handschlag [*handshake*]-Prozedur. Die beiden zu einer Verbindung gehörenden Telefaxgeräte stimmen sich dabei vor Beginn der Übertragung aufeinander ab. Durch dieses Verfahren ist auch sichergestellt, dass bei Übertragungsfehlern im Bedarfsfall fehlerhafte Teile wiederholt übertragen werden.

Die Telefaxübertragung basiert auf einer **Handschlag [*handshake*]-Prozedur**.

5.1.3 Vermittlung und Übertragung im ISDN

Der vollständige Übergang auf digitale Vermittlung und digitale Übertragung führt bei TK-Netzen zum dienste-integrierenden digitalen Fernmeldenetz [*integrated services digital network* (ISDN)]. Bei dem Konzept für das ISDN galt als Vorgabe, die bereits vorhandenen Teilnehmer-Anschlussleitungen zu den Vermittlungsstellen ohne Änderungen weiter zu verwenden. Dafür sprechen wirtschaftliche Gründe, weil diese Leitungen einen wesentlichen Anteil der Investitionen beim Fernmeldenetz darstellen.

Dienste-integrierendes digitales Fernmeldenetz [*integrated services digital network* (ISDN)]

Verwendung der vorhandenen Teilnehmer-Anschlussleitungen

Die realisierbare Grenzfrequenz der Teilnehmer-Anschlussleitungen ermöglicht für ISDN zwei gleichzeitig verfügbare Nutzkanäle und einen gesonderten Kanal für Steuerung, Signalisierung und Überwachung. Für diesen **Basisanschluss** sind folgende Werte standardisiert:

Bezeichnung	Bitrate
Basiskanal 1 (B_1-Kanal)	64 kbit/s
Basiskanal 2 (B_2-Kanal)	64 kbit/s
Datenkanal (D-Kanal)	16 kbit/s
Basisanschluss	144 kbit/s

Da beide Basiskanäle gleichzeitig zur Verfügung stehen, können über ISDN-Teilnehmeranschlüsse auch gleichzeitig ohne gegenseitige Beeinflussung zwei Dienste abgewickelt werden. Durch den D-Kanal ist eine komfortable Steuerung der beiden Basiskanäle möglich.

> Beim ISDN sind gleichzeitig zwei Basiskanäle ohne gegenseitige Beeinflussung nutzbar.

Übung 5.1–13

Nennen Sie den wichtigsten Unterschied zwischen Basiskanal 1 und Basiskanal 2?

Die Funktionsfähigkeit des ISDN wird dadurch erreicht, dass einerseits im Ortsnetz und im Fernnetz ausschließlich digitale Vermittlungsstellen zum Einsatz kommen und andererseits nur die Übertragung digitaler Signale erfolgt. Die digitalen Ortsvermittlungsstellen werden üblicherweise durch die Abkürzung DIVO gekennzeichnet, bei den digitalen Fernvermittlungsstellen ist es DIVF. Für die digitale Ortsvermittlungsstelle gilt auch die gleichwertige Bezeichnung Teilnehmervermittlungsstelle (TVSt).

> **DIVO** = digitale Ortsvermittlungsstelle
>
> **DIVF** = digitale Fernvermittlungsstelle
>
> **TVSt** = Teilnehmervermittlungsstelle
>
> **DIVO = TVSt**

Die von der DIVO kommende zweiadrige Teilnehmer-Anschlussleitung läuft beim Teilnehmer auf eine für ISDN geeignete Anschlusseinheit auf, die stets eine eigene Netzversorgung benötigt. Wir bezeichnen diese als **ISDN-Basisnetzabschluss** [*network termination basis access* (NTBA)].

Eine wesentliche Aufgabe dieser Funktionseinheit ist der Übergang von Zweidraht auf Vierdraht. Den teilnehmerseitigen Ausgang der NTBA bildet die standardisierte S_0**-Schnittstelle**. An dieser können bis zu acht gleiche oder unterschiedliche Endgeräte angeschlossen werden. Es handelt sich um Parallelschaltung, realisiert durch einen passiven Bus in Vierdrahttechnik. Dieser trägt konsequenterweise die Bezeichnung S_0**-Bus**.

> **ISDN-Basisnetzabschluss** [*network termination basic access* (NTBA)] bewirkt Übergang von Zweidraht auf Vierdraht.

Für den steckbaren Anschluss der Endgeräte an diesen Bus wurden die **ISDN-Anschlusseinheiten** (IAE) standardisiert. Es handelt sich um würfelförmige achtpolige Steckverbindungen, häufig auch als Western-Stecker, RJ-45 oder ISO 8877 bezeichnet.

> An den passiven S_0-Bus können bis zu acht gleiche oder unterschiedliche Endgeräte angeschlossen werden.
>
> **ISDN-Anschlusseinheit (IAE):** Western-Stecker, RJ-45, ISO 8877

Bedingt durch die ausschließlich digitale Übertragung müssen auch die Endgeräte ISDN-fähig sein. Sollen jedoch vorhandene analoge Endgeräte am ISDN betrieben werden, dann kann dies über entsprechende Anschlusseinheiten [*terminal adapter* (TA)] erfolgen. Verständlicherweise sind in diesem Fall nicht die Leistungsmerkmale von ISDN verfügbar.

Analoge Endgeräte können über eine **Anschlusseinheit** [*terminal adapter* (TA)] am S_0-Bus betrieben werden.

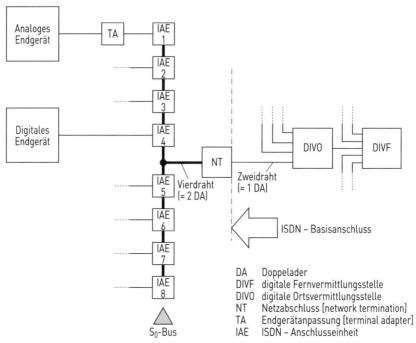

Bild 5.1–24   Funktionsprinzip des ISDN

Für ISDN gelten folgende Merkmale:

- Vermittlung und Übertragung erfolgen ausschließlich digital.
- Der Basisanschluss erfordert eine Bitrate von 144 kbit/s.
- Die Übertragung der Nutzsignale erfolgt über Kanäle mit 64 kbit/s.
- An jedem Basisanschluss können zwei Dienste gleichzeitig betrieben werden.
- An der standardisierten S_0-Schnittstelle können über den passiven S_0-Bus acht Endgeräte angeschlossen werden.
- Analoge Endgeräte können über Anschlusseinheiten [*terminal adapter* (TA)] auch beim ISDN genutzt werden.

Zu den ISDN-spezifischen Anwendungen gehören Telefon, Telefax, Internet, Datenübermittlung, Bildtelefonie und andere. Dafür sind allerdings entsprechende, für ISDN geeignete Endgeräte erforderlich, die sich aus Kostengründen bisher nur begrenzt durchgesetzt haben.

Verschiedene spezifische ISDN-Anwendungen

Beim ISDN-Telefon ist wegen der digitalen Übertragung eine höhere Übertragungsqualität und eine große Störfestigkeit gegeben. Außerdem besteht die Möglichkeit, neben der bisher festgelegten oberen Grenzfrequenz von 3,4 kHz auch einen Wert von 7 kHz zu verwenden, was die Qualität des Sprachsignals verbessert. Das ISDN-Telefax ist wegen der verwendeten Bitrate gegenüber dem Telefax im analogen TK-Netz erheblich schneller (ca. 10 s für A4-Vorlage) und hat eine bessere Auflösung. Die erforderlichen Geräte der Telefaxgeräte-Gruppe 4 sind allerdings relativ teuer. Deshalb kommen meistens über einen Endgeräte-Adapter die im analogen TK-Netz verwendeten Geräte der Gruppe 3 zum Einsatz.

Für den Internetzugang wird ein entsprechendes Modem benötigt, als Endgerät ist ein Computer erforderlich. Mit dieser Ausstattung besteht die Möglichkeit für weltweite interaktive Kommunikation.

Das ISDN können wir auch für reine Datenübermittlung gemäß standardisierter Protokolle oder beliebiger Prozeduren nutzen. Es steht dafür entweder die Kapazität eines Basiskanals oder beider Basiskanäle zur Verfügung. Im Bedarfsfall kann auch der D-Kanal mit einbezogen werden.

Im Gegensatz zum analogen TK-Festnetz mit Analoganschlüssen ist beim ISDN für die Datenübermittlung kein Modem erforderlich.

Beim ISDN-Bildtelefon liegt eine Mischkommunikation aus Telefon und Bewegtbildübermittlung vor. Bedingt durch die verwendete Quellencodierung reicht für den Betrieb bereits ein Basiskanal mit seiner Bitrate von 64 kbit/s aus. Bei schnellen Bewegungen treten dabei allerdings Mitzieheffekte auf.

ISDN-Telefon
☐ Höhere Übertragungsqualität
☐ Größere Störfestigkeit
☐ Breitbandigere Übertragung möglich

ISDN-Telefax
☐ Schnellere Übertragung
☐ Bessere Auflösung
☐ Geräte der Gruppe 4 erforderlich

Internet
☐ Modem erforderlich
☐ Computer als Endgerät

ISDN-Datenübermittlung
☐ Standardisierte Protokolle verwendbar
☐ Beliebige Prozeduren möglich, wenn auf Empfangsseite bekannt
☐ D-Kanal zur Erhöhung der Kapazität nutzbar
☐ Modem nicht erforderlich

ISDN-Bildtelefon
☐ Telefon und Bewegtbild
☐ Standardisierte Datenreduktionsverfahren
☐ D-Kanal zur Erhöhung der Kapazität nutzbar
☐ Schnelle Bewegungen führen zu Mitzieheffekten

Übung 5.1–14

Welche technischen Voraussetzungen müssen für alle ISDN-Anwendungen erfüllt sein?

Unabhängig von den einzelnen Diensten, für die allerdings ISDN-fähige Endgeräte erforderlich sind, bietet das ISDN einige besondere Leistungsmerkmale. Ein interessantes Kriterium ist die Anzeige der Rufnummer des rufenden Teilnehmers, da diese über den D-Kanal übertragen

☐ **Rufnummernanzeige**
Anzeige der Rufnummer des rufenden Teilnehmers

wird. Für den angerufenen Teilnehmer ist damit erkennbar, wer ihn anruft.

Während einer bestehenden Verbindung ist es auch möglich, einen weiteren Anruf zu signalisieren und zwar einschließlich Anzeige der Rufnummer. Dieses Leistungsmerkmal bezeichnen wir als Anklopfen.

Mit ISDN-Endgeräten kann problemlos, bei einer bestehenden Verbindung von einem Dienst (z. B. Telefon) auf einen anderen (z. B. Telefax) gewechselt werden. Dieser Dienstewechsel erfordert lediglich die Eingabe eines entsprechenden Codes über die Tastatur.

Bedingt durch die Busstruktur beim ISDN-Teilnehmeranschluss ist während einer bestehenden Verbindung auch die Übergabe von einem Endgerät auf ein anderes desselben Dienstes möglich. Einen typischen Fall stellt die Übergabe eines Telefongespräches an einen Apparat dar, der sich in einem anderen Raum befindet.

Soll dasselbe Endgerät während einer bestehenden Verbindung an einen anderen Anschluss des S_0-Busses (z. B. in einem anderen Raum) eingesetzt werden, dann kann die Verbindung für eine definierte Zeit „geparkt" werden, um den Anschlusswechsel durchführen zu können.

Für den ISDN-Teilnehmer besteht die Möglichkeit, Anrufe an andere Anschlüsse weiterzuleiten. Dabei kann es sich auch um analoge Anschlüsse handeln. Erfolgt diese Weiterleitung unmittelbar beim ersten ankommenden Rufsignal, dann sprechen wir von Rufumleitung. Soll dieser Effekt jedoch erst nach einer vorgegebenen Zahl von Rufsignalen erfolgen, dann liegt Anrufweiterschaltung vor.

Die von der TVSt über den D-Kanal übertragenen Informationen über die anfallenden Nutzungsentgelte können beim ISDN-Endgerät angezeigt werden.

Das Leistungsmerkmal Makeln ermöglicht den gleichzeitigen Aufbau von zwei Verbindungen, zwischen denen dann beliebig gewechselt werden kann. Sind bei allen beteiligten Teilnehmern ISDN-Telefone vorhanden, dann ist eine richtige Konferenzschaltung zwischen den Teilnehmern möglich. Dieses Leistungsmerkmal ist auch bei mehr als drei Teilnehmern gegeben.

☐ **Anklopfen**

Information über einen rufenden Teilnehmer (inkl. Rufnummernanzeige) während einer bestehenden Verbindung.

☐ **Dienstewechsel**

Wechsel des Dienstes während einer bestehenden Verbindung.

☐ **Endgerätewechsel**

Wechsel zwischen Endgeräten desselben Dienstes während einer bestehenden Verbindung.

☐ **Parken einer Verbindung**

Aufrechterhalten einer Verbindung für eine definierte Zeit, um Anschlusswechsel am S_0-Bus zu ermöglichen.

☐ **Rufumleitung**

Unmittelbare Weiterleitung eines Anrufs an einen anderen Anschluss.

☐ **Anrufweiterschaltung**

Verzögerte Weiterleitung eines Anrufs an einen anderen Anschluss.

☐ **Anzeige der Nutzungsentgelte**

Anzeige der für eine bestehende abgehende Verbindung anfallenden Nutzungsentgelte.

☐ **Makeln**

Wahlfreier Wechsel zwischen zwei Gesprächen unter Beibehaltung beider Verbindungen.

☐ **Konferenzschaltung**

Verbindungen zwischen drei und mehr gleichberechtigten ISDN-Telefonen.

Um vom Teilnehmer unerwünschte Verbindungen und damit auch Nutzungsentgelte verhindern zu können, sind beim ISDN entsprechende Sperren programmierbar. Deren Aktivierung bzw. Deaktivierung kann durch Codes oder Schlüsselschalter erfolgen.

Beim ISDN sind auch unproblematisch geschlossene Benutzergruppen (GBG) [*closed users groups* (CUG)] realisierbar. Dies bedeutet, dass ausschließlich festgelegte Teilnehmer miteinander kommunizieren können. Auf diese Weise ist es möglich, besondere Dienste sehr sicher abzuwickeln.

☐ **Programmierbare Sperren**
Vom Teilnehmer frei wählbare Sperrung festgelegter Verbindungen.

☐ **Geschlossene Benutzergruppen (GBG)**
[*closed users group* (CUG)]
Beschränkung der Kommunikationsmöglichkeit auf festgelegte Teilnehmer.

Übung 5.1–15

Welche Gemeinsamkeit weisen Rufumleitung und Anrufweiterschaltung auf?

Jeder Teilnehmer-Hauptanschluss ist bekanntlich durch eine Rufnummer eindeutig identifizierbar. Da bei jedem ISDN-Anschluss zwei Verbindungen gleichzeitig möglich sind und auch mehrere Endgeräte (auch für unterschiedliche Dienste) an den S_0-Bus angeschlossen werden können, erfolgt hier die Zuordnung von drei oder mehr Rufnummern für den Anschluss, um die Dienste- und Endgeräteauswahl zu ermöglichen.

Für dieses Konzept gilt die Bezeichnung **Mehrfach-Rufnummer** [*multiple subscriber number* (MSN)]. Damit können die Vorteile des ISDN hinsichtlich der Endgeräte und Dienste optimal genutzt werden.

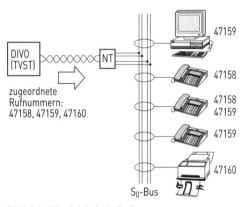

Bild 5.1–25   Mehrfach-Rufnummern

Die bei einem ISDN-Basisanschluss gegebene Möglichkeit von gleichzeitig zwei Verbindungen ist für den privaten Bereich meistens ausreichend, jedoch nur bedingt im kommerziellen Bereich. Hier kommen häufig die früher als Nebenstellenanlagen bezeichneten TK-Anlagen zum Einsatz. Es handelt sich dabei im Prinzip um kleine Vermittlungsstellen, die einerseits an das TK-Netz angeschlossen sind und die andererseits den Anschluss einer festgelegten Zahl anwählbarer Endgeräte ermöglichen.

TK-Anlagen (Nebenstellenanlagen) sind Vermittlungsstellen für private TK-Netze.

Um mehr als zwei Verbindungen gleichzeitig über die TK-Anlage abwickeln zu können, ist ein gegenüber dem ISDN-Basisanschluss höherwertigerer ISDN-Anschluss erforderlich. Es handelt sich um den Primärmultiplexanschluss [*primary rate access* (PMXA)]. Er stellt 30 B-Kanäle, einen D-Kanal und zusätzlich einen S-Kanal für die

Übertragung von Signalen für die Synchronisation zur Verfügung. Jeder dieser Kanäle weist eine Bitrate von 64 kbit/s auf, so dass für den Primärmultiplexanschluss eine Gesamtbitrate von 2,048 Mbit/s gilt. Diese Kapazität muss auch die Verbindung zur TVSt aufweisen.

Die Netzabschlusseinheit für einen Primärmultiplexanschluss wird als NTPM [*network terminator primary multiplex*] bezeichnet. Für die zur TK-Anlage verlaufende Verbindung gilt konsequenterweise die Bezeichnung S_{2M}-Bus. Damit ist es möglich, gleichzeitig dreißig Verbindungen für gleiche oder unterschiedliche Dienste zu betreiben. Über Anschlusseinheiten [*terminal adapter* (TA)] sind auch analoge Endgeräte einsetzbar. Es stehen dann allerdings nur die Leistungsmerkmale dieser Geräte zur Verfügung.

Während als Anschlussleitung zu einem ISDN-Basisanschluss eine zweiadrige Verbindung ausreicht, benötigen wir für den ISDN-Primärmultiplexanschluss zwei Doppeladern, also eine Vierdrahtleitung.

Da eine TVSt für viele Basisanschlüsse und Primärmultiplexanschlüsse einsetzbar ist, müssen die Verbindungen zu den digitalen Fernvermittlungsstellen (DIVF) für eine große Bitrate ausgelegt sein. Typische Werte sind 140 Mbit/s, 565 Mbit/s und darüber, wobei dafür neben elektrischen Leitungen (Koax) auch optische Leitungen (LWL) und Richtfunk eingesetzt werden. Dies gilt ebenso für die Verbindungen zwischen den digitalen Fernvermittlungsstellen.

Primärmultiplexanschluss
[*primary rate access* (PMXA)]
☐ 30 B-Kanäle
☐ 1 D-Kanal
☐ 1 S-Kanal
(Bitrate je Kanal: 64 kbit/s)

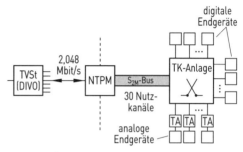

Bild 5.1–26   ISDN-Primärmultiplex

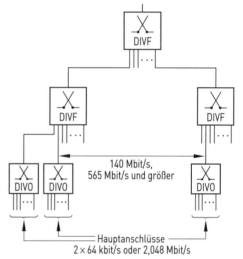

Bild 5.1–27   Übertragungskapazität oberhalb der Ortsnetze

Eine Besonderheit des ISDN ist die von der Übertragung der Nutzsignale separate Signalisierung und Steuerung über den D-Kanal. Wir bezeichnen dieses Konzept als zentrale Zeichengabe, im Gegensatz zur kanalgebundenen Zeichengabe beim analogen Fernmeldenetz. Der D-Kanal ist deshalb der **Zentrale Zeichengabekanal** (ZZK). Über diesen sind nun die Steuerungen für die Koppelfelder in den Vermittlungsstellen direkt miteinander verbunden.

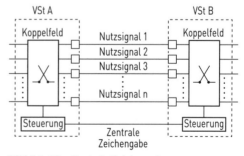

Bild 5.1–28   Zentrale Zeichengabe

Als Protokoll für die Nutzung des D-Kanals gilt das international standardisierte Zeichengabesystem [*signalling system* (SS)] Nr. 7. Es werden dadurch nachfolgende Funktionen sichergestellt. Die Übertragung der Zeichengabeinformationen erfolgt zwischen den Vermittlungsstellen über zentrale Zeichengabekanäle. Es handelt sich um eine Ende-zu-Ende-Zeichengabe, also die Abwicklung aller ISDN-Dienstemerkmale zwischen Ursprungs- und Zielvermittlungsstelle. Das von der Nutzsignalübertragung separate Signalisierungsnetz wird ständig überwacht, um im Fehlerfall unverzüglich Abhilfemaßnahmen zu ermöglichen.

Zeichengabesystem Nr. 7
[*signalling system number 7* (SS 7)]
☐ Zeichengabe über zentralen Zeichengabekanal
☐ Ende-zu-Ende-Zeichengabe
☐ Ständige Fehlerlokalisierung und Fehlerbehebung durch Zeichengabe

Übung 5.1–16
Welche Aufgabe hat der ZZK?

Das bisher behandelte dienste-integrierende digitale Fernmeldenetz wird auch als **Schmalband-ISDN** (S-ISDN) bezeichnet, weil die Übertragung auf Nutzkanälen von nur 64 kbit/s basiert.

Um auch Anwendungen mit größerem Bitratenbedarf nutzen zu können, war ursprünglich die Weiterentwicklung des Schmalband-ISDN zum Breitband-ISDN geplant. Bei diesem auch als integriertes Breitband-Fernmeldenetz (IBFN) bezeichneten Konzeptes sollten im ersten Schritt Bitraten bis 140 Mbit/s und in einem weiteren Schritt Bitraten bis 565 Mbit/s für die Teilnehmer verfügbar gemacht werden. Eine Realisierung des Breitband-ISDN erfolgte in der Praxis jedoch nicht, da sich andere Technologien schneller durchgesetzt hatten.

Das **Schmalband-ISDN** (S-ISDN) basiert auf der Nutzung von 64-kbit/s-Kanälen.

5.1.4 Digitale Teilnehmer-Anschlussleitung (DSL)

Für die Telefonie wird in den TK-Festnetzen 3,4 kHz als größte Frequenz benötigt. Aus physikalischer Sicht stellt das jedoch nicht den Grenzwert der Teilnehmer-Anschlussleitungen (TAL) dar. Es wurden deshalb Verfahren entwickelt, um unabhängig vom Telefoniesignal zusätzliche digitale Übertragungskapazität verfügbar zu machen. Dafür gilt die Bezeichnung „Digitale Teilnehmer-Anschlussleitung" [*digital subscriber line* (DSL)], üblicherweise tritt in der Fachliteratur nur die Abkürzung DSL auf.

Digitale Teilnehmer-Anschlussleitung
[*digital subscriber line* (DSL)] =
Bereitstellung digitaler Übertragungskapazität bei Teilnehmeranschlüssen ergänzend zum Telefoniesignal.

Die digitale Teilnehmer-Anschlussleitung lässt sich bei allen Teilnehmeranschlüssen ergänzend realisieren, unabhängig davon, ob es sich um einen analogen Anschluss oder einen ISDN-Anschluss handelt. Allerdings setzt DSL entsprechenden technischen Aufwand in den Netzknoten voraus.

DSL arbeitet im Vollduplex-Betrieb mit einem Vorwärtskanal (Hinkanal) [*forward channel*] vom Netzkonten zum Teilnehmeranschluss und einem Rückkanal [*return channel*] vom Teilnehmeranschluss zum Netzknoten. Die Leistungsfähigkeit beider Kanäle ist durch die Bitrate gekennzeichnet. Grundsätzlich können wir zwischen symmetrischer und unsymmetrischer DSL unterscheiden.

Bei symmetrischer DSL (SDSL) weisen Vorwärtskanal und Rückkanal gleiche Bitraten auf, während bei unsymmetrischer DSL (ADSL) die Bitrate im Vorwärtskanal stets größer ist als im Rückkanal.

DSL ist bei analogen Anschlüssen und bei ISDN-Anschlüssen möglich.

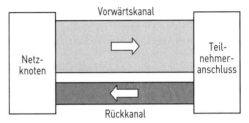

Bild 5.1–29 Vorwärtskanal und Rückkanal

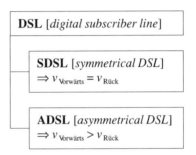

DSL arbeitet mit Discrete Multitone Transmission (DMT), einem Mehr-Träger-Verfahren mit 4,3125-kHz-Raster für die Trägerfrequenzen. Da nur auf Frequenzen oberhalb des Telefoniesignals gearbeitet wird, kommen die untersten 32 DMT-Frequenzen bei DSL nicht zum Einsatz.

Die in der Praxis derzeit genutzten DSL-Varianten sind in der Tabelle 5.1–1 zusammengestellt. Dabei ist erkennbar, dass mit zunehmender Bitrate auch die genutzte Bandbreite ansteigt. Da sie über die als verdrillte Zweidrahtleitung ausgeführte TAL bereitgestellt werden muss, spielen deren Länge und der Durchmesser der Leitungsadern eine wichtige Rolle. Je länger die TAL, umso größer die Dämpfung des Signals. Da die Werte frequenzabhängig sind, wird die zulässige Länge der TAL mit zunehmender Bandbreite bzw. Bitrate immer kleiner. Betrachten wir den Durchmesser der Leitungsadern, dann ist festzustellen, dass die Dämpfung des Signals zunimmt, wenn kleine Aderndurchmesser zum Einsatz kommen. Die zulässige

Je größer die Bitrate, umso größer die genutzte Bandbreite.

Zulässige Länge der TAL
- ☐ nimmt mit zunehmender Bitrate ab.
- ☐ nimmt mit zunehmendem Aderndurchmesser zu.

Tabelle 5.1–1 DSL-Varianten in der Praxis

Bezeichnung	Genutzte Bandbreite	Bitrate	
		Vorwärtskanal	Rückkanal
ADSL Asymmetrical Digital Subscriber Line	0,138 … 1,1 MHz	4 … 6 Mbit/s	0,1 … 1 Mbit/s
ADSL2+ Extended Asymmetrical Digital Subscriber Line	0,138 … 2,2 MHz	16 … 25 Mbit/s	1 … 3,5 Mbit/s
VDSL1 Very High Data Rate Digital Subscriber Line	0,138 … 12 MHz	25 … 50 Mbit/s	2 … 5 Mbit/s
VDSL2 Extended Very High Data Rate Digital Subscriber Line	0,138 … 30 MHz	50 … 100 Mbit/s	5 … 10 Mbit/s

Länge jeder TAL hängt somit unmittelbar vom Leitermaterial ab. Um eine vorgegebene Länge einhalten zu können, ist im ungünstigsten Fall Umrüstung auf größere Aderndurchmesser erforderlich.

DSL-Anschlüsse können für beliebige Anwendungen genutzt werden, da es sich um eine transparente Datenübertragung handelt. Die real verfügbaren Dienste hängen vom Anbieter [*provider*] für das jeweilige Netz ab.

Anbieter [*provider*] → Dienste über DSL

Lernerfolgskontrolle zu Kapitel 5.1

1. Müssen bei Verteilnetzen auch Adressen für die Teilnehmer verfügbar sein?
2. Welche grundsätzlichen Arten der Übermittlung gibt es?
3. Wie unterscheiden sich die Arten der Übermittlung?
4. Welche Aufgabe hat ein Konzentrator?
5. Welche Abhängigkeit bestehen zwischen der Übertragungsebene und der Vermittlungsebene bei TK-Netzen?
6. Welche Funktionsweise hat ein Zweidrahtverstärker?
7. Welcher grundsätzliche Unterschied besteht zwischen IWV und MFV?
8. Wie kann eine analoge Vermittlungsstelle von einer digitalen Vermittlungsstelle unterschieden werden?
9. Welche Aufgabe hat die Verkehrslenkung in TK-Netzen?
10. Warum werden für die Telefaxübertragung und die Datenübertragung Modems benötigt?

11. Welcher Unterschied besteht zwischen einer TAE und einer IAE bezüglich der Endgeräte?
12. Durch welche Besonderheit zeichnet sich ein ISDN-Basisanschluss bezüglich der Diensteabwicklung aus?
13. Welche Voraussetzung erfordert das ISDN-Leistungsmerkmal „Anklopfen"?
14. Welchen grundsätzlichen Vorteil bietet MSN bei ISDN?
15. Welche Unterschiede bestehen zwischen NTBA und NTPM?
16. Durch welches besondere Kriterium zeichnet sich das ISDN aus?
17. Welchen Einfluss hat DSL auf das Telefoniesignal?
18. Auf welche Größen beziehen sich die Symmetrie bei SDSL und die Asymmetrie bei ADSL?

5.2 Rundfunk und Multimedia

5.2.0 Einführung

Nach Durcharbeiten dieses Kapitels können Sie den Begriff Rundfunk erläutern, die Übertragungsverfahren des analogen Hörfunks darstellen, das Konzept der HF-Stereofonie skizzieren, die Radio-Daten-Systeme erklären, die Quellencodierung bei DAB erläutern, den Aufbau des DAB-Transportmultiplexes darstellen, das Konzept von COFDM erläutern, die Funktion von Gleichwellennetzen skizzieren, das Konzept der Fernsehübertragung darstellen, die Parameter des FBAS-Signals bewerten, die Funktionsweise der Farbübertragung beschreiben, die Signalverarbeitung in Fernsehgeräten erklären, Funktion und Anwendung von Videotext aufzeigen, das Konzept des digitalen Fernsehens DVB aufzeigen, die Quellencodierungen bei DVB erläutern, den DVB-Transportstrom skizzieren, den Begriff Service Informationen erklären, die Übertragungsarten von DVB unterscheiden sowie deren wesentliche Spezifikationen aufzeigen, das Konzept von DVB-Empfangseinrichtungen erklären, den Begriff Multimedia definieren, DMB und DVB-H als multimediale Anwendung beschreiben und Perspektiven aufzeigen.

Rundfunk ist ein unidirektionaler Verteildienst von Hörfunk- und Fernsehprogrammen, der für die Allgemeinheit bestimmt ist. Er zählt zu den klassischen Anwendungen der Nachrichten-Übertragungstechnik, bezogen auf die Nutzung der Funktechnik. Das Konzept besteht darin, mit einem Sender möglichst viele Empfänger gleichzeitig zu erreichen.

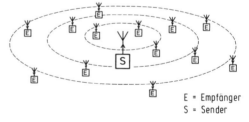

E = Empfänger
S = Sender

Bild 5.2–1   Rundfunkübertragung (Konzept)

Erfolgt lediglich die Übertragung von Audiosignalen, dann liegt Hörfunk [*radio*] vor. Bei Video- und Audiosignalen handelt es sich um Fernsehen [*television* (TV)]. Beim Rundfunk wird analoge und digitale Übertragung verwendet.

Rundfunk =
Hörfunk und Fernsehen
[*radio*]   [*television* (TV)]

5.2.1 Hörfunk (Radio)
5.2.1.0 Einführung

Am 29. Oktober 1923 begann in Deutschland der Regelbetrieb für den Hörfunk. Während es damals nur eine kleine Zahl von Rundfunkteilnehmern gab, ist der Hörfunk inzwischen längst ein Massenkommunikationsmittel, wobei stationärer, portabler und mobiler Empfang realisierbar ist.

Für die Übertragung des Hörfunks sind im Rahmen der Internationalen Fernmeldeunion (ITU/UIT) Frequenzbereiche verbindlich festgelegt. Damit wird die universelle Nutzung des Hörfunks sichergestellt.

Die ersten Hörfunksender arbeiteten auf möglichst kleinen Frequenzen, also mit großen Wellenlängen, weil dies technisch einfacher realisierbar war. Im Laufe der Zeit wurden allerdings schrittweise der Langwellenbereich (LW), der Mittelwellenbereich (MW) und die verschiedenen Bänder im Kurzwellenbereich (KW) erschlossen, um den steigenden Frequenzbedarf für Hörfunk erfüllen zu können.

Da als Folge des zweiten Weltkriegs Deutschland über einige wichtige Mittelwellenfrequen-

Start des Hörfunk-Regelbetriebs in Deutschland: 29. Oktober 1923

Hörfunk ist ein Massenkommunikationsmittel

Hörfunkempfang: stationär, portabel, mobil

Übertragung von Hörfunk erfolgt in international festgelegten Frequenzbereichen.

Der Hörfunk erschloss schrittweise den LW-Bereich, MW-Bereich und die Bänder im KW-Bereich.

Tabelle 5.2–1 Frequenzbereiche für Hörfunk in Europa

Bezeichnung	Frequenzbereich
Langwellen (LW)	148,5 kHz bis 283,5 kHz
Mittelwellen (MW)	526,5 kHz bis 1 606,5 kHz
Kurzwellen (KW)	
☐ 120-m-Band	2 300 kHz bis 2 495 kHz
☐ 90-m-Band	3 200 kHz bis 3 400 kHz
☐ 75-m-Band	3 950 kHz bis 4 000 kHz
☐ 60-m-Band	4 750 kHz bis 5 060 kHz
☐ 49-m-Band	5 950 kHz bis 6 200 kHz
☐ 41-m-Band	7 100 kHz bis 7 300 kHz
☐ 31-m-Band	9 500 kHz bis 9 900 kHz
☐ 25-m-Band	11 650 kHz bis 12 050 kHz
☐ 21-m-Band	13 600 kHz bis 13 800 kHz
☐ 19-m-Band	15 100 kHz bis 15 600 kHz
☐ 16-m-Band	17 550 kHz bis 17 900 kHz
☐ 13-m-Band	21 450 kHz bis 21 850 kHz
☐ 11-m-Band	25 670 kHz bis 26 100 kHz
☐ Ultrakurzwellen (UKW)	87,5 MHz bis 108 MHz

zen nicht mehr verfügen konnte, wurde Ende der vierziger Jahre der Ultrakurzwellenbereich (UKW) für den Hörfunk eingeführt. Der Umfang für die einzelnen Frequenzbereiche ist aus Tabelle 5.2–1 auf Seite 293 ersichtlich.

In Deutschland wurde Ende der vierziger Jahre der UKW-Bereich für Hörfunk eingeführt.

5.2.1.1 Analoger Hörfunk

Der UKW-Bereich ist der wichtigste Frequenzbereich für die analoge Hörfunkverbreitung. Dies lässt sich aus den beim Hörfunk verwendeten Modulationsverfahren erklären. Während es sich bei LW, MW und KW um Amplitudenmodulation (AM) handelt, wird bei UKW die Frequenzmodulation (FM) genutzt. In beiden Fällen sind die Bereiche in Kanäle aufgeteilt. Deren Zahl hängt von der größten zu übertragenden Frequenz des niederfrequenten Modulationssignals, also dem zu übertragenden Audiosignal ab. Bei AM-Hörfunk ist dies auf 4,5 kHz festgelegt worden, was bei der üblichen Zweiseitenband-AM eine Kanalbandbreite von 9 kHz bedeutet. Der FM-Hörfunk arbeitet dagegen mit 15 kHz als größte Frequenz des NF-Signals. Das führt zu einer Kanalbandbreite von 180 kHz, wenn wir von dem Modulationsindex M = 5 als typischen Wert ausgehen.

Der UKW-Bereich ist in Deutschland der wichtigste Frequenzbereich für den analogen Hörfunk.

Wellenbereiche	Modulationsverfahren
LW, MW, KW	**AM** ⇓ $f_{NF(max)}$ = 4,5 kHz B_{AM} = 9 kHz
UKW	**FM** ⇓ $f_{NF(max)}$ = 15 kHz B_{AM} = 180 kHz *(bei M = 5)*

Das aufgezeigte Kanalraster erfordert eine solche Staffelung der Trägerfrequenzen, dass sich die Kanäle nicht überlappen, weil sonst Störungen auftreten. Die Trägerfrequenzen dürfen deshalb nur im Abstand der Kanalbandbreite auftreten, um die Trennung zwischen den Kanälen sicherzustellen.

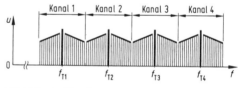

Bild 5.2–2 Kanalraster

Übung 5.2–1

Welchen Rasterabstand müssen die Sendefrequenzen im MW-Bereich aufweisen?

Wegen der Bandbreite des modulierten Hochfrequenzsignals ist die Zahl der Sender in jedem Wellenbereich begrenzt. Nur bei ausreichender Entfernung zwischen zwei Sendern ist es möglich, dass beide störungsfrei auf derselben Frequenz arbeiten. Dabei sind die Strahlungsleistung und die Strahlungscharakteristik sowie die Antennenhöhe und die Topografie zu berücksichtigen.

Die Zahl der Sender je Wellenbereich ist begrenzt.

Zwei Sender können störungsfrei auf derselben Frequenz arbeiten, wenn die Entfernung ausreichend groß ist.

Bedingt durch die Festlegung für die Bandbreite des Audiosignals, ist die FM-Übertragung im

5.2 Rundfunk und Multimedia

UKW-Bereich gegenüber der AM-Übertragung bei LW, MW und KW von hoher Qualität. Dazu kommen auch noch die systembedingten Vorteile der geringeren Anfälligkeit von FM-Signalen gegen Störbeeinflussungen auf dem Übertragungsweg.

Unabhängig vom Wellenbereich und Modulationsverfahren ist jedoch die Technik der Hörfunkübertragung in allen Fällen prinzipiell gleich. Es handelt sich um ein typisches Übertragungssystem, bei dem die Sender und Empfänger die für den Hörfunk spezifischen Forderungen erfüllen müssen, wobei die Übertragung durch ungeführte Funkwellen erfolgt.

Dem Sender wird das niederfrequente Modulationssignal vom Studio zugeführt. Er erzeugt damit das modulierte Hochfrequenzsignal, welches über die Sendeantenne abgestrahlt wird.

Nach der Übertragung setzt die Empfangsantenne die Feldstärke in die hochfrequente Eingangsspannung für den Empfänger um. Dieser wird mit Hilfe einer geeigneten Abstimmeinrichtung auf die Frequenz des zu empfangenden Senders eingestellt. Für das so selektierte Signal ist nun unterschiedliche Verarbeitung möglich. An letzter Stelle erfolgt stets die Demodulation, also die Wiedergewinnung des Audiosignals mit nachfolgender Verstärkung.

Jeden Sender [*transmitter*] können wir primär als Modulator verstehen, bei dem die Quelle für das Trägersignal integriert ist. Das wesentliche Kriterium jedes Senders ist die Trägerleistung P_T [*carrier power* (P_C)], die am Senderausgang zur Verfügung gestellt wird. Als typische Werte gelten für AM-Sender 500 W bis 1 MW, bei FM-Sendern ist es der Bereich 10 W bis 50 kW. Im Bedarfsfall kann durch angepasste Parallelschaltung von zwei oder mehreren Sendern eine größere Gesamtausgangsleistung erreicht werden.

Hörfunksender weisen stets bestimmte funktionelle Strukturen auf. So kann zum Beispiel Endstufenmodulation oder Vorstufenmodulation genutzt werden. Bei der **Endstufenmodulation** wird das in einer meist als Steuersender bezeichneten Signalquelle erzeugte Trägerfrequenzsignal bis zur Modulationsstufe getrennt vom niederfrequenten Modulationssignal verstärkt. Die Modulationsstufe bewirkt dann den gewünschten Modulationsvorgang, wobei die

Die Übertragungsqualität ist im UKW-Bereich höher als in den AM-Bereichen.

> FM-Übertragung ist störfester als AM-Übertragung.

Das Prinzip der Hörfunkübertragung ist unabhängig vom Wellenbereich und Modulationssignal stets gleich. Es basiert auf spezifischen Sendern und Empfängern sowie ungeführter Funkwellenausbreitung.

Sender-Eingangssignal:
Niederfrequentes Modulationssignal
Sender-Ausgangssignal:
Moduliertes Hochfrequenzsignal

> Empfänger selektieren und demodulieren modulierte Hochfrequenzsignale

Trägerleistung von Hörfunksendern:
☐ AM: 500 W … 1 MW
☐ FM: 10 W … 20 kW

Angepasste Parallelschaltung von Sendern ermöglicht eine Erhöhung der Gesamtausgangsleistung.

Bei **Endstufenmodulation** erfolgt der Modulationsvorgang in der letzten Stufe des Senders. Modulationssignal und Trägersignal werden bis zur Modulationsstufe getrennt geführt und verstärkt.

vorgesehene Ausgangsleistung erreicht wird. Dieses Konzept ist typisch für AM-Sender.

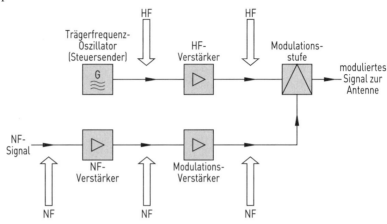

Bild 5.2–3   Endstufenmodulation

Der Modulationsvorgang kann aber auch in den ersten Stufen des Senders erfolgen, also im Kleinleistungsbereich. Es muss bei dieser **Vorstufenmodulation** dann allerdings das modulierte Signal im Rahmen seiner Bandbreite linear verstärkt werden. Dies ist für AM-Sender wegen der unvermeidbaren Nichtlinearitäten unzweckmäßig, stellt dagegen für FM-Sender eine sinnvolle Lösung dar, weil unterschiedliche Amplituden die Information nicht beeinflussen. Es ist außerdem schaltungstechnisch wesentlich einfacher, die Frequenzmodulation im Kleinleistungsbereich durchzuführen.

Bei **Vorstufenmodulation** erfolgt der Modulationsvorgang in der ersten Stufe des Senders. Danach ist die lineare Verstärkung des modulierten Signals erforderlich.

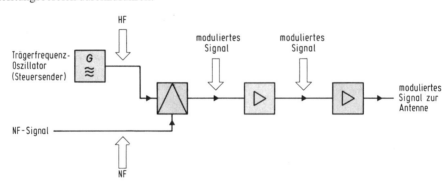

Bild 5.2–4   Vorstufenmodulation

Übung 5.2–2

Welches besondere Kriterium ist bei Vorstufenmodulation für das modulierte Signal zu beachten?

5.2 Rundfunk und Multimedia

Damit ein Sender im festgelegten Kanalraster bleibt, muss die Sendefrequenz mit hoher Genauigkeit eingehalten werden. Aus diesem Grund ist eine große Frequenzkonstanz des Steuersenders erforderlich. Dafür gibt es verschiedene Möglichkeiten. Der typische Fall sind temperaturstabilisierte Quarz-Oszillatoren. Aufwendiger, jedoch genauer, arbeiten Frequenzstandards, welche die Atomresonanzen von Rubidium oder Caesium nutzen. Eine weitere Möglichkeit ist der Bezug auf Normalfrequenzen, die von bestimmten Sendern mit entsprechender Konstanz abgestrahlt werden, meistens kombiniert mit Zeit- und Datumssignalen.

Wenn die Sendefrequenz nicht zu groß ist, kann sie unmittelbar vom Steuersender erzeugt werden. Bei größeren Werten bietet sich das Konzept der **Frequenzvervielfachung** an. Dabei wird die Sendefrequenz durch Verdoppelung, Verdreifachung oder Vervierfachung einer kleinen Frequenz erzeugt. Diese Vervielfachung ist auf einfache Weise mit Schwingkreisen realisierbar, die als Außenwiderstand von Verstärkern geschaltet und auf eine Oberschwingung der zugeführten Grundfrequenz abgestimmt sind.

Bei Frequenzvervielfachung müssen wir beachten, dass sich schaltungsbedingte Schwankungen der Grundfrequenz beim Ausgangssignal entsprechend stärker bemerkbar machen. Diese Problematik ist nicht gegeben, wenn die Sendefrequenz so klein ist, dass sie von einer zweifach, dreifach oder vierfach größeren Grundfrequenz durch **Frequenzteilung** abgeleitet werden kann. Dies führt sogar zu einer noch größeren Konstanz der so gewonnenen Sendefrequenz.

> Kanalraster erfordert hohe Genauigkeit der Sendefrequenz

Frequenzkonstanz durch:
☐ Quarz-Oszillator
☐ Frequenzstandard
☐ Normalfrequenz

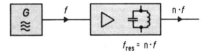

Bild 5.2–5   Frequenzvervielfachung

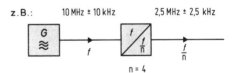

Bild 5.2–6   Frequenzteilung

Übung 5.2–3

Nennen Sie die drei Möglichkeiten zur Erzeugung der Sendefrequenz in einem Sender.

Abhängig von der vorgesehenen hochfrequenten Ausgangsleistung eines Senders muss dieser eine entsprechende Stromversorgungseinrichtung besitzen. Bei größeren Werten ist dafür der Anschluss an das Mittelspannungsnetz (6 kV, 10 kV, 15 kV) üblich. Jeder Sender arbeitet nur

> Stromversorgungseinrichtung in Abhängigkeit von der Ausgangsleistung

mit einem bestimmten Wirkungsgrad. Die aufgenommene elektrische Leistung P_{el} ist deshalb stets größer als die Ausgangsleistung P_{RF}. Wirkungsgrade von Sendern liegen in der Praxis im Bereich 40 ... 80 %. Der nicht in hochfrequente Energie umgesetzte Anteil tritt als Wärme auf, die abgeführt werden muss. Im einfachsten Fall ist dies durch Gebläse möglich, was Luftkühlung bedeutet. Bei Sendern großer Ausgangsleistung ist Flüssigkeitskühlung mit destilliertem Wasser als Kühlmittel üblich. Als Funktionsarten sind Verdampfungskühlung und Siedekühlung unterscheidbar. Im Falle der Verdampfungskühlung handelt es sich um ein offenes System, bei dem das Kühlwasser verdampft und die Wärmeabfuhr durch dessen Kondensation zu Wasser erfolgt. Siedekühlung arbeitet mit geschlossenen Systemen, in denen das Kühlmittel bis zum Siedepunkt erhitzt wird. Die Reduzierung der Temperatur erfolgt dann durch einen Wärmetauscher. Dieses Konzept entspricht dem, was auch für die Kühlung von Automotoren zum Einsatz kommt.

Beim Rundfunk sollen stets mit wenigen Sendern möglichst viele Empfänger erreicht werden. Die erste Aufgabe jedes Empfängers besteht darin, aus dem von der Empfangsantenne zugeführten hochfrequenten Signal, die des gewünschten Senders zu selektieren. Dafür gilt die Bezeichnung Abstimmung [*tuning*]. Es wird dabei also nur ein definierter Teil des Empfänger-Eingangssignals verwendet.

Für die Realisierung der aufgezeigten Selektion bieten sich Parallel-Resonanzkreise mit variablen Komponenten an. Die Einstellbarkeit auf verschiedene Frequenzen können wir durch veränderliche Kondensatoren oder Spulen erreichen, ebenso durch den Einsatz von Kapazitätsdioden. Es sind auch elektronische Kapazitäten oder elektronische Induktivitäten möglich.

Nach der Abstimmeinrichtung ist nur noch das hochfrequente Signal des gewünschten Senders vorhanden. Die Rückgewinnung des ursprünglichen Audiosignals erfolgt durch Demodulation und anschließender elektroakustischer Wandlung. Es liegt somit ein gerader Weg für die Signalverarbeitung von der Antenne bis zum Lautsprecher/Hörer vor, bestehend aus den

Sender-Wirkungsgrad

$$\eta_{Sender} = \frac{P_{RF}}{P_{el}} \qquad [5.2-1]$$

Luftkühlung durch Gebläse

Verdampfungskühlung =
Flüssigkeitskühlung mit offenen Systemen

Siedekühlung =
Flüssigkeitskühlung mit geschlossenen Systemen

Abstimmung [*tuning*] =
Einstellung des Empfängers auf die Frequenz des gewünschten Senders

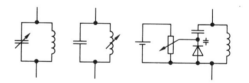

Bild 5.2–7   Resonanzkreis als Abstimmeinrichtung

5.2 Rundfunk und Multimedia

Funktionen Abstimmung, Demodulation und Wandlung. Nach diesem Konzept arbeitende Empfänger heißen deshalb **Geradeaus-Empfänger**, wobei zwischen den Stufen ggf. eingeschaltete Verstärker das Funktionsprinzip nicht ändern.

Funktionsfolge:
☐ Abstimmung
☐ Demodulation
☐ Wandlung

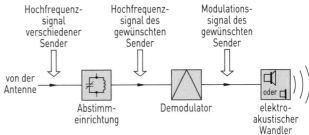

Bild 5.2–8   Geradeaus-Empfänger

Da jeder Resonanzkreis durch die nachgeschaltete Stufe bedämpft wird, kann durch Rückkopplung der Resonanzkreis entdämpft werden, so dass sich eine höhere Güte ergibt und damit auch eine größere Spannung für den Demodulator. Dieses Konzept wird als **Audion** bezeichnet. Wir müssen dabei beachten, dass die Einstellung der Rückkopplung stets problematisch ist, weil bei zu starker Rückkopplung Selbsterregung auftritt. Dadurch würde der Empfänger zum Störsender.

Beim **Audion** wird durch Rückkopplung der Resonanzkreis entdämpft und damit die Empfindlichkeit gesteigert.

Bei zu starker Rückkopplung tritt Selbsterregung auf.

Eine Lösung dieser Problematik stellt die Umsetzung jeder Empfangsfrequenz auf eine möglichst kleine konstante Frequenz dar. Dies führt zum Konzept der **Überlagerungsempfängers**, auch Superheterodynempfänger oder kurz nur Super genannt. Mit Hilfe eines Oszillators und einer Mischstufe wird dabei die Empfangsfrequenz in eine Zwischenfrequenz (ZF) [*intermediate frequency* (IF)] umgesetzt. Bei jeder Änderung der Empfangsfrequenz wird dafür gesorgt, dass sich auch die Oszillatorfrequenz so verändert, damit stets die konstante Zwischenfrequenz am Ausgang auftritt. Dafür ist ein Gleichlauf zwischen Abstimmeinrichtung und Oszillator erforderlich.

Beim **Überlagerungsempfänger (Super)** wird jede Empfangsfrequenz in eine konstante Zwischenfrequenz (ZF) [*intermediate frequency* (IF)] umgesetzt.

Die Zwischenfrequenz kann nun in fest abgestimmten Verstärkern auf den erforderlichen Pegel gebracht werden, welcher für die nachfolgende Demodulation und elektroakustische Wandlung benötigt wird. Ein Überlagerungsempfänger weist somit gegenüber einem Geradeaus-Empfänger Mischstufe, Oszillator und ZF-Verstärker als zusätzliche Funktionseinheiten auf.

Beim Super ist Gleichlauf zwischen Abstimmeinrichtung und Oszillator erforderlich.

ZF-Verstärker sind fest abgestimmte Verstärker.

Überlagerungsempfänger weisen gegenüber Geradeausempfängern zusätzliche Funktionseinheiten auf.

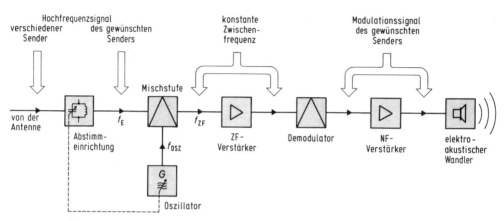

Bild 5.2-9 Überlagerungsempfänger

Übung 5.2-4

Welche Unterschiede weisen die Abstimmeinrichtungen von Geradeaus-Empfänger und Super auf?

Bei Überlagerungsempfängern wird bis auf Ausnahmen mit **Abwärtsmischung** gearbeitet. Die Oszillatorfrequenz f_{OSZ} liegt dabei um die Zwischenfrequenz f_{ZF} oberhalb der Empfangsfrequenz f_E. Es gelten in den AM-Bereichen (LW, MW, KW) 450 ... 470 kHz und im FM-Bereich (UKW) 10,7 MHz als Standard für die Zwischenfrequenz.

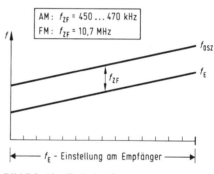

Bild 5.2-10   Zwischenfrequenz

Beispiel 5.2-1

In welchem Bereich muss sich die Oszillatorfrequenz bei einem MW-Super ändern, wenn mit einer ZF von 460 kHz gearbeitet wird?

Die Oszillatorfrequenz muss jeweils um 460 kHz über der Empfangsfrequenz liegen. Daraus folgt:

$f_{OSZ(min)} = f_{MW(min)} + f_{ZF} = $ 526,5 kHz + 460 kHz = $\underline{986,5 \text{ kHz}}$

$f_{OSZ(max)} = f_{MW(max)} + f_{ZF} = 1606,5$ kHz + 460 kHz = $\underline{2066,5 \text{ kHz}}$

Der Einstellbereich des Oszillators muss also 986,5 ... 2066,5 kHz betragen.

Durch das Überlagerungsverfahren ergibt sich neben den Vorteilen auch eine Problemstellung. Gelangt nämlich das Signals eines Senders an die Mischstufe, dass genau um die ZF größer als die Oszillatorfrequenz ist, dann erfolgt ebenso

5.2 Rundfunk und Multimedia

die Umsetzung auf die Zwischenfrequenz, wie beim normalen Empfang. Für jede Empfangsfrequenz gibt es somit eine weitere Frequenz, die ebenfalls empfangen werden könnte. Wir bezeichnen diese als **Spiegelfrequenz** [*image frequency*], da sie genau um die ZF oberhalb der Oszillatorfrequenz liegt. Bezogen auf die jeweilige Empfangsfrequenz weisen die Spiegelfrequenzen den doppelten ZF-Abstand auf.

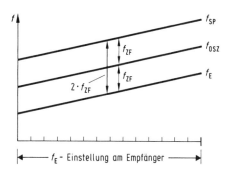

Bild 5.2–11   Spiegelfrequenz

Der Empfang von Spiegelfrequenzen ist verständlicherweise unerwünscht, weshalb der als Spiegelfrequenzfestigkeit bezeichnete Grad der Unterdrückung der Spiegelfrequenz eine wichtige Spezifikation für jeden Empfänger darstellt. Sie kann durch entsprechende Selektion der Abstimmeinrichtung erreicht werden. Eine elegantere Lösung stellt jedoch die zweifache Anwendung des Überlagerungsprinzips dar. Dabei wird im ersten Schritt eine ZF so weit über den Empfangsfrequenzen erzeugt, dass in diesem Spiegelfrequenzbereich kein Signal empfangbar ist. Durch die zweite Überlagerung erfolgt danach die Umsetzung in die übliche ZF-Lage, wobei Signale von Sendern am Empfängereingang sich nicht mehr auswirken können.

Das aufgezeigte Konzept wird als **Doppel-Super** bezeichnet. Es ist allerdings auch anwendbar, wenn sehr große Frequenzen empfangen werden sollen und die übliche ZF aus schaltungstechnischen Gründen nicht in einem Schritt erreichbar ist.

Spiegelfrequenzfestigkeit =

Grad der Unempfindlichkeit eines Empfängers gegen den Empfang von Spiegelfrequenzen.

Doppel-Super =
Empfänger mit zweifacher Anwendung des Überlagerungsprinzips.

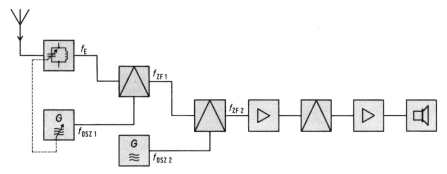

Bild 5.2–12   Doppel-Super

Das Audiosignal nach der Demodulation ist unmittelbar von der Feldstärke des jeweiligen Senders am Empfangsort abhängig. Da die Werte im Regelfall für jeden Sender unterschiedlich sind, tritt bei jedem Senderwechsel unterschiedliche Lautstärke auf. Dieser Nachteil ist durch eine Regelschaltung behebbar. Dazu wird eine vom Eingangssignal abhängige Regelspannung gewonnen. Ein Beispiel ist der Gleichspannungsanteil am Demodulator. Mit Hilfe dieser Regelspannung erfolgt die Beeinflussung der Verstärkung vor und/oder nach dem Demodulator. Die Regelung der Verstärkung im NF-Teil des Empfängers bezeichnen wir als Vorwärtsregelung, während es sich um Rückwärtsregelung handelt, wenn es die Hochfrequenz- und Zwischenfrequenzstufen betrifft.

Lautstärke hängt von der Feldstärke des selektierten Senders am Empfangsort ab. Durch eine von diesem Wert abgeleitete Regelspannung kann erreicht werden, dass die Lautstärke unabhängig vom Eingangsignal für den Empfänger konstant bleibt.

Vorwärtsregelung =
Regelung nach dem Demodulator
Rückwärtsregelung =
Regelung vor dem Demodulator

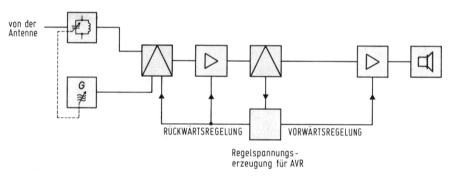

Bild 5.2–13   Vorwärts- und Rückwärtsregelung

Durch Vorwärtsregelung und/oder Rückwärtsregelung ist es möglich, das niederfrequente Ausgangssignal unabhängig vom jeweiligen hochfrequenten Eingangssignal in einem weiten Rahmen konstant zu halten. Für dieses bei AM und FM bewährte Verfahren gilt die Bezeichnung automatische Verstärkungsregelung (AVR) [*automatic gain control* (AGC)] oder auch automatische Lautstärkeregelung (ALR) [*automatic volume control* (AVC)].

Automatische Verstärkungsregelung (AVR)
[*automatic gain control* (AGC)]

Vergleichbare Bezeichnung:

Automatische Lautstärkeregelung (ALR)
[*automatic volume control* (AVC)]

Übung 5.2–5
Welche Wirkung soll durch die AVR hervorgerufen werden?

5.2 Rundfunk und Multimedia

Ein wesentliches Kriterium für jeden Empfänger ist die kleinste Eingangsspannung, welche für einen einwandfreien Empfang benötigt wird. Dieser Wert wird als **Empfindlichkeit** [*sensitivity*] bezeichnet und ist stets auf einen bestimmten Rauschabstand bezogen.

> **Empfindlichkeit** [*sensitivity*] =
> Wert der Empfängereingangsspannung, die für ein Ausgangssignal mit vorgegebenem Rauschabstand mindestens erforderlich ist.

Beispiel 5.2–2

Welche Bedeutung hat folgende Angabe der Empfindlichkeit für einen Empfänger: 1,5 µV für 26 dB?

Die Angabe bedeutet, dass ein hochfrequentes Eingangssignal von mindestens 1,5 µV erforderlich ist, damit das Audiosignal nach dem Demodulator einen Rauschabstand von 26 dB aufweist.

Da bei UKW-Empfängern wegen des Empfangsbereichs 87,5 ... 108 MHz die Oszillatorfrequenz über 100 MHz liegt, ist darauf zu achten, dass sie ausreichend konstant gehalten wird, um Empfangsstörungen zu vermeiden. Es bietet sich deshalb die Verwendung einer automatischen Frequenzregelung (AFR) [*automatic frequency control* (AFC)] an. Dabei wird die Regelspannung ähnlich wie bei AVR/ALR aus dem Demodulator gewonnen oder eine frequenzstabile Referenzquelle verwendet.

> Konstanz der Oszillatorfrequenz durch:
> **Automatische Frequenzregelung** (AFR)
> [*automatic frequency control* (AFC)]

Während bei einem AM-Signal der Rauschabstand über die gesamte Bandbreite konstant ist, reduziert sich dieser Wert bei einem FM-Signal mit steigender Modulationsfrequenz. Dies kann kompensiert werden und zwar beim Sender durch Anhebung der Amplitude des Modulationssignals mit zunehmender Frequenz. Diesen Vorgang bezeichnen wir als **Preemphasis**. Er verbessert den Rauschabstand bei großen Modulationsfrequenzen.

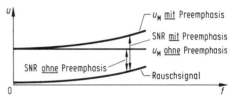

Bild 5.2–14 Preemphasis

Im Empfänger muss die Preemphasis rückgängig gemacht werden, damit das ursprüngliche Audiosignal wieder zur Verfügung steht. Dies geschieht mit Hilfe einer **Deemphasis**schaltung, die eine der Preemphasis spiegelbildliche Absenkung der Amplitude des Modulationssignals bewirkt, was zu einem quasi konstanten Rauschabstand über die gesamte Bandbreite des Modulationssignals führt.

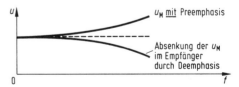

Bild 5.2–15 Deemphasis

Die klassische Hörfunkübertragung ist einkanalig. Auf diese Weise besteht allerdings keine Möglichkeit, die räumliche Lage der Schallquelle festzustellen, im Gegensatz zum direkten Hörvorgang. Bedingt durch die ver-

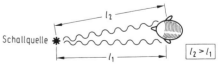

Bild 5.2–16 Hörvorgang

setzte Lage der Ohren zueinander, treten für diese nämlich unterschiedlich lange Wege für den Schall auf, wenn sich die Schallquelle nicht genau in der Mitte vor dem Gesicht des Hörers befindet. Dadurch ergibt sich der räumliche Höreindruck.

Soll dieser natürliche Effekt auch beim Hörfunk ermöglicht werden, dann müssen wir von der bisher verwendeten einkanaligen Übertragung (Monofonie) auf zweikanalige Übertragung (Stereofonie) übergehen. Dazu wird die zu übertragende Schallinformation mit zwei Mikrofonen aufgenommen, die mindestens im Abstand der Ohren angeordnet sind. Es ergeben sich zwei Audiosignale, die beide vom Sender übertragen werden. Für die Wiedergabe sind zwei elektroakustische Wandler erforderlich. Sie weisen ebenfalls einen entsprechenden Abstand zueinander auf, damit sich der gewünschte räumliche Höreindruck ergibt.

Räumlicher Höreindruck ist bedingt durch die versetzte Lage der Ohren

Monofonie ($\Rightarrow$ Mono) =
Einkanalige Übertragung für Gesamtsignal

Stereofonie ($\Rightarrow$ Stereo) =
Zweikanalige Übertragung für rechte und linke Seite

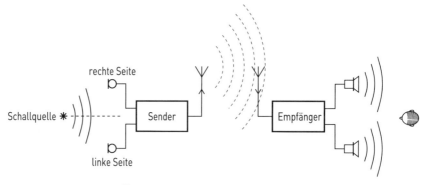

Bild 5.2–17   Stereofone Übertragung

Der Übergang von Mono(fonie) auf Stereo(fonie) stellt beim Hörfunk aber auch die Forderung nach der Kompatibilität. Dies bedeutet, daß Mono-Empfänger auch bei Stereo-Übertragung weiter verwendbar sind. Andererseits müssen aber auch Stereo-Empfänger bei Mono-Übertragung funktionieren, wobei dann identische Kanäle auftreten.

Kompatibilität Mono/Stereo

	Mono-Übertragung	**Stereo-Übertragung**
Mono-Empfänger	×	–
Stereo-Empfänger	×	×

Um eine ausreichende Qualität des Audiosignals zu gewährleisten, erfolgt die hochfrequente Stereo-Übertragung über FM-Sender im UKW-Bereich.

Hf-Stereofonie über FM-Sender im UKW-Bereich

5.2 Rundfunk und Multimedia

Um der Forderung nach Kompatibilität zu entsprechen, ist es nicht ausreichend, das Signal des linken Stereo-Kanals L und des rechten Stereo-Kanals R ohne gegenseitige Beeinflussung zu übertragen, weil dem Mono-Empfänger die gesamte Information (also die Summe aus beiden Kanälen) zur Verfügung stehen muss. Die Problemlösung wird durch Verwendung von Frequenzmultiplex erreicht. Ausgangspunkt für das **Stereo-Multiplexsignal** ist die Bildung des Summensignals L + R und des Differenzsignals L – R. Während L + R in der natürlichen Lage verbleibt und damit den Mono-Empfang sicherstellt, wird das Differenzsignal durch Zweiseitenband-AM mit unterdrücktem Träger von 38 kHz oberhalb des Summensignals angeordnet. Dadurch ergibt sich für das Stereo-Multiplexsignal der Frequenzbereich 50 Hz ... 53 kHz. Das bei 19 kHz eingefügte Signal wird als Pilot bezeichnet und im Empfänger zur Rückgewinnung von L und R benötigt.

Das Stereo-Multiplexsignal ist also eine geschickte Verschachtelung von L und R. Die Aufbereitung erfolgt schaltungstechnisch im **Stereo-Coder**, dessen Ausgangssignal als Modulationssignal für den FM-Sender dient.

L = Signal des linken Stereo-Kanals
R = Signal des rechten Stereo-Kanals

Summensignal: **L + R**
Differenzsignal: **L – R**

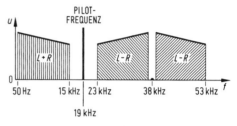

Bild 5.2–18 Stereo-Multiplexsignal

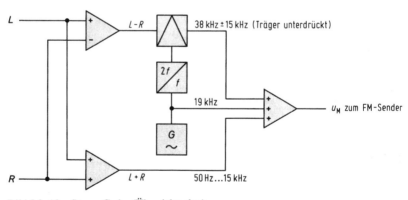

Bild 5.2–19 Stereo-Coder (Übersichtsplan)

Wird bei Stereo-Übertragung ein Mono-Empfänger verwendet, dann erfolgt keine Auswertung der über dem Summensignal liegenden Anteile des Multiplexsignals.

Bei Stereo-Empfängern wird L und R im **Stereo-Decoder** zurückgewonnen. Er ist dem Demodulator unmittelbar nachgeschaltet.

Mono-Empfänger werten nur das Summensignal L + R aus

Es erfolgt zuerst mit Hilfe von Bandpässen und Tiefpässen die Aufteilung des Stereo-Multiplexsignals in seine ursprünglichen Anteile.

Die Verdoppelung der Pilotfrequenz 19 kHz ergibt dann das Trägersignal 38 kHz für die Demodulation des Differenzsignals L − R, während wir das Summensignal L + R unmittelbar durch einen Tiefpass aus dem Gesamtsignal auskoppeln. Die Signale L und R werden aus dem Summen- und Differenzsignal durch vorzeichenrichtige Zusammenfassung rekonstruiert.

Das Trägersignal 38 kHz für das Differenzsignal L − R ergibt sich durch Verdoppelung der Pilotfrequenz 19 kHz.

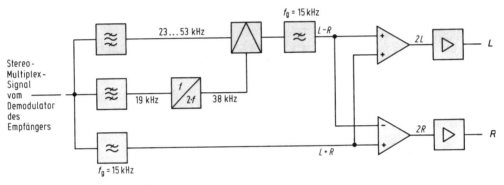

Bild 5.2–20 Stereo-Decoder (Übersichtsplan)

Übung 5.2–6

Warum erfolgt in einem Stereo-Decoder die Verdopplung der Pilotfrequenz?

Aus dem Übersichtsschaltplan für den Stereo-Decoder ist ersichtlich, warum die Trägerunterdrückung bei der Zweiseitenband-AM und die Wahl der Pilotfrequenz sehr zweckmäßig sind. Da im Bereich 15 … 23 kHz des Stereo-Multiplexsignals keine Informationen enthalten sind, kann die Pilotfrequenz mit einem Bandpass ausgesiebt werden, der keine besondere Flankensteilheit benötigt. Bei Übertragung des Trägersignals 38 kHz wäre dagegen eine sehr steilflankiger Bandpass erforderlich, da die kleinste Modulationsfrequenz bei 50 Hz liegt.

Zweckmäßige Wahl der Pilotfrequenz
⇓
Bandpass für die Pilotfrequenz benötigt keine große Flankensteilheit.

Übung 5.2–7

Wie wird das Trägersignal für die Demodulation des Differenzsignals L–R gewonnen?

5.2 Rundfunk und Multimedia

Seit den siebziger Jahren wurde das Stereo-Multiplexsignal durch ARI ergänzt. Diese Abkürzung bedeutet Autofahrer-Rundfunk-Information und ermöglichte durch die Übertragung von drei Kennungen den automatischen Empfang von Verkehrsfunk. Inzwischen wurde ARI durch das Radio-Daten-System [*radio data system*] (RDS) abgelöst. Dieses basiert auf dem europäischen Standard EN 762 106 und kann wegen seiner Brutto-Bitrate von 1,1875 kbit/s erheblich mehr digitale Zusatzinformationen übertragen als ARI. Die Signalübertragung erfolgt durch Phasenumtastung (PSK) eines Hilfsträgers von 1,1875 kHz. Da hier bei jedem Wechsel zwischen den Zuständen „0" und „1" ein Phasenwechsel von 180° auftritt, gilt auch die Bezeichnung Bi-Phasen-Codierung.

Radio-Daten-System (RDS) =
Übertragung digitaler Zusatzinformationen beim FM-Signal mit einer Brutto-Bitrate von 1,1875 kbit/s

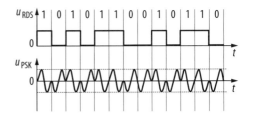

Bild 5.2–21   Bi-Phasen-Codierung

Die zu übertragenden RDS-Daten bereitet der **RDS-Coder** als RDS-Signal auf. Zuerst erfolgt dabei die Bildung des PSK-Signals. Dieses verwenden wir nun als Modulationssignal für Zweiseitenband-AM mit unterdrücktem Träger (57 kHz). Das so modulierte Signal wird dann dem bisherigen FM-Signal hinzugefügt.

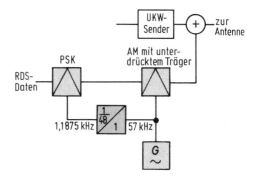

Bild 5.2–22   Gewinnung des RDS-Signals

Übung 5.2–8

Kann durch das RDS-Signal das FM-Signal beeinflusst werden?

Der **RDS-Decoder** im Empfänger macht die Signalaufbereitung für das RDS-Signal schrittweise wieder rückgängig. Am Ausgang steht deshalb wieder die ursprünglichen RDS-Daten zur Verfügung.

Im RDS-Standard sind verschiedene Anwendungen festgelegt. Die Daten der damit verbundenen Informationen werden in 16 Gruppen aufgeteilt und zyklisch gestaffelt übertragen.

Die Häufigkeit der Übertragung einer Gruppe hängt von deren festgelegter Wichtigkeit ab. Jede Gruppe besteht aus vier Blöcken á 26 bit. Davon bilden 16 bit das Informationswort, während es sich bei den restlichen 10 bit um das Kontrollwort (Prüfwort) handelt. Wir erkennen daran, dass bei RDS ein aufwändiger Fehlerschutz durch Fehlererkennung und Fehlerkorrektur gegeben ist.

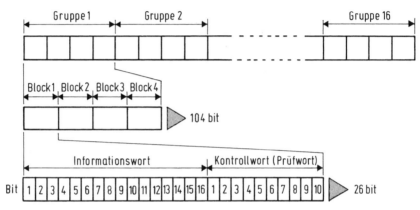

Bild 5.2–23   Struktur der RDS-Daten

Zu den wichtigsten RDS-Anwendungen zählen die Anzeige des Programmnamens (PS), die Listen der alternativen Frequenzen (AF), die Verkehrsfunkkennung (TP), die Kennung für Verkehrsfunkdurchsagen (TA) und der Traffic Message Channel (TMC).

Durch PS [*programme service name*] ist es möglich, den Programmnamen auf einer maximal achtstelligen Anzeige durch alphanummerische Zeichen darzustellen. Die Anwendung AF [*alternative frequencies*] bietet die Information, auf welcher Frequenz bzw. welchen Frequenzen dasselbe Programm auch noch gesendet wird. Es erfolgt damit die automatische Einstellung des Empfängers auf die für den Empfang des jeweiligen Programms beste Frequenz. Das ist ein großer Vorteil für den mobilen Empfang.

Durch TP [*traffic programme identification*] wird angezeigt, dass ein Sender Verkehrsfunk ausstrahlt, während TA [*traffic announcement identification*] eine laufende Verkehrsfunk-Durchsage im Programm kennzeichnet.

PS [*programme service name*] =
Anzeige des Programmnamens mit maximal 8 alphanumerische Zeichen.

AF [*alternative frequencies*] =
Liste der Frequenzen, auf denen das eingestellte Programm auch noch abgestrahlt wird und automatische Umschaltung auf die für den jeweiligen Empfangsort beste Frequenz.

TP [*traffic programme identification*]
⇒ Sender strahlt Verkehrsfunk aus.

TA [*traffic announcement identification*]
⇒ Verkehrsfunk-Durchsage läuft.

5.2 Rundfunk und Multimedia

Eine optimale Weiterentwicklung des Verkehrsfunks stellt TMC [*traffic message channel*] dar, weil hier die Durchsagen unabhängig vom Programm zur Verfügung stehen.

Die Verkehrsfunkmeldungen weisen bei TMC eine einheitliche Struktur auf, bestehen also aus einer Menge von Standardtexten. Es brauchen nur noch die variablen Daten (wie Staulänge, Autobahnnummer, betroffene Anschlussstellen der Autobahn, …) übertragen zu werden, um diese Textteile entsprechend aufzufüllen. Die Ausgabe der Meldung erfolgt mit Hilfe eines Sprachgenerators im Empfänger, der die Standardtexte aus einem Speicher entnimmt und mit den aktuell übertragenen Angaben entsprechend ergänzt. Auf diese Weise ist es sogar möglich, die Ausgabe der Informationen in unterschiedlichen Sprachen durchzuführen. Außerdem ist auch der selektive Zugriff auf Verkehrsfunkmeldungen (z.B. für bestimmte Autobahnen) möglich.

TMC [*traffic message channel*] =
Konzept für Verkehrsfunkmeldungen, bei dem einheitlich strukturierte Textteile im Empfänger gespeichert sind, die variablen Angaben als Daten übertragen werden und die Ausgabe mit Hilfe eines Sprachgenerators erfolgt.

Bei TMC kann die Ausgabe in verschiedenen Sprachen realisiert werden und/oder der selektive Zugriff auf einzelne Meldungen erfolgen.

Übung 5.2–9
In welcher Weise liegt beim TMC eine Verschachtelung von Informationen vor?

Als eine weitere RDS-Anwendung sei noch EON [*enhanced other networks*] erwähnt. Durch diese wird automatisch auf ein anderes Programm der Kette umgeschaltet, sobald dort Verkehrsfunkmeldungen ausgestrahlt werden. Danach erfolgt wieder die Rückschaltung auf das ursprüngliche Programm.

EON [*enhanced other networks*] =
Automatische Umschaltung auf ein anderes Programm der Kette für die Dauer einer Verkehrsfunkmeldung

5.2.1.2 Digitaler Hörfunk

Wie in anderen Bereichen der Kommunikationstechnik soll auch beim Hörfunk der Übergang von analog zu digital erfolgen. Anfang der neunziger Jahre wurde der Aufbau des ersten digitalen Hörfunksystems begonnen. Es handelt sich um DAB [*digital audio broadcasting*], was auch unter dem Begriff „Digital Radio" vermarktet wird.

Das DAB-Konzept basiert auf einem Quellencodierungsverfahren, mit dem die Bitrate des Eingangssignals bis über 80 Prozent reduziert wird. Die Übertragung erfolgt als Multiplexsignal in 1,5 MHz breiten Frequenzblöcken durch ein Mehrträgerverfahren.

Konzept für den Hörfunk:
⇓
Übergang von analog zu digital

DAB [*digital audio broadcasting*]
(Digital Radio)

DAB-Konzept:
☐ Quellencodierung
☐ Multiplexsignal
☐ Mehrträgerverfahren

Die bei DAB verwendete Quellencodierung ist gemäß ISO/IEC 11172-3 „Coding of moving pictures and associated audio for digital storage media up to 1,5 Mbit/s" international als MPEG-1 Layer 2 standardisiert und wird üblicherweise als MUSICAM [*masking pattern adapted universal subband integrated coding and multiplexing*] bezeichnet. Es handelt sich um ein Teilbandverfahren, bei dem das gesamte niederfrequente Modulationssignal in 32 Teilbänder mit jeweils 750 Hz Bandbreite aufgeteilt wird. Unter Berücksichtigung der Mithörschwelle und des Verdeckungseffektes findet dann für jedes Teilband die Berechnung eines repräsentativen Mittelwertes statt. Danach erfolgt unter Verwendung eines psychoakustischen Modells deren Codierung in einer Rahmenstruktur. Mit MUSICAM ergibt sich eine Datenreduktion bis über 80 Prozent, was den großen Anteil von Redundanz und Irrelevanz im Signal kennzeichnet. Auf der Sendeseite ist für diese Quellencodierung ein **MUSICAM-Coder** erforderlich, auf der Empfangsseite ist es ein **MUSICAM-Decoder**.

Das mit MUSICAM datenreduzierte Audiosignal ermöglicht trotz relativ geringer Bitraten eine der CD vergleichbare Qualität. So sind für ein Stereo-Signal bereits 192 kbit/s ausreichend. Wegen der Teilbandcodierung ist eine Bitfehlerrate bis 10^{-3} ohne hörbare Störeffekte zulässig. Das Signal am Ausgang des MUSICAM-Coders steht nun als quellencodiertes Signal für die weitere Übertragung zur Verfügung.

Quellencodierung für DAB:
MUSICAM [*masking pattern universal subband integrated coding and multiplexing*] gemäß Standard **ISO/IEC 11172-3** „Coding of moving pictures and associated audio for digital storage media up to 1,5 Mbit/s"
⇓
32 Teilnehmer mit jeweils 750 Hz Bandbreite

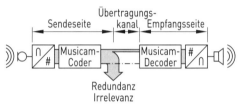

Bild 5.2–24   Quellencodierung mit MUSICAM

Bitrate für ein Stereo-Signal in CD vergleichbarer Qualität: **192 kbit/s**

Bitfehlerrate: mindestens 10^{-3}

Übung 5.2–10
Welches Grundkonzept zeichnet das MUSICAM-Verfahren aus?

Um die Kapazität der Übertragungskanäle optimal zu nutzen, wird auch bei DAB Multiplexbildung verwendet. In einem DAB-Multiplexsignal, das wir auch als Transport-Multiplex bezeichnen, können gleichzeitig mehrere Hörfunkprogramme und eine variable Zahl sonstiger Dienste als Daten übertragen werden. Der Transport-Multiplex weist eine Brutto-Bitrate von 2,4 Mbit/s auf. Bedingt durch den üblicherweise bei DAB gewählten Fehlerschutz liegt die Netto-Bitrate bei 1,5 Mbit/s.

Multiplexbildung für optimale Nutzung der Übertragungskapazität

Transport-Multiplex
☐ Brutto-Bitrate: 2,4 Mbit/s brutto
☐ Netto-Bitrate: 1,5 Mbit/s netto
  (bei typischem Fehlerschutz)

5.2 Rundfunk und Multimedia

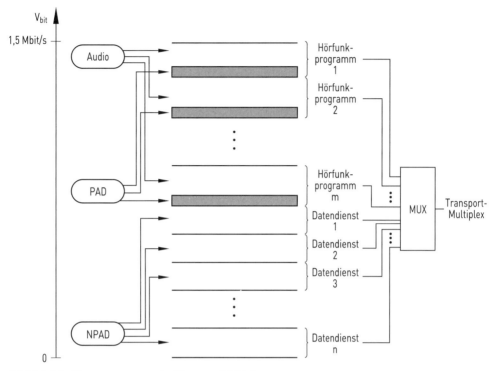

Bild 5.2–25   Zusammensetzung des Transport-Multiplex

Bei den Datendiensten müssen wir zwei Varianten unterscheiden. Die einen werden verkoppelt mit den Programmsignalen übertragen und deshalb als PAD [*programme associated data*] bezeichnet, während die anderen getrennt im Transport-Multiplex untergebracht sind und die Bezeichnung NPAD [*non programme associated data*] tragen. Es ergeben sich für die Programme und Dienste parallele Wege mit entsprechenden Bitraten, die durch den Multiplexer zum Transport-Multiplex zusammengefasst werden.

Bezüglich PAD gilt, dass der Zugriff nur über das dazugehörige Programmsignal möglich ist. Die Bitrate für PAD kann bis 64 kbit/s betragen, sie geht jedoch stets zu Lasten der Bitrate für das Audiosignal, weil die Kapazität für das einzelne Programm als Gesamtheit von Audio und PAD festgelegt wird. Für NPAD sind im Rahmen der verfügbaren Kapazität beliebige Bitraten möglich.

Bei DAB wird mit einer Rahmenstruktur gearbeitet, wobei SC [*synchronisation channel*],

PAD [*programme associated data*]
werden verkoppelt mit den Programmsignalen übertragen.

NPAD [*non programme associated data*]
werden über separate Kapazitäten sim Transport-Multiplex übertragen.

Kapazitäten für
☐ **PAD:**   max. 64 kbit/s
   (geht zu Lasten des Audiosignals)
☐ **NPAD:** beliebig
   (im Rahmen der verfügbaren Kapazität)

FIC [*fast information channel*] und MSC [*main service channel*] zu unterscheiden sind. Der SC dient der Synchronisation zwischen Sender und Empfänger. Er besteht aus zwei Symbolen, wobei am Anfang stets ein Nullsymbol vorliegt, das zur Erkennung eines neuen Rahmens dient. Durch den FIC wird die Rückgewinnung der Signale für die einzelnen Programme und Dienste im Empfänger sichergestellt. Dafür stehen drei bis acht Symbole zur Verfügung. Wir können beim FIC die Gruppen MCI [*multiplex configuration information*] und SI [*service information*] unterscheiden. Die MCI gibt dem Empfänger alle Informationen über die Zusammensetzung des MSC und alle erforderlichen Parameter, welche für die Decodierung der Dienste erforderlich sind. Bei den SI handelt es sich um Zusatzinformationen wie Programmname, Programmart, Sprache, Länderkennung, Startzeit, Dauer, usw. Sie dienen unmittelbar zur Selektion der Programme und Dienste im MSC. Dieser Kanal transportiert die eigentlichen Nutzdaten und umfasst 67 bis 72 Symbole.

DAB-Rahmenstruktur
☐ **SC** [*synchronisation channel*]
☐ **FIC** [*fast information channel*]
☐ **MSC** [*main service channel*]

Nullsymbol im SC dient der Erkennung eines neuen Rahmens

Gruppen des FIC:
☐ **MCI** [*multiplex configuration information*]
☐ **SI** [*service information*]

Bestandteile der MCI:
☐ Zusammensetzung des MSC
☐ Parameter für die Decodierung der Dienste

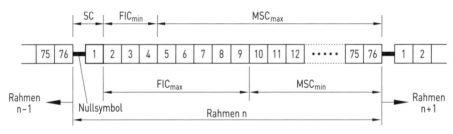

Bild 5.2–26 DAB-Rahmenstruktur

Die Struktur des Transport-Multiplexes ergibt sich durch die Zusammenfassung von SC, FIC und MSC im Transport-Multiplexer (Transport-MUX), wobei ein vorgeschalteter MSC-MUX aus den verschiedenen Audiosignalen und Datendiensten den MSC aufbaut.

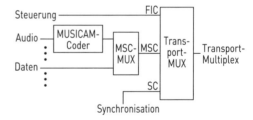

Bild 5.2–27 Aufbau des Transport-Multiplexes

Übung 5.2–11
Welche Aufgabe hat der FIC im Transport-Multiplex?

5.2 Rundfunk und Multimedia

Der Transport-Multiplex ist das DAB-Basisbandsignal für die Modulation. Um eine optimale mobile Empfangbarkeit zu ermöglichen, wird DAB in 1,536 MHz breiten Frequenzblöcken mit einem Mehrträger-Verfahren übertragen. Abhängig von dem verwendeten Frequenzbereich liegt die Zahl der Träger zwischen 192 und 1536, wobei mit zunehmender Frequenz die Trägerzahl abnimmt.

Dieses Mehrträger-Verfahren wird als COFDM [*coded orthogonal frequency division multiplex*] bezeichnet, was codierter orthogonaler Frequenzmultiplex bedeutet. Es ist als Übertragungsverfahren europäisch standardisiert (ETS 300 401) und hat den Vorteil, dass bei den meist selektiven Störungen der Übertragung nur geringe Anteile der zu übertragenden Information betroffen sind, was durch einen umfangreichen Fehlerschutz in den meisten Fällen wieder kompensiert werden kann.

Bei dem COFDM-Signal wird vierwertige Differenz-Phasenumtastung (4-DPSK) verwendet, bei der bekanntlich jeweils nur die Übertragung der Differenz des Eingangssignals gegenüber dem vorhergehenden Zeittakt erfolgt. Das COFDM-Signal besteht somit aus der Summe der modulierten Träger, wobei jeder von ihnen ein Symbol übernimmt. Wir können uns dies als eine Parallelschaltung entsprechender Modula-

Transport-Multiplex
 ist
DAB-Basisband für die Modulation
 ⇓
Mehrträger-Verfahren
 COFDM
[*coded orthogonal frequency division multiplex*]
(192 ... 1536 Träger,
abhängig vom Frequenzbereich)
 ⇓
1,536 MHz breite Frequenzblöcke

DAB-Übertragungsstandard:
ETS 300 401

Bedingt durch Mehrträgerverfahren und Fehlerschutz sind selektive Störungen im DAB-Frequenzblock unkritisch.

Modulation der COFDM-Träger:
Vierwertige Differenz-Phasenumtastung
(4-DPSK)

COFDM-Signal besteht aus einer Summe modulierter Träger.

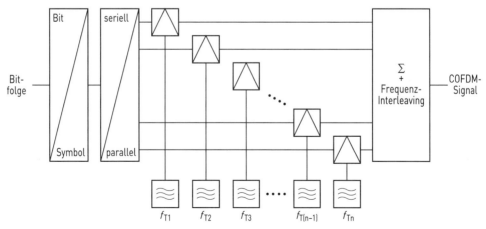

Bild 5.2–28   Bildung des COFDM-Signals (Konzept)

toren vorstellen, denen das Modulationssignal über einen Seriell-Parallel-Wandler für die Symbole zugeführt wird.

Für die Trägerfrequenzen sind mindestens Abstände erforderlich, die dem Kehrwert der Symboldauer entsprechen. Auf diese Weise wird die Orthogonalität erreicht. Außerdem treten bei den Spektren der von den einzelnen Träger übertragenen Symbole keine unzulässigen Überlappungen auf, so dass eine störungsfreie Demodulation möglich ist.

Die Zusammenfassung der durch die Modulation bedingten Spektren führt zu relativ gleichen Amplituden im gesamten Frequenzblock, weshalb das COFDM-Signal mit einem Rauschsignal vergleichbar ist.

$$\Delta f_\text{T} = \frac{1}{T_\text{Symbol}} \qquad [5.2\text{–}2]$$

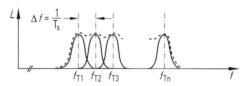

Bild 5.2–29   Spektrum des COFDM-Signals

Die für das COFDM-Signal aufgezeigte Parallelschaltung der verschiedenen Modulatoren entspricht exakt der Rechenvorschrift für die inverse diskrete Fourier-Transformation (IDFT). Es handelt sich dabei um den Übergang vom Frequenzbereich in den Zeitbereich für die einzelnen Spektralanteile, wird in der Praxis in Basisbandlage durchgeführt und ist mit den verfügbaren Prozessoren gut beherrschbar.

Das Ziel der Entwicklung von DAB bestand auch darin, den störungsfreien mobilen Empfang zu ermöglichen. Ein Problem stellt dabei der **Mehr-Wege-Empfang** dar, weil Empfänger im Regelfall nicht nur das direkt vom Sender stammende Signal aufnehmen, sondern auch solche, die über einen Umweg durch Reflexion an topographischen Gegebenheiten oder Gebäuden zum Empfänger gelangen. Bei analoger Übertragung führt die Überlagerung der verschiedenen Signale zu Verzerrungen, bei der digitalen Übertragung sind es Beeinflussungen der Symbolfolgen, was wir als **Intersymbol-Interferenzen** (ISI) bezeichnen.

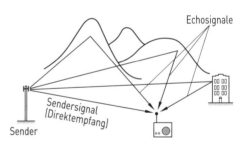

Bild 5.2–30   Mehr-Wege-Empfang

Um diesen Störeffekt zu beheben, wird vor jeder Symboldauer ein **Schutzintervall** [*guard interval*] verwendet, das üblicherweise ein Viertel der Symboldauer aufweist und damit erfahrungsgemäß der längsten Laufzeit der Echokomponenten entspricht. In dieser Zeit wertet der Empfänger das eintreffende Signalgemisch nicht aus, weil es auch noch Echoanteile des vorhergehenden Symbols enthalten kann. Das

> Während der Dauer des **Schutzintervalls** [*guard interval*] wird das empfangene Signal nicht ausgewertet.

5.2 Rundfunk und Multimedia

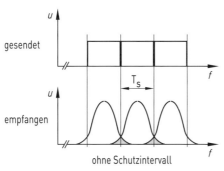 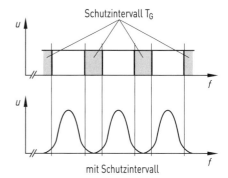

Bild 5.2–31   Wirkungsweise des Schutzintervalls

nächste Symbol steht also erst zur Verfügung, wenn der eingeschwungene Zustand erreicht ist.

Übung 5.2–12

Warum kann Mehr-Wege-Empfang zu Intersymbol-Interferenzen führen?

Mit der Verwendung des Schutzintervalls werden zwar Empfangsstörungen vermieden, dies geht allerdings zu Lasten der Übertragungskapazität.

Das Schutzintervall reduziert die Übertragungskapazität.

Ergibt sich durch Mehr-Wege-Empfang, dass ein Symbol mit entsprechender Verzögerung mehrfach beim Empfänger eintrifft, dann führt dies wegen der Rahmenstruktur nicht zu Störungen, sondern bewirkt sogar eine Vergrößerung des Eingangssignals. Erreicht wird dies durch Zwischenspeicherung mit entsprechender Verzögerung und nachfolgender Summierung.

Bei Mehr-Wege-Empfang trifft ein Symbol mit entsprechender Verzögerung mehrfach beim Empfänger ein.

Mehr-Wege-Empfang desselben Symbols bewirkt Vergrößerung des Eingangssignals.

Die Unempfindlichkeit des mit Schutzintervall versehenen COFDM-Signals bezüglich der Mehr-Wege-Ausbreitung können wir für die Sendernetzplanung nutzen. Im Gegensatz zum analogen Rundfunk ist es mit COFDM möglich, benachbarte Sender auf der selben Frequenz zu betreiben, auch wenn sich deren Versorgungsbereiche überlappen. Es sind deshalb bei DAB **Gleichwellennetze** [*single frequency network* (SFN)] realisierbar, die auch als Gleichfrequenznetze bezeichnet werden. Sie sind im Gegensatz zu den beim analogen Rundfunk erforderlichen Mehrfrequenznetzen [*multi frequency network* (MFN)] erheblich frequenzökonomischer.

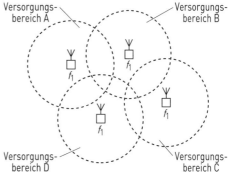

Bild 5.2–32   Gleichwellennetz

Übung 5.2–13

Welche Besonderheit weist ein SFN auf?

Das im Basisband erzeugte COFDM-Signal kann prinzipiell in jede hochfrequente Lage gebracht werden. Für DAB sind folgende Frequenzbereiche für DAB festgelegt:

Frequenzbereiche für DAB
☐ 174 … 230 MHz
☐ 1452 … 1492 MHz

Beim Bereich 174 … 230 MHz handelt es sich um das VHF-Band III, welches die Fernsehkanäle 5 bis 12 umfasst. Wegen der Bandbreite der VHF-Kanäle von 7 MHz finden pro Kanal genau vier DAB-Frequenzblöcke Platz. Am Beispiel des Kanals 12 ist dies aus Bild 5.2–33 ersichtlich.

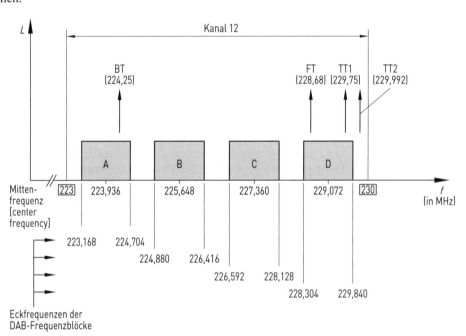

Bild 5.2–33 DAB-Frequenzblöcke im Kanal 12

Der Bereich 1452 … 1492 MHz wird als L-Band bezeichnet. Für die terrestrische Ausstrahlung von DAB (T-DAB) sind dabei die Frequenzen bis 1467,5 MHz vorgesehen, was neun DAB-Frequenzblöcke ermöglicht. Der obere Bereich des L-Bandes ist zwar für DAB über Satellit (S-DAB) vorgesehen, wegen der aus wirtschaftlichen Gründen geringen Chance der Realisierung, ist im Bedarfsfall auch eine Zuordnung für terrestrisches DAB konzipiert.

L-Band
☐ 1452 … 1467,5 MHz
☐ 1467,5 … 1492 MHz

5.2 Rundfunk und Multimedia

Wie bei jedem Übertragungssystem besteht die Aufgabe des Empfängers darin, das ursprüngliche Modulationssignal wiederzugewinnen. Beim DAB-Empfang kann es sich um Audiosignale oder Daten handeln. An erster Stelle steht das Hochfrequenzteil, welches das empfangene Signal meistens über eine Zwischenfrequenz in die Basisbandlage umsetzt. Danach gewinnt der COFDM-Demodulator den Transport-Multiplex zurück und führt ihn dem Demultiplexer zu. Nach der Kanaldecodierung im Viterbi-Decoder, der die auf der Senderseite verwendete Faltungscodierung rückgängig macht, erfolgt die Decodierung der übertragenen Signale. Bei Audiosignalen handelt es sich um den MUSICAM-Decoder, während bei Daten ein entsprechender Datendecoder erforderlich ist.

Beim DAB-Empfang kann es sich um Audiosignale oder Daten handeln.

Durch den **COFDM-Demodulator** wird der Transport-Multiplex wiedergewonnen.

Der Viterbi-Decoder macht die Faltungscodierung rückgängig.

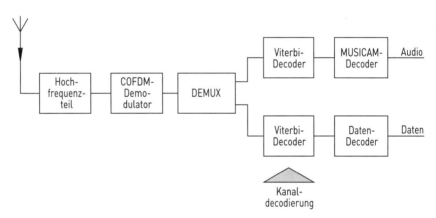

Bild 5.2–34 Funktionseinheiten des DAB-Empfängers

Bei der bisherigen Quellencodierung für DAB lassen sich 6 bis 9 Programme in einem Frequenzblock unterbringen. Die Zahl reduziert sich entsprechend, wenn Datendienste als PAD oder NPAD übertragen werden sollen. In Tabelle 5.2–2 auf Seite 318 sind einige für DAB spezifizierte Datendienste aufgelistet.

Eine Verbesserung der Frequenzökonomie ist bekanntlich stets durch effizientere Verfahren der Quellencodierung erreichbar. Das bei DAB bisher eingesetzte MUSICAM-Verfahren (MPEG-1, Layer 2) erfüllt aus heutiger Sicht diese Forderung nicht. Es wurde deshalb der DAB-Standard um die Audiocodierung von MPEG-4 erweitert, also um AAC+ v2, wobei v2

Die Frequenzökonomie ist von der Quellencodierung abhängig.

Tabelle 5.2–2   DAB-Datendienste

Bezeichnung	Bedeutung	Erklärung
TMC	*traffic message channel*	Von RDS übernommenes Verkehrsfunk-Konzept mit gespeicherten Standardtexten, Ergänzung durch empfangene variable Daten und Ausgabe durch Sprachgenerator
DLS	*dynamic label service*	Übertragung programmbezogener Zusatzinformationen (z. B. Titel, Interpret, …) als PAD
MOT	*multimedia object transfer protocol*	Übertragung beliebiger Dateien (Audio, Video, Daten) als multimediale Objekte im Push-Verfahren
TPEG	*transport protocol experts group*	Übertragung multimedialer Verkehrs- und Reiseinformationen
IP over DAB	*Internet Protocol over DAB*	Übertragung von Inhalten auf IP-Basis (z. B. Videostreams)

für zweite Version der Quellencodierung AAC steht. Gehen wir von gleichem Fehlerschutz aus, dann verdoppelt sich mit AAC+ v2 die Übertragungskapazität im DAB-Frequenzblock gegenüber MUSICAM.

Diese modernisierte Form von Digital Radio wird üblicherweise als DAB+ (DABplus) bezeichnet. Dafür geeignete Empfänger können also AAC+ v2 empfangen, sind aber im Regelfall auch für MUSICAM-codierte Programme ausgelegt. Da im Markt befindliche DAB-Empfänger AAC+ v2 nicht verarbeiten können, erfordert die Umstellung von DAB auf DAB+ eine sorgfältig geplante Vorgehensweise.

Übergang von MUSICAM (MPEG-1, Layer 2) auf AAC+ v2 verdoppelt die Übertragungskapazität.

DAB+ = DAB + AAC+ v2

DAB-Empfänger sind für DAB+ nicht verwendbar.

Übung 5.2–14
Welche grundsätzliche Änderung bewirkt der Übergang von DAB auf DAB+?

Das bei DAB besonders für den mobilen Empfang bewährte Mehr-Träger-Konzept wird auch für die Digitalisierung der AM-Bereiche (LW, MW, KW) verwendet. Das hierfür standardisierte Verfahren wird als DRM [*digital radio mondiale*] bezeichnet und basiert auf den typischen Kanalbandbreiten von 9 kHz für LW und MW bzw. 5 kHz für KW. Das OFDM-Signal arbeitet abhängig vom Übertragungsmodus mit 88 bis 228 Trägersignalen, die im Abstand von 107 … 42 Hz liegen. Die Modulation der Träger erfolgt mit 16-QAM oder 64-QAM. Bei DRM kann wegen des gewählten Übertragungsver-

DRM [*digital radio mondiale*]
(Digital Radio für LW, MW, KW)

OFDM-Signal bei DRM
☐ Zahl der Träger: 88 …228
☐ Abstand der Träger: 107 … 42 Hz
☐ Modulation: 16-QAM oder 64-QAM

fahrens mit Gleichwellennetzen [*single frequency network* (SFN)] gearbeitet werden.

Als Quellencodierung wird AAC eingesetzt, also die Audiocodierung von MPEG-4, allerdings in Verbindung mit der „Spectral Band Replication" (SBR). Diese Kombination wird auch als HE AAC bezeichnet, wobei HE für „high efficiency" (d.h. hoch wirksam) steht. Damit lässt sich trotz der geringen Kanalbandbreiten bei Bitraten von 20 ... 24 kbit/s dem analogen FM-Hörfunk subjektiv vergleichbare Audioqualität erreichen.

HE AAC = AAC + SBR

HE AAC = High Efficiency Advanced Audio Coding
AAC = Advanced Audio Coding
SBR = Spectral Band Replication

Bei HE AAC wird das zu übertragende Audiosignal innerhalb der Kanalbandbreite durch AAC codiert, während SBR Informationen über die Hüllkurve des ursprünglichen, also uncodierten Audiosignals liefert. Damit kann der Empfänger das decodierte Signal harmonisch um Frequenzanteile erweitern, die oberhalb der Kanalbandbreite liegen, und damit 15 ... 16 kHz als obere Grenzfrequenz erreichen.

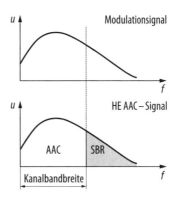

Bild 5.2–35   Spectral Band Replication

DRM ist ein leistungsfähiges digitales Übertragungssystem für den Hörfunk im Bereich bis 30 MHz. Es zeichnet sich neben guter Audioqualität besonders durch große Störfestigkeit gegen Fading und Mehr-Wege-Empfang aus.

Leistungsmerkmale von DRM:
☐ Einsetzbar bis 30 MHz
☐ Bitrate: 20 ... 24 kbit/s
☐ FM vergleichbare Audioqualität
☐ Robust gegen Störungen durch Fading und Mehr-Wege-Empfang

Übung 5.2–15

Welcher Unterschied besteht zwischen den Quellencodierungen HE AAC und AAC?

DAB, DAB+ und DRM zeigen eindeutig den Vorteil der Mehr-Träger-Verfahren in Verbindung mit effizienter Quellencodierung. Deshalb ist die Nutzung des DRM-Konzepts bis 120 MHz vorgesehen, um mittelfristig auch den FM-Hörfunk im UKW-Bereich (87,5 ... 108 MHz) durch digitalen Hörfunk abzulösen. Diese Erweiterung des Einsatzbereichs wird als

Erweiterung der Nutzung des DRM-Konzepts bis 120 MHz

DRM+ (DRMplus) bezeichnet, wobei im Standard von dem beim FM-Hörfunk festgelegten Kanalraster von 100 kHz ausgegangen wird. Bei dem OFDM-Signal sind 213 Träger in einem Abstand von 444,4 Hz vorgesehen, für die Modulation wahlweise 16-QAM oder 64-QAM. Durch die Quellencodierung MPEG-4 AAC ist eine Bitrate zwischen 35 kbit/s und 185 kbit/s in Abhängigkeit von der gewünschten Audioqualität möglich. Es können in den Kanälen vergleichbar zu DAB auch Zusatzinformationen übertragen werden.

Abschließend sei darauf hingewiesen, dass es auch Erprobungen gibt, im UKW-Bereich mit einem System zu arbeiten, das in einem Kanal gleichzeitig und unabhängig voneinander ein analoges und ein digitales Programm verbreitet. Dieses als HD-Radio bezeichnete Konzept stammt aus den USA und wurde dort als IBOC [*in-band on channel*] bezeichnet. Es könnte theoretisch den Übergang von analog auf digital erleichtern. Da es jedoch eine Kanalbandbreite von 200 kHz erfordert, ist HD-Radio bei dem in Deutschland bestehenden 100-kHz-Raster im UKW-Bereich nur in Ausnahmefällen störungsfrei realisierbar.

DRM+ soll Digitalisierung des UKW-Bereichs ermöglichen.

OFDM-Signal bei DRM+
☐ Zahl der Träger: 213
☐ Abstand der Träger: 444,4 Hz
☐ Modulation: 16-QAM oder 64-QAM

Bitrate bei DRM+:   35…185 kbit/s

Bei **HD-Radio** werden über jeden Kanal im UKW-Bereich ein analoges und ein digitales Programm verbreitet.

HD-Radio erfordert 200-kHz-Kanäle.
⇓
Kollision zum bestehenden
100-kHz-Kanalraster

5.2.2 Fernsehen (TV)

5.2.2.0 Einführung

Während beim Hörfunk lediglich Audiosignale im Simplex-Betrieb verteilt werden, handelt es sich beim Fernsehen [*television* (TV)] um Video- und Audiosignale, was bewegtes Farbbild mit Begleitton bedeutet.

Die Übertragung des Audiosignals erfolgt beim analogen Fernsehen durch Frequenzmodulation, beim digitalen Fernsehen ist es nach der Quellencodierung ein Bestandteil des standardisierten Datenstroms.

Gemäß dem in Deutschland verwendeten Fernsehstandards ist auch die gleichzeitige Übertragung von zwei Audiosignalen möglich, was wir als Zweikanalton bezeichnen. Damit kann wahlweise ein Stereosignal oder Begleitton in zwei Sprachen (z. B. Originalsprache und Übersetzung) übertragen werden. Um den Vorteil des Zweikanalton-Verfahrens nutzen zu können,

Fernsehen [*television* (TV)] =
Verteildienst für Video- und Audiosignale
(bewegtes Farbbild mit Begleitton)

Übertragung des Audiosignals
☐ beim analogen Fernsehen durch FM
☐ beim digitalen Fernsehen im Datenstrom

Zweikanalton =
Gleichzeitige Übertragung von zwei Audiosignalen ist möglich
☐ Stereo-Übertragung
☐ Synchronisierte Sprache und Originalsprache

5.2 Rundfunk und Multimedia

muss der Fernsehempfänger allerdings dafür ausgelegt sein.

Das Prinzip der TV-Bildübertragung basiert auf Bildelementen (BE) [*picture element* (pixel)], in die jedes einzelne Bild aufgeteilt wird. Dabei gehen wir von quadratischen Bildelementen aus. Es erfolgt die zeilenweise Abtastung des Bildes, so dass sich für jedes BE ein Helligkeitswert und ein Farbwert ergibt. Da sich bei bewegten Bildern diese Werte ständig ändern können, ist regelmäßige Wiederholung der Abtastung erforderlich. Auf der Empfängerseite müssen die Bildelemente wieder in richtiger Reihenfolge zur Verfügung stehen, um das Bild rekonstruieren zu können.

Für die Bildwiedergabe beim Fernsehen spielt das Bildformat, also das Verhältnis der Bildbreite zur Bildhöhe, eine wichtige Rolle. Bisher galt für das typische Bildformat 4 : 3. Inzwischen erfolgt jedoch der stetige Übergang auf das Bildformat 16 : 9. Es wird als Breitband [*wide screen*] bezeichnet, ist für hochauflösendes Fernsehen der Regelfall und vergrößert bei gleicher Bildhöhe die Bildbreite gegenüber dem Bildformat um etwa 30 Prozent.

Basis für TV-Bildübertragung:
Bildelement (BE)
[*picture element* (pixel)]
⇓
Jeweils ein Helligkeitswert und ein Farbwert
⇓
Regelmäßige Wiederholung der Abtastung

Bildformat = Bildbreite : Bildhöhe
☐ Normalbild: 4 : 3
☐ Breitbild: 16 : 9

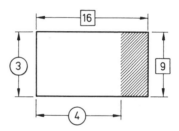

Bild 5.2–36   Bildformate 4 : 3 und 16 : 9

5.2.2.1 Analoges Fernsehen

Für das seit mehreren Jahrzehnten übliche analoge Fernsehen ist das Bildformat 4 : 3 festgelegt. Jedes Bild besteht aus 625 Zeilen, wobei 25 Bilder pro Sekunde übertragen werden.

Analoges Fernsehen
☐ Bildformat 4 : 3
☐ 625 Zeilen/Bild
☐ 25 Bilder/s

Für die Zahl der Bildelemente (BE) pro Zeile (Z) ergibt sich aus der Zahl der Zeilen pro Bild (B) und dem Bildformat 4 : 3:

$833,3\overline{3}$ BE/Z

Daraus folgt wegen der Zeilenzahl für die Bildelemente pro Bild:

$520.833,3\overline{3}$ BE/B

Damit erhalten wir als gewünschtes Ergebnis die Zahl der Bildelemente pro Sekunde.

$$\left[\left(625 \cdot \frac{4}{3}\right) \cdot 625\right] \frac{BE}{B} \cdot 25 \frac{B}{s} = 13.020.833,3\overline{3} \frac{BE}{s} \approx \mathbf{13 \cdot 10^6} \frac{BE}{s} \quad [5.2–3]$$

Aufgrund vorstehender Festlegungen und Erkenntnisse ist der Verlauf des Abtastvorgangs beim Fernsehbild eindeutig bestimmt. Die Bildelemente werden dabei auf ihre Helligkeits- und Farbwerte überprüft. Es beginnt mit dem ersten BE der 1. Zeile, verläuft bis zum letzten BE der 1. Zeile und setzt sich mit dem ersten BE der 2. Zeile fort. Nach dem letzten BE der 2. Zeile erfolgt der Wechsel zum ersten BE der 3. Zeile. Dieses System gilt bis zum letzten BE der 625. Zeile. Danach folgt der Rücksprung zum ersten BE der 1. Zeile und damit der Start für die Abtastung des nächsten Bildes.

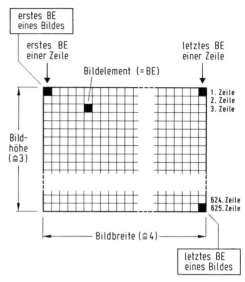

Bild 5.2–37   Bildabtastung

Übung 5.2–16

Durch welche Werte bestimmt sich die Zahl der Bildelemente pro Sekunde?

Übung 5.2–17

Warum ist die Abtastung mehrerer Bilder pro Sekunde erforderlich?

Die pro Sekunde beim Fernsehbild vorgesehenen Zeilen und Bilder stellen Frequenzen dar, konsequenterweise als Zeilenfrequenz und Bildfrequenz bezeichnet. Die Kehrwerte dieser Angabe sind die Zeilendauer und die Bilddauer.

	Zeile	Bild
Frequenz	15.625 Hz	25 Hz
Dauer	64 µs	40 ms

Betrachten wir nun die Abtastung einer Zeile. Im Grenzfall kann bei den Bildelementen ein ständiger Wechsel zwischen schwarz und weiß auftreten. Als Ausgangsspannung des elektrooptischen Wandlers würde eine rechteckförmige Wechselspannung auftreten, deren Periodendauer doppelt so groß ist wie die Dauer eines Bildelements, während die Frequenz den halben Wert der Zahl der BE pro Sekunde aufweist, also 6,5 MHz. Dieses, dem Helligkeitsverlauf entsprechende elektrische Signal bezeichnen wir als **Bildsignal** (B-Signal).

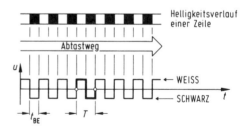

Bild 5.2–38   Bildsignal

Da in der Praxis ein ständiger Schwarzweiß-Wechsel zwischen den Bildelementen die Ausnahme darstellt, wurde in der Standardisierung

5.2 Rundfunk und Multimedia

die größte Bildsignalfrequenz auf 5 MHz festgelegt.

Das Bildsignal ist somit eine vom Bildinhalt abhängige und auf 5 MHz begrenzte Wechselspannung. Sie bewirkt bei Ansteuerung einer Wiedergabe-Komponente (z. B. Bildröhre) und zeilenweiser Ablenkung die Aktivierung der einzelnen BE und damit die gewünschte Rekonstruktion des Bildes.

Die bisher aufgezeigte Form der zeilenweisen Abtastung hat bei der Wiedergabe mit Bildröhren einen Nachteil. Wegen der begrenzten Nachleuchtdauer der Leuchtstoffe des Bildschirms sind die oberen Zeilen bereits erheblich dunkler, wenn die unteren Zeilen dargestellt werden. Dadurch ergibt sich im Bild ein unerwünschter Flimmereffekt.

Abhilfe ist durch das **Zeilensprungverfahren** [*line interlacing*] möglich. Dazu wird das Bild in zwei Halbbilder aufgeteilt, wobei das 1. Halbbild aus den ungeraden Zeilen besteht, während es sich bei dem 2. Halbbild um die geraden Zeilen handelt. Für die Bildwiedergabe werden beide Halbbilder verschachtelt dargestellt, was wegen der Trägheit des menschlichen Auges Flimmereffekte weitgehend kompensiert.

Bedingt durch den Übergang auf Halbbilder ergeben sich nun 50 Halbbilder pro Sekunde, also eine Halbbildfrequenz von 50 Hz.

Damit die Bildwiedergabe fehlerfrei verlaufen kann, muss sie synchron zur Bildabtastung erfolgen. Dieser Gleichlauf wird durch zusätzliche Signale bewirkt, die Anfang und Ende von Zeilen bzw. Bildern markieren. Dabei handelt es sich um rechteckförmige Impulse, die eindeutig und störungsfrei in das Bildsignal zu integrieren sind. Dies geschieht während des Zeilenrücklaufs bzw. Bildrücklaufs, weil während dieser Zeiten keine Übertragung des Bildsignals erfolgt. Durch rechteckförmige **Austastsignale**

Maximale Bildfrequenz (standardisiert)

$$f_{\text{Bild (max)}} = 5 \text{ MHz} \qquad (5.2\text{-}4)$$

Das Bildsignal (B-Signal) hängt vom Bildinhalt ab und ist auf 5 MHz begrenzt.

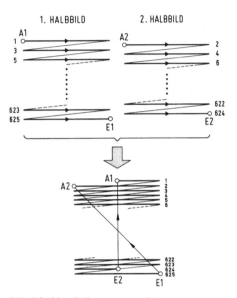

Bild 5.2–39 Zeilensprungverfahren

Zeilensprungverfahren
⇓
50 Halbbilder pro Sekunde
⇓
Halbbildwechselfrequenz: 50 Hz

Bildabtastung und Bildwiedergabe müssen synchron verlaufen

(A-Signale) wird zuerst die Unterbrechung des Bildsignals sichergestellt, dann folgt an diesen Stellen das Einfügen der **Synchronsignale** (S-Signale) für Zeile oder Bild. Sie werden auch als Synchronisiersignale oder Synchronisationssignale bezeichnet.

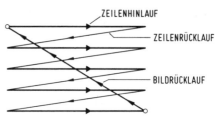

Bild 5.2–40   Zeilen- und Bildrücklauf

Die Amplituden der Synchronsignale bestimmen sich aus dem Amplitudenbereich für das Bildsignal. Bezogen auf das gesamt übertragene Signal ist für dieses der Bereich zwischen 10 % und 75 % festgelegt. Bei 10 % der maximalen Signalamplitude liegt Weiß vor, während es sich bei 75 % um Schwarz handelt. Die beiden Grenzwerte der Bildsignalamplituden bezeichnen wir als Weißpegel bzw. Schwarzpegel. Das Bildsignal liegt somit im Bereich 10 % ... 75 %. Da die Synchronsignale eindeutig vom Bildsignal getrennt sein müssen, wird für diese der Amplitudenbereich 75 % ... 100 % verwendet.

Signalamplitude	Pegel/Signal
10 %	Weißpegel
10 % ... 75 %	Bildsignal (B-Signal)
75 %	Schwarzpegel
75 % ... 100 %	Synchronsignale (S-Signale)

Beispiel 5.2–3

Es liegt das Signal eines Schwarzweiß-Fernsehbildes mit einer Amplitude von 10 V vor. Wie ist dieses Signal strukturiert?

Es gelten folgende Bereiche:

0 V ... 1 V   Keine Information
1 V ... 7,5 V   Bildsignal
7,5 V ... 10 V Synchronsignale

Beim Bildsignal ist folgende Stufung feststellbar:

1   V   weiß ($\triangleq$ Weißpegel)
2,5   V   hellgrau
4,25 V   mittelgrau
6   V   dunkelgrau
7,5   V   schwarz ($\triangleq$ Schwarzpegel)

Helle Stellen eines Bildes werden also in kleine Amplituden des Bildsignals umgesetzt, während es sich bei dunklen Stellen um große Amplituden handelt. Dieses als Negativmodulation bezeichnete Verfahren hat einige Vorteile. Die Synchronsignale liegen oberhalb des Schwarzpegels, können sich deshalb im Bild nicht bemerkbar machen und stellen die Synchronisation vorrangig sicher. Die Lage des Weißpegels verhindert dagegen störende Einflüsse von Rauschsignalen, deren Amplituden üblicherweise kleinere Werte aufweisen. Gegebenen-

Negativmodulation

Bildanteile	Amplituden des Bildsignals
hell	klein
dunkel	groß

5.2 Rundfunk und Multimedia

falls dennoch auftretende Störimpulse machen sich als dunkle Punkte im Bild bemerkbar. Dies wird vom menschlichen Auge als weniger störend empfunden, als der umgekehrte Fall hellerer Punkte.

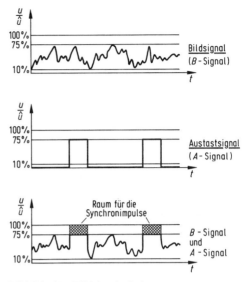

Bild 5.2–41   Bildsignal mit Austastung

Übung 5.2–18

Erklären Sie das Konzept der Negativmodulation für das Bildsignal.

Damit im Empfänger eindeutig zwischen Zeilenwechsel und Bildwechsel unterschieden werden kann, weisen die Synchronsignale dafür auch verschiedene Formen auf.

Die pro Bild erforderlichen 625 Zeilenwechsel werden jeweils durch einen Rechteckimpuls von 4,7 µs Dauer ausgelöst. Vor und nach dem Impuls gilt für definierte Zeiten der Schwarzpegel, was wir als vordere bzw. hintere Schwarzschulter bezeichnen. Die aufgezeigte Signalform ist das **Zeilensynchronsignal**, in Kurzform häufig als H-Sync bezeichnet.

Unterschiedliche Synchronsignale für Zeilenwechsel und Bildwechsel.

Schwarzschulter =

Schwarzpegelwert vor und nach dem Zeilenwechselimpuls

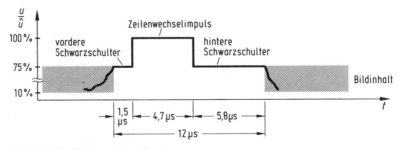

Bild 5.2–42   Zeilensynchronsignal

Die Bildwechsel werden durch das Bildsynchronsignal (B-Sync) ausgelöst. Es besteht gesamt aus fünfzehn Rechteckimpulsen. Die ersten fünf Impulse haben jeweils 2,5 µs Dauer und werden als Vortrabanten bezeichnet. Danach folgen fünf 27 µs lange Wechselimpulse und abschließend wieder fünf Impulse mit 2,5 µs Dauer als Nachtrabanten. Die beschriebene Kombination der Impulse sichert den störungsfreien Bildwechsel.

Bildsynchronsignal besteht gesamt aus 15 Impulsen (5 Vortrabanten, 5 Wechselimpulse, 5 Nachtrabanten).

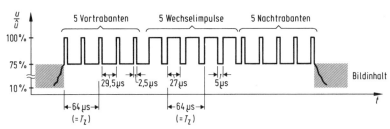

Bild 5.2–43   Bildsynchronsignal

Da die Synchronsignale (S-Signale) während der Zeiten der Austastsignale (A-Signale) übertragen werden, ergibt sich in Verbindung mit dem Bildsignal (B-Signal) ein für die Schwarzweiß-Übertragung typisches Gesamtsignal, das BAS-Signal.

Signal für Schwarzweiß-Übertragung

Bildsignal	
Austastsignale	**BAS-Signal**
Synchronsignale	

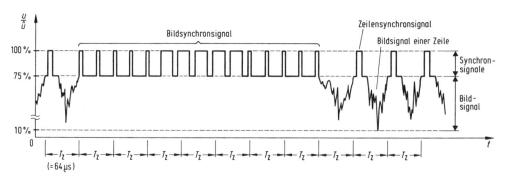

Bild 5.2–44   BAS-Signal

Die Synchronsignale treten bei jeder Zeile bzw. jedem Halbbild auf, gekennzeichnet durch die Zeilen(wechsel)frequenz und die Bild(wechsel)-frequenz. Für diese werden auch die Begriffe „horizontal" und „vertikal" verwendet.

Zeilenfrequenz =
Horizontalfrequenz f_H (15.625 Hz)

Bildfrequenz =
Vertikalfrequenz f_V (50 Hz)

Während des Zeilenrücklaufs bzw. Bildrücklaufs, also beim Zeilenwechsel bzw. Bildwechsel erfolgt bekanntlich keine Übertragung des Bildsignals. Gegenüber den bisher aufgezeigten Daten reduziert sich dadurch die Fläche für das sichtbare Bild. Während der Zeilendauer von 64 µs wird nur 52,48 µs lang Bildsignal übertragen. Bedingt durch das Bildsynchronsignal weist das sichtbare Bild nur 576 Zeilen von den gesamt 625 Zeilen auf. Die Bildbreite ist somit um etwa 18 Prozent kleiner, bei der Bildhöhe sind es etwa 8 Prozent.

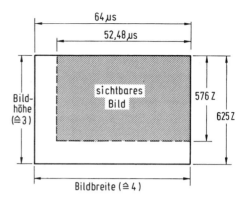

Bild 5.2–45 Reduzierung der Bildfläche durch die Synchronsignale

Übung 5.2–19
Wodurch unterscheiden sich Z-Sync und B-Sync?

Das bisher betrachtete BAS-Signal ermöglicht nur die Übertragung von Schwarzweiß-Bildern. Für den Übergang auf Farbübertragung müssen wir die physikalischen Gesetzmäßigkeiten des Lichtes berücksichtigen.

Das sichtbare Licht ist ein Teil des Spektrums der elektromagnetischen Wellen und liegt im Bereich 400 nm ... 750 nm. Jede Wellenlänge nimmt das menschliche Auge als unterschiedliche Farbe wahr. Jeder Farbe kann deshalb eine bestimmte Wellenlänge zugeordnet werden.

Bild 5.2–46 Spektrum des sichtbaren Lichts

Jede **Farbe** ist durch drei Größen vollständig bestimmt. An erster Stelle steht die bereits vom Schwarzweiß-Fernsehen bekannte **Helligkeit**. Die nächste Größe heißt **Farbton** und gibt an, welche Farbe (d. h. Wellenlänge) vorhanden ist. Als weitere Information ist die **Farbsättigung** erforderlich. Sie beschreibt, mit welcher Intensität die durch den Farbton bestimmte Farbe auftritt. Farbton und Farbsättigung bilden zusammen die **Farbart**.

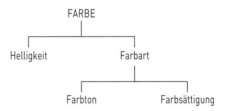

Bild 5.2–47 Bestimmungsgrößen einer Farbe

Vorstehende Ausführungen zeigen, dass für die Übertragung farbiger Bilder neben der Helligkeit auch Informationen über die Farbart erforderlich sind. Diese gewinnen wir durch additive Farbmischung von drei Grundfarben, also der Überlagerung des Lichtes dieser Farben. Es handelt sich somit um Lichtmischung, mit der bei entsprechender Wahl der Sättigungswerte alle mit dem Auge wahrnehmbaren Farben erzeugt werden können.

> Durch additive Farbmischung (= Lichtmischung) von drei Grundfarben können alle wahrnehmbaren Farben erzeugt werden.

Für das Farbfernsehen wurden die Grundfarben Rot ($\lambda_R = 700$ nm), Grün ($\lambda_G = 546{,}1$ nm) und Blau ($\lambda_B = 435{,}8$ nm) gewählt, wobei als Bezeichnung meist nur die Kurzformen R, G und B üblich sind. Jede durch Mischung der Grundfarben entstandene Farbe können wir als Zeiger darstellen, wobei dessen Winkellage den Farbton angibt, während die Längen des Zeigers ein Maß für die Farbsättigung ist. Auf diese Weise ist jede Farbe in einem Farbkreis darstellbar, dessen Winkel eine Funktion der Wellenlänge ist. Der Farbzeiger ist als elektrisches Signal einfach darstellbar, wobei jeder Winkel einer Phasenlage entspricht und jede Zeigerlänge einer Amplitude.

Grundfarben für Farbfernsehen
- **Rot (R)** $\lambda = 700$ nm
- **Grün (G)** $\lambda = 546{,}1$ nm
- **Blau (B)** $\lambda = 435{,}8$ nm

Farbzeiger =
- Farbton = f(Winkellage)
- Farbsättigung = f(Zeigerlänge)

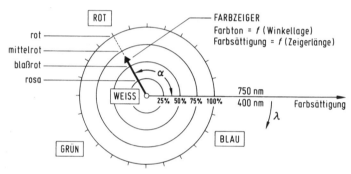

Bild 5.2–48   Farbkreis

Übung 5.2–20

Warum sind beim Farbfernsehen drei Grundfarben ausreichend?

Für die Einführung des Farbfernsehens war die Kompatibilität zum Schwarzweiß-Fernsehen von ausschlaggebender Bedeutung. Der zuerst nur vorhandenen Schwarzweiß-Fernsehempfänger musste auch bei Farbübertragung noch bestimmungsgemäß funktionieren. Andererseits sollten Farbfernsehempfänger auch bei Schwarzweiß-Übertragung verwendbar sein.

Kompatibilität zwischen Farbfernsehen und Schwarzweiß-Fernsehen

Um die geforderte Kompatibilität zu erreichen, wird aus den drei Grundfarben die Helligkeitsinformation gewonnen. Das die Helligkeit repräsentierende Signal bezeichnen wir als Luminanzsignal (Y-Signal), während die Farbart im Chrominanzsignal (C-Signal) steckt.

Farbfernsehsignal =
Luminanzsignal + Chrominanzsignal
    (Y-Signal)   (C-Signal)

⇑   ⇑
Helligkeit   Farbart

5.2 Rundfunk und Multimedia

Um aus den drei Grundfarbsignalen der Aufnahme-Komponente (z. B. Fernsehkamera) U_R, U_G und U_B das Helligkeitssignal (Y-Signal) zu gewinnen, müssen wir berücksichtigen, dass zwar alle drei Grundfarben zur Helligkeit beitragen, das menschliche Auge jedoch unterschiedliche Empfindlichkeit für die einzelnen Farben aufweist. Es wurde deshalb nach einer großen Zahl von Versuchen und Messungen die **Augenempfindlichkeitskurve** als Funktion der Empfindlichkeit von der Wellenlänge festgelegt. Daraus ergeben sich die Anteile der Grundfarben am Luminanzsignal (Y-Signal) wie folgt:

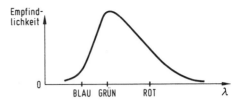

Bild 5.2–49   Augenempfindlichkeitskurve

Luminanzsignal (Y-Signal)

$$U_Y = 0{,}3 \cdot U_B + 0{,}59 \cdot U_G + 0{,}11 \cdot U_R \quad (5.2\text{–}5)$$

Das Y-Signal lässt sich durch eine einfache Matrixschaltung aus den drei Grundfarbensignalen gewinnen, im einfachsten Fall handelt es sich um entsprechend dimensionierte Spannungsteiler mit nachfolgender Summierung.

Schaltungstechnische Realisierung von U_Y durch Spannungsteiler und Summierung

Um den Aufwand für die Signalübertragung möglichst klein zu halten, werden nicht die Signale der Grundfarben verwendet, sondern folgende beiden Differenzwerte zum Luminanzsignal, die wir als Farbdifferenzwerte bezeichnen:

Farbdifferenzsignale

☐ $U_R - U_Y = U_{R-Y}$ \hfill (5.2–6)
☐ $U_B - U_Y = U_{B-Y}$ \hfill (5.2–7)

Das Farbdifferenzsignal $U_G - U_Y$ ist nicht erforderlich, weil sich der Anteil der Grundfarbe Grün aus der Gleichung für das Y-Signal ermitteln lässt.

$U_G - U_Y$ lässt sich aus der Gleichung für das Y-Signal ermitteln.

Um bei der Übertragung der Farbdifferenzsignale mögliche Übermodulation zu vermeiden, erfolgt eine Reduzierung der Amplituden um bestimmte Faktoren. Das Ergebnis sind die reduzierten Farbdifferenzsignale, die wir dann als U- und V-Signale bezeichnen.

Reduzierte Farbdifferenzsignale

$$U'_{R-Y} = 0{,}87 \cdot U_{R-Y} = \text{V-Signal} \quad (5.2\text{–}8)$$
$$U'_{B-Y} = 0{,}49 \cdot U_{B-Y} = \text{U-Signal} \quad (5.2\text{–}9)$$

Die beiden Farbdifferenzsignale werden für die Übertragung noch zu einem Signal zusammengefasst. Diese Aufbereitung ergibt das **Farbartsignal** (F-Signal), das in Verbindung mit dem BAS-Signal das Farbfernsehsignal vollständig beschreibt. Es handelt sich nun um das FBAS-Signal, welches als Modulationssignal für den Fernsehsender dient.

FBAS-Signal = F-Signal + BAS-Signal

⇑

Farbart

Für die Übertragung des Luminanzsignals (Y-Signals) wird Restseitenband-Amplitudenmodulation (RSB-AM) verwendet, da im Signal

Übertragung des Luminanzsignals (Y-Signals) durch Restseitenband-Amplitudenmodulation (RSB-AM).

auch Gleichanteile (also Anteile mit $f = 0$ Hz) auftreten. Sie ergeben sich, wenn mehrere nebeneinander liegende Bildelemente einer Zeile gleiche Helligkeit aufweisen.

Für das Fernsehen sind die Kanäle 5 bis 12 im VHF-Bereich (Band III) und 21 bis 69 im UHF-Bereich (Band IV und V) festgelegt. Das Kanalraster beträgt im VHF-Bereich 7 MHz, während es bei den UHF-Bändern 8 MHz sind. Es werden stets das obere Seitenband und definierte Teile des unteren Seitenbandes mit Hilfe des als **Bildträger** (BT) bezeichneten Trägersignals übertragen. Das standardisierte Frequenzschema ist aus dem folgenden Bild ersichtlich.

Fernsehkanäle in Deutschland

Band/ Bereich	Kanäle	Frequenz [MHz]
III / VHF	5 ... 12	174 ... 230
IV / UHF	21 ... 37	470 ... 606
V / UHF	38 ... 69	606 ... 862

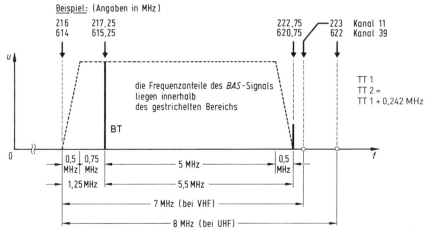

Bild 5.2–50   Frequenzschema für Fernsehkanal

Neben dem Bildsignal erfolgt in jedem Fernsehkanal auch die Übertragung des Tonsignals bzw. der beiden Tonsignale bei Zweikanalton. Dabei wird Frequenzmodulation (FM) eingesetzt, wobei der erste **Tonträger** (TT1) genau 5,5 MHz oberhalb des Bildträgers liegt, während der zweite Tonträger (TT2) zu diesem einen Abstand von 242 kHz aufweist. Die Amplituden der Tonträger sind gegenüber dem Bildträger kleiner (TT1: –13 dB, TT2: –20 dB), da dies für die gleiche Reichweite von Bild und Ton ausreicht.

Ein Fernsehsender besteht im Prinzip aus zwei Einzelsendern, deren Ausgangssignale über ein als Diplexer bezeichnetes Netzwerk rückwirkungsfrei zusammengefasst zur Antenne gelan-

Abstand BT/TT1: **5,5   MHz**
Abstand BT/TT2: **5,724 MHz**

BT = Bildträger, TT = Tonträger

Pegel der Tonträger sind gegenüber dem Pegel des Bildträgers reduziert.

5.2 Rundfunk und Multimedia

gen. Den einen Sender bezeichnen wir als Bildsender. Sein Modulationssignal ist das relativ breitbandige BAS-Signal, wobei die Signale für die Austastung (A) und Synchronisation (S) von einem zentralen Taktgeber gesteuert in das B-Signal integriert werden.

Bildsender verarbeitet das BAS-Signal.

Zentraler Taktgeber steuert A-Signale und S-Signale.

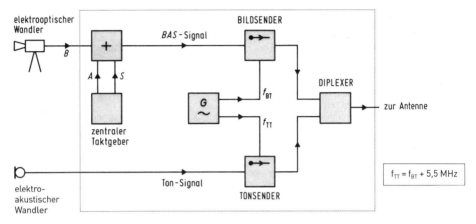

Bild 5.2–51   Fernsehsender ohne Zweikanalton (Funktionsprinzip)

Das Tonsignal kann dagegen unmittelbar dem anderen Sender zugeführt werden. Er heißt konsequenterweise Tonsender und arbeitet auf dem festgelegten Frequenzabstand zum Bildträger. Die Trägerfrequenzen der Sender werden stets von einer Referenzquelle abgeleitet.

Tonsender

Referenzquelle für die Trägerfrequenzen

Bei Zweikanalton sind zwei Tonsender erforderlich, deren Trägerfrequenzen einen Abstand von 242 kHz aufweisen.

Übung 5.2–21
Welcher grundsätzliche Unterschied besteht zwischen dem Bildsender und dem Tonsender?

Für die Übertragung des F-Signals wird ein **Farbträger** (FT) und Quadratur-Amplitudenmodulation (QAM) verwendet.

Es erfolgt deshalb für beide Signale U und V eine Zweiseitenband-Amplitudenmodulation (ZSB-AM) mit unterdrücktem Träger, wobei die Trägersignale eine Phasenverschiebung von 90° zueinander aufweisen. Am Ausgang der Modulatoren wird ein Summensignal gebildet. Es ist das Chrominanzsignal C und stellt sich als Farbartzeiger F dar.

Übertragung der Signale U und V: ZSB-AM mit unterdrücktem Träger

Phasenverschiebung der Träger: 90°

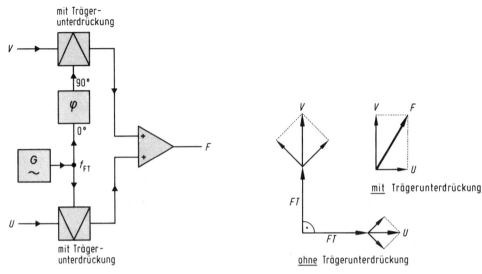

Bild 5.2–52   Gewinnung des Farbartzeigers F durch QAM

Wie beim Luminanzsignal treten auch bei den Farbinformationen theoretisch Frequenzen bis über 5 MHz auf. Weil das Auge jedoch für die Farbart weniger empfindlich ist als für die Helligkeit, kann die Bandbreite des Chrominanzsignals reduziert werden, ohne die Bildqualität zu beeinflussen. Bezogen auf den Farbträger f_{FT} ist der Bereich +0,57 MHz/–1,3 MHz festgelegt.

> Die Bandbreite des Chrominanzsignals ist bezogen auf den Farbträger mit +0,57 MHz/ –1,3 MHz festgelegt, weil das Auge für Farbänderungen unempfindlicher ist als für Helligkeitsänderungen.

Um Störungen bei der Bildwiedergabe zu vermeiden, muss die Frequenz des Farbträgers so gewählt sein, dass sich Luminanz- und Chrominanzsignal möglichst wenig beeinflussen. Dafür ist es hilfreich, die zu übertragenden Spektren der beiden Signale zu betrachten. Wegen der zeilenweisen Bildabtastung treten nämlich Spektralanteile nur im Abstand der Zeilenfrequenz f_H auf. Bedingt durch den normalerweise variierenden Bildinhalt treten zusätzlich Spektrallinien im Abstand von ganzzahligen Vielfachen der Bildfrequenz f_V auf. Der Farbträger kann deshalb so gewählt werden, dass sich die Spektrallinien beider Signale gegenseitig nicht berühren. Diese Verschachtelung (auch als Verkämmung bezeichnet) erreichen wir, wenn der Farbträger wie folgt gewählt wird:

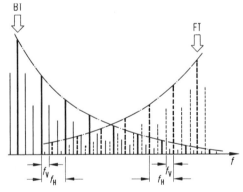

Bild 5.2–53   Verschachtelung der Spektrallinien von Luminanz- und Chrominanzsignal

$$f_{FT} = 283{,}75 \cdot f_H + 0{,}5 \cdot f_V \qquad (5.2\text{–}10)$$

5.2 Rundfunk und Multimedia

Die Ausrechnung ergibt für die Farbträgerfrequenz:

[5.2–11]

Die Modulation des Farbträgers mit dem Chrominanzsignal erfolgt als Restseitenband-Amplitudenmodulation (RSB-AM) mit unterdrücktem Träger. Das Spektrum liegt wegen der gewählten Frequenz des Farbträgers im oberen Teil des Luminanzsignals, wo dessen Amplituden bereits kleine Werte aufweisen.

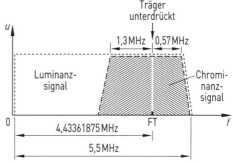

Bild 5.2–54 Lage des Chrominanzsignals im Frequenzbereich

Wegen der Trägerunterdrückung steht der Farbträger auf der Empfangsseite nicht unmittelbar zur Verfügung. Er wird jedoch für die Demodulation mit richtiger Frequenz und Phasenlage benötigt. Deshalb erfolgt die Übertragung des Farbsynchronsignals, um die Synchronisierung einer Oszillatorschaltung für die Farbträgerfrequenz im Empfänger sicher zu stellen. Das auch als **Burst** bezeichnete **Farbsynchronsignal** besteht aus zehn Schwingungen mit der Farbträgerfrequenz f_{FT}, die auf der hinteren Schwarzschulter jedes Zeilensynchronsignals aufgebracht sind.

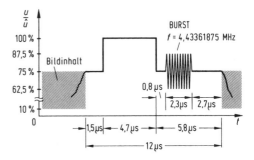

Bild 5.2–55 Farbsynchronsignal (Burst)

Übung 5.2–22
Welcher Zusammenhang besteht zwischen dem Farbträgersignal und dem Burst?

Für die Farbfernsehübertragung ist es erforderlich, aus den drei Grundfarbensignalen R, G und B das FBAS-Signal zu bilden. Als erster Schritt erfolgt die Wandlung in das Luminanzsignal Y und die beiden reduzierten Farbdifferenzsignale U und V. Danach wird die bereits behandelte QAM durchgeführt, um das Chrominanzsignal C zu erzeugen. Bei dieser Modulation wird nun allerdings die Phasenlage des V-Signals von Zeile zu Zeile um 180° umgeschaltet. Dieser zeilenweise Phasenwechsel ist die Besonderheit in Deutschland und vielen anderen Staaten verwendeten analogen Farbfernsehsystems, welches üblicherweise nur mit der Kurzbezeichnung PAL [*phase alternating line*] bekannt ist.

R, G, B
↓
Y, U, V
↓
PAL [*phase alternating line*]
(d. h. zeilenweiser Phasenwechsel des V-Signals)
↓

↓
Ergänzung durch A-Signale, S-Signale und Burst
↓
FBAS

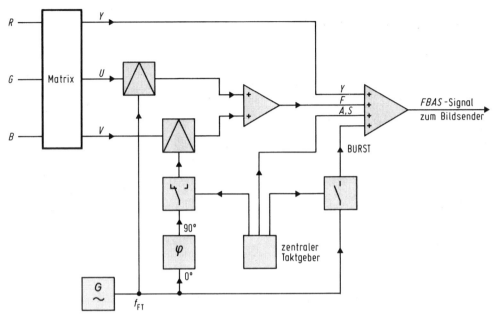

Bild 5.2–56 Aufbereitung des FBAS-Signals

Wie wir beim Fernsehempfänger sehen werden, liegt der Vorteil des PAL-Konzeptes in der reduzierten Empfindlichkeit der Farbinformationen gegen Störungen im Übertragungskanal.

Die Steuerung der Phasenumschaltung des V-Signals erfolgt durch den PAL-Schaltimpuls, der ebenso wie die Synchronsignale vom zentralen Taktgeber stammt. Auch die Ergänzung des Farbsynchronsignals wird von diesem gesteuert.

Fernsehempfänger sollen die Wiedergabe der abgestrahlten Bild- und Tonsignale ermöglichen. Es wird dabei stets mit Überlagerungsempfängern gearbeitet. Die Selektion des gewünschten Kanals erfolgt durch den Kanalwähler (Tuner) im HF-Teil. Bezogen auf den Bildträger (BT) und die beiden Tonträger (TT1 und TT2) gelten folgende Zwischenfrequenzen:

Dabei bleiben verständlicherweise die Frequenzabstände wie bei den Trägerfrequenzen erhalten. Die Zwischenfrequenzen stehen am Ausgang des Tuners zur Verfügung, wobei die Bild-ZF das Luminanz- und das Chrominanzsignal umfasst und außerdem die Synchronsignale enthält. Während bei den Ton-Zwi-Fernsehempfänger arbeiten nach dem Überlagerungsprinzip.

Kanalwähler (Tuner) ermöglicht Abstimmung auf den gewünschten Kanal.

Zwischenfrequenzen beim Fernsehempfänger
☐ Bild-ZF: 38,9 MHz   (bezogen auf BT)
☐ 1. Ton-ZF: 33,4 MHz   (bezogen auf TT1)
☐ 2. Ton-ZF: 33,158 MHz (bezogen auf TT2)

Bild-ZF umfasst Luminanz-, Chrominanz- und Synchronsignale

schenfrequenzen die vom Hörfunk bekannte Signalverarbeitung zur Wiedergewinnung der Tonsignale erfolgen kann, sind nach der Demodulation der Bild-ZF folgende Maßnahmen bei dem nun vorhandenen FBAS-Signal erforderlich:

Verarbeitung der **Ton-ZF** wie beim Hörfunk

Maßnahmen beim FBAS-Signal
☐ Wiedergewinnung des Y-Signals im Luminanzteil
☐ Wiedergewinnung der reduzierten Farbdifferenzsignale im Chrominanzteil
☐ Wiedergewinnung des Farbträgers nach Frequenz und Phase
☐ Wiedergewinnung der Synchronsignale für Zeilen- und Bildwechsel

Im Bild-ZF-Teil muss die Durchlasskurve eine besondere Form aufweisen, nämlich den aus Bild 5.2–57 ersichtlichen Verlauf. Dieser gewährleistet, dass die wegen der RSB-AM zweimal auftretenden kleinen Modulationsfrequenzen in ihren Amplituden so begrenzt werden, dass diese denen der anderen Frequenzen entsprechen. Die dafür gewählte Abschrägung der Durchlasskurve trägt die Bezeichnung Nyquist-Flanke.

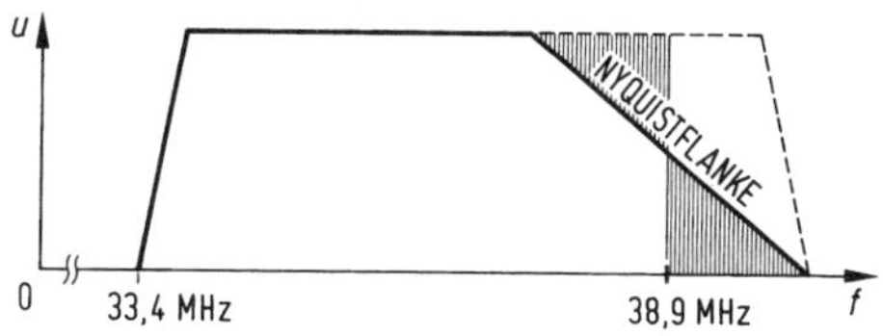

Bild 5.2–57   Durchlasskurve Bild-ZF-Teil

Im Luminanzteil erfolgt neben der erforderlichen Verstärkung eine Verzögerung des Y-Signals um $0{,}8\,\mu s$, da die Farbdifferenzsignale im Chrominanzteil bedingt durch unterschiedliche Bandbreiten längere Laufzeiten aufweisen. Außerdem wird die Farbträgerfrequenz unterdrückt, um mögliche Störungen zu vermeiden.

Im Chrominanzteil wird das Chrominanzsignal aus dem FBAS-Signal gefiltert, nach Verstärkung in zwei gleiche Kanäle aufgeteilt und dann den Demodulatoren zugeführt. Die Trägersignale weisen die Farbträgerfrequenz auf, wobei zwischen den Kanälen 90° Phasenverschiebung besteht.

Um die beiden Farbträgersignale in der gewünschten Form zu erhalten, ist Farbträgerregenerierung erforderlich. Dafür wird zuerst der Burst mit Hilfe einer Torschaltung aus dem FBAS-Signal ausgetastet. Er synchronisiert dann über eine Regelschaltung den Farbträgergenerator phasenstarr zum Farbträgersignal des Senders. Das Ausgangssignal des Farbträgergenerators wird dann einmal direkt und einmal mit einer Phasenverschiebung von 90 Grad dem Chrominanzsignal zugeführt.

Luminanzteil:
☐ Verstärkung
☐ Verzögerung für Laufzeitausgleich
☐ Farbträgerunterdrückung

Chrominanzteil:
☐ Chrominanzsignal ausfiltern
☐ Verstärkung
☐ Aufteilung in 2 Kanäle
☐ Demodulation

Farbträgerregenerierung
mit Hilfe des Burst

Der bei jeder Zeile auftretende Burst bewirkt über eine Steuerschaltung, dass der PAL-Schalter das um 90 Grad phasenverschobene Farbträgersignal in seiner Phasenlage jeweils um 180 Grad umschaltet. Dadurch ändert sich die Richtung des V-Signals von Zeile zu Zeile um 180 Grad. Auf diese Weise sind Farbtonänderungen, wie sie bei der Übertragung auftreten können, automatisch korrigierbar. Derartige Mängel äußern sich in der Veränderung der Winkellage des Farbartzeigers. Durch den Vergleich der Farbartzeiger von zwei aufeinanderfolgenden Zeilen, wobei das Signal der ersten Zeile um die Zeilendauer verzögert und das Signal der zweiten Zeile in die ursprüngliche Phasenlage zurückgeschaltet sein muss, weist bei Phasenfehlern der resultierende Farbartzeiger wieder die ursprüngliche Lage auf.

Mit dem Konzept der zeilenweisen Phasenumschaltung, welches die Besonderheit des PAL-Systems darstellt, können Phasenfehler bis etwa 30 Grad ausgeglichen werden.

Es ergibt sich allerdings eine Verringerung der Farbsättigung.

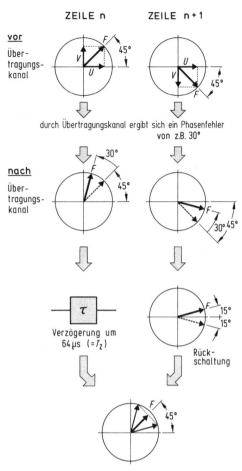

Bild 5.2–58 Kompensation von Phasenfehlern beim PAL-System

Übung 5.2–23

Warum kann der Burst zur Steuerung des PAL-Schalters genutzt werden?

Die Ausgangssignale des Luminanzanteils, nämlich das Y-Signal, und des Chrominanzsignals, nämlich die reduzierten Farbdifferenzsignale U und V, werden über eine Matrix in die drei Grundfarbensignale R, G und B gewandelt. Diese stehen dann für die Ansteuerung der Wiedergabe-Komponenten (z. B. Bildröhre) zur Verfügung. Es gelten die nebenstehenden Abhängigkeiten.

Gewinnung der Grundfarbensignale

$$U_R = \frac{U_V}{0{,}87} + U_Y \qquad (5.2{-}12)$$

$$U_G = -0{,}19 \cdot U_U - 0{,}51 \cdot U_V + U_Y \qquad (5.2{-}13)$$

$$U_R = \frac{U_U}{0{,}49} + U_Y \qquad (5.2{-}14)$$

5.2 Rundfunk und Multimedia

Bei Bildröhren-Wiedergabe werden für die Zeilenablenkung und Bildablenkung entsprechende Leistungsstufen benötigt, die jeweils sägezahnförmige Ströme durch die Ablenkspulen bewirken sollen. Die Ansteuerung der Horizontal-Endstufe (für die Zeilenablenkung) und der Vertikal-Endstufe (für die Bildablenkung) erfolgt über Sägezahngeneratoren mit nachgeschalteten Impulsformern. Damit diese Generatoren taktgenau arbeiten, ist die Aufbereitung der Synchronsignale erforderlich.

Die Selektion der Synchronsignale aus dem FBAS-Signal erfolgt durch eine als Amplitudensieb bezeichnete Schaltung. Sie berücksichtigt nämlich nur die oberhalb des Schwarzpegels liegenden Signalanteile, also den H-Sync und den B-Sync. Wegen der unterschiedlichen Form und Dauer ist die Separierung mit Hilfe einer Impulstrennstufe einfach möglich, so dass die entsprechende Triggerung des Horizontalgenerators und Vertikalgenerators erfolgen kann.

Die bisher betrachtete Struktur des Fernsehempfängers basiert auf analoger Signalverarbeitung und ist im Bild 5.2–59 noch einmal zusammenfassend dargestellt.

Horizontal-Endstufe
liefert sägezahnförmigen Strom durch die Ablenkspulen für die Zeilenablenkung.

Vertikal-Endstufe
liefert sägezahnförmigen Strom durch die Ablenkspulen für die Bildablenkung.

Amplitudensieb
trennt die Synchronsignale vom Bildsignal.

Impulstrennstufe
separiert H-Sync und B-Sync.

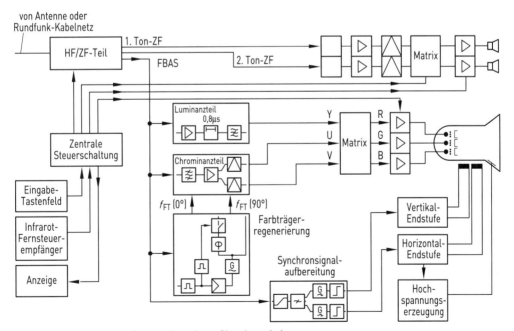

Bild 5.2–59 Fernsehempfänger mit analoger Signalverarbeitung

Bei Fernsehempfängern mit digitaler Signalverarbeitung werden die wesentlichen Funktionen durch folgende Prozessoren wahrgenommen:

Prozessoren im Fernsehempfänger mit digitaler Signalverarbeitung
☐ Audioprozessor
☐ Videoprozessor
☐ Ablenkprozessor

Die Übergänge von und zu den analogen Baugruppen erfolgen mit Hilfe geeigneter Analog-Digital-Umsetzer (ADU) und Digital-Analog-Umsetzer (DAU). Das Herzstück ist der Taktgenerator. Er gewinnt aus dem Burst das bezüglich Frequenz und Phase konstante 4,43-MHz-Signal des Farbträgers, vervierfacht es und stellt damit ein Taktsignal von 17,73 MHz über einen Bus für alle anderen digitalen Stufen zur Verfügung.

Auch die zentrale Steuerschaltung arbeitet digital, wobei für die Steuersignale ebenfalls ein Bussystem verwendet wird.

Übergänge zwischen analog und digital durch ADU bzw. DAU

Taktgenerator stellt durch Vervierfachung des Farbträgersignals ein stabiles Taktsignal von 17,73 MHz über einen Bus zur Verfügung

Digitale Steuerung über Bussystem

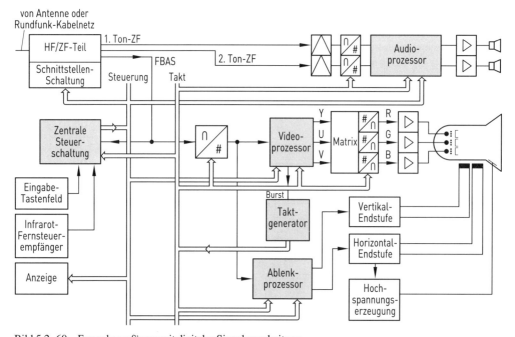

Bild 5.2–60 Fernsehempfänger mit digitaler Signalverarbeitung

Unabhängig von der Art der Signalverarbeitung im Gerät benötigen wir für die Bildwiedergabe die drei Grundfarbensignale, wobei als Wieder-

Unabhängig von der Signalverarbeitung sind für die Bildwiedergabe die drei Grundfarbensignale erforderlich.

5.2 Rundfunk und Multimedia

gabe-Komponente die bisher übliche Bildröhre bei neuen Fernsehempfängern fast vollständig vom Flachbildschirm abgelöst wurde. Im Kapitel „Elektrooptische Wandler" haben wir beide Varianten bereits kennengelernt.

Früher: Bildröhre
Heute: Flachbildschirm

Die Unterschiede bei den Farbbildröhren beziehen sich auf die Struktur der Leuchtstoffschicht für die drei Grundfarben (Tripel oder Streifen) und die Form der spezifischen Abdeckung vor dieser Schicht. Danach lassen sich Lochmasken-Farbbildröhren, Schlitzmasken-Farbbildröhren und als Triniton-Röhren bezeichnete Blendengitter-Farbbildröhren spezifizieren.

Unterscheidungen bei Farbbildröhren
☐ Struktur Leuchtstoffschicht
☐ Abdeckung vor Leuchtstoffschicht

Bei den Flachbildschirmen wird die Technologie der Flüssigkristall-Anzeige [*liquid crystal display* (LCD)] oder der Plasma-Anzeige [*plasma display* (PD)] eingesetzt. In beiden Fällen zeichnen sich solche Flachbildschirme durch ihre gegenüber Bildröhren erheblich geringere Bautiefe aus.

Flachbildschirme
☐ LCD-Technologie
☐ PD-Technologie

Beim analogen Fernsehen ist auch die Übertragung von Zusatzinformationen möglich. Es handelt sich um das standardisierte digitale Verfahren Teletext, für das sich in Deutschland die Bezeichnung Videotext (VT) eingebürgert hat. Jede Informationseinheit besteht dabei aus 24 Zeilen á 40 Zeichen und wird als Videotext-Seite oder Videotext-Tafel bezeichnet. Auf diese Weise ist es möglich, Text und einfache Grafiken mit dem Fernsehsignal ohne gegenseitige Beeinflussung zu übertragen. Es handelt sich dabei um Simplex-Betrieb.

**Teletext =
Videotext (VT) =**
Standardisiertes Verfahren für die Übertragung von Texten und einfachen Grafiken mit dem Fernsehsignal als unabhängige Zusatzinformationen

Videotext-Seiten sind mit jedem Fernsehsignal übertragbar, eine Abhängigkeit der Inhalte vom jeweiligen Programm besteht allerdings nicht. Typische Nutzungen für Videotext sind Informationsdienste, wie Programmübersichten, aktuelle Nachrichten, Wetterberichte, Börsenkurse, Flugpläne, Sportergebnisse, usw. Ein fernsehspezifischer Einsatz sind Untertitel für Hörgeschädigte oder im Rahmen der Übertragung nicht in deutscher Sprache synchronisierte Filme.

Videotext ist bei jedem Programm möglich.

Videotext-Nutzungen:
☐ Informationen
☐ Untertitel für Hörgeschädigte
☐ Untertitel bei nicht synchronisierten Filmen

Für die Übertragung der Videotext-Daten werden folgende Zeilen verwendet:

Übertragung der Videotext-Daten:
☐ Zeile 11 … 15   (1. Halbbild)
☐ Zeile 20 … 21   (1. Halbbild)
☐ Zeile 323 … 328 (2. Halbbild)
☐ Zeile 333 … 334 (2. Halbbild)

Diese sieben bzw. acht Zeilen in den Halbbildern liegen in der Austastlücke für den Bildwechsel, so dass der Inhalt des Fernsehbildes nicht beeinflusst wird.

Die Zeichen in den Videotext-Zeilen sind als Matrix mit 10×12 Punkten festgelegt. Für jedes Zeichen werden 8 bit benötigt, einschließlich des Päritätsbits.

Videotext-Zeichen = Punkte-Matrix 10×12
8 bit

Für jede Videotext-Zeile sind außerdem auch noch fünf Steuerworte mit je 8 bit erforderlich. Daraus ergibt sich folgende Datenmenge für eine Videotext-Seite:

$$N_{\text{VT–Seite}} = 24 \frac{\text{Zeilen}}{\text{Seite}} \cdot \left(40 \frac{\text{Zeichen}}{\text{Zeile}} + 5 \frac{\text{Steuerworte}}{\text{Zeile}}\right) \cdot 8 \frac{\text{bit}}{\text{Zeichen}}$$

$$\underline{\underline{N_{\text{VT–Seite}} = 8\,640 \text{ bit/Seite}}}$$

Da pro Fernsehsignal-Zeile eine Videotext-Zeile übertragen wird, ergibt sich wegen der verwendeten Zeilenzahl und der Bildfrequenz eine Kapazität von 375 Videotext-Zeilen pro Sekunde, was 15 Videotext-Seiten pro Sekunde ermöglicht. Die Übertragung von z. B. 200 Seiten dauert deshalb etwa 13 Sekunden.

In jeder Fernsehsignal-Zeile wird eine Videotext-Zeile übertragen.

15 VT-Seiten pro Sekunde

Damit der Teilnehmer auf die angebotenen Videotext-Seiten wahlfrei und möglichst schnell zugreifen kann, werden sie zyklisch wiederholt übertragen, also das **Karussell-Prinzip** verwendet. Häufig gewünschte Seiten sind dabei mehrfach im Kreislauf enthalten.

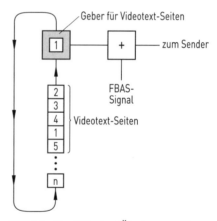

Bild 5.2–61 Videotext-Übertragung (Konzept)

Die Videotext-Daten werden auf der Sendeseite zum FBAS-Signal addiert. Der Zugriff auf die einzelnen Videotext-Seiten ist auf der Empfangsseite nur möglich, wenn der Fernsehempfänger mit einem Videotext-Decoder ausgestattet ist. Dieser selektiert zuerst die Videotext-Daten aus dem empfangenen Gesamtsignal, führt dann die Signalabbereitung durch und ermöglicht die Darstellung der gewünschten Videotext-Seite. Deren Identifizierung ist durch Nummerierung sichergestellt.

Videotext-Decoder im Fernsehempfänger selektiert die Videotext-Daten und führt die Signalabbereitung durch.

Videotext-Seiten sind durch Nummerierung eindeutg identifizierbar.

Übung 5.2–24

Warum wird beim Videotext das Karussell-Prinzip verwendet?

Bei einem großen Angebot an Videotext-Seiten sind Wartezeiten zwischen dem Abruf und dem Eintreffen gewünschter Seiten systembedingt nicht vermeidbar. Diesem Nachteil kann durch Zwischenspeicherung einzelner Seiten im Fernsehempfänger begegnet werden. Durch dieses Konzept ist es dem Teilnehmer möglich, unmittelbar auf diese Videotext-Seiten zugreifen zu können.

Durch Zwischenspeicherung im Fernsehempfänger kann die Zeit für den Zugriff auf Videotext-Seiten verkürzt werden.

5.2.2.2 Digitales Fernsehen

Digitales Fernsehen [*digital video broadcasting* (DVB)] bedeutet, dass die Luminanz- und Chrominanzwerte für die einzelnen Bildelemente als digitale Signale übertragen werden. Dafür ist allerdings eine wirkungsvolle Quellencodierung erforderlich, um Bitraten zu erhalten, die eine wirtschaftliche Übertragung ermöglichen. Wie bereits im Kapitel über die Quellencodierung angeführt, ist mit MPEG-2 ein solches System verfügbar, das sich seit vielen Jahren in der Praxis bewährt hat.

MPEG-2 ermöglicht die transparente Datenübertragung durch das Container-Konzept. Es handelt sich dabei um Rahmen, die eine konstante Länge von 188 Byte aufweisen, wobei 4 Byte als Kopf [*header*] dienen. Es können auf diese Weise Video, Audio und sonstige Daten in beliebiger Kombination datenreduziert übertragen werden.

Das Ausgangssignal des MPEG-2-Coders ist der MPEG-2-Transportstrom (MPEG-2-TS). Er besteht aus einem Multiplex mehrerer Programmsignale, die ihrerseits mit Hilfe von Programm-Multiplexern aus den jeweiligen Video-, Audio- und Datensignalen gebildet werden. Auf diese Weise ist eine große Flexibilität gegeben, wobei wir in diesem Kapitel primär die Videoseite betrachten wollen.

DVB [*digital video broadcasting*] erfordert entsprechende Quellencodierung, um wirtschaftlich vertretbare Bitraten zu erhalten.

Quellencodierung
↓
Datenreduktion
↓
MPEG-2
↓
Container-Konzept
↓
Rahmen mit konstanter Länge von 188 Byte

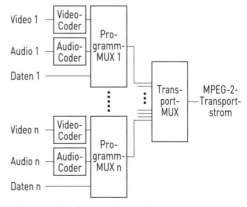

Bild 5.2–62   Bildung des MPEG-2-Transportstroms

Übung 5.2–25

Welche Aufgabe hat der Programm-Multiplexer?

Die Besonderheit von MPEG-2 liegt in der Skalierbarkeit. Dies bedeutet die Auswahlmöglichkeit zwischen verschiedenen Anwendungen und Qualitäten. Es sind bei MPEG-2 fünf Anwendungskategorien definiert, die als „Profiles" bezeichnet werden. Außerdem gibt es vier als „Level" bezeichnete Qualitätsstufen.

Die Profiles bilden in Verbindung mit den Levels eine Matrix, so dass sich theoretisch 20 Kombinationen ergeben. Bezogen auf die Profiles können wir folgende Arten unterscheiden:

Skalierbarkeit:
- **Profiles** (Anwendungskategorien)
- **Levels** (Qualitätsstufen)

- Simple Profile (SP) → Einfachste Systemlösung
- Main Profile (MP) → Normale Systemlösung
- SNR [*signal-to-noise ratio*] Scalable Profile (SNRP) → Systemlösung mit Rauschabstands-Skalierbarkeit
- Spatial Scalable Profile (SSP) → Systemlösung mit Orts-Skalierbarkeit
- High Profile (HP) → Aufwendigste Systemlösung

Bei den Leveln gelten folgende Formen:
- Low Level (LL) → Niedrigste Qualitätsstufe
- Main Level (ML) → Normale Qualitätsstufe
- High-1440-Level (H14L) → Hohe Qualitätsstufe
- High Level (HL) → Höchste Qualitätsstufe

Die Unterschiede bei den Profiles stellen eine Staffelung der Eigenschaften dar. So arbeitet SP ohne bidirektionale Bewegungsschätzung, bei MP ist dagegen keine Skalierbarkeit zur Anpassung an unterschiedliche Empfangssituationen gegeben, bei SNRP ist die Skalierung in Abhängigkeit vom Quantisierungsfehler möglich, bei SSP zusätzlich die Skalierung der Bildauflösung. HP verwendet alle Skalierungen und ist auch für das Bildformat 16 : 9 geeignet.

Eine vergleichbare Stufung liegt auch bei den Levels vor. LL bietet eine reduzierte Auflösung, während ML als Standardauflösung der Bildqualität gemäß PAL-Standard entspricht. H14L und HL unterstützen dagegen das hochauflösende Fernsehen [*high definition television* (HDTV)], bei dem statt 625 Zeilen die doppelte Zeilenzahl (1 250) verwendet wird. H14L gilt für HDTV mit 1 440 Bildelementen pro Zeile, während es bei HL 1 920 Bildelemente pro Zeile

SP Ohne bidirektionale Bewegungs-
↓ schätzung
MP Mit bidirektionaler Bewegungs-
↓ schätzung
SNRP Mit Skalierung in Abhängigkeit vom
↓ Quantisierungsfehler
SSP Zusätzlich Skalierung der Bild-
↓ auflösung
HP Alle Skalierungen und
Bildformat 16 : 9

LL Reduzierte Auflösung
↓
ML Standardauflösung
↓
H14L HDTV, 1 440 BE/Zeile
↓
HL HDTV, 1 920 BE/Zeile, Bildformat 16 : 9

5.2 Rundfunk und Multimedia

sind, weil dieser Level auch für das Bildformat 16 : 9 geeignet ist.
Für die Angabe der verwendeten Profile/Level-Kombinationen gilt folgende Struktur:

> Kurzzeichen für das Profile @ Kurzzeichen für den Level

Beispiel:
MP @ ML

Übung 5.2–26
Welches ist die bestmögliche Profile/Level-Kombination?

Durch MPEG-2 stehen alle nötigen Werkzeuge zur Verfügung, um Fernsehsignale in unterschiedlicher Qualität für die Übertragung codieren zu können. Für die derzeitige Fernsehwelt hat MP@ML die größte Bedeutung. In der Fachsprache sind folgende Begriffe für die typischen Qualitätsebenen üblich:

Begriff	**Bild- und Tonqualität**	**Bitrate (in Mbit/s)**	**Profile/ Level**
LDTV [*low definition television*]	gering	1,5 … 3	SP@ML
SDTV [*standard definition television*]	normal	3 … 6	MP@ML
EDTV [*extended definition television*]	verbessert	6 … 8	HP@ML
HDTV [*high definition television*]	hoch	20 … 30	HP@HL

Die bisherigen Ausführungen zu MPEG-2 gelten vergleichbar auch für MPEG-4. Diese Quellencodierung umfasst die Audiocodierung AAC [*advanced audio coding*] und die Videocodierung AVC [*advanced video coding*], für die auch zusätzlich oder einzeln die Bezeichnung H.264 verwendet wird. Der Unterschied zu MPEG-2 ist die stärkere Datenreduktion, weshalb sie für die Verbesserung der DVB-Verfahren von Bedeutung ist.

Für DVB sind besonders SDTV und HDTV von Interesse. Bei SDTV handelt es sich im Prinzip um die Übertragung der analogen Bildsignale in digitaler Form, also nach Analog-Digital-Umsetzung. Da beim anlogen Fernsehen bekanntlich nur 576 Zeilen sichtbar sind und das

Quellencodierung MPEG-4
- ☐ Audiocodierung: **AAC**
- ☐ Videocodierung: **AVC**
  ⇒ H.264

Bildformat 4:3 beträgt, ergibt sich für SDTV eine Bildauflösung von 720 × 576. Dies bedeutet 720 Bildelemente pro Zeile und 576 Zeilen pro Bild, was 414.720 Bildpunkte pro Bild bedeutet. Da bei SDTV auch weiterhin mit dem Zeilensprungverfahren [*interlacing*] gearbeitet wird, hat sich als Kurzform die Bezeichnung „**576i**" eingebürgert.

HDTV bietet eine sichtbar höhere Bildauflösung, außerdem wird nur noch mit dem Bildformat 16 : 9 gearbeitet. Da die Wiedergabe praktisch ausschließlich über Flachbildschirme und Videoprojektoren [*beamer*] läuft, stellt das Zeilensprungverfahren mit Halbbildübertragung keine zweckmäßige Lösung mehr dar. Es ist deshalb ausschließlich Vollbildübertragung vorgesehen, gekennzeichnet durch den Begriff „progressiv" (p), weil es sich wirklich um einen Fortschritt handelt. Für HDTV sind mindestens 720 Zeilen festgelegt, was wegen des Bildformats 16 : 9 zu 1280 Bildelementen pro Zeile führt. Das Ergebnis ist eine Bildauflösung von 1280 × 720 = 921.600 Bildelemente pro Bild, also gegenüber SDTV eine Verdopplung. Hier gilt nun die Kurzbezeichnung „720p". Schnelle Bewegungsvorgänge und Details im Bild können wir umso besser erkennen, je höher die Bildauflösung ist. Dieser Erkenntnis trägt die als Full-HD bezeichnete HDTV-Variante Rechnung. Hier wird beim Bildformat 16 : 9 mit 1080 Zeilen gearbeitet, was 1920 Bildelemente pro Zeile bedeutet. Damit ergibt sich eine Verdoppelung der Bildauflösung auf 2.073.600 Bildelemente pro Bild. Als Kurzbezeichnung wird „1080p" verwendet.

SDTV → 576i
☐ Bildformat: 4 : 3
☐ Halbbildübertragung
☐ Zeilen pro Bild: 576
☐ Bildelemente pro Zeile: 720
☐ Auflösung: 720 × 576
☐ Bildelemente pro Bild: 414.720

HDTV → 720p
☐ Bildformat: 16 : 9
☐ Vollbildübertragung
☐ Zeilen pro Bild: 720
☐ Bildelemente pro Zeile: 1280
☐ Auflösung: 1280 × 720
☐ Bildelemente pro Bild: 921.600

Full HD → 1080p
☐ Bildformat: 16 : 9
☐ Vollbildübertragung
☐ Zeilen pro Bild: 1080
☐ Bildelemente pro Zeile: 1920
☐ Auflösung: 1920 × 1080
☐ Bildelemente pro Bild: 2.073.600

Übung 5.2–27
Interpretieren Sie die Unterschiede bei den Angaben „576i" und „720 p".

Es wird bereits daran gearbeitet, die Auflösung bei HDTV noch weiter zu erhöhen, besonders im Hinblick auf große Bildschirme oder Projektionsflächen. Diese Entwicklung läuft unter dem Arbeitstitel „4k" und bedeutet vier Millionen Bildelemente pro Bild, was gegenüber Full-HD nochmals eine Verdoppelung darstellt.

Jede übertragene Form von DVB setzt verständlicherweise voraus, dass der Empfänger dafür ausgelegt ist. Im Regelfall sind die Geräte

Perspektive:
HDTV-Variante „4k" mit vier Millionen Bildelementen pro Bild

5.2 Rundfunk und Multimedia

abwärtskompatibel. So können wir zum Beispiel mit einem Empfänger für Full-HD auch HDTV und SDTV verarbeiten.

Neben den Fernsehprogrammen mit ihren Bild- und Tonsignalen sind bei DVB auch beliebige Datendienste möglich, besonders natürlich solche, die für ihre Funktion einen Bildschirm erfordern. Solche Dienste werden üblicherweise als Applikationen (= Anwendungen) bezeichnet und sind durch entsprechende Bitraten gekennzeichnet, die dann einen Bestandteil des Transportstroms (TS) bilden. Diese Daten werden entweder einem Programm-Multiplexer oder direkt dem Transport-Multiplexer zugeführt. Auf der Empfangsseite muss allerdings für jede Applikation die entsprechende Software für deren Verarbeitung zur Verfügung stehen.

Eine Besonderheit von DVB stellen die Service-Informationen (SI) dar, die als Teil des DVB-Transportstroms standardisiert sind. Es handelt sich um technische, betriebliche und inhaltliche Parameter, die in Form definierter Tabellen übertragen werden. Deren grundsätzliche Struktur ist aus Bild 5.2–63 ersichtlich.

Die SI unterstützen folgende Funktionen auf der Empfangsseite:

Der EPG ermöglicht die strukturierte Darstellung der großen Zahl empfangbarer Programme und Dienste in einer vom Teilnehmer gewünschten Form, aus der dann ausgewählt werden kann.

Bei DVB wird für bestimmte Inhalte oder Dienste auch das bereits behandelte Conditional Access (CA) verwendet, um den Zugriff nur autorisierten Nutzern zu ermöglichen. Dabei kann es sich um Programme, Dienste oder einzelne Beiträge handeln.

DVB ist für die Übertragungsarten Satellit, Kabel und Terrestrik geeignet. Das Konzept auf der Sendeseite und der Empfangsseite ist in allen drei Fällen gleich. Es handelt sich um die Quellencodierung, die Kanalcodierung und die Modulation auf der Sendeseite, während auf der

Empfänger sind im Regelfall abwärtskompatibel.

Applikationen =
Beliebige Datendienste, die als entsprechende Bitraten im DVB-Signal übertragen werden.

Für jede Applikation wird auf der Empfangsseite entsprechende Software benötigt.

Service-Informationen (SI) =
Zusatzdaten im DVB-Signal über technische, betriebliche und inhaltliche Parameter der Übertragung

- Automatische Konfiguration des Empfangsgerätes entsprechend der Programmwahl/Dienstewahl
- Realisierung einer komfortablen Nutzerführung durch einen elektronischen Programmführer

Elektronischer Programmführer [*electronic programme guide* (EPG)] =
Strukturierte Darstellung der empfangbaren Programme und Dienste

Verwendung von Conditional Access (CA) für Programme, Dienste oder einzelne Beiträge

Sendeseite
- Quellencodierung
- Kanalcodierung
- Modulation

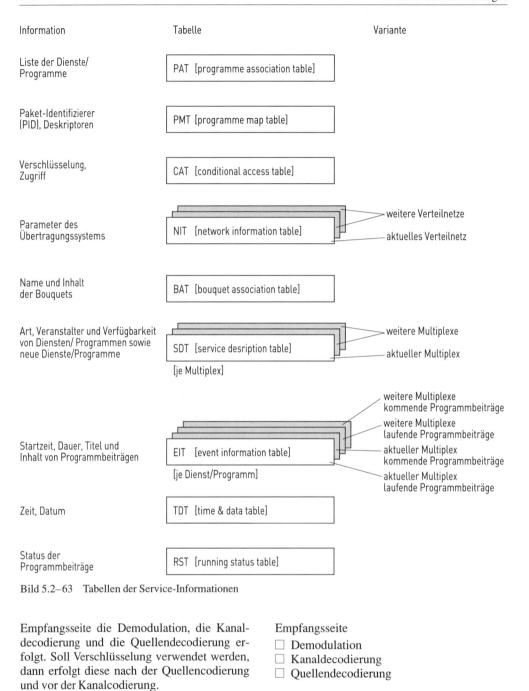

Bild 5.2–63 Tabellen der Service-Informationen

Empfangsseite die Demodulation, die Kanaldecodierung und die Quellendecodierung erfolgt. Soll Verschlüsselung verwendet werden, dann erfolgt diese nach der Quellencodierung und vor der Kanalcodierung.

Empfangsseite
☐ Demodulation
☐ Kanaldecodierung
☐ Quellendecodierung

5.2 Rundfunk und Multimedia

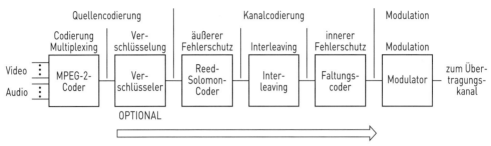

Bild 5.2–64   DVB-Sendeseite (Konzept)

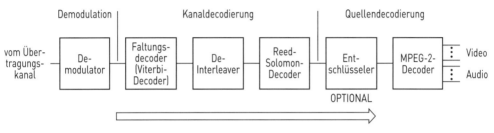

Bild 5.2–65   DVB-Empfangsseite (Konzept)

Bei dem äußeren Fehlerschutz der Kanalcodierung wird ein Reed-Solomon-Code (RS-Code) verwendet, der den üblichen Transportrahmen von 188 Byte um 16 Byte Redundanz ergänzt, wodurch sich ein Gesamtrahmen von 204 Byte ergibt. Wir sprechen deshalb von einem RS-Code (204, 188). Er gewährleistet besonders Schutz gegen Bündelfehler. Durch das anschließende Interleaving werden Burstfehler vereinzelt, was für den nachgeschalteten bitorientierten Faltungscoder wichtig ist.

Bei der Modulation werden solche Verfahren verwendet, die bezogen auf den jeweiligen Übertragungskanal optimal geeignet sind.

DVB über Satellit (DVB-S) arbeitet im Frequenzbereich 10,7 ... 12,75 GHz, wobei die Kanalbandbreite im Regelfall 36 MHz beträgt. Das vom Satelliten abgestrahlte Signal muss bis zur Erdoberfläche in Deutschland etwa 40 000 km zurücklegen, was sehr kleine Feldstärkewerte am Empfangsort bedeutet. Da außerdem die erreichbaren Störabstände bei der Satellitenübertragung relativ klein sind, wurde vierwertige Phasenumtastung (QPSK) als Modulationsverfahren festgelegt. Dies führt zu einer Brutto-Bandbreitenausnutzung von 1,57 (bit/s)/Hz. Die nutzbare Netto-Bitrate ist

RS-Code (204, 188) =
Reed-Solomon-Code mit 188 Byte langen Transportrahmen, die um 16 Byte Redundanz auf 204 Byte ergänzt sind.

DVB-S (DVB über Satellit)
☐ Kanalbandbreite: 36 MHz
☐ Modulation: QPSK
☐ Brutto-Bandbreiten-
   ausnutzung: 1,57 (bit/s)/Hz

von der Coderate des Faltungscoders abhängig. Außerdem muss ein Mindestpegel für den Träger-Rausch-Abstand (CNR) eingehalten werden. Bezogen auf die Kanalbandbreite von 36 MHz gilt:

Coderate	1/2	2/3	3/4	5/6
Netto-Bitrate (in Mbit/s)	26,1	34,8	39,1	43,5
CNR_{min} (in dB)	4,1	5,9	6,9	7,9

DVB-S nutzt MPEG-2 als Quellencodierung und ist gemäß ETS 300 421 europäisch standardisiert. Die Forderung nach Frequenzeffizienz führte inzwischen zur Einbindung der Quellencodierung MPEG-4. Das Ergebnis wird als DVB-S2 bezeichnet und ist im Standard EN 302 307 festgelegt.

DVB-S2 weist gegenüber DVB-S eine etwa dreißig Prozent größere Netto-Bitrate auf. Erreicht wird dies primär durch den Einsatz höherwertigerer Phasenumtastung, wie 8-PSK, 16-APSK oder 32-APSK.

Die bei DVB-S bestehenden Probleme bezüglich Dämpfung und Störabständen sind bei der Verteilung von DVB in Rundfunk-Kabelnetzen nicht gegeben, weshalb auch das Modulationsverfahren weniger robust sein kann.

Für DVB über Kabel (DVB-C), wobei das C in der Abkürzung für „cable" (Kabel) steht, können grundsätzlich alle 7-MHz- und 8-MHz-Kanäle eines Rundfunk-Kabelnetzes genutzt werden. Für DVB-C ist im Standard ETS 300 429 als Übertragungsverfahren Quadratur-Amplitudenmodulation (QAM) festgelegt. Bei 64-QAM ergibt sich:

DVB-S2
☐ Standard: EN 302 307
☐ Quellencodierung: MPEG-4
☐ Netto-Bitrate gegenüber DVB-S etwa 30 % größer

DVB-C (DVB über Kabel)
☐ Kanalbandbreite: 8 MHz oder 7 MHz
☐ Modulation: QAM

DVB-C mit 64-QAM im 8-MHz-Kanal
☐ Netto-Bitrate: 38,5 Mbit/s
☐ Brutto-Bandbreitenausnutzung: 4,8 (bit/s)/Hz
☐ CNR_{min}: 28 dB

Bei 7 MHz-Kanälen reduziert sich verständlicherweise die Netto-Bitrate.

Übung 5.2–28
Welche Spezifikationen gelten für DVB-S und DVB-C in gleicher Weise?

Auch bei DVB-C ist man bemüht, die Übertragungskapazität der Systeme, also hier der Kabelnetze, optimal zu nutzen. Die Entwick-

5.2 Rundfunk und Multimedia

lung von DVB-C auf DVB-C2 bedeutet deshalb den Übergang von MPEG-2 auf MPEG-4 und den Einsatz höherwertiger QAM-Verfahren. Dabei handelt es sich um 256-QAM oder 1024-QAM. Auf diese Weise lassen sich über die vorhandenen Netze erheblich mehr Programme und sonstige Inhalte übertragen.

DVB über terrestrische Sender wird als DVB-T bezeichnet und hat eine Menge Vergleichbarkeiten mit dem digitalen Hörfunk DAB. Der für DVB-T geltende Übertragungsstandard ETS 300 744 sieht nämlich auch das Mehr-Träger-Verfahren COFDM vor. Dabei kann im Prinzip auf allen VHF- und UHF-Kanälen gearbeitet werden. Für die Zahl der Träger sind bezogen auf 8-MHz-Kanäle folgende Modi festgelegt:

Auch bei DVB-T wird mit Schutzintervallen [*guard interval*] gearbeitet, weil bei terrestrischem Empfang stets Mehr-Wege-Empfang auftreten kann. Für das Verhältnis der Dauer des Schutzintervalls T_G zur Symboldauer T_S sind die Stufen 1/4, 1/8, 1/16 und 1/32 zulässig. Ihr Wert beeinflusst unmittelbar den zulässigen Senderabstand d_{zul} in Gleichwellennetzen [*single frequency network* (SFN)]. Es gilt:

DVB-C2 nutzt
☐ MPEG-4
☐ 256-QAM oder 1024-QAM

DVB-T (DVB über terrestrische Sender)
☐ Kanalbandbreite: 8 MHz oder 7 MHz
☐ Übertragungsverfahren: COFDM

Trägerzahl bei COFDM
☐ 2k-Modus: 1 705 Träger
☐ 8k-Modus: 6 817 Träger

Mehr-Wege-Empfang → Schutzintervall

T_G/T_S	1/4	1/8	1/16	1/32
2k-Modus				
d_{zul} (in km)	16,8	8,4	4,2	2,1
8k-Modus				
d_{zul} (in km)	67,2	33,6	16,8	8,4

T_G = Dauer des Schutzintervalls
T_S = Symboldauer
d_{zul} = zulässiger Senderabstand im SFN

Jeder Träger des COFDM-Signals wird individuell moduliert. Dafür sind QPSK, 16-QAM oder 64-QAM vorgesehen. Die für ein DVB-T-System gegebene Netto-Bitrate bestimmt sich aus der Modulationsart, der Coderate für den Faltungscoder und dem Verhältnis T_G/T_S. Die beiden Modi 2k und 8k müssen nicht gesondert betrachtet werden, weil das Verhältnis T_G/T_S als relative Angabe für beide gleich ist.

Bei extrem geschützter Übertragung und robuster Modulation ergibt sich eine Netto-Bitrate von etwa 5 Mbit/s, was nur für ein Fernsehprogramm ausreicht. Bei geringstem Schutz

Netto-Bitrate für DVB-T =
f(Modulationsart für die Einzelträger, Coderate für den Faltungscode und Verhältnis T_G/T_S)

und vielwertiger Modulation steigt der Wert auf knapp 32 Mbit/s. In der Praxis liegen die typischen Werte für die Netto-Bitrate im Bereich 12 … 20 Mbit/s, weil stationärer, portabler und mobiler Empfang möglich sein soll.

Schutz: gering → hoch
Netto-Bitrate: groß → klein

Tabelle 5.2–3   Netto-Bitrate für T-DVB

Modulation	Coderate	Netto-Bitrate (Mbit/s) Schutzintervall T_G/Symboldauer T_S			
		1/4	1/8	1/16	1/32
QPSK	1/2	4,98	5,53	5,85	6,03
	2/3	6,64	7,37	7,81	8,04
	3/4	7,46	8,29	8,78	9,05
	5/6	8,29	9,22	9,76	10,05
	7/8	8,71	9,68	10,25	10,56
16-QAM	1/2	9,95	11,06	11,71	12,06
	2/3	13,27	14,75	15,61	16,09
	3/4	14,93	16,59	17,56	18,10
	5/6	16,59	18,43	19,52	20,11
	7/8	17,42	19,35	20,49	21,11
64-QAM	1/2	14,93	16,59	17,56	18,10
	2/3	19,91	22,12	23,42	24,13
	3/4	22,39	24,88	26,35	27,14
	5/6	24,88	27,65	29,27	30,16
	7/8	26,13	29,03	30,74	31,67

Der Mindestwert für den Träger-Rausch-Abstand CNR ist nicht nur von der Modulationsart und der Coderate abhängig, sondern auch von den Gegebenheiten, die bei der Übertragung vorliegen. Wir können verschiedene „Kanal-Modelle" unterscheiden. Sie sind benannt nach Forschern und Entwicklern, die zu der Thematik wesentliche Erkenntnisse beigetragen haben.

Kanal-Modelle beschreiben unterschiedliche Gegebenheiten bei der Übertragung.

Die für unsere Betrachtungen relevanten Unterschiede bei den Kanal-Modellen sind die Art der Empfangsantenne und die Art des Empfangs. Beim Gauß-Kanal handelt es sich um eine auf den Sender ausgerichtete Richtantenne, außerdem soll der Empfang auch nur unmittelbar vom Sender erfolgen. Beim Rice-Kanal wird zwar auch von einer gerichteten Antenne ausgegangen, jedoch nun der übliche Mehr-Wege-Emp-

Kanal-Modell	Empfangs-antenne	Empfang
Gauß	gerichtet	Direktempfang
Rice	gerichtet	Mehr-Wege-Empfang
Rayleigh	ungerichtet	Mehr-Wege-Empfang

5.2 Rundfunk und Multimedia

fang berücksichtigt. Die ungünstigste Situation ist beim Rayleigh-Kanal gegeben. Es ist dort eine ungerichtete Antenne (also ein kreisförmiges Strahlungsdiagramm) und Mehr-Wege-Empfang vorgesehen.

Es ergibt sich bei Berücksichtigung aller aufgezeigten Parameter für SNR_{min} der Bereich 3,1 ... 27,9 dB. Grundsätzlich können wir feststellen, dass der Wert gemäß folgenden Abhängigkeiten größer wird:

Die Kanal-Modelle unterscheiden sich durch die Empfangsantenne und die Empfangsart.

☐ Steigende Wertigkeit der Modulation
☐ Abnehmender Fehlerschutz
☐ Komplexeres Kanal-Modell

Übung 5.2–29
Welche Unterscheidungsmerkmale weisen die Kanal-Modelle auf?

Die Weiterentwicklung von DVB-T zu DVB-T2 soll ohne Veränderungen der Infrastruktur beim Nutzer (z. B. Antennenanlage) zu einer höheren Netto-Bitrate führen. Dies umfasst den Übergang auf die effizientere Quellencodierung MPEG-4, den Einsatz höherwertiger QAM (z. B. 256-QAM), verbesserter Fehlerkorrektur und Nutzung der MIMO [*multiple input, multiple output*]-Technik, was den Einsatz mehrerer Antennen für das Senden und Empfangen bedeutet.

DVB-T2 nutzt
☐ MPEG-4
☐ 256-QAM
☐ Verbesserte Fehlerkorrektur
☐ MIMO- [*multiple input, multiple out-put*-] Technik

Bei DVB-T2 wird auf eine Abwärtskompatibilität zu DVB-T verzichtet, um die Leistungsfähigkeit des neuen Systems nicht zu reduzieren.

DVB-TZ ist zu DVB-T nicht kompatibel.

Empfangseinrichtungen für DVB haben die Aufgabe, die übertragenen Programme/Dienste zu selektieren, zu demodulieren und zu decodieren, damit die Wiedergabe erfolgen kann. Wegen der unterschiedlichen Modulationsverfahren und der verschiedenen Frequenzbereiche sowie Kanalbandbreiten sind für DVB-S, DVB-C und DVB-T spezifische Empfangsteile mit Tuner, Demodulator und Kanaldecoder erforderlich. Sie werden meistens als Front-end bezeichnet und weisen als Ausgangssignal den Transportstrom auf. Aus diesem gewinnen wir durch Demultiplexierung und Decodierung die gewünschten Programme/Dienste.

Für DVB-S, DVB-C und DVB-T sind unterschiedliche Empfangsteile [*front-end*] erforderlich.

Grundsätzlich bieten sich für den DVB-Empfang folgende gerätemäßige Varianten an. An erster Stelle steht die Set-Top-Box (STB). Es handelt sich um eigenständige digitale Empfän-

Set-Top-Box (STB) =
Eigenständiger DVB-Empfänger ohne Wiedergabeteil.

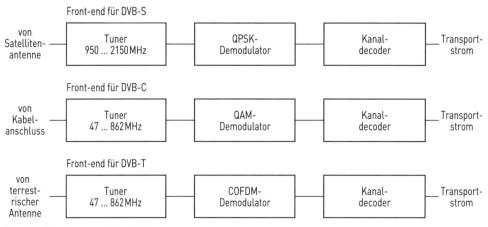

Bild 5.2–66 Front-ends für DVB

ger, jedoch ohne Wiedergabeteil. Für die Wiedergabe kann der bisherige analoge Fernsehempfänger als Monitor eingesetzt werden. Die sinnvollere Lösung als Wiedergabekomponenten stellen jedoch Flachbildschirme und Videoprojektoren [*beamer*] dar, weil bei ihnen kein Wechsel auf analoge Signale erforderlich ist. Die Verbindung der STB zur Wiedergabekomponente kann über die analoge SCART-Schnittstelle erfolgen, die bessere Lösung ist allerdings die digitale HDMI-[*high definition multimedia interface*]-Schnittstelle. HDTV-Übertragungen sind nur über diesen Weg realisierbar.

Mit Hilfe einer geeigneten Steckkarte kann auch der Computer (PC, Laptop, ...) für den DVB-Empfang verwendet werden, wobei er auf jeden Fall mit einer geeigneten Grafik- und Soundkarte ausgestattet sein muss. Die relativ große Speicherkapazität eines Computers und die Anschlussmöglichkeiten für Drucker und andere Peripheriegeräte können besonders bei Applikationen von Vorteil sein.

Werden die Funktionalitäten der STB und des Wiedergabeteils in einem Gerät vereint, dann handelt es sich um einen integrierten digitalen Fernsehempfänger [*integrated digital television* (IDTV)], der allerdings auch noch für analogen Empfang ausgelegt sein kann. Ein IDTV kann für DVB-S, DVB-C und DVB-T ausgelegt sein oder

Verbindung STB → Wiedergabeteil
☐ SCART
☐ HDMI [*high definition multimedia interface*]
⇒ HDTV-Übertragung erfordert HDMI

DVB-Steckkarte für den Computer ermöglicht DVB-Empfang.

Vorteile des Computers bei Applikationen:
☐ Relativ große Speicherkapazität
☐ Anschlussmöglichkeit für Drucker und andere Geräte

IDTV [*integrated digital television*] =
Fernsehempfänger, der die Funktionalität der Set-Top-Box und des Wiedergabeteils in einem Gerät vereint.

nur für eine dieser Varianten. Unter Umständen ist das Empfangsteil auch austauschbar oder es sind andere Empfangsvarianten nachrüstbar.

Eine Problematik für alle DVB-Empfangseinrichtungen stellen die Applikationen dar. Während bekanntlich für Video und Audio der Programme MPEG-2 standardisiert ist und damit Decoder einfach realisiert werden können, herrscht bei den Applikationen die totale Freiheit. Für jede Applikation muss deshalb die dazu passende Software für die Decodierung im Gerät verfügbar gemacht werden, entweder durch residentes Speichern oder jeweils durch Download vor der Nutzung. Dieses wäre relativ einfach lösbar, wenn es für die DVB-Empfangseinrichtungen ein einheitliches Betriebssystem geben würde. Damit nun unterschiedliche Applikationen auf Geräten mit beliebigen Betriebssystemen dennoch lauffähig sind, wurde eine als API [*application programming interface*] bezeichnete Software-Schnittstelle standardisiert. Sie bietet auf der einen Seite eine definierte Software-Plattform für die Applikationen, während sie auf der anderen Seite für jedes Betriebssystem adaptierbar ist. Damit kann einerseits der Entwickler von DVB-Empfangseinrichtungen „sein" Betriebssystem verwenden, während für alle, die Applikations-Software schreiben, sichergestellt ist, dass auf Basis der API erstellte Applikationen bei allen mit der Schnittstelle API ausgestatteten Geräten zur Verfügung stehen. Erst durch die Schnittstelle API ist also eine Vielfalt von Applikationen nutzbar.

Wegen der Standardisierung benötigen MPEG-2 bzw. MPEG-4 keine Schnittstelle API, sie können sich unmittelbar auf das jeweilige Betriebssystem abstützen. Dies gilt auch für den als elektronischen Programmführer [*electronic programme guide* (EPG)] ausgeführten Navigator. Soll auch auf verschlüsselt übertragene Inhalte zugegriffen werden können, dann ist bekanntlich Conditional Access (CA) erforderlich. Setzen wir integriertes CA [*embedded CA*] ein, dann befindet sich die dafür entsprechende Software im Empfangsgerät. Sie benötigt keine Schnittstelle API, sondern kann direkt dem Betriebssystem angepasst werden. Dies gilt auch, wenn mehrere CA-Systeme im Gerät integriert sein sollten.

Empfangsteile können ggf. ausgetauscht oder nachgerüstet werden.

Applikationen sind nicht standardisiert!
Für die Decodierung von Applikationen muss jeweils die entsprechende Software im Gerät verfügbar sein.

Die Betriebssysteme von DVB-Empfangseinrichtungen sind nicht einheitlich.

Programmier-Schnittstelle
API [*application programming interface*] bietet definierte Software-Plattform für Applikationen.

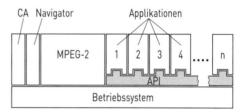

Bild 5.2–67   Software-Struktur für DVB-Empfangseinrichtungen

Nur Applikationen benötigen die Programmier-Schnittstelle API, während sich Quellendecodierung (MPEG-2 oder MPEG-4), Navigator und CA unmittelbar auf das jeweilige Betriebssystem der DVB-Empfangseinrichtung abstützen.

Beim „embedded CA" ist das CA-Modul im Gerät integriert.

Die größere Flexibilität bei Verschlüsselung ist jedoch durch den Einsatz externer CA-Module [*conditional access module* (CAM)] gegeben. Sie werden bei der im Empfangsgerät befindlichen Schnittstelle „Common Interface" (CI oder CI+) eingesteckt und weisen auch ein Lesegerät für die Smart Card auf.

Common Interface (CI oder CI+)
Schnittstelle für CA-Module
$\Rightarrow$ Externes CA

Für jedes CA-System ist ein eigenes CAM erforderlich. Es bieten sich deshalb DVB-Empfangseinrichtungen mit zwei und mehr CI-Steckplätzen an.

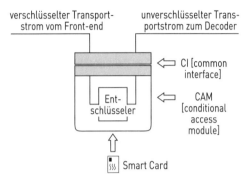

Bild 5.2–68 Common Interface und Conditional Access Module

Übung 5.2–30
Welche Varianten gibt es für die Durchführung der Entschlüsselung?

5.2.3 Multimedia

5.2.3.0 Einführung

Der Begriff Multimedia ist nicht standardisiert, sondern es gibt lediglich eine große Zahl von Erklärungsversuchen. Gehen wir von den Wortbestandteilen „Multi" und „Media" aus, dann bedeutet dies die vielfache Nutzung von Medien. Während es sich bei Hörfunk und Fernsehen um die reine Übertragung von Audio- bzw. Videosignalen handelt, wollen wir unter Multimedia die beliebige Kombination aus Audio, Video, Texten, Grafiken, Festbildern und sonstigen Effekten verstehen. Auf diese Weise können Informationen in vielfältiger Weise zum Nutzer gebracht werden. Der Zugang soll dabei auch mobil erfolgen können.

Multimedia =
Beliebige Kombination aus Audio, Video, Texten, Grafiken, Festbildern und sonstigen Effekten

5.2.3.1 Grundlagen

Die Übertragung multimedialer Inhalte stellt in der digitalen Welt kein grundsätzliches Problem dar, weil alle Anteile als Bitfolgen zur Verfügung

5.2 Rundfunk und Multimedia

stehen und mit den bereits bekannten Verfahren der Audio- und Videocodierung bearbeitet werden können. Es ergibt sich damit ein Datenstrom, der im Prinzip auf beliebige Weise zum Nutzer gelangen kann. Dort erfolgt die Wiedergabe mit Hilfe entsprechender Protokolle. Bei Multimedia gilt jedoch eine grundsätzlich Forderung:

Dies bedeutet den Vorrang des mobilen Empfangs für Multimedia. Die dafür genutzten Geräte bezeichnen wir als Handhelds. Sie sind gut handhabbar, weisen geringes Gewicht auf, haben einen Bildschirm [*display*], besitzen eine integrierte Antenne und erhalten ihre Stromversorgung über eingebaute Akkumulatoren. Handhelds weisen somit eine starke Vergleichbarkeit zu Handys auf.

Systembedingt weist ein Handheld gegenüber einem Fernsehempfänger einen entsprechend kleineren Bildschirm auf, nämlich 6 … 10 cm Bildschirmdiagonale, Deshalb kann mit erheblich geringerer Bildauflösung gearbeitet werden. Während es sich bei Bildschirmgrößen für Fernsehempfänger um $720 \times 576 = 414.720$ Bildelemente pro Bild handelt, ist bei Handhelds ein Wert von $320 \times 240 = 76.800$ Bildelementen pro Bild üblich. Diese Reduzierung auf etwa zwanzig Prozent der bisherigen Auflösung führt auch zu einer entsprechend kleineren Bitrate. So liegen die Werte pro multimedialem Angebot im Bereich 250 … 350 kbit/s. Damit ist eine optimale Nutzung der Übertragungskapazität gewährleistet.

Bei Multimedia via Handhelds ist auch eine begrenzte Interaktivität möglich. Diese ist dann gegeben, wenn das Handheld Telefonfunktion aufweist und damit ein Rückkanal zur Verfügung steht.

Bei multimedialen Inhalten können die bekannten Verfahren der Audio- und Videocodierung genutzt werden.

Die multimedialen Inhalte sollen möglichst überall empfangbar sein.

Eigenschaften von **Handhelds**
☐ Handlich
☐ Geringes Gewicht
☐ Bildschirm [*display*]
☐ Integrierte Antenne
☐ Stromversorgung über Akkus

Bei Handhelds wird gegenüber Fernsehempfängern mit geringerer Bildauflösung gearbeitet.

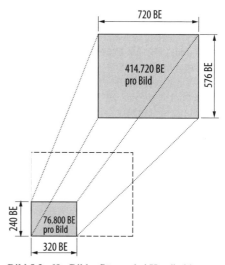

Bild 5.2–69 Bildauflösung bei Handhelds

Bitrate pro multimediales Angebot:
250 … 350 kbit/s

Interaktivität erfordert Rückkanal

Rückkanal durch integrierte Telefonfunktion realisierbar

Übung 5.2–31

Warum weist Multimedia via Handheld gegenüber DVB via Fernsehempfänger eine kleinere Bitrate auf?

5.2.3.2 Anwendungen

Für die mobilen Multimediadienste sind folgende Systeme standardisiert:

Multimediasysteme
- ☐ DMB [*digital multimedia broadcasting*]
- ☐ DVB-H [*digital video broadcasting via handhelds*]

DMB arbeitet mit der Quellencodierung MPEG-4 und nutzt die DAB-Übertragungstechnik mit ihren 1,5 MHz breiten Frequenzblöcken. Dadurch sind im Durchschnitt vier Multimediadienste pro Frequenzblock realisierbar. Die Übertragung erfolgt als Multiplexsignal.

DMB nutzt
- ☐ Quellencodierung MPEG-4
- ☐ DAB-Übertragungstechnik
  ⇓
  4 Multimediadienste
  pro DAB-Frequenzblock

Bei DVB-H handelt es sich um ein breitbandigeres Verfahren. Hier wird ebenfalls MPEG-4 als Quellencodierung verwendet, jedoch für die Verbreitung die DVB-T-Übertragungstechnik eingesetzt. Es handelt sich nun um 8 MHz breite Fernsehkanäle, die im Durchschnitt 16 Multimediadienste in einem Multiplex ermöglichen.

DVB-H nutzt
- ☐ Quellencodierung MPEG-4
- ☐ DVB-T-Übertragungstechnik
  ⇓
  16 Multimediadienste
  pro 8-MHz-Fernsehkanal

Um den Stromverbrauch eines DVB-H-Handhelds möglichst gering zu halten, erfolgt die Übertragung in einem Zeitscheibenverfahren [*time slicing*]. Während bei DVB-T jedes Programm ständig eine bestimmte Bitrate nutzt, werden bei DVB-H die Dienste in zeitlich definierten Intervallen (= Zeitscheiben) übertragen, bei denen dann allerdings die gesamte Bitrate des Kanals zur Verfügung steht. Der Empfänger wird also nur während der Zeitscheibe des selek-

Beim **Zeitscheibenverfahren** [*time slicing*] werden die Dienste in zeitlich definierten Intervallen übertragen.

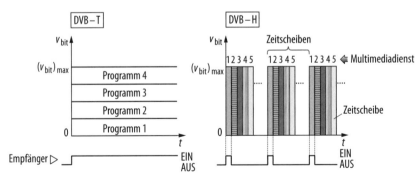

Bild 5.2–70   Zeitscheibenverfahren bei DVB-H

tierten Dienstes eingeschaltet, also einem Sechszehntel der Gesamtzeit. Damit wird der Stromverbrauch erheblich reduziert.

Übung 5.2–32

Welches Konzept weist das Zeitscheibenverfahren auf?

Auch wenn sich DMB und DVB-H auf unterschiedliche Übertragungstechniken abstützen, weisen sie dennoch gleiche Übertragungskapazität auf. Da nämlich in einem 8-MHz-Fernsehkanal vier DAB-Frequenzblöcke untergebracht werden können, wären gesamt auch 16 Multimediadienste möglich. Der Unterschied ist bei dem Aufwand auf der Sendeseite erkennbar. Für jeden der vier DAB-Frequenzblöcke ist ein gesonderter Sender erforderlich, während für den DVB-T-Kanal ein Sender ausreicht.

In jeden 8-MHz-Fernsehkanal passen 4 DAB-Frequenzblöcke
⇓
Pro Fernsehkanal sind 16 DMB- oder DVB-H-Angebote möglich.

Lernerfolgskontrolle zu Kapitel 5.2

1. Wie viele Sender sind im Mittelwellenbereich bezogen auf die festgelegte Bandbreite von 9 kHz realisierbar?
2. Welche Form des Zweitors ist bei einem UKW-Sender gegeben?
3. Welchen Vorteil bietet die Vorstufenmodulation?
4. Welches besondere Merkmal kennzeichnet einen Super?
5. Es stehen zwei Empfänger zur Auswahl, deren Empfindlichkeitswerte auf denselben Rauschabstand bezogen sind. Der eine Wert beträgt 2 µV, während der andere mit 3,5 µV angegeben ist. Welcher Empfänger ist als hochwertiger anzusehen?
6. Welche Auswirkung hätte das Vertauschen des Summensignals L + R mit dem Differenzsignal L – R bei einem Stereo-Multiplexsignal.
7. Welche Funktion hat die RDS-Anwendung AF beim stationären Empfang?
8. Aus welchen Anteilen besteht der Transport-Multiplex bei DAB?
9. Gegen welche Auswirkungen wird das Schutzintervall eingesetzt?
10. Wie viele DAB-Frequenzblöcke könnten theoretisch im VHF-Band III untergebracht werden?
11. Was bedeutet Abwärtskompatibilität bei Empfängern für DAB+?
12. Wie lange dauert die Abtastung eines Bildelementes des Fernsehbildes?
13. Welche Verkopplung besteht zwischen A-Signalen und S-Signalen?
14. Welche Aussage ist möglich, wenn für eine Farbe die Wellenlänge angegeben wird?
15. Aus welchen Anteilen besteht das F-Signal?
16. Warum wird zur Übertragung des Y-Signals RSB-AM verwendet?
17. Welche Aufgabe hat der Burst?
18. Welche Auswirkung hat es, wenn die Verzögerung des Signals im Luminanzanteil ausfällt?
19. Welche Taktfrequenz wird bei Fernsehempfängern mit digitaler Signalverarbeitung verwendet?

20. Welche Begrenzung gibt es für die Zahl der Videotext-Seiten, die mit einem Programm übertragen werden können?
21. Durch welche Angaben ist die Skalierbarkeit bei MPEG-2 gekennzeichnet?
22. Welche Abhängigkeit besteht bei DVB zwischen den Programmen und Applikationen?
23. Kann die Auflösung von SDTV und HDTV unmittelbar miteinander verglichen werden?
24. Könnte QPSK auch für DVB-C verwendet werden?
25. Welcher Bedarf besteht für die Schnittstelle API?
26. Welche Gemeinsamkeiten weisen DVB-S2, DVB-C2 und DVB-T2 auf?
27. Wodurch unterscheiden sich DMB und DVB-H?

5.3 Rundfunk-Kabelnetze

5.3.0 Einführung

Nach Durcharbeiten dieses Kapitels können Sie das Konzept von Rundfunk-Kabelnetzen aufzeigen, die Netzebenen und Netzarten unterscheiden, den Aufbau von Verteilnetzen skizzieren, den Übergang von analog auf digital erläutern, Sat-ZF-Verteilung darstellen und EMV-Belange berücksichtigen.

Rundfunk ist ein Massenkommunikationsmittel und bedeutet Hörfunk (Radio) und Fernsehen (TV [*television*]). Es handelt sich um unidirektionale Punkt-zu-Mehrpunkt-Verbindungen, also einen im Simplex-Betrieb arbeitenden Verteildienst. Dafür können Funkwellen im Rahmen einer nicht geführten Ausbreitung elektromagnetischer Wellen genutzt werden, aber auch Leitungen, bei denen eine geführte Ausbreitung gegeben ist. Ein Rundfunk-Kabelnetz ist deshalb als leitungsgebundenes Verteilsystem für Hörfunk- und Fernsehprogramme zu verstehen. Es handelt sich dabei um **Gemeinschaftsempfang,** während mit einer eigenen Antennenanlage beim Teilnehmer **Individualempfang** vorliegt.

Rundfunk =
Hörfunk + Fernsehen
(Radio + TV [*television*])

Rundfunk-Kabelnetz =
Leitungsgebundenes Verteilsystem für Hörfunk- und Fernsehprogramme

Teilnehmeranschluss an Kabelnetz:
☐ **Gemeinschaftsempfang**
Teilnehmeranschluss an eigener Antennenanlage:
☐ **Individualempfang**

5.3.1 Konzept

Rundfunk-Kabelnetze empfangen die zu verbreitenden Programme im Regelfall an einer zentralen Stelle terrestrisch und/oder via Satellit. In einer als **Kopfstation** oder **Kopfstelle** bezeichneten Einrichtung werden die Signale der jeweiligen Programme zu einem

5.3 Rundfunk-Kabelnetze

breitbandigen hochfrequenten Signal zusammengefasst und von einem **zentralen Einspeisepunkt** unverändert und zeitgleich allen an das **Verteilnetz** angeschlossenen Teilnehmer zugeführt.

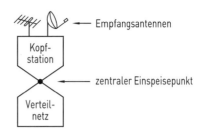

Bild 5.3–1   Rundfunk-Kabelnetz (Konzept)

Da bei den Anschlüssen den Teilnehmern stets alle verteilten Programme gleichzeitig zur Verfügung stehen sollen, ist eine entsprechende Breitbandigkeit der Anlagen erforderlich. Aus diesem Grund hat sich auch die Bezeichnung Breitbandkommunikations-Netz (BK-Netz) eingebürgert. Unter Einbeziehung der Empfangs- und Aufbereitungseinrichtungen gilt allgemein der Begriff **Empfangs- und Verteilanlagen**, was zu der netten Kurzform EVA führt.

Rundfunk-Kabelnetze erfordern Breitbandigkeit
⇓
BK-Netz

Übung 5.3–1
Welche Funktionsweise und Betriebsart ist bei BK-Netzen gegeben?

Die Verteilung analoger und digitaler Fernsehprogramme in Rundfunk-Kabelnetzen erfolgt einerseits auf den Kanälen, welche auch für die terrestrische Abstrahlung genutzt werden. Die dazwischen liegenden Frequenzbereiche stellen die Sonderkanalbereiche dar und vergrößern die Empfangskapazität. Die Fernsehgeräte müssen dafür natürlich geeignet sein, also die Forderung nach Sonderkanaltauglichkeit erfüllen.

Für Hörfunkprogramme ist es bei Rundfunk-Kabelnetzen üblich, ausschließlich den UKW-Bereich (Band II, VHF) zu verwenden. Unter Berücksichtigung möglicher Intermodulationsprodukte können in diesem 36 ... 46 Programme untergebracht werden. Für den Empfang sind handelsübliche Radios mit UKW-Bereich und Antennenanschluss ausreichend.

Im günstigsten Fall ergibt sich damit folgende Übertragungskapazität für Rundfunk-Kabelnetze:

Rundfunk-Kabelnetze nutzen normale Fernsehkanäle und Sonderkanäle.

Für Rundfunk-Kabelnetze vorgesehene Fernsehgeräte müssen sonderkanaltauglich sein.

Hörfunk nur über UKW
⇓
36 ... 46 Programme

Band oder Bereich	Frequenzbereich	Zahl der Kanäle	Bandbreite der Kanäle	Kanalbezeichnung	Nutzung der Kanäle
Band I, VHF	47 … 68 MHz	3	7 MHz	K 2 … K 4	Fernsehen
Band II, VHF	87,5 … 108 MHz	30 … 36	0,3 MHz	–	Hörfunk
Unterer Sonderkanalbereich (USB)	109 … 125 MHz 125 … 174 MHz	2 7	8 MHz 7 MHz	S 2 … S 3 S 4 … S 10	Fernsehen
Band III, VHF	174 … 230 MHz	8	7 MHz	K 5 … K 12	Fernsehen
Oberer Sonderkanalbereich (OSB)	230 … 300 MHz	10	7 MHz	S 11 … S 20	Fernsehen
Erweiterter Sonderkanalbereich (ESB) = Hyperband	302 … 446 MHz	18	8 MHz	S 21 … S 38	Fernsehen
Band IV, UHF	470 … 606 MHz	17	8 MHz	K 21 … K 37	Fernsehen
Band V, VHF	606 … 862 MHz	32	8 MHz	K 38 … K 69	Fernsehen

Rundfunk-Kabelnetze haben somit die Aufgabe, breitbandige Signale bis zu den Anschlussdosen der Teilnehmer mit möglichst geringen Verlusten zu verteilen. Dabei ist an jeder Anschlussdose ein Pegel im Bereich 60 … 80 dBµV bei einem Störabstand von mindestens 52 dB erforderlich, damit der angeschlossene bzw. die angeschlossenen Empfänger bestimmungsgemäß arbeiten können. Es gilt ein Wellenwiderstand von 75 Ω.

Je breitbandiger das zu übertragende Signal, desto größer ist der technische Aufwand für die Übertragung. Aus wirtschaftlichen Gründen wird deshalb stets eine möglichst geringe Bandbreite angestrebt. Abhängig von der oberen Grenzfrequenz werden die Varianten BK 450 (f_{max} = 446 MHz), BK 600 (f_{max} = 606 MHz) und BK 860 (f_{max} = 862 MHz) unterschieden. In den Anfangszeiten der BK-Netze gab es auch die Version BK 300 (f_{max} = 300 MHz). Es ist bei allen Netzen stets eine bedarfsorientierte Aufrüstung möglich.
Die erforderliche Verstärkung der breitbandigen Signale im Netz soll möglichst frequenzunabhängig erfolgen, damit an den Teilnehmer-

Erforderlicher Pegel an jeder Anschlussdose:
60 … 80 dBµV
Störabstand: mindestens 52 dB

Wellenwiderstand bei Rundfunk-Kabelnetzen: 75 Ω

Große Bandbreite
↓
Großer technischer Aufwand
↓
Problemstellung: Wirtschaftlichkeit

BK-Varianten
☐ BK 450 (f_{max} = 446 MHz)
☐ BK 600 (f_{max} = 606 MHz)
☐ BK 860 (f_{max} = 862 MHz)

Anschlussdosen Pegel und Störabstand für alle Kanäle nur unwesentliche Unterschiede aufweisen. Es werden deshalb zwei **Pilotsignale** verwendet, die im unteren und oberen Teil des zu übertragenden Frequenzbereichs liegen. Da die Verstärkung mit zunehmender Frequenz abnimmt, wird durch eine Regelschaltung dafür gesorgt, dass beide Pilotsignale gleiche Amplituden aufweisen. Damit ergibt sich der gewünschte weitgehend konstante Frequenzgang hinsichtlich Amplitude und Phase.

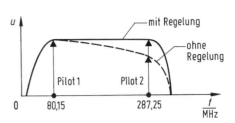

Bild 5.3–2   Pilotsignale im Kabelnetz

Übung 5.3–2

Welche Auswirkung hat es, wenn die Amplitude des oberen Pilotsignals kleiner ist als die des unteren Pilotsignals?

5.3.2   Systeme und Kenngrößen

Der Idealfall eines Verteilnetzes ist gegeben, wenn alle Teilnehmer-Anschlussdosen sternförmig mit dem zentralen Einspeisepunkt verbunden sind. Damit können die Schnittstellenbedingungen an der Teilnehmer-Anschlussdose unproblematisch eingehalten werden. Außerdem besteht damit auch die Möglichkeit, das Programmangebot individuell zu gestalten. Aus wirtschaftlichen Gründen stellen solche Sternnetze bisher noch die Ausnahme dar, im Regelfall sind Rundfunk-Kabelnetze in ausgeprägter Baumstruktur ausgeführt.

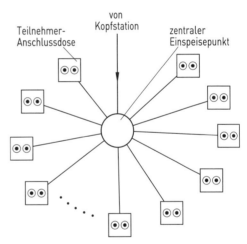

Bild 5.3–3   Kabelnetz in Sternstruktur

Der großflächige Aufbau der BK-Netze erfolgte in den achtziger Jahren in einer aus mehreren Netzebenen (NE) bestehenden Struktur. Das Hausverteilnetz wird auch als Hausverteilanlage (HVtA) bezeichnet. Das Wohnungsverteilnetz umfasst alle Netzbestandteile nach der Teilnehmer-Anschlussdose. Im einfachsten Fall handelt es sich um das Teilnehmer-Anschlusskabel. Die Gesamtstruktur ist im Bild 5.3–4 dargestellt.

Netzebenen

☐ NE 1 → Überregionales Verteilnetz
☐ NE 2 → Regionales Verteilnetz
☐ NE 3 → Örtliches Verteilnetz
☐ NE 4 → Hausverteilnetz
☐ NE 5 → Wohnungsverteilnetz

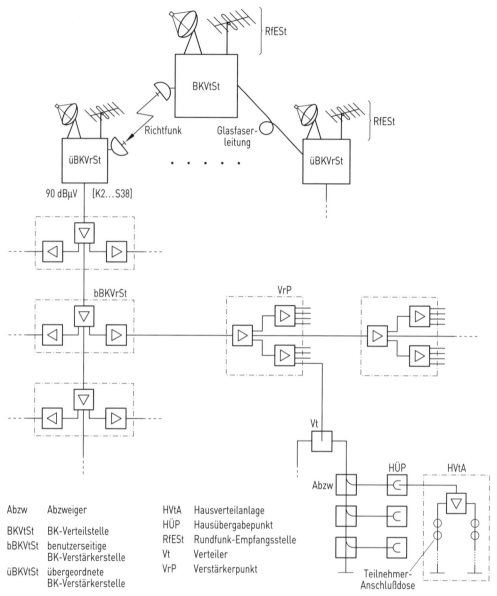

Bild 5.3–4   BK-Netz (Struktur)

5.3 Rundfunk-Kabelnetze

Zur **Netzebene 1** (NE 1) gehören Leitungs- und Richtfunkverbindungen zwischen Studios, Sendern und Schaltstellen. Die **Netzebene 2** (NE 2) umfasst dagegen Rundfunk-Empfangsstellen (RfEStn), BK-Verteilstellen (BKVtStn) und übergeordneten BK-Verstärkerstellen (üBKVrStn). Eine RfESt ist mit Empfangseinrichtungen für terrestrische Programme und/oder Satellitenprogramme ausgestattet. Dabei kann es sich um analoge oder digitale Programme handeln. Terrestrisch empfangene Programme werden durch Kanalumsetzer in die Frequenzlage des vorgesehenen Kabelkanals gebracht. Bei Satellitenprogrammen erfolgt zuerst die Demodulation für jedes Programm bis zum Basisband und anschließend mit Hilfe eines Modulators die Aufbereitung für das Kabelnetz. Wir bezeichnen dieses Verfahren als **Remodulation**.

Rundfunk-Empfangsstellen speisen ihre Signale in BK-Verteilstellen (BKVtStn) oder übergeordnete BK-Verstärkerstellen (üBKVrStn) ein. Die Verbindung von BKVtStn zu üBKVrStn erfolgt entweder über Richtfunk oder Glasfaserleitungen. Das Signal am Ausgang der übergeordneten BK-Verstärkerstelle hat einen Pegel von 90 dBµV und wird damit der **Netzebene 3** (NE 3) zugeführt. Diese bildet das eigentliche Verteilnetz, weil nun eine Änderung des Programmangebotes nicht mehr möglich ist. Ausgehend von festgelegten Anschlussbereichen (AsB) auf der Ortsebene ist jeweils eine benutzerseitige BK-Verstärkerstelle (bBKVrSt) pro AsB zuständig. Abhängig von der Größe eines Anschlussbereiches sind dann Verstärkerpunkte (VrP) sowie passive Verteiler (Vt) und Abzweiger (Abzw) nachgeschaltet. Den Anschluss der Netzebene 3 bilden an oder im Gebäude installierte Übergabepunkte, die wir als Hausübergabepunkte (HÜP) bezeichnen.

In der Netzebene 3 werden auch durch Pilotsignale geregelte Verstärker eingesetzt, besonders wenn eine Kettenschaltung mehrerer Verstärker gegeben ist, was wir als Kaskadierung bezeichnen.

Der HÜP ist eine definierte Schnittstelle, an die der Anschluss der Hausverteilanlage (HVtA) erfolgt, also der Netzebene 4 (NE 4). Abhängig von Zahl und Lage der zu versorgenden Teilnehmer-Anschlussdosen (TAD) erfolgt die Ver-

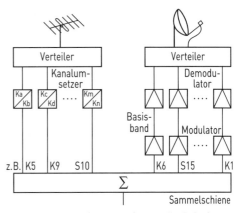

Bild 5.3–5 Rundfunk-Empfangsstelle (Prinzip)

Netzebene 2 (NE 2):
☐ BK-Verteilstellen (BKVtSt)
☐ übergeordnete BK-Verstärkerstellen (üBKVrSt)

Verbindung zwischen BKVtSt und üBKVrSt über Richtfunk oder Glasfaserleitung

Netzebene 3 (NE 3)
☐ Benutzerseitige BK-Verstärkerstelle (bBKVrSt)
[je Anschlussbereich (AsB)]
☐ Verstärkerpunkte (VrP)
☐ Kaskadierte Verstärker
☐ Verteiler (Vt),
passiv
☐ Abzweiger (Abzw),
passiv
☐ Hausübergabepunkte (HÜP)

Netzebene 4 (NE 4)
☐ Hausverteilanlage (HVtA)
Struktur: Reihe, Stern, Baum)
☐ Teilnehmer-Anschlussdosen (TAD)

teilung in Reihenstruktur, Sternstruktur oder Baumstruktur. Im Bedarfsfall werden auch entsprechend breitbandige Verstärker eingesetzt.

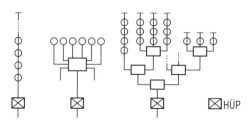

Bild 5.3–6 Strukturen von Hausverteilanlagen

Die HVtA endet an den Teilnehmer-Anschlussdosen in den Wohnungen. Dabei handelt es sich um eine genormte Steckverbindung für Hörfunk (Radio) und Fernsehen (TV). Eine Verwechslung beider Anschlüsse ist nicht möglich, da für Radio ein Stift-Stecker benötigt wird, während es für TV ein Buchse-Stecker ist.

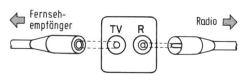

Bild 5.3–7 Teilnehmer-Anschlussdose

Übung 5.3–3

In welcher Reihenfolge erfolgt bei einem BK-Netz die Signalverteilung zwischen RfESt und Teilnehmer-Anschlussdose?

Das letzte Glied eines BK-Netzes ist die Netzebene 5 (NE 5). Sie beginnt nach der Teilnehmer-Anschlussdose (TAD). Ist lediglich ein Gerät angeschlossen, dann besteht die NE 5 nur aus dem Teilnehmer-Anschlusskabel. Es kann sich jedoch auch um eine weitergehende Verkabelung (inkl. Verstärker) handeln, die den Anschluss von Zweit- und Drittgeräten in verschiedenen Räumen der Wohnung ermöglicht.

An dieser Stelle sei darauf hingewiesen, dass es neben den BK-Netzen, die für eine Zahl von Anschlüssen im Zehn- bis Hunderttausender-Bereich konzipiert sind, auch kleinere Rundfunk-Kabelnetze gibt, die nur einige hundert oder tausend Anschlüsse versorgen. Diese sind verständlicherweise weniger aufwändig und weisen im Regelfall keine Unterteilung in Netzebenen auf. Das Verteilkonzept entspricht jedoch dem der BK-Netze.

BK-Netze wurden für die Verteilung analoger Fernsehprogramme nach dem Konzept der Kanalaufbereitung für die VHF- und UHF-Bänder sowie der Sonderkanalbereiche aufgebaut und betrieben. Der Übergang auf DVB-C erscheint aus wirtschaftlichen Gründen zwingend, weil damit die Übertragungskapazität erheblich besser genutzt werden kann, da pro Kanal statt eines analogen Programms 8 bis 12

Netzebene 5 (NE 5):
Weitergehende Verkabelung (inkl. Verstärker) nach der Teilnehmer-Anschlussdose (TAD)

Einfachster Fall: Teilnehmer-Anschlusskabel

Kleinere Rundfunk-Kabelnetze weisen das zu BK-Netzen vergleichbare Verteilkonzept auf.

BK-Netze waren für analoge Fernsehprogramme konzipiert.

DVB-C (Digitales Kabelfernsehen)
⇓
8 bis 12 Programme pro Kanal

5.3 Rundfunk-Kabelnetze

digitale Programme übertragbar sind. Da es sich bei DVB-C bekanntlich um standardisierte Datenströme handelt, wird versucht, zuerst den technischen Aufwand für die Programmverteilung auf den oberen Netzebenen zu verringern und die Flexibilität zu vergrößern. Bei den unteren Netzebenen sind Änderungen sehr aufwändig, weil diese den größten Teil der Infrastruktur ausmachen.

Für die Optimierung der Netze kommen optische Ringleitungen zum Einsatz, über die das gesamte Programmangebot per Glasfaserleitung verbreitet wird. Die Einkopplung der von einer zentralen Kopfstation empfangenen Programme, der Übergang zu anderen optischen Ringleitungen und die Auskopplung des gewünschten Programmangebots erfolgt über technische Funktionseinheiten, die als Hub (sprich: Happ) bezeichnet werden. Auf diese Weise können wir hierarchisch gestaffelte Netze für große Anschlusszahlen realisieren. Der Übergang von der Glasfaser auf die bisherige Koaxialtechnik erfolgt über Glasfaserknotenpunkte [fibre nod (FN)]. An diese optoelektrischen Schnittstellen sind als Teilnetze der NE 3 jeweils 1500 bis 2000 Wohneinheiten (WE) angeschlossen. Wir sprechen dabei von Clustern (sprich: Klastern), bei denen die mengenmäßige Begrenzung der Anschlüsse er-

Übergang auf DVB-C
⇓
Großer Aufwand bei den unteren Netzebenen, da diese den größten Teil der Netzinfrastruktur umfassen.

Einsatz optischer Ringleitungen
⇓
Auskopplung über Hubs

Glasfaserknotenpunkte [*fibre nod*] =
Optoelektrische Schnittstellen zu den Teilnetzen (Clustern).

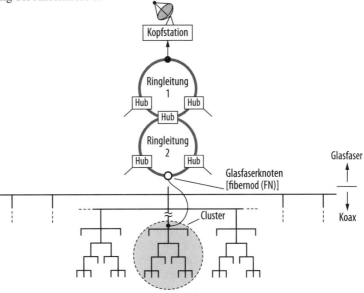

Bild 5.3–8 Netzstruktur mit optischen Ringleitungen

forderlich ist, um durch Einrichtung von Rückkanälen Interaktivität zu ermöglichen. Dafür wurde der Frequenzbereich 5 ... 65 MHz festgelegt, weshalb die Kanäle K 2 ... K 4 (VHF-Band I; 47 ... 68 MHz) dann nicht mehr für die Programmverteilung verfügbar sind.

Rückkanalbereich: 5 ... 65 MHz

Übung 5.3–4

Welche Funktion hat ein Fibre Nod?

Sollen ausschließlich von Satelliten empfangene Programme über ein Kabelnetz verteilt werden, dann ist Kanalaufbereitung nicht unbedingt erforderlich, sondern es kann die Verteilung der Satelliten-Zwischenfrequenz (Sat-ZF) erfolgen. Es handelt sich dabei um den Frequenzbereich 950 ... 2150 MHz, was bei den Dämpfungswerten der Koaxialkabel zu berücksichtigen ist.

Kabelnetz für Satelliten-Zwischenfrequenz (Sat-ZF) muss den Frequenzbereich 950 ... 2150 MHz abdecken.

Um Kabelnetze mit Sat-ZF-Verteilung nutzen zu können, sind analoge und/oder digitale Satellitenempfänger erforderlich.

Die Programmauswahl ist abhängig vom Satelliten, vom Frequenzband und von der Polarisation. Bei den Frequenzbändern handelt es sich um das untere Band (10,7 ... 11,7 GHz) oder das obere Band (11,7 ... 12,75 GHz) des Sat-ZF-Bereichs. Die Abstrahlung kann mit vertikaler (V) oder horizontaler Polarisation (H) erfolgen. Pro Satellit ergeben sich somit folgende Möglichkeiten für die Sat-ZF:

Kabelnetze für Satelliten-Zwischenfrequenz (Sat-ZF) erfordern analoge und/oder digitale Satellitenempfänger.

Programmauswahl hängt ab von
☐ Satellit
☐ Frequenzband
☐ Polarisation

☐ Unteres Band (10,7 ... 11,7 GHz)/Vertikale Polarisation (V)
☐ Unteres Band (10,7 ... 11,7 GHz)/Horizontale Polarisation (H)
☐ Oberes Band (11,7 ... 12,75 GHz)/Vertikale Polarisation (V)
☐ Oberes Band (11,7 ... 12,75 GHz)/Horizontale Polarisation (H)

Bezogen auf die besonders interessanten Satelliten der Astra- und Eutelsat-Familie ist damit achtmal unterschiedliche Sat-ZF möglich. Der Zugriff von jedem Teilnehmeranschluss erfolgt wahlfrei mit Hilfe von Multischaltern [*multi switch*]. Diese stellen im Prinzip fernsteuerbare Schaltmatrizen dar, denen die verschiedenen Sat-ZF-Signale parallel zugeführt werden. Jeder angeschlossene Teilnehmer kann mit Hilfe von Steuersignalen jedes dieser Signale individuell zu seinem Anschluss durchschalten.

Multischalter [*multi switch*]
ermöglichen jedem angeschlossenen Teilnehmer den wahlfreien Zugriff auf jede zugeführte Sat-ZF.

5.3 Rundfunk-Kabelnetze

Bei typischen Multischaltern können wenigstens acht Sat-ZF-Signale zugeführt und zehn oder mehr Teilnehmer angeschlossen werden. Es handelt sich dann um einen Typ MS 8/10. Um mehr Teilnehmer anschließen zu können, ist es möglich, die Multischalter in Kettenschaltung zu betreiben, was Kaskadierung bedeutet. Die maximale zulässige Zahl der Multischalter ist abhängig von deren Durchgangsdämpfung, der Kabellänge zwischen den Multischaltern und der längenabhängigen Dämpfung des verwendeten Koaxialkabels.

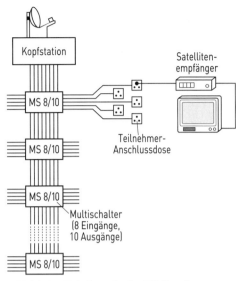

Bild 5.3-9 Kabelnetz für Sat-ZF-Verteilung

Übung 5.3–5

Welche Aufgabe haben Multischalter in Kabelnetzen mit Sat-ZF-Verteilung?

Wie wir feststellen können, sind BK-Netze zum Teil aufwendige Systeme für die Verteilung breitbandiger Signale im Hochfrequenzbereich, wobei an jeder Teilnehmer-Anschlussdose das Signal mit definiertem Pegel und Störabstand verfügbar sein soll. Es spielt außerdem die Anpassung eine wesentliche Rolle, weil Fehlanpassung zu wahrnehmbaren Störbeeinflussungen der Audio- und Videosignale führt.

Der gewünschte Pegel an den Anschlussdosen ist theoretisch durch Verstärker und deren Kaskadierung erreichbar, weil damit die im System vorhandenen Dämpfungen kompensiert werden können. Da jedoch jeder Verstärker auch selber Rauschen hervorruft, dürfen nicht beliebig viele Verstärker in Kaskade betrieben werden, weil sonst der gewünschte Wert für den Störabstand von mindestens 52 dB an der Teilnehmer-Anschlussdose unterschritten wird. Je kleiner das Rauschmaß der Verstärker, desto mehr Verstärker sind kaskadierbar.

Um Fehlanpassungen zu vermeiden, müssen durchgängig alle Komponenten für den Wellen-

> BK-Netze sind Systeme zur Verteilung breitbandiger, hochfrequenter Signale an jede Teilnehmer-Anschlussdose mit definiertem Pegel und Störabstand.

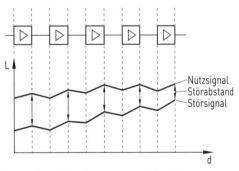

Bild 5.3-10 Kaskadierung von Verstärkern

widerstand 75 Ω ausgelegt sein. Außerdem ist es erforderlich, alle offenen Anschlüsse mit 75 Ω abzuschließen, sei es bei Multischaltern, Verstärkern oder Teilnehmer-Anschlussdosen.

Da die bei Rundfunk-Kabelnetzen verwendeten Frequenzen auch für Funkdienste verwendet werden, stellt die elektromagnetische Verträglichkeit (EMV) eine wesentliche Problematik dar. Einerseits darf die Abstrahlung vom Kabelnetz 20 dBpW (im Bereich 30 MHz … 1 GHz) nicht überschreiten, andererseits ist für die Einstrahlungsfestigkeit ein Wert von mindestens 106 dB(μV/m) erforderlich. Beide Forderungen lassen sich durch ein durchgängig eingehaltenes **Schirmdämpfungsmaß** von mindestens 85 dB erfüllen. Dabei müssen nicht nur alle verwendeten Komponenten diesen Wert aufweisen, sondern es ist auch fachgerechte Installation erforderlich.

Offene Ausgänge mit 75 Ω abschließen

Elektromagnetische Verträglichkeit (EMV)
☐ Störstrahlung: **max. 20 dBpW**
☐ Einstrahlungsfestigkeit: **min. 106 dB(μV/m)**

Ein **Schirmdämpfungsmaß** von mindestens 85 dB bewirkt ausreichende aktive [d. h. Abstrahlung] und passive [d. h. Einstrahlung] Störfestigkeit.

Lernerfolgskontrolle zu Kapitel 5.3

1. Ist die Angabe des Pegels bezogen auf eine Anschlussdose ausreichend?
2. Welche Funktion hat ein HÜP?
3. Wodurch wird die Kaskadierung von Verstärkern begrenzt?

5.4 Datennetze

5.4.0 Einführung

Nach Durcharbeiten dieses Kapitels können Sie die Möglichkeiten der Datenkommunikation erläutern, die verschiedenen Netzarten und Betriebsverfahren unterscheiden, ATM und SDH erklären, das Ethernet-Verfahren beschreiben, LAN-Konzepte skizzieren und die Funktion von DSL darstellen.

5.4.1 Grundlagen

Bei der Datenkommunikation handelt es sich funktionsbedingt um Maschine-Maschine-Kommunikation. Für solche Übertragungssysteme sind Datenquelle, Datensender, Übertragungskanal, Datenempfänger und Datensenke erforderlich. Die Datenquellen und Datensenken werden als **Datenendeinrichtungen** (DEE) [*data terminal equipment* (DTE)] bezeichnet, für die Datensender und Datenempfänger gilt der Begriff **Datenübertragungseinrichtung**

DEE = Datenendeinrichtung
DÜE = Datenübertragungseinrichtung

Bild 5.4–1 Datenkommunikation (Konzept)

5.4 Datennetze

(DÜE) [*data circuit-terminating equipment* (DCE)].

Die Vermittlung und Übertragung erfolgt durch das Datennetz, wobei die Übertragung zwischen den Datenendeinrichtungen (DEE) auf der Sende- und Empfangsseite synchron oder asynchron erfolgen kann.

Die DÜE dient der Anpassung zwischen der DEE und der Anschlussleitung zum Datennetz. Auf der einen Seite weist die DÜE eine Leitungsschnittstelle auf. Diese ist zweiadrig, netzangepasst und für große Reichweiten ausgelegt. Die andere Seite bildet die Geräteschnittstelle. Sie ist in den meisten Fällen mehradrig, im Regelfall international standardisiert und nur für kleine Reichweiten ausgelegt.

In Datennetzen ist für die Übertragungskapazität bekanntlich die Bitrate maßgebend. Die gesamte Verbindung muss dafür ausgelegt sein. Der Aufbau und Abbau von Verbindungen in Datennetzen erfolgt durch besondere Signalisierung zwischen den Datenendeinrichtungen. Die Kommunikation zwischen der gerufenen DEE erfolgt für den Verbindungsaufbau durch einen „Call Request" von der rufenden DEE an das Datennetz, daraus folgt ein „Incoming Call" an die gerufene DEE, was bei Empfangsbereitschaft zu einem „Call Accepted" von dieser an das Datennetz führt und dann zu einem „Call Connected" an die rufende DEE. Der Verbindungsabbau erfolgt in vergleichbarer Weise durch die Informationen „Clear Request", „Clear Indication" und „Clear Confirmation".

Datenübertragungseinrichtung
☐ **Leitungsschnittstelle**
– zweiadrig
– netzangepasst
– große Reichweite
☐ **Geräteschnittstelle**
– (meistens) mehradrig
– (im Regelfall) international standardisiert
– kleine Reichweite

Übertragungskapazität → **Bitrate**

Aufbau und Abbau von Verbindungen durch Signalisierung

Aufbau Datenverbindung
☐ Rufende DEE an Datennetz:
Call Request
☐ Datennetz an gerufene DEE:
Incoming Call
☐ Gerufene DEE an Datennetz:
Call Accepted
☐ Datennetz an rufende DEE:
Call Connected

Übung 5.4–1
Welche Funktion hat die Leitungsschnittstelle der DÜE?

In Datennetzen kann mit Leitungsvermittlung oder Paketvermittlung gearbeitet werden.

Bei Datenübertragung mit **Leitungsvermittlung** wird für die Dauer jeder Verbindung ein Leitungsweg zwischen rufender und gerufener DEE geschaltet. Dies erfolgt im Datennetz durch vermascht verbundene Datenvermittlungsstellen (DVSt). Die Datenübertragung erfolgt im Synchronbetrieb mit definierten Bitraten (z. B. 64 kbit/s). Es können allerdings nur Datenendeinrichtungen miteinander kommunizieren, wenn sie für dieselbe Bitrate ausgelegt sind.

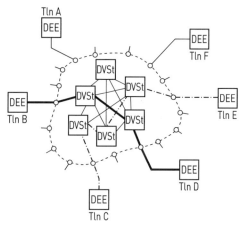

Bild 5.4–2 Leitungsvermittelte Datenübertragung

Bei Datennetzen mit **Paketvermittlung** erfolgt die Übertragung der Informationen mit Hilfe von Paketen im Zeitmultiplex. Eine physikalische Leitungsverbindung zwischen zwei Datenvermittlungsstellen (DVStn) können mehrere Teilnehmer gleichzeitig nutzen, weil der Kopfteil [*header*] von jedem Paket die entsprechende Zielinformation aufweist. Arbeiten jeweils die sendende und die empfangende DEE mit dem-

Datennetz mit Paketvermittlung
⇓
Übertragung von Datenpaketen im Zeitmultiplex
⇓
Verbindung zwischen zwei DVStn von mehreren Teilnehmern gleichzeitig nutzbar

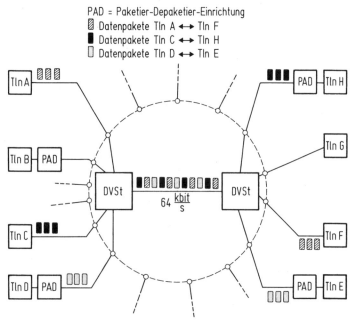

Bild 5.4–3 Paketvermittelte Datenübertragung

5.4 Datennetze

selben Übertragungsprotokoll (z. B. X.25), dann lassen sich die Daten unmittelbar austauschen. Ansonsten ist eine Anpassung durch Paketier-/Depaketier-Einrichtungen [*packet assembly/disassembly* (PAD)] möglich. Dies gilt auch, wenn die Datenendeinrichtungen für unterschiedliche Bitraten ausgelegt sind.

Neben der vermittelten Datenübertragung sind auch fest geschaltete Verbindungen zwischen zwei oder mehr Datenendeinrichtungen (DEE) möglich. Diese Standverbindungen bezeichnen wir als Datendirektverbindungen (DDV). Abhängig vom Aufwand sind dafür im Prinzip beliebige Bitraten möglich.

Anpassung der Übertragungsprotokolle oder Bitraten der DEE durch **Paketier-/Depaketier-Einrichtungen** [*packet assembly/disassembly* (PAD)].

Datendirektverbindung (DDV) =

Festgeschaltete Verbindung zwischen zwei oder mehr Datenendeinrichtungen (DEEn) für beliebige Bitraten.

5.4.2 Systeme und Kenngrößen

Bei den Datennetzen werden nach dem räumlichen Wirkungsbereich verschiedene Arten unterschieden. Die kleinsten Datennetze sind nur im nahen Umfeld des Teilnehmers (z. B. Wohnung, Büro) einsetzbar. Wir bezeichnen sie deshalb als Nahbereichs-Datennetze [*personal area network* (PAN)]. Datennetze für den Nahbereich, also ein begrenztes Gebiet (z. B. Gebäude, Grundstück, Firmengelände) bezeichnen wir als lokale Datennetze [*local area network* (LAN)]. Bei großräumigen Datennetzen für Ballungsgebiete handelt es sich um städtische/regionale Datennetze [*metropolitan area network* (MAN)]. Bezogen auf die nationale oder internationale Ebene gilt der Begriff Weitbereichs-Datennetze [*wide area network* (WAN)].

Bei jedem Datennetz sind technische und betriebliche Kriterien zu berücksichtigen. Deshalb spielen folgende Spezifikationen eine wesentliche Rolle:

Arten der Datennetze
- Nahbereichs-Datennetz
  [*personal area network* (**PAN**)]
- Lokales Datennetz
  [*local area network* (**LAN**)]
- Städtisches/Regionales Datennetz
  [*metropolitan area network* (**MAN**)]
- Weitbereichs-Datennetz
  [*wide area network* (**WAN**)]

- Netztopologie (Bus, Stern, Ring, Masche, Mischformen)
- Übertragungsmedien (verdrillte Zweidrahtleitung, koaxiale Leitung, Glasfaserleitung, Richtfunkverbindung, Satellitenfunkverbindung)
- Kommunikationsart (simplex, halbduplex, vollduplex)
- Übertragungsgeschwindigkeit (Bitrate, Rahmenlänge)
- Betriebsverfahren (typisch ist die Übertragung in Datenpaketen gemäß Vorgaben aus Standards)
- Übertragungsprotokolle (X.20, X.21, X.25, X.400, ...)
- Zugriffsverfahren (Token, CSMA/CD, ...)

Ein typisches Beispiel für ein PAN ist das Nahbereichsfunksystem **Bluetooth**, das für die Vernetzung von Gräten der Consumer- und Büro-Elektronik zum Einsatz kommt.

LANs sind Datennetze, bestehend aus PCs, Workstations, Servern und anderen Funktionseinheiten. Die Übertragung der Datenpakete erfolgt über virtuelle Verbindungen, es werden also weder Verbindungen vor der Übertragung aufgebaut, noch danach abgebaut. Für jede Übertragung steht stets die volle Übertragungskapazität zur Verfügung.

Beim LAN gibt es keine zentrale Steuerung. Für den Zugriff auf das Übertragungsmedium haben sich im wesentlichen zwei Verfahren etabliert:

> Beim LAN erfolgt die Übertragung der Datenpakete über virtuelle Verbindungen.

☐ Betriebsverfahren mit Vielfachzugriff und Kollisionserkennung [*carrier sense multiple access with collision detection* (CSMA/CD)]
☐ Betriebsverfahren mit Zugriff nach erhaltener Sendeberechtigung [*token ring*]

CSMA/CD ist für LANs geeignet, die Busstruktur aufweisen. Es greifen die angeschlossenen Stationen immer dann auf den Bus als Übertragungsmedium zu, wenn auszusendende Daten vorliegen. Bei zwei oder mehr gleichzeitigen Aussendungen treten zwangsläufig Kollisionen auf. Sie werden mit Hilfe einer Überwachungsschaltung entdeckt, was die „collision detection" bedeutet. Dies bewirkt den sofortigen Stopp aller Aussendungen. Mit Hilfe eines Zufallsgenerators wird dann festgelegt, welche Station senden darf. Danach beginnt wieder der Vielfachzugriff der Stationen auf den Bus.

Durch das aufgezeigte CSMA/CD-Verfahren ist die Abfolge der Kommunikation zwischen den am LAN angeschlossenen Stationen nicht vorhersehbar. Es sind deshalb auch keine Prioritäten für die Übertragung möglich.

Gleichzeitige Aussendung
durch mehrere Stationen
↓
Kollisionen
↓
Kollisionserkennung
↓
Stopp aller Aussendungen
↓
Bestimmung der vorrangigen Station durch Zufallsgenerator

Prioritäten für die Übertragung sind bei CSMA/CD nicht möglich.

Übung 5.4–2

Welches besondere Funktionsmerkmal weist das CSMA/CD-Verfahren auf?

Bei LANs mit Ringstruktur hat sich das Verfahren des Zugriffs nach erhaltener Sendeberechtigung bewährt. Es handelt sich im Prinzip um ein elektronisches Stafettensystem. Es wird ein als **Token** bezeichnetes Startsignal verwendet und damit dem jeweiligen Teilnehmer die Aufgabe der Netzsteuerung (Master-Funktion) übertragen. Alle anderen Teilnehmer müssen dabei mit der Aussendung von Daten warten, um

5.4 Datennetze

Kollisionen zu vermeiden. Die Datenpakete werden nun von Teilnehmer zu Teilnehmer weitergereicht, bis der vorgesehene Zielteilnehmer erreicht ist. Dabei wird der als Token bezeichnete Stafettenstab entsprechend weitergegeben. Erst wenn der Zielteilnehmer erreicht ist, kann das nächste Datenpaket gestartet werden. Aus diesem Grund erlaubt der Token Ring keine große Übertragungsgeschwindigkeit.

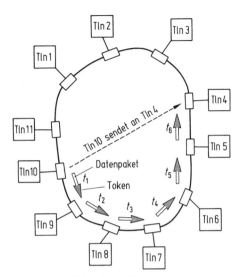

Bild 5.4–4   Token-Ring-Verfahren

Das in der Praxis weit verbreitete CSMA/CD-Verfahren für Datennetze ist das Ethernet [sprich: Isernät], spezifiziert gemäß IEEE 802.3 und entsprechenden Ergänzungen. Die hier als Rahmen [*frame*] bezeichneten Datenpakete sind mindestens 72 Byte und maximal 1526 Byte lang.

Die wesentlichen Unterscheidungskriterien bei Ethernet sind die übertragbare Bitrate, also die Übertragungsgeschwindigkeit, und das verwendete Übertragungsmedium. Daraus resultieren wegen der zulässigen Leitungslängen auch die realisierbaren Netzgrößen.

In der ersten Version war Ethernet für eine Bitrate von 10 Mbit/s ausgelegt. Die Steigerung auf 100 Mbit/s führte zum Fast Ethernet. Als nächster Schritt folgte das Gigabit Ethernet mit 1 Gbit/s. Für Punkt-zu-Punkt-Verbindungen sind inzwischen sogar 10 Gbit/s als 10-Gigabit-Ethernet verfügbar.

Als Übertragungsmedium kommen bei Ethernet verdrillte Zweidrahtleitungen [*twisted pair* (TP)], koaxiale Leitungen und Lichtwellenleiter (LWL) zum Einsatz. Bei TP werden häufig auch mehrere Doppeladern parallel geschaltet, um die gewünschte Bitrate zu ermöglichen. Außerdem kann es sich um verschiedene Kategorien der Datenkabel handeln. Auch mit der Parallelschaltung koaxialer Leitungen sind größere Bitraten realisierbar. Dafür werden **Twinaxkabel**

Ethernet-Spezifikation:
IEEE 802.3 und Ergänzungen

Kriterien bei Ethernet
☐ Bitrate
☐ Übertragungsmedium

Bezeichnung	Bitrate
Ethernet	10 Mbit/s
Fast Ethernet	100 Mbit/s
Gigabit Ethernet	1 Gbit/s
10-Gigabit-Ethernet	10 Gbit/s

Übertragungsmedien bei Ethernet
☐ Verdrillte Zweidrahtleitungen [*twisted pair* (TP)]
☐ Koaxiale Leitungen
☐ Lichtwellenleiter (LWL)

verwendet, bei denen zwei koaxiale Leitungen in einem Mantel untergebracht sind.

Die Tabelle 5.4–1 zeigt die Unterschiede zwischen den verschiedenen Ethernet-Versionen auf. Dabei steht die Bezeichnung „Base" für Basisband. Dies bedeutet, dass nur jeweils eine an das Netz angeschlossene Datenstation das Übertragungsmedium nutzen kann, der gleichzeitige Zugriff mehrerer Datenstationen ist also nicht möglich.

Tabelle 5.4–1 Ethernet-Versionen

Ethernet-Typ	Spezifikation	Bitrate	Übertragungsmedium	Realisierbare Netzgröße
10 Base5	IEEE 802.3	10 Mbit/s	Koaxialkabel	500 m
10 Base-T	IEEE 802.3	10 Mbit/s	TP Cat. 3, 2 DA	100 m
10 Base-F	IEEE 802.3	10 Mbit/s	LWL, $\lambda = 850$ nm, Multimode	2 km
100 Base-T4	IEEE 802.3a	100 Mbit/s	TP Cat 3, 4 DA	100 m
100 Base-T8	IEEE 802.3a	100 Mbit/s	TP Cat 5, 2 DA	100 m
100 Base-FX	IEEE 802.3a	100 Mbit/s	LWL, $\lambda = 850$ nm, Multimode	2 km
1000 Base-LX	IEEE 802.3z	1 Gbit/s	LWL, $\lambda = 1310$ nm, Monomode	3 km
1000 Base-SX	IEEE 802.3z	1 Gbit/s	LWL, $\lambda = 850$ nm, Multimode	500 m
1000 Base-CX	IEEE 802.3z	1 Gbit/s	Twinaxkabel	25 m
10 GBase-L	IEEE 802.3ac	10 Gbit/s	LWL, $\lambda = 1310$ nm, Monomode	10 km
10 GBase-E	IEEE 802.3ac	10 Gbit/s	LWL, $\lambda = 1550$ nm, Monomode	30 km
10 GBase-CX	IEEE 802.3ak	10 Gbit/s	Twinaxkabel ($4 \times$ parallel)	15 m

Unabhängig vom gewählten Betriebsverfahren hat ein LAN [*local area network*] die Aufgabe in einem lokal begrenzten Bereich Datenübermittlung zwischen den angeschlossenen Datenendeinrichtungen (z. B. PC, Workstation, Grafiktableau) und den Servern als Einrichtungen, welche die Dienste erbringen, zu ermöglichen. Die Kommunikation zwischen den Datenendeinrichtungen, meist als Stationen bezeichnet, und den Servern erfolgt verbindungslos. Es gibt also weder einen Verbindungsaufbau, noch einen Verbindungsabbau, sondern lediglich den Austausch von Datenpaketen. Es steht dabei jeweils die volle Bitrate des Netzes zur Verfügung. Die Stationen und die Server in einem LAN haben eigene Adressen, so dass jedes Datenpaket richtig adressierbar ist.

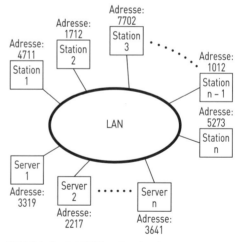

Bild 5.4–5 LAN (Grundstruktur)

Übung 5.4–3

Welche Voraussetzung muss bei den Stationen und Servern eines LAN erfüllt sein, um verbindungslose Kommunikation zu ermöglichen?

5.4 Datennetze

Beim Aufbau von LANs wird meist eine bestimmte Architektur verwendet, die wir als anwendungsunabhängige oder **strukturierte Verkabelung** bezeichnen. Dabei sind die Stationen auf einer Ebene (z. B. Etage) über Kupferkabel (Koax oder verdrillter Zweidraht) sternförmig an einem als Hub bezeichneten Verteiler angeschlossen. Die Verbindung der Hubs untereinander erfolgt im Regelfall mit Lichtwellenleitern. Über diesen Weg erfolgt auch der Anschluss der Server sowie der Übergang zu anderen Netzen. Die strukturierte Verkabelung ist eine zukunftsorientierte und leistungsfähige Lösung für die Datenkommunikation in LANs, weil sie nicht nur dem heutigen Bedarf Rechnung trägt, sondern auch ausreichende Reserve für Erweiterungen aufweist.

MANs [*metropolitan area networks*] und WANs [*wide area networks*] entstehen durch das geordnete Zusammenwirken lokaler Datennetze. Für die Verbindungen zwischen LANs können wir folgende Anordnungen unterscheiden, die jeweils unterschiedliche Qualität von Verbindungen ermöglichen.

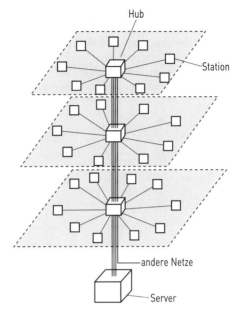

Bild 5.4–6 Strukturierte Verkabelung

Die einfachste Form einer Verbindung ermöglicht der **Repeater**. Er stellt Dienste der Schicht 1 des OSI-Referenzmodells (Übertragungsschicht) als Transportsystem zur Verfügung, so dass die Verkopplung verschiedener Übertragungsmedien möglich wird oder bei gleichen Übertragungsmedien Verstärkung gegeben ist.

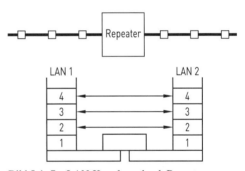

Bild 5.4–7 LAN-Kopplung durch Repeater

Durch Verwendung einer **Bridge** ist die Verkopplung von zwei LANs gleichen Typs möglich, wobei nun Dienste bis zur Schicht 2 des OSI-Referenzmodells (Sicherungsschicht) verfügbar sind.

Im Gegensatz zum Repeater kann die Bridge dafür sorgen, dass nur solche Datenpakete zum anderen LAN gelangen, die auch für dieses Netz adressiert sind. Diese Möglichkeit stellt eine Optimierung der Nutzung des LAN dar.

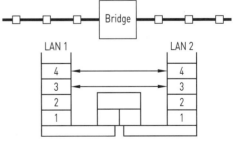

Bild 5.4–8 LAN-Kopplung durch Bridge

Ein wichtiges Kopplungselement stellt der **Router** dar, mit dem Dienste bis zur Schicht 3 des OSI-Referenzmodells (Vermittlungsschicht) zur Verfügung stehen. Router sind leistungsfähiger als Bridges. Sie bewirken, dass für die Datenpakete jeweils der optimale Weg genutzt wird.

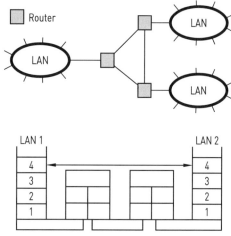

Bild 5.4–9   LAN-Kopplung durch Router

Übung 5.4–4
Welche Gemeinsamkeit weisen Repeater, Bridge und Router auf?

Die komplexeste Art der Verbindung zwischen zwei LANs ist mit einem **Gateway** möglich. Dabei sind Dienste aller Schichten des OSI-Referenzmodells verfügbar. Es können deshalb völlig verschiedene LANs miteinander verbunden werden, außerdem sind auch alle erforderlichen Anpassungen realisierbar.

> Ein Gateway ermöglicht die Verbindung zwischen beliebigen LANs über alle Schichten des OSI-Referenzmodells.

Die vielfältigen Möglichkeiten der Zusammenschaltung von LANs und zunehmende Kommunikation unterschiedlichster Daten führt auch zu einer Sicherheitsproblematik. Es handelt sich um den Schutz gegen den Zugriff auf Daten durch Unbefugte. Ein derartiger Datenmissbrauch kann durch entsprechende Filter verhindert werden. Es handelt sich um Software, mit der sichergestellt wird, dass nur festgelegte Adressen von Datenpaketen für das jeweilige LAN akzeptiert werden. Dieses Konzept wird als **Firewall** bezeichnet, da es wie eine Schutzwand zwischen zwei LANs wirkt.

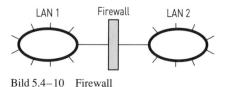

Bild 5.4–10   Firewall

Die in Netzen zu übertragenden Daten weisen unterschiedlichste Bitraten auf. Durch Paketbildung kann bekanntlich die Übertragung besonders wirtschaftlich realisiert werden. Ein wichtiger internationaler Standard ist deshalb das Verfahren ATM [*asynchronous transfer mode*], was asynchroner Übertragungsmodus

> **ATM** [*asynchronous transfer mode*] arbeitet mit Zellen konstanter Länge.

5.4 Datennetze

bedeutet. Die Datenpakete werden hierbei als Zellen bezeichnet und haben eine feste Länge von 53 Byte. Davon sind die ersten 5 Byte das Kopffeld der Zelle [*cell header*], während die verbleibenden 48 Byte das Informationsfeld bilden. Darin können Nutzdaten, aber auch Signalisierungsdaten übertragen werden. Im Kopffeld ist erkennbar, welche Zellen zur gleichen Verbindung gehören und ob sich im jeweiligen Informationsfeld Nutzdaten oder Signalisierungsdaten befinden.

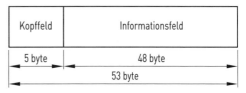

Bild 5.4–11 ATM-Zelle (Struktur)

Aus den unterschiedlichen Bitraten werden bei ATM zuerst die Zellen konstanter Größe gebildet. Kleine Bitraten führen dabei zu weniger Zellen, während große Bitraten entsprechend mehr Zellen bewirken. Die Bildung der Zellen verläuft dabei asynchron zum Takt im Übertragungsnetz. Die Übertragung der ATM-Zellen erfolgt stets mit einer definierten Bitrate. Es sind dafür Stufen zwischen 2 Mbit/s und 2,5 Gbit/s festgelegt.

Bei ATM können wir verschiedene Stufen für die Dienstgüte [*quality of service* (QoS)] unterscheiden. Es handelt sich um **CBR** [*constant bit rate*], **VBR** [*variable bit rate*], **ABR** [*available bit rate*] und **UBR** [*unspecified bit rate*].

Bei CBR handelt es sich um konstante Bitraten und konstante Verzögerungszeiten mit sehr kleinen Werten. Im Falle VBR wird die größte und kleinste Bitrate zwischen dem Netz und der Station ausgehandelt. Wird ABR gewählt, dann gilt die kleinste Bitrate als vereinbart, die Übertragung erfolgt jedoch stets mit größtmöglicher Bitrate. Die Qualitätsstufe UBR bedeutet, dass vom Netz eine bestimmte Übertragungsqualität nicht garantiert wird.

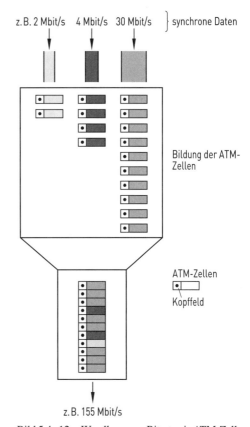

Bild 5.4–12 Wandlung von Bitraten in ATM-Zellen

Übung 5.4–5

An welchem Merkmal orientieren sich die Dienstegüte bei ATM?

Die Übertragung von Daten oberhalb der Ebene der LANs und MANs wird als Weitverkehrstechnik bezeichnet. Dabei sind wegen der großen Bitraten und des starken Verkehrsaufkommens besonders leistungsfähige Systeme erforderlich. Deshalb wurde ein Standard für synchrone Weitverkehrs-Datennetze entwickelt. Er basiert auf einer Multiplex-Hierarchie und wird als SDH [*synchronous digital hierarchy*] bezeichnet. Der Vorteil dieser synchronen digitalen Hierarchie besteht darin, dass in Knotenstellen der Zugriff auf Signale geringerer Bitrate möglich ist, ohne die gesamte Multiplex-Hierarchie rückwärts durchlaufen zu müssen.

SDH arbeitet mit synchroner Übertragung von Nutzinformationen unter Verwendung synchroner **Transportmodule** (STM) mit einheitlicher Struktur. Das Basis-Transportmodul wird als STM-1-Rahmen bezeichnet. Er weist eine Bitrate von 155 Mbit/s auf, die Rahmendauer beträgt 125 µs. Jeder STM-1-Rahmen besteht aus 9 Zellen mit jeweils 270 Byte. Die ersten 9 Byte jeder Zelle bilden das Kopffeld [*overhead*], die restlichen 261 Byte der Zeilen stellen das Nutzfeld [*payload*] dar. Abhängig von der zu übertragenden Nutzinformation kann das Nutzfeld unterschiedliche Struktur aufweisen. Es handelt sich um die in den Rahmen eingelagerten virtuellen Container (VC). Dafür sind Datenströme von 2 Mbit/s, 6 Mbit/s, 45 Mbit/s und 140 Mbit/s möglich. Es kann im Rahmen aber auch eine kontinuierliche Folge von ATM-Zellen übertragen werden.

Bei den höherwertigen Transportmodulen gilt als Bitrate stets das Vielfache der Bitrate des STM-1-Rahmens angegeben als Zahl hinter dem Kürzel STM.

Aus vorstehenden Ausführungen ist erkennbar, dass es sich bei SDH um ein hierarchisch strukturiertes Übertragungskonzept handelt, wobei netzweit nur jeweils eine Taktsignalquelle benötigt wird. Bei SDH wird im Regelfall mit den Bitraten 155 Mbit/s, 622 Mbit/s, 2,5 Gbit/s oder 13 Gbit/s gearbeitet.

SDH [*synchronous digital hierarchy*]
basiert auf synchroner Multiplex-Hierarchie

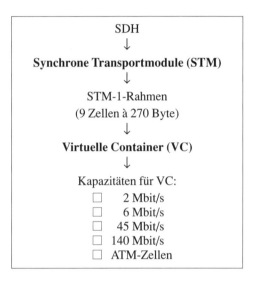

Höherwertige Transportmodule
- STM-4   → 4 · STM-1
- STM-16   → 16 · STM-1
- STM-64   → 64 · STM-1
- STM-512 → 512 · STM-1

SDH-Bitraten (in Mbit/s):
155, 622, 2.500, 13.000

Übung 5.4–6

Welche Verkopplung besteht zwischen ATM und SDH?

Während bei LANs und MANs für den Netzaufbau verdrillte Zweidrahtleitungen, Koaxialkabel oder Lichtwellenleiter ausreichen, sind bei größeren Entfernungen neben Lichtwellenleitern und Richtfunkverbindungen auch Satellitenfunkverbindungen typische Übertragungsmedien. Nur auf diese Weise können die großen Bitraten wirtschaftlich übertragen werden.

Für den Weitverkehr werden auch Richtfunk- und Satellitenfunkverbindungen verwendet.

Lernerfolgskontrolle zu Kapitel 5.4

1. Warum können bei paketvermittelter Datenübertragung Datenendeinrichtungen mit unterschiedlichen Bitraten verwendet werden, obwohl das System zum Beispiel mit 64 kbit/s arbeitet?
2. Durch welches Kriterium unterscheiden sich die Ethernet-Typen?
3. In welcher Form sind bei der strukturierten Verkabelung die Stationen an das LAN angeschlossen?
4. Welche Aufgabe hat eine Firewall?
5. Durch welche Maßnahme wird sichergestellt, dass unterschiedliche Bitraten mit ATM übertragen werden können?

5.5 Mobilkommunikation

5.5.0 Einführung

Nach Durcharbeiten dieses Kapitels können Sie das Konzept von Mobilfunknetzen darstellen, die Aufgabe von Funkfeststationen und Funkvermittlungsstellen beschreiben, die Bildung von Clustern skizzieren, die Betriebsabläufe beim Mobilfunk erläutern, die Nutzungsmöglichkeiten in Mobilfunknetzen aufzeigen, die verschiedenen Mobilfunknetze unterscheiden und die gemeinsamen Merkmale von Mobilfunknetzen erklären.

5.5.1 Grundlagen

Die bisher behandelten Telekommunikationsnetze waren auf leitungsgebundene Teilnehmeranschlüsse bezogen. Es handelt sich dabei um Festnetze, was örtliche Bindung für die Nutzung bedeutet.

Die verstärkte Forderung nach mobiler Kommunikation führte zu funkgestützten Netzen, die wir als Mobilfunknetze oder auch nur Mobilnetze bezeichnen. Damit von diesen weltweite Kommunikation zu beliebigen Zeiten und zwischen beliebigen Orten realisiert werden kann, bestehen zwischen Mobilnetzen und Festnetzen wechselweise Übergänge. Wir können deshalb folgende Betriebsvarianten bei einem Mobilnetz unterscheiden:

Festnetze bedingen örtliche Bindung für die Nutzung

Mobil(funk)netze ermöglichen mit Hilfe der Funktechnik mobile Kommunikation.

Betriebsvarianten im Mobilnetz
☐ mobil → mobil
☐ mobil → fest
☐ fest → mobil

Dabei ist das ursprüngliche Konzept des Telefondienstes, also der Sprachübertragung, schon seit einigen Jahren durch Datendienste ergänzt worden. Diese reichen vom Kurzmitteilungsdienst [*short message service* (SMS)] bis zum interaktiven Multimediadienst. Über spezielle Protokolle, wie zum Beispiel WAP [*wireless applications protocol*], ist auch Internet-Zugang realisierbar.

Während bei Festnetzen das ortsfeste Telefon das Endgerät ist, handelt es sich bei Mobilnetzen um mobile Geräte, die wir als Mobiltelefon oder Funktelefone bezeichnen. Es handelt sich um leicht handhabbare, kleine Geräte, die der Teilnehmer individuell mitnehmen kann. Sie werden in Deutschland üblicherweise als **Handy** [*mobile phone*] bezeichnet.

Wesentliche Komponenten von Mobilnetzen sind neben den Mobiltelefonen der Teilnehmer die **Funkfeststationen** (FuFSt) und die **Funkvermittlungsstellen** (FuVSt). Die Funkfeststationen dienen dazu, in einem definierten Versorgungsbereich den Vollduplex-Betrieb zu den Mobiltelefonen zu ermöglichen. Es handelt sich um stationäre Sende- und Empfangseinrichtungen, die auf verschiedenen Frequenzen arbeiten und deren Eingänge mit Funkvermittlungsstellen verbunden sind.

Diese stellen wahlweise Verbindungen zwischen Funkfeststationen untereinander her oder solche von Funkfeststationen zum Festnetz. Dabei werden die bereits behandelten Verfahren der Vermittlung genutzt.

Mobilfunknetze ermöglichen neben der Sprachübertragung auch Datendienste bis hin zum Internet-Zugang.

Mobiltelefon [*mobile phone*] = Endgerät im Mobil(funk)netz

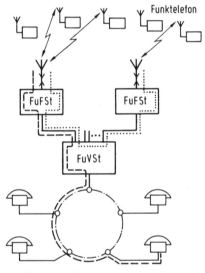

FuFSt Funkfeststation
FuVSt Funkvermittlungsstelle
———   Verbindung zwischen Funktelefon und stationärem Telefon
········ Verbindung zwischen zwei Funktelefonen

Bild 5.5–1   Mobilfunknetz (Prinzip)

Übung 5.5–1

Welche Aufgabe hat eine FuFSt?

Im Prinzip wird beim Mobilfunk die Teilnehmeranschlussleitung durch eine Funkverbindung ersetzt. Die Frequenzen der vorhande-

5.5 Mobilkommunikation

nen und in Einführung befindlichen Mobilfunknetze liegen im Bereich 450 MHz ... 2,2 GHz. Für jede Verbindung sind wegen des Vollduplex-Betriebes zwei Frequenzen erforderlich.

Grundsätzlich können in Mobilnetzen die Vermittlung und die Signalübertragung analog oder digital erfolgen. Bei heutigen Netzen kommen allerdings nur digitale Verfahren zum Einsatz. Mobilfunknetze sollen üblicherweise die flächendeckende Versorgung eines Landes gewährleisten und für eine möglichst große Zahl gleichzeitiger Verbindungen ausgelegt sein. Der Standort des Teilnehmers soll dabei keine Rolle spielen. Es wird auch angestrebt, die Versorgung in Gebäuden sicherzustellen, also den In-Haus-Betrieb, was zu den Bezeichnungen „Inhouse" oder „Indoor" führt.

Jede Funkfeststation kann nur einen bestimmten Bereich versorgen, den wir als **Funkzelle** bezeichnen. Dies ist bekanntlich abhängig von der Strahlungsleistung der Sender, der Empfindlichkeit des Empfängers, dem Antennengewinn und der Antennenhöhe. Außerdem kann wegen der verfügbaren Frequenzen jeweils nur eine bestimmte Zahl von Verbindungen zu Funktelefonen gleichzeitig realisiert werden.

Die aufgezeigten Abhängigkeiten machen deutlich, dass eine intelligente Frequenzplanung erforderlich ist, um die gestellten Forderungen an Mobilfunknetze dennoch zu erfüllen.

Der gesamte zu versorgende Bereich wird deshalb in Funkzellen aufgeteilt, wobei in jeder dieser Kleinbereiche eine als Basisstation [*base station*] bezeichnete Funkfeststation vorhanden ist, deren Betriebsfrequenzen für Senden und Empfangen sich von denen in den benachbarten Funkzellen unterscheiden müssen, um gegenseitige Störungen zu vermeiden. Es handelt sich bei einer solchen Funkzellenbildung um **zellulare Netze**.

Planungstechnisch gehen wir von Funkzellen in Form eines Sechsecks aus. Damit kann die frequenzmäßige Struktur gut als Wabenstruktur verdeutlicht werden, wobei jeweils sieben Funkzellen ein Zellbündel bilden. Dieses bezeichnen wir als **Cluster**, bei dem nun jede Funkzelle andere Frequenzen für Senden und Empfangen aufweist.

Frequenzen für Mobilfunk:
450 MHz ... 2,2 GHz

Getrennte Frequenzen für Senden und Empfangen

Bei heutigen Mobilfunknetzen erfolgen die Vermittlung und die Signalübertragung digital.

Forderung an Mobilfunknetze
☐ Flächendeckende Versorgung
☐ Viele Verbindungen gleichzeitig realisierbar
☐ Versorgung auch (möglichst) innerhalb von Gebäuden.

Jede Funkfeststation (FuFSt) kann nur eine **Funkzelle** versorgen.

Jede Funkfeststation (FuFSt) ermöglicht nur eine begrenzte Zahl gleichzeitiger Verbindungen.

Optimierung durch intelligente Frequenzplanung

Basisstation [*base station*] = Funkfeststation einer Funkzelle

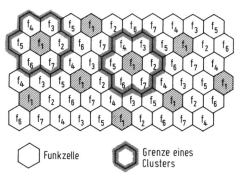

Bild 5.5–2 Struktur der Funkzellen und Cluster

Übung 5.5–2

Durch welches besondere Merkmal ist ein Cluster gekennzeichnet?

Die jeweils sieben Basisstationen eines Clusters sind an eine Funkvermittlungsstelle angeschlossen, die bekanntlich Verbindungen zu anderen Funkvermittlungsstellen und zum Festnetz ermöglicht.

Eine wichtige betriebliche Forderung beim Mobilfunk besteht darin, dass jeder Teilnehmer erreichbar ist, unabhängig von der Funkzelle, in der er sich befindet. Außerdem soll auch eine bestehende Verbindung beim Wechsel von einer Funkzelle in eine andere erhalten bleiben. Diese Notwendigkeit ist besonders dann gegeben, wenn das Mobiltelefon in einem Fahrzeug genutzt wird.

Um vorstehende Forderungen erfüllen zu können, wird mit verschiedenen Dateien gearbeitet. Jeder Teilnehmer ist erst einmal mit seinen Kenndaten (Teilnehmer-Nummer, Adresse, ...) und den aktuellen Betriebsdaten (Ein/Aus/Besetzt, momentaner Standort bezogen auf die Basisstation, ...) des Mobiltelefons in der seinem Wohnort zugeordneten FuVSt erfasst. Es handelt sich dabei um die **Heimatdatei** (HD) [*home location register* (HLR)].

Es gibt in der FuVSt auch noch die **Besucherdatei** (BD) [*visitors location register* (VLR)]. Hier sind nun die Daten aller Funktelefone gespeichert, die sich gerade im Cluster dieser FuVSt aufhalten und im Netz angemeldet sind. In den einzelnen Basisstationen gibt es vergleichbare Dateien. Sie heißen **Aktivdateien** (ADn), gelten nur für die auch als Mobilstation (MS) [*mobile station* (MS)] bezeichneten Mobiltelefone im Bereich der Funkzelle und werden durch zyklische Abfrage regelmäßig aktualisiert.

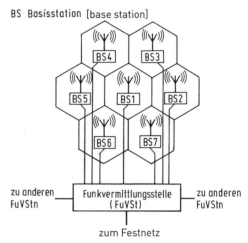

Bild 5.5–3   Cluster und FuVSt

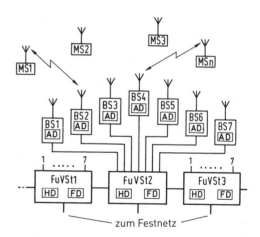

Bild 5.5–4   Dateien im Mobilfunknetz

Übung 5.5–3

Welche Aufgabe hat die Heimatdatei in der FuVSt?

5.5 Mobilkommunikation

Damit ein Teilnehmer im Mobilfunknetz telefonieren kann, muss er nicht nur sein Mobiltelefon (Handy) einschalten, sondern sich auch noch über eine persönliche Identifizierungsnummer [*personal identification number* (PIN)] im System anmelden. In einer Authentisierungszentrale [*authentication center* (AUC)] des Netzbetreibers werden die automatisch von der Berechtigungskarte [*subscriber identity module* (SIM)] im Mobiltelefon übertragenen Daten und die PIN geprüft. Bei positivem Ergebnis erfolgt die Freischaltung für die Nutzung des Netzes.

Der vorstehend beschriebene Vorgang stellt das Einbuchen [*login*] dar, wird aber auch als Einloggen bezeichnet. Nach Abschluss der Prozedur ist der Teilnehmer im Netz bekannt, weil sich seine Daten in der jeweils „zuständigen" Besucherdatei und Aktivdatei befinden. Er kann also Verbindungen aufbauen, aber auch gerufen werden.

Durch Ausschalten des Mobiltelefons werden die Daten des Teilnehmers in der Besucherdatei und Aktivdatei gelöscht. Der Teilnehmer hat sich damit aus dem Netz abgemeldet, was wir nun als Ausbuchen [*logout*] oder Ausloggen bezeichnen. Direkte Gesprächsverbindungen zum Teilnehmer sind dann nicht mehr möglich, jedoch kann in den meisten Mobilfunknetzen in diesem Fall eine als Sprachbox bezeichneter Anrufbeantworter beim Netzbetreiber verfügbar gemacht werden, so dass der Teilnehmer damit wenigstens indirekt erreichbar ist.

Die in einem Mobilfunknetz aufgebauten Verbindungen werden stetig auf ihre Qualität überwacht und soweit möglich verbessert. Ein besonderer Aufwand ist erforderlich, wenn zum Beispiel ein Gespräch aus einem fahrenden Auto geführt und dabei die Grenze zweier benachbarter Funkzellen überschritten wird. Bei diesem Wechsel ist eine Kanalumschaltung erforderlich, wobei allerdings keine Unterbrechung der Verbindung auftreten soll. Als Kriterium für den Umschaltzeitpunkt dient das Ergebnis relativer Entfernungsmessungen zwischen Mobilstation (MS) und Basisstation (BS) durch Ermittlung der Laufzeiten. Zu diesem Zweck strahlt jede BS Signalisierungsdaten aus. Die beschriebene Übergabe des Gesprächs von einer Funkzelle an eine andere wird als „Handover" bezeichnet.

PIN   SIM-Daten
⇓   ⇓
Authentisierungszentrale
[*authentication center* (AUC)]
⇓
Freischaltung des Netzes

Einbuchen (Einloggen) [*login*]
d. h. Teilnehmer ist im Netz erreichbar und kann auch selber Verbindungen aufbauen.

Ausbuchen (Ausloggen) [*logout*]
d. h. Teilnehmer ist nicht mehr direkt erreichbar, sondern optimal nur noch indirekt über Mailbox. Aufbau von Verbindungen ist nicht möglich.

Sprachbox =
Teilnehmerspezifischer Anrufbeantworter beim Netzbetreiber

Stetige Überwachung und Optimierung der Qualität einer Verbindung

---

Automatische Kanalumschaltung bei Wechsel der Funkzelle
⇓
Basiert auf relativer Entfernungsmessung zwischen MS und BS
⇓
Wird ermöglicht durch Signalisierungsdaten der BS

Handover =
Übergabe eines Gespräches zwischen benachbarten Funkzellen

Auch im Rahmen der ständigen Qualitätsüberwachung kann es zum Handover kommen und zwar dann, wenn eine Verbindung über eine benachbarte Funkzelle bessere Qualität bietet.

Übung 5.5–4

Welche Voraussetzung muss beim Handover erfüllt sein?

Um eine effiziente und störungsfreie Frequenznutzung zu erreichen und die Energieversorgung der Mobilstationen zu schonen, kann die Ausgangsleistung der Geräte dem Abstand zur Basisstation angepasst werden. Als Bezugsgröße dient dafür die Feldstärke, mit der die Mobilstation die Basisstation empfangen kann. Bei großen Feldstärkewerten erfolgt eine Reduzierung der Ausgangsleistung. Sinkt die Feldstärke, dann wird die Ausgangsleistung wieder angehoben. Der Regelungsbereich liegt zwischen einigen Milliwatt und mehreren Watt.

Automatische Anpassung der Ausgangsleistung der Mobilstation in Abhängigkeit von der Entfernung zur Basisstation
$$\Downarrow$$
Abhängig von der jeweiligen Empfangsfeldstärke

5.5.2 Systeme und Kenngrößen

Das erste Mobilfunknetz wurde in Deutschland 1957 unter der Bezeichnung A-Netz in Betrieb genommen. Es arbeitete im Frequenzbereich 156 ... 174 MHz und basierte auf Handvermittlung. Im Jahre 1972 erfolgte der Übergang auf das B-Netz. Es hatte den Frequenzbereich 146 ... 174 MHz zur Verfügung und arbeitete mit Selbstwählbetrieb in gesamt 170 Funkbereichen.

A-Netz
156 ... 174 MHz, Handvermittlung

B-Netz
146 ... 174 MHz, Selbstwählbetrieb in Funkbereichen

Bedingt durch die steigende Nachfrage wurde ab 1986 das C-Netz aufgebaut. Es arbeitete im 450-MHz-Bereich, wobei die Sprachübertragung analog erfolgt, die Vermittlung und Steuerung dagegen digital. Es war das erste Netz mit der bereits darstellten Funkzellen- und Cluster-Struktur und landesweitem Selbstwählbetrieb.

C-Netz
450-MHz-Bereich, landesweiter Selbstwählbetrieb
☐ Sprachübertragung: analog
☐ Vermittlung und Steuerung: digital

An dieser Stelle sei angemerkt, dass die vorstehend aufgezeigten Netze nicht mehr in Betrieb sind.

Anfang der neunziger Jahre wurde das erste zellulare Mobilfunksystem als D-Netz im 900-MHz-Bereich in Betrieb genommen, bei dem alle Signale digital übertragen werden. Es basiert auf dem europäischen **GSM** [*global system for mobile communications*]-Standard und ist in seiner Netzstruktur dem C-Netz vergleichbar.

D-Netz
900-MHz-Bereich, landesweiter Selbstwählbetrieb
☐ Sprachübertragung: digital
☐ Vermittlung und Steuerung: digital

5.5 Mobilkommunikation

Derzeit sind zwei D-Netze zugelassen, nämlich das **D1-Netz** und das **D2-Netz**. Dafür gibt es unterschiedliche Betreiber, die bei gleicher Technik im Wettbewerb zueinander stehen.

Die große Akzeptanz des Mobilfunks steigerte den Bedarf an Übertragungskapazität. Es wurde deshalb ein weiteres digitales zellulares Mobilfunksystem auf Basis des Standards **DSC** [*digital cellular system*] als E-Netz im 1800-MHz-Bereich eingeführt. Das E-Netz basiert auf GSM, im Standard sind allerdings die Besonderheiten des neuen Frequenzbereichs berücksichtigt. Deshalb ist auch die Bezeichnung **GSM 1800** gebräuchlich.

Für den Nutzer sind derzeit zwei E-Netze verfügbar, nämlich das **E1-Netz** und das **E2-Netz**. Die Zulassung erfolgte an unterschiedliche Betreiber, die bei gleicher Technik im Wettbewerb zueinander, aber auch zu den beiden D-Netzen stehen.

Bei den D- und E-Netzen wird für die Sprachübertragung Leitungsvermittlung eingesetzt, also für jedes Gespräch eine individuelle Punkt-zu-Punkt-Funkverbindung aufgebaut. Dieses Konzept wird auch für die Datenübertragung HSCSD [*high speed circuit switched data*] verwendet, mit der Bitraten bis 57,6 kbit/s erreichbar sind. Da dieses für viele Nutzungen keine ausreichende Flexibilität bietet, wurde GPRS [*general packet radio service*] als paketvermittelte Datenübertragung eingeführt, die Bitraten bis 112 kbit/s ermöglicht. Durch den ständig steigenden Bedarf an Übertragungskapazität ausgelöst, steht inzwischen EDGE [*enhanced data rates for GSM evolution*] mit Bitraten bis 384 kbit/s in vielen Netzen zur Verfügung.

> D-Netz basiert auf GSM [*global system for mobile communications*]

E-Netz
1800-MHz-Bereich, landesweiter Selbstwählbetrieb
☐ Sprachübertragung: digital
☐ Vermittlung und Steuerung: digital

> E-Netz basiert auf DSC [*digital cellular system*] (= GSM 1800).

Datenübertragung in Mobilfunknetzen
HSCSD [*high speed circuit switched data*]
Leitungsvermittlung, bis 57,6 kbit/s
⇓
GPRS [*general packet radio system*]
Paketvermittlung, bis 112 kbit/s
⇓
EDGE [*enhanced data rates for GSM evolution*]
Paketvermittlung, bis 384 kbit/s

Übung 5.5–5

Welche grundlegenden Unterschiede weisen die D-Netze und die E-Netze auf?

Als so genannte dritte Mobilfunkgeneration (3G) steht inzwischen UMTS [*universal telecommunication system*] zur Verfügung. Dieses System weist gegenüber GSM deutlich höhere Bitraten auf, nämlich bis zu 2 Mbit/s. Damit lassen sich vielfältige multimediale Anwendungen realisieren, was auch den komfortablen mobilen Internet-Zugang einschließt.

UMTS [*universal telecommunication system*]
Bitrate: bis 2 Mbit/s

UMTS weist das Konzept eines zellularen Funknetzes auf. Es gibt einen terrestrischen und einen satellitengestützten Teil, weshalb wir den UMTS-Netzzugang über terrestrische Sender [*UMTS terrestrial radio access network* (UTRAN)] und den UMTS-Netzzugang über Satellit [*UMTS radio access network* (URAN)] unterscheiden müssen. In beiden Fällen sind die Basisstationen (BS) mit UMTS-Funkvermittlungsstellen [*radio node controller* (RNC)] als Netzkonten verbunden. Diese sind über eine leistungsfähige ATM-Infrastruktur miteinander verknüpft.

Übergeordnet ist die zentrale Systemsteuerung [*main system controller* (MSC)], die auch alle Verbindungen zu Netzen und Systemen außerhalb von UMTS sicherstellt.

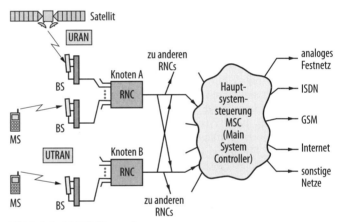

Bild 5.5–5 UMTS-Netzstruktur

UMTS arbeitet im Frequenzbereich 1,9 … 2,2 GHz. Bei dem für die meisten UMTS-Anwendungen genutzten UTRAN kommt CDMA (also dem Vielfachzugriff im Codemultiplex) wahlweise im Modus Frequenzduplex [*frequency division duplex* (FDD)] oder Zeitduplex [*time division duplex* (TDD)] zum Einsatz. Damit ist die verfügbare Übertragungskapazität optimal nutzbar.

UMTS arbeitet im Bereich 1,9 … 2,2 GHz

UTRAN
⇓
CDMA
⇓
Mode: FDD oder TDD

Übung 5.5–6

Welche grundsätzlichen Vorteile weist UMTS gegenüber GSM auf?

Für multimediale Nutzungen werden die erforderlichen Bitraten immer größer. Dem wurde

5.5 Mobilkommunikation

bei UMTS durch ergänzende Verfahren für schnelle Datenübertragung Rechnung getragen. Beim Downlink, also vom Netz zum Teilnehmer, handelt es sich um **HSDPA** [*high speed downlink packet access*]. Hier ist theoretisch eine Bitrate von 14,6 Mbit/s gegeben, in der Praxis sind Werte im Bereich 7 ... 10 Mbit/s verfügbar. Für den bei Interaktivität ebenfalls wichtigen Uplink, also vom Teilnehmer ins Netz, wurde **HSUPA** [*high speed uplink packet access*] entwickelt. Die Bitrate liegt bei maximal 5,8 Mbit/s, in der Praxis handelt es sich um etwa 1,5 Mbit/s.

Die Mobilfunknetze haben verschiedene gemeinsame Merkmale. Vergleichbar den Ortsnetzkennzahlen beim Festnetz ist der Zugang zu jedem Mobilfunknetz nur über festgelegte Vorwahlnummern (z.B. 0172) möglich. Damit ist auch die eindeutige Unterscheidbarkeit der Netze gegeben.

Die Mobilfunknetze arbeiten mit Selbstwählbetrieb für alle Verbindungen. Diese können stets unabhängig vom Standort des Teilnehmers aufgebaut werden und bleiben auch bei Änderungen des Standortes erhalten.

Bei den zugewiesenen Frequenzbereichen ist stets ein Oberband und ein Unterband unterscheidbar, was einen definierten Abstand der Frequenzen für Senden und Empfangen bedeutet und als Kanalabstand bezeichnet wird.

Durch Verträge mit ausländischen Mobilfunknetzbetreibern wird sichergestellt, dass auch außerhalb Deutschlands das Mobiltelefon genutzt werden kann. Beim Einbuchen erkennt der jeweilige Vertragspartner den Teilnehmer und ermöglicht ihm durch Freigabe seines Netzes den nationalen und internationalen Aufbau von Verbindungen. Die Abrechnung erfolgt dann über den Netzbetreiber, mit dem der Teilnehmer das Kundenverhältnis hat. Dieses wird als **Roaming** bezeichnet und durch entsprechende Verträge der Netzbetreiber sichergestellt.

Roaming ist allerdings auch bei den nationalen Mobilfunknetzen gegeben. Mit Hilfe der entsprechenden Vorwahl kann jeder Teilnehmer in anderen Mobilfunknetzen erreicht werden.

Um die Signalisierungsdaten der Basisstation ohne zusätzlichen Aufwand übertragen zu können, wird bei den D- und E-Netzen ein Zeit-

Schnelle Datenübertragung bei UMTS
- Downlink
  HSDPA [*high speed downlink packet access*]
  Bitrate: bis 14,6 Mbit/s
- Uplink
  HSUPA [*high speed uplink packet access*]
  Bitrate: bis 5,8 Mbit/s

Mobilfunknetze sind nur über festgelegte Vorwahlnummern erreichbar.

Verbindungen sind unabhängig vom Standort des Teilnehmers und bleiben auch bei Änderung des Standortes erhalten

Zugewiesener Frequenzbereich:
- Oberband
- Unterband

Nutzung des Mobiltelefons ist auch im Ausland möglich.

Roaming ermöglicht die Nutzung ausländischer Mobilfunknetze durch deutsche Mobilfunk-Teilnehmer.

Roaming ist auch national gegeben.

Übertragung der Sprache und der Signalisierungsdaten erfolgt als Zeitmultiplex.

multiplexverfahren verwendet. Für das Sprachsignal erfolgt eine Kompression, so dass im Takt von 12,5 ms Zeitschlitze von ca. 1,1 ms auftreten. Diese werden nun für die Signalisierungsdaten genutzt, auf dem Funkkanal liegen somit zeitlich gestaffelt Sprache und Daten vor.

Zeitschlitze für Signalisierung: 1,1 ns

Die Übertragung der Sprache erfolgt bei den D- und E-Netzen bekanntlich digital. Dazu werden zuerst die Sprachsignale digitalisiert und dann als Quellencodierung das Datenreduktionsverfahren RELP [*residual excited linear prediction*] oder vergleichbare Versionen eingesetzt. Auf diese Weise ist es möglich, mit einer Brutto-Bitrate von 22,8 kbit/s für den Sprachkanal auszukommen, wobei 10 kbit/s für den Fehlerschutz genutzt werden. Bei den verbleibenden 12,8 kbit/s sind neben der Sprache auch noch die Signalisierungsdaten enthalten.

RELP [*residual excited linear prediction*] = Datenreduktionsverfahren für das Sprachsignal.

Durch Einsatz des Zeitmultiplex-Verfahrens sind pro Funkkanal zehn Verbindungen gleichzeitig realisierbar. Die Übertragung zwischen Basisstationen und Mobilstationen erfolgt durch TDMA, also Vielfachzugriff im Zeitmultiplex. Die Daten von zehn Sprachkanälen werden zu einem TDMA-Rahmen von 32 ms Dauer zusammengefasst, wobei am Ausgang jeweils ein Rahmensynchronwort eingefügt ist.

Jeder TDMA-Rahmen mit den 10 Sprachkanälen wird dem Träger eines der 124 Funkkanäle aufmoduliert, die sich bei 200 kHz Kanalabstand im Rahmen der zugewiesenen Frequenzen ergeben. Als Modulationsverfahren wird vierwertige Phasenumtastung (4-PSK) verwendet.

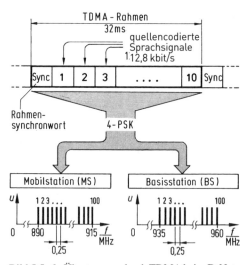

Bild 5.5–6 Übertragung durch TDMA beim D-Netz

Übung 5.5–7
Welchen Vorteil bietet die Verwendung von TDMA bei Mobilfunknetzen?

Die reale Struktur der verschiedenen Mobilfunknetze basiert zwar auf der bekannten Clusterbildung, sie müssen allerdings nicht unbedingt nur aus sieben Funkzellen bestehen. Außerdem werden die Zellengrößen nach den betrieblichen Forderungen, also dem Verkehrsaufkommen, ausgerichtet. Dort, wo besonders viele Teilnehmer zur gleichen Zeit Verbindungen aufbauen wollen – etwa in Ballungsgebie-

Größe der Funkzellen wird nach dem Verkehrsaufkommen ausgerichtet.

ten – sind möglichst kleine Zellen die beste Lösung. In dünner besiedelten Gebieten reichen dagegen größere Zellen aus. Es ist deshalb die Unterscheidung zwischen Mikrozelle, Minizelle, Kleinzelle und Großzelle üblich, die sich im Durchmesser des kreisförmig angenommenen Versorgungsbereichs unterscheiden.

Durchmesser
Großzelle $\Rightarrow$ 10 ... 30 km
Kleinzelle $\Rightarrow$ 3 ... 10 km
Minizelle $\Rightarrow$ 0,3 ... 1 km
Mikrozelle $\Rightarrow$ 0,1 ... 0,3 km

Die Funkvermittlungsstellen für die einzelnen Cluster werden als MSC [*mobile switching center*] bezeichnet. Sie haben Verbindung untereinander, zu ausländischen Funkvermittlungsstellen und ebenso zum Festnetz. Die gesamte Betriebsabwicklung wird von einer Netzmanagement-Zentrale [*network management center* (NMC)] gesteuert. Über diese erfolgt auch die Abrechnung der Teilnehmerentgelte.

Die vergleichbare Situation ist auch bei UMTS mit den UMTS-Funkvermittlungsstellen (RNC) und der zentralen Systemsteuerung (MSC) gegeben.

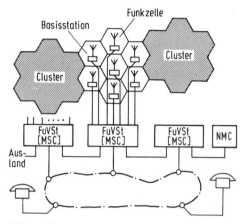

MSC mobile switching center (Funkvermittlungsstelle)
NMC network management center (Zentrale für Netzmanagement)

Bild 5.5–7   Struktur der D- und E-Netze

Lernerfolgskontrolle zu Kapitel 5.5

1. Welche Verbindungen sind beim Mobilfunk grundsätzlich möglich?
2. Welche grundsätzlichen Forderungen werden an Mobilfunknetze gestellt?
3. Dürfen in einem Cluster zwei Basisstationen dieselbe Frequenz aufweisen?
4. Was ist unter dem Begriff „Einbuchen" zu verstehen?
5. Durch welche Information sind Mobilfunknetze eindeutig unterscheidbar?
6. Welchen Vorteil bietet der Mobilfunk hinsichtlich der Standorte der Teilnehmer?
7. Warum sind E-Netze GSM-Netze?
8. Wodurch unterscheiden sich neben der Bitrate HSCSD und GPRS?

5.6 Internet

5.6.0 Einführung

Nach Durcharbeiten des Kapitels können Sie das Funktionskonzept des Internets aufzeigen, IP-Adressierung erklären, das IP erläutern, Anwendungen und Dienste im Internet darstellen und Organisationsregeln skizzieren.

5.6.1 Aufgabenstellung und Funktionsprinzip

Für den Begriff Internet gibt es keine verbindliche Definition. Im Prinzip handelt es sich um das gewachsene Zusammenwirken einer sehr großen Zahl von Computern und Servern zu einem weltumspannenden Netz. Das wesentliche Merkmal des Internets ist die Verwendung des **Transportprotokoll IP** [*internet protocol*] in Verbindung mit einer einheitlich strukturierten Adressierung (IP-Adresse) jedes angeschlossenen Gerätes.

> **Internet =**
> Weltweite Kommunikation zwischen Computern und/oder Servern unter Verwendung des Transportprotokolls IP [*internet protocol*] und einheitlich strukturierter IP-Adressen

Das Internet können wir als funktionierenden Wildwuchs aus Computern, Servern und LANs sehen. Es gibt kein zentrales Netzmanagement.

Im Internet gibt es kein zentrales Netzmanagement.

Der Weg von Datenpaketen ist im Internet nicht vorbestimmbar, sie werden von Router zu Router weitergereicht und gelangen nicht unbedingt auf direktem Weg zum gewünschten Teilnehmer, sondern stets auf dem Weg, für den Übertragungskapazität zu dem Zeitpunkt verfügbar ist. Abhängig vom Verkehrsaufkommen im Netz kann theoretisch jedes Datenpaket auf einem anderen Weg zum Ziel-Computer gelangen. Die Festlegung des Übertragungsweges im Internet wird üblicherweise als **Routing** bezeichnet.

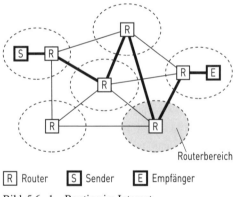

R Router   S Sender   E Empfänger
Bild 5.6–1   Routing im Internet

Übung 5.6–1
Auf welche Weise ist es möglich, dass auch durch Umwege beim Routing das gewünschte Teilnehmergerät erreicht wird?

Der große Erfolg des Internets erklärt sich aus den zahlreichen Diensten und Anwendungen, die jedoch alle eine einheitliche Protokollarchitektur für die Übertragung verwenden. Als

5.6 Internet

Basis dient stets das bereits aufgezeigte Transportprotokoll IP [*internet protocol*]. Es ist für die verbindungslose Datenübermittlung vom Sender zum Empfänger zuständig, wobei dies auch über mehrere Netze erfolgen kann. Eine Abhängigkeit vom verwendeten Übertragungsmedium ist nicht gegeben.

Das IP wird durch das verbindungsorientierte Transportprotokoll TCP [*transmission control protocol*] ergänzt. Dieses ermöglicht Punkt-zu-Punkt-Verbindungen im Vollduplex-Betrieb und arbeitet mit dem Handshake-Verfahren. TCP ist damit für die Verbindungssteuerung und die Datensicherung zuständig.

Da beide Protokolle stets in Kombination auftreten, hat sich dafür die Bezeichnung TCP/IP eingebürgert. TCP/IP ist die Basis für zahlreiche andere Protokolle, durch die Dienste und Anwendungen im Internet ermöglicht werden. Diese Protokollfamilie arbeitet auf den Ebenen 3 und 4 des OSI-Referenzmodells.

Einheitliche Protokollarchitektur

IP [*internet protocol*]
Ermöglicht verbindungslose Datenübermittlung zwischen Sender und Empfänger über mehrere Netze.

+

TCP [*transmission control protocol*]
Ermöglicht verbindungsorientierte Datenübermittlung als Punkt-zu-Punkt-Verbindung mit Datensicherung im Vollduplex-Betrieb.

=

TCP/IP
(Basis für die Funktion des Internets)

Die für die Funktion des Internets wichtige IP-Adresse besteht in der bisherigen Version 4 (IPv4) aus vier Zahlen, die durch Punkte voneinander getrennt sind. Die Zahlen müssen im Bereich 0 … 255 liegen und können deshalb jeweils durch ein 8-bit-Wort ausgedrückt werden. Eine IPv4-Adresse umfasst somit 32 bit.

Inzwischen erfolgt der Übergang auf die Version 6 der IP-Adressierung. Jede IPv6-Adresse umfasst 128 bit und verfügt deshalb im Vergleich zu IPv4 über einen größeren Adressvorrat. Sie ist für Multimedia besser geeignet und zu IPv4 abwärtskompatibel.

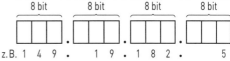

[abwärtskompatibel zu IPv4]

Bild 5.6–2 IP-Adressierung

5.6.2 Betriebsorganisation

Die Vergabe von IP-Adressen erfolgt durch das Network Information Center (NIC). Damit wird sichergestellt, dass sich jede IP-Adresse eindeutig von jeder anderen unterscheidet.

Neben den aus Zahlen bestehenden IP-Adressen ist es auch möglich, leichter merkbare Begriffe zu verwenden. Es handelt sich dann um symbolische Adressen, die üblicherweise als Internet-Adresse bezeichnet werden. Kennzeichen dafür

Jede IP-Adresse ist einmalig.

ist das Zeichen @ (sprich: ät), welches den Empfängernamen mit dem Namen des Providers, der Firma oder der Organisation verbindet. Ergänzend folgt nach einem Punkt [*dot*] der Länderkenner oder eine Netzkennung wie „com", „org", „gov" oder ähnlich.

Internet-Adresse (Beispiel)

meier	@	t-online	.	de
Name des Empfängers	zu erreichen bei	Provider/ Firma/ Organisation		Länderkenner/ Netzkennung

Übung 5.6–2

Welchen grundsätzlichen Vorteil hat IPv6 gegenüber IPv4?

Obwohl das Internet vielfach als völlig unkontrolliertes Netz gesehen wird, gibt es dennoch zahlreiche Grundsätze und Regelungen, aber auch organisatorische Strukturen.

Auch im Internet gibt es Grundsätze, Regelungen und organisatorische Strukturen.

Beispiele sind verbindliche Vereinbarungen über die Kommunikationsprotokolle, das Verfahren für den Aufbau und die Vergabe von Adressen sowie Regularien für die Weiterentwicklung des Internets. Dabei erfolgt die Diskussion der Themen öffentlich im Internet in sogenannten *Requests for Comments* (RFC). In einem mehrstufigen Abstimmungsprozess werden Festlegungen getroffen, die zu einem Internet-Standard führen können. Dabei gilt dann die Bezeichnung RFC mit einer Folgenummer.

RFC [*request for comments*] =
☐ Öffentliche Diskussion relevanter Themen
☐ Mehrstufiger Abstimmungsprozess
☐ Festlegung als Internet-Standard (optional)

Zu den Grundstrukturen des Internet gehört die Autonomie der einzelnen Netzknoten. Die Erreichbarkeit der Knoten wird durch ein entsprechendes Protokoll definiert. Damit sind bei Unterbrechungen, Protokollfehlern oder Ausfällen Änderungen der Netztopologie möglich.

Erreichbarkeit von Netzknoten ist durch Protokoll definiert.

Jeder Netzknoten hat durch entsprechende Kommunikation Kenntnis über den Zustand der benachbarten Knoten, Computer und Server. Die Verkehrslenkung im Netz führt jeder Knoten selbsttätig gemäß definierter Routing-Prozeduren durch.

Jeder Netzknoten ist autonom und führt die Kommunikation zu den anderen Knoten gemäß definierter Routing-Prozeduren durch.

Übung 5.6–3

Welche Aufgabe hat ein RFC?

Auch wenn das Internet ohne zentrales Management arbeitet, so gibt es doch einige international besetzte Gremien, die Empfehlungen und Regeln erarbeiten, deren Einhaltung nicht erzwungen werden kann, sondern freiwillig aus

5.6 Internet

Überzeugung der Zweckmäßigkeit erfolgt. Dazu gehören:

Gremien im Internet:
- ISOC [*Internet Society*]
- IAB [*Internet Architecture Board*]
- IETF [*Internet Engineering Task Force*]
- IESG [*Internet Engineering Steering Group*]
- IANA [*Internet Assigned Number Authority*]
- INIC [*Internet Network Information Center*]

Die ISOC ist zuständig für die Strategie des Internets, während sich das IAB um die Gesamtarchitektur kümmert. Das IETF ist für die Technik- und Protokollentwicklung zuständig, die IESG für die Standardisierungsprozesse. Die IANA trägt die Verantwortlichkeit für die Adressierungsverfahren, während die INIC die Vergabe der IP-Adressen managen.

ISOC	→	Strategie
IAB	→	Gesamtarchitektur
IETF	→	Technik und Protokolle
IESG	→	Standardisierung
IANA	→	Adressierungsverfahren
INIC	→	IP-Adressen

5.6.3 Anwendungen

Im Internet gibt es eine Vielzahl von Anwendungen und Diensten, und zwar mit zunehmender Tendenz. Dabei stellen wohl E-Mail und das World Wide Web (www) die für alle Nutzer bekanntesten Formen dar.

E-Mail ermöglicht den Austausch elektronischer Briefe. Sie werden mit einem Editor erstellt und enthalten meistens nur ASCII-Zeichen. Bei solchen Briefen sind allerdings beliebige Anhänge [*attachment*] möglich.

Der Austausch von E-Mails erfolgt über Mailboxen, die als Server die Zwischenspeicherung der E-Mails sicherstellen. Es ist deshalb keine unmittelbare Verbindung zwischen Sender und Empfänger erforderlich. Der Abruf der E-Mail von der Mailbox durch den Empfänger kann zu jeder beliebigen Zeit erfolgen. Meistens ist der Zugriff auf die Mailbox durch ein Passwort gesichert.

Mit E-Mail lässt sich weltweite Kommunikation zwischen Nutzern des Internets realisieren. Durch das **World Wide Web** (WWW), häufig auch nur als **Web** bezeichnet, ist der einfache Zugriff auf multimediale Informationen in WWW-Servern möglich, ohne an bestimmte Dateistrukturen gebunden zu sein. Diese Datenbanken können sich weltweit an beliebigen Standorten befinden.

Im Internet gibt es eine Vielzahl von Anwendungen und Diensten.

> **E-Mail** ermöglicht den Austausch elektronischer Briefe mit beliebigen Anhängern.

Nutzer (Sender)
verfasst elektronischen Brief und ggf. Anhänge.
⇓
Aussendung
⇓
Zwischenspeicherung in der Mailbox
⇓
Nutzer (Empfänger)
ruft E-Mail zu beliebiger Zeit von der Mailbox ab. Im Regelfall ist dafür ein Passwort erforderlich.

> Das **World Wide Web (WWW)** ermöglicht den weltweiten Zugriff auf multimediale Informationen in WWW-Servern

Für den Abruf und die Behandlung von WWW-Informationen ist als Bedienoberfläche ein **Browser** erforderlich. Typische Beispiele dafür sind Netscape und Explorer, die als Front-End-Software den Zugriff auf die multimedialen Informationen (Text, Grafik, Audio, Standbild, Bewegtbild) durch einfache Bedienung (Mausklick) ermöglichen.

Soll auf Informationen eines WWW-Servers zugegriffen werden, dann muss die als URL [*universal resource locator*] bezeichnete Fundstelle bekannt sein. Sie hat die vergleichbare Funktion wie eine Internet-Adresse und beginnt üblicherweise mit dem Kürzel **http**. Dies steht für „*hypertext transfer protocol*" und ist die Bezeichnung für das Kommunikationsprotokoll, welches den Zugriff auf das WWW ermöglicht. Zur Erstellung der Multimedia-Dokumente im World Wide Web wird die speziell dafür entwickelte Sprache HTML [*hypertext markup language*] verwendet.

Bei Wahl einer URL gelangen wir im Regelfall zuerst auf eine Startseite, die Homepage. Durch Anklicken entsprechender Felder sind dann die darunter liegenden Seiten erreichbar, aber auch an anderen Stellen gespeicherte Informationen. Diese Verbindungen zwischen Informationen bezeichnen wir als Hyperlinks.

Für den Austausch von Dateien beliebigen Inhalts gibt es ein spezielles Übertragungsprotokoll, bezeichnet als FTP [*file transfer protocol*]. Es ermöglicht dem Internet-Nutzer Dateien von den zahlreichen FTP-Servern in seinem System zu speichern, was üblicherweise als **Download** bezeichnet wird. Die Daten sind auf den Servern häufig in komprimierten Formaten (z. B. zip) abgespeichert, um die Übertragungszeiten zum Nutzer möglichst kurz zu halten.

Für die WWW-Nutzung ist als Bedienoberfläche ein **Browser** (z. B. Netscape oder Explorer) erforderlich

---

Zugriff auf WWW-Server durch
URL [*universal resource locator*]

Beispiel:
http://www.hanser.de

HTML [*hypertext markup language*] =
Sprache zur Erstellung multimedialer WWW-Dokumente

Homepage =
Startseite eines URL-Angebots

Hyperlink =
Verbindung zwischen Informationen im WWW

FTP [*file transfer protocol*] =
Übertragungsprotokoll für Abruf und Download von Dateien, die komprimiert oder nicht komprimiert auf FTP-Servern zur Verfügung stehen.

Übung 5.6–4

Wodurch unterscheiden sich WWW und FTP?

Eine besondere Kommunikationsform im Internet sind Foren, bei denen die Nutzer unmittelbar miteinander in Kontakt stehen und zwar durch den wechselseitigen Austausch von Textnachrichten. Es handelt sich dabei um Halbduplex-Betrieb und wird auch als „Chatten" bezeichnet.

Foren ermöglichen den Nutzern unmittelbare Textkommunikation im Halbduplex-Betrieb.

5.6 Internet

Es gibt allerdings auch Foren, die als multilaterale Diskussionsrunden ausgelegt sind und häufig als Newsgroup bezeichnet werden. Hier werden zu vorgegebenen Themen Argumente, Meinungen und Stellungnahmen gespeichert und stehen wie an einem schwarzen Brett weltweit für jeden Nutzer zur Verfügung.

Newsgroups sind elektronische Diskussionsrunden für festgelegte Themen.

Neben der bisher betrachteten Datenübertragung wird das Internet inzwischen auch für Telefonie und Rundfunk, also Radio und Fernsehen, genutzt. Da es sich in beiden Fällen um Echtzeit-Übertragung handelt, im Internet jedoch paketweise Übertragung über beliebige Wege erfolgt, müssen entsprechende Vorkehrungen getroffen werden, um die ungestörte Wiedergabe beim Empfänger sicherzustellen. Es kommt deshalb ein als Streaming bezeichnetes Verfahren zum Einsatz, durch das Kontinuität und richtige Reihenfolge der Datenpakete sichergestellt wird.

Streaming stellt kontinuierliches Signal für Echtzeit-Wiedergabe sicher.

Telefonie über das Internet wird als VoIP [*voice over internet protocol*] bezeichnet. Es sind Telefone mit geeigneter Software erforderlich. Mit VoIP sind weltweit kostenlose oder zumindest kostengünstige Telefongespräche realisierbar.

Internet-Telefonie
⇓
VoIP (Voice over IP)

Über das Internet erfolgt auch die Übertragung von Radio- und Fernsehprogrammen im Streaming-Verfahren. Es gelten dafür die Bezeichnungen Internet-Radio oder Web-Radio bzw. Internet-Fernsehen, Web-TV oder IPTV. Bei der Quellencodierung wird die Bitrate typischer Internetanschlüsse berücksichtigt. Da es sich im Internet wegen der Adressierung stets um Punkt-zu-Punkt-Verbindungen handelt, muss dies für Rundfunkübertragung auf Punkt-zu-Mehrpunkt erweitert werden. Je mehr gleichzeitige Zugriffe auf ein Programm möglich sein sollen, umso größer wird der kostenrelevante Aufwand. Internet-Fernsehen ist für die Wiedergabe mit Computern (PCs, Laptops, …) konzipiert. Die Bildqualität ist nicht für Fernsehgeräte mit großen Bildschirmen geeignet.

Bei der Quellencodierung von Radio- und Fernsehprogrammen wird die Bitrate typischer Internetanschlüsse berücksichtigt.

Beim Internet-Radio und Internet-Fernsehen ist stets nur eine definierte Zahl von gleichzeitigen Zugriffen auf ein Programm möglich.

Internet-Fernsehen ist für die Wiedergabe mit Computern konzipiert.

Werden Programmbeiträge von Servern im Internet heruntergeladen und vor der Wiedergabe zwischengespeichert, dann liegt Podcasting vor. Es handelt sich also nicht um Echtzeit-Direktwiedergabe, weshalb die Bitrate des Internetanschlusses unkritisch ist.

Podcasting =
Herunterladen von Programmbeiträgen zur Zwischenspeicherung vor der Wiedergabe

Die mit dem Internet realisierbaren Anwendungen und Dienste haben dazu geführt, dass diese auch in privaten Datennetzen (LANs und MANs) angestrebt werden und zwar auf derselben technisch-betrieblichen Basis wie beim Internet. Solche Konzepte mit netzinternen Varianten von E-Mail, WWW (mit Browser), FTP, Foren sowie Audio- und Videoübertragung bezeichnen wir als Intranet, da sie nur einer geschlossenen Benutzergruppe zur Verfügung stehen.

Intranets sind bei vielen Firmen und Organisationen bereits ein Teil ihrer organisatorischen Struktur. Dabei kann sich ein Intranet auch an mehreren Standorten befinden, die über entsprechende Technologie miteinander verbunden sind. Im Grenzfall kann ein Intranet auch weltweit verteilt sein.

Da vom Intranet auch auf das Internet zugegriffen werden soll, werden solche Übergänge jeweils mit einer Firewall geschützt. Auf diese Weise ergibt sich eine ausreichende Sicherheit für die verschiedenen Informationswege bei optimaler Zugriffsmöglichkeit auf die Daten.

Nutzung privater Datennetze für internetvergleichbare Anwendungen
⇓
Intranet =
Private Netze mit Internet-Funktionen

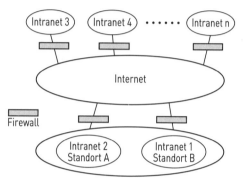

Bild 5.6–3   Verknüpfung zwischen Intranets und dem Internet

Lernerfolgskontrolle zu Kapitel 5.6

1. Welcher Zusammenhang besteht zwischen dem Transportprotokoll IP und der IP-Adressierung?
2. Wodurch unterscheiden sich IPv4 und IPv6?
3. Welche Aufgabe hat die Mailbox bei der E-Mail?
4. Welche Aufgabe hat die Internet Engineering Task Force?
5. Wie unterscheiden sich Internet und Intranet bezüglich des Zugriffs?

5.7   Satellitenkommunikation

5.7.0   Einführung

Nach Durcharbeiten dieses Kapitels können Sie die Aufgabenstellung von Satelliten angeben, Satellitenarten unterscheiden, die Parameter für Satellitenfunkverbindungen aufzeigen, die Funktionsweise sendender und empfangender Bodenstationen erklären, die Arbeitsweise von Satelliten darstellen, die Anwendungen des Satellitenfunks angeben und die Struktur der Satellitenübertragung von Fernseh- und Hörfunkprogrammen beschreiben.

5.7.1 Aufgabenstellung und Funktionsprinzip

Mit terrestrischen Sendern sind wegen der physikalischen Gesetzmäßigkeiten die Reichweiten für Funkverbindungen stets begrenzt. So können wir auch nicht jede gewünschte Antennenhöhe realisieren. Durch Einsatz von Satelliten in definierter Höhe über der Erdoberfläche ist Abhilfe möglich.

Satelliten können wir uns als autarke Relaisstellen im All vorstellen, wobei für die Satellitenfunkübertragung mindestens zwei Funkstellen auf der Erde erforderlich sind. Eine sendende Bodenstation strahlt auf einer bestimmten Frequenz ihr Signal gerichtet zum Satelliten, dieser setzt es auf eine andere Frequenz um und strahlt es auch wieder gerichtet zur Erde zurück. Es wird dort von der empfangenden Bodenstation aufgenommen. Die erforderliche Richtwirkung wird durch Antennen mit sehr kleinem Öffnungswinkel (0,5 ... 1,5 Grad) erreicht.

Terrestrische Funkverbindungen weisen stets begrenzte Reichweiten auf.
⇩
Abhilfe: **Satelliten**

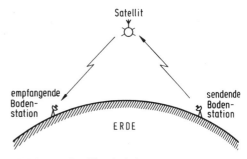

Bild 5.7–1   Satellitenfunkübertragung

Wird ein Satellit mit Hilfe einer Trägerrakete in den Weltraum geschossen und dort ausgesetzt, dann ergibt sich für den Satelliten eine **Umlaufbahn** in Form einer Ellipse. Den erdfernsten Punkt bezeichnen wir dabei als **Apogäum,** der erdnächste Punkt der Umlaufbahn heißt **Perigäum**. Der Satellit bewegt sich mit einer von der Ellipsengröße abhängigen Bahngeschwindigkeit und wird als **umlaufender Satellit** bezeichnet.

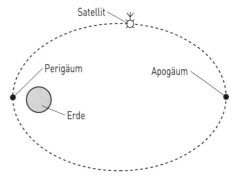

Bild 5.7–2   Umlaufender Satellit

Die elliptische Umlaufbahn geht in eine Kreisform über, wenn der Satellit in einer solchen Höhe über dem Äquator positioniert wird, dass seine Winkelgeschwindigkeit mit dem Wert für die Erddrehung übereinstimmt. Er bewegt sich dann synchron mit der Erde. Für den Beobachter auf der Erde wirkt er deshalb als im Raum feststehend. Für solche Satelliten gelten die Bezeichnungen **geostationärer Satellit** oder geosynchroner Satellit.

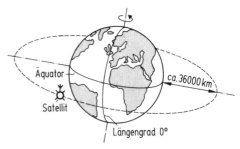

Bild 5.7–3   Geostationärer Satellit

Die Höhe eines geostationären Satelliten über der Erdoberfläche am Äquator muss etwa 36.000 km betragen. Dieser Wert h_{Sat} lässt sich aus den Gleichungen für die Winkelgeschwindigkeiten von Satellit und Erde ermitteln. Für die Winkelgeschwindigkeit des Satelliten ω_{Sat} gilt:

$$\omega_{Sat} = \frac{\sqrt{\frac{g \cdot r_{Erde}^2}{r_{Erde} + h_{Sat}}}}{r_{Erde} + h_{Sat}} \quad (5.7{-}1)$$

Für die Winkelgeschwindigkeit der Erde ω_{Erde} gilt:

$$\omega_{Erde} = \frac{2 \cdot \pi}{T_{Erde}} \quad (5.7{-}2)$$

Durch Gleichsetzung und Auflösung nach h_{Sat} erhalten wir das gewünschte Ergebnis.

$$\boxed{h_{Sat} = \sqrt[3]{\frac{g \cdot r_{Erde}^2 \cdot T_{Erde}^2}{4 \cdot \pi^2}} - r_{Erde}} \quad (5.7{-}3)$$

$g = 9{,}81 \text{ m/s}^2$
$r_{Erde} \approx 6.400 \text{ km}$
$T_{Erde} = 1 \text{ d} = 24 \text{ h} = 86.400 \text{ s}$

Die Position eines geostationären Satelliten auf der äquatorialen Umlaufbahn bezeichnen wir als Orbitposition. Sie wird in Grad angegeben, wobei der durch Greenwich (England) verlaufende Längengrad 0° (Nullmeridian) als Bezug dient. Es ist deshalb ergänzend zur Gradzahl stets die Information erforderlich, ob sich die Orbitposition östlich oder westlich vom **Nullmeridian** befindet.

> **Orbitposition** =
> Positionsangabe für einen geostationären Satelliten, bezogen auf den Längengrad 0° (Nullmeridian)

Orbitpositionen können sich östlich oder westlich des Nullmeridians befinden.

Beispiel 5.7–1
Welche Bedeutung hat die Angabe „19,2° Ost" als Orbitposition eines Satelliten?

Der Satellit mit der Orbitposition „19,2° Ost" befindet sich 19,2° östlich des Nullmeridians in etwa 36.000 km Höhe über dem Äquator.

Übung 5.7–1
Warum sind die Bezeichnungen geostationärer Satellit und geosynchroner Satellit gleichbedeutend?

Wie bereits aufgezeigt, benötigen wir für eine Satellitenfunkverbindung jeweils eine sendende und eine empfangende Bodenstation. Sendende Bodenstationen werden als Erdefunkstellen (EFuSt) bezeichnet, bei den empfangenden Bodenstationen ist die Bezeichnung Satellitenempfangsanlage oder Satellitenempfangseinrichtung üblich. Die Funkfelder zwischen Satellit und Erde sind wie folgt unterscheidbar. Die Strecke von der Erdefunkstelle zum Satelliten bezeichnen wir wegen der Wirkungsrichtung als **Aufwärtsstrecke** [uplink], während die Strecke vom Satelliten zur Satellitenempfangsanlage/

5.7 Satellitenkommunikation

Satellitenempfangseinrichtung konsequenterweise **Abwärtsstrecke** [*downlink*] heißt.

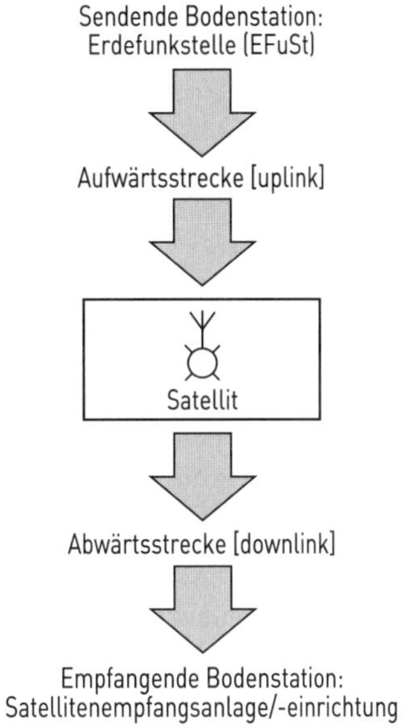

Sendende Bodenstation:
Erdefunkstelle (EFuSt)

⬇ Aufwärtsstrecke [uplink]

⬇ Satellit

⬇ Abwärtsstrecke [downlink]

Empfangende Bodenstation:
Satellitenempfangsanlage/-einrichtung

Bild 5.7–4   Satellitenfunkverbindung (Struktur)

Die Frequenzen für den Satellitenfunk liegen stets im GHz-Bereich, weil dabei einerseits die erforderlichen kleinen Öffnungswinkel für die Antennen mit vertretbarem Aufwand realisierbar sind und eine noch beherrschbare Dämpfung des Signals auftritt. Für die Aufwärtsstrecke kommen stets die größeren Frequenzen zum Einsatz, weil bei den Erdefunkstellen der Aufwand für die Erzeugung der Strahlungsleistungen im höherfrequenten Bereich eher möglich ist als beim Satelliten. Bei den für die Abwärtsstrecke verwendeten kleineren Frequenzen ist eine Dämpfung des Signals von etwa 200 dB zu berücksichtigen.

Beim Satellitenfunk wird entweder lineare oder zirkulare Polarisation genutzt und zwar im Regelfall mit ihren beiden Varianten. Es handelt sich also entweder um horizontale und vertikale Polarisation oder um rechtsdrehende zirkulare und linksdrehende zirkulare Polarisation. Da die Polarisationsrichtungen jeweils orthogonal zueinander sind, ist eine gegenseitige Entkopplung gegeben und damit eine ökonomische Doppelnutzung der Frequenzen möglich.

Die Frequenzen für Satellitenfunk liegen im GHz-Bereich.
☐ **Aufwärtsstrecke** [*uplink*]:
   Größere Frequenzen
☐ **Abwärtsstrecke** [*downlink*]:
   Kleinere Frequenzen

Polarisation beim Satellitenfunk
☐ Horizontal und Vertikal
   oder
☐ Rechtsdrehender und Linksdrehender
Ergebnis:
Frequenzökonomische Doppelnutzung der Übertragungskapazität bei gegenseitiger Entkopplung

Übung 5.7–2

Welchen Vorteil hat orthogonale Polarisation?

Ein wesentliches Merkmal für Satellitenfunkverbindungen sind die von der Abwärtsstrecke auf der Erdoberfläche bewirkten Ausleuchtzonen [*footprint*]. Es handelt sich dabei um die Bereiche innerhalb der Konturlinie des kleinsten zulässigen Wertes der Leistungsflussdichte

Ausleuchtzone [*footprint*] =
Bereich des auf der Erdoberfläche auftreffenden Satellitensignals, in dem ein vorgegebener Wert für die Leistungsflussdichte bzw. Feldstärke nicht unterschritten wird.

bzw. Feldstärke. Form und Größe jeder Ausleuchtzone hängen im Wesentlichen von der Antennenkonfiguration beim Satelliten ab.

Erdefunkstellen können für Simplexbetrieb oder Duplexbetrieb ausgelegt sein, so dass entweder nur ein Sendeweg erforderlich ist oder ein Sendeweg und ein Empfangsweg, die beide über eine Sende-Empfangs-Weiche auf dieselbe Antenne arbeiten.

Dem Sendeweg der EFuSt werden mehrere Signale in Basisbandlage (BB) zugeführt. Grundsätzlich spielt es dabei keine Rolle, ob es sich um analoge oder digitale Signale handelt. Es erfolgt dann die Umsetzung in den Trägerfrequenzbereich und nach der Leistungsverstärkung die Zusammenfassung zum Ausgangssignal. Die Abbereitung des empfangenen Signals erfolgt analog zum Sendevorgang. Der rauscharme Vorverstärker [*low noise amplifier* (LNA)] ist meist doppelt vorhanden und arbeitet in Verbindung mit Umschaltern als passive Reserve.

Bei Duplexbetrieb einer Erdefunkstelle (EFuSt) arbeiten Sendeweg und Empfangsweg auf dieselbe Antenne.

Die Eingangsgrößen für den Sendeweg sind analoge oder digitale Basisbandsignale.

Rauscharmer Verstärker [*low noise amplifier* (LNA)] im Empfangsweg
(meist in passiver Reserve ausgeführt)

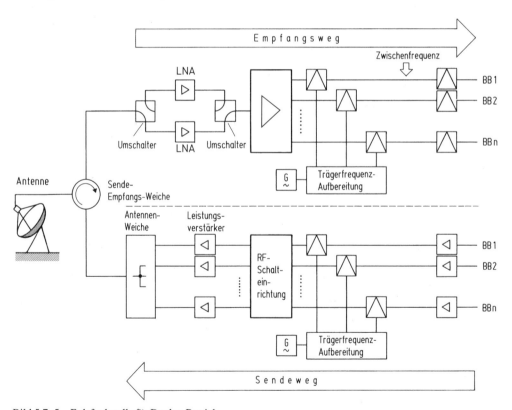

Bild 5.7–5   Erdefunkstelle für Duplex-Betrieb

Die Rückgewinnung der Basisbandsignale erfolgt durch Abwärtsmischung und nachfolgende Demodulation oder Decodierung.

Der Satellit soll die von der EFuSt abgestrahlten Signale empfangen und ohne weitere Verarbeitung in einer anderen Frequenzlage wieder aussenden. Wir sprechen deshalb von Durchschaltung, wobei dies unmittelbar in der hochfrequenten Lage erfolgen kann oder über den Umweg der Umsetzung in eine Zwischenfrequenz (ZF) oder auf das Basisband (BB).

Schaltungstechnisch erfolgt die Signalverarbeitung bei Satelliten durch Transponder, die jeweils eine definierte Bandbreite aufweisen. Derartige Baugruppen setzen das von der EFuSt empfangene Signal auf die vorgesehene Sendefrequenz um. Mit Hilfe von der Erdefunkstelle fernsteuerbarer Antennenwahlschalter, die wir auf der Empfangsseite als IMUX [*input multiplexer*] und auf der Sendeseite als OMUX [*output multiplexer*] bezeichnen, sind verschiedene Empfangs- bzw. Sendeantennen einsetzbar.

Durchschaltung von der Empfangsseite zur Sendeseite beim Satelliten
- ☐ in Hochfrequenz (HF)-Lage
- ☐ in Zwischenfrequenz (ZF)-Lage
- ☐ in Basisband (BB)-Lage

> **Transponder** weisen eine definierte Bandbreite auf und setzen das empfangene Signal auf die Sendefrequenz um.

Antennenwahlschalter
- ☐ Empfangsseite: IMUX
- ☐ Sendeseite: OMUX

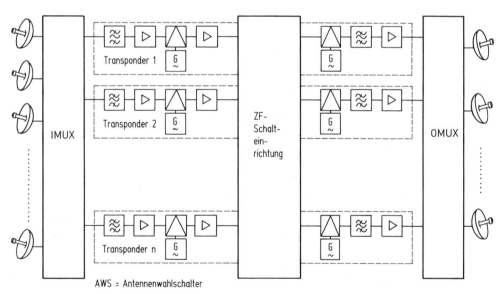

Bild 5.7–6   Satellit mit ZF-Durchschaltung

Übung 5.7–3
Welche Aufgabe haben die Transponder in einem Satelliten?

Da jeder Satellit ein autarkes nachrichtentechnisches System darstellt, bedarf es auch der entsprechenden Energieversorgung, wobei als Leistungsbedarf von 5...10 kW auszugehen ist. Grundsätzlich sind zur Bedarfsdeckung Sonnenenergie, chemische Energie oder Kernenergie möglich, also die Verwendung von Solarzellen, Brennstoffzellen oder Nukleargeneratoren. Die Funktionsfähigkeit solcher Energiequellen ist allerdings nicht unbegrenzt und bestimmt deshalb die Lebensdauer [lifetime] des Satelliten mit.

Bis auf spezielle Anwendungen hat sich bei Satelliten die Energieversorgung mit Solarzellen durchgesetzt. Sie sind als große Flächen am Satelliten so angeordnet, dass sich ihre aktiven Seiten automatisch in Richtung Sonne ausrichten. Die Energieversorgung zu Nachtzeiten wird in den meisten Fällen durch Akkumulatoren sichergestellt. Wir sprechen dann von dem **Eklipseschutz**.

Theoretisch ist die Lage eines Satelliten gemäß seiner Orbitposition konstant. Da jedoch die einwirkenden Schwerefelder von Erde, Mond und Sonne stets Schwankungen unterliegen, verändert auch der Satellit seine Lage im Raum. Wegen der gerichteten Funkverbindungen bedarf es der Lagekorrektur beim Satelliten, wenn die Abweichungen von der Soll-Position einen bestimmten Wert überschreiten. Dies wird ermöglicht durch die automatische oder manuelle Fernsteuerung im Satelliten eingebauter kleiner Düsentriebwerke als Antriebsaggregate. Wie häufig diese Maßnahme möglich ist, hängt unmittelbar von der Treibstoffmenge ab, welche für die Aggregate in die Umlaufbahn mitgenommen wurde. Es handelt sich damit um ein weiteres Kriterium für die Lebensdauer des Satelliten.

Damit die Antenne der EFuSt stets optimal auf den Satelliten ausgerichtet ist, kann Nachführung [tracking] auf die jeweilige Satellitenposition manuell oder automatisch erfolgen. Dafür steht im Regelfall das Signal einer speziellen Funkbake des Satelliten zur Verfügung.

Es sei auch noch darauf hingewiesen, dass die in den Leistungsverstärkern der Transponder eingesetzten Wanderfeldröhren funktionsbedingt auch nur eine begrenzte Lebensdauer aufweisen.

Energieversorgung für Satelliten
☐ Solarzellen
  (Sonnenenergie)
☐ Brennstoffzellen
  (Chemische Energie)
☐ Nukleargeneratoren
  (Kernenergie)

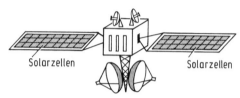

Bild 5.7–7 Satellit mit Energieversorgung über Solarzellen

Einfluss der Schwerefelder bewirkt Lageänderungen beim Satelliten

Lagekorrektur durch ferngesteuerte Antriebsaggregate

Verfügbare Treibstoffmenge für Antriebsaggregate ist mitbestimmend für die Lebensdauer des Satelliten.

Nachführung [tracking] der Antenne der Bodenstation auf den Satelliten

Wanderfeldröhren in den Leistungsverstärkern der Transponder haben begrenzte Lebensdauer.

5.7.2 Systeme und Kenngrößen

Satelliten sind für verschiedene Aufgaben einsetzbar. Wenn wir von militärischen Anwendungen einmal absehen, dann handelt es sich um die Telekommunikation, die Rundfunkübertragung, die Beobachtung und Erkundung sowie die Navigation. Dabei kommen geostationäre und umlaufende Satelliten zum Einsatz.

Ein typisches Beispiel für Beobachtungs- und Erkundungssatelliten sind die Wettersatelliten. Bezüglich Navigationssatelliten sei auf das satellitengestützte Navigationssystem GPS [*global positioning system*] hingewiesen.

Telekommunikationssatelliten stellen breitbandige Übertragungskanäle für große Entfernungen bereit. Sie arbeiten typischerweise in einem System mit Bodenstationen und anderen Satelliten, versorgen häufig keine Flächen, sondern sind Teil von Punkt-zu-Punkt-Verbindungen, die auch zwischen Satelliten existieren. Auf diese Weise wird Telekommunikation weltweit auch dort ermöglicht, wo terrestrische Infrastruktur nicht verfügbar ist. Bis auf wenige Ausnahmen erfolgt die Telekommunikation über Satelliten digital, was bekanntlich eine Vielfalt von Diensten problemlos ermöglicht.

Da die Übertragungskapazität eines Transponders häufig größer als der Bedarf für einen bestimmten Dienst ist, werden bei Telekommunikationssatelliten die bereits bekannten Verfahren des Vielfachzugriffs verwendet. Den einfachsten Fall stellt der Vielfachzugriff im Raumbereich [*space division multiple access* (SDMA)] dar. Hier gibt es mehrere Ausleuchtzonen, die so nebeneinander liegen, dass keine Überlappung auftritt.

Aufgaben für Satelliten
☐ Telekommunikation
☐ Rundfunkübertragung
☐ Beobachtung und Erkundung
☐ Navigation

Beobachtung und Erkundung
z. B. Wettersatelliten
Navigation
z. B. GPS [*global positioning system*]

Telekommunikationssatelliten
☐ Breitbandige Übertragungskanäle
☐ Große Entfernungen
☐ Flächenversorgung oder Punkt-zu-Punkt-Verbindungen
☐ Weltweite Telekommunikation

Telekommunikation über Satellit erfolgt digital

Transponderkapazität ist häufig größer als der Bedarf für einen bestimmten Dienst.

Lösung: **Vielfachzugriff**

Vielfachzugriff im Raumbereich =
[*space division multiple access* (**SDMA**)]
Ohne Überlappung nebeneinander liegende Ausleuchtzonen

Beim Vielfachzugriff im Frequenzbereich [*frequency division multiple access* (**FDMA**)] hat jede Bodenstation nur auf einem bestimmten Frequenzbereich des Satelliten Zugriff, es sind also Frequenzblöcke für jede Verbindung festgelegt. Neue Systeme verwenden den Vielfachzugriff im Zeitbereich [*time division multiple access* (**TDMA**)]. Für jede Verbindung steht dabei während definierter Zeitschlitze [*time slots*] die gesamte Bandbreite des Transponders zur Verfügung.

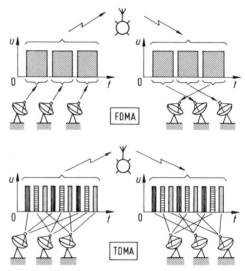

Bild 5.7–8   Vielfachzugriff im Frequenz- und Zeitbereich

Für den Telefonverkehr bietet sich auch **SCPC** [*single channel per carrier*] als Zugriffsverfahren an. Jeder Telefonkanal hat dabei einen eigenen Träger im Raster von 45 kHz. Dies ermöglicht die Selektion des gewünschten Kanals mit geringem Aufwand.

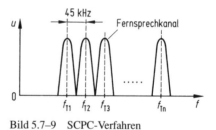

Bild 5.7–9   SCPC-Verfahren

Übung 5.7–4

Warum werden bei Telekommunikationssatelliten Verfahren des Vielfachzugriffs verwendet?

Für die Realisierung der dargestellten Konzepte für die Telekommunikation ist es jedoch erforderlich, einige Systemparameter nicht unberücksichtigt zu lassen. Dabei ist besonders der Downlink von Interesse.

Maßgebend sind auf der Seite des Satelliten die Ausgangsleistung des Transponders P_{TP} und der auf den Kugelstrahler bezogene Gewinn der verwendeten Antenne $G_{i(S)}$. Beide Angaben können in Dezibel erfolgen, bei P_{TP} sind es dBW, während bei G_i die Angabe als dBi erfolgt. Die Summe beider dB-Werte ergibt die üblicherweise als EIRP [*effective isotropic radiated power*] bezeichnete effektive Strahlungsleistung, bezogen auf den isotropen Strahler (Kugelstrahler). Diese EIRP bewirkt die auf

P_{TP} = Ausgangsleistung des Transponders

$G_{i(S)}$ = Antennengewinn Sendeantenne

EIRP [*effective isotropic radiated power*] = Effektive Strahlungsleistung, bezogen auf den Kugelstrahler

5.7 Satellitenkommunikation

der Erde flächig verteilte Leistungsflussdichte (LFD) [*power flux density* (PFD)]. Dadurch ist der Aufwand für die Satellitenempfangsanlage erkennbar und die Ausleuchtzone kann festgelegt werden.

Da die EIRP eines Satelliten in seinem Betriebszustand nicht mehr geändert werden kann und für die Ausleuchtzone im Regelfall große Flächen von Interesse sind, muss die Satellitenempfangsanlage so ausgelegt werden, dass sie auch bereits bei kleinen Werten für die Leistungsflussdichte bestimmungsgemäß arbeitet. Es wurde deshalb das Gütemaß [*figure of merit*] M definiert. Es handelt sich um eine betriebliche Forderung und ist deshalb üblicherweise vorgegeben. Das Gütemaß wird aus dem Antennengewinn der Empfangsantenne $G_{i(E)}$ und der Rauschtemperatur T des Empfängereingangs berechnet. Es gilt:

Der Antennengewinn ist bekanntlich über den Durchmesser des Antennenreflektors beeinflussbar, die Rauschtemperatur wird dagegen von der verwendeten Technologie bestimmt.

Die Werte der bei einer Satellitenfunkverbindung eingesetzten Komponenten können wir in einem Systempegelplan zusammengefasst dar-

$$\boxed{\text{EIRP} = P_{TP} + G_{i(S)}} \quad (5.7\text{--}4)$$
$$(\text{in dBW}) \quad (\text{in dBW}) \quad (\text{in dBi})$$

EIRP bewirkt flächig verteilte Leistungsflussdichte LFD [*power flux density* (PFD)].

Satellitenempfangsanlage soll auch bei kleinen Werten der Leistungsflussdichte bestimmungsgemäß arbeiten.

Gütemaß [*figure of merit*] M

$$\boxed{M = (G_{i(E)} - 10 \cdot \lg T) \frac{\text{dBi}}{\text{K}}} \quad (5.7\text{--}5)$$

$G_{i(E)} = f$ (Durchmesser Antennenreflektor)
$T = f$ (Technologie)

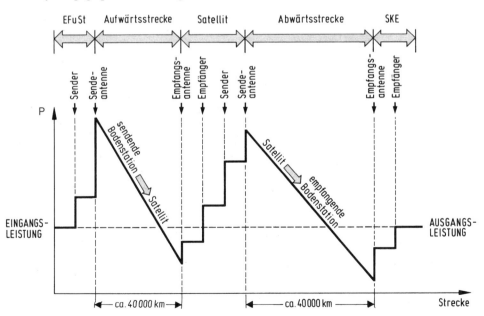

Bild 5.7–10   Systempegelplan

stellen. Dabei ist zu berücksichtigen, dass bezogen auf einen Empfangsort in Deutschland die Entfernung zum geostationären Satelliten etwa 40.000 km beträgt.

Von Deutschland aus gesehen, beträgt die Entfernung zu einem geostationären Satelliten etwa 40.000 km.

Übung 5.7–5

Welcher Parameter ist bei einer Satellitenfunkverbindung grundsätzlich nicht änderbar?

Für den Satellitenrundfunk war ursprünglich nur der Frequenzbereich 11,7 ... 12,5 GHz vorgesehen. Inzwischen erfolgt die Übertragung von Rundfunkprogrammen über Satellit jedoch im Frequenzbereich 10,7 ... 12,75 GHz. Für die Übertragung stehen damit 2,05 GHz zur Verfügung. Die Bandbreiten der Transponder wurden so gewählt, dass sie für die Übertragung eines analogen Fernsehprogramms mit Frequenzmodulation (FM) ausreichen. Bei Übertragung des digitalen Fernsehens umfasst das Multiplexsignal bei DVB-S 8 bis 12 Programme pro Transponder, im Falle von DVB-S2 sind es etwa dreißig Prozent mehr.

Frequenzbereich für die Satellitenübertragung von Fernsehen und Hörfunk:
10,7 ... 12,75 GHz

Die Transponder bieten Bandbreiten von 27 MHz oder 36 MHz. Es gibt aber auch Satelliten, deren Transponder 72 MHz Bandbreite aufweisen. Damit können gleichzeitig zwei analoge Fernsehprogramme oder zwei DVB-S- bzw. DVB-S2-Multiplexe von einem Transponder in die neue Frequenzlage umsetzt werden. Wir sprechen in solchen Fällen auch von Halbtransponder-Betrieb.

Transponder-Bandbreiten
☐ 27 MHz
☐ 36 MHz
☐ 72 MHz (für Halbtransponder-Betrieb)

Da die Zahl der Transponder in einem Satelliten wegen der eingeschränkten Energieversorgung stets begrenzt ist, typisch sind 16 Transponder, kann mit einem Satelliten die gesamt verfügbare Bandbreite nicht abgedeckt werden. Eine Lösung stellt die Kopositionierung dar. Dabei werden mehrere Satelliten in dieselbe Orbitposition gebracht, jedoch in Teilbereichen des Satelliten-Frequenzbandes betrieben, die sich nicht überlappen.

Ein Satellit weist typisch 16 Transponder auf.

Kopositionierung =
Positionierung von zwei oder mehr Satelliten auf derselben Orbitposition und Betrieb auf nicht überlappenden Frequenzbereichen

Beim Empfang der Satellitenprogramme ist zu berücksichtigen, dass Signale im verwendeten GHz-Bereich wegen der auftretenden Dämpfung nicht für längere Leitungswege geeignet sind. Das vom Speisesystem der Satelliten-Empfangsantenne kommende Signal wird deshalb unmittelbar in die Satelliten-Zwischenfrequenz (Sat-ZF) 950 ... 2150 MHz umgesetzt.

5.7 Satellitenkommunikation

Dafür ist ein **rauscharmer Konverter** [*low noise block converter* (**LNC**)] erforderlich. Er bildet mit der Antenne selbst die Außeneinheit [*outdoor unit*] der Satellitenempfangsanlage.

Das Sat-ZF-Signal kann dann mit Hilfe eines dämpfungsarmen Koaxialkabels auch über größere Längen dem Satellitenempfänger zugeführt werden. Dieser selektiert aus der Sat-ZF das gewünschte Programm, demoduliert es und führt das Bild- und Tonsignal dem Fernsehempfänger zur Wiedergabe und/oder dem Videorecorder zur Aufnahme zu. Satellitenempfänger (z.B. Set-Top-Box für DVB-S) und Fernsehempfänger/Videorecorder bilden die Inneneinheit [*indoor unit*] der Satellitenempfangsanlage.

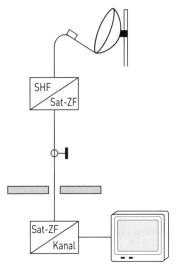

Bild 5.7–11 Empfangsanlage für Satellitenprogramme

Da die Sat-ZF nur eine Bandbreite von 1,2 GHz liefert, kann der gesamte Frequenzbereich für die Satellitenprogramme nicht mit einer Umsetzung erfasst werden, weil er eine Bandbreite von 2,05 GHz aufweist. Es erfolgt deshalb die Unterteilung in das untere Band (10,7 ... 11,7 GHz) und das obere Band (11,7 ... 12,75 GHz), damit die dann gegebenen Bandbreiten in die Sat-ZF passen. Da bei jedem Band vertikale und horizontale Polarisation verwendet wird, sind vier Varianten möglich. Die Außeneinheit muss dafür entsprechend ausgestattet werden. Die Umschaltung zwischen den Bändern und Polarisationen erfolgt vom Satellitenempfänger aus.

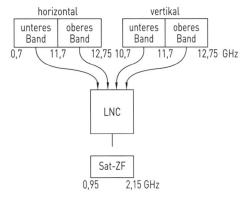

Bild 5.7–12 Bänder für den Empfang von Satellitenprogrammen

Übung 5.7–6

Warum wird der Frequenzbereich für die Satellitenprogramme in zwei Bänder aufgeteilt?

Bei analogen Satelliten-Fernsehprogrammen ist auch die zusätzliche Übertragung von Hörfunkprogrammen möglich und zwar mit Hilfe von Tonunterträgern, die oberhalb des Videosignals angeordnet sind. Die Übertragung kann analog oder digital erfolgen. Da es sich beim digitalen Satellitenfernsehen bekanntlich um eine standardisierte transparente Datenübertragung handelt, ist die zusätzliche oder alleinige Übertra-

Übertragung von Hörfunkprogrammen
- ☐ Analoges Satellitenfernsehen
  - ☐ ☐ Analoge Tonunterträger
  - ☐ ☐ Digitale Tonunterträger
- ☐ Digitales Satellitenfernsehen
  - ☐ ☐ Im standardisierten Transportstrom
  $$\Downarrow$$
  Signalqualität = f(Bitrate)

gung von Hörfunkprogrammen problemlos möglich. Die Signalqualität lässt sich durch Wahl der Bitrate bestimmen. Es ist auch die Übertragung im mehrkanaligen Raumklangverfahren [*surround sound*] möglich.

Lernerfolgskontrolle zu Kapitel 5.7

1. Warum müssen beim Satellitenfunk stark bündelnde Antennen verwendet werden?
2. Welche Information kann aus der Darstellung einer Ausleuchtzone abgeleitet werden?
3. Durch welche Komponenten bzw. Einflüsse wird die Lebensdauer eines Satelliten begrenzt?
4. Wie kann bei einem Telekommunikationssatelliten der Vielfachzugriff im Zeitbereich auf mehr Bodenstationen erweitert werden?
5. Welcher Zusammenhang besteht bei einer Satellitenfunkverbindung zwischen der EIRP und dem Gütemaß M?
6. Welchen Vorteil hat die Kopositionierung von Satelliten?

5.8 Triple Play

5.8.0 Einführung

Nach Durcharbeiten dieses Kapitels können Sie die Aufgabenstellung von Triple Play formulieren, Hin- und Rückkanal unterscheiden, die Funktionsprinzipien von Triple Play über Kabelnetze, Telefonnetze und Satellitennetze beschreiben, die Notwendigkeit des Kabelmodems erklären, DOCSIS verstehen, den Einsatz des DSL-Modems erläutern und die Leistungsfähigkeit von Triple Play beurteilen.

5.8.1 Konzept

Die Hauptnutzungen der Medientechnik sind Fernsehen, Internet und Telefonie. Für den Nutzer soll der Zugang zu diesen Anwendungen mit möglichst wenig Aufwand erfolgen können. Hier liegt der Ansatz für Triple Play (TP). Es soll dabei nämlich Fernsehen, Internet und Telefonie über nur ein Netz gleichzeitig und ohne gegenseitige Beeinflussung nutzbar sein. Für die Realisierung kommen hauptsächlich Rundfunk-Kabelnetze (BK-Netze) und das Telefon-Festnetz in Frage, weil für beide in vielen Haushalten Anschlüsse vorhanden sind. Beim Telefon spielt es keine Rolle, ob es sich um einen analogen Anschluss [*plain old telephone system* (POTS)] oder einen ISDN-Anschluss handelt.

Triple Play (TP) =
Gleichzeitige Nutzung von Fernsehen, Internet und Telefonie, ohne gegenseitige Beeinflussung, über nur einen Netzanschluss

5.8 Triple Play

Die Schnittstelle zum Rundfunk-Kabelnetz ist die Teilnehmer-Anschlussdose (TAD), während es sich beim Telefon-Festnetz um die Teilnehmer-Anschlusseinheit (TAE) handelt.

Bei der Dreifachnutzung der Netze ist von folgenden Mindestbitraten auszugehen:

Diese Werte lassen sich bei Kabel- und Telefonanschlüssen grundsätzlich realisieren.

Schnittstellen für Triple Play
- Teilnehmer-Anschlussdose (TAD) beim Rundfunk-Kabelnetz
- Teilnehmer-Anschlusseinheit (TAE) beim Telefon-Festnetz

Mindestbitraten
- Fernsehen: 2 Mbit/s je Programm
- Internet: 1 Mbit/s
- Telefon: 64 kbit/s

5.8.2 Triple Play über das Kabelnetz

Die Umrüstung eines Kabelnetzanschlusses auf die Dreifachnutzung erfordert, das bisherige Verteilsystem für Rundfunkprogramme durch interaktive Datenübertragung (Internet und Telefonie) zu ergänzen. Auf der Nutzerseite wird dafür die bisherige Anschlussdose gegen eine Multimedia-Teilnehmer-Anschlussdose (MM-TAD) ausgetauscht. Diese weist einen zusätzlichen F-Stecker-Anschluss auf, an den

Kabelnetzanschluss:
Internet und Telefonie ergänzen

TAD durch **Multimedia-Teilnehmer-Anschlussdose** (MM-TAD) ersetzen

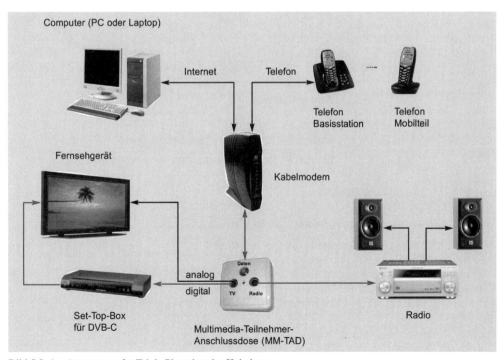

Bild 5.8–1 Ausstattung für Triple Play über das Kabelnetz

das Kabelmodem angeschlossen wird. Die Anschlüsse für TV und Radio bleiben unverändert. Den Computer und das Telefon können wir unmittelbar an das Kabelmodem anschließen.

Für die einwandfreie Funktion des Kabelmodems, nämlich die interaktive Datenübertragung zwischen der Anwender- und Anbieterseite, ist es allerdings erforderlich, dass die Hausverteilanlage (HVtA) bis 862 MHz ausgelegt und rückkanalfähig ist. Das Gegenstück zum Kabelmodem ist auf der Anbieterseite die Funktionseinheit CMTS (*cable modem termination system*). Sie befindet sich meist in der Kopfstelle zur Programmeinspeisung und stellt bidirektionale Datenkommunikation über Hin- und Rückkanal sicher.

Kabelmodem ermöglicht die interaktive Datenübertragung für Internet und Telefonie.

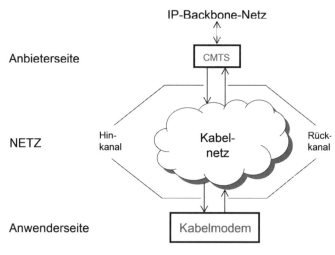

CMTS   Cable Modem Termination System

Bild 5.8–2   Struktur der Datenübertragung in Rundfunk-Kabelnetzen

Übung 5.8–1

Welche Gemeinsamkeit weisen Kabelmodem und CMTS auf?

An jede CMTS kann stets nur eine begrenzte Zahl von Teilnehmern (z.B. 5.000 oder 10.000) angeschlossen werden. Bei großen Rundfunk-Kabelnetzen ist deshalb die Bildung von Teilnetzen erforderlich, die wir als **Cluster** bezeichnen.

Für das Zusammenwirken von Kabelmodem und CMTS kommt der DOCSIS-[*data over cable service interface specification*]-Standard

CMTS
⇓
Begrenzte Zahl von Anschlüssen
⇓
Clusterbildung im Kabelnetz

5.8 Triple Play

zum Einsatz. In ihm sind die Anforderungen für Datenübertragung in Breitband-Kabelnetzen festgelegt, deshalb ist mit DOCSIS Kabelinternet und Kabeltelefonie realisierbar. Bei der Version DOCSIS 3.0 können im Hinkanal Bitraten bis 200 Mbit/s und im Rückkanal bis 120 Mbit/s erreicht werden. Hinzu kommt die Kompatibilität zu IPv6-Netzen.

Mit der DOCSIS-Komponente MAC (*media access control*) kann der Kabelnetzbetreiber folgende wichtige Funktionen steuern:

Die Interaktivität bei Internet und Telefonie macht es allerdings erforderlich, dass jedes Kabelmodem beim Kabelnetzbetreiber registriert ist.

Rundfunk-Kabelnetze sind in Koaxialtechnik aufgebaut und deshalb für große Bitraten bestens geeignet. Die Nachrüstung auf Triple Play ist deshalb unproblematisch und verbessert die Frequenzeffizienz.

DOCSIS (*data over cable service interface specification*) ermöglicht Kabelinternet und Kabeltelefonie.

Bitraten bei DOCSIS 3.0
☐ Hinkanal: bis 200 Mbit/s
☐ Rückkanal: bis 120 Mbit/s

MAC (*media access control*)
☐ Konfiguration von Kabelmodems
☐ Festlegen von Bitraten
☐ Aktivierung und Deaktivierung von Diensten
☐ Verschlüsselung von Inhalten

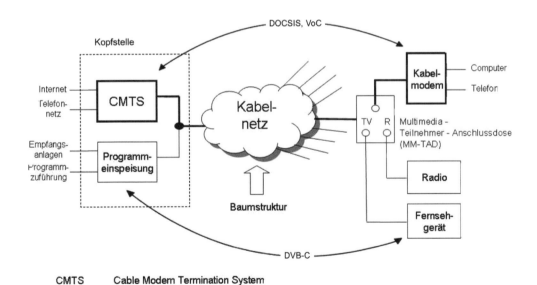

CMTS	Cable Modem Termination System
DOCSIS	Data over Cable Service Interface Spezifikation
VoC	Voice over Cable

Bild 5.8–3   Triple Play über das Kabelnetz

5.8.3 Triple Play über das Telefonnetz

Bei Telefonnetzen werden verdrillte Kupfer-Doppeladern als Leitungsverbindungen vom Teilnehmeranschluss zur Vermittlungsstelle verwendet, die im Regelfall nicht abgeschirmt sind. Über diese sind für die übliche Telefonie Frequenzen bis 3,4 kHz oder 7 kHz zu übertragen. Dafür genügen Bitraten von maximal 138 kbit/s. Die für Fernsehen und Internet erforderlichen Werte lassen sich mit DSL [*digital subscriber line*] realisieren. Dabei nutzen wir bekanntlich die Frequenzlage oberhalb des Telefoniebereichs.

Bitrate für Telefonie: max. 138 kbit/s
Bitraten für Fernsehen und Internet sind mit DSL [*digital subscriber line*] realisierbar.

Mit DSL können bis zu 50 Mbit/s im Hinkanal über die bisher vorhandenen Teilnehmer-Anschlussleitungen übertragen werden. Für den geregelten Datenverkehr über Hin- und Rückkanal ist beim Telefonnetz ein DSL-Modem erforderlich. Sein Gegenstück auf der Anbieterseite ist der DSLAM [*digital subscriber line access multiplexer*].

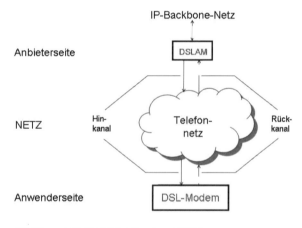

DSLAM   Digital Subscriber Line Access Multiplexer

Bild 5.8–4   Struktur der Datenübertragung in Telefonnetzen

Übung 5.8–2

Weshalb wird beim Telefonnetz die Telefonie nicht durch DSL beeinträchtigt?

Bei Triple Play über das Telefonnetz bleibt im Gegensatz zum Kabelnetz die Anschlussdose unverändert. Für die Trennung zwischen Telefon und DSL ist eine als DSL-Splitter bezeichnete Funktionseinheit erforderlich. Außerdem muss nach diesem ein DSL-Router mit mindes-

Keine Veränderung der Anschlussdose

DSL-Splitter trennt das Signal der TAE für Telefon und DSL auf.

tens zwei Ausgängen benötigt, da sich der Computer und das Fernsehgerät die Bitrate teilen müssen.

Fernsehprogramme werden bei Triple Play über das Telefonnetz nicht per DVB, sondern als IPTV übertragen. Der Teilnehmer benötigt deshalb eine dafür geeignete Set-Top-Box.

Für die Telefonie müssen wir den entsprechenden Ausgang des DSL-Splitters mit einem Netzabschluss [*network termination* (NT)] verbinden. An diesen wird dann das bisherige Telefon angeschlossen.

An dieser Stelle sei darauf hingewiesen, dass DSL-Splitter, DSL-Modem, Router und Netzabschluss häufig in einer Baugruppe integriert sind. Das vereinfacht die Anschlussarbeiten erheblich.

> Computer und Fernsehgerät müssen sich die DSL-Bitrate teilen.

Für Fernsehempfang ist IPTV-Set-Top-Box erforderlich.

Netzabschluss [*network termination* (NT)] für Telefonie

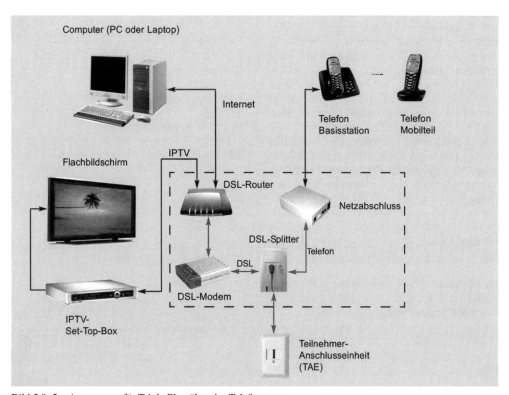

Bild 5.8–5   Ausstattung für Triple Play über das Telefonnetz

Die bei DSL tatsächlich erreichbare Bitrate hängt unter anderem von folgenden Faktoren ab:

Abhängigkeit der DSL-Bitrate
☐ Leitungslänge zwischen DSL-Modem und DSLAM
☐ Frequenzabhängige Leitungsdämpfung
☐ Genutzte Bandbreite
☐ Modulationsverfahren
☐ Leitungscode
☐ Fehlerschutz

Die Datenübertragung zwischen DSL-Modem und DSLAM funktioniert nur bestimmungsgemäß, wenn bestimmte Pegelwerte nicht unterschritten werden. Deshalb sollten stets möglichst kurze Leitungsverbindungen zwischen den beiden Funktionseinheiten angestrebt werden. Bei ADSL2 kann der DSLAM meist noch in der Vermittlungsstelle untergebracht werden, weil die üblichen Leitungslängen zu den Teilnehmeranschlüssen keine unzulässige Dämpfung bewirken. Im Falle von VDSL ist wegen der großen Bitrate und der damit auch größeren genutzten Bandbreite eine andere Lösung erforderlich. Die DSLAM-Installation erfolgt hier im letzten Kabelverzweiger (KVz) vor dem Teilnehmeranschluss. Bis zum KVz wird das Signal über Glasfaserleitungen zugeführt, bei denen die Dämpfungsprobleme elektrischer Leitungen nicht gegeben sind. Die ab dem KVz verbleibende Teilnehmer-Anschlussleitung ist damit für die große Bitrate kurz genug.

Mindest-Pegelwerte dürfen nicht unterschritten werden.

DSLAM
⇓
Glasfaserleitung
⇓
Kabelverzweiger (KVz) mit DSLAM
⇓
Verdrillte Kupfer-Doppelader
⇓
DSL-Modem

Übung 5.8–3
Wie ändert sich die genutzte Bandbreite, wenn die DSL-Bitrate größer werden soll?

Da Telefonnetze für Sprachkommunikation konzipiert wurden, ist die Erweiterung auf Fernsehen und Internet technisch aufwändig.

5.8 Triple Play

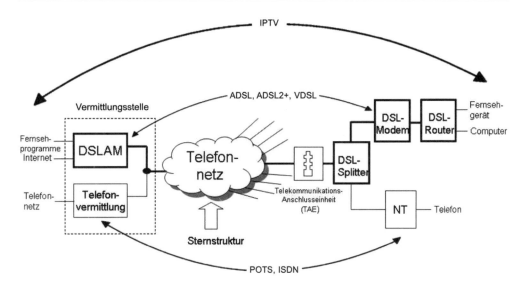

ASDL	Asymmetrical Digital Subscriber Line
DSLAM	Digital Subscriber Line Access Module
IPTV	Internet Protocol Television
NT	Network Termination
POTS	Plain Old Telephone System
VDSL	Very High Bitrate Digital Subscriber Line

Bild 5.8–6   Triple Play über das Telefonnetz

5.8.4 Triple Play über Satellit

Der Empfang von Rundfunkprogrammen via Satellit ist ein seit vielen Jahren bewährtes Verfahren. Mit Satelliten ist aber auch Datenkommunikation möglich, wobei sich beim Downlink als Hinkanal Bitraten im Mbit/s-Bereich realisieren lassen. Bei den ersten Ansätzen wurde als Rückkanal stets eine Telefonverbindung benötigt. Dieses Konzept stellte sich allerdings als wenig komfortabel heraus und erlangte keine ausreichende Akzeptanz am Markt.

Für „richtiges" Triple Play über Satellit wird ein interaktiver LNB [*low noise block converter*] für die Satellitenantenne benötigt. Damit kann nicht nur vom Satelliten empfangen, sondern auch zum Satelliten gesendet werden. Auf diese Weise ist die angestrebte bidirektionale Datenkommunikation für Internet und Telefonie realisierbar. Für den Anschluss des Computers und des Telefons benötigt der Teilnehmer ein Satelliten-Modem (Sat-Modem). Hier liegt

Einfache Datenkommunikation via Satellit
- ☐ Hinkanal: Downlink, breitbandig
- ☐ Rückkanal: Telefonverbindung, schmalbandig

Interaktiver LNB
- ☐ Empfang vom Satelliten
- ☐ Sendung zum Satelliten

> Für Internet und Telefonie via Satellit wird ein Satelliten-Modem (Sat-Modem) benötigt.

also eine vergleichbare Situation wie bei Triple Play über Kabelnetz oder Telefonnetz vor. Der Fernsehempfang erfolgt in der bereits bekannten Weise mit einer entsprechenden Set-Top-Box.

Lernerfolgskontrolle zu Kapitel 5.8

1. Welche beiden Kriterien sind für Triple Play bestimmend?
2. Welche Aufgabe hat DOCSIS bei Triple Play über Kabelnetze?
3. Welche Signale treten am DSL-Splitter auf?

5.9 Ortung und Navigation

5.9.0 Einführung

Nach Durcharbeiten dieses Kapitels können Sie Funkortung und Funknavigation unterscheiden, die Arbeitsweise von Radar-Verfahren erläutern, den Einsatz von Funkfeuern darstellen, das Instrumenten-Landesystem erklären, das Konzept für Hyperbel-Navigationsverfahren aufzeigen und die Möglichkeiten der Satellitennavigation skizzieren.

5.9.1 Aufgabenstellung und Funktionsprinzip

Soll die Position einer Person oder eines Objekts im Raum festgestellt werden, dann ist für alle drei Dimensionen ein Maßband verwendbar. Wegen ihrer definierten, von der Wellenlänge abhängigen Laufzeiten und Phasenbeziehungen können wir dafür aber auch elektromagnetische Wellen nutzen, sozusagen als „elektronisches" Maßband. Von diesen Überlegungen her stammt die ursprüngliche Bezeichnung Funkmesstechnik für derartige Verfahren.

Vorstehende Aufgabenstellung können wir von zwei Seiten betrachten, nämlich als Ortung oder als Navigation. Da in diesem Kapitel nur funktechnische Anwendungen interessieren, gelten die Bezeichnungen Funkortung und Funknavigation.

Bei der Funkortung handelt es sich um die Feststellung der Position, bezogen auf einen bekannten oder vorgegebenen Raum. Betrifft es die eigene Position, dann sprechen wir von Eigenortung. Soll dagegen die einer anderen

Funkmesstechnik =
Feststellung der Position im Raum mit Hilfe elektromagnetischer Wellen.

Funkortung
☐ Eigenortung
  (Frage: „Wo bin ich?")
☐ Fremdortung
  (Frage: „Wo ist der andere?")

5.9 Ortung und Navigation

Person bzw. eines anderen Objektes ermittelt werden, dann liegt Fremdortung vor. Die Funknavigation betrifft dagegen die Aufgabenstellung, wie eine vorgegebene Zielposition erreicht werden kann.

Funkortung und Funknavigation sind auf dem Lande, auf dem Wasser und in der Luft möglich. Dabei können wir aktive und passive Verfahren unterscheiden. Aktive Verfahren arbeiten mit Sendern und Empfängern, die an der messenden Stelle und bei den zu messenden Objekten eingesetzt sind und damit Übertragungskanäle bilden. Bei passiven Verfahren wird die Reflexionsfähigkeit von Materie für elektromagnetische Wellen genutzt, was besonders für metallische Objekte zutrifft. Der Einsatz von Sendern und Empfängern ist dann nur an der messenden Stelle erforderlich.

Funknavigation
(Frage: „Wie erreiche ich die Zielposition?")

Verfahren der Funkortung und Funknavigation
☐ Aktive Verfahren
  d. h. Sender und Empfänger bei der messenden Stelle und dem zu messenden Objekt
☐ Passive Verfahren
  d. h. Sender und Empfänger nur bei der messenden Stelle

Übung 5.9–1
Warum ist bei dem zu messenden Objekt kein Sender erforderlich, wenn ein passives Funkortungsverfahren gegeben ist?

Bei aktiven Verfahren wird stets von einem Sender ein moduliertes oder auch unmoduliertes hochfrequentes Signal abgestrahlt. Dies kann gerichtet, aber auch rundstrahlend erfolgen, was zu den Kurzbezeichnungen D [*directional*] bzw. ND [*non directional*] führt.

Sender bei aktiven Verfahren
☐ Ausgangssignal
  ☐ ☐ moduliert
  ☐ ☐ unmoduliert
☐ Abstrahlung
  ☐ ☐ Rundstrahlung
    [*non directional* (ND)]
  ☐ ☐ Richtstrahlung
    [*directional* (D)]

Das vom Sender abgestrahlte Signal hat eine von der Frequenz, der Sendeleistung und den Kenngrößen der Antenne abhängige Reichweite. Innerhalb dieses Bereiches ist das Signal empfangbar und steht für eine Auswertung zur Verfügung. Dabei kann die Feldstärke (also die Amplitude), die Phasenlage zu einem Referenzsignal und/oder das Modulationssignal die bestimmende Größe sein. Wegen der bekanntlich konstanten Ausbreitungsgeschwindigkeit für die elektromagnetischen Wellen können wir auf diese Weise Laufzeiten des Signals ermitteln und in Entfernungen umrechnen.

Abhängig von der gewählten Methode verläuft die Übertragungsrichtung Sender → Empfänger von der messenden Stelle zum zu messen-

Empfänger bei aktiven Verfahren
☐ Kriterien
  ☐ ☐ Feldstärke (Amplitude)
  ☐ ☐ Phasenlage zu Referenzsignal
  ☐ ☐ Modulationssignal
☐ Auswertung
  ☐ ☐ Laufzeiten
  ☐ ☐ Entfernungen

den Objekt oder von diesem zu der messenden Stelle. Es sind aber ebenso Fälle möglich, bei denen beide Richtungen genutzt werden, also zwei getrennte Übertragungsstrecken vorliegen. Wie bei der Telekommunikation unterscheiden wir auch bei Funkortung und Funknavigation zwischen Simplexbetrieb und Duplexbetrieb.

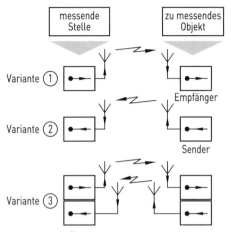

Bild 5.9–1 Übertragungsrichtungen bei aktiven Verfahren der Funkortung und Funknavigation

Übung 5.9–2

Warum kann bei einem aktiven Verfahren der Funknavigation die Entfernung zwischen messender Stelle und zu messendem Objekt ermittelt werden?

Bei passiven Verfahren der Funkortung und Funknavigation werden Sender und Empfänger nur an der messenden Stelle benötigt. Der Sender arbeitet dabei vergleichbar denen bei aktiven Verfahren. Durch Reflexion des abgestrahlten Signals am zu messenden Objekt ist mit Hilfe des Empfängers die Entfernung zum gesuchten Objekt feststellbar.

Für die Funktion dieses Reflexionsverfahrens sind neben den bereits erwähnten technischen Daten auf der Sendeseite besonders die Reflexionsfähigkeit des zu messenden Objektes und die Empfindlichkeit des Empfängers von Wichtigkeit.

Passive Verfahren haben besonders bei bewegten Objekten Vorteile, weil lediglich bei der messenden Stelle technische Einrichtungen erforderlich sind.

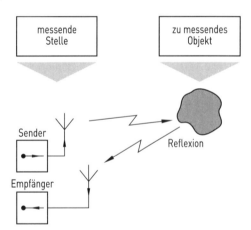

Bild 5.9–2 Passives Verfahren der Funkortung und Funknavigation (Prinzip)

5.9.2 Systeme und Kenngrößen

Ein in der Praxis häufig verwendetes Konzept für Funkortung und Funknavigation ist das als Radar bezeichnete Verfahren. Dieses Kunstwort

5.9 Ortung und Navigation

stammt von der englischen Bezeichnung „radio detecting and ranging" und bedeutet „Ermittlung und Feststellung der Entfernung mit Hilfe hochfrequenter Wellen". Dabei sind passive und aktive Verfahren möglich, die wir als Primär-Radar [*primary radar*] und Sekundär-Radar [*secondary surveillance radar* (SSR)] bezeichnen.

Radar [*radio detecting and ranging*] = Ermittlung und Feststellung der Entfernung mit Hilfe hochfrequenter Wellen

☐ Passives Verfahren
  Primär-Radar
  [*primary radar*]
☐ Aktives Verfahren
  Sekundär-Radar
  [*secondary surveillance radar* (SSR)]

Beim Primär-Radar werden von einem im GHz-Bereich arbeitenden Sender hochfrequente Impulse großer Energie über stark bündelnde Antennen abgestrahlt. Treffen diese auf ein reflexionsfähiges Material, dann gelangt ein Teil der abgestrahlten Energie zurück und wird durch den Radar-Empfänger aufgenommen.

Die von der Aussendung eines Impulses bis zum Empfang eines Echosignals erforderliche Zeit ist ein eindeutiges Maß für die Entfernungen zwischen Radar-Station und gemessenem Objekt, bedingt durch die konstante Ausbreitungsgeschwindigkeit der elektromagnetischen Wellen. Die Laufzeit t vom Sender zum Messobjekt und zurück zum Empfänger muss also genau gemessen werden. Es gilt für die Entfernung d folgende Beziehung:

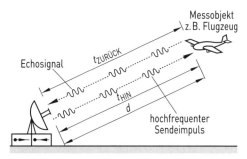

Bild 5.9–3 Primär-Radar

$$d = c_o \cdot \frac{t_{\text{HIN}} + t_{\text{RÜCK}}}{2} = \frac{1}{2} \cdot c_o \cdot t \qquad (5.9\text{–}1)$$

Die maximal mögliche Reichweite für ein Primär-Radar ist von verschiedenen Größen abhängig. Wir können sie in der sog. Radargleichung zusammenfassen. Es ergibt sich:

Radargleichung

$$d_{\max} = \sqrt[4]{\frac{P \cdot G^2 \cdot \lambda^2 \cdot \delta \cdot \tau}{(4 \cdot \pi)^3 \cdot k \cdot T \cdot \dfrac{S}{N} \cdot a_{\text{ges}}}} \qquad (5.9\text{–}2)$$

P Ausgangsleistung des Senders
G Antennengewinn
λ Wellenlänge
δ wirksame Rückstrahlfläche
τ Dauer der Sendeimpulse
k Boltzmann-Konstante $\left(1{,}37 \cdot 10^{-23} \dfrac{\text{Ws}}{\text{K}}\right)$
T Rauschtemperatur am Empfängereingang
$\dfrac{S}{N}$ Rauschabstand
a_{ges} Ausbreitungsdämpfung für Sende- und Empfangsweg

Für Messungen in verschiedenen Richtungen dienen in der Praxis bewegbare Antennen. Dabei werden diese zuerst als Sendeantenne verwendet und dann als Empfangsantenne an den Empfängereingang geschaltet, damit ein auftretendes Echosignal feststellbar ist. Die Pulsfolgefrequenz der Sendesignale wird durch die maximale oder vorgesehene Reichweite für die Entfernungsmessungen bestimmt, da vor dem Eintreffen des möglichen Echosignals noch kein neuer Sendeimpuls abgestrahlt werden darf.

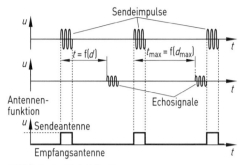

Bild 5.9–4 Pulsfolgefrequenz

Übung 5.9–3

In welcher Weise kann die Messreichweite eines Primär-Radars vergrößert werden, wenn die Sendeleistung, die Antenne und der Empfänger vorgegeben sind?

Die Bewegung der Antennen kann mechanisch oder elektronisch erfolgen und zwar horizontal und/oder vertikal. Bei mechanischen Antennen wird eine Antenne elektrisch oder hydraulisch bewegt, während elektronische Anordnungen viele Einzelantennen aufweisen, deren Verbindung zum Sender bzw. Empfänger elektronisch umgeschaltet wird.

Antennenbewegung:
- ☐ horizontal
- ☐ vertikal

Bewegungsantrieb:
- ☐ mechanisch
  (elektrisch oder hydraulisch)
- ☐ elektronische Umschaltung zwischen Einzelantennen.

Bei üblichen Radar-Systemen erfolgen entweder Messungen in allen Richtungen horizontal um die Anlage (= Azimut) oder vertikal (= Elevation) davor. Im ersten Fall liegt ein **Rundsicht-Radar** vor, während die andere Version **Höhenmess-Radar** heißt.

Die Kombination beider Radar-Verfahren ermöglicht es, ein meist als Ziel oder Target bezeichnetes Messobjekt in seiner räumlichen Lage bezogen auf die Radar-Station genau zu bestimmen. Für die Anzeige der Ergebnisse sind im einfachsten Fall entsprechende Bildröhren eingesetzt. Jedes Echosignal bewirkt einen hellen Punkt auf dem Bildschirm, der durch die gewählte Nachleuchtdauer der Leuchtstoffe solange erhalten bleibt, bis die gleichförmig bewegte Antenne wieder dieses Ziel erfasst. Die für ein Rundsicht-Radar benutzte Bildschirmanzeige heißt meist nur PPI [*plan position indicator*], während für das Höhenmess-Radar RHI [*range height indicator*] gilt.

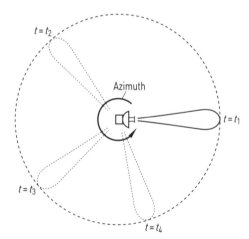

Bild 5.9–5 Rundsicht-Radar

5.9 Ortung und Navigation

Die Genauigkeit von Rundsicht-Radargeräten und Höhenmess-Radargeräten hängt wesentlich von zwei Faktoren ab, nämlich dem Öffnungswinkel und der Bewegungsgeschwindigkeit der Antenne.

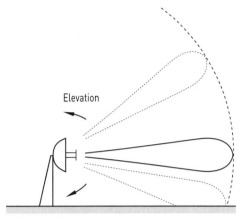

Bild 5.9–6 Höhenmess-Radar

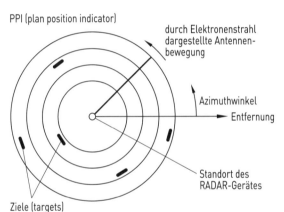

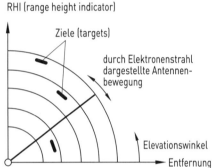

Bild 5.9–7 PPI und RHI

Bei den für Luftfahrt, Schifffahrt und Wetterdienst eingesetzten Radar-Systemen sind wesentlich nur bewegte Ziele von Interesse. Da aber auch feststehende Ziele (z. B. Türme, Berge, usw.) Echosignale verursachen, werden diese mit Hilfe einer sog. MTI-Schaltung unterdrückt. Obwohl diese Abkürzung „moving target indication" (also „Bewegtzielanzeige") bedeutet, ist damit jedoch die Festzielunterdrückung gemeint. Für ihre Realisierung wird die Tatsache ausgenutzt, dass feste Ziele stets gleichbleibende Laufzeiten aufweisen, während bewegte Ziele bei jeder Messung veränderte Werte zeigen.

Bewegtzielanzeige
[*moving target indication* (MTI)]
bewirkt **Festzielunterdrückung**

Übung 5.9–4

Welche Unterschiede bestehen in der Funktion zwischen Rundsicht-Radar und Höhenmessradar?

Während das Primär-Radar die passive Reflexion von Funkwellen nutzt, stellt das Sekundär-Radar ein aktives System dar. Es arbeitet im Halbduplex-Betrieb zwischen einem Abfragegerät [*interrogator*] an der Messstelle und einem Antwortgerät [*transponder*] beim Messobjekt.

Wird z. B. in der Luftfahrt mit Sekundär-Radar gearbeitet, dann sendet das Abfragegerät der Bodenstation auf der Trägerfrequenz f_1 eine definierte Impulsfolge. Dieses Signal löst beim Transponder im Flugzeug eine entsprechende Impulsfolge als Antwort aus. Sie wird auf der Trägerfrequenz f_2 zur Bodenstation abgestrahlt und ermöglicht dort die Identifizierung des Flugzeuges, weil für jede Maschine eine andere Impulsfolge festgelegt ist.

Da sich Primär-Radar und Sekundär-Radar in ihren Funktionen ergänzen, sind beide Systeme in der Praxis häufig als Einheit zusammengefasst.

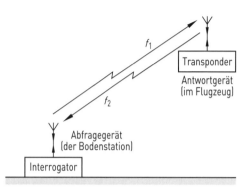

Bild 5.9–8   Sekundär-Radar

Übung 5.9–5

Warum können beim SSR unterschiedliche Messobjekte identifiziert werden?

Bei der Funkortung sind stets feste Bezugspunkte erforderlich. Sie werden in der Praxis durch stationäre ungerichtete Funkfeuer [*non-directional beacon* (NDB)] realisiert, deren Positionen natürlich bekannt sein müssen. Mit Hilfe drehbar angeordneter Rahmenantennen ist die Ortung des Senders möglich und damit auch die Richtungsbestimmung.

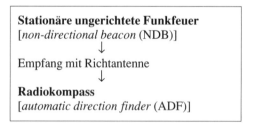

Wegen der Richtwirkung dieser Antennen treten dabei je zwei Maximal- und Minimalwerte auf. Die Ortung ist damit nicht eindeutig. Durch zusätzliche Verwendung einer Vergleichsantenne mit kreisförmigem Strahlungsdiagramm (also ohne Richtwirkung) können wir eine herzförmige Richtwirkung (Kardioide) erreichen und damit durch Einstellung auf maximales Eingangssignal die eindeutige Richtungsbestimmung. Die Empfangseinrichtung in diesem Verfahren heißt Radiokompass [*automatic direction finder* (ADF)]. Die zu empfangenden Sender arbeiten aus Gründen der Unterscheidbarkeit mit

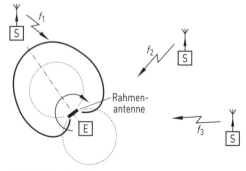

Bild 5.9–9   Radiokompass

5.9 Ortung und Navigation

unterschiedlichen Frequenzen, außerdem wird auch Modulation des Trägers verwendet.

Während die ADF-Systeme im Frequenzbereich 200 ... 1750 kHz arbeiten, gibt es auch im VHF-Bereich (108 ... 118 MHz) vergleichbare Ortungssysteme. Es handelt sich dabei um VHF-Drehfunkfeuer [*very high frequencies/ VHF/omnidirectional range* (VOR)], die gleichzeitig ein Bezugssignal und ein mit 30 Umdrehungen pro Sekunde rotierendes Richtdiagramm aussenden. Die Phasenlage des von der bewegten Antenne abgestrahlten Signals gegenüber dem der rundstrahlenden Antenne ist ein eindeutiges Maß für die Richtung zum Funkfeuer. Die Ortung erfolgt also durch Phasenmessung.

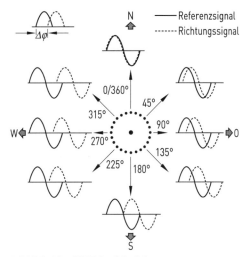

Bild 5.9–10   VHF-Drehfunkfeuer

Das Drehfunkfeuer können wir auch mit Hilfe feststehender Antennen aufbauen. Dabei wird durch ca. 40 im Kreis angeordnete Strahler und einem Mittelstab das rotierende Feld durch elektronische Umschaltung bewirkt. Es werden also keine mechanischen Antriebe benötigt. Weil in diesem Fall das Doppler-Prinzip zur Anwendung kommt, heißt das Verfahren DVOR (Doppler-VOR).

Während VOR und DVOR der Ortung dienen, und zwar hauptsächlich in der Luftfahrt, gibt es dort neben dem Radar noch ein weiteres wichtiges Navigationsverfahren. Es handelt sich um das Instrumenten-Landesystem (ILS) und hat die Aufgabe, die „elektronische" Landung von Flugzeugen zu ermöglichen, also eine Landung lediglich nach Instrumentenanzeige. Das ILS besteht aus:

Drehfunkfeuer

☐ **VOR** [*VHF omnidirectional range*]
arbeitet mit rotierenden Antennen
☐ **DVOR** (Doppler-VOR)
arbeitet mit feststehenden Antennen

Instrumenten-Landesystem (ILS)

☐ Landekurssender [*localizer*]
☐ Gleitwegsender [*glidepath transmitter*]
☐ Einflugzeichen [*marker*]

Der Landekurssender arbeitet im VHF-Bereich (ca. 110 MHz) und steht ca. 300 m hinter dem Ende der Landebahn. Er weist im Richtdiagramm zwei Keulen auf, die rechts und links der Landebahnmitte liegen. Bezogen auf die Anflugrichtung wird dabei auf der rechten Seite eine Modulationsfrequenz von 150 Hz verwen-

Landekurssender arbeiten im VHF-Bereich (ca. 110 MHz)
Gleitwegsender arbeiten im UHF-Bereich (ca. 330 MHz)

det, auf der linken Seite 90 Hz. Bei Gleichheit beider Modulationssignale ist die Mitte der Landebahn markiert, wobei in der Praxis der Toleranzbereich ca. 5 Grad beträgt.

Seitlich der Landebahn steht der Gleitwegsender, welcher als zweite Komponente über die Höhe informiert. Auch hier liegen wieder zwei Keulen vor, wobei die oberhalb des Gleitweges liegende mit 150 Hz moduliert ist, während es bei der unterhalb liegenden Keule 90 Hz sind. Auch bei diesem im UHF-Bereich (ca. 330 MHz) arbeitenden Sender ist die Einhaltung des vorgegebenen Weges einfach durch den Vergleich beider Modulationssignale möglich. Der Toleranzbereich beträgt dabei in der Praxis ca. 1 Grad.

Um den Ladekurs rechtzeitig mit Hilfe der Instrumente finden zu können, sind in einiger Entfernung vor Beginn der Landebahn Funkbaken als Einflugzeichen installiert. Wir unterscheiden dabei das Voreinflugzeichen in ca. 6 km und das Hauptanflugzeichen in ca. 1 km Entfernung vor dem Beginn der Landebahn.

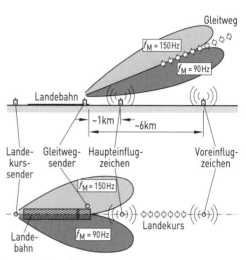

Bild 5.9–11   Instrumenten-Landesystem (ILS)

Übung 5.9–6
Warum sind beim ILS zwei Sender erforderlich?

Es sind auch ILS-Verfahren im Einsatz, die auf größeren Frequenzen arbeiten. Sie werden als Mikrowellen-Landesysteme [*microwave landing system* (MLS)] bezeichnet und sind in ihrem Funktionsprinzip dem vorstehend betrachteten Konzept vergleichbar. Ihr Vorteil ist die größere Genauigkeit bei den Winkelinformationen.

Als weiteres Verfahren der Funkortung wollen wir auch die Möglichkeit betrachten, Laufzeitunterschiede zwischen elektromagnetischen Wellen verschiedener Quellen zu nutzen. Wir gehen von zwei Paar Sendestationen aus, die eine definierte Entfernung voneinander aufweisen und die gleichzeitig Signale abstrahlen. Bezogen auf einen beliebigen Standort zwischen den Stationen treten dabei unterschiedliche Laufzeiten auf, gekennzeichnet durch entsprechende Phasenbeziehungen.

Die Linien konstanter Laufzeitunterschiede ergeben gemäß den physikalischen Gesetzmäßigkeiten der Ausbreitung elektromagnetischer

Mikrowellen-Landesystem (MLS)
[*microwave landing system*]

Nutzung der Laufzeitunterschiede zwischen elektromagnetischen Wellen verschiedener Quellen für die Funkortung.

5.9 Ortung und Navigation

Wellen Hyperbeln, mit Ausnahme der als Gerade auftretenden Mittellinie zwischen den Sendestationen. Für eine exakte Standortbestimmung ist die Messung der Laufzeitunterschiede in zwei durch ein Sendepaar hervorgerufenen Hyperbelnetzen erforderlich.

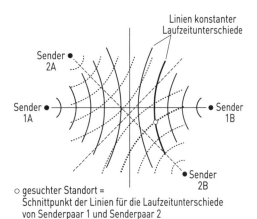

○ gesuchter Standort =
Schnittpunkt der Linien für die Laufzeitunterschiede von Senderpaar 1 und Senderpaar 2

Bild 5.9–12   Hyperbelverfahren

Mit Hilfe des Hyperbelverfahrens ist eine Navigation über große Entfernungen möglich. In der Praxis gibt es Systeme in unterschiedlichen Frequenzbereichen. Das LORAN-Verfahren arbeitet im Kurzwellenbereich bei ca. 2 MHz und ist für kürzere und mittlere Entfernungen geeignet. Beim DECCA-Verfahren liegen die Frequenzen bei ca. 100 kHz, also im Langwellenbereich. Das einzige mit terrestrischen Sendern arbeitende erdumspannende System ist das OMEGA-Verfahren. Es arbeitet im Längstwellenbereich bei ca. 10 kHz und kommt mit acht weltweit verteilten Sendestationen aus.

Zum Abschluss sollen auch noch Ortung und Navigation mit Hilfe geostationärer oder umlaufender Satelliten betrachtet werden. Sie ist für Landfahrzeuge, Schiffe und Flugzeuge nutzbar.

Als weltweites Verfahren sei das „Global Positioning System" (GPS) angeführt. Bei ihm sind umlaufende Satelliten als Sender verfügbar, von denen der GPS-Empfänger gleichzeitig wenigstens drei empfangen muss. Die Auswertung der von den Satelliten übermittelten Positionsdaten ermöglicht metergenaue Standortbestimmung. Mit Hilfe eines Referenzsignals kann eine Verbesserung auf zentimetergenaue Angaben erfolgen. Dies wird dann als DGPS [*differential global positioning system*] bezeichnet.

In Europa befindet sich ein dem GPS vergleichbares Satelliten-Navigationssystem unter der Bezeichnung „Galileo" im Aufbau. Es soll im Jahre 2013 den Regelbetrieb aufnehmen und

Hyperbelverfahren
- **LORAN**
  (arbeitet im Kurzwellenbereich)
- **DECCA**
  (arbeitet im Langwellenbereich)
- **OMEGA**
  (arbeitet im Längstwellenbereich)

Ortung und Navigation mit Hilfe von Satelliten

GPS [*global positioning system*]
Metergenaue Standortbestimmung

GPS-Empfänger muss mindestens drei GPS-Satelliten gleichzeitig empfangen.

Verwendung eines Referenzsignals
⇓
DGPS [*differential global positioning system*]
Zentimetergenaue Standortbestimmung

leistungsfähiger sowie komfortabler als GPS sein.

Auch durch geostationäre Satelliten ist weltweite Ortung und Navigation möglich (z. B. INMARSAT), da diese Satelliten als fest positionierte Sender betrachtet werden können. Die Messung der Entfernung zu zwei Satelliten ermöglicht die Berechnung der eigenen Position.

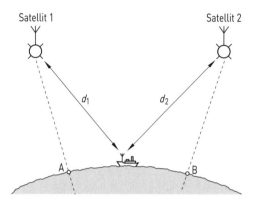

Bild 5.9–13   Ortung und Navigation mit geostationären Satelliten

Lernerfolgskontrolle zu Kapitel 5.9

1. Zeigen Sie den wesentlichen Unterschied zwischen Funkortung und Funknavigation auf.
2. Welcher Unterschied besteht hinsichtlich der Sender und Empfänger zwischen aktiven und passiven Verfahren?
3. Welche Voraussetzung muss für die grundsätzliche Funktion eines Primär-Radar-Systems erfüllt sein?
4. Warum ist das Sekundär-Radar ein aktives Verfahren?
5. Welche Aufgabe hat der Radiokompass?
6. Durch welche Größen ist bei einem VHF-Drehfunkfeuer die Richtungsinformation dargestellt?
7. In welcher Weise ist bei ILS eine Abweichung von Gleitweg und Landekurs feststellbar?
8. Welcher Effekt wird bei Hyperbel-Navigationsverfahren genutzt?

6 Perspektiven

In der gesamten Kommunikationstechnik stellt die analoge Übertragung und Signalverarbeitung nur noch eine Ausnahme dar. Die vorherrschende digitale Übertragung ist bekanntlich ein transparentes Verfahren, was die Konvergenz zwischen der Telekommunikationstechnik, der Informationstechnik und der Konsumerelektronik [consumer electronics] beschleunigt.

Die Wunschvorstellung der Nutzer lässt sich durch die Schlagworte „alles", „immer" und „überall" kennzeichnen. Dies bedeutet das Ziel, im Idealfall auf alle Informationen zu jeder Zeit und unabhängig vom Standort zugreifen zu können. Als Lösungsansatz dafür wird das Next Generation Network (NGN) gesehen, was wir als nächste Generation der Kommunikationsnetze verstehen können.

Beim NGN wird die Unterscheidung in Festnetz und Mobilnetz keine Rolle mehr spielen. Dies gilt ebenso für die Übertragungsmedien, wie Zweidrahtleitung, Koaxialleitung, Lichtwellenleiter, Richtfunk, Satellitenfunk oder sonstige. Unter dem NGN können wir ein Universalnetz verstehen, bei dem die angebotenen Dienste nur noch durch ihre Merkmale gekennzeichnet sind.

Beim NGN spielt auch die universelle Erreichbarkeit der Teilnehmer eine wichtige Rolle, wobei dies für Mensch und Maschine gilt. Dies lässt sich durch eine individuelle und weltweit gültige Teilnehmernummer erreichen. Es handelt sich somit um eine universelle Teilnehmernummer.

Die aufgezeigte Perspektive ist aus technischer Sicht zwar durchaus realisierbar, die Akzeptanz wird jedoch von den Kosten für den Teilnehmer abhängen.

Die Entwicklung der Kommunikation ist gekennzeichnet durch immer größere Bitraten. Dies ermöglicht auch solche Dienste, die wegen des großen Bedarfs an Übertragungskapazität bisher nicht realisierbar waren.

Andererseits wird durch Optimierung der Codierungs- und Datenreduktionsverfahren versucht, die für einzelne Dienste erforderlichen Bitraten möglichst zu reduzieren.

Digitale Übertragung ist vorherrschend.
⇓
Fördert die Konvergenz

Zielvorstellung:
Zugriff auf alle Informationen zu jeder Zeit und an jedem Ort
⇓
Lösungsansatz:
Next Generation Network (NGN)

Jeder Teilnehmer ist über die **universelle Teilnehmernummer** überall erreichbar.

Akzeptanz der Universalität beim Teilnehmer hängt von den Kosten ab.

Zunehmende Bitraten ermöglichen bisher nicht realisierbare Dienste.

Reduzierung der Bitrate durch verbesserte Codierung und Datenreduktion

Die Nutzung unterschiedlicher Dienste erfordert bisher spezifische Endgeräte für jeden Dienst. Dies wird sich durch die Verwendung von stationären, portablen und mobilen Multimedia-Terminals ändern. Diese Endgeräte weisen dann eine einheitliche Bedienoberfläche und komfortable Nutzerführung in Dialogform auf. Sie ermöglichen die Abwicklung vieler verschiedener Dienste mit einem Gerät.

Die Telekommunikation wird sich weiterhin entwickeln und zwar mit der Zielsetzung, die Nutzungsmöglichkeiten und die Wirtschaftlichkeit der Kommunikation noch zu verbessern.

Multimedia-Terminal hat einheitliche Bedienoberfläche, komfortable Nutzerführung und ermöglicht die Abwicklung unterschiedlicher Dienste mit einem Gerät.

Prognose:
Weitere Entwicklung der Telekommunikation im Hinblick auf Nutzungsmöglichkeiten und Wirtschaftlichkeit

Lösungen der Übungen und Lernerfolgskontrollen

Übungen zu Kapitel 1

1.1–1
Die Unterscheidung erfolgt danach, ob die Information mit den Sinnesorganen Ohr oder Auge erfasst werden kann oder nicht.

1.1–2
Repräsentiert das Signal die zu übertragende Information, dann handelt es sich um ein Nutzsignal. Ansonsten liegt ein Störsignal vor.

1.2–1
Das Störsignal überlagert sich dem Nutzsignal und bildet ein resultierendes Signal.

Lernerfolgskontrolle zu Kapitel 1

1. Übertragung von Informationen zwischen räumlich entfernten Stellen mit Hilfe elektrischer, magnetischer oder optischer Größen.
2. Es soll die Information durch physikalische Größen repräsentieren.
3. Der Sender muss das zu übertragende Signal an die Eigenschaften des Übertragungskanals anpassen.
4. Das Störsignal sollte gegenüber dem Nutzsignal möglichst klein sein.
5. Bei der geführten Übertragung besteht eine elektrisch oder optisch leitende Verbindung zwischen Sender und Empfänger, während es bei der ungeführten Übertragung der freie Raum ist.

Übungen zu Kapitel 2.1

2.1–1
Der Leistungspegel ist das logarithmierte Verhältnis von Leistungen, während es sich beim Spannungspegel um das logarithmierte Verhältnis von Spannungen handelt.

2.1–2
$$L_U = 20 \cdot \lg \frac{U_2}{U_1} \, dB = 20 \cdot \lg \frac{60 \, V}{8{,}4 \, V} \, dB$$
$$\underline{\underline{L_U = 17 \, dB}}$$

2.1–3

$$L_U = 20 \cdot \lg \frac{U}{1\,\mu V}\,\text{dB}\mu V \;\rightarrow\; \lg \frac{U}{1\,\mu V} = \frac{L_U}{20\,\text{dB}\mu V}$$

$$\frac{U}{1\,\mu V} = 10^{L_U/20\,\text{dB}\mu V}$$

$$\underline{\underline{U = 10^{L_U/20\,\text{dB}\mu V}\,\mu V}}$$

2.1–4

Die Angabe $g_U = 24$ dB bedeutet, dass der Ausgangsspannungspegel gegenüber dem Eingangsspannungspegel der betrachteten Baugruppe um 24 dB größer ist.

Lernerfolgskontrolle zu Kapitel 2.1

1. Bei $L_P = 0$ dB ist ein Leistungsverhältnis $P_1/P_2 = 1$ gegeben, da $\lg 1 = 0$ gilt. Es liegt also weder Verstärkung noch Dämpfung vor.

2. $L_U = 20 \cdot \lg \dfrac{U_2}{U_1}\,\text{dB} \;\rightarrow\; \dfrac{U_2}{U_1} = 10^{L_U/20\,\text{dB}}$

$$U_2 = U_1 \cdot 10^{L_U/20\,\text{dB}}$$
$$= 15{,}2\,\text{V} \cdot 10^{10\,\text{dB}/20\,\text{dB}}$$
$$= 15{,}2\,\text{V} \cdot 10^{0{,}5}$$
$$= 15{,}2\,\text{V} \cdot 3{,}16$$
$$\underline{\underline{U_2 = 48\,\text{V}}}$$

3. Während bei Verstärkung die Pegelangaben ein positives Vorzeichen aufweisen, handelt es sich bei Dämpfung um ein negatives Vorzeichen.

4. $L_U = 20 \cdot \lg \dfrac{U}{1\,\text{V}}\,\text{dBV} = 20 \cdot \lg \dfrac{230\,\text{V}}{1\,\text{V}}\,\text{dBV} = 20 \cdot 2{,}36\,\text{dBV}$

$$\underline{\underline{L_U = 47{,}23\,\text{dBV}}}$$

5. Bei relativen Pegeln ist der Bezug auf beliebige Werte möglich, während bei absoluten Pegeln der Bezug auf definierte Werte erfolgt.

6. $L_P = 10 \cdot \lg \dfrac{P}{1\,\text{W}}\,\text{dBW} \;\rightarrow\; P = 10^{L_P/10\,\text{dBW}}\,\text{W}$

$$= 10^{20\,\text{dBW}/10\,\text{dBW}}\,\text{W}$$
$$= 10^2\,\text{W}$$
$$\underline{\underline{P = 100\,\text{W}}}$$

Übungen zu Kapitel 2.2

2.2–1

Ein Tastgrad $g > 1$ ist nicht möglich, weil die Impulsdauer τ nicht größer als die Periodendauer des Pulses sein kann.

2.2–2

Beide Funktionen beschreiben die Abhängigkeit von der Frequenz.

2.2–3
Beide Signale sind durch Quantisierung bestimmt, es ist also keine Kontinuität gegeben.

2.2–4
Für die Elementarentscheidungen ist es lediglich erforderlich, dass bei jedem Zeittakt einer von zwei Spannungswerten vorliegt.

2.2–5
$$U_n = 2 \cdot \sqrt{k \cdot T \cdot B \cdot R} = \sqrt{1{,}38 \cdot 10^{-23} \frac{\text{Ws}}{\text{K}} \cdot 293{,}15 \text{ K} \cdot 100 \cdot 10^6 \text{ Hz} \cdot 1 \cdot 10^3 \, \Omega}$$
$$\underline{\underline{U_n = 40{,}2 \, \mu\text{V}}}$$

2.2–6
$$\text{CNR} = 40 \text{ dB} = 10 \cdot \lg \frac{P_c}{P_n} \text{ dB} \rightarrow 4 = \lg \frac{P_c}{P_n} \rightarrow 10^4 = \frac{P_c}{P_n}$$
$$\underline{\underline{P_c = 10^4 \cdot P_n}}$$

2.2–7
Bei linearen Verzerrungen sind Abweichungen von dem linearen Zusammenhang zwischen Eingangssignal und Ausgangssignal gegeben.

2.2–8
Nichtlineare Verzerrungen sind bedingt durch Nichtlinearitäten im Übertragungssystem, während Übersprechen durch Einkopplungen hervorgerufen wird.

2.2–9

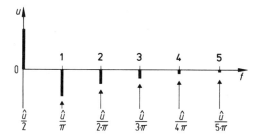

2.2–10
Wegen der Symmetrie zur Zeitachse tritt kein Gleichanteil auf. Deshalb ergibt sich: $U_- = 0$.

2.2–11
$$f_{\max} = \frac{f_{A(\max)}}{2} = \frac{50 \text{ kHz}}{2} = 25 \text{ kHz}$$
$$\underline{\underline{f_{\max} = 25 \text{ kHz}}}$$

2.2–12
Der Phasenwinkel ergibt sich durch die Laufzeit des Signals vom Eingang zum Ausgang.

2.2–13
Der bei der Referenzfrequenz vorliegende Pegelwert stellt den Bezug für die bei den Grenzfrequenzen definierte Pegelreduzierung von 3 dB dar.

2.2–14
Das Eingangssignal wird vollständig kompensiert, wenn dieses und das rückgekoppelte Signal gleiche Amplituden aufweisen.

2.2–15
Bei einem passiven Eintor gilt stets: $\underline{U}_L = 0$, $\underline{I}_K = 0$. Es ist nur der Innenwiderstand $\underline{Z}_i$ vorhanden.

2.2–16
Es ist ein passives Zweitor, da die elektrische Signalenergie am Ausgang kleiner ist als am Eingang.

2.2–17
Die Bedingung ist erfüllt, wenn gleichzeitig Leistungsanpassung und Widerstandsanpassung vorliegen. Dies ist nur möglich, wenn bei $\underline{Z}_i$ und $\underline{Z}_a$ keine Blindwiderstände vorhanden sind, also $\underline{Z}_i = R_i$ und $\underline{Z}_a = R_a$ gilt.

2.2–18
$$r_1 = \left|\frac{\underline{Z}_a - \underline{Z}_i}{\underline{Z}_a + \underline{Z}_i}\right| = \left|\frac{2\cdot\underline{Z}_i - \underline{Z}_i}{2\cdot\underline{Z}_i + \underline{Z}_i}\right| = \left|\frac{\underline{Z}_i}{3\cdot\underline{Z}_i}\right| = \frac{1}{3}$$

$$r_2 = \left|\frac{\underline{Z}_a - \underline{Z}_i}{\underline{Z}_a + \underline{Z}_i}\right| = \left|\frac{\frac{1}{2}\cdot\underline{Z}_i - \underline{Z}_i}{\frac{1}{2}\cdot\underline{Z}_i + \underline{Z}_i}\right| = \left|\frac{-\frac{1}{2}\cdot\underline{Z}_i}{\frac{3}{2}\cdot\underline{Z}_i}\right| = \left|\frac{-1}{3}\right| = \frac{1}{3}$$

Der Reflexionsfaktor ist in beiden Fällen gleich.

Lernerfolgskontrolle zu Kapitel 2.2

1. Amplitude, Frequenz, Periodendauer, Phasenwinkel.
2. Es wird stets auf eine vorgegebene oder bekannte Referenzfunktion bezogen. In den meisten Fällen beginnt diese im Koordinatenursprung.
3. Die Werte sind jeweils der Kehrwert des anderen.
4. Der kleinste Wert ist Eins, weil dann die Impulsdauer τ genau der Periodendauer T entspricht.
5. Bei zeitquantisierten Signalen erfolgt die schrittweise Teilung der Zeitachse (x-Achse), während dies bei den wertequantisierten Signalen für die Werteachse (y-Achse) erfolgt.
6. Beide Signale weisen einen konstanten Zeittakt auf. Außerdem tritt nur eine definierte Zahl von Werten (2 bzw. 3) auf.
7. 3,16 MB/s = 3,16 Mbyte/s = (3,16 Mbyte · 8 bit/byte)/s = 25,28 Mbit/s
   Es handelt sich um die Angabe einer Bitrate.

8. Da mit steigender Bitrate die Bitdauer kleiner wird, sind bei zu großer Bitrate die einzelnen Bit auf der Empfangsseite nicht mehr unterscheidbar.

9. Eine beliebige Fourier-Reihe hat unendlich viele Glieder.

10.

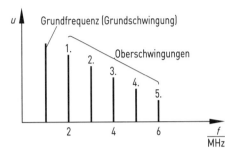

11. Das Abtasttheorem sagt aus, dass ein Signal mit einer Frequenz abgetastet werden muss, die mindestens doppelt so groß ist, wie die größte im Signal enthaltene Frequenz.

12. Die Grenzfrequenz des Anti-Aliasing-Filters muss 15 kHz betragen.

13. Beide Arten weisen einen Innenwiderstand auf.

14. Zweitorparameter sind Kenngrößen für Zweitore. Sie beziehen sich ausschließlich auf die am Eingang und Ausgang feststellbaren Größen. Wegen der verschiedenen Möglichkeiten der Zusammenschaltung sind verschiedene Zweitorparameter definiert.

15. Der Phasenwinkel ist ein Kennzeichen für die Laufzeit des Signals zwischen Eingang und Ausgang.

16. Die Bandbreite bei 6-dB-Grenzfrequenzen ist größer als die bei 3-dB-Grenzfrequenzen.

17. Bei der Mitkopplung ist das rückgekoppelte Signal zum Eingangssignal gleichphasig, während es bei Gegenkopplung gegenphasig ist.

18. Die Rauschspannung hängt ab von der Temperatur, der Bandbreite und dem Widerstandswert.

19. Wenn $a_F = 0$ dB sein soll, dann gilt $F = 1$. Dies bedeutet Rauschfreiheit, also gleiche Rauschleistung am Eingang und Ausgang.

20. Bei größerem Störabstand muss sich der Unterschied zwischen Nutzsignal und Störsignal vergrößern. Um dies zu erreichen, kann entweder das Nutzsignal größer und/oder das Störsignal kleiner werden.

21. Beim SNR gilt der Bezug auf das Nutzsignal, beim CNR gilt dies für das Trägersignal.

22. Beide beschreiben den Umfang nichtlinearer Verzerrungen, wobei das Klirrdämpfungsmaß die logarithmierte Angabe des Klirrfaktor-Kehrwertes ist.

23. Die Augenweite kann durch Reduzierung des Jitters vergrößert werden.

24. Reflexionen bewirken die Veränderung des ursprünglichen Signals.

434 Lösungen

25. Während Reflexionsfaktor und Rückflussdämpfung aus den Werten für U_v und U_r ermittelt werden, sind es beim Welligkeitsfaktor und Anpassungsfaktor die Werte für U_{min} und U_{max}.

26. Die Widerstandswerte für Rauschanpassung und Widerstandsanpassung sind meistens unterschiedlich, so dass dann ein Kompromiss erforderlich ist.

Übungen zu Kapitel 2.3

2.3–1
Bei der Schwingung treten nur zeitliche Änderungen physikalischer Größen auf, bei Wellen sind zusätzlich noch räumliche Änderungen der physikalischen Größen gegeben.

2.3–2
$$f = \frac{c_0}{\lambda} = \frac{3 \cdot 10^8 \frac{m}{s}}{49\, m}$$
$$f = 6{,}12\, MHz$$

2.3–3
Die Generatorschaltung ersetzt die abgestrahlte Energie, damit die Amplituden der elektromagnetischen Wellen konstant bleiben.

2.3–4
Es wird abwechselnd Energie des elektrischen und magnetischen Feldes abgestrahlt.

2.3–5
$$E = Z_0 \cdot H \rightarrow H = \frac{E}{Z_0} = \frac{180 \cdot 10^{-6} \frac{V}{m}}{376{,}68\, \Omega}$$
$$H = 0{,}48 \cdot \frac{\mu A}{m}$$

2.3–6
Es treten nur in φ- und ϑ-Richtung Feldstärkekomponenten auf, jedoch nicht in Ausbreitungsrichtung r. Die Komponenten stehen senkrecht zueinander und zur Ausbreitungsrichtung, außerdem nehmen sie mit dem Faktor $1/r$ ab.

2.3–7
$$E = \frac{1}{2 \cdot r} \cdot \sqrt{\frac{P_S \cdot Z_0}{\pi}} = \frac{1}{2 \cdot 100\, m} \cdot \sqrt{\frac{100\, W \cdot 376{,}68\, \Omega}{\pi}}$$
$$E = 547{,}5\, \frac{mV}{m}$$

2.3-8

$$S = E \cdot H \rightarrow S = (Z_0 \cdot H) \cdot H = Z_0 \cdot H^2 = 376{,}68 \, \Omega \cdot \left(1{,}5 \, \frac{A}{m}\right)^2$$

$$\underline{\underline{S = 847{,}53 \, \frac{W}{m^2}}}$$

2.3-9
Der Feldstärkewert gilt nur für eine bestimmte Entfernung. Er nimmt bezogen auf das Fernfeld mit $1/r$ ab.

2.3-10
Dieser Fall ist nicht möglich, da die Bodenwelle längs der Erdoberfläche verläuft und keine Reflexion an der Ionosphäre auftritt.

2.3-11
In der Toten Zone ist weder Bodenwelle noch reflektierte Raumwelle empfangbar.

2.3-12
In den Mittagsstunden im Sommer ist schlechter Empfang gegeben, während in den Abendstunden im Winter guter Empfang möglich ist.

2.3-13
Der erdumspannende Fernempfang wird durch Mehrfachreflexionen ermöglicht.

2.3-14
Die Reichweite kann vergrößert werden, wenn die Antennenhöhe beim Sender und/oder Empfänger zu größeren Werten hin verändert wird.

2.3-15
Bei konstanter Breite der Fresnel-Zone und geringerer Entfernung d ist eine größere Wellenlänge λ, also eine kleinere Frequenz, erforderlich.

Lernerfolgskontrolle zu Kapitel 2.3

1. Die elektromagnetischen Wellen pflanzen sich in der Luft mit Lichtgeschwindigkeit fort.

2. $\lambda = \dfrac{c_0}{f} = \dfrac{3 \cdot 10^8 \, \frac{m}{s}}{1 \cdot 10^6 \, Hz} = 300 \, m$

   $T = \dfrac{1}{f} = \dfrac{1}{1 \cdot 10^6 \, Hz} = 1 \, \mu s$

   Die Welle legt also in 1 µs genau 300 m zurück. Daraus folgt:

   $x = \dfrac{300 \, m}{1 \, \mu s} = \dfrac{300 \, m}{1 \cdot 10^{-6} \, s} = 300 \cdot 10^6 \, \dfrac{m}{s}$

   $\underline{\underline{x = 3 \cdot 10^8 \, \dfrac{m}{s}}}$

Die Welle legt also in einer Sekunde genau $3 \cdot 10^8$ m zurück.

3. $f_1 = 500$ kHz $\rightarrow f_2 = 2 \cdot f_1 = 1$ MHz

$$\lambda_1 = \frac{c_0}{f_1} \quad \rightarrow \quad \lambda_2 = \frac{c_0}{f_2} = \frac{c_0}{2 \cdot f_1} = \frac{1}{2} \cdot \frac{c_0}{f_1} = \frac{1}{2} \cdot \lambda_1$$

$$\underline{\underline{\lambda_2 = \frac{1}{2} \cdot \lambda_1}}$$

Die Wellenlänge halbiert sich, weil die Frequenz verdoppelt wird.

4. Mit einem offenen Schwingkreis ist es möglich, elektromagnetische Energie abzustrahlen.
5. Das elektromagnetische Feld ist durch die Verkettung zwischen elektrischem und magnetischem Feld gekennzeichnet.
6. Das elektromagnetische Feld besteht aus dem Nahfeld und dem Fernfeld. Der Übergang zwischen beiden Bereichen liegt bei $4 \cdot \lambda \ldots 10 \cdot \lambda$.
7. Die beiden Komponenten stehen senkrecht zueinander, die Phasenlage beträgt somit 90 Grad.
8. Es handelt sich um die Angabe der Strahlungsdichte (= Leistungsflussdichte). Dabei stehen am betrachteten Ort 10 µW Leistung pro Quadratmeter Fläche zur Verfügung.

9. $S = E \cdot H = (Z_0 \cdot H) \cdot H$
$\underline{\underline{S = Z_0 \cdot H^2}}$

10. Im Frequenzbereichszuweisungsplan ist festgelegt, welcher Funkdienst in welchem Frequenzbereich auf primärer oder sekundärer Basis zulässig ist.
11. Es können Dämpfung, Reflexion, Interferenz, Beugung und Streuung auftreten.
12. Die Empfangszonen sind durch die Reichweite der Bodenwelle und die Reflexionswinkel der Raumwelle bedingt.
13. Mit abnehmender Wellenlänge, also zunehmender Frequenz, verhalten sich die Wellen immer stärker quasioptisch.
14. Die Fresnel-Zone beschreibt den Raum zwischen Sender und Empfänger, der frei von Hindernissen sein muss, damit die Übertragung störungsfrei erfolgen kann.

Übungen zu Kapitel 2.4

2.4–1
Bei einer normalen Funksprechverbindung liegt Wechselbetrieb vor, da stets nur von einer Seite gesendet und von der anderen empfangen werden kann.

2.4–2
Bei Verteilung können alle an das Netz angeschlossenen Endgeräte auf die Information wahlfrei zugreifen, bei Vermittlung gibt es nur individuelle Verbindungen zwischen Endgeräten.

Lernerfolgskontrolle zu Kapitel 2.4

1. Der Mensch als Teilnehmer benötigt das Fernsehgerät, um das übertragene Bild wahrnehmen zu können.
2. Das Telefon arbeitet im Vollduplex-Betrieb, weil beide Teilnehmer gleichzeitig miteinander sprechen können.
3. Es wird im Simplex-Betrieb gearbeitet.
4. Es muss in jedem Fall während der Übertragung jedes Zeichens Synchronismus zwischen Sendung und Empfang gegeben sein.

Übungen zu Kapitel 2.5

2.5–1
Bei geringeren Dämpfungen auf den Übertragungswegen ist der Aufwand bei den Übertragungseinrichtungen reduzierbar.

2.5–2
Header mit Zieladressen werden nicht benötigt, weil zwischen den Endgeräten eine physikalische Verbindung besteht.

2.5–3
Beim Sternnetz ist jedes Endgerät einzeln mit dem Netzknoten verbunden, beim Busnetz sind alle Endgeräte mit dem Bus als gemeinsames Medium verbunden.

2.5–4
Es handelt sich bei SMS um eine optionale Eigenschaft.

Lernerfolgskontrolle zu Kapitel 2.5

1. Es bestehen bezüglich der grundsätzlichen Aufgabenstellung zwischen Leitungsnetzen und Funknetzen keine Unterschiede.
2. Es sollen m Eingänge wahlfrei mit n Ausgängen verbunden werden können.
3. Dienste werden als Kommunikation in Netzen erbracht.
4. Ein Overlay-Netz soll die Kapazität eines bestehenden Netzes erweitern.
5. Verteildienste werden dem Endgerät des Nutzers automatisch zugeführt, während bei Abrufdiensten die Aktivität des Nutzers für den Zugriff erforderlich ist.

Übungen zu Kapitel 2.6

2.6–1
Die Zahl der Schnittstellen ist von der Zahl der Komponenten abhängig, aus denen das System besteht.

2.6–2
Bei der parallelen Übertragung können mehr Bits pro Sekunde übertragen werden.

2.6–3
Bei rein nationalem Protokoll wäre ein internationaler Betrieb nicht gewährleistet.

Lernerfolgskontrolle zu Kapitel 2.6

1. Die bestimmungsgemäße Funktion des Kommunikationssystems ist nicht mehr gewährleistet, wenn eine Schnittstellenbedingung nicht erfüllt ist.
2. Für die funktionsfähige Zusammenschaltung ist die Normung/Standardisierung der Schnittstelle erforderlich.
3. Geräteschnittstellen definieren Kriterien für die leitungsgebundene Übertragung, bei Luftschnittstellen handelt es sich um Funkübertragungen.
4. Es deckt die vollständige Verbindung zwischen zwei Endgeräten ab.

Übungen zu Kapitel 2.7

2.7–1
In diesem Fall lässt sich die Nachrichtenmenge des Nachrichtenquaders nicht vollständig übertragen.

2.7–2
Die Kanalkapazität hängt von der Bandbreite und der Zahl der Werte des zu übertragenden Signals ab.

Lernerfolgskontrolle zu Kapitel 2.7

1. Aus dem Nachrichtenquader lassen sich die Bandbreite, der Störabstand und die Übertragungszeit ermitteln.
2. Durch Datenreduktion werden aus einem zu übertragenden Signal die redundanten und irrelevanten Anteile entfernt.
3. Ist ein größerer Störabstand zulässig, dann verringert sich die maximale Bitrate.
4. Von dem Wert für die Kanalkapazität ist unmittelbar die übertragbare Nachrichtenmenge abhängig.

Übungen zu Kapitel 2.8

2.8–1
Die Funktionen sind erforderlich, damit die Kommunikationsvorgänge ausreichend spezifiziert werden können.

2.8–2
Die Verschachtelung ergibt sich, weil jede Schicht jeweils für die nächsthöhere Schicht eine Dienstleistung bereitstellen muss.

2.8–3
Die Schichten 1 bis 4 sind für die Transportfunktion zuständig, während die Schichten 5 bis 7 die Kommunikationsanwendungen betreffen.

Lernerfolgskontrolle zu Kapitel 2.8

1. Es kann Hardware und Software beliebiger Hersteller verwendet werden, solange die Schnittstellenbedingungen der Schichten erfüllt sind.
2. Die jeweils nächste Schicht ist von der vorhergehenden Schicht abhängig, weil diese über die Schnittstelle eine Dienstleistung für die nächste Schicht erbringen muss.
3. Der Einsatz unterschiedlicher physikalischer Medien erfordert die Nutzung von Transitsystemen.

Übungen zu Kapitel 2.9

2.9–1
Die Anforderungen gelten primär für elektromagnetische Felder, weil sich diese durch geführte oder nicht geführte Ausbreitung elektromagnetischer Wellen ergeben.

2.9–2
Es handelt sich um die Störstrahlungsleistung oder die daraus abgeleitete Störfeldstärke.

2.9–3
Die Unterscheidung ist erforderlich, weil die Wirkungsmechanismen der Abschirmungen für das elektrische und magnetische Feld verschieden sind.

Lernerfolgskontrolle zu Kapitel 2.9

1. Durch technische Systeme können Einwirkungen auch hervorgerufen werden, während bei biologischen Systemen stets nur die Reaktion auf Einwirkungen möglich ist.
2. Die Störquelle sendet Störsignale aus, während auf die Störsenke Störsignale einwirken.
3. Es können thermische oder nicht-thermische Wirkungen auftreten.

Übungen zu Kapitel 3.1

3.1–1
Beide sind mit dem menschlichen Ohr nicht wahrnehmbar.

3.1–2
Ein größerer Schalldruck bewirkt eine stärkere Auslenkung der Membran und damit eine größere Spannung.

3.1–3
Zuerst wird der Übertragungsfaktor T_M ermittelt. Dazu lassen wir ein Schalldrucksignal p mit $f = 1$ kHz auf das Mikrofon einwirken, messen die am Ausgang auftretende Wechselspannung U und bilden den Quotienten U/p. Das Übertragungsmaß a_M errechnet sich dann aus der vorgegebenen Gleichung.

3.1–4
Übertragungsmaß, Übertragungsfunktion, Richtcharakteristik, Innenwiderstand, Übersteuerungsgrenze.

3.1–5
Für die bestimmungsgemäße Funktion des Kondensatormikrofons ist stets eine Hilfsspannung erforderlich.

3.1–6
Der Übertragungsfaktor T_L ist verwendbar, er gilt jedoch definitionsgemäß nur für 1 kHz.

3.1–7
Beide Lautsprecher sind für die Wiedergabe großer Frequenzen geeignet, beim elektrostatischen Lautsprecher wird für die Funktion allerdings eine Hilfsspannung benötigt.

Lernerfolgskontrolle zu Kapitel 3.1

1. Negative Schalldruckpegel können nur auftreten, wenn der Schalldruck kleiner als 20 µPa (Hörschwelle) ist. Ein derartiges Signal kann allerdings mit dem menschlichen Gehör nicht wahrgenommen werden.
2. Der Bezug auf dieselbe Frequenz ist erforderlich, da der Schalldruck für gleiche Lautstärkeempfindung frequenzabhängig ist.
3. Das Mikrofon mit keulenförmiger Richtcharakteristik ist für das Rednerpult am besten geeignet, weil damit Raumgeräusche am besten ausgeblendet werden.
4. Die wesentlichen Unterschiede sind die mechanische Empfindlichkeit, der Innenwiderstand und das Übertragungsmaß.
5. Im Gegensatz zum Lautsprecher soll der Hörer einen viel geringeren Schalldruck hervorrufen.
6. Die Nutzung als Hörer ist möglich, da bedingt durch den Aufbau die Funktion des Mikrofons reversibel ist.

Übungen zu Kapitel 3.2

3.2–1
Bei Aufnahme und Wiedergabe muss die gleiche Reihenfolge für die Bildelemente eingehalten werden, weil sich sonst kein zusammenhängendes Bild ergibt.

3.2–2
Der Dunkelstrom tritt am Ausgang einer Aufnahme-Komponente ohne Lichteinwirkung am Eingang auf.

3.2–3
Die Fotooptik wird benötigt, damit das Bild auf der Fotokatode scharf abgebildet werden kann.

3.2–4
Im verdeckten Speicherbereich wird das aus dem Bildbereich stammende Ladungsbild zwischengespeichert, damit es dann als elektrisches Videosignal ausgelesen werden kann.

3.2–5
Für die Strahlablenkung sollten magnetische Felder genutzt werden, um den großen Ablenkwinkel realisieren zu können.

Lösungen

Lernerfolgskontrolle zu Kapitel 3.2

1. Es wären dabei keine Details hinsichtlich Helligkeit und Farbe unterscheidbar.
2. Fotooptik, Fotokatode, Speicherplatte.
3. Beim Frame-Transfer wird das Bild gesamt in den verdeckten Speicherbereich geschoben, beim Interline-Transfer erfolgt dies stufenweise.
4. Die Fokussierung ist wegen der Bildschärfe erforderlich, weil durch sie sichergestellt wird, dass der Elektronenstrahl auf dem Bildschirm den kleinstmöglichen Durchmesser aufweist.
5. Plasma-Anzeigen arbeiten nicht mit Lichtventilen, sondern mit Gasentladungen bei den einzelnen Bildpunkten.
6. Die Bildauflösung ist das Produkt aus der Zahl der Bildelemente pro Zeile und der Zahl der Zeilen pro Bild.

Übungen zu Kapitel 3.3

3.3–1
Die Resonanzfrequenzen lassen sich aus der Ortskurve entnehmen. Es handelt sich um die Frequenzen, bei denen nur ein Wirkanteil vorliegt. Dabei sind die optimalen Voraussetzungen für Leistungsanpassung gegeben.

3.3–2

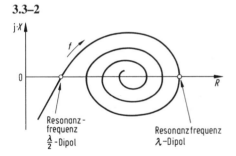

3.3–3
$G_i = G_d + 2{,}15 \text{ dB} = 14 \text{ dB} + 2{,}15 \text{ dB}$
$G_i = 16{,}15 \text{ dB}$

3.3–4
$8 \text{ dB} = \dfrac{E_{\text{Hauptrichtung}}}{E_{\text{Gegenrichtung}}} = 2{,}82$

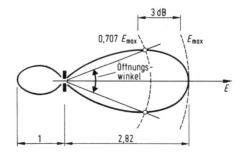

3.3–5
Bezogen auf die vorgesehene Hauptrichtung sind die Direktoren vor dem Dipol und die Reflektoren hinter dem Dipol angeordnet.

3.3–6
Die Rückführung auf den Dipol ist möglich, weil dieser einen symmetrischen Feldlinienverlauf aufweist.

3.3–7
Durch den Reflektor werden die Strahlen zum Brennpunkt des Paraboloiden reflektiert, wo sich das Speisesystem befindet.

Lernerfolgskontrolle zu Kapitel 3.3

1. Das Reziprozitätsgesetz besagt, dass die Funktion von Sende- und Empfangsantennen umkehrbar ist, also jede Antenne für beide Einsatzarten verwendet werden kann.
2. Die Aussage B ist richtig.
3. Schmalbandantennen sind Antennen, bei denen resonanzähnliche Betriebsbedingungen nur für einen kleinen Frequenzbereich gegeben sind.
4. Bei Bezug auf den Kugelstrahler ist der Antennengewinn nie kleiner als 0 dB, weil der Kugelstrahler den theoretischen Idealfall darstellt.
5. Die Antennen sind weiter verwendbar, wenn sie um 90 Grad gedreht neu montiert werden.
6. Während durch eine Richtantenne entweder nur der horizontale oder vertikale Öffnungswinkel gegenüber einem Dipol verringert wird, erfolgt dies beim Antennen-Array für beide Winkel gleichzeitig.
7. Die Richtung kann bestimmt werden, wenn die Antenne drehbar angeordnet ist.
8. Bei der zentralgespeisten Parabolantenne wird ein Paraboloid als Reflektor verwendet, bei der Offset-Parabolantenne ist es nur ein Ausschnitt davon.

Übungen zu Kapitel 3.4

3.4–1
Durch die Verdoppelung der Frequenz wird die Wellenlänge in der Leitung halbiert, da sie über den Verkürzungsfaktor k linear mit der Wellenlänge in der Luft verknüpft ist.

3.4–2
Der Wellenwiderstand ergibt sich aus den Leitungskonstanten R', L', G' und C', die Grenzfrequenz ist bedingt durch die Frequenzabhängigkeit dieser Beläge.

3.4–3
Die Verseilung führt zur Kompensation der induktiven und kapazitiven Verkopplung zwischen den Leiterpaaren.

Lösungen 443

3.4–4
Der Wellenwiderstand lässt sich durch folgende Maßnahmen vergrößern: ε_r reduzieren, Durchmesser des Innenleiters d verringern, Durchmesser des Außenleiters D vergrößern.

3.4–5
Hohlleiter sind Hochpässe, koaxiale Leitungen dagegen Tiefpässe.

3.4–6
$$a_{Ltg} = \alpha \cdot l = \frac{12 \text{ dB}}{100 \text{ m}} \cdot 32 \text{ m} = \underline{\underline{3,84 \text{ dB}}}$$

Das Signal ist am Leitungsende um 3,64 dB kleiner als am Leitungsanfang.

3.4–7
Frequenzverdoppelung bedeutet Halbierung der Wellenlänge. Für die neue Frequenz ist damit nicht mehr eine $\lambda/4$-Leitung gegeben, sondern eine $\lambda/2$-Leitung. Deshalb weist nun der Eingangswiderstand denselben Wert wie der Abschlusswiderstand auf.

Lernerfolgskontrolle zu Kapitel 3.4

1. Die Länge ist stets groß gegenüber dem Durchmesser.
2. Der Wellenwiderstand ist nur dann frequenzunabhängig, wenn vom verlustfreien Fall ausgegangen werden kann.
3. Bei Veränderung der Lage des Innenleiters zum Außenleiter gilt dies auch für den Wellenwiderstand.
4. Das Koaxialkabel kann nur bis 2 GHz übertragen, während der Hohlleiter erst ab 2 GHz überträgt.
5. Es gilt $\underline{r} = 0$, da bei Anpassung keine rücklaufende Welle auftritt.
6. Die $\lambda/2$-Stichleitung ist als Oberwellenfilter nutzbar, wenn am Ende Leerlauf vorliegt.

Übungen zu Kapitel 3.5

3.5–1
Wenn der Akzeptanzwinkel überschritten wird, dann ist keine Totalreflexion am Mantel möglich und das Signal wird nicht durch den Kern geführt verbreitet.

3.5–2
Der Empfangsimpuls würde durch Reduzierung der Modendispersion schmaler werden.

3.5–3
Bedingt durch das konstante Bandbreiten-Längen-Produkt ist bei Verdreifachung der Bitrate nur noch ein Drittel der ursprünglichen LWL-Länge ohne Regenerator überbrückbar.

3.5–4
Je kleiner der Durchmesser ist, desto weniger Moden können sich ausbreiten.

Lernerfolgskontrolle zu Kapitel 3.5

1. Der Akzeptanzwinkel kann durch Änderung des Materials für Kern und/oder Mantel beeinflusst werden, weil dadurch andere Brechzahlen auftreten.
2. Es ist die materialabhängige Dämpfung und die durch die Güte der Verbindungsstellen bedingte Dämpfung zu unterscheiden.
3. Je größer die materialabhängige Dämpfung ist, desto kleiner wird das Bandbreiten-Längen-Produkt.
4. Der Ausgangsimpuls ist kaum verändert, da beim Monomode-Stufenprofil-LWL keine Modendispersion auftritt.

Übungen zu Kapitel 3.6

3.6–1
Die Umsetzerkennlinie zeigt die Zuordnung zwischen dem analogen Eingangssignal und dem digitalen Ausgangssignal und informiert über die Auflösung.

3.6–2
Die Ladezeiten sind für alle Fälle konstant, während die Entladezeiten vom jeweiligen Abtastwert der Eingangsspannung abhängen, weil diese die Aufladung des Kondensators bestimmen.

3.6–3
Bei doppelter Taktfrequenz kann der DAU theoretisch die doppelte Zahl Datenworte verarbeiten.

3.6–4
Beide Umsetzer verwenden Integrierstufen.

Lernerfolgskontrolle zu Kapitel 3.6

1. Der 16-bit-ADU weist gegenüber dem 8-bit-ADU eine wesentlich höhere Auflösung auf, da die Umsetzerkennlinie 2^{16} Stufen aufweist, während es beim 8-bit-ADU nur 2^8 Stufen sind.
2. Beim Parallelumsetzer stehen die Referenzspannungen für alle Stufungen gleichzeitig zur Verfügung, beim Stufenumsetzer ist für jede Stufung ein Schaltvorgang erforderlich.
3. Das analoge Eingangs- und Ausgangssignal ist gleich, weil die Wandlung durch den ADU vom DAU theoretisch wieder vollständig rückgängig gemacht wird.
4. Der DAU für 10-bit-Datenworte liefert das genauere Analogsignal, weil bei ihm eine feinere Stufung der Umsetzerkennlinie gegeben ist.

Übungen zu Kapitel 4.1

4.1–1
Durch Demodulation soll aus einem modulierten Signal das ursprüngliche Basisbandsignal (Modulationssignal) wiedergewonnen werden.

4.1–2
Alle drei Modulationsarten verwenden ein sinusförmiges Trägersignal, bei dem jeweils ein Parameter variiert wird.

4.1–3

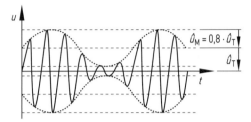

4.1–4
Bei der Regellage entsprechen kleine bzw. große Frequenzen im AM-Signal kleinen bzw. großen Frequenzen im Modulationssignal. Bei der Kehrlage sind diese Verhältnisse genau umgekehrt.

4.1–5
Die mittlere Leistung ist unmittelbar von der Periodendauer T_M abhängig. Je kürzer die Periode (d. h. je größer die Frequenz) des Modulationssignals, desto kleiner die mittlere Leistung und umgekehrt.

4.1–6
ESB-AM, RSB-AM, ZSB-AM

4.1–7
Es besteht eine unmittelbare Abhängigkeit, weil die Zeitkonstante $\tau = RC$ auf jeden Fall größer sein muss als die Periode des Trägersignals. Diese verhält sich allerdings bekanntlich umgekehrt proportional zur Trägerfrequenz.

4.1–8
Der Frequenzhub wird größer und damit auch die Abweichung von der Trägerfrequenz.

4.1–9
Die Amplitude bestimmt den Frequenzhub, während die Frequenz die Zeit bestimmt, in welcher der Frequenzhub durchlaufen wird.

4.1–10
Steuerung der Resonanzfrequenz eines Schwingkreises durch das Modulationssignal.

4.1–11
Die Grenzfrequenz muss mindestens der größten Frequenz des Modulationssignals entsprechen.

4.1–12
Die Lage des Zeigers wird durch den Phasenhub bestimmt, der dem Modulationssignal proportional ist.

4.1–13
Im Gegensatz zu AM, FM und PM treten bei der digitalen Modulation nur diskrete Werte beim jeweiligen Parameter des Trägersignals auf.

4.1–14

Die Frequenzen müssen so gewählt werden, dass sie bei der Demodulation noch eindeutig unterscheidbar sind.

4.1–15

Bei höherwertigen Phasenumtastungen werden mehr als zwei Phasenzustände übertragen, so dass eine größere Bandbreiteneffizienz erreichbar ist.

4.1–16

Bei QAM und PSK treten Zeiger mit unterschiedlichen Phasenlagen auf.

4.1–17

Die Trägersignale sind unterschiedlich, das Prinzip der Modulation ist jedoch gleich. Mit Ausnahme der Pulsdauer werden in beiden Fällen dieselben Parameter des Trägers beeinflusst.

4.1–18

Bei unipolarer PAM treten nur positive Spannungswerte auf, bei der bipolaren PAM sind es positive und negative Werte.

4.1–19

Das Betrachtungsintervall ist erforderlich, weil für die Angabe der Phasenlage ein Bezugswert benötigt wird.

4.1–20

Die Länge des Codewortes hängt von der Zahl der Quantisierungsintervalle ab.

4.1–21

Der Vorteil ist die größere Störsicherheit.

4.1–22

Das Differenzsignal ergibt sich aus dem aktuellen Signalwert und dem vorhergesagten Schätzwert.

Lernerfolgskontrolle zu Kapitel 4.1

1. Die Parameter des Modulationssignals werden bei der Modulation nicht verändert.
2. Gemäß der Gleichung für den Modulationsgrad ist $\hat{u}_M = 0$ erforderlich.
3. Die Auslegung auf den Maximalwert der Trägerspannung ist nicht vertretbar, weil der Maximalwert des AM-Signals $2 \cdot \hat{u}_T$ beträgt.
4. Der Bandpass unterdrückt alle für das AM-Signal nicht relevanten Anteile, die sich durch die nichtlineare Kennlinie des Modulators ergeben.
5. $P_{SB} = P_{USB} = P_{OSB} = \dfrac{m^2}{4} \cdot P_T = \dfrac{\left(\frac{1}{2}\right)^2}{4} \cdot P_T = \dfrac{1}{16} \cdot P_T$

   $P_{AM} = P_T + \dfrac{1}{16} \cdot P_T + \dfrac{1}{16} \cdot P_T$

6.

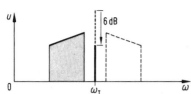

7. Die Trägersignale haben gleiche Frequenz, weisen jedoch eine Phasenverschiebung von 90 Grad zueinander auf.

8. Nur durch die Gleichheit der Frequenzen erfolgt die exakte Verschiebung des modulierten Signals in die Basisbandlage.

9. Die Amplitude des Modulationssignals bestimmt unmittelbar den Frequenzhub, der dem Modulationsindex proportional ist. Die im FM-Signal auftretenden Werte der Bessel-Funktionen sind vom Modulationsindex abhängig. Die Amplitude ist also über den Frequenzhub und den Modulationsindex mit dem FM-Signal verknüpft.

10. Da FM-Signale im Gegensatz zu AM-Signalen konstante Amplituden aufweisen, sind unterschiedliche Leistungsangaben nicht möglich.

11. Es ist genau wie beim Flankendiskriminator Amplitudenbegrenzung erforderlich, damit bei der Übertragung als AM wirksame Störungen die Demodulation nicht beeinträchtigen.

12. Beim Phasendiskriminator bildet die Differenz der Spannungen hinter den Dioden das Ausgangssignal, beim Verhältnisdiskriminator hängt es dagegen von der Brückenschaltung hinter den Dioden ab.

13. Die Vorgabe ist mit der Zeitfunktion erfüllbar, weil aus dieser Amplitude, Frequenz und Phase ersichtlich ist.

14. Bei der PSK ist für jede Phasenlage dieselbe Amplitude gegeben.

15. Die 4-PSK hat gegenüber der 16-PSK eine kleinere Übertragungskapazität, da sie nur vier Phasenzustände aufweist, während es bei der 16-PSK sechzehn sind.

16. Die 4-QAM und die 4-PSK weisen gleiche Konstellationsdiagramme auf.

17. Bei der 16-QAM sind die Entscheidungsbereiche für eindeutige Zeichenerkennung größer als bei der 16-PSK.

18. Die Umwandlung kann durch Verschiebung des bipolaren PAM-Signals in positiver Richtung mit Hilfe einer Gleichspannung erfolgen.

19. Bei einem PFM-Signal bleiben die Pulsamplitude, die Pulsphase und die Pulsdauer des Trägersignals unverändert.

20. In beiden Fällen sind konstante Betrachtungsintervalle erforderlich.

21. Beim normalen PAM-Signal sind die Pulsabstände konstant, bei Umwandlung von PDM auf PAM sind sie unterschiedlich.

22. Bei der PCM wird jeder quantisierte Wert durch ein Codewort repräsentiert, bei der DM werden dagegen nur die Änderungen zwischen den Codeworten übertragen.

Übungen zu Kapitel 4.2

4.2–1
Der Decoder soll codierte Zeichen wieder in die ursprünglichen Zeichen umsetzen.

4.2–2
Die Redundanz entfällt, wenn bei einer Codierung alle realisierbaren Codeworte genutzt werden.

4.2–3
Beim NRZ-Format weist der Pegel für die Gesamtdauer der Eins-Bits stets gleiche Polarität auf, beim NRZ-AMI-Format wechselt bei jedem Eins-Bit die Polarität.

Lernerfolgskontrolle zu Kapitel 4.2

1. Die Länge der codierten Zeichen bestimmt sich aus der Zahl der zu codierenden Zeichen.
2. Der Decoder muss für den vom Coder verwendeten Code ausgelegt sein.
3. Während es sich bei dem ASCII-Code um einen alphanumerischen Code handelt, ist der BCD-Code nur auf Ziffern bezogen.
4. Die einwandfreie Taktsignalrückgewinnung ist für die eindeutige Erkennung der Bits auf der Empfangsseite erforderlich.

Übungen zu Kapitel 4.3

4.3–1
Wegen des begrenzten Auflösungsvermögens ist es nicht erforderlich, jede Feinheit des Signals zu übertragen, was zu einer entsprechend geringeren Bitrate führt.

4.3–2
Das quellencodierte Signal ist das Signal der Quelle nach der Datenreduktion.

4.3–3
Die Verwendung von Teilbändern ist wegen des begrenzten frequenzmäßigen Auflösungsvermögens des menschlichen Ohres möglich.

4.3–4
Die Unterschiede betreffen die jeweils erreichte Bitrate.

4.3–5
Bei der räumlichen Redundanz werden Bildelemente im selben Bild betrachtet, bei der zeitlichen Redundanz dagegen in aufeinanderfolgenden Bildern.

4.3–6
Der Bewegungsvektor gibt an, wie weit und in welche Richtung sich ein Objekt von einem Bild zum nächsten Bild bewegt.

Lernerfolgskontrolle zu Kapitel 4.3

1. Durch die Datenreduktion soll die Bitrate des zu übertragenden Signals reduziert werden, jedoch ohne den Informationsgehalt zu ändern.

2. Der Verdeckungseffekt bedeutet, dass laute Töne frequenzmäßig benachbarte leise Töne verdecken. Weil diese dadurch nicht mehr wahrgenommen werden, ist die Übertragung ihrer Pegelwerte nicht erforderlich.

3. Durch Irrelevanzreduktion sollen dem Quellensignal alle Anteile entzogen werden, die mit der zu übertragenden Information in keinem Zusammenhang stehen.

4. Die beiden Grenzfälle liegen vor, wenn entweder alle Stellen der beiden Rahmen gleich oder unterschiedlich sind.

5. Die Mithörschwellen geben bezogen auf Frequenz und Pegel an, welcher Verdeckungseffekt auftritt.

6. P-Bilder ergeben sich durch unidirektionale Prädiktion, während es sich bei B-Bildern um bidirektionale Prädiktion handelt.

Übungen zu Kapitel 4.4

4.4–1
FEC ist eine Vorwärtsfehlerkorrektur, es gibt keine Anforderungen für wiederholte Übertragung von Zeichen, Rahmen oder Symbolen und deshalb auch keine Notwendigkeit für einen Rückkanal.

4.4–2
Bündelfehler (Burstfehler) bestehen aus mehreren Einzelfehlern (Bitfehlern).

4.4–3
Die Ausgangsrahmenbreite kennzeichnet die Menge der auf einmal ausgelesenen Bits.

4.4–4
Im Gegensatz zur Faltungscodierung werden beim Interleaving keine Fehlerschutzbits verwendet.

Lernerfolgskontrolle zu Kapitel 4.4

1. Bei der Blockcodierung werden die Bit des Nutzsignals durch redundante Fehlerschutzbit ergänzt.

2. Wenn für die Coderate $R = 1$ gilt, dann ist kein Fehlerschutz vorhanden, weil die Netto-Bitrate und die Brutto-Bitrate gleiche Werte aufweisen.

3. Die Verzögerung ergibt sich, weil erst alle Bits des Blocks in einem Pufferspeicher eingelesen werden müssen, damit die ursprüngliche Bitfolge wieder hergestellt werden kann.

Übungen zu Kapitel 4.5

4.5–1
Der Demultiplexer gewinnt aus dem Multiplexsignal die dem Multiplexer eingespeisten Signale wieder zurück.

4.5–2
Die zyklische Abtastung ist erforderlich, damit die Bedingung des Abtasttheorems erfüllt wird.

4.5–3
Für die Übertragung steht der Frequenzbereich 0 Hz … 30 kHz zur Verfügung. Unter Berücksichtigung der vorgegebenen Schutzabstände umfasst jedes einzelne Signal den Frequenzbereich 0 Hz … 4 kHz, was als Bandbreite 4 kHz ergibt. Es sind deshalb sieben Telefongespräche übertragbar.

4.5–4
Die Änderung der Trägerfrequenz würde eine unzulässige Lage des Signals im Frequenzbereich bewirken und damit Störungen hervorrufen, weil die Signalhierarchie nicht mehr eingehalten wird.

4.5–5
Die Zahl der übertragbaren Signale darf nur so groß sein, dass noch keine gegenseitigen Störungen auftreten.

4.5–6
Die Kapazitätssteigerung ist durch größere Bandbreite des Systems und/oder geringere Bandbreite der Kanäle erreichbar.

Lernerfolgskontrolle zu Kapitel 4.5

1. Bei Multiplexverfahren wird die Übertragungskapazität eines Übertragungskanals für die gleichzeitige Übertragung mehrerer Signale genutzt.
2. Analoge Signale können mit Zeitmultiplex-Systemen nur über den Umweg der Abtastung übertragen werden.
3. Die Übertragung erfolgt gleichzeitig, weil die Signale im Frequenzbereich gestaffelt sind.
4. Der Multiplexer muss die richtige Zuordnung der Signale zu den räumlich gestaffelten Übertragungskanälen durchführen.
5. Die Antenne muss für die jeweilige Polarisationsrichtung ausgelegt sein.

Übung zu Kapitel 4.6

4.6–1
Durch die Verwürfelung wird die Reihenfolge der zu übertragenden Bitfolge nach einem vorgegebenen Algorithmus verändert. Damit ist nur der Zugriff von autorisierten Teilnehmern möglich.

4.6–2
Die EMM ist ein nutzerspezifisches Signal, während es sich bei der ECM um ein inhaltespezifisches Signal handelt.

Lernerfolgskontrolle zu Kapitel 4.6

1. Bei Sternnetzen ist wegen der individuellen Anschlussleitung bereits jeder Nutzer eindeutig adressiert.

2. Die Smart Card dient zur Identifizierung des Nutzers.

3. Das Schlüsselwort wird zusammen mit dem verschlüsselten Signal vom Sender übertragen.

Übungen zu Kapitel 4.7

4.7–1
Die gleichzeitige Übertragung analoger und digitaler Signale ist möglich, wenn bei den analogen Signalen ADU (auf der Sendeseite) und DAU (auf der Empfangsseite) verwendet werden.

4.7–2
Es kann entweder durch geeignete Maßnahmen die Zahl der fehlerhaft empfangenen Bits reduziert und/oder die Gesamtzahl der empfangenen Bits erhöht werden.

4.7–3
Die Echtzeitübertragung stellt eine zeitversetzte Übertragung mit dem Zeitversatz $\Delta t = 0$ dar.

Lernerfolgskontrolle zu Kapitel 4.7

1. Bei Verschlüsselung vor dem Multiplexer erfolgt dies individuell für jedes Einzelsignal, während die Verschlüsselung nach dem Multiplexer für das komplette Multiplexsignal gilt.

2. Die Zahl der fehlerhaft empfangenen Bits und die Gesamtzahl der empfangenen Bits müssen sich auf dieselbe Zeitspanne beziehen.

3. BER = 10^{-5} bedeutet, dass ein Bit von 100 000 (= 10^5) Bits fehlerhaft sein darf, bei BER = 10^{-8} gilt dies für 10 000 000 (= 10^8) Bits. Die Forderung 10^{-5} ist deshalb einfacher zu erfüllen.

4. Der Inhalt bleibt durch den Frequenzversatz unverändert.

5. Es sind Übergänge zwischen beiden Leitungsarten durch Wandler erforderlich.

Übungen zu Kapitel 4.8

4.8–1
Die Signalspeicherung ist zwischen der Übertragung und der weiteren Verarbeitung des Signals angesiedelt.

4.8–2
Bei der Aufnahme wird die Kraftwirkung des magnetischen Feldes auf die Elementarmagnete genutzt, bei der Wiedergabe handelt es sich um die von den Elementarmagneten hervorgerufene Induktionswirkung.

4.8–3
Beim Band wird ein fester Magnetkopf verwendet, während er bei der Platte beweglich angeordnet ist.

4.8–4
Die andere Reflexion ergibt sich, weil sich zwischen Pits und der sonstigen Oberfläche die Fokussierung unterscheidet.

4.8–5
Ohne Fehlerschutz wäre die störungsfreie Wiedergabe nicht mehr garantiert.

4.8–6
Beim elektrischen Speicher wird für jedes Bit eine eigene Kippstufe als Speicherzelle verwendet.

Lernerfolgskontrolle zu Kapitel 4.8

1. Es müssen die Signaleingabe und die Signalausgabe gewährleistet sein.
2. Es müssen folgende drei Bedingungen erfüllt sein: Der Kern muss aus magnetisch leitfähigem Material bestehen, der Kern muss einen Luftspalt aufweisen und auf dem Kern muss eine Spule aufgebracht sein.
3. Bei Erhöhung der Bandgeschwindigkeit steigt auch die größte aufzeichenbare Frequenz an.
4. Die Drehzahl muss sich von außen nach innen und umgekehrt ändern, damit sich die gewünschte konstante Abtastgeschwindigkeit ergibt.
5. Jede CD stellt einen transparenten Datenspeicher dar.
6. Es gibt keine Unterschiede bei der Eingabe von Bitfolgen, sondern erst nach Abschaltung der Betriebsspannung, bezogen auf den Speicherinhalt.

Übungen zu Kapitel 5.1

5.1–1
Die Rufnummern müssen alle unterschiedlich sein, damit jeder Teilnehmer gezielt erreichbar ist.

5.1–2
Die Kopfteile sind für die Steuerung der Übertragung der Nutzinformationen im Netz erforderlich.

5.1–3
Konzentrieren und Expandieren ist möglich, weil in der Praxis nicht alle Teilnehmer gleichzeitig Verbindungen aufbauen wollen.

5.1–4
Die Änderung des Klangbildes lässt sich aus der Begrenzung des Telefonsignals auf den Bereich 0,3 ... 3,4 kHz erklären.

5.1–5
Die Leitungsnachbildung soll das Gleichgewicht in dem Brückenzweig bewirken, an welchen die Leitung angeschlossen ist. Dadurch gelangt keine Energie der eigenen Sprechkapsel mehr an die Hörkapsel und bewirkt so die gewünschte Rückhördämpfung.

5.1–6
Mit Hilfe der Nummernscheibe werden die für eine selbsttätige Wahl erforderlichen Impulse erzeugt.

5.1–7
An jede Vermittlungsstelle kann stets nur eine begrenzte Zahl von Teilnehmern angeschlossen werden.

5.1–8
Bei der TVSt sind die Teilnehmer angeschlossen, während es bei der DVSt andere Vermittlungsstellen sind.

5.1–9
Die Teilnehmer sind an das Ortsnetz angeschlossen.

5.1–10
ADU bzw. DAU sind erforderlich, damit der Teilnehmer sein bisheriges analoges Telefon weiterhin benutzen kann.

5.1–11
Nur durch die Rufnummern ist jeder Teilnehmeranschluss eindeutig identifizierbar.

5.1–12
Durch die Leseeinrichtung wird die Bildvorlage in elektrische Signale umgesetzt.

5.1–13
Es gibt keinen Unterschied zwischen beiden Kanälen, sie sind gleichwertig.

5.1–14
Für alle ISDN-Anwendungen ist die S_0-Schnittstelle bzw. der S_0-Bus erforderlich.

5.1–15
In beiden Fällen gelangt der Anruf zu einem anderen Anschluss.

5.1–16
Der ZZK hat die Aufgabe, alle Signale für die Signalisierung und Steuerung von Verbindungen im ISDN separat von den Nutzsignalen zu übertragen.

Lernerfolgskontrolle zu Kapitel 5.1

1. Es müssen bei Verteilnetzen Adressen für die Teilnehmer verfügbar sein, wenn die Verteilung nicht ständig an alle Teilnehmer erfolgen soll, sondern nur an einzelne Gruppen.
2. Es gibt die verbindungsorientierte und die verbindungslose Übermittlung.
3. Bei der verbindungsorientierten Übermittlung wird mit Leitungsvermittlung gearbeitet, bei der verbindungslosen Übermittlung ist es Speichervermittlung.
4. Ein Konzentrator bildet aus den ankommenden Leitungen Bündel, so dass nicht gleichzeitig jede ankommende Leitung eine abgehende Leitung erreichen kann.
5. Die Vermittlungsebene benötigt die Übertragungsebene, um Verbindungen zwischen zwei Netzzugangspunkten herstellen zu können.
6. Der Zweidrahtverstärker ermöglicht bei einer zweiadrigen Leitungsverbindung die Verstärkung der Signale beim Vollduplexbetrieb.
7. Beim IWV wurde jede Ziffer durch Gleichstromimpulse repräsentiert, während es beim MFV je Ziffer zwei Tonfrequenzsignale sind.
8. Bei der analogen Vermittlungsstelle werden elektromechanische Koppelfelder verwendet, während es sich bei der digitalen Vermittlungsstelle um elektronische Koppelfelder handelt.
9. Durch die Verkehrslenkung wird der jeweils günstigste Weg zwischen den Vermittlungsstellen im TK-Netz für eine Verbindung realisiert.

10. Die Modems sind zur Aufbereitung der digitalen Signale für die Übertragung im analogen Netz erforderlich.
11. Die TAE ist nur für analoge Endgeräte geeignet, während an die IAE ISDN-fähige Endgeräte angeschlossen werden.
12. Beim ISDN-Basisanschluss können gleichzeitig zwei Dienste abgewickelt werden.
13. Beim Leistungsmerkmal „Anklopfen" muss bereits eine Verbindung bestehen.
14. Mit dem MSN können die Endgeräte am S_0-Bus direkt angewählt werden.
15. Mit der Netzabschlusseinheit NTBA sind nur zwei Nutzkanäle realisierbar, bei der Netzabschlusseinheit NTPM handelt es sich um 30 Nutzkanäle.
16. Das ISDN basiert auf der Nutzung von Kanälen mit einer Bitrate von 64 kbit/s.
17. Durch DSL wird das Telefonsignal nicht beeinflusst.
18. Die Symmetrie und Asymmetrie beziehen sich auf die Bitraten im Hin- und Rückkanal.

Übungen zu Kapitel 5.2

5.2–1
Der Rasterabstand muss der Bandbreite des MW-Signals entsprechend 9 kHz betragen.

5.2–2
Das modulierte Signal muss linear verstärkt werden.

5.2–3
Die Erzeugung der Sendefrequenz kann direkt, durch Frequenzvervielfachung oder Frequenzteilung erfolgen.

5.2–4
Bei den Abstimmeinrichtungen gibt es keine Unterschiede.

5.2–5
Durch die AVR soll unabhängig von der Feldstärke der Sender am Empfangsort konstante Lautstärke für alle Sender erreicht werden.

5.2–6
Durch die Verdopplung der Pilotfrequenz wird das Trägersignal für die Demodulation des Differenzsignals gewonnen.

5.2–7
Das Trägersignal wird durch Verdoppelung der Pilotfrequenzen gewonnen.

5.2–8
Das RDS-Signal kann das FM-Signal nicht beeinflussen, da beide Signale unterschiedliche Frequenzen nutzen.

5.2–9
Beim TMC werden die im Empfänger gespeicherten Standardtexte mit den übertragenen aktuellen variablen Informationen verschachtelt.

Lösungen 455

5.2–10
Das Grundkonzept des MUSICAM-Verfahrens ist die Teilbandcodierung.

5.2–11
Der FIC ist für die Rückgewinnung der Programme und Dienste im Empfänger erforderlich.

5.2–12
Intersymbol-Interferenzen können auftreten, wenn durch Reflexionen bedingte Anteile des vorhergehenden Symbols zum Empfänger gelangen und bei diesem bereits das nächste Symbol per Direktempfang ansteht.

5.2–13
Bei einem SFN haben alle Sender dieselbe Sendefrequenz.

5.2–14
Die Übertragungskapazität verdoppelt sich.

5.2–15
Bei HE AAC wird zusätzlich SBR verwendet.

5.2–16
Die Zahl der Bildelemente pro Sekunde bestimmt sich aus der Zeilenzahl pro Bild und dem Bildformat.

5.2–17
Die Abtastung mehrerer Bilder pro Sekunde ist erforderlich, weil sich bei bewegten Bildern die Helligkeits- und Farbwerte der einzelnen BE ständig ändern können.

5.2–18
Bei der Negativmodulation werden helle Bildanteile durch kleine Amplituden repräsentiert, während es bei dunklen Bildanteilen große Amplituden sind.

5.2–19
Die beiden Synchronsignale unterscheiden sich in ihrer Dauer, außerdem besteht das H-Sync aus nur einem Impuls, während es sich beim B-Sync um fünfzehn Impulse handelt.

5.2–20
Durch additive Farbmischung können aus den drei Grundfarben alle vom Auge wahrnehmbaren Farben erzeugt werden.

5.2–21
Der Bildsender ist ein AM-Sender, während es sich beim Tonsender um einen FM-Sender handelt.

5.2–22
Beide Signale haben gleiche Frequenz. Während das Farbträgersignal als Trägersignal für die Modulation mit dem Chrominanzsignal dient, wird der Burst für die Synchronisation des Farbträger-Oszillators im Empfänger benötigt.

5.2–23
Die Steuerung ist möglich, weil der Burst bei jedem Zeilensynchronsignal auftritt.

5.2–24
Durch das Karussell-Prinzip wird der wahlfreie Zugriff auf die Videotext-Seiten durch die Teilnehmer gewährleistet.

5.2–25
Der Programm-Multiplexer bildet aus den Video-, Audio- und Datensignalen eines Programms ein Multiplexsignal.

5.2–26
HP @ HL

5.2–27
Bei „576i" wird mit 576 Zeilen pro Bild und Halbbildübertragung gearbeitet, bei „720p" sind es 720 Zeilen pro Bild und Vollbildübertragung.

5.2–28
Es gelten für beide die Netto-Bitrate, die Brutto-Bandbreitenausnutzung und der Mindestwert für CNR.

5.2–29
Die Kanal-Modelle unterscheiden sich nach Art der Empfangsantenne und Art des Empfangs.

5.2–30
Die Entschlüsselung kann im Gerät („embedded") erfolgen oder auf dem externen CAM, welches beim CI steckbar ist.

5.2–31
Die kleinere Bitrate ergibt sich wegen der geringeren Bildauflösung beim Handheld.

5.2–32
Jeder Dienst wird beim Zeitscheibenverfahren in definierten Zeitintervallen mit voller Bitrate des Kanals übertragen.

Lernerfolgskontrolle zu Kapitel 5.2

1. Die Differenz zwischen der größten MW-Frequenz (1606,5 kHz) und der kleinsten MW-Frequenz (526,5 kHz) beträgt 1080 kHz. In diesem Bereich haben 120 Sender mit 9 kHz Bandbreite Platz.
2. Es handelt sich um ein aktives Zweitor, bei dem das Modulationssignal das FM-Signal als Ausgangssignal bestimmt.
3. Bei der Vorstufenmodulation erfolgt der Modulationsvorgang im Kleinleistungsbereich.
4. Beim Super wird das Empfangssignal vor der Demodulation auf eine konstante Zwischenfrequenz umgesetzt.

Lösungen

5. Der Empfänger mit 2 μV Empfindlichkeit ist hochwertiger, da er bei einer kleineren Eingangsspannung bereits das gewünschte Ausgangssignal liefert.

6. Durch die Vertauschung wäre die Kompatibilität nicht mehr gegeben, weil sich dann das L–R in der natürlichen Lage befinden würde, was für einen Mono-Empfänger nicht ausreicht.

7. AF ist für den stationären Empfang uninteressant, weil Frequenzwechsel nicht erforderlich sind.

8. Der Transport-Multiplex besteht aus dem SC, dem FIC und dem MSC, wobei der MSC die Nutzinformationen der Programme und Datendienste enthält.

9. Das Schutzintervall soll Intersymbol-Interferenz verhindern.

10. Das VHF-Band III umfasst acht Kanäle. Da in jedem Kanal vier DAB-Frequenzblöcke möglich sind, stehen im VHF-Band III theoretisch 32 DAB-Frequenzblöcke zur Verfügung.

11. Der Empfänger kann auch MUSICAM-codierte Programme verarbeiten.

12. Die Abtastdauer ergibt sich als Kehrwert der Zahl der BE pro Sekunde

$$t_{BE} = \frac{1}{13 \cdot 10^6 \frac{BE}{s}} = 0{,}0769 \cdot 10^{-6} \frac{s}{BE}$$

Für die Abtastung eines BE stehen etwa 77 ns zur Verfügung.

13. Die S-Signale werden während der A-Signale in das Gesamtsignal eingefügt.

14. Es ist die Angabe der Farbart möglich.

15. Das F-Signal setzt sich aus den Farbdifferenzsignalen $U_R - U_Y$ und $U_B - U_Y$ zusammen.

16. Mit Hilfe der RSB-AM können auch Gleichanteile des Bildsignals übertragen werden.

17. Der Burst ermöglicht die frequenz- und phasenrichtige Synchronisierung des Farbträger-Oszillators im Empfänger.

18. Bei Ausfall der Verzögerung gelangen das Y-Signal und die Farbdifferenzsignale nicht mehr gleichzeitig zur Matrix, mit der die Rückgewinnung der Grundfarben erfolgt.

19. Es wird mit dem vierfachen Wert der Farbträgerfrequenz gearbeitet, also 17,73 MHz.

20. Theoretisch gibt es keine Begrenzung, jedoch werden bei großen Seitenzahlen die Wartezeiten für die einzelnen Seiten entsprechend groß.

21. Die Skalierbarkeit ist durch entsprechende Profile/Level-Kombinationen gekennzeichnet.

22. Jede Applikation erfordert eine bestimmte Bitrate im Transportstrom. Je mehr Applikationen vorgesehen sind, desto weniger Programme können übertragen werden und umgekehrt.

23. Ein unmittelbarer Vergleich ist nicht zulässig, weil sich die Angaben auf verschiedene Bildformate beziehen.

24. QPSK könnte im Prinzip auch für DVB-C verwendet werden. Wegen der geringeren Bandbreitenausnutzung würde jedoch die Netto-Bitrate kleiner als bei QAM sein.

25. Die Schnittstelle API wird benötigt, damit für alle Applikationen eine definierte Software-Plattform zur Verfügung steht, weil die Betriebssysteme von DVB-Empfangseinrichtungen nicht standardisiert sind.

26. In allen drei Fällen wird als Quellencodierung MPEG-4 verwendet.

27. DMB nutzt das DAB-Übertragungsverfahren, während es sich bei DVB-H um das DVB-T-Übertragungsverfahren handelt.

Übungen zu Kapitel 5.3

5.3–1
BK-Netze sind Verteilanlagen im Simplex-Betrieb.

5.3–2
Wenn das obere Pilotsignal kleiner ist als das untere Pilotsignal, dann weist der Frequenzgang des Verstärkers eine Schräglage zu den großen Frequenzen hin auf.

5.3–3
RfESt → BKVtSt → Richtfunk oder Glasfaserleitung → üBKVrSt → bBKVrSt → VrP → Vt → Abzw → HÜP → HVtA → Teilnehmer-Anschlussdose

5.3–4
Ein Fiber Nod ermöglicht für ein Cluster den Übergang von Glasfaser auf Koax und umgekehrt.

5.3–5
Mit den Multischaltern ist für die Teilnehmer der wahlfreie Zugriff auf unterschiedliche Sat-ZF-Bereiche möglich.

Lernerfolgskontrolle zu Kapitel 5.3

1. Die Pegelangabe ist nicht ausreichend, es wird auch der Wert für den Störabstand benötigt.
2. Der HÜP ist als Hausübergabepunkt die Schnittstelle zwischen NE 3 und NE 4.
3. Die Zahl der kaskadierbaren Verstärker wird durch den geforderten Mindestwert für den Störabstand begrenzt.

Übungen zu Kapitel 5.4

5.4–1
Sie verbindet die DÜE mit dem Datennetz.

5.4–2
Das besondere Merkmal ist die Kollisionserkennung.

5.4–3
Für verbindungslose Kommunikation müssen die Stationen und Server jeweils eigene Adressen haben.

5.4–4
Alle drei Komponenten dienen zur Verkopplung von LANs.

5.4–5
Die Dienstequalitäten orientieren sich an der Bitrate.

5.4–6
Mit SDH können kontinuierliche Folgen von ATM-Zellen übertragen werden.

Lernerfolgskontrolle zu Kapitel 5.4

1. Es erfolgt die Anpassung durch Paketier/Depaketier-Einrichtungen (PADn).
2. Die Ethernet-Typen unterscheiden sich durch das Übertragungsmedium.
3. Die Stationen sind pro Etage über Kupferkabel sternförmig an einen Hub angeschlossen, wobei die Hubs durch Lichtwellenleiter miteinander verbunden sind.
4. Eine Firewall verhindert den Zugriff auf Daten in einem anderen LAN durch Unbefugte.
5. Es handelt sich um die Bildung der ATM-Zellen mit konstanter Länge.

Übungen zu Kapitel 5.5

5.5–1
Die Funkfeststationen wickeln den Vollduplex-Betrieb mit den Funktelefonen ab und stellen die Verbindung zu den Funkvermittlungsstellen sicher.

5.5–2
Als besonderes Merkmal gilt, dass jede zum Cluster gehörende Funkzelle auf anderen Sende- und Empfangsfrequenzen arbeitet.

5.5–3
Die HD speichert die Kenndaten und die Geräte-Betriebsdaten der Teilnehmer, die im Bereich der FuVSt ihren Wohnsitz haben.

5.5–4
Für das Handover sind die Signalisierungsdaten der BS erforderlich.

5.5–5
Die D-Netze arbeiten im 900-MHz-Bereich, bei den E-Netzen ist es der 1800-MHz-Bereich.

5.5–6
UMTS weist gegenüber GSM eine größere Bitrate auf.

5.5–7
Durch TDMA sind zehn Verbindungen pro Funkkanal gleichzeitig realisierbar.

Lernerfolgskontrolle zu Kapitel 5.5

1. Es sind Verbindungen zwischen Funktelefonen sowie zwischen Funktelefonen und Festnetz-Telefonen möglich.
2. Die Forderungen sind flächendeckende Versorgung und eine große Zahl gleichzeitig realisierbarer Verbindungen.
3. Die Basisstationen dürfen nur dann dieselbe Frequenz nutzen, wenn ihre Versorgungsbereiche nicht aneinander grenzen.

4. Einbuchen ist das Anmelden eines Teilnehmers in einem Mobilfunknetz, wobei nach Prüfung der SIM-Daten und der PIN die Freischaltung des Netzes für die Nutzung durch den Teilnehmer erfolgt.
5. Die Unterscheidbarkeit ist durch die jeweilige Vorwahlnummer gegeben.
6. Verbindungen können unabhängig von einem bestimmten Standort aufgebaut werden. Sie bleiben auch bei Standortänderung erhalten.
7. E-Netze verwenden GSM-Technologie, jedoch im 1800-MHz-Bereich.
8. HSCSD arbeitet mit Leitungsvermittlung, GPRS dagegen mit Paketvermittlung.

Übungen zu Kapitel 5.6

5.6–1
Die Erreichbarkeit wird durch die IP-Adresse sichergestellt.

5.6–2
Mit IPv6 sind mehr Adressen möglich als mit IPv4.

5.6–3
Durch ein RFC werden für das Internet relevante Themen diskutiert, in einem mehrstufigen Abstimmungsprozess Festlegungen getroffen und ggf. als Internet-Standard definiert.

5.6–4
Beim WWW ist der beliebige Zugriff auf multimediale Informationen möglich, wobei Hyperlinks verwendet werden. FTP ermöglicht dagegen den gezielten Abruf von Dateien von entsprechenden Servern.

Lernerfolgskontrolle zu Kapitel 5.6

1. Ohne IP-Adressen ist das IP-Protokoll nicht funktionsfähig.
2. Die Länge der Adresse beträgt bei IPv4 32 bit, während IPv6 die vierfache Länge aufweist.
3. Die Mailbox dient als Zwischenspeicher für die gesendete E-Mail. Sie kann vom Empfänger jederzeit abgerufen werden.
4. Die IETF ist für die Technik- und Protokollentwicklung zuständig.
5. Der Zugriff auf das Internet ist im Prinzip für Jedermann möglich, bei einem Intranet gilt dies nur für eine geschlossene Benutzergruppe.

Übungen zu Kapitel 5.7

5.7–1
Da sich der Satellit synchron zur Erde bewegt, wirkt er von der Erde aus stationär (d. h. feststehend), die unterschiedlichen Bezeichnungen ergeben sich aus den unterschiedlichen Betrachtungsweisen.

5.7–2
Orthogonale Polarisation ermöglicht die doppelte Nutzung einer Frequenz ohne gegenseitige Beeinflussung.

5.7–3
Transponder arbeiten als Frequenzumsetzer vom Empfang zum Senden.

5.7–4
Durch den Vielfachzugriff soll die Übertragungskapazität der Transponder optimal genutzt werden.

5.7–5
Die Entfernung zwischen Empfangsort und Satellit ist nicht änderbar.

5.7–6
Die Aufteilung ist erforderlich, weil der gesamte Frequenzbereich nicht unmittelbar in die Sat-ZF umgesetzt werden kann.

Lernerfolgskontrolle zu Kapitel 5.7

1. Die starke Bündelung ist wegen des großen Abstandes zwischen Satellit und Erde erforderlich.
2. Die Ausleuchtzone gibt an, wo das Satellitensignal unter entsprechenden Randbedingungen (Mindestwert der Feldstärke) empfangbar ist.
3. Solarzellen, Wanderfeldröhren und Treibstoff für die Antriebsaggregate.
4. Um den Zugriff von mehr Bodenstationen zu erreichen, müssen die einzelnen Zeitschlitze kürzer werden.
5. Die EIRP bewirkt die Leistungsflussdichte, auf die sich das Gütemaß M bezieht.
6. Durch die Kopositionierung kann auf einer Orbitposition der gesamte Satellitenfrequenzbereich 10,7 … 12,75 GHz genutzt werden.

Übungen zu Kapitel 5.8

5.8–1
Beide stellen die bidirektionale Datenübertragung zwischen Anwender- und Anbieterseite sicher.

5.8–2
Es tritt keine Beeinträchtigung auf, weil DSL Frequenzen oberhalb des Telefoniebereichs nutzt.

5.8–3
Die genutzte Bandbreite wird mit zunehmender DSL-Bitrate größer.

Lernerfolgskontrolle zu Kapitel 5.8

1. Die Kriterien sind die gleichzeitige Nutzung und die nicht gegebene gegenseitige Beeinflussung.
2. DOCSIS spezifiziert die Bedingungen für Kabelinternet und Kabeltelefonie.
3. Am Eingang des DSL-Splitters tritt das von der TAE kommende Signal auf, an einem Ausgang ist das Telefoniesignal verfügbar, während es sich bei dem anderen Ausgang um das DSL-Signal handelt.

Übungen zu Kapitel 5.9

5.9–1
Bei passiven Verfahren wird die Reflexionsfähigkeit von Materie bei dem zu messenden Objekt genutzt, weshalb dort ein Sender für die Funkortung nicht erforderlich ist.

5.9–2
Die Ermittlung der Entfernung ist möglich, weil sich die elektromagnetischen Wellen mit konstanter Geschwindigkeit ausbreiten.

5.9–3
Die Reichweite kann durch eine kleinere Pulsfolgefrequenz vergrößert werden. Das bedeutet weniger Sendeimpulse pro Zeiteinheit, also größere Abstände.

5.9–4
Das Rundsicht-Radar erfasst die Entfernungen nur auf die Azimutwinkel bezogen, während das Höhenmess-Radar diese auf die Elevationswinkel bezieht.

5.9–5
Die Identifizierung unterschiedlicher Messobjekte ist durch Impulsfolgen möglich, die für jedes Messobjekt eine andere Struktur aufweisen.

5.9–6
Es sind zwei Sender erforderlich, damit Informationen über alle drei Dimensionen erfasst werden können.

Lernerfolgskontrolle zu Kapitel 5.9

1. Durch Funkortung soll der eigene Standort ermittelt werden, durch Funknavigation dagegen der Weg zu einer Zielposition.
2. Bei passiven Verfahren ist der Sender und Empfänger stets bei der messenden Stelle, bei aktiven Verfahren können Sender bzw. Empfänger sich entweder bei der messenden Stelle oder dem zu messenden Objekt befinden. Es sind bei aktiven Verfahren aber auch Duplex-Verbindungen möglich.
3. Die zu erfassenden Ziele müssen auf jeden Fall die Reflexion elektromagnetischer Wellen bewirken.
4. Das Sekundär-Radar ist ein aktives Verfahren, weil bei Messstelle und Messobjekt Sender und Empfangseinrichtungen erforderlich sind.
5. Der Radiokompass soll es ermöglichen, die Richtung zu einem Funkfeuer, dessen Position und Betriebsfrequenz bekannt ist, zu bestimmen.
6. Die Richtungsinformation ergibt sich aus der Phasenlage zwischen dem Referenzsignal und dem rotierenden Signal.
7. Eine Abweichung ist dann gegeben, wenn eine der beiden Modulationsfrequenzen (90 Hz, 150 Hz) mit ihrem Signal größer ist als das andere.
8. Es werden die Linien konstanter Laufzeitunterschiede für die Signale eines Senderpaares genutzt.

Literaturverzeichnis

Bergmann, Fridhelm/Gerhardt, Hans-Joachim: Handbuch der Telekommunikation. – München: Hanser, 2000

Beuth, Klaus: Nachrichtentechnik. – Würzburg: Vogel, 2001

Brandt, Finn/Otten, Lars: Net IT. – Hamburg: Verlag Handwerk & Technik, 2007

Burgmaier, Monika [u.a.]: Tabellenbuch Informations- und Systemtechnik. – Haan-Gruiten: Verlag Europa-Lehrmittel, 2007

Conrads, Dieter: Telekommunikation. – Wiesbaden: Vieweg, 2004

Dehler, Elmar [u.a.]: Fachkunde Büro- und Informationstechnik mit Radio-, Fernseh- und Medientechnik. – Haan-Guiten: Verlag Europa-Lehrmittel, 2004

Erdem, Kemal [u.a.]: Informationstechnik. – Braunschweig: Westermann, 2001

Fischer, Walter: Digitale Fernsehtechnik in Theorie und Praxis. – Berlin: Springer, 2006

Freyer, Ulrich: Antennentechnik für Funkpraktiker. – Poing: Franzis, 2000

Freyer, Ulrich: Digitales Radio und Fernsehen verstehen und nutzen. – Berlin: Verlag Technik, 2004

Freyer, Ulrich: Empfangs- und Verteilanlagen. – Berlin: Verlag Technik, 2000

Frielingsdorf, Herbert [u.a.]: Einfache IT-Systeme. – Troisdorf: Bildungsverlag EINS, 2006

Frisch, Werner [u.a.]: Vernetzte IT-Systeme. – Troisdorf: Bildungsverlag EINS, 2006

Göbel, Jürgen: Informationstheorie und Codierungsverfahren. – Berlin: VDE-Verlag, 2007

Gretzinger, Klaus [u.a.]: Informations- und Kommunikationstechnik. – Haan-Gruiten: Verlag Europa-Lehrmittel, 2001

Gretzinger, Klaus [u.a.]: Kommunikationstechnik. – Haan-Gruiten: Verlag Europa-Lehrmittel, 2004

Kammeyer, Karl-Dirk: Nachrichtenübertragung. – Wiesbaden: Vieweg & Teubner, 2008

Klußmann, Nils: Lexikon der Kommunikations- und Informationstechnik. – Heidelberg: Hüthig, 2001

Kracke, Peter A./Beilschmidt, Linus: Informations- und Telekommunikationstechnik Kernqualifikationen. – Troisdorf: Bildungsverlag EINS, 2002

Kühn, Manfred [Hrsg.]: Der digitale terrestrische Rundfunk. – Heidelberg: Hüthig, 2008

Lüders, Christian: Lokale Funknetze. – Würzburg: Vogel, 2007

Lüders, Christian: Mobilfunksysteme. – Würzburg: Vogel, 2001

Mäusl, Rudolf/Göbel, Jürgen: Analoge und digitale Modulationsverfahren. – Heidelberg: Hüthig, 2002

Mäusl, Rudolf: Fernsehtechnik. – Heidelberg: Hüthig, 2003

Pehl, Erich: Digitale und analoge Nachrichtenübertragung. – Heidelberg: Hüthig, 2001

Reimers, Ulrich: DVB – Digitale Fernsehtechnik. – Berlin: Springer, 2008

Roppel, Carsten: Grundlagen der digitalen Kommunikationstechnik. – München: Hanser, 2006

Sauter, Martin: Grundkurs Mobile Kommunikationssysteme. – Wiesbaden: Vieweg, 2004

Schnabel, Patrick: Kommunikationstechnik-Fibel. – Norderstedt: Books on Demand, 2003

Schnabel, Patrick: Netzwerktechnik-Fibel. – Norderstedt: Books on Demand, 2004

Siegmund, Gerd: Einführung in die Telekommunikation. – Heidelberg: Redline, 2003 (UTB 8376)

Starke, Lothar: Grundlagen der Funk- und Kommunikationstechnik. – Heidelberg: Hüthig, 2003

Starke, Lothar/Zwaraber, Herbert: Praktischer Aufbau und Prüfung von Antennen- und Verteilanlagen. – Heidelberg: Hüthig, 2004

Voges, Edgar: Hochfrequenztechnik. – Bonn: Hüthig Telekommunkation, 2004

Werner, Martin: Nachrichtentechnik. – Wiesbaden: Vieweg, 2006

Sachwortverzeichnis

10 Base5 374
10 Base-F 374
10 Base-T 374
10 GBase-E 374
10 GBase-L 374
100 Base-FX 374
100 Base-T4 374
100 Base-T8 374
100 GBase-CX 374
1000 Base-CX 374
1000 Base-LX 374
1000 Base-SX 374
1024-QAM 200
1080p 344
10-Gigabit-Ethernet 373
16-bit-Code 214
16-PSK 198
16-QAM 200
256-QAM 200
2k-Modus 349
2-PSK 198
32-PSK 198
512-QAM 200
576i 344
64-QAM 200
6-bit-Codewort 221
720p 344
8k-Modus 349
8-PSK 198
$\lambda/2$-Dipol 135
λ-Dipol 135

AAC+v2 317
a-Ader 274
Abfrage, zyklische 382
Abfragegerät (*interrogator*) 422
Ableitung 111
Ablenkgeschwindigkeit 131
Ablenkspule 337
Ablenkwinkel 131
ABR (*available bit rate*) 377
Abrufdienste (*on-demand services*) 91
Abschirmung 109, 110, 151
Abschlusswiderstand 155, 156
Absorption 161
Abstand (*ratio*) 24
Abstimmeinrichtung 295
Abstimmung (*tuning*) 298
Abstrahlung 63, 368

Abtasteinrichtung 259
Abtastfrequenz 46, 208, 221, 236
Abtastimpulse 203, 234
Abtastintervall 46
Abtastquelle 258
Abtasttheorem 46
Abtastung (*sampling*) 33, 45, 128
Abtastung, berührungslose 258
Abtastvorgang 322
Abwärtsmischung 185, 300
Abwärtsstrecke (*downlink*) 399
Abzweiger (Abzw) 363
Achsenversatz 161
Additionstheorem 175
Ader 150
Adresse 374
Adressierbarkeit 87
Adressierung 103, 242
ADSL (*assymetrical DSL*) 290
advanced audio coding 222
AF (*alternative frequencies*) 308
AFR (automatische Frequenzregelung) 303
Aktivdateien (ADn) 382
Akzeptanzkegel 160
Akzeptanzwinkel 160
Algorithmus 225, 243
Aliasing 47
Aliasing-Effekt 47
Aliasing-Filter 47
Allgemeinzuteilung 71
ALR (automatische Lautstärkeregelung) 302
AM (Amplitudenmodulation) 174, 175
AM-Ausgangsleistung 180
AM-Demodulator 184
AM, digitale 196
AM-Hörfunk 294
AMI-(*alternate mark inversion*)Format 216
AM-Modulator 179
Amplitude 32, 174
Amplitudenbegrenzer 190, 192
Amplituden-Frequenzgang (*amplitude frequency response*) 31, 219
Amplitudengang 31
Amplitudenmodulation (AM) 174, 175
Amplituden-Phasen-Umtastung 200
Amplitudensieb 337
Amplitudenumtastung (*amplitude shift keying* [ASK]) 194, 196
Amplitudenverzerrung 40

AM-Signal 175
Analog-Digital-Umsetzer (ADU) (*analog-to-digital converter* [ADC]) 35, 165, 248
Anbieter (*provider*) 291
A-Netz 384
Angebot, multimediales 355
Anhang (*attachment*) 393
Anklopfen 286
Anpassung (*matching*) 55
Anpassung, totale 58
Anpassungsfaktor 57
Anrufbeantworter 383
Anrufweiterschaltung 286
Anschalteeinheit 267
Anschlussbereich (AsB) 363
Anschlusseinheit (*terminal adapter* [TA]) 284, 288
Anschlussgruppe (*line trunk group* [LTG]) 275
Antenne 17, 133
Antenne, integrierte 355
Antennen, reale 136
Antennenanschluss 134
Antennen-Array 142
Antennenbewegung 420
Antennen-Eingangsimpedanz 135, 140
Antennengewinn 136, 137, 405
Antennenhöhe 76
Antennenwahlschalter 401
Anti-Aliasing-Filter 47
Antwortgerät (*transponder*) 422
Anwendung (*application*) 100
Anwendungs-Programmier-Schnittstelle (*application programming interface* [API]) 95
Apertur, numerische (NA) 160, 162
API (*application programming interface*) 353
Apogäum 397
Applikation (Anwendung) 345, 353
Approximation, sukzessive 167
Arbeit 18
Arbeitsgeschwindigkeit 167, 169
Arbeitskennlinie 178
Arbeitsspeicher (*random access memory* [RAM]) 262
ARI (Autofahrer-Rundfunk-Information) 307
Array 142
ASCII (*American Standard Code for Information Interchange*) 214
ASCII-Code 214
ASK-Signal 197
ATM (*asynchronous transfer mode*) 266, 376
Atmosphäre 72
ATM-Zellen 266
Audio 14, 299
Audiocodierung (*audio coding*) 220, 317
Audiocodierung AAC (*advanced audio coding*) 343
Audiokassetten-Gerät 256
Audiosignal 14

Auflösung 166, 344
Auflösung von Bildsensoren 129
Auflösungsvermögen 218, 221, 224
Auflösungsvermögen, räumliches 224
Auflösungsvermögen, zeitliches 224
Aufnahme-Komponenten 125, 127
Aufnahmeröhre 126, 128
Aufwärtsstrecke (*uplink*) 398
Augendiagramm (*eye pattern*) 42
Augenempfindlichkeitskurve 329
Augenhöhe 42
Augenweite 42
Ausbreitungsrichtung 139
Ausbuchen (*logout*) 383
Ausfallswinkel 73
Ausgang, unsymmetrischer 192
Ausgangsgröße 20
Ausgangsleistung 179
Ausgangsrahmenbreite 230
Ausgangsspannung 53
Ausgangsstrom 53
Ausgangswiderstand 53
Auslesegeschwindigkeit 263
Ausleuchtzone (*footprint*) 399, 405
Ausloggen 383
Aussendungen, elektromagnetische (EMA) 108
Außeneinheit (*outdoor unit*) 407
Außenleiter 152
Außenwiderstand 55
Austastsignal (A-Signal) 323
Authentisierungszentrale (*authentication center* [AUC]) 383
Autofahrer-Rundfunk-Information (ARI) 307
automatische Frequenzregelung (AFR) 303
automatische Verstärkungsregelung (AVR) 302
Autorisierungseinheit 244
Autorisierungsprüfung 246
Azimut 420
Azimutwinkel 138

Backbone 90
b-Ader 274
Bahngeschwindigkeit 397
Band I 360
Band II 360
Band III 360
Band IV 360
Band V 360
Band, oberes 366, 407
Band, unteres 366, 407
Bandbegrenzung 217
Bandbreite (*bandwidth* [BW]) 37, 49, 178, 188
Bandbreitenausnutzung 196, 198, 200
Bandbreiteneffizienz 196
Bandbreiten-Entfernungs-Produkt 162
Bandbreiten-Längen-Produkt 162

Sachwortverzeichnis

Bändchenmikrofon 118
Bandfilter 191
Bandgeschwindigkeit 256
Bandmaterial 255
Bandpass 236
Base 374
baseband signal 172
Basisanschluss 282
Basisband 374
Basisbandlage 185, 400, 401
Basisbandsignal 36, 172, 251
Basisbandübertragung 172, 276
Basiseigenschaften 90
Basis-Emitter-Spannung 179
Basiskanal 283
Basisstation (*base station*) 381
Basisstrom 179
Basis-Transportmodul 378
BAS-Signal 326
Baumnetze 89, 242
B-Bild (bidirektional prädiziertes Bild) 226
BCD (*binary coded decimal*) 213
BD (Besucherdatei) 382
BD (Blu-ray Disc) 261
Bebauung 72
Bedämpfung 192
Bedienbarkeit 92
Bedienfreundlichkeit 269
Bedienoberfläche 394, 428
Beeinflussbarkeit, elektromagnetische (EMB) 108
Beeinflussungslänge (*constraint length*) 230
Begleitton 320
Beleuchtungsstärke 127
Benutzergruppe, geschlossene (GBG) (*closed user group* [CUG]) 88, 287, 396
Berechtigungskarte (*subscriber identity module* [SIM]) 383
Bereichskennzahl (BKz) (*area code*) 279
Bereichs-Vermittlungsstellen (BVSt) 278
BER-(*bit error rate*)Wert 251
Besetztzeichen 275
Bessel-Funktionen 187
Besucherdatei (BD) (*visitors location register* [VLR]) 382
Betrachtungsintervall 204, 205
Betrieb, bidirektionaler 81
Betrieb, unidirektionaler 81
Betriebsart (*operation mode*) 81
Betriebs-Dämpfungsfaktor 54
Betriebs-Dämpfungsmaß 54
Betriebsfrequenz 135
Betriebssystem 353
Betriebsverfahren 371
Betriebs-Verstärkungsfaktor 54
Betriebs-Verstärkungsmaß 54
Beugung 72, 77

Bewegtzielanzeige (*moving target indication* [MTI]) 421
Bewegungsablauf 224
Bewegungsantrieb 420
Bewegungsenergie (kinetische Energie) 60
Bewegungsschätzung 225
Bewegungsvektor 225
Bewegungsvorgang 218
Bewuchs 72
Bezahldienste (*pay services*) 92
Bezahlfernsehen (Pay-TV) 243
Bezugsantenne 137
Bezugsgröße 22
Bezugszeitpunkt 29
BFH (Bitfehlerhäufigkeit) 196, 199, 200, 250
Bild 14, 321
Bildablenkung 337
Bildauflösung 227, 355
Bildbereich 129, 225
Bildbreite 321
Bilddauer 322
Bildelement (BE) (*picture element* [pixel, PEL]) 125, 222, 321
Bildformat 321
Bildfrequenz (Vertikalfrequenz) 322, 326
Bildhöhe 321
Bildinhalt 223, 323
Bildqualität 125, 227
Bildröhre 130, 339
Bildröhren-Wiedergabe 337
Bildrücklauf 323
Bildschirm (*display*) 355
Bildschirmanzeige 420
Bildsender 331
Bildsensor 126, 129
Bildsignal (B-Signal) 322
Bildsignalfrequenz 323
Bildsynchronsignal (B-Sync) 326
Bildträger (BT) 330
Bildtyp 226
Bildwechsel 325
Bild-ZF (Bild-Zwischenfrequenz) 334
Bild-ZF-Teil 335
Binärcode 212
Bit (*binary digit*) 34
Bit, höchstwertiger (*most significant bit* [MSB]) 212, 213
Bit, niedrigstwertiger (*least significant bit* [LSB]) 212
Bitdauer 215
Bitfehler (*bit error*) 229
Bitfehlerhäufigkeit (BFH) 196, 199, 250
Bitfehlerrate (BFR) (*bit error rate* [BER]) 227, 250, 251, 310
Bitfolge 34
Bithälfte 215, 216

Bitmenge 226
bitorientiert 230
Bitrate 35, 50, 196, 208
Bitstrom 229, 231, 243
Bitstrom, faltungscodierter 230
BK 300 360
BK 450 360
BK 600 360
BK 860 360
BK-Verstärkerstelle, benutzerseitige (bBKVrSt) 363
BK-Verstärkerstelle, übergeordnete (üBKVrSt) 363
BK-Verteilstelle (BKVtSt) 363
BKz (Bereichskennzahl) 279
Blendengitter-Farbbildröhre 339
Blindwiderstand, induktiver 55
Blindwiderstand, kapazitiver 55
block matching 225
Blockcodierung (*block coding*) 229
Block 51, 225, 229
Blocklänge 232
Blockschaltbild 51
Bluetooth 371
Blu-ray Disc (BD) 261
B-Netz 384
Bodenstation, empfangende 397
Bodenstation, sendende 397
Bodenwelle 72
Boltzmann-Konstante 37
BORSHT 275
BPSK (*binary phase shift keying*) 198
Brechungsindex 159
Brechzahl 159
Brechzahlverlauf 163
Breitband (*wide screen*) 321
Breitbandantenne 136
Breitband-Fernmeldenetz, integriertes (IBFN) 289
Breitband-ISDN 289
Breitbandkommunikations-Netz (BK-Netz) 359
Breitbandübertragung 252
Brennpunkt 144
Brennstoffzellen 402
Bridge 375
Bring-Dienst 91
Browser 394
Brutto-Bandbreitenausnutzung 347, 348
Brutto-Bitrate 231, 233
B-Signal (Bildsignal) 322
B-Sync (Bildsynchronsignal) 326
BT (Bildträger) 330
Buchse-Stecker 364
Bündelfehler 229, 347
Bündelung 77, 268
Bundesnetzagentur für Elektrizität, Gas, Telekommunikation, Post und Eisenbahnen (BNetzA) 71
Burst 333
Burstfehler (*burst error*) 229, 232, 347

Bus 89
Busleitung 89
Busnetz 89
BVSt (Bereichsvermittlungsstelle) 278
Byte 34

C/N 199
C/N-Wert 197
CA, integriertes (*embedded CA [conditional access]*) 353
Call Accepted 369
Call Connected 369
Call-Request 369
CAM (*conditional access module*) 246
CA-Module (*conditional access module* [CAM]) 354
CAM-Steckkarte 247
carrier sense multiple access with collision detection (CSMA/CD) 372
CA-System 246
CBR (*constant bit rate*) 377
CD (*compact disc*)
CDMA (*code division multiple access*) 386
CD-R (*compact disc – recordable*) 261
CD-ROM (*compact disc – read-only memory*) 260
CD-RW (*compact disc – read & write*) 261
Chatten 394
Chipkarte, intelligente 244
Chrominanzsignal (C-Signal) 328, 331, 332
Chrominanzteil 335
CI (*common interface*) 247
CICAM (*common interface conditional access module*) 247
CI-Steckplatz 354
Clear Confirmation 369
Clear Indication 369
Clear Request 369
Client 15
Closed Systems Interconnection (CSI) 101
Cluster 381, 410
Clustern 365
CMTS (*cable modem termination system*) 410
C-Netz 384
Code 211
Code, alphanumerischer 214
Coder 211
Coderate 231
Codewort (*control word*) 207, 211, 236, 244
Codewortlänge 208
Codiereffizienz 222
Codierung 206, 207, 211
Codierung, prädikative 209
Codierzweig 231
COFDM (*code orthogonal frequency division multiplex*) 313
COFDM-Demodulator 317

COFDM-Signal 313
collision detection 372
Common Interface (CI oder CI+) 354
Compact Disc (CD) 260
Conditional Access (CA) 92, 243, 345, 353
Container, virtuelle (VC) 378
Container-Konzept 341
Control Word (CW) 245
Cosinus-Transformation, diskrete (DCT) 224
CSI (*closed systems interconnection*) 101
C-Signal (Chrominanz-Signal) 328, 331, 332
CSMA/CD (*carrier sense multiple access with collision detection*) 372
CW (*control word*) 246

D (*directional*) 417
D1-Netz 385
D2-Netz 385
DA (Doppelader) 150, 239
DAB (*digital audio broadcasting*) 309, 318
DAB-Basisbandsignal 313
DAB-Multiplexsignal 310
DAB-Übertragungsstandard 313
Dämpfung (*attenuation*) 20, 26, 47, 72, 161
Dämpfung, längenabhängige 99
Dämpfungsbelag 154
Dämpfungsfaktor 21, 48, 49
Dämpfungsmaß 49, 154
Dämpfungsspegel 21
Dämpfungsverzerrung 40
Darstellungsprotokoll 105
Darstellungsschicht (*presentation layer*) 104
Daten 14
Datendienste 345
Datendirektverbindung (DDV) 371
Datenempfänger 368
Datenendeinrichtungen (DEE) (*data terminal equipment* [DTE]) 368
Datenkabel 151, 373
Datenkommunikation 375
Datenkommunikation, bidirektionale 410, 415
Datenkompression (*data compression*) 218
Datenmissbrauch 376
Datennetz, lokales (*local area network* [LAN]) 371
Datennetz, städtisches/regionales (*metropolitan area network* [MAN]) 371
Datenpaket 266, 373, 374
Datenquelle 368
Datenreduktion (*data reduction*) 98, 217, 218, 248
Datenreduktionsverfahren RELP (*residual excited linear prediction*) 388
Datensender 368
Datensenke 368
Datensignal 14
Datenstation 374
Datenübertragung, langsame 280

Datenübertragung, schnelle 387
Datenübertragung, transparente 341
Datenübertragungseinrichtung (DÜE) (*data circuit-terminating equipment* [DCE]) 368
Datenvermittlungsstelle (DVSt) 369, 370
Datenwort 166
DAU (Digital-Analog-Umsetzer) 35, 169, 249
Dauerleistung 122
dBμV 23
dBd 137
dBi 137
dBm 23
dBV 23
dBW 23
DCT-(diskrete Cosinus-Tranformation)Koeffizienten 225
DDV (Datendirektverbindung) 371
DECCA-Verfahren 425
Decoder 211
Decodierung 211
DEE (Datenendeinrichtungen) 368
Deemphasis 303
De-Interleaving 232
Deltamodulation (DM) 209
Demodulation 173, 184, 295, 298
Demodulation, inkohärente 184
Demodulation, kohärente 184, 185
Demodulator 173, 249
Demultiplexer (DEMUX) 234, 236, 249
Demultiplexierung 233
Detektor, phasenempfindlicher 199
Dezibel 19
Dezimalzahl 213
Dezimeterwelle 77
DGPS (*differential global positioning system*) 425
Dialog 101
Dienst (*services*) 88, 243
Dienst, freier (*free services*) 92
Diensteanbieter (*service provider*) 88
Diensteebene 268
Dienste-Integration 269
Dienstenutzer (*service user*) 88
Dienstewechsel 286
Dienstgüte (*quality of service* [QoS]) 90, 377
Differenzdiskriminator 190
Differenzmethode 220
Differenz-Phasenumtastung 313
Differenz-Pulscodemodulation (*differential pulse code modulation* [DPSM]) 209, 225
Differenzsignal 305
Differenzverstärker 167
Differenzwert, quantisierter 209
Digital-Analog-Umsetzer (DAU) (*digital-to-analog converter* [DAC]) 35, 169, 249
Digitale Ortsvermittlungsstelle (DIVO) 277, 283
Digital-Radio 309

Diode, lichtemittierende (*light emitting diode* [LED]) 127
Dioden-Demodulator 185
Dipol 63, 134
Dipol, geschlossener 140
Dipol, offener 140
Dipolstab 140
Dipolwand 142
Direktoren 141
Discrete Multitone Transmission (DMT) 290
Diskette 257
Dispersion 162
DIVF (Digitale Fernvermittlungsstelle) 283
DIVO (Digitale Ortsvermittlungsstelle) 277, 283
D-Kanal 283
DLS (*dynamic label service*) 318
DM (Deltamodulation) 209
DMB (*digital multimedia broadcasting*) 356
DMT (*discrete multitone transmission*)
D-Netz 384
DOCSIS (*data over cable service interface specification*) 410
Doppelader (DA) 150, 239
Doppel-Super 301
Downlink 387, 404
Download 394
Dralllänge 150
Dreitor 52
Drillingsantenne 142
DRM (*digital radio mondiale*) 318, 320
DSC (*digital cellular system*) 385
DSL (*digital subscriber line*) 412
DSLAM (*digital subscriber line access multiplexer*) 412
DSL-Modem 412
DSL-Router 412/413
DSL-Splitter 412
Dual-Slope-Verfahren 168
duct 77
DÜE (Datenübertragungseinrichtung) 368
Dunkelstrom 128
Duplexbetrieb 400, 418
Durchgangsdämpfung 367
Durchgangs-Vermittlungsstelle (TVSt) 278
Durchschaltevermittlung 86
Durchschaltung 401
DVB-C (digitales Kabelfernsehen) 348, 364
DVB-C2 349
DVB-Empfänger 351
DVB-S 347
DVB-S2 348
DVB-Steckkarte 352
DVB-T 349
DVB-T2 351
DVD – Audio (DVD-A) 261
DVD – random access memory (DVD-RAM) 261

DVD – read & write (DVD-RW/DVD+RW) 261
DVD – read only memory (DVD-ROM) 261
DVD – recordable (DVD-R/DVD+R) 261
DVD – Video (DVD-V) 261
DVD (*digital versatile disc*) 261
DVSt (Datenvermittlungsstelle) 369, 370
DVOR (Doppler-VOR) 423
Dynamik 221

E1-Netz 385
E2-Netz 385
Echoanteil 314
Echosignal 419, 420
Echtzeit (*realtime*) 81
Echtzeitübertragung (*realtime transmission*) 97, 228, 252
Echtzeit-Wiedergabe 395
ECM (*entitlement control message*) 246
EDGE (*enhanced data rates for GSM evolution*) 385
EDTV (*extended definition television*) 343
Effekt, piezoelektrischer 116
Effekt, psychoakustischer 220
Effektivwert 31
Effizienz 226
Effizienz, spektrale (*spectral efficiency*) 196
Eigenschaften, optionale 91
Einbuchen (*login*) 383
Eindrahtleitung 150
Einfallswinkel 73, 159
Einflugzeichen 424
Eingangsgröße 20
Eingangsrahmenbreite 230
Eingangsspannung 53
Eingangsstrom 53
Eingangswiderstand 53, 155, 156
Einkoppelverluste 162
Einleiterkabel 150
Einlesegeschwindigkeit 263
Einloggen 383
Ein-Rampen-Verfahren 168
Eins-Bit 215, 216
Einseitenband-Amplitudenmodulation (ESB-AM) (*single sideband amplitude modulation* [SSB-AM]) 182
Einspeisepunkt, zentraler 359
Ein-Spur-Verfahren (Vollspuraufzeichnung) 255
Einstrahlungsfestigkeit 368
Einstrahlwinkel 160
Eintakt-Diodenmodulator 202
Eintor 52
Eintor, aktives 52
Eintor, passives 52
Ein-Träger-Verfahren (*single carrier system*) 173
Einzelfehler 229
Einzelkanalträger 241

Einzelzuteilung 71
EIRP (*effective isotropic radiated power*) 404
Eklipseschutz 402
Elektrete 119
Elektretmikrofon 120
elektromagnetische Beeinflussbarkeit (EMB) 108
elektromagnetische Verträglichkeit (EMV) 368
Elektronenstrahl, fokussierter 126
Elektronenstrahlablenkung 131
Elektronenstrahlerzeugung 131
Elektronenstrahlfokussierung 131
elektronisches Wählsystem (EWS) 275
elektronischer Programmführer 345, 353
Elektrosensibilität 112
Elektrosmog 108
Element 212
Elementardipol, elektrischer 119
Elementarentscheidung 34
Elementarmagnet 254
Elevation 420
Elevationswinkel 138
E-Mail 393
EMB (elektromagnetische Beeinflussbarkeit) 108
embedded CA (integriertes CA) 246
EMM (*entitlement management message*) 246
Empfang (*reception*) 134
Empfang, mobiler 355
Empfänger (*receiver*) 16, 249
Empfangsanlage 359
Empfangsantenne 134
Empfangsseite 213
Empfangsteil (*front-end*) 351
Empfangszone 73
Empfehlung (*recommendation*) 95
Empfindlichkeit 116, 127, 303
EMV (elektromagnetische Verträglichkeit) 368
Encoder 211
Endeinrichtung (*terminal equipment*) 265
Ende-zu-Ende-Protokoll (*end-to-end-protocol*) 95
Ende-zu-Ende-Transportsteuerung 101
Ende-zu-Ende-Zeichengabe 289
Endgerät (*terminal*) 80, 85
Endgerätewechsel 286
Endstufenmodulation 295
Endvermittlungsstelle (EVSt) 278
Energie 18
Energie, chemische 402
Energiedichte 18
Energieversorgung 402
E-Netz 385
Entbündelung 268
Entdämpfung 192
Entfernungsmessungen 420
Entitlement Control Message (ECM) 245
Entitlement Management Message (EMM) 245
Entkopplung 240, 242

Entlogarithmieren 20, 23
Entscheidungsbereich 198, 199
Entschlüsselung (*decryption*) 244, 249
Entwürfelung (*descrambling*) 244
EON (*enhanced other networks*) 309
Erde 151
Erdefunkstelle (EFuSt) 398
Erdkrümmung 76
Erdnetz 143
Erhebungswinkel 138
error correction 228
error detection 228
error protection 228
ESB-AM (Einseitenband-Amplitudenmodulation) 182
Ethernet 373
Europäische Konferenz der Verwaltungen für Post und Telekommunikation (*Conférence Européen des Administrations des Postes et des Télécommunication* [CEPT]) 71
EWS (elektronisches Wählsystem) 275
Expander 268

Fading 319
Faktor 21
Faltdipol 140
Faltungscode 230, 231, 347
Faltungscodierung (*convolution coding*) 229, 317
Faradeyscher Käfig 110
Farbart 327
Farbartsignal (F-Signal) 329
Farbartzeiger 331, 336
Farbauflösung 224
Farbdifferenzsignal 222, 329
Farbe (Chrominanz) 222, 327
Farbfernsehen 328
Farbfilter 132
Farbinformation (Chrominanz) 218
Farbkreis 328
Farbmischung, additive 130, 132, 327
Farbsättigung 327
Farbsynchronsignal 333
Farbton 327
Farbtonänderung 336
Farbträger (FT) 331
Farbträgerfrequenz 333
Farbträgergenerator 335
Farbträgerregenerierung 335
Farbtripel 130
Farbübertragung 327
Farbzeiger 328
Fast Ethernet 373
Faxgerät 281
FBAS-Signal 329
Fehlanpassung (*mismatching*) 55, 367
Fehlanpassung, totale 58

Fehlerart 229
Fehlererkennung 103, 228, 229, 230
Fehlerkorrektur 103, 228, 229, 230
Fehlerschutz (*error protection*) 98, 221, 227, 228, 233, 248, 259
Fehlerschutz, äußerer 347
Fehlerschutzbits 228, 229, 231
Fehlerschutzkonzept 228
Fehlwinkel 161
Feld, elektrisches 60, 107
Feld, elektromagnetisches 64, 107
Feld, hochfrequentes elektromagnetisches 107
Feld, magnetisches 60, 107
Feld, niederfrequentes elektromagnetisches 107
Feldenergie 63
Feldgröße 18
Feldlinie 63
Feldstärke, elektrische 18
Feldstärke, magnetische 18
Feldstärkekomponente 139
Feldstärkepegel, absoluter 24
Feldwellenwiderstand 64
Fernempfangszone 73
Fernfeld 64
Fernmeldenetz, dienste-integrierendes digitales (*integrated services digital network* [ISDN]) 282
Fernmeldevertrag, internationaler 71
Fernnetz 283
Fernnetzebene 276
Fernsehempfänger 334
Fernsehen (*television* [TV]) 292, 320, 358
Fernsehen, analoges 321
Fernsehen, digitales (*digital video broadcasting* [DVB]) 341
Fernsehen, hochauflösendes (*high definition television* [HDTV]) 261, 342
Fernsehkanäle 359
Fernsprechtechnik 270
Fernsprechverbindung 270
Fernvermittlungsstelle, digitale (DIVF) 277
Fernzone 73
Ferritantenne 143
Ferritstab 143
Festkommunikation 81
Festnetz 264
Festplatte 257
Festwertspeicher, flüchtiger 263
Festwertspeicher, nichtflüchtiger 263
Festzielunterdrückung 421
FIC (*fast information channel*) 312
Filterbank 221
Filterung 111
Firewall 376, 396
Flachantennen 145
Flachbildschirm (*flat screen*) 127, 130, 132, 339, 344, 352

Flachkabel 152
Flankendiskriminator 190
Flimmereffekt 323
Fluoreszenz 126
Fluss, magnetischer 255
Flüssigkeitskühlung 298
Flüssigkeitsschall 113
Flüssigkristall-Anzeige (*liquid crystal display* [LCD]) 126, 339
FM (Frequenzmodulation)
FM-Hörfunk 294
Fokussierung 145
Foren 394
Formatierung 221
Fotodiode 160
Fotoeffekt, äußerer 126
Fotoeffekt, innerer 126
Fotokatode 128
Fotooptik 128
Fotosensor 260
Fourier-Analyse 43, 201
Fourier-Koeffizient 43
Fourier-Reihe 43
Fourier-Synthese 43
Fourier-Transformation 224
Fourier-Transformation, inverse diskrete (IDFT) 314
Frame-Transfer 129
Freiraum-Dämpfungsmaß 79
Freiraum-Feldwellenwiderstand 64
Frequenz 29, 32, 61, 174
Frequenz, kritische 154
Frequenzbereich 70
Frequenzbereichszuweisungsplan 71
Frequenzduplex (*frequency division duplex* [FDD]) 386
Frequenzeffizienz 348
Frequenzfunktion 31, 49, 195
Frequenzgang 31, 117, 121
Frequenzhub 186
Frequenz-Interleaving (*frequency interleaving*) 232
Frequenzlage 36, 251
Frequenzmodulation (FM) 174, 186
Frequenzmodulation, digitale 197
Frequenzmultiplex (*frequency division multiplex* [FDM]) 236
Frequenznutzung 384
Frequenznutzungsplan 71
Frequenzökonomie 317
Frequenzregelung, automatische (AFR) (*automatic frequency control* [AFC]) 303
Frequenzressourcen 239
Frequenzspektrum 188
Frequenzstaffelung 237
Frequenzstandard 297
Frequenzteilung 297

Frequenzumtastung (*frequency shift keying* [FSK]) 194, 197
Frequenzvervielfachung 297
Frequenzzuteilung 71
Fresnel-Zone 78
FS (*full scale*) 166
F-Signal (Farbart-Signal) 331
FSK (*frequency shift keying*), höherwertiger 197
FSK-Modulator 197
FTP (*file transfer protocol*) 394
Full-HD 344
Funkanwendung 62
Funkbake 402, 424
Funkempfänger 17
Funkfeststation (FuFSt) 380, 381
Funkfeuer, stationäres ungerichtetes (*non-directional beacon* [NDB]) 422
Funkmesstechnik 416
Funknavigation 417
Funknetz 85
Funknetz, zellulares 386
Funkortung 416
Funkprognosen 76
Funkschnittstelle 94
Funksender 17
Funktelefon 380
Funktionseinheit 51
Funkübertragung 17, 174
Funkvermittlungsstellen (FuVSt) 380, 389
Funkzelle 381, 388
Fußpunktwiderstand 135

Galileo 425
Ganzwellendipol 135
Gasentladung 132
Gateway 376
Gauß-Kanal 350
GB (Gigabyte) 34
Gbit 34
Gbit/s 35
GBG (geschlossene Benutzergruppe) 88, 287, 396
GByte 34
Gegenbetrieb 81
Gegenelektrode 119, 123
Gegengewicht 143
Gegenkopplung (*negative feedback*) 51
Gegenphasigkeit 50, 74
Gegentakt-Diodenmodulator 202
Gegentaktdiskriminator 190
Gehörfeld 98
Geländestruktur 72
Gemeinschaftsempfang 358
Gemeinschaftskommunikation 82
Generatorpolynom 231
Geradeaus-Empfänger 299

Geräteschnittstelle 93, 369
Geräusch 39
Geräuschabstand 40
Gesamtsignal 236
Gesamtzeiger 178
Gesichtssinn 98
GFL (Glasfaserleitung) 17, 158, 164
Gigabit (Gbit) 34
Gigabit Ethernet 373
Gigahertz (GHz) 32
Glasfaserknotenpunkt (*fibre nod* [FN]) 365
Glasfaserleitung (GFL) 17, 158, 164
Gleichanteil 43, 216
Gleichfeld, elektrisches 107
Gleichfeld, magnetisches 107
Gleichlauf 83, 323
Gleichphasigkeit 50, 74
Gleichspannungsanteil 215
Gleichspannungsfreiheit 216
Gleichwellennetz (*single frequency network* [SFN]) 315, 319, 349
Gleitwegsender 424
GPRS (*general packet radio service*) 385
GPS (*global positioning system*) 403, 425
Gradientenindex 163
Graph 27
Grenzfläche 159
Grenzfrequenz (*cut-off frequency*) 49
Grenzfrequenz, obere (*upper cut-off frequency*) 49
Grenzfrequenz, untere (*lower cut-off frequency*) 49
Großzelle 389
Grundfarben 127, 130, 132, 222, 328
Grundschwingung 41
Gruppenlaufzeit 40
GSM (*global system for mobile communication*) 384
GSM 1800 385
Gütemaß (*figure of merit*) 405

H. 264, 343
Halbbild 257, 323
Halbbildfrequenz 323
Halbbildübertragung 344
Halbduplex-Betrieb 81
Halbtransponder-Betrieb 406
Halbwellendipol 135
Halteschaltung (*hold circuit*) 45
Handhabung 254, 257, 262
Handhelds 355
Handover 383
Handshake-Verfahren (Handschlag-Verfahren, *handshake procedure*) 94, 282, 391
Handy (*mobile phone*) 380
Hauptflugzeichen 424
Hauptkeule 138
Hausübergabepunkt (HÜP) 363

Hausverteilanlage (HVtA) 361, 363, 410
HDB-3-(*high density bipolar of order 3*)Format 216
HDMI (*high definition multimedia interface*) 352
HD-Radio 320
HDTV (*high definition television*) 343, 344
Heimatdatei (HD) (*home location register* [HLR]) 382
Helligkeit (Luminanz) 218, 222, 327
Hertz (Hz) 32
Hf-Stereofonie 304
High Level (HL) 342
High Profile (HP) 342
High-1440-Level (H14L) 342
Hilfsspannung 119
Hinkanal (Vorwärtskanal) 228, 415
Hinleiter 146, 152
Hintergrundbeleuchtung (*back light*) 132
HL (*high level*) 342
Hochfrequenzbereich 251
Hochfrequenz-Lage 401
Höhenmess-Radar 420
Hohlleiter 153
Hol-Dienst 91
Homepage 394
Hörempfinden 114
Hörer 113, 121
Hörer, elektrodynamischer 124
Hörer, elektromagnetischer 124
Hörer, elektrostatischer 124
Hörer, geschlossener 124
Hörer, halboffener 124
Hörer, offener 124
Hörer, piezoelektrischer (Kristallhörer) 124
Hörfunk (*radio*) 292, 293, 358
Horizontal-Endstufe 337
Horizontalgenerator 337
Horizontal-Richtcharakteristik 138
Hörkapsel 270
Hörschall 113
Hörschwelle 114
HP (*high profile*) 342
HSCSD (*high speed circuit switched data*) 385
HSDPA (*high speed downlink packet access*) 387
HSUPA (*high speed uplink packet access*) 387
H-Sync 325
HTML (*hypertext markup language*) 394
http (*hypertext transfer protocol*) 394
Hub 365, 375
Hüllkurve 175
Hüllkurvendetektor 185, 203
HÜP (Hausübergabepunkt) 363
Hybridnetz 85
Hyperbelnetz 425
Hyperbelverfahren 425
Hyperlink 394
Hz (Hertz) 32

IAB (*Internet Architecture Board*) 393
IANA (*Internet Assigned Number Authority*) 393
I-Bild (intra-codiertes Bild) 225
I-bit-Codewort 209
IBFN (integriertes Breitband-Fernmeldenetz) 289
IBOC (*in-band on channel*) 320
Identifizierungsnummer, persönliche (*personal identification number* [PIN]) 383
IDFT (inverse diskrete Fourier-Transformation) 314
IDTV (*integrated digital television*) 352
IESG (*Internet Engineering Steering Group*) 393
IETF (*Internet Engineering Task Force*) 393
ILS (Instrumenten-Landesystem) 423
Impedanz 55
Impulsdauer 30
Impulse 30
Impulsfolge 30
Impulsformer 337
Impulspause 30
Impulstrennstufe 337
Impulsverbreiterung 217
Impulswahl-Verfahren (IWV) 273
IMUX (*input multiplexer*) 401
Incoming Call 369
independent sideband (ISB) 183
Index 163
Individualempfang 358
Individualkommunikation 82, 85, 264
Indoor 381
Induktionsprinzip 115, 255
Induktivität, elektronische 189, 298
Induktivitätsbelag 148
Information 13
Informationsfeld 377
Informationsgehalt 13
Informationstechnik 14
Informationsträger 17
Informationswort 308
Infrarotbereich 158
Infraschall 113
Inhalte (*content*) 243
In-Haus-Betrieb (*inhouse*) 381
INIC (*Internet Network Information Center*) 393
INMARSAT 426
Inneneinheit (*indoor unit*) 407
Innenleiter 152
Innenwiderstand 52, 55, 118, 122
Inphase-Komponente (I-Komponente) 184, 200
Instrumenten-Landesystem (ILS) 423
Integrierstufe 170
Interaktivität 355, 366, 387
Interferenz 72
Interferenzzone 73
interframe compression 223
Interleaving 232, 347
Interline-Transfer 129

Intermodulationsprodukte 359
Internationale Feldmeldeunion (*International Telecommunication Union* [ITU]) 70, 95, 293
Internationale Normungsorganisation (ISO) 101
Internet-Adresse 391
Internet-Fernsehen 395
Internet-Radio 395
Internet-Telefonie 395
Internetzugang 285, 380
Internetzugang, mobiler 385
Intersymbol-Interferenzen (ISI) 314
Intersymbolstörung 217
Intrafame compression 223
intra-codiertes Bild (I-Bild) 225
Intranet 396
Inversion 229
Inversionsschicht 77
Ionosphäre 72
Ionosphärenschicht 72
IP-Adresse 390, 391
IPTV 395, 413
IPTV-Set-Top-Box 413
IPv4-Adresse 391
IPv6-Adresse 391
IPv6-Netz 411
IR-Bereich 158
Irrelevanz 220
ISB (*independent sideband*) 183
ISDN (*integrated services digital network*) 282
ISDN-Anschlusseinheit (IAE) 283
ISDN-Anwendung 284
ISDN-Basisanschluss 287
ISDN-Basisnetzabschluss (*network termination basis access* [NTBA]) 283
ISDN-Bildtelefon 285
ISDN-Datenübermittlung 285
ISDN-Primärmultiplex 288
ISDN-Primärmultiplexanschluss 288
ISDN-Telefax 285
ISDN-Telefon 285
ISO (Internationale Normungsorganisation) 101
ISO/IEC 13813 223
ISO/IEC 14496 226
ISOC (*Internet Society*) 393
IWF (Impulswahl-Verfahren) 273

Jitter 42

Kabel, selbstabschirmendes 153
Kabelinternet 411
Kabelmodem 410
Kabeltelefonie 411
Kabelverzweiger (KVz) 414
Kanal (*channel*) 16
Kanalabstand 387, 388
Kanalbandbreite 294

Kanalcodierung (*channel coding*) 228, 248
Kanaldecodierung 317
Kanalkapazität (*channel capacity*) 98, 233
Kanal-Modell 350
Kanalraster 294
Kanaltrennung 41
Kanalumschaltung 383
Kanalumsetzer 363
Kanalwähler (Tuner) 334
Kapazität, elektronische 189, 298
Kapazität, spannungsgesteuerte 189
Kapazitätsbelag 148
Kapazitätsdiode (Varicap-Diode) 189
Kapazitätsveränderung 116
Kartenleser 247
Karussell-Prinzip 340
Kaskadierung 363, 367
Kategorien 151
KB (Kilobyte) 34
kbit 34
kbit/s 35
KByte 34
Kehrlage 177
Kelvin 37
Kennlinie, lineare 178
Kennlinie, nichtlineare 179
Kennlinie, quadratische 179
Kern 159, 255
Kerndurchmesser 161
Kernenergie 402
Kern-Mantel-Grenzfläche 160
Kernmaterial 160
Kettenschaltung 50, 363
Kilobit (kbit) 34
Kilohertz (kHz) 32
Kippwinkel 161
Kleinzelle 389
Klirrdämpfungsmaß (*distortion attenuation figure*) 41
Klirrfaktor (*distortion factor*) 41
Knotenvermittlungsstelle (KVSt) 278
Koax 152
Koaxialkabel 152
Koeffizient 225
Kohlemikrofon 118
Kollektor-Emitter-Spannung 179
Kollisionserkennung 372
Komforteigenschaft 91
Kommunikation 13, 80
Kommunikation, funkgestützte 82
Kommunikation, leitungsgebundene 81
Kommunikation, weltweite 379
Kommunikationsanwendungen 103
Kommunikationsart 371
Kommunikationssteuerungsprotokoll 105
Kommunikationssteuerungsschicht (*session layer*) 104

Kommunikationssystem 16
Kommunikationssystem, offenes 103
Kommunikationstechnik 14
Kommunikationsvorgang 93, 102
Komparator 169, 192, 205
Kompatibilität 304, 328
Kompensation 111
Kondensatormikrofon 119
Konferenzschaltung 286
Konstantspannungsquelle 53
Konstantstromquelle 53
Konstellationsdiagramm 199, 200
Kontrollbits 229
Kontrollwort (Prüfwort) 308
Konverter, rauscharmer (*low noise block converter* [LNC]) 407
Konzentrator 268
Koordinatensystem 26
Kopffeld (*overhead*) 377, 378
Kopfhörer 124
Kopfstation 358, 365
Kopfstelle 358
Kopfteil (*header*) 86, 266, 370
Kopositionierung 406
Koppeleinheit 89
Koppelfeld (*switching network* [SN]) 86, 267, 275
Kopplung, feste 191
Kopplung, galvanische 108
Kopplung, induktive 108
Kopplung, kapazitive 108
Kopplung, lose 191
Körperschall 113
Korrelation, räumliche 223
Kraft 18
Kreis, magnetischer 116, 255
Kreisfrequenz 29
Kreuzdipol 141
Kristallmikrofon 120
Kugelkoordinaten 64
Kugelschale 64
Kugelstrahler 68, 136
Kunststofffaserleitung (*plastic optical fibre* [POF]) 158, 164
Kupferleitung 17
Kurzmitteilungsdienst (*short message service* [SMS]) 380
Kurzschluss 58
Kurzschluss-Eingangswiderstand 156
Kurzschlussstrom 52
Kurzwellen 75
Kurzwellenbereich (KW) 293
KVSt (Knotenvermittlungsstelle) 218

Ladungsausgleich 110
Ladungsbild 126, 128
Ladungsspeicher 129

Lageenergie (potentielle Energie) 60
Lagekorrektur 402
LAN (*local area network*) 372, 374
Landekurssender 423
Länderkennzahl (LKz) 279
Länge, elektrische 147
Länge, mechanische 147
Längengrad 398
Längsparitätsprüfung (*longitudinal redundancy check* [LRC]) 229
Längsspuraufzeichnung 255
Längstwellen 74
Längswiderstand 148
Langwellen 74
Langwellenbereich (LW) 293
Laserdiode 160
Laufzeit 74
Laufzeitunterschiede 424
Laufzeitverzerrung 40
Lautsprecher 113, 121
Lautsprecher, elektrodynamischer 122
Lautsprecher, elektrostatischer 123
Lautsprecher, piezoelektrischer 123
Lautstärkeempfindung 114
Lautstärkeregelung, automatische (ALR) (*automatic volume control* [AVC]) 302
L-Band 316
LCD (*liquid crystal display*) 126, 132, 339
LCD-Zelle 132
LDTV (*low definition television*) 343
Lebensdauer (*life-time*) 402
LED (lichtemittierende Elektrode) 127
Leerlauf 58
Leerlauf-Eingangswiderstand 156
Leerlaufspannung 52
Leistung, mittlere (*mean power*) 180, 181
Leistung, optische 161
Leistungs(fluss)dichte 18
Leistungsanpassung 56, 135
Leistungsaufnahme 133
Leistungsdämpfungsfaktor 21
Leistungsdämpfungsmaß 25
Leistungsdämpfungspegel 21
Leistungsflussdichte (LFD) (*power flux density* [PFD]) 68, 405
Leistungsgröße 18
Leistungsmerkmal 280
Leistungspegel 19
Leistungspegel, absoluter 23, 24
Leistungsverstärker 402
Leistungsverstärkerstufe 179
Leistungsverstärkungsfaktor 21
Leistungsverstärkungsmaß 25
Leistungsverstärkungspegel 21
Leitermaterial 146
Leitfähigkeit, optische 159, 161

Leitung, einadrige 150
Leitung, elektrische 17, 146
Leitung, homogene 148
Leitung, optische 17
Leitung, koaxiale 373
Leitung, symmetrische zweiadrige 150
Leitung, verlustfreie 149
Leitungsabschnitt 148
Leitungscodierer 248
Leitungsgleichung 149
Leitungskonstante 148
Leitungsnachbildung 271
Leitungsnetz 84
Leitungsschnittstelle 369
Leitungsübertragung 174
Leitungsverbindung, individuelle 242
Leitungsvermittlung 86, 369
Leitwertbelag 148
Leseeinrichtung 281
Leuchtschicht 131
Leuchtstoff 126, 131, 323
Leuchtstoffanregung 131
Level 342
Licht, einfallendes 159
Licht, einwelliges 160, 258
Licht, gebrochenes 159
Licht, monochromatisches 160, 258
Licht, reflektierendes 159
Licht, sichtbares 327
Lichtaussendung 126
Lichtempfindlichkeit 130
Lichtgeschwindigkeit 61
Lichtimpuls 160
Lichtmischung 327
Lichtstrom 127
Lichtwellenbereich 239
Lichtwellenleiter (LWL) (*fibre optics*) 17,158, 239, 373
Linearitätsfehler 167
Live-Übertragung 252
LKZ (Länderkennzahl) 279
LL (Low Level) 342
LNB, interaktiver (*low noise block converter*) 415
Lochmaske 131
Lochmasken-Farbbildröhren 339
Lochstreifen 254
Lokalnetz 277
LORAN-Verfahren 425
Löschkopf 255
Low Level (LL) 342
lowest usable frequency (LUF) 76
Luftkühlung 298
Luftschall 113
Luftschnittstelle (*common air interface* [CAI]) 94
Luftspalt 255
Luminanzsignal (Y-Signal) 328, 329

Luminanzteil 335
LW (Langwellenbereich) 293
LWL (Lichtwellenleiter) 17, 158, 239, 373
LWL-Arten 163
LWL-Verbindungsstelle 161

MAC (*media access control*) 411
Magnetbandkassetten-Gerät 256
Magnetkopf 255
Mailbox 393
Main Level (ML) 342
Main Profile (MP) 342
Makeln 286
Makroblock 225
Manchester-Format 215
man-machine-interface 92
MAN (*metropolitan area network*) 375
Mantel 159
Mantelmaterial 160
Mark 215
Maschennetz 89
Maß (*figure*) 25
Massenkommunikation 85
Massenkommunikationsmittel 293
Massepunkt, zentraler 151
Material, reflexionsfähiges 419
Maximalwert (Größtwert) 29
maximum usable frequency (MUF) 76
Maxwellsche Gleichung 64, 65
MB (Megabyte) 34
Mbit 34
Mbit/s 35
MByte 34
MCI (*multiplex configuration information*) 312
MCPC (*multi channel per carrier*) 241
Medium, physikalisches 102
Megabit (MB) 34
Megahertz (MHz) 32
Mehrebenen-Antenne 142
Mehrfachnutzung (*frequency reuse*) 233, 239
Mehrfachreflexion 73, 75
Mehrfach-Rufnummer (*multiple subscriber number* [MSN]) 286
Mehrfachübertragung, automatische (*automatic repeat request* [ARQ]) 228
Mehrfachzugriff 234
Mehrfrequenznetz (*multi frequency network* [MFN]) 315
Mehrfrequenzwahl-Verfahren (MFV) 273
Mehrkanalträger 241
Mehrleiterkabel 152
Mehrtor 52
Mehr-Träger-Verfahren (*multi carrier system*) 173, 290, 313, 349
Mehr-Wege-Ausbreitung 315
Mehr-Wege-Empfang 314, 319, 349

Membran 115
Mensch-Maschine-Kommunikation 15
Meterwellen 76
Metropolitan Area Network (MAN) 375
MFV (Mehrfrequenzwahl-Verfahren) 273
Mikrofon, elektromagnetisches 113, 121
Mikrowellen-Landesystem (*microwave landing system* [MLS]) 424
Mikrozelle 389
Millimeterwelle 79
MIMO (*multiple input, multiple output*) 351
Mindestqualität 91
Minizelle 389
Mischstufe 299
Mischung 236
Mithörschwelle 220, 310
Mitkopplung (*positive feedback*) 50
MIT-(*moving target indication*)Schaltung 421
Mitteilung 13
Mittelwellen 74
Mittelwellenbereich (MW) 293
Mobilfunknetz 264, 379
Mobilkommunikation 82
Mobilnetz 379
Mobilstation (MS) (*mobile station* [MS]) 382
Mobiltelefon 380, 382
Mode 160
Modell, psychoakustisches 221, 310
Modem 281
Modemdispersion 163
Moden 153
Modendispersion 160
Modulation 172
Modulation, vielwertige 350
Modulationsgrad 175
Modulationsindex 187
Modulationssignal 172, 174
Modulationssignal, rechteckförmiges 196
Modulationsverfahren 173
Modulationsverfahren, höherwertiges 195
Modulator 172, 249
modulo-2-Addition 229
Mono-Empfänger 304
Monomode-LWL 163
Monomode-Stufenprofil-LWL 163
Monopol 142
Mono-Übertragung 304
Morphographie 72
MOT (*multimedia object transfer protocol*) 318
Motion Picture Experts Group (MPEG) 220
MPEG-1 Layer 1 221
MPEG-1 Layer 2 221
MPEG-1 Layer 3 222
MPEG-2 223, 341
MPEG-2-Transportstrom (MPEG-2-TS) 341
MPEG-2-Videocodierung 224, 225

MPEG-4 226, 343, 348, 351, 356
MPEG-4 AAC 222
MSC (*main service channel*) 312
MSC (*mobile switching center*) 389
MUF (*maximum usable frequency*) 76
multi switch 366
Multicast 86
Multimedia 354
Multimediadienst 356, 380
Multimedia-Teilnehmer-Anschlussdose (MM-TAD) 409
Multimedia-Terminal 428
Multimode-Gradientenprofil-LWL 163
Multimode-LWL 163
Multimode-Stufenprofil-LWL 163
multiple access 234
Multiplexer (MUX) 234, 248
Multiplex-Hierarchie 378
Multiplexierung 233
Multiplexsignal 203, 234, 248
Multiplexverfahren 233
Multischalter 366
MUSICAM (*masking pattern adapted universal subband integrated coding and multiplexing*) 221, 222, 310
MUSICAM-Coder 310
MUSICAM-Decoder 310, 317
Musikleistung 122
MUX (Multiplexer) 234, 248
MW (Mittelwellenbereich) 293

N 38
NA (numerische Apertur) 160, 162
Nachführung (*tracking*) 402
Nachleuchtdauer 323
Nachricht 13
Nachrichtenmenge 96
Nachrichtenquader 97
Nachrichtentechnik 14
Nachtrabanten 326
Nachzieheffekt 128
Nahbereichs-Datennetz (*personal area network* [PAN]) 371
Nahempfangszone 73
Nahfeld 64
Nahzone 73
Navigation 425
Navigationssatellit 403
ND (*non directional*) 417
Nebenkeule 138
Nebensprechen 41
Nebenstellenanlagen 287
Nebenzipfel 138
Negativmodulation 324
Nennimpedanz 122
Nennleistung 122

Netto-Bitrate 231, 233, 348
Network Information Center (NIC) 391
Netz (*network*) 82, 84, 243
Netz, dienste-integrierendes (*integrated services network*) 90
Netz, dienste-spezifisches (*dedicated services network*) 90
Netz, hierarchisches 90
Netz, öffentliches (*public network*) 87
Netz, privates (*private network*) 87
Netz, zellulares 381
Netzabschluss (*network termination* [NT]) 413
Netzabschlusseinheit 288
Netzbetreiber (*network operator*) 88
Netzebene (NE) 361
Netzebene 1 (NE 1) 363
Netzebene 2 (NE 2) 363
Netzebene 3 (NE 3) 363
Netzebene 4 (NE 4) 363
Netzebene 5 (NE 5) 364
Netzfunktion 90
Netzknoten (NK) (*network nod*) 85, 266, 392
Netzmanagement-Zentrale (*network management center* [NMC]) 389
Netzoptologie 89
Netzschnittstelle 264
Netzsteuerung (Master-Funktion) 372
Netztopologie 371
Netzüberlastungen 275
Netzverfügbarkeit 278
Newsgroup 395
Next Generation Network (NGN) 427
NIC (Network Information Center) 391
Normalfrequenz 297
Normalpapier 281
NPAD (*non programme associated data*) 311
NRZ-(*non return to zero*)Format 215
NRZ-AMI-(*alternate mark inversion*)Format 216
NTPM (*network terminator primary multiplex*) 288
Nukleargenerator 402
Null-Bit 215, 216
Nullmeridian 398
Nullsymbol 312
numerische Apertur (NA) 160, 162
Nur-Lese-Speicher 260
Nutzbit 229, 231
Nutzer (*user*) 15, 88
Nutzerfreundlichkeit 92
Nutzerführung 92, 428
Nutzergruppe, geschlossene (*closed user group*) 264
Nutzerschnittstelle (*user interface*) 265
Nutzfeld (*payload*) 378
Nutzkanal 282
Nutzlast (*pay load*) 86
Nutzsignal 15, 16, 36, 228, 249

Nutzsignal-Rauschsignal-Abstand 38
Nutzungsentgelt 280, 286
Nyquist-Flanke 335

Oberband 387
Oberfläche, verspiegelte 258
Oberschwingung 41
Oberschwingung, harmonische 45
Oberwellenfilter 157
OFDM-(*orthogonal frequency division multiplex*)Signal 318, 320
Offline 81
Offline-Bereich 253
Öffnungswinkel 145, 399
Offset-Antenne 144
Offsetfehler 166
Offset-Parabolantenne 144
Ohrempfindlichkeitskurve, nichtlineare 219
OMEGA-Verfahren 425
OMUX (*output multiplexer*) 401
ONKz (Ortskennzahl) 279
Online 81
Online-Betrieb 253
optische Leitfähigkeit 159, 161
Orbitposition 398
Orthogonalität 314
Ortskurve 135
Ortsnetz 283
Ortsnetzebene 276
Ortsnetzkennzahl (ONKz) 279
Ortsvermittlung, digitale (DIVO) 277, 283
Ortsvermittlungsstelle (OVSt) 278
OSI (*open systems interconnection*) 101
OSI-Referenzmodell 102
Oszillator 299
Oszillator, spannungsgesteuerter (*voltage controlled oscillator* [VCO]) 192
Oszillatorfrequenz 299
Overlay-Netz 90
OVSt (Ortsvermittlungsstelle) 278

Paar (*pair*) 150
PAD (*programme associated data*) 311
Paket (*packet*) 86
Paketier-/Depaketier-Einrichtungen (*packet assembly/disassembly* [PAD]) 371
Paketvermittlung (*packet switching*) 87, 266, 370
PAM (Pulsamplitudenmodulation) 202, 203
PAL (*phase alternative line*) 333
PAL-Schalter 336
PAL-Schaltimpuls 334
PAM-Signal, bipolares 202
PAM-Signal, unipolares 202
Parabolantenne 144
Parabolantenne, zentralgespeiste 144
Paraboloiden 144

Parabolspiegel 144, 145
Parallel-Resonanzkreis 60, 62, 298
Parallelschaltung 50
Parallelumsetzer (*flash converter*) 169, 170
Parameter 227
Parken einer Verbindung 286
P-Bild (unidirektional prädiziertes Bild) 226
PCM (Pulscodemodulation) 206, 235
PCM 120 236
PCM 30 235
PCM 480 236
PCM 960 236
PDM (Pulsdauermodulation) 204, 205
Pegel (*level*) 19, 21
Pegel, absoluter 22
Pegel, relativer 20
Pegeldiagramm 26
Pegel-Frequenz-Funktionen 220
Pegelplan 26
Pegelstufe 221
Pegelwechsel 215
Peilantenne 144
Perigäum 397
Periodendauer 29, 61
Permeabilität 110
Permeabilitätszahl 110, 147
Permittivitätszahl 147, 152
PFM (Pulsfrequenzmodulation) 203
PG (Primärgruppe) 238
Phasenbelag 154
Phasendiskriminator 191
Phasen-Frequenzgang (*phase frequency response*) 31
Phasengang 31
Phasenhub 193
Phasenlaufzeit 40
Phasenmaß 154
Phasenmessung 423
Phasenmodulation (PM) 174, 193
Phasenregelkreise (*phase-locked loop* [PLL]) 192
Phasenschwankung 42
Phasenumschaltung 334
Phasenumschaltung, zeilenweise 336
Phasenumtastung (*phase shift keying* [PSK]) 194, 198
Phasenumtastung, höherwertige 198
Phasenumtastung, vierwertige (4-PSK) 198, 388
Phasenumtastung, zweiwertige 198
Phasenverschiebung 48
Phasenverschiebungswinkel 29
Phasenverzerrung 40
Phasenwinkel 29, 32, 174
phon 114
Physik 100
physikalisches Medium 102
Piezoeffekt 116
Piezo-Kristall 120

Pilotfrequenz 305, 306
Pilotsignal 361
PIN (*personal identification number*)
Piraterie (*piracy*) 243
Pitflanke 259
Pitlänge 259
Pit 258
Pitstruktur 259
Pixel 125
plain old telephone system (POTS) 408
Planarantenne 145
Plasma-Anzeige (*plasma display* [PD]) 126, 339
Plasma-Technologie 132
Plasma-Zelle 132
plastic optical fibre (POF) 164
Platte 256
Plattenelektrode 131
PM (Phasenmodulation) 174, 193
Podcasting 395
POF (*plastic optical fibre*) 17
Polarisation 139, 240
Polarisation, horizontale (H) 139, 366, 407
Polarisation, lineare 241
Polarisation, vertikale (V) 139, 366, 407
Polarisation, zirkulare 139, 241
Polarisationseinrichtung 399
Polarisationskopplung 140
Polarisationsmultiplex (*polarisation division multiplex* [PDM]) 240, 241
Polarisationsweiche 240
Polarität 216
Polynom 231
Portabilität 254, 257, 262
POTS (*plain old telephone system*) 408
Poynting-Vektor 68
PPI (*plan position indicator*) 420
PPM (Pulsphasenmodulation) 204
Prädikator 209
Präsentation 104
Preemphasis 303
Preis-Leistungs-Verhältnis 254
Primärgruppe (PG) 238
Primärmultiplexanschluss (*primary rate access* [PMXA]) 287
Primär-Radar (*primari radar*) 419
Produktdetektor 185
Profil 163, 342
Prognose 219
Programmführer, elektronischer (*electronic programme guide* [EPG]) 345, 353
Programmierbares Sperren 287
Programm-Multiplexer 341, 345
progressiv 344
Protokoll (*protocol*) 93, 101, 355, 392
Protokoll-Architektur 95, 390
Prozedur 93

Prozessor, zentraler (*central processor* [CP]) 275
Prüfbit 229
PS (*programme service name*) 308
Pseudoeinheit 212
pseudoternär 215
psychoakustischer Effekt 220
psychoakustisches Modell 221, 310
Pufferspeicher 232
Pull-Dienst (*pull service*) 91
Puls 30
Pulsamplitude 201
Pulsamplitudenmodulation (PAM) 202
Pulsbreitenmodulation (*pulse width modulation* [PWM]) 204
Pulscodemodulation (*pulse code modulation*) (PCM) 206, 235
Pulsdauer 201
Pulsdauermodulation (PDM) 204
Pulsfolge 193
Pulsfolgefrequenz 420
Pulsfrequenz 30, 201
Pulsfrequenzmodulation (PFM) 203
Pulslagemodulation (*pulse position modulation* [PPM]) 204
Pulslängenmodulation 205
Pulsmodulation 173
Pulsphase 201
Pulsphasenmodulation (PPM) 204
Punkt-zu-Mehrpunkt-Konzept 242
Punkt-zu-Mehrpunkt-Verbindung (*point-to-multipoint connection*) 86, 242, 358
Punkt-zu-Punkt-Verbindung (*point-to-point connection*) 86, 242, 391
Push-Dienst (*push service*) 91

QAM (Quadratur-Amplitudenmodulation) 183, 200
QG (Quartiärgruppe) 238
Q-Komponente (Quadraturkomponente) 183, 200
QPSK (*quadrature phase shift keying*) 198
Quadratur-Amplitudenmodulation (QAM) (*quadrature amplitude modulation* [QAM]) 183, 200
Quadratur-Komponente (Q-Komponente) 183, 200
Quantisierung, lineare 207
Quantisierung, nichtlineare 207
Quantisierungsintervalle 207
Quartiärgruppe (QG) 238
Quarz-Oszillator 297
Quelle 16
Quelle, belastete 55
Quelle, frequenzstabile 238
Quellencodierung (*source coding*) 217, 220, 248
Quellendecodierung 249
Querparitätsprüfung (*vertical redundancy check* [VRC]) 229
Quersumme 229
Querwiderstand 148

Radar (*radio detecting and ranging*) 419
Radar-Empfänger 419
Radargleichung 419
Radar-Station 419
Radio 292, 293, 358
Radio Regulation 71
Radio-Daten-System (*radio data system* [RDS]) 307
Radiohorizont (*radio horizon*) 77
Radiokompass (*automatic direction finder* [ADF]) 422
Rahmen (*frame*) 86, 220, 373
Rahmenantenne (*loop antenna*) 143, 422
Rahmendauer 236
Rahmenlänge 220
Rampe (*slope*) 168
Raster 125
Ratiodetektor 192
Raumklangverfahren (*surround sound*) 408
Raumklangverfahren Dolby 5.1 222
Raummultiplex (*space division multiplex* [SDM]) 239
Raumtemperatur 37
Raumwelle 73
Rauschabstand 38, 303
Rauschabstand, bewerteter 40
Rauschanpassung (*noise matching*) 59
rauscharmer Konverter 407
Rauschen (*noise*) 36
Rauschen, bandbegrenztes 39
Rauschen, farbiges 38
Rauschen, kosmisches 36
Rauschen, terrestrisches 36
Rauschen, thermisches 37
Rauschen, weißes 38
Rauschleistung (*noise power* [NP]) 37
Rauschmaß (*noise figure*) 25, 39
Rauschpegel 37
Rauschquelle 36
Rauschquelle, äußere 36
Rauschquelle, innere 36
Rauschsignal 36
Rauschspannung 38
Rauschzahl 39
Rayleigh-Kanal 351
RDS (Radiodatensystem) 307
RDS-Coder 307
RDS-Decoder 307
RDS-Standard 307
Rechenvorschrift 225
Redundanz 98, 208, 212, 219, 228
Redundanz, psycho-optische (*psycho-visual-redundancy*) 224
Redundanz, räumliche (*spatial redundancy*) 223
Redundanz, statistische (*statistical redundancy*) 224
Redundanz, zeitliche (*temporal redundancy*) 223

Redundanzreduktion 209, 224
Referenzfrequenz 49, 192
Referenzsignal 425
Referenzspannung 168, 169
Referenzwert 22
Reflektor 141, 144, 145
Reflexion 55, 72, 73, 77, 258, 418
Reflexionsfähigkeit 418
Reflexionsfaktor 56, 155
Reflexionsverfahren 418
Regellage 177
Regelspannung 260
Regenerator 162
Regionalnetz 277, 278
Regional-Vermittlungsstelle (RVSt) 278
Reihenschaltung 50
Rekonstruktion 226
Remodulation 363
Repeater 375
Requests for Comments (RFC) 392
Resonanzkreis 190
Restseitenband-Amplitudenmodulation (RSB-AM) (*vestigial sideband amplitude modulation* [VSB-AM]) 183, 329
Restträger 182
Reziprozitätsgesetz 134
RFC (Requests for Comments) 392
RHI (*range height indicator*) 420
Rice-Kanal 350
Richtantenne 141, 422
Richtcharakteristik 117, 121
Richtfunkverbindung (*radio link*) 78, 379
Richtstrahl-Charakteristik 138
Richtstrahlung 417
Richtungsbestimmung 422
Richtungsbetrieb 81
Richtungswinkel 138
Ringleitung 89, 365
Ringnetz 89
Roaming 387
Rotationsellipsoid 78
Router 376, 390
Routing 101, 103, 390, 392
RSB-AM (Restseitenband-Aplitudenmodulation) 183, 329
RS-Code (Reed-Solomon-Code) 347
Rückflussdämpfung 56
Rückhördämpfung 271
Rückhören 271
Rückkanal (*return channel*) 228, 290, 355, 366, 415
Rückkanalbereich 366
Rückkopplung (*feedback*) 50, 299
Rückleiter 152
Rückleitung 146
Rückwärtsfehlerkorrektur (*backward error correction* [BEC]) 228

Rückwärtsregelung 302
Rufeinheit 274
Rufnummer 265, 279
Rufnummernanzeige 285
Rufumleitung 286
Ruhehörschwelle 219
Rundfunk 292
Rundfunk-Empfangsstellen (RfEStn) 363
Rundfunk-Kabelnetz 348, 358
Rundsicht-Radar 420
Rundstrahl-Charakteristik 138
Rundstrahlung 417
RVSt (Regional-Vermittlungsstelle) 278
RZ-(*return to zero*)Format 215
RZ-AMI-Format 216

S 38
S_0-Bus 283
S_0-Schnittstelle 283
S_{2M}-Bus 288
Sägezahn-Umsetzverfahren 168
Satellit, geostationärer 397
Satellit, geosynchroner 397
Satellit, umlaufender 397
Satellitenempfänger 407
Satellitenempfangsanlage 398
Satellitenempfangseinrichtung 398
Satellitenfunkverbindung 379, 405
Satelliten-Modem (Sat-Modem) 415
Satellitenübertragung 240
Satelliten-Zwischenfrequenz (Sat-ZF) 366, 406
Sättigung 128
SBR (*sprectral band replication*) 319
SC (*synchronisation channel*) 311
Scalable Profile (SNRP) 342
SCART 352
Schalldruck 18, 114
Schalldruckausgleich 119
Schalldruckpegel 114
Schallgeschwindigkeit 114
Schallplatte 254
Schaltung, ladungsgekoppelte (*charge coupled device* [CCD]) 129
Schätzwert 209
Scheitelwert 31
Schicht, magnetisierbare 254
Schicht (*layer*) 102
Schieberegister 230
Schirmdämpfungsmaß 110, 368
Schirmung (*shielding* oder *screening*) 151
Schlaglänge 150
Schlitzmasken-Farbbildröhre 339
Schlüsselwort 244
Schmalband-ISDN (S-ISDN) 289
Schmalbandübertragung 252
Schmerzgrenze 114

Schnittstelle (*interface*) 93
Schnittstellenbedingung 102
Schnittstellendefinition 93
Schrägspuraufzeichnung 255
Schreibeinrichtung 281
Schreib-Lese-Speicher 261
Schutzabstand 236, 237
Schutzintervall (*guard interval*) 314, 349
Schutzmaßnahme 258
Schwarzpegel 324, 325
Schwarzschulter 325
Schwarzweiß-Auflösung 224
Schwarzweiß-Fernsehen 328
Schwingkreis, geschlossener 62
Schwingkreis, offener 62, 133
Schwingung 32, 61
Schwingung, elektromagnetische 60
Schwingungsmodulation 173
Schwingungssystem, elektrisches 60
Schwund (*fading*) 74
Schwund, selektiver 232
SCPC (*single channel per carrier*) 241, 404
S-DAB 316
SDH (*synchronous digital hierarchy*) 378
SDMA (*space division multiple access*) 241
SDSL 290
SDTV (*standard definition television*) 343, 344
Sechspol 52
Seitenband 176
Seitenband, oberes (OSB) (*upper sideband* [USB]) 176
Seitenband, unteres (USB) (*lower sideband* [LSB]) 177
Seitenbandleistung 181
Seitenfrequenz 176, 187
Seitenschwingung 188
Sekundärgruppe (SG) 238
Sekundär-Radar (*secondary surveillance radar* [SSR]) 419
Selbsterregung 50
Selbstinduktion 60
Selbstwählbetrieb 387
Selektion 298, 334
Semiduplexbetrieb 81
Sendeantenne 134
Sende-Empfangs-Weiche 400
Sender (*transmitter*) 16, 295
Sender, optischer 160
Senderabstand 349
Sender-Ausgangssignal 295
Sender-Eingangssignal 295
Sender-Wirkungsgrad 298
Sendeseite 213
Sendungsvermittlung (*message switching*) 266
Senke 16
Serienumsetzer 170

Server 15, 374, 393
Service-Informationen (SI) 345
Servosystem 259
Set-Top-Box (STB) 351, 407
SG (Sekundärgruppe) 238
SI (*service information*) 312
Sicherung 101
Sicherungsprotokoll 105
Sicherungsschicht (*data link layer*) 103
Siedekühlung 298
Signal 13
Signal, amplitudenmoduliertes 175
Signal, analoges 28, 32
Signal, bandbegrenztes 38
Signal, binäres 28, 33
Signal, digitales 28, 33
Signal, dreiwertiges 33
Signal, inhaltespezifisches 246
Signal, moduliertes 249
Signal, optisches 125, 158
Signal, quaternäres 28
Signal, rücklaufendes 55
Signal, teilnehmerspezifisches 246
Signal, ternäres 28, 33
Signal, vorlaufendes 55
Signal, wertequantisiertes 33, 208
Signal, zeitdiskretes 28, 45
Signal, zeitquantisiertes 33
Signal, zweiwertiges 33
Signalausgabe 254
Signalauslöschung 74
Signaleingabe 254
Signalisierung 280
Signalisierungsdaten 377, 383
Signallaufzeit 31
Signalleistung 181
Signalpegel 216
Signalprozessor, digitaler 199
Signal-Rausch-Abstand C/N (*signal-to-noise ratio*) 38, 199, 201
Signalspeicher 235, 254, 258
Signalstrom 128
Signalverarbeitung 249
Signalverdopplung 74
Signalwert 28
SIM (*subscriber identity module*)
Simple Profile (SP) 342
Simplexbetrieb 81, 400, 418
sinusförmiger Verlauf 29, 32
Skalierbarkeit 227, 342
Skalierung 342
S-Kanal 287
Smart Card 244, 246
SMS (*short message service*) 380
SNR 38, 342
Software-Schnittstelle 95, 353

Solarzelle 402
Sonderkanalbereich, erweiterter (ESB) Hyperband 360
Sonderkanalbereich, oberer (OSB) 360
Sonderkanalbereich, unterer (USB) 360
Sonderkanal 359
Sonderkanaltauglichkeit 359
Sonnenenergie 402
Sonnenfleckenmaximum 76
Sonnenfleckenminimum 76
Sonnenfleckenzahl (*sun spot number*) 75
SP (Simple Profile)
Space 215
Spalten 129
Spaltenbreite 256
Spannung 29
Spannung, elektrische 18, 125
Spannungsdämpfungsfaktor 21
Spannungsdämpfungsmaß 25
Spannungsdämpfungspegel 21
Spannungs-Frequenz-Umsetzer 167
Spannungspegel 19
Spannungspegel, absoluter 23, 24
Spannungsverstärkungsfaktor 21
Spannungsverstärkungsmaß 25
Spannungsverstärkungspegel 21
Spatial Scalable Profile (SSP) 342
Spectral Band Replication (SBR) 319
Speicher, flüchtiger 263
Speicher, nichtflüchtiger 263
Speicherbereich 129
Speichereinrichtung 17
Speicherkapazität 254, 257, 262
Speicherkarten 262
Speichermedium 254
Speicherplatte 128
Speichertiefe 230
Speicherung 253
Speicherung, optische 258
Speichervermittlung 266
Speisesystem (*feed system*) 144
Spektrallinie 32
Spektrum 32
Sperren, programmierbares 287
Spiegel, dichroitischer 127
Spiegel, farbempfindlicher 127
Spiegel, halbdurchlässiger 260
Spiegelfrequenz (*image frequency*) 301
Spiegelfrequenzfestigkeit 301
Spitzenleistung (*peak envelope power* [PEP]) 122, 180
Spitzenwertgleichrichter 185
Sprachbox 383
Sprachgenerator 309
Sprachübertragung 380
Sprecheinheit 274
Sprechkapsel 270
Spreizung (*spread spectrum*) 241
Sprung (*hop*) 75
Sprungdistanz 75
Spur 255
Spurführung 259
S-Signal (Synchronsignal) 324, 326
SST (Spatial Scalable Profile) 342
STB (Set-Top-Box) 351, 407
Stabantenne 142
Standardauflösung 342
Startseite 394
Startsignal 83
Station 374
Steckerleiste 152
Stellenwertigkeit 213
Stellenzahl, konstante 212
Stereo-Coder 305
Stereo-Decoder 305
Stereo-Empfänger 304
Stereo-Kanal 305
Stereo-Multiplexsignal 305
Stereosignal 221, 320
Stereo-Übertragung 304
Sternnetz 89, 242, 362
Sternpunkt 242
Steuersender 295
Stichleitung (*stub*) 157
Stift-Stecker 364
Stirnflächenabstand 161
Stirnflächenfehler 161
STM (synchrones Transportmodul) 378
STM-16 378
STM-1-Rahmen 378
STM-4 378
STM-512 378
STM-64 378
Stoppsignal 83
Störabstand (*signal-to-noise ratio* [SNR]) 24, 38, 99, 194, 208, 250, 367
Störabstrahlung 151
Stör-AM 190
Störbeeinflussung 227, 236
store and forward 81
Störeinstrahlung 151
Störemission 108
Störempfänger 108
Störempfindlichkeit 108
Störfeldstärke 108
Störfestigkeit 108, 254
Störimmission 108
Störkanal 108
Störquelle 108
Störsender 108
Störsenke 108
Störsignal 15, 16, 36, 249, 250

Störsignalunterdrückung 111
Störspannung 110
Störstrahlung 368
Störstrahlung, impulsförmige 109
Störstrahlung, kontinuierliche 109
Störstrahlungsleistung 108
STP (*shielded twisted pair*) 151
Strahlablenkung durch elektrische Felder 131
Strahlablenkung durch magnetische Felder 131
Strahler, isotroper (Kugelstrahler) 68, 136, 404
Strahlungsdiagramm 138
Strahlungsdichte 68
Strahlungsleistung (*radiated power*) 67
Strahlungsleistung, effektive 404
Strahlungsvektor 68
Stratosphäre 72
Streaming 395
Streifenfilter 127
Streifenmaske 131
Streustrahlung (*scatter*) 78
Streuung 72, 161
Stromstärke, elektrische 18
Stromsteuerung 115
Stufenindex 163
Stufenumsetzer 167, 170
Subband-Codierung 219
Subscriber Management System (SMS) 246
Suchbereich 225
Summensignal 305
Summierstufe 170
Super 299
Superheterodynempfänger 299
Symbol 229
Symboldauer 314, 349
Symbolfehler (*symbol error*) 229
Synchrondemodulator 185
Synchronisation 104
Synchronität 83
synchrones Transportmodul (STM) 378
Synchronsignal (S-Signal) 324, 326
Syntax 101
System, biologisches 107
System, geschlossenes 96, 101
System, offenes 96, 102
System, proprietäres 247
System, technisches 107
Systemparameter 404
Systempegelplan 405
Systemsteuerung, zentrale (*main system controller* [MSC]) 386

TA (*traffic announcement identification*) 308
TAD (Teilnehmer-Anschlussdose) 364
TAE (Telekommunikations-Anschlusseinheit) 280
TAE-F 280
TAE-N 280

Taktfrequenz 83, 169, 199, 259
Taktgeber, zentraler 331
Taktgenerator 338
Taktsignal 42, 83, 215
Tastgrad 30
Tastverhältnis 30
Tauchspulmikrofon 118
TCP/IP (Transmission Control Protocol/Internet Protocol) 391
T-DAB 316
TDMA (Time Division Multiple Access) 388
TDMA-Rahmen 388
TDMA-System 240
Teilband 221
Teilbandverfahren 310
Teilbereich 240
Teilnehmer (Tln) 15, 80, 264
Teilnehmer-Anschlussdose (TAD) 361, 363, 364, 409
Teilnehmer-Anschlusseinheit (TAE) 409
Teilnehmer-Anschlusskabel 361, 364
Teilnehmer-Anschlussleitung, digitale (*digital subscriber line* [DSL]) 289
Teilnehmer-Anschlussleitung (TAL) (*subscriber line*) 267, 274, 289
Teilnehmer-Endeinrichtung 265
Teilnehmer-Hauptanschluss 276
Teilnehmernummer 265, 279, 427
Teilnehmerschaltung (TS) 274
Teilnehmerschnittstelle (*subscriber interface*) 265
Teilnehmer-Vermittlungsstelle (TVSt) 267, 278
Teilnehmerverwaltung 246
Teilnetz 410
Teilvermaschung 89
Telefaxdienst 280, 281
Telefaxgerät 281
Telefax-Übertragung 282
Telefon, schnurloses (*cordless telephone* [CT]) 280
Telefonapparat 270
Telefondienst 280
Telefonhörer 270
Telefonie 270
Telefonnetz 270
Telefonnummer 279
Telefonsignal 270
Telefonverbindung 270
Telekommunikation 13
Telekommunikations-Anschlusseinheit (TAE) 280
Telekommunikationsgesetz (TKG) 71
Telekommunikationskabel 151
Telekommunikationsnetz (TK-Netz) 264
Telekommunikationssatellit 403
Teletext 339
Tertiärgruppe (TG) 238

Thermopapier 281
TK (Telekommunikation) 13
TK-Anlage 287
TK-Festnetz, öffentliches 276
TK-Netz, öffentliches (*public network*) 264
TK-Netz, privates (*private network*) 264
Tln (Teilnehmer) 15
TMC (*traffic message channel*) 309, 318
Token 372
Token Ring 373
Ton 14
Tonsender 331
Tonträger, erster (TTI) 330
Tonträger, zweiter (TT2) 330
Tonunterträger, analoger 407
Tonunterträger, digitaler 407
Ton-ZF (Ton-Zwischenfrequenz) 335
Topographie 72
Totalreflexion 159
tote Zahl 73
TP (*traffic programme identification*) 308
TPEG (*transport protocol experts group*) 318
Trägerabsenkung (*carrier reduction*) 182
Trägerfrequenz 236, 240
Trägerfrequenzgenerator 183
Trägerfrequenz-Technik (TF-Technik) 237
Trägerleistung (*carrier power*) 180, 295
Träger-Rausch-Abstand (*carrier-to-noise ratio*) 39
Trägerrückgewinnung 185
Trägersignal 172, 174, 186, 232, 249
Trägersignal, cosinusförmiges 200
Trägersignal, digitales 201
Trägersignal, pulsförmiges 173
Trägersignal, sinusförmiges 173, 200
Trägerunterdrückung (*carrier suppression*) 182
Transitsystem 106
Transponder 401
Transportfunktion 103
Transportmodul, höherwertiges 378
Transportmodul, synchrones (STM) 378
Transport-Multiplex 310
Transport-Multiplexer (Transport-MUX) 312, 345
Transportprotokoll 105
Transportprotokoll IP (*internet protocol*) 390, 391
Transportprotokoll TCP (*transmission control protocol*) 391
Transportschicht (*layer*) 104
Transportsteuerung 101
Transportstrom (TS) 345
Triniton-Röhre 339
Triple Play (TP) 408
Troposcatter 78
Troposphäre 72
TV-Bildübertragung 321
TVSt (Teilnehmervermittlungsstelle) 283
Twinaxkabel 373

TS (Transportstrom) 345
TP (*triple play*) 408

Überabtastung (*oversampling*) 46
Übergangsmaß 54
Überlagerungsempfänger 299, 334
Übermittlung (*transmission* oder *transfer*) 82, 265
Übermittlung, verbindungslose 266
Übermittlung, verbindungsorientierte 265
Übermodulation 175, 329
Überreichweite 77
Übersichtsschaltplan 51
Übersprechdämpfungsmaß (*crosstalking attenuation*) 42
Übersprechen (*crosstalking*) 41
Übersteuerungsgrenze 118
Übertragung 265
Übertragung, analoge 83
Übertragung, asynchrone 83
Übertragung, digitale 83
Übertragung, einkanalige (Monofonie) 304
Übertragung, frequenzversetzte 36, 251
Übertragung, geführte 17
Übertragung, materielle 17
Übertragung, parallele 94
Übertragung, serielle 94
Übertragung, synchrone 83
Übertragung, transparente 269
Übertragung, ungeführte 17
Übertragung, zeitversetzte (*timeshift transmission*) 252
Übertragung, zweikanalige (Stereofonie) 304
Übertragungsdistanz 161
Übertragungsebene 268
Übertragungseinrichtung 85
Übertragungsfaktor 54
Übertragungsfaktor für Lautsprecher und Hörer 121
Übertragungsfaktor für Mikrofone 116
Übertragungsfehler 228
Übertragungsformat 104, 216
Übertragungsfunktion 117, 121
Übertragungsgeschwindigkeit 35, 49, 212, 371
Übertragungskanal (*transmission channel*) 16, 98, 233, 236, 368
Übertragungskapazität 227
Übertragungsmaß einer Leitung 154
Übertragungsmaß für Hörer und Lautsprecher 121
Übertragungsmaß für Mikrofone 116
Übertragungsmedium 100, 371
Übertragungsmodus, asynchroner 376
Übertragungsprotokoll 105, 269, 371
Übertragungsschicht (*physical layer*) 103
Übertragungssystem (*transmission system*) 16, 247
Übertragungsweg 84
UBR (*unspecified bit rate*) 377
Ultrakurzwellenbereich (UKW) 294

Ultraschall 113
Umgebungsgeräusch 124
Umlaufbahn 397
Umsetzerkennlinie 165, 166, 169
Umsetzfrequenz 167
Umsetzzyklus 167
Umtastung (*shift keying*) 194
UMTS (*universal telecommunication system*) 385
UMTS *radio access network* (URAN) 386
UMTS *terrestrial radio access network* (UTRAN) 386
UMTS-Funkvermittlungsstelle (*radio node controller* [RNC]) 386
Unicast 86
Unicode 214
unidirektional prädiziertes Bild (P-Bild) 226
Universalnetz 427
Unterabtastung 46
Unterband 387
Uplink 387
URL (*universal resource locator*) 394
Ursprungsadresse 266
USB-Sticks 262
U-Signal 329
UTP (*unshielded twisted pair*) 151

V(erletzungs)-(*violating*) Bit 216
Vakuumröhre 126, 128
Variable, abhängige 27
Variable, unabhängige 27
VBR (*variable bit rate*) 377
VC (virtueller Container) 378
Vektor 64
Verarbeitungsprotokoll 105
Verarbeitungsschicht (*application layer*) 104
Verbindung, virtuelle 87, 372
Verbindungsabbau 94, 265
Verbindungsaufbau 94, 265
Verbindungsstelle 161
Verbindungsstruktur 106
Verdampfungskühlung 298
Verdeckungseffekt 219, 220, 310
Verdrillung 150
Verfahren, nicht reversibles 115
Verfahren, reversibles 115
Verfahren, verlustfreies 224
Vergleicherschaltung 205
Vergleichsantenne 422
Vergleichsspannungen 167
Verhalten, quasioptisches 76
Verhältnisdiskriminator 192
Verkabelung, strukturierte 375
Verkämmung 332
Verkehrsfunk 307, 309
Verkehrslenkung 280
Verkürzungsfaktor 147

Verlauf, sinusförmiger 29, 32
Vermittlung (*switching*) 82, 101
Vermittlung, analoge 275
Vermittlung, digitale (*digital switching*) 274, 275
Vermittlung, verbindungslose (*connection less*) 86
Vermittlung, verbindungsorientierte (*connection oriented*) 86
Vermittlungsebene 268
Vermittlungseinrichtung 85
Vermittlungsprotokoll 105
Vermittlungsschicht (*network layer*) 103
Vermittlungsstelle 267
Vermittlungsstelle, digitale 283
Verschachtelung 232, 332
Verschlüsselung (*encryption*) 92, 211, 242, 243, 248, 346
Verseilung 152
verspiegelte Oberfläche 258
Verstärkerpunkt (VrP) 363
Verstärkung (*gain*) 20, 26, 48
Verstärkungsfaktor 21, 48, 49
Verstärkungsfehler 167
Verstärkungsmaß 49
Verstärkungspegel 21
Verstärkungsregelung, automatische (AVR) (*automatic gain control* [AGC]) 302
Verteilanlage 359
Verteildienst 91
Verteileinrichtung 85
Verteiler (Vt) 363
Verteilkommunikation 264
Verteilnetz 359
Verteilung (*distribution*) 82
Vertikal-Endstufe 337
Vertikalgenerator 337
Vertikal-Richtcharakteristik 138
Vertikalstrahler 142
Verträglichkeit, elektromagnetische (EMV) (*electromagnetic compatibility* [EMC]) 107, 368
Verwürfelung (*scrambling*) 243
Verwürfelungs-Algorithmus 247
Verzerrung (*distortion*) 40
Verzerrung, lineare (*linear distortion*) 40
Verzerrung, nichtlineare (*non-linear distortion*) 41
VHF-Drehfunkfeuer (*very high frequencies/VHF/ omnidirectional range* [VOR]) 423
Video 14
Videocodierung (*video coding*) 220, 222
Videocodierung AVC (*advanced video coding*) 343
Videokassetten-Gerät (Videorecorder) 257
Videoprojektor (*beamer*) 344, 352
Videorecorder 257
Videosignal 14
Videotext (VT) 339
Videotext-Daten 339

Videotext-Decoder 340
Videotext-Seite 339
Videotext-Tafel 339
Videotext-Zeile 340
Vielfachnutzung 233
Vielfachzugriff (*multiple access*) 99, 234, 240, 372, 403
Vielfachzugriff im Codemultiplex (*code division multiple access* [CDMA]) 241, 386
Vielfachzugriff im Frequenzbereich (*frequency division multiple access* [FDMA]) 404
Vielfachzugriff im Frequenzmultiplex (*frequency division multiple access* [FDMA]) 240
Vielfachzugriff im Polarisationsmultiplex (*polarisation division multiple access* [PDMA]) 242
Vielfachzugriff im Raumbereich (*space division multiple access* [SDMA]) 403
Vielfachzugriff im Raummultiplex 241
Vielfachzugriff im Zeitbereich (*time division multiple access* [TDMA]) 404
Vielfachzugriff im Zeitmultiplex (*time division multiple access* [TDMA]) 240, 388
Vierdrahtbetrieb 270
Vierlingsantenne 142
Vierpol 52
Vier-Spur-Verfahren (Viertelspuraufzeichnung) 255
Viertorparameter 53
virtueller Container (VC) 378
virtuelle Verbindung 87, 372
Viterbi-Decoder 317
VoIP (*voice over internet protocol*) 395
Vollbildübertragung 344
Vollduplex-Betrieb 81
Vollvermaschung 89
Vollwellendipol 135
Volt 18
Voreinflugzeichen 424
Vorgruppe (VG) 237
Vorhersagen (*prediction*) 224
Vorhersagewert 209
Vor-Rück-Verhältnis (VRV) 139
Vorstufenmodulation 296
Vortrabant 326
Vorverstärker, rauscharmer (*low noise amplifier* [LNA]) 400
Vorwahlnummer 387
Vorwärtsfehlerkorrektur (*forward error correction* [FEC]) 228
Vorwärtskanal (Hinkanal) (*forward channel*) 290
Vorwärtsregelung 302
V-Signal 329

Wägeverfahren 167
Wähleinheit 274
Wählsystem, elektronisches (EWS) 275
Wählvermittlung 272
Wanderfeldröhre 402
Wandler 115
Wandler, elektroakustischer 115
Wandler, elektrooptischer 17
Wandler, optoelektrischer 17
Wandlungszeit (*conversion time*) 167
WAN (*wide area network*) 375
WAP (*wireless applications protocol*) 380
Watt 18
Web 393
Web-Radio 395
Web-TV 395
Wechselbetrieb 81
Wechselfeld, elektrisches 107
Wechselfeld, magnetisches 107
Wechselimpuls 326
Weißpegel 324
Weitbereichs-Datennetz (*wide area network* [WAN]) 371
Weitschweifigkeit 219
Weitverkehrsnetz 278
Weitverkehrstechnik 377
Weitverkehrs-Vermittlung (WVSt) 278
Welle 61
Welle, elektromagnetische 61, 70
Welle, longitudinale 114
Welle, rücklaufende 155
Welle, stehende 57
Welle, vorlaufende 155
Wellenkopplung 108
Wellenlänge 61
Wellenlängenmultiplex (*wavelength division multiplex* [WDM]) 238
Wellenleitung 146
Wellenwiderstand 149, 157, 360, 367/368
Wellenwiderstand des Koaxialkabels 153
Welligkeitsfaktor 57
Wertebereich 28, 200, 207
Werteintervall 28, 207
Wertequantisierung 206, 207
Wertigkeit 212
Wettersatellit 403
Widerstand 22
Widerstandsanpassung 55, 155
Widerstandsbelag 148
Widerstandstransformation 156
Wiedergabe-Komponente 125, 323
Winkelmodulation 174
Wirkleistung, elektrische 18
Wirkung, nichtthermische 111
Wirkung, thermische 111
Wirkungsmechanismus der EMV 108
Wirkwiderstand 55
Wohnungsverteilnetz 361
World Wide Web (WWW) 393
WWW-Server 393

X-Ablenkung 131
x-Achse (Abzisse) 26
XDMA (Vielfachzugriff) 240

Y-Ablenkung 131
y-Achse (Ordinate) 26
Yagi-Antenne 141
Y-Signal (Luminanzsignal) 328, 329

Zähldiskriminator 193
Zählimpuls 168
Zählimpulsgeber (ZIG) 280
Zeichen 83, 229
Zeichen, codiertes 211
Zeichenerkennung 198, 201
Zeichengabe, zentrale 288
Zeichengabekanal, zentraler (ZZK) 288
Zeichengabesystem (signalling system) 289
Zeichenvorrat 211
Zeiger 178
Zeigerdarstellung 178, 193
Zeigerdiagramm 195
Zeile 129, 321
Zeilenablenkung 337
Zeilendauer 322
Zeilenfrequenz (Horizontalfrequenz) 322, 326
Zeilenrücklauf 323
Zeilensprungverfahren (interlacing) 323, 344
Zeilensynchronsignal 325
Zeilenwechsel 325
Zeitbereich 207
Zeitduplex (time division duplex [TDD]) 386
Zeitfunktion 27, 28, 195
Zeitfunktion, rechteckförmige 29
Zeitfunktion, wertediskrete 28
Zeitfunktion, wertekontinuierliche 28
Zeitfunktion, zeitdiskrete 28
Zeitfunktion, zeitkontinuierliche 28
Zeit-Interleaving (time interleaving) 232
Zeitintervall 28, 207
Zeitmultiplex (time division multiplex [TDM]) 234, 370
Zeitmultiplex-Signal 235
Zeitquantisierung 206, 207
Zeitraster 33, 87
Zeitscheibenverfahren (time slicing) 356
Zeitschlitz (time slot) 240, 404
Zeittakt 33, 34
Zeitversatz 81
Zellbündel 381
Zelle (cell) 87, 377
Zelle, lichtempfindliche 126
Zellenvermittlung (cell switching) 266
Zentimeterwelle 79

Zentralbatteriesystem 271
zentraler Massepunkt 151
zentraler Zeichengabekanal 288
zentrale Systemsteuerung 386
Zentralvermittlungsstelle (ZVSt) 278
ZF-Verstärker 299
Zieladresse 87, 266
ZIG (Zählimpulsgeber) 280
Ziffer 213
zip-Format 394
Zone, tote 73
Zufallsgenerator 372
Zugang, autorisierter 242
Zugangsberechtigung 243
Zugangsnetz (access network) 277
Zugriff 257, 262
Zugriffe, gleichzeitige 395
Zugriffsgeschwindigkeit 262
Zugriffskriterium 240
Zugriffsmethode 91
Zugriffsschutz 104
Zugriffsverfahren 254, 371
Zusammenschaltung von Antennen 141
Zusatzdaten 345
Zusatzinformationen, digitale 307
Zustände, unterscheidbare 212
ZVSt (Zentralvermittlungsstelle) 278
Zweidrahtbetrieb 271
Zweidrahtleitung, symmetrische 150
Zweidrahtleitung, unverdrillte (untwisted pair [UP]) 152
Zweidrahtleitung, verdrillte (twisted pair [TP]) 373
Zweidrahtverstärker 272
Zwei-Ebenen-Antenne 142
Zweikanalton 320
Zweileiterkabel 150
Zweipol 52
Zwei-Rampen-Verfahren 168
Zweiseitenband-Amplitudenmodulation (ZSB-AM) (double sideband amplitude modulation [DSB-AM]) 182
Zwei-Spur-Verfahren (Halbspuraufzeichnung) 255
Zweitor 52
Zweitor, aktives 54
Zweitor, belastetes 54
Zweitor, passives 54
Zweitorparameter 53
Zweiwertigkeit 30
Zwillingsantenne 142
Zwischenfrequenz (ZF) (intermediate frequency [IF]) 299, 334
Zwischenfrequenz-Lage 401
Zwischenspeicherung 81, 252, 341
ZZK (zentraler Zeichengabekanal) 288

HANSER

Eine gute Nachricht!

Frohberg/Kolloschie/Löffler
Taschenbuch der Nachrichtentechnik
456 Seiten, 218 Abb., 57 Tabellen.
ISBN 978-3-446-41602-4

Das Taschenbuch der Nachrichtentechnik vermittelt die umfangreichen Grundlagen und Anwendungen des Gebiets anschaulich, gut strukturiert und komprimiert. Es umfasst sowohl Theorie als auch zukunftsorientierte Techniken, Systeme und Dienste aus allen Teilgebieten der Nachrichtentechnik.

Die textliche Darstellung wird durch zahlreiche Tabellen, Übersichten und Bilder ergänzt. Ein umfassendes Literaturverzeichnis gestattet die weitergehende Arbeit auf Spezialgebieten.

Mehr Informationen unter **www.hanser.de/taschenbuecher**

HANSER

Messtechnik verstehen.

Felderhoff/Freyer
Elektrische und elektronische Messtechnik
8., aktualisierte Auflage
420 Seiten, 436 Abbildungen
ISBN 978-3-446-40571-4

Ausgehend von den messtechnischen Grundlagen vermittelt Ihnen dieses Fachbuch die Messverfahren für die verschiedenen elektrischen und nichtelektrischen Größen, die dafür einsetzbaren Messgeräte sowie die an der Praxis orientierten Messkonzepte. Dabei werden rechnergestützte Mess-Systeme berücksichtigt.

Auch diese Auflage orientiert sich an dem bewährten Lernbuchkonzept und bringt das Fachwissen des Nutzers sowie das Verständnis für die Zusammenhänge auf den aktuellen Stand der Technik.

Mehr Informationen unter **www.hanser.de**

HANSER

Einstieg in die Elektrotechnik.

Bauckholt
Grundlagen und Bauelemente der Elektrotechnik
6., verbesserte Auflage
476 Seiten, 617 Abbildungen
ISBN 978-3-446-41257-6

Das Arbeitsbuch gibt Ihnen eine Einführung in die Lehre der Elektrotechnik und viele ausgewählte Hinweise auf mögliche Anwendungsbereiche. Neben den Grundlagen werden auch die wichtigsten Grundbauelemente dargestellt. Eine große Anzahl von Beispielen und Übungen wurde aus dem Bereich der angewandten Technik gewählt.

Physikalische Erklärungen und mathematische Betrachtungen sind genau auf die in den »Rahmenvereinbarungen über Fachschulen« festgelegten Lehrpläne abgestimmt. So versteht sich dieses Lehrbuch als das Grundlagenbuch zu den anderen Bänden der Reihe »Lernbücher der Technik«.

Mehr Informationen unter **www.hanser.de**